AutoCAD 2012 中文版
室内装潢设计从入门到精通
本书部分实例

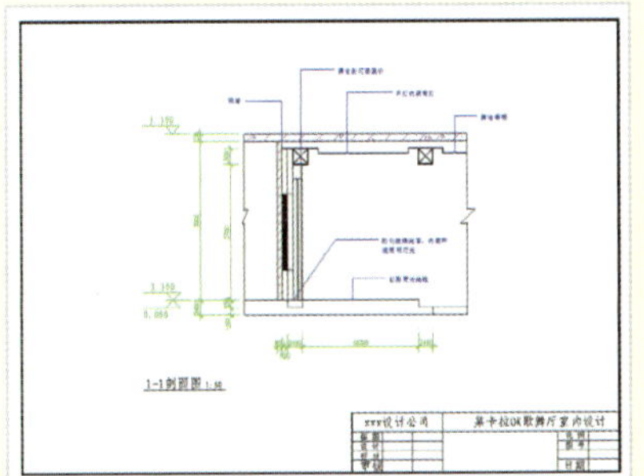

歌舞厅室内1-1剖面图

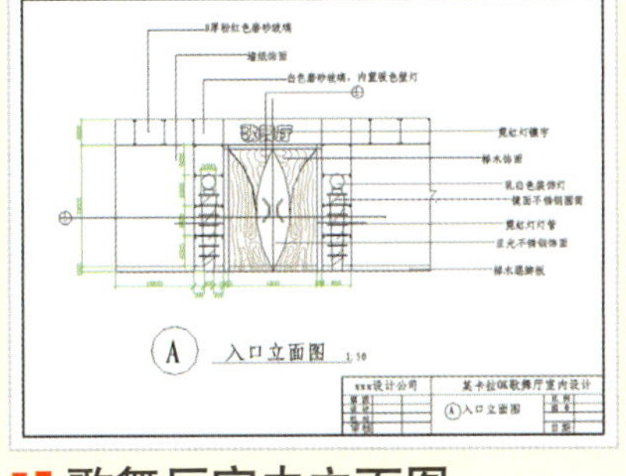

歌舞厅室内立面图

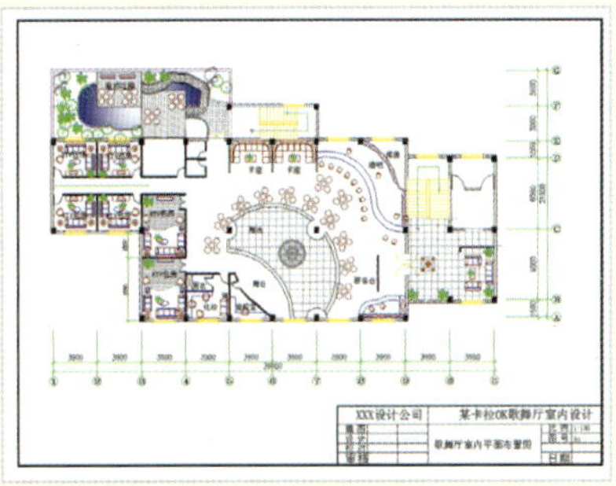

歌舞厅室内平面图

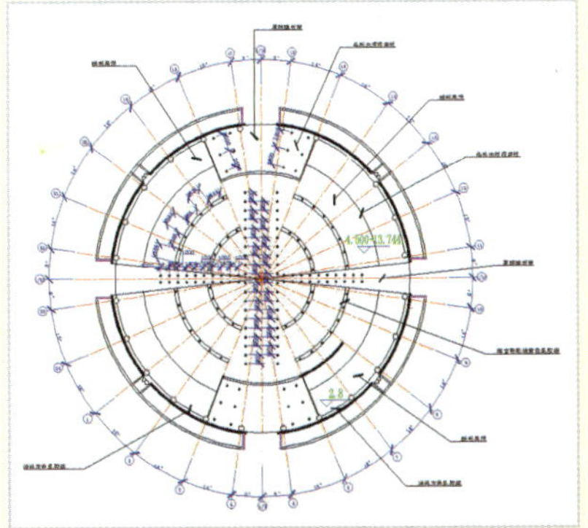

会议中心顶棚图

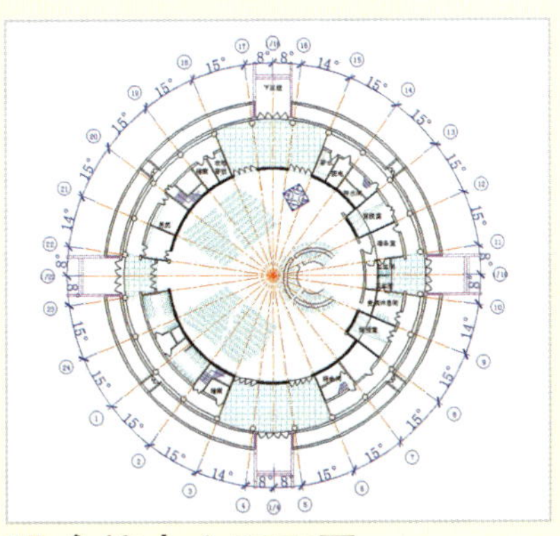

会议中心平面图

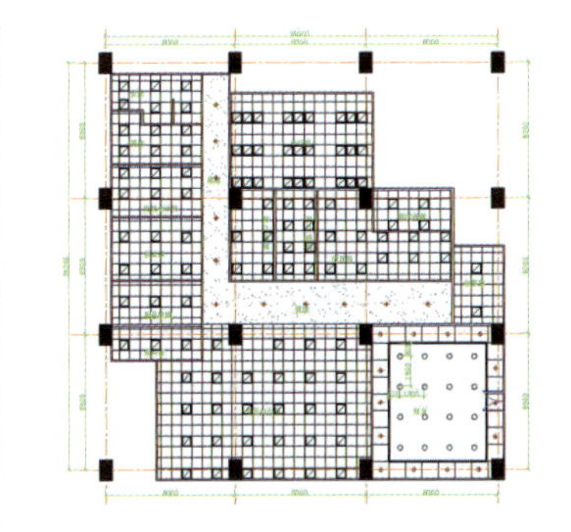

天花平面装饰图

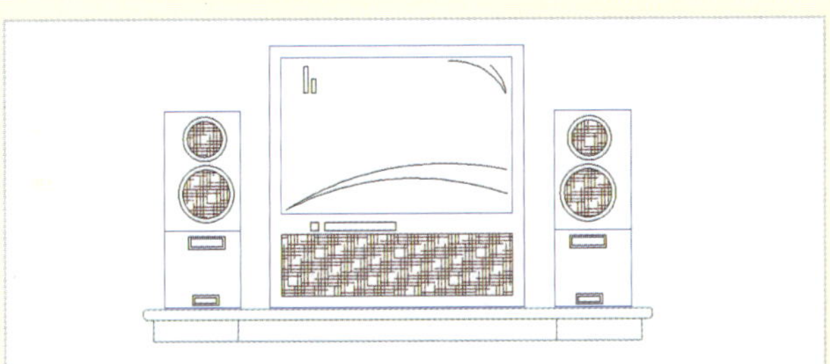

绘制家庭影院

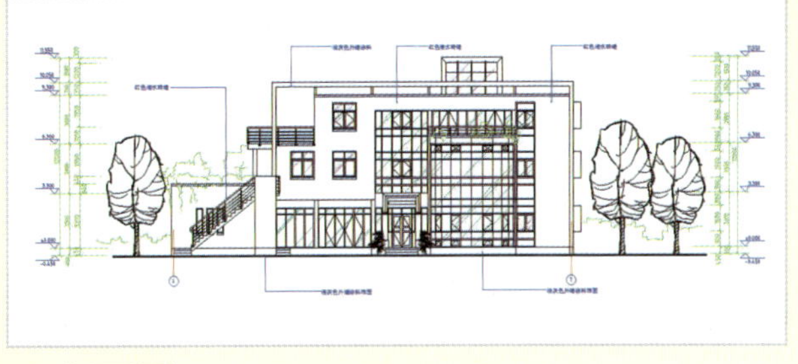

立面图

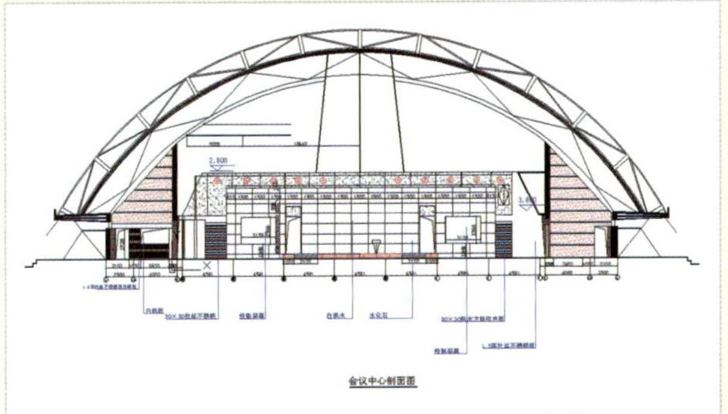

会议中心剖面图

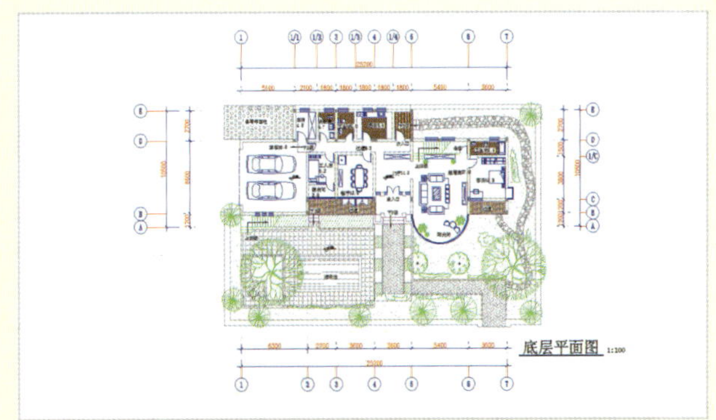

底层平面图

AutoCAD 2012 中文版
室内装潢设计从入门到精通

本书部分实例

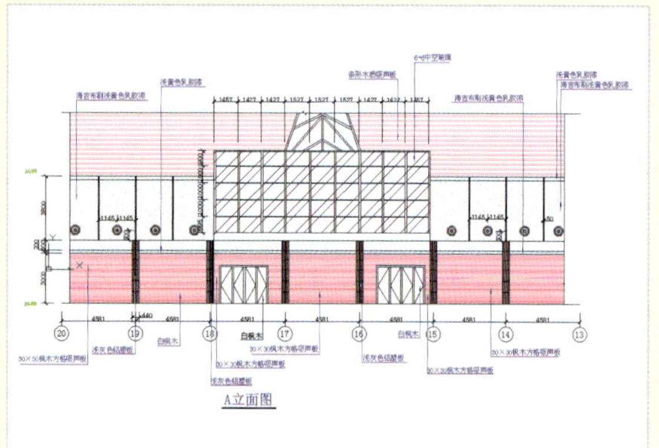

A立面图

办公空间装饰图

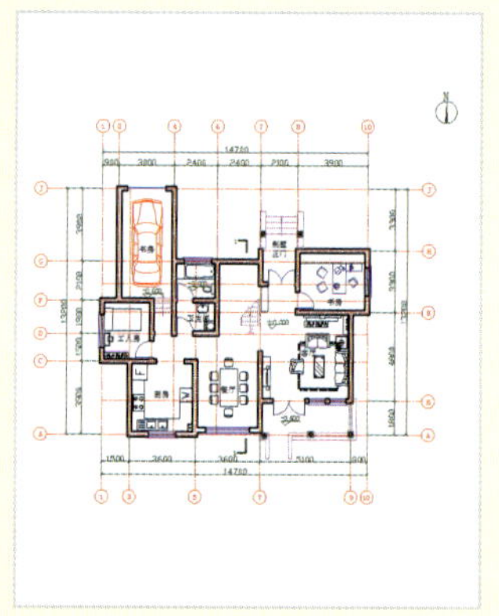

标注别墅首层平面图

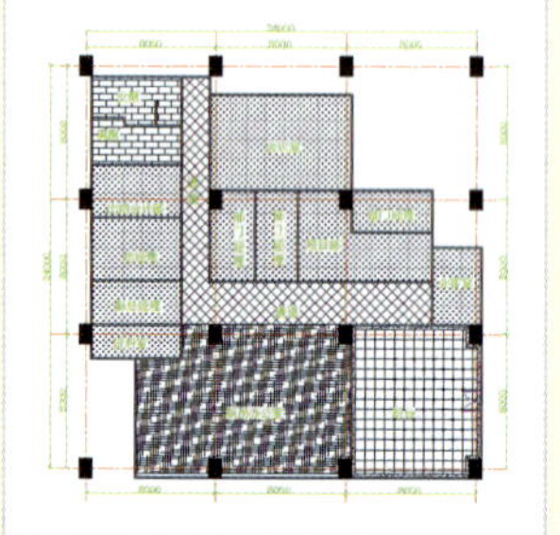

地面装饰图

别墅剖面图

歌舞厅顶棚图

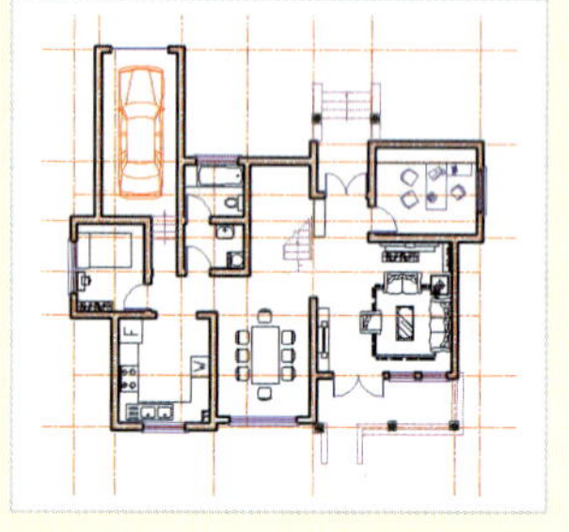

别墅首层平面图

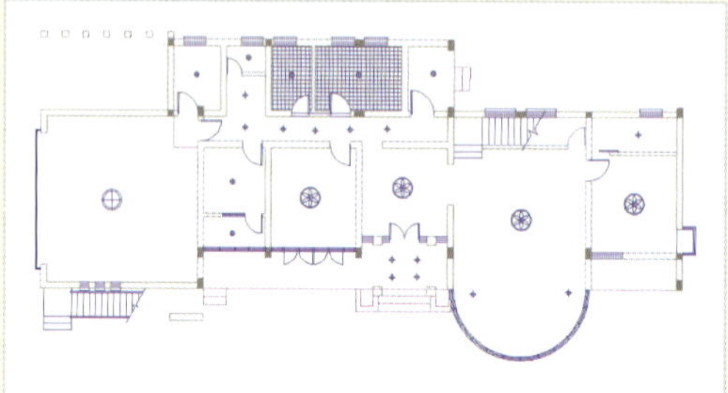

底层顶棚图

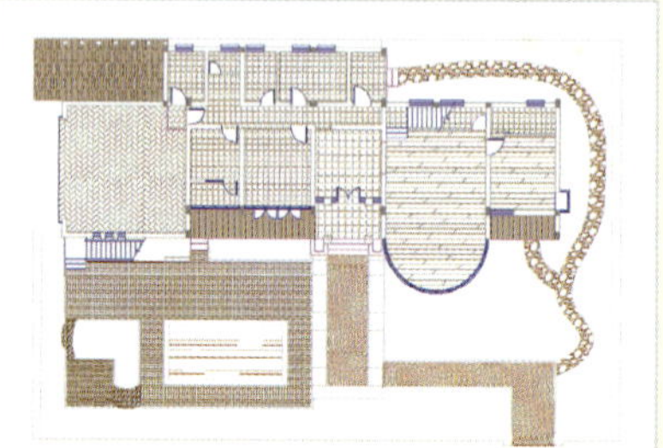

底层地面图

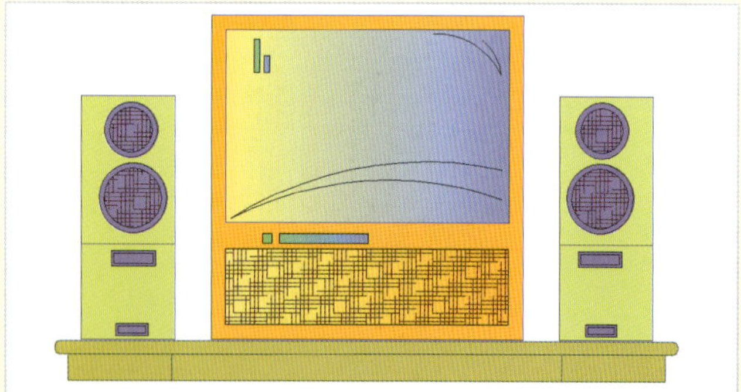

家庭影院

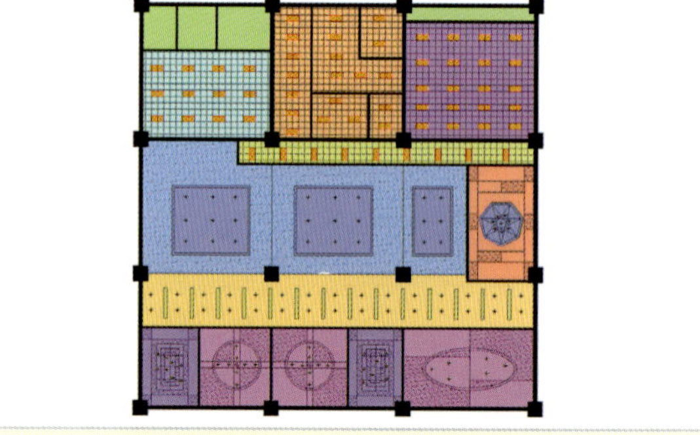

天花平面装饰图

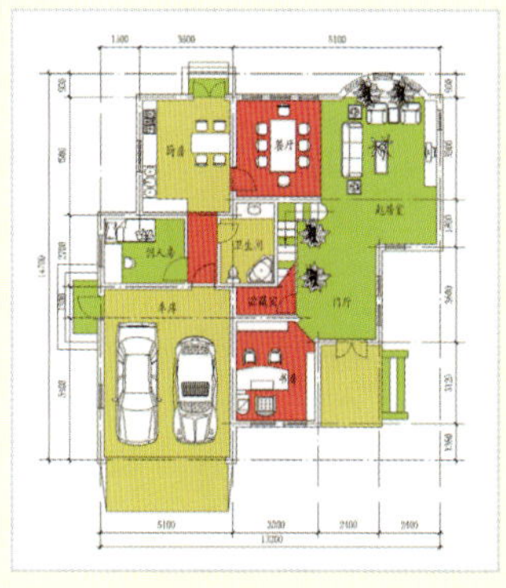

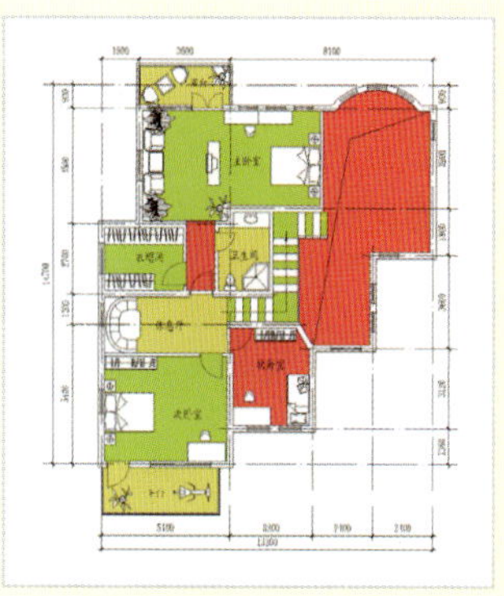

本书部分实例

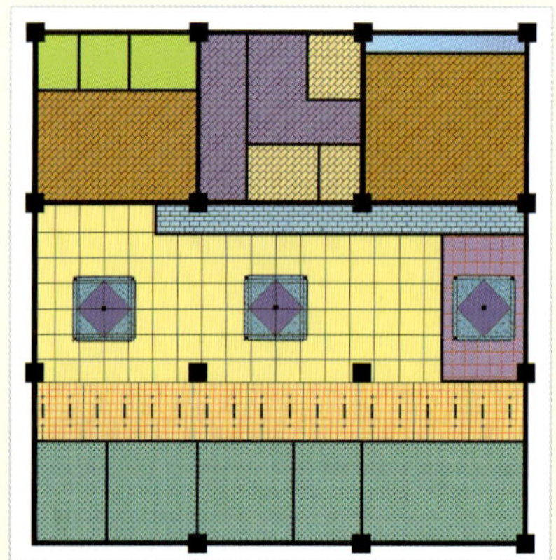

地面装饰图

别墅首层平面图

餐厅装饰平面图

标准间效果图

客厅效果图1

客厅效果图2

客厅效果图3

客厅效果图4

儿童房效果图

餐厅效果图

卫生间效果图

AutoCAD 2012中文版室内装潢设计从入门到精通

64集（段）高清多媒体教学视频+109个中小型实例实践+5套室内装潢设计综合实例

CAD/CAM/CAE技术联盟 编著

清华大学出版社
北 京

内容简介

《AutoCAD 2012中文版室内装潢设计从入门到精通》讲述了利用AutoCAD进行室内装潢设计的过程和技巧，全书共分19章，其中第1～5章介绍AutoCAD 2012的基础知识和操作技巧，第6～8章介绍室内设计的基本概念以及办公空间和餐厅室内设计的过程和技巧，第9～11章介绍某别墅室内设计的过程和技巧，第12～15章介绍某洗浴中心室内设计的过程和技巧，第16～19章介绍某学院会议中心室内设计的过程和技巧。

本书适合入门级读者学习使用，也适合有一定基础的读者参考使用，还可用作职业培训、职业教育的教材。

本书除利用传统的纸面讲解外，随书还配送了多功能学习光盘。光盘具体内容如下：

1．64段大型高清多媒体教学视频（动画演示）

2．4套AutoCAD绘图技巧、快捷命令速查手册等辅助学习资料

3．2套大型图纸设计方案及长达8小时同步教学视频

4．全书实例的源文件和素材

图书在版编目（CIP）数据

AutoCAD 2012中文版室内装潢设计从入门到精通/CAD/CAM/CAE技术联盟编著．—北京：清华大学出版社，2012.6（2021.12重印）

（清华社“视频大讲堂”大系CAD/CAM/CAE技术视频大讲堂）

ISBN 978-7-302-27304-2

I. ①A… II. ①C… III. ①室内装饰设计：计算机辅助设计-AutoCAD软件 IV. ①TU238-39

中国版本图书馆CIP数据核字（2011）第233269号

责任编辑：赵洛育
封面设计：李志伟
版式设计：文森时代
责任校对：柴　燕
责任印制：杨　艳
出版发行：清华大学出版社
　　网　　址：http://www.tup.com.cn，http://www.wqbook.com
　　地　　址：北京清华大学学研大厦A座　　邮　　编：100084
　　社 总 机：010-62770175　　邮　　购：010-62786544
　　投稿与读者服务：010-62776969，c-service@tup.tsinghua.edu.cn
　　质量反馈：010-62772015，zhiliang@tup.tsinghua.edu.cn
印 装 者：三河市科茂嘉荣印务有限公司
经　　销：全国新华书店
开　　本：203mm×260mm　**印　　张**：25　**插　　页**：4　**字　　数**：727千字
（附DVD光盘1张）
版　　次：2012年6月第1版　**印　　次**：2021年12月第19次印刷
定　　价：59.80元

产品编号：044127-01

前　言

在当今的计算机工程界，恐怕没有一款软件比 AutoCAD 更具有知名度和普适性了。它是美国 Autodesk 公司推出的集二维绘图、三维设计、参数化设计、协同设计及通用数据库管理和互联网通信功能为一体的计算机辅助绘图软件包。AutoCAD 自 1982 年推出以来，从初期的 1.0 版本，经多次版本更新和性能完善，现已发展到 AutoCAD 2012。它不仅在机械、电子、建筑、室内装潢、家具、园林和市政工程等工程设计领域得到了广泛的应用，而且在地理、气象、航海等特殊图形的绘制，甚至乐谱、灯光和广告等领域也得到了广泛的应用，目前已成为计算机 CAD 系统中应用最为广泛的图形软件之一。同时，AutoCAD 也是一个最具有开放性的工程设计开发平台，其开放性的源代码可以供各个行业进行广泛的二次开发，目前国内一些著名的二次开发软件，比如 CAXA 系列、天正系列等无不是在 AutoCAD 基础上进行本土化开发的产品。

近年来，世界范围内涌现了诸如 UG、Pro/ENGINEER、SolidWorks 等一些其他 CAD 软件，这些后起之秀虽然在不同的方面有很多优秀而实用的功能，但是 AutoCAD 毕竟历经风雨考验，以其开放性的平台和简单易行的操作方法，早已被工程设计人员所认可，成为工程界公认的规范和标准。

一、编写目的

鉴于 AutoCAD 强大的功能和深厚的工程应用底蕴，我们力图开发一套全方位介绍 AutoCAD 在各个工程行业应用实际情况的书籍。具体就每本书而言，我们不求事无巨细地将 AutoCAD 知识点全面讲解清楚，而是针对本专业或本行业需要，利用 AutoCAD 大体知识脉络作为线索，以实例作为“抓手”，帮助读者掌握利用 AutoCAD 进行本行业工程设计的基本技能和技巧。

二、本书特点

☑　**专业性强**

本书作者有多年的计算机辅助室内设计领域工作经验和教学经验。本书是作者总结多年的设计经验以及教学的心得体会，历时多年精心编著，力求全面、细致地展现出 AutoCAD 2012 在室内设计应用领域的各种功能和使用方法。

☑　**实例丰富**

本书中引用的餐厅、别墅、洗浴中心和会议中心室内设计案例，经过作者精心提炼和改编，不仅保证了读者能够学好知识点，更重要的是能够帮助读者掌握实际的操作技能。并通过实例的演练，找到一条学习 AutoCAD 室内设计的捷径。

☑　**涵盖面广**

本书在有限的篇幅内，包罗了 AutoCAD 常用的功能以及常见的室内设计讲解，涵盖了室内设计基本理论、AutoCAD 绘图基础知识和工程设计等知识。“秀才不出屋，能知天下事”。读者只要有本书在手，就能够做到 AutoCAD 室内设计知识全精通。

☑　**突出技能提升**

本书从全面提升室内设计与 AutoCAD 应用能力的角度出发，结合具体的案例来讲解如何利用

AutoCAD 2012 进行建筑工程设计，使读者在学习案例的过程中潜移默化地掌握 AutoCAD 2012 软件的操作技巧，同时培养读者的工程设计实践能力，真正让读者懂得计算机辅助室内设计，从而独立地完成各种建筑工程设计。

Note

三、本书光盘

1．64 段大型高清多媒体教学视频（动画演示）

为了方便读者学习，本书对大多数实例，专门制作了 60 多段的多媒体图像、语音视频录像（动画演示），读者可以先看视频，像看电影一样轻松愉悦地学习本书内容。

2．4 套 AutoCAD 绘图技巧、快捷命令速查手册等辅助学习资料

本书赠送了 AutoCAD 绘图技巧大全、快捷命令速查手册、常用工具按钮速查手册、AutoCAD 2012 常用快捷键速查手册等多种电子文档，方便读者使用。

3．2 套大型图纸设计方案及长达 8 小时同步教学视频

为了帮助读者拓展视野，本光盘特意赠送两套设计图纸集，图纸源文件，视频教学录像（动画演示），总长 8 个小时。

4．全书实例的源文件和素材

本书附带了很多实例，光盘中包含实例和练习实例的源文件和素材，读者可以安装 AutoCAD 2012 软件，打开并使用它们。

四、本书服务

有关本书的最新信息、疑难问题、图书勘误等内容，我们将及时发布到网站上，请读者朋友登录 www.thjd.com.cn，找到该书后留言，我们会逐一答复。

五、作者团队

本书由 CAD/CAM/CAE 技术联盟主编。赵志超、张辉、赵黎黎、朱玉莲、徐声杰、张琪、卢园、杨雪静、孟培、闫聪聪、万金环等参与了具体章节的编写或为本书的出版提供了必要的帮助，对他们的付出表示真诚的感谢。

由于时间仓促，加之作者水平有限，疏漏之处在所难免，欢迎读者提出宝贵的批评意见。

编　者

目　录

Contents

Note

Note

Note

第1章 AutoCAD 2012入门

本章将初步介绍AutoCAD 2012绘图的基本知识。通过本章的学习，应熟练操作AutoCAD 2012的工作界面，了解如何设置图形的系统参数和绘图环境，掌握AutoCAD基本输入操作方法，为后面进行系统学习做好准备。

- ☑ 操作界面
- ☑ 配置绘图系统
- ☑ 设置绘图环境
- ☑ 图形显示工具
- ☑ 基本输入操作

任务驱动&项目案例

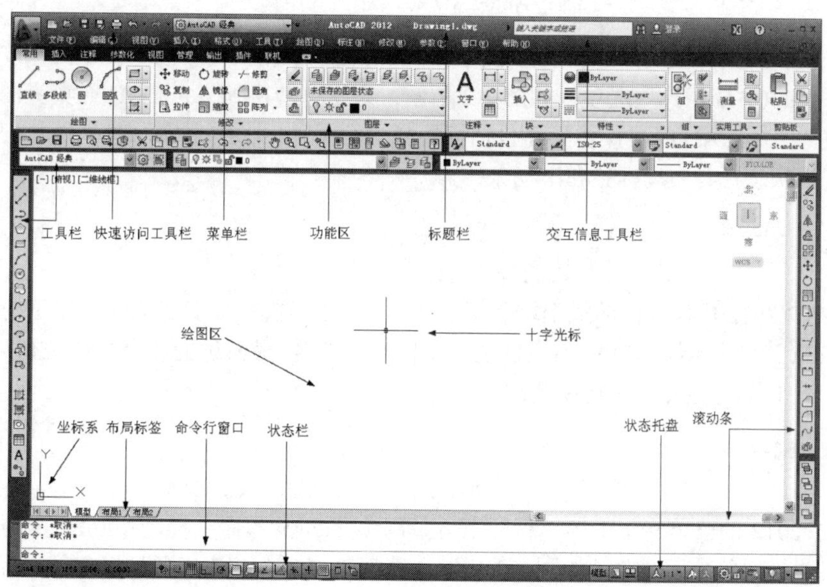

1.1 操作界面

AutoCAD 的操作界面是 AutoCAD 显示、编辑图形的区域。启动 AutoCAD 2012 后的默认界面是 AutoCAD 2009 以后版本出现的新界面风格，为了便于学习和使用过 AutoCAD 2012 及以前版本的用户学习，本书采用 AutoCAD 经典风格的界面进行介绍，如图 1-1 所示。

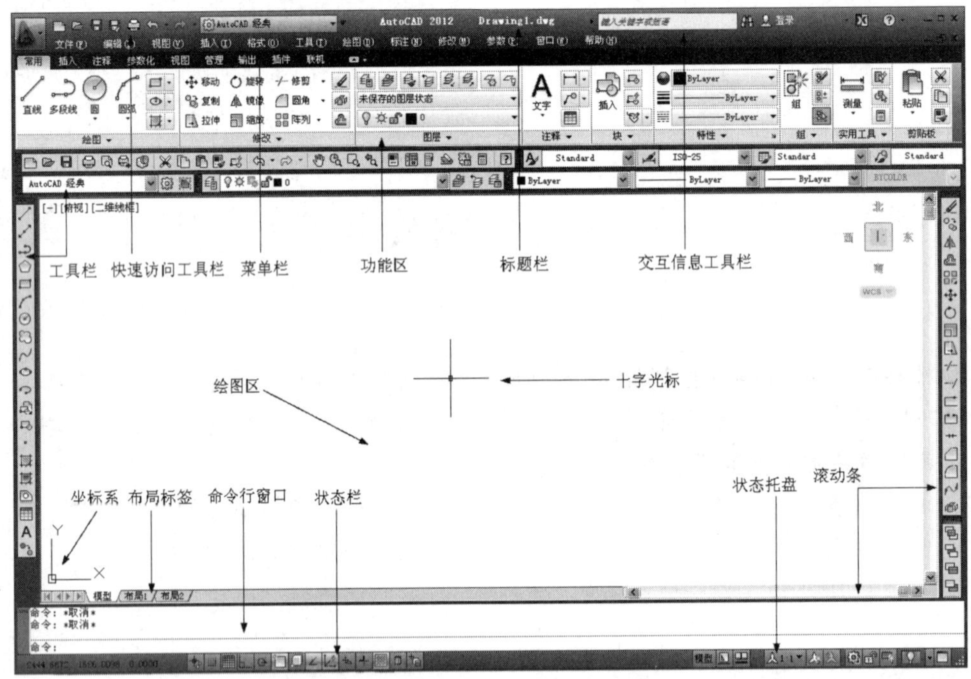

图 1-1　AutoCAD 2012 中文版操作界面

新界面风格和经典界面的具体转换方法是：单击界面左上角的“切换工作空间”按钮，在弹出的列表中选择“AutoCAD 经典”选项，如图 1-2 所示，系统将转换到 AutoCAD 经典界面。

一个完整的 AutoCAD 经典操作界面包括标题栏、绘图区、十字光标、菜单栏、工具栏、坐标系图标、命令行、状态栏、布局标签和滚动条等。

1.1.1 标题栏

在 AutoCAD 2012 操作界面的最上端是标题栏，显示了当前软件的名称和用户正在使用的图形文件，DrawingN.dwg（N 是数字）是 AutoCAD 的默认图形文件名；最右边的 3 个按钮控制 AutoCAD 2012 当前的状态：最小化、还原/最大化和关闭。

1.1.2 菜单栏

AutoCAD 2012 的菜单栏位于标题栏的下方，同 Windows 程序一样，AutoCAD 的菜单也是下拉形式的，并在菜单中包含子菜单，如图 1-3 所示。选择菜单命令是执行各种操作的途径之一。

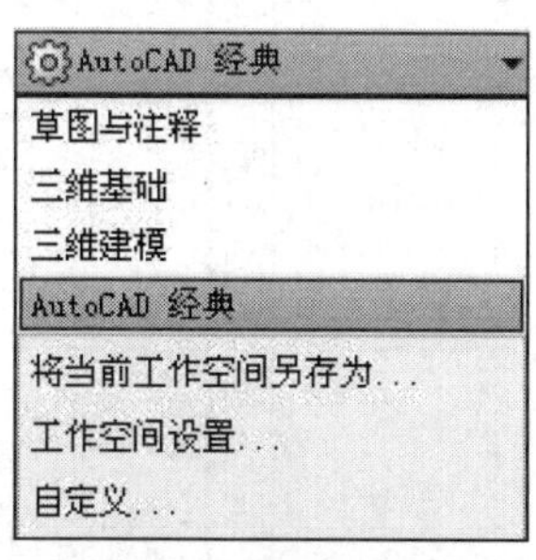

图 1-2　工作空间转换

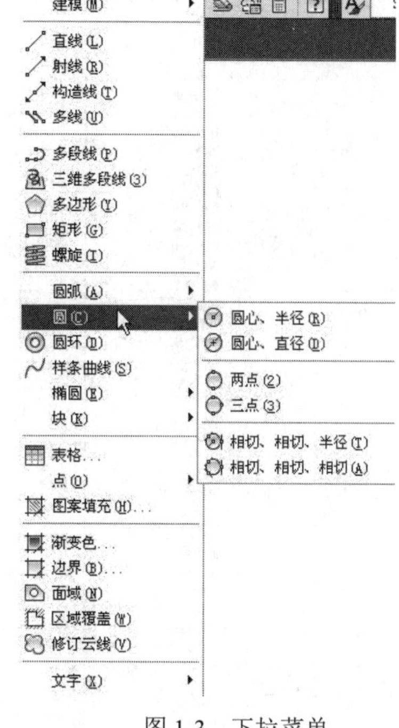

图 1-3　下拉菜单

一般来讲，AutoCAD 2012 下拉菜单有以下 3 种类型。

☑　右边带有小三角形的菜单项：表示该菜单后面带有子菜单，将光标放在上面会弹出其子菜单。

☑　右边带有省略号的菜单项：表示选择该项后会弹出一个对话框。

☑　右边没有任何内容的菜单项：选择它可以直接执行一个相应的 AutoCAD 命令，在命令提示行中显示出相应的提示。

1.1.3　工具栏

工具栏是执行各种操作最方便的途径，它是一组图标类型的按钮集合，单击这些按钮即可调用相应的 AutoCAD 命令。AutoCAD 2012 提供几十种工具栏，每一个工具栏都有一个名称。对工具栏的操作说明如下。

☑　固定工具栏：绘图窗口的四周边界为工具栏固定位置，在此位置上的工具栏不显示名称，在工具栏的最左端显示出一个句柄。

☑　浮动工具栏：拖动固定工具栏的句柄到绘图窗口内，工具栏转变为浮动状态，此时显示出该工具栏的名称，拖动工具栏的左、右、下边框可以改变工具栏的形状。

☑　打开工具栏：将光标放在任一工具栏的非标题区，单击鼠标右键，系统会自动打开单独的工具栏标签，如图 1-4 所示。单击某一个未在界面中显示的工具栏名称，系统将自动在界面中打开该工具栏。

☑　弹出工具栏：有些图标按钮的右下角带有“◢”符号，表示该工具项有弹出工具栏，单击即可打开工具下拉列表，按住鼠标左键，将光标移到某一图标上然后释放鼠标，该图标就成为当前图标，如图 1-5 所示。

图 1-4　打开工具栏

图 1-5　弹出工具栏

1.1.4　绘图区

绘图区是显示、绘制和编辑图形的矩形区域。其左下角是坐标系图标，表示当前使用的坐标系和坐标方向，根据工作需要，用户可以打开或关闭该图标的显示。十字光标由鼠标控制，其交叉点的坐标值显示在状态栏中。下面介绍几种在绘图区中的操作。

1. 改变绘图窗口的颜色

（1）选择菜单栏中的“工具”→“选项”命令，打开“选项”对话框。

（2）选择“显示”选项卡，如图 1-6 所示，进入相关的设置界面。

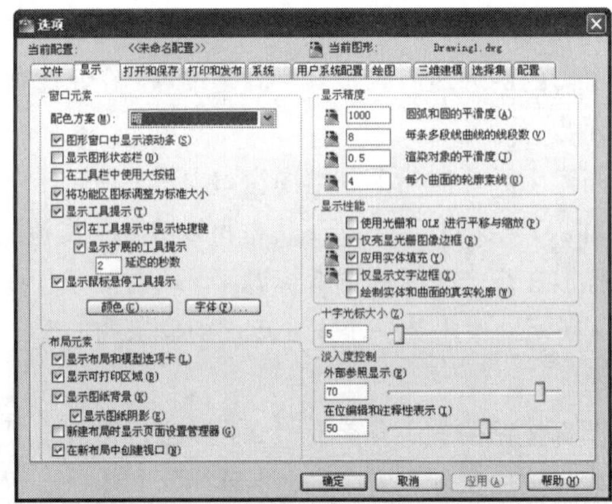

图 1-6　“选项”对话框中的“显示”选项卡

（3）单击“窗口元素”选项组中的“颜色”按钮，打开如图 1-7 所示的“图形窗口颜色”对话框。

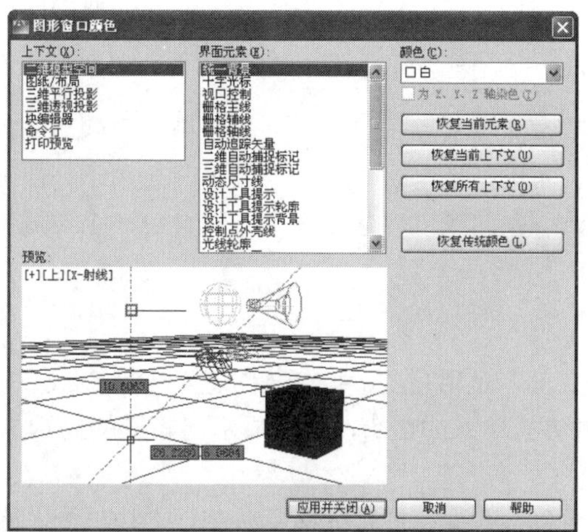

图 1-7 “图形窗口颜色”对话框

（4）从“颜色”下拉列表框中选择某种颜色，如白色，单击“应用并关闭”按钮，即可将绘图窗口改为白色。

2. 改变十字光标的大小

在图 1-6 所示的“显示”选项卡中拖动“十字光标大小”选项组中的滑块，或在文本框中直接输入数值，即可对十字光标的大小进行调整。

3. 设置自动保存时间和位置

（1）选择菜单栏中的“工具”→“选项”命令，打开“选项”对话框。

（2）选择“打开和保存”选项卡，如图 1-8 所示。

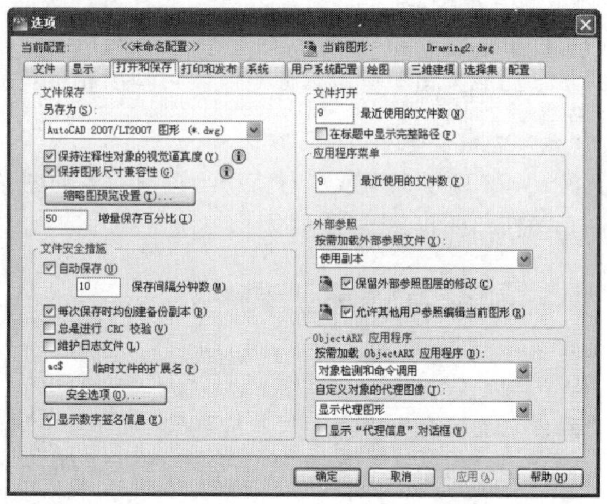

图 1-8 “选项”对话框中的“打开和保存”选项卡

（3）选中“文件安全措施”选项组中的“自动保存”复选框，在其下方的文本框中输入自动保存的间隔分钟数，建议设置为 10～30 分钟。

（4）在“文件安全措施”选项组中的“临时文件的扩展名”文本框中，可以改变临时文件的扩展名，默认为 ac$。

（5）选择“文件”选项卡，在“自动保存文件”选项组中设置自动保存文件的路径，单击“浏览”按钮修改自动保存文件的存储位置。最后单击“确定”按钮。

4. 模型与布局标签

Note

在绘图窗口左下角有模型空间标签和布局标签来实现模型空间与布局之间的转换。模型空间提供了设计模型（绘图）的环境。布局是指可访问的图纸显示，专用于打印。AutoCAD 2012 可以在一个布局上建立多个视图，同时，一张图纸可以建立多个布局且每一个布局都有相对独立的打印设置。

1.1.5 命令行

命令行位于操作界面的底部，是用户与 AutoCAD 进行交互对话的窗口。在“命令:”提示下，AutoCAD 接收用户使用各种方式输入的命令，然后显示出相应的提示，如命令选项、提示信息和错误信息等。

命令行中显示文本的行数可以改变，将光标移至命令行上边框处，待光标变为双箭头后，按住左键拖动即可。命令行的位置可以在操作界面的上方或下方，也可以浮动在绘图窗口内。将光标移至该窗口左边框处，光标变为箭头状后，单击并拖动即可。使用 F2 功能键能放大显示命令行。

1.1.6 状态栏和滚动条

1. 状态栏

状态栏在操作界面的最下部，能够显示有关的信息，例如，当光标在绘图区时，显示十字光标的三维坐标；当光标在工具栏的图标按钮上时，显示该按钮的提示信息。

状态栏中包括若干个功能按钮，它们是 AutoCAD 的绘图辅助工具，有多种方法控制这些功能按钮的开关。

☑ 单击即可打开/关闭相应功能。

☑ 使用相应的功能键。如按 F8 键可以循环打开/关闭正交模式。

☑ 使用快捷菜单。在一个功能按钮上单击鼠标右键，可弹出相关快捷菜单。

2. 滚动条

滚动条包括水平和垂直滚动条，用于上下或左右移动绘图窗口内的图形。用鼠标拖动滚动条中的滑块或单击滚动条两侧的三角按钮，即可移动图形。

1.1.7 快速访问工具栏和交互信息工具栏

1. 快速访问工具栏

快速访问工具栏包括“新建”、“打开”、“保存”、“放弃”、“重做”、“打印”、“特性”和“特性匹配”等几个最常用的工具。用户也可以单击本工具栏后面的下拉按钮设置需要的常用工具。

2. 交互信息工具栏

交互信息工具栏包括“搜索”、“交换”、“帮助”等几个常用的数据交互访问工具。

1.1.8 功能区

AutoCAD 2012 包括“常用”、“插入”、“注释”、“参数化”、“视图”、“管理”、“输出”、“插件”

和“联机”9 个功能区，每个功能区集成了相关的操作工具，方便用户的使用。用户可以单击功能区选项后面的按钮控制功能的展开与收缩。

打开或关闭功能区的操作方式如下。

☑ 命令行：RIBBON（或 RIBBONCLOSE）。

☑ 菜单栏：“工具”→“选项板”→“功能区”。

1.1.9 状态托盘

状态托盘包括一些常见的显示工具和注释工具，以及模型空间与布局空间转换工具，如图 1-9 所示。通过这些按钮可以控制图形或绘图区的状态。

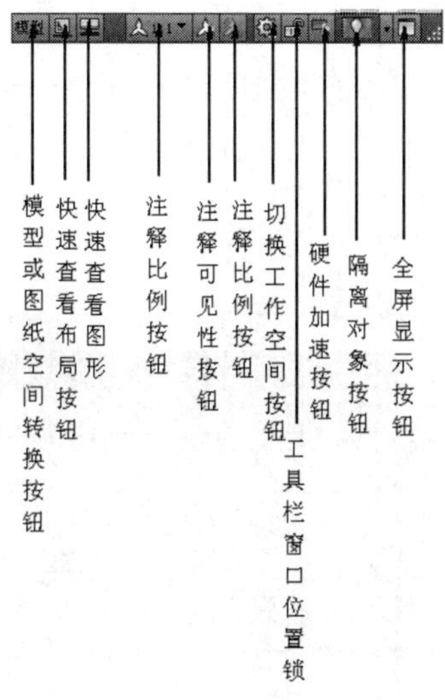

图 1-9 状态托盘工具

1.2 配置绘图系统

由于每台计算机所使用的显示器、输入设备和输出设备的类型不同，用户喜好的风格及计算机的目录设置也不同，所以每台计算机都是独特的。一般来讲，使用 AutoCAD 2012 的默认配置就可以绘图，但为了使用用户的定点设备或打印机，以及提高绘图的效率，AutoCAD 推荐用户在开始做图前先进行必要的配置。

1. 执行方式

☑ 命令行：preferences。

☑ 菜单栏：“工具”→“选项”。

☑ 快捷菜单：在绘图区右击，在弹出的快捷菜单中选择“选项”命令，如图 1-10 所示。

2. 操作步骤

执行上述命令后，系统自动打开“选项”对话框。用户可以在该对话框中选择有关选项，对系统进行配置。下面只对其中主要的几个选项卡进行说明，其他配置选项在后面用到时再做具体说明。

Note

1.2.1 显示配置

“选项”对话框中的“显示”选项卡用于控制 AutoCAD 窗口的外观，如图 1-6 所示。在该选项卡中可设定屏幕菜单、滚动条显示与否、固定命令行窗口中文字行数、AutoCAD 的版面布局设置、各实体的显示分辨率以及 AutoCAD 运行时的其他各项性能参数等。前面已经讲述了屏幕菜单设定、屏幕颜色、光标大小等知识，其余有关选项的设置读者可参照“帮助”文件学习。

在设置实体显示分辨率时，请务必记住，显示质量越高，即分辨率越高，计算机计算的时间越长，千万不要将其设置太高。将显示质量设定在一个合理的程度上是很重要的。

1.2.2 系统配置

“选项”对话框中的“系统”。该选项卡用来设置 AutoCAD 系统的有关特性，如图 1-11 所示。

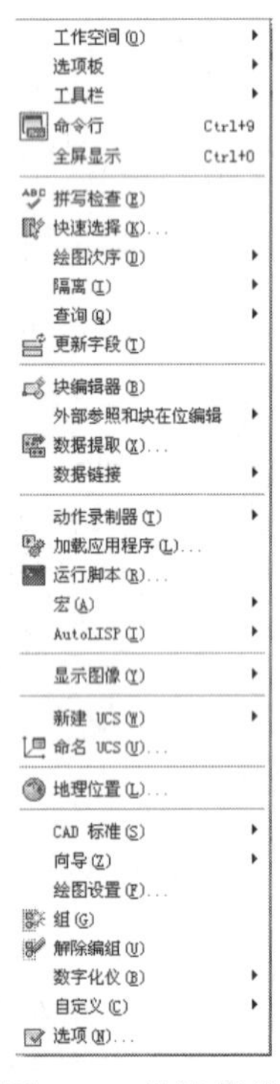

图 1-10 快键菜单

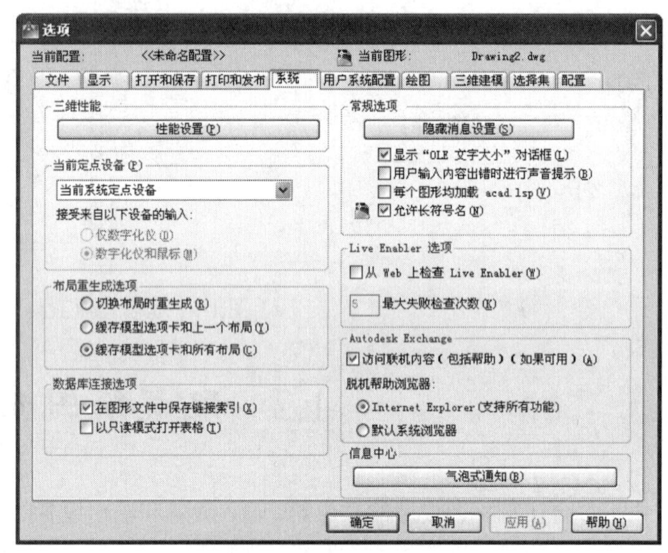

图 1-11 “系统”选项卡

1. “三维性能”选项组

该选项组用于设定当前 3D 图形的显示特性，可以选择系统提供的 3D 图形显示特性配置，也可以单击“特性”按钮自行设置该特性。

2. “当前定点设备”选项组

该选项组用于安装及配置定点设备，包括数字化仪和鼠标。具体的配置和安装方法，请参照定点设备的用户手册。

3. “常规选项”选项组

该选项组用于确定是否选择系统配置的有关基本选项。

4. “布局重生成选项”选项组

该选项组用于确定切换布局时是否重生成或缓存模型选项卡和布局。

5. “数据库连接选项”选项组

该选项组用于确定数据库连接的方式。

Note

6. “Live Enabler 选项”选项组

该选项组用于确定在 Web 上检查 Live Enabler 失败的次数。

7. Autodesk Exchange 选项组

该选项组用于控制与帮助系统相关的选项。

1.3 设置绘图环境

一般情况下，可以采用计算机默认的单位和图形边界，但有时需要根据绘图的实际需要进行设置。在 AutoCAD 中，可以利用相关命令对图形单位和图形边界以及工作文件进行具体设置。

1.3.1 绘图单位设置

1. 执行方式

☑ 命令行：DDUNITS（或 UNITS）。

☑ 菜单栏：“格式”→“单位”。

2. 操作步骤

执行上述命令后，系统打开“图形单位”对话框，如图 1-12 所示。该对话框用于定义单位和角度格式。

3. 选项说明

（1）“长度”与“角度”选项组

这两个选项组用于指定测量的长度与角度的当前单位及当前单位的精度。

（2）“插入时的缩放单位”选项组

该选项组中的“用于缩放插入内容的单位”下拉列表框可控制插入到当前图形中的块和图形的测量单位。如果块或图形创建时使用的单位与该选项指定的单位不同，则在插入这些块或图形时，将对其按比例进行缩放。插入比例是原块或图形使用的单位与目标图形使用的单位之比。如果插入块时不按指定单位缩放，则在其下拉列表框中选择“无单位”选项。

（3）“输出样例”选项组

该选项组用于显示用当前单位和角度设置的例子。

（4）“光源”选项组

该选项组用于控制当前图形中光度控制光源的强度测量单位。为创建和使用光度控制光源，必须从下拉列表框中指定非“常规”的单位。如果将“用于缩放插入内容的单位”选项设置为“无单位”，则将显示警告信息，通知用户渲染输出可能不正确。

（5）“方向”按钮

Note

单击该按钮，系统打开“方向控制”对话框，如图 1-13 所示。可以在该对话框中进行方向控制设置。

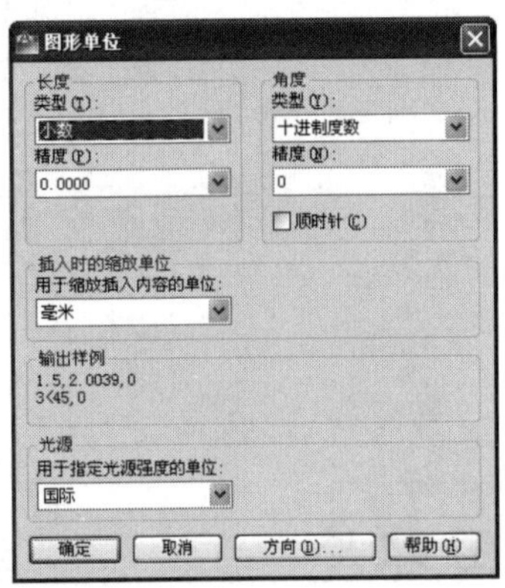

图 1-12 “图形单位”对话框

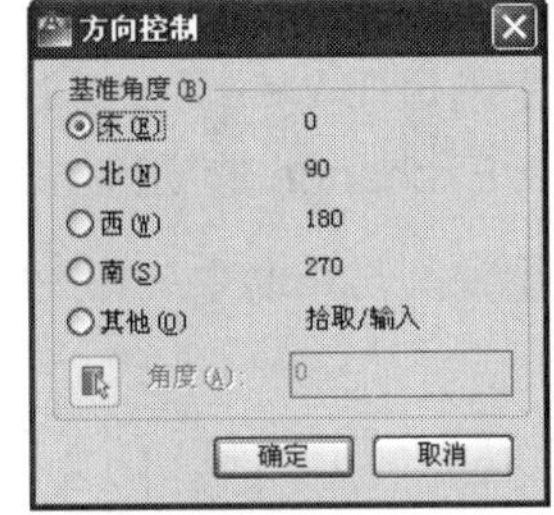

图 1-13 “方向控制”对话框

1.3.2 图形边界设置

1. 执行方式

☑ 命令行：LIMITS。

☑ 菜单栏：“格式”→“图形范围”。

2. 操作步骤

```
命令：LIMITS↙
重新设置模型空间界限：
指定左下角点或 [开(ON)/关(OFF)] <0.0000,0.0000>：(输入图形边界左下角的坐标后按 Enter 键)
指定右上角点 <12.0000,9.0000>：(输入图形边界右上角的坐标后按 Enter 键)
```

3. 选项说明

☑ 开(ON)：使绘图边界有效。系统将在绘图边界以外拾取的点视为无效。

☑ 关(OFF)：使绘图边界无效。用户可以在绘图边界以外拾取点或实体。

☑ 动态输入角点坐标：动态输入功能可以直接在屏幕上输入角点坐标，输入横坐标值后，按“,”键，再输入纵坐标值，如图 1-14 所示。也可以直接在光标位置单击确定角点位置。

图 1-14 动态输入

1.4 图形显示工具

对于一个较为复杂的图形来说，在观察整幅图形时往往无法对其局部细节进行查看和操作，而当在屏幕上显示一个细部时又看不到其他部分。为解决这类问题，AutoCAD 提供了缩放、平移、视图、鸟瞰视图和视口命令等一系列图形显示控制命令，可以用来任意地放大、缩小或移动屏幕上的图形显示，或者同时从不同的角度、不同的部位来显示图形。AutoCAD 还提供了重画和重新生成命令来刷新屏幕、重新生成图形。

1.4.1 图形缩放

“图形缩放”命令类似于照相机的镜头，可以放大或缩小屏幕所显示的范围，使用该命令只改变视图的比例，对象的实际尺寸并不发生变化。当放大图形一部分的显示尺寸时，可以更清楚地查看这个区域的细节；相反，如果缩小图形的显示尺寸，则可以查看更大的区域，如整体浏览。

图形缩放功能在绘制大幅面机械图，尤其是装配图时非常有用，是使用频率最高的命令之一。该命令可以透明地使用，也就是说，该命令可以在其他命令执行时运行。用户完成涉及透明命令的过程时，AutoCAD 会自动地返回到在用户调用透明命令前正在运行的命令。执行图形缩放的方法介绍如下。

1. 执行方式

☑ 命令行：ZOOM。

☑ 菜单栏：“视图”→“缩放”。

☑ 工具栏：“标准”→“实时缩放”，如图 1-15 所示。

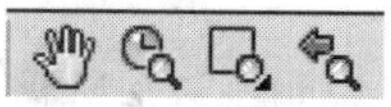

图 1-15 “标准”工具栏

2. 操作步骤

```
[全部(A)/中心点(C)/动态(D)/范围(E)/上一个(P)/比例(S)/窗口(W)/对象(O)] <实时>:
```

3. 选项说明

☑ 实时：这是“缩放”命令的默认操作，即在输入 ZOOM 命令后，直接按 Enter 键，将自动执行实时缩放操作。实时缩放就是可以通过上下移动鼠标交替进行放大和缩小。在使用实时缩放时，系统会显示一个“+”号或“-”号。当缩放比例接近极限时，AutoCAD 将不再与光标一起显示“+”号或“-”号。需要从实时缩放操作中退出时，可按 Enter 键、Esc 键或是从菜单中选择 Exit 命令退出。

☑ 全部(A)：执行 ZOOM 命令后，在提示文字后输入 A，即可执行“全部(A)”缩放操作。不论图形有多大，该操作都将显示图形的边界或范围，即使对象不包括在边界以内，它们也将被显示。因此，使用“全部(A)”缩放选项，可查看当前视口中的整个图形。

☑ 中心点(C)：通过确定一个中心点，该选项可以定义一个新的显示窗口。操作过程中需要指定中心点以及输入比例或高度。默认新的中心点就是视图的中心点，默认的输入高度就是当前视图的高度，直接按 Enter 键后，图形将不会被放大。输入比例的数值越大，则图形放大倍数也将越大。也可以在数值后面紧跟一个 X，如 3X，表示在放大时不是按照绝对值变化，而是按相对于当前视图的相对值缩放。

☑ 动态(D)：通过操作一个表示视口的视图框，可以确定所需显示的区域。选择该选项，在绘图窗口中出现一个小的视图框，按住鼠标左键左右移动可以改变该视图框的大小，定形后释放鼠标，再按下鼠标左键移动视图框，确定图形中的放大位置，系统将清除当前视口并显示一个特定的视图选择屏幕。这个特定屏幕，由有关当前视图及有效视图的信息所构成。

☑ 范围(E)：可以使图形缩放至整个显示范围。图形的范围由图形所在的区域构成，剩余的空白区域将被忽略。应用该选项，图形中所有的对象都尽可能地被放大。

☑ 上一个(P)：在绘制一幅复杂的图形时，有时需要放大图形的一部分以进行细节的编辑。当编辑完成后，有时希望回到前一个视图。这种操作可以使用“上一个(P)”选项来实现。当前视口由“缩放”命令的各种选项或移动视图、视图恢复、平行投影或透视命令引起的任何变化，系统都将做保存。每一个视口最多可以保存 10 个视图。连续使用“上一个(P)”选项可以恢复前 10 个视图。

Note

- ☑ 比例(S)：提供了3种使用方法。在提示信息下，直接输入比例系数，AutoCAD将按照此比例因子放大或缩小图形的尺寸。如果在比例系数后面加一个X，则表示相对于当前视图计算的比例因子。使用比例因子的第3种方法就是相对于图形空间，例如，可以在图纸空间打印出模型的不同视图。为了使每一张视图都与图纸空间单位成比例，可以使用“比例(S)”选项，每一个视图可以有单独的比例。
- ☑ 窗口(W)：是最常使用的选项。通过确定一个矩形窗口的两个对角来指定所需缩放的区域，对角点可以由鼠标指定，也可以输入坐标确定。指定窗口的中心点将成为新的显示屏幕的中心点。窗口中的区域将被放大或者缩小。调用ZOOM命令时，可以在没有选择任何选项的情况下，利用鼠标在绘图窗口中直接指定缩放窗口的两个对角点。
- ☑ 对象(O)：缩放以便尽可能大地显示一个或多个选定的对象并使其位于视图的中心。可以在启动ZOOM命令前后选择对象。

说明： 这里所提到的诸如放大、缩小或移动的操作，仅仅是对图形在屏幕上的显示进行控制，图形本身并没有任何改变。

1.4.2 图形平移

当图形幅面大于当前视口时，例如使用图形缩放命令将图形放大，如果需要在当前视口之外观察或绘制一个特定区域时，可以使用图形平移命令来实现。“平移”命令能将在当前视口以外的图形的一部分移动进来查看或编辑，但不会改变图形的缩放比例。执行图形缩放的方法如下。

- ☑ 命令行：PAN。
- ☑ 菜单栏：“视图”→“平移”。
- ☑ 工具栏：“标准”→“实时平移”。
- ☑ 快捷菜单：绘图窗口中右击→“平移”。

激活“平移”命令之后，光标将变成一只“小手”形，可以在绘图窗口中任意移动，以示当前正处于平移模式。单击并按住鼠标左键将光标锁定在当前位置，即“小手”已经抓住图形，然后拖动图形使其移动到所需位置上，释放鼠标将停止平移图形。可以反复按下鼠标左键拖动—释放，将图形平移到其他位置上。

“平移”命令预先定义了一些不同的菜单选项与按钮，它们可用于在特定方向上平移图形，在激活“平移”命令后，这些选项可以从菜单“视图”→“平移”→“*”中调用。

- ☑ 实时：是“平移”命令中最常用的选项，也是默认选项，前面提到的平移操作都是指实时平移，通过鼠标的拖动来实现任意方向上的平移。
- ☑ 点：该选项要求确定位移量，这就需要确定图形移动的方向和距离。可以通过输入点的坐标或用鼠标指定点的坐标来确定位移。
- ☑ 左：该选项移动图形使屏幕左部的图形进入显示窗口。
- ☑ 右：该选项移动图形使屏幕右部的图形进入显示窗口。
- ☑ 上：该选项向底部平移图形后，使屏幕顶部的图形进入显示窗口。
- ☑ 下：该选项向顶部平移图形后，使屏幕底部的图形进入显示窗口。

Note

1.5 基本输入操作

在 AutoCAD 中，有一些基本的输入操作方法，这些基本方法是进行 AutoCAD 绘图的必备知识基础，也是深入学习 AutoCAD 功能的前提。

1.5.1 命令输入方式

AutoCAD 交互绘图必须输入必要的指令和参数。有多种 AutoCAD 命令输入方式（以画直线为例）。

1. 在命令行窗口输入命令名

命令字符可不区分大小写。例如，命令：LINE↙。执行命令时，在命令行提示中经常会出现命令选项。例如，输入绘制直线命令 LINE 后，命令行提示如下：

```
命令：LINE↙
指定第一点：(在屏幕上指定一点或输入一个点的坐标)
指定下一点或 [放弃(U)]：
```

命令中不带括号的提示为默认选项，因此可以直接输入直线段的起点坐标或在屏幕上指定一点，如果要选择其他选项，则应该首先输入该选项的标识字符，如“放弃”选项的标识字符“U”，然后按系统提示输入数据即可。在命令选项的后面有时候还带有尖括号，尖括号内的数值为默认数值。

2. 在命令行窗口输入命令缩写字

常用的命令缩写字如 L（Line）、C（Circle）、A（Arc）、Z（Zoom）、R（Redraw）、M（More）、CO（Copy）、PL（Pline）、E（Erase）等。

3. 选择“绘图”菜单直线选项

选取该选项后，在状态栏中可以看到对应的命令说明及命令名。

4. 选取工具栏中的对应图标

选取该图标后在状态栏中也可以看到对应的命令说明及命令名。

5. 在命令行打开右键快捷菜单

如果在前面刚使用过要输入的命令，可以在命令行打开右键快捷菜单，在“近期使用的命令”子菜单中选择需要的命令，如图 1-16 所示。“近期使用的命令”子菜单中存储最近使用的 6 个命令，如果经常重复使用某个 6 次操作以内的命令，这种方法就比较快速简洁。

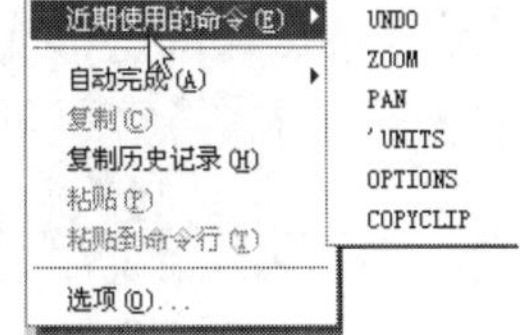

图 1-16 命令行右键快捷菜单

6. 在绘图区右击鼠标

如果用户要重复使用上次使用的命令，可以直接在绘图区右击，系统立即重复执行上次使用的命令，这种方法适用于重复执行某个命令的场合。

1.5.2 命令的重复、撤消、重做

1. 命令的重复

在命令行窗口中按 Enter 键可重复调用上一个命令，不管上一个命令是完成了还是被取消了。

Note

2. 命令的撤消

在命令执行的任何时刻都可以取消和终止命令的执行。执行方式如下：

☑ 命令行：UNDO。

☑ 菜单栏："编辑"→"放弃"。

☑ 快捷键：Esc。

3. 命令的重做

已被撤消的命令还可以恢复重做。可恢复撤消的最后一个命令。执行方式如下：

☑ 命令行：REDO。

☑ 菜单栏："编辑"→"重做"。

该命令可以一次执行多重放弃和重做操作。单击"标准"工具栏中的"放弃"按钮或"重做"按钮后面的小三角，可以选择要放弃或重做的操作，如图1-17所示。

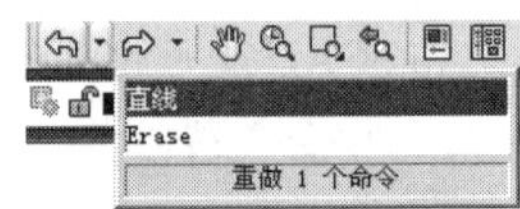

图1-17 多重放弃或重做

1.5.3 透明命令

在AutoCAD 2012中有些命令不仅可以直接在命令行中使用，而且还可以在其他命令的执行过程中插入并执行，待该命令执行完毕后，系统继续执行原命令，这种命令称为透明命令。透明命令一般多为修改图形设置或打开辅助绘图工具的命令。

1.5.2小节中3种命令的执行方式同样适用于透明命令的执行。例如在命令行中进行如下操作：

```
命令：ARC↙
指定圆弧的起点或 [圆心(C)]:ZOOM↙（透明使用显示缩放命令 ZOOM）
>>（执行 ZOOM 命令）
正在恢复执行 ARC 命令。
指定圆弧的起点或 [圆心(C)]:（继续执行原命令）
```

1.5.4 按键定义

在AutoCAD 2012中，除了可以通过在命令行窗口输入命令、单击工具栏图标或点取菜单项来完成功能外，还可以使用键盘上的一组功能键或快捷键，通过这些功能键或快捷键，可以快速实现指定功能，如按F1键，系统将调用AutoCAD帮助对话框。

系统使用AutoCAD传统标准（Windows 之前）或Microsoft Windows标准解释快捷键。有些功能键或快捷键在AutoCAD的菜单中已经指出，如"粘贴"的快捷键为Ctrl+V，这些只要用户在使用的过程中多加留意，就会熟练掌握。快捷键的定义见菜单命令后面的说明，如"剪切 Ctrl+X"。

1.5.5 命令执行方式

有的命令有两种执行方式，即通过对话框或通过命令行输入命令。如指定使用命令行窗口方式，可以在命令名前加短划线来表示，如_LAYER表示用命令行方式执行"图层"命令。而如果在命令行输入LAYER，系统则会自动打开"图层"对话框。

另外，有些命令同时存在命令行、菜单栏和工具栏3种执行方式，这时如果选择菜单或工具栏方式，命令行会显示该命令，并在前面加一个下划线，如通过菜单或工具栏方式执行"直线"命令时，命令行会显示"_line"，命令的执行过程和结果与命令行方式相同。

1.5.6 坐标系统与数据的输入方法

1. 坐标系

AutoCAD 采用两种坐标系，即世界坐标系（WCS）与用户坐标系。用户刚进入 AutoCAD 时的坐标系统就是世界坐标系，是固定的坐标系统。世界坐标系也是坐标系统中的基准，绘制图形时多数情况下都是在这个坐标系统下进行的。打开坐标系的方式如下。

☑ 命令行：UCS。

☑ 菜单栏："工具"→"新建 UCS"。

☑ 工具栏：单击 UCS 工具栏中的相应按钮。

AutoCAD 有两种视图显示方式，即模型空间和图纸空间。模型空间是指单一视图显示法，通常使用这种显示方式；图纸空间是指在绘图区域创建图形的多视图，用户可以对其中每一个视图进行单独操作。在默认情况下，当前 UCS 与 WCS 重合。如图 1-18（a）所示为模型空间下的 UCS 坐标系图标，通常放在绘图区左下角处；如当前 UCS 和 WCS 重合，则出现一个 W 字，如图 1-18（b）所示；也可以指定它放在当前 UCS 的实际坐标原点位置，此时出现一个"十"字，如图 1-18（c）所示。图 1-18（d）所示为图纸空间下的坐标系图标。

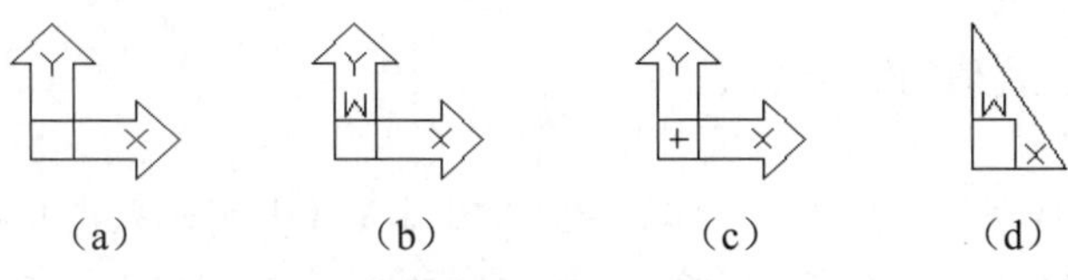

图 1-18 坐标系图标

2. 数据输入方法

在 AutoCAD 2012 中，点的坐标可以用直角坐标、极坐标、球面坐标和柱面坐标表示，每一种坐标又分别具有两种坐标输入方式，即绝对坐标和相对坐标。其中直角坐标和极坐标最为常用，下面主要介绍它们的输入。

（1）直角坐标法

用点的 X、Y 坐标值表示的坐标。例如，在命令行中输入点的坐标提示下，输入"15,18"，则表示输入了一个 X、Y 的坐标值分别为 15、18 的点，此为绝对坐标输入方式，表示该点的坐标是相对于当前坐标原点的坐标值，如图 1-19（a）所示。如果输入"@10,20"，则为相对坐标输入方式，表示该点的坐标是相对于前一点的坐标值，如图 1-19（b）所示。

（2）极坐标法

用长度和角度表示的坐标，只能用来表示二维点的坐标。

在绝对坐标输入方式下，表示为"长度<角度"，如"25<50"，其中长度为该点到坐标原点的距离，角度为该点至原点的连线与 X 轴正向的夹角，如图 1-19（c）所示。

在相对坐标输入方式下，表示为"@长度<角度"，如"@25<45"，其中长度为该点到前一点的距离，角度为该点至前一点的连线与 X 轴正向的夹角，如图 1-19（d）所示。

3. 动态数据输入

单击状态栏中的"动态输入"按钮，系统将打开动态输入功能，可以在屏幕上动态地输入某些参数数据。例如，绘制直线时，在光标附近会动态地显示"指定第一点"，以及后面的坐标框，当前

Note

显示的是光标所在位置，可以输入数据，两个数据之间以逗号隔开，如图 1-20 所示。指定第一点后，系统动态显示直线的角度，同时要求输入线段长度值，如图 1-21 所示，其输入效果与"@长度<角度"方式相同。

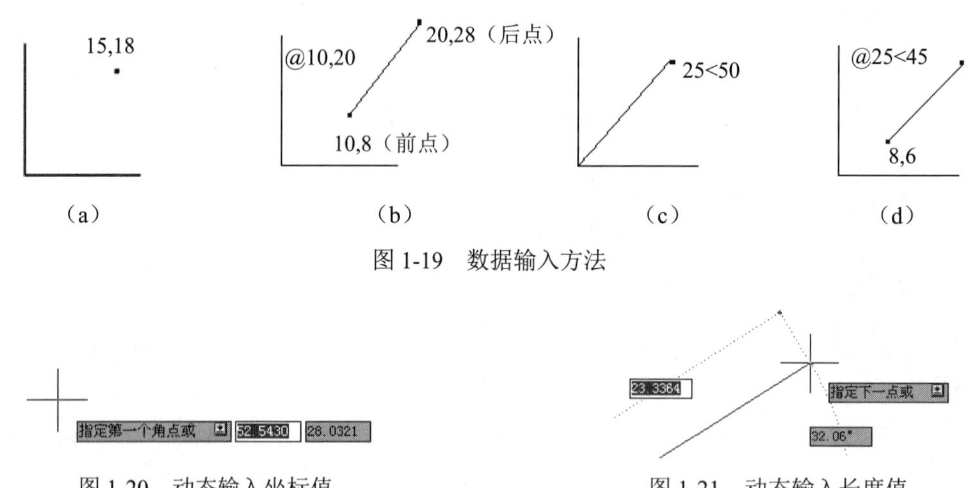

图 1-19　数据输入方法

图 1-20　动态输入坐标值

图 1-21　动态输入长度值

下面分别讲述点与距离值的输入方法。

（1）点的输入

绘图过程中，常需要输入点的位置，AutoCAD 提供了如下几种输入点的方式：

❶ 用键盘直接在命令行窗口中输入点的坐标。直角坐标有两种输入方式，即"X,Y"（点的绝对坐标值，如"100,50"）和"@X,Y"（相对于上一点的相对坐标值，如"@50,-30"）。坐标值均相对于当前的用户坐标系。

极坐标的输入方式为"长度<角度"（其中，长度为点到坐标原点的距离，角度为原点至该点连线与 X 轴的正向夹角，如"20<45"）或"@长度<角度"（相对于上一点的相对极坐标，如"@50<-30"）。

❷ 用鼠标等定标设备移动光标，单击鼠标左键在屏幕上直接取点。

❸ 用目标捕捉方式捕捉屏幕上已有图形的特殊点（如端点、中点、中心点、插入点、交点、切点、垂足点等）。

❹ 直接距离输入。先用光标拖拉出线确定方向，然后用键盘输入距离。这样有利于准确控制对象的长度等参数，如要绘制一条 10mm 长的线段，命令行提示与操作方法如下：

```
命令: line↙
指定第一点:（在绘图区指定一点）
指定下一点或 [放弃(U)]:
```

这时在屏幕上移动鼠标指明线段的方向，但不要单击确认，如图 1-22 所示。然后在命令行输入"10"，这样就在指定方向上准确地绘制了长度为 10mm 的线段。

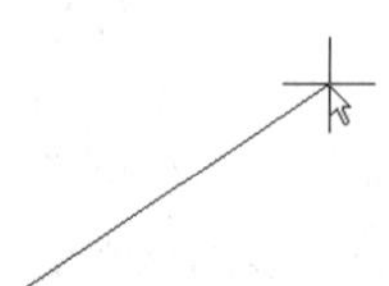

图 1-22　绘制直线

（2）距离值的输入

在 AutoCAD 命令中，有时需要提供高度、宽度、半径、长度等距离值。AutoCAD 提供了两种输入距离值的方式：一种是用键盘在命令行窗口中直接输入数值；另一种是在屏幕上拾取两点，以两点的距离值定出所需数值。

Note

1.6 上机操作

通过前面的学习，读者对本章知识应该有了大体的了解，本节通过几个操作练习使读者进一步掌握本章知识要点。

1.6.1 熟悉操作界面

1. 目的要求

操作界面是用户绘制图形的平台，操作界面的各个部分都有其独特的功能，熟悉操作界面有助于用户方便快速地进行绘图。本例要求了解操作界面各部分的功能，掌握改变绘图区颜色和光标大小的方法，并能够熟练地打开、移动、关闭工具栏。

2. 操作提示

（1）启动 AutoCAD 2012，进入操作界面。
（2）调整操作界面大小。
（3）设置绘图区颜色与光标大小。
（4）打开、移动、关闭工具栏。
（5）尝试同时利用命令行、菜单命令和工具栏绘制一条线段。

1.6.2 设置绘图环境

1. 目的要求

任何一个图形文件都有一个特定的绘图环境，包括图形边界、绘图单位、角度等。设置绘图环境通常有两种方法，即设置向导与单独的命令设置方法。通过学习设置绘图环境，可以促进读者对图形总体环境的认识。

2. 操作提示

（1）选择菜单栏中的“文件”→“新建”命令，打开“选择样板”对话框，单击“打开”按钮，进入绘图界面。

（2）选择菜单栏中的“格式”→“图形界限”命令，设置界限为（0,0），(297,210)，在命令行中可以重新设置模型空间界限。

（3）选择菜单栏中的“格式”→“单位”命令，打开“图形单位”对话框，设置长度的“类型”为“小数”，“精度”为 0.00；角度的“类型”为“十进制度数”，“精度”为 0；“用于缩放插入内容的单位”为“毫米”，“用于指定光源强度的单位”为“国际”；角度方向为“顺时针”。

（4）选择菜单栏中的“工具”→“工作空间”→“AutoCAD 经典”命令，进入工作空间。

第2章

二维绘图命令

二维图形是指在二维平面空间绘制的图形，主要由一些图形元素组成，如点、直线、圆弧、圆、椭圆、矩形、多边形、多段线、样条曲线、多线等几何元素。AutoCAD 提供了大量的绘图工具，可以帮助用户完成二维图形的绘制。本章主要内容包括直线、圆、圆弧、椭圆与椭圆弧、平面图形、点、文字、表格、多段线、样条曲线、多线和图案填充等。

- ☑ 直线与点
- ☑ 圆类图形
- ☑ 平面图形
- ☑ 多段线
- ☑ 样条曲线
- ☑ 多线
- ☑ 文字
- ☑ 表格
- ☑ 图案填充

任务驱动&项目案例

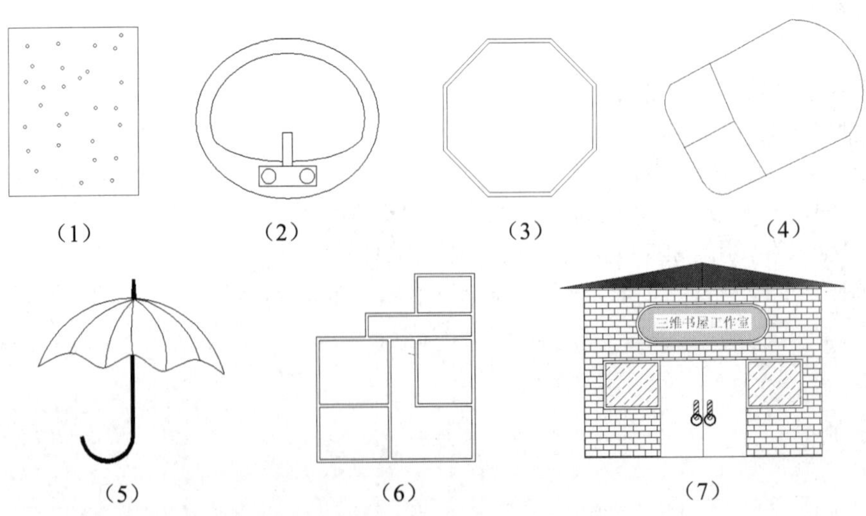

（1）（2）（3）（4）（5）（6）（7）

2.1　直线与点命令

Note

直线类命令主要包括直线和构造线命令。“直线”命令和“点”命令是 AutoCAD 中最简单的绘图命令。

2.1.1　绘制直线段

1．执行方式

☑　命令行：LINE。
☑　菜单栏：“绘图”→“直线”。
☑　工具栏：“绘图”→“直线”。

2．操作步骤

```
命令：LINE ↙
指定第一点：（输入直线段的起点，用鼠标指定点或者给定点的坐标）
指定下一点或 [放弃(U)]：（输入直线段的端点，也可以用鼠标指定一定角度后，直接输入直线段的长度）
指定下一点或 [放弃(U)]：（输入下一直线段的端点。输入“U”表示放弃前面的输入；右击或按 Enter 键，结束命令）
指定下一点或 [闭合(C)/放弃(U)]：（输入下一直线段的端点，或输入“C”使图形闭合，结束命令）
```

3．选项说明

（1）若按 Enter 键响应“指定第一点:”的提示，则系统会把上次绘制线（或弧）的终点作为本次操作的起始点。特别地，若上次操作为绘制圆弧，按 Enter 键响应后，绘出通过圆弧终点的与该圆弧相切的直线段，该线段的长度由鼠标在屏幕上指定的一点与切点之间线段的长度确定。

（2）在“指定下一点”的提示下，用户可以指定多个端点，从而绘出多条直线段。但是，每一条直线段都是一个独立的对象，可以进行单独的编辑操作。

（3）绘制两条以上的直线段后，若用选项“C”响应“指定下一点”的提示，系统会自动链接起始点和最后一个端点，从而绘出封闭的图形。

（4）若用选项“U”响应提示，则会擦除最近一次绘制的直线段。

（5）若设置正交方式（单击状态栏中的“正交模式”按钮），则只能绘制水平直线段或垂直直线段。

（6）若设置动态数据输入方式（单击状态栏中的 DYN 按钮），则可以动态输入坐标或长度值。下面的命令同样可以设置动态数据输入方式，效果与非动态数据输入方式类似。除了特别需要（以后不再强调），否则只按非动态数据输入方式输入相关数据。

2.1.2　实例——标高符号

本实例利用“直线”命令绘制连续线段，从而绘制标高符号。绘制流程图如图 2-1 所示。

操作步骤：（光盘\动画演示\第 2 章\标高符号.avi）

```
命令：_line ↙
指定第一点：100,100↙（1 点）
指定下一点或 [放弃(U)]：@40<-135↙（2 点，也可以单击状态栏中的 DYN 按钮，在鼠标位置为
```

Note

135 °时，动态输入“40”，如图 2-2 所示，下同）

指定下一点或 [放弃(U)]：@40<135↙（3 点，相对极坐标数值输入方法，此方法便于控制线段长度）

指定下一点或 [闭合(C)/放弃(U)]：@180,0↙（4 点，相对直角坐标数值输入方法，此方法便于控制坐标点之间正交距离）

指定下一点或 [闭合(C)/放弃(U)]：↙（按 Enter 键结束“直线”命令）

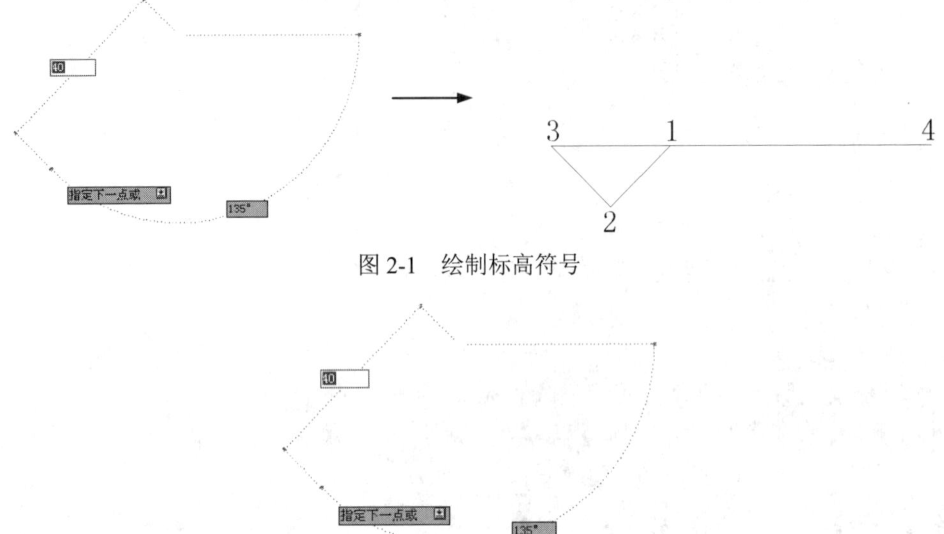

图 2-1　绘制标高符号

图 2-2　动态输入

2.1.3　绘制构造线

1. 执行方式

☑　命令行：XLINE。

☑　菜单栏：“绘图”→“构造线”。

☑　工具栏：“绘图”→“构造线”。

2. 操作步骤

命令：XLINE↙

指定点或 [水平(H)/垂直(V)/角度(A)/二等分(B)/偏移(O)]：（给出点）

指定通过点：（给定通过点 2，画一条双向的无限长直线）

指定通过点：（继续给点，继续画线，按 Enter 键，结束命令）

3. 选项说明

（1）执行选项中有“指定点”、“水平”、“垂直”、“角度”、“二等分”和“偏移”6 种方式绘制构造线。

（2）这种线可以模拟手工绘图中的辅助绘图线。用特殊的线型显示，在绘图输出时，可不作输出。常用于辅助绘图。

说明： 一般每个命令有 3 种执行方式，这里只给出了命令行执行方式，其他两种执行方式的操作方法与命令行执行方式相同。

2.1.4 绘制点

1. 执行方式

☑ 命令行：POINT。

☑ 菜单栏：“绘图”→“点”→“单点或多点”。

☑ 工具栏：“绘图”→“点”。

2. 操作步骤

```
命令：POINT↙
当前点模式： PDMODE=0  PDSIZE=0.0000
指定点：(指定点所在的位置)
```

3. 选项说明

（1）通过菜单方法进行操作时（如图 2-3 所示），“单点”命令表示只输入一个点，“多点”命令表示可输入多个点。

（2）可以单击状态栏中的“对象捕捉”开关按钮，设置点的捕捉模式，帮助用户拾取点。

（3）点在图形中的表示样式共有 20 种。可通过 DDPTYPE 命令或拾取菜单：“格式”→“点样式”，打开“点样式”对话框来设置点样式，如图 2-4 所示。

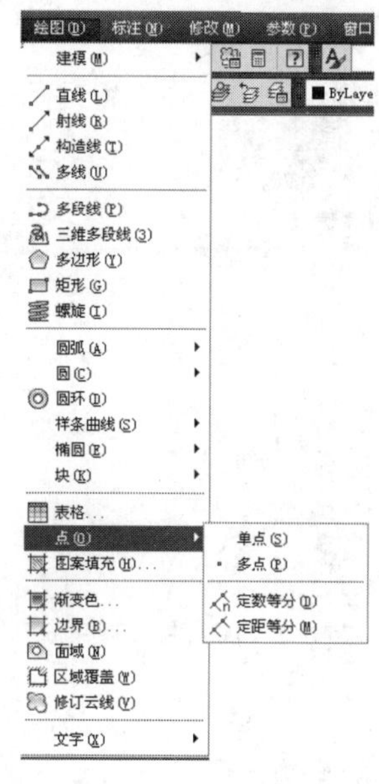

图 2-3 “点”子菜单

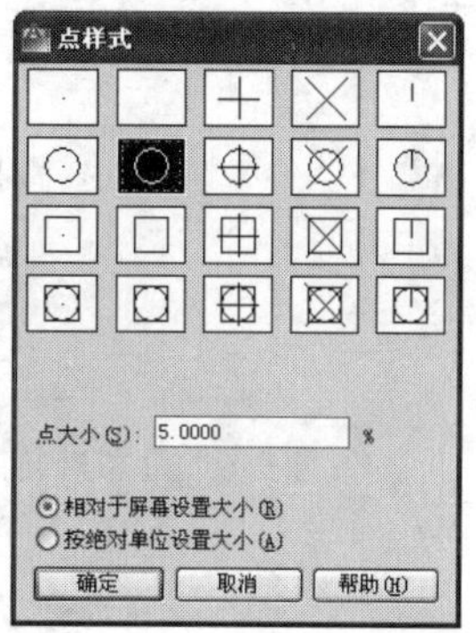

图 2-4 “点样式”对话框

2.1.5 实例——桌布

本实例利用“直线”及“点”命令绘制出桌布。绘制流程图如图 2-5 所示。

操作步骤：（光盘\动画演示\第 2 章\桌布.avi）

（1）选择菜单栏中的“格式”→“点样式”命令，在弹出的“点样式”对话框中选择“O”样式，如图 2-4 所示。

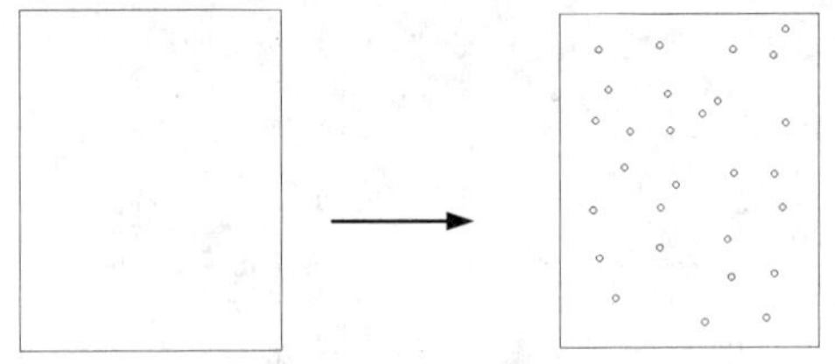

图 2-5　绘制桌布

Note

（2）绘制轮廓线。

❶ 单击“绘图”工具栏中的“直线”按钮，绘制桌布外轮廓线。命令行提示如下：

```
命令：_line ↙
指定第一点：100,100↙
点无效。（这里之所以提示输入点无效，主要是因为分隔坐标值的逗号不是在西文状态下输入的）
指定第一点：100,100↙
指定下一点或 [放弃(U)]：900,100↙
指定下一点或 [放弃(U)]：@0,800↙
指定下一点或 [闭合(C)/放弃(U)]：u↙
指定下一点或 [放弃(U)]：@0,1000↙
指定下一点或 [闭合(C)/放弃(U)]：@-800,0↙
指定下一点或 [闭合(C)/放弃(U)]：c↙
```

绘制结果如图 2-6 所示。

❷ 单击“绘图”工具栏中的“点”按钮，绘制桌布内装饰点。命令行提示如下：

```
命令：point↙
当前点模式： PDMODE=33  PDSIZE=20.0000
指定点：（在屏幕上单击）
```

绘制结果如图 2-7 所示。

图 2-6　桌布外轮廓线

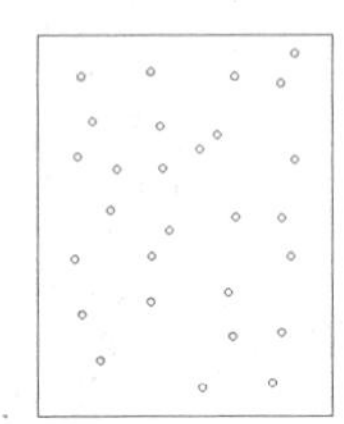

图 2-7　桌布

2.2　圆 类 图 形

圆类命令主要包括“圆”、“圆弧”、“椭圆”、“椭圆弧”以及“圆环”等命令，这几个命令是 AutoCAD 中最简单的圆类命令。

2.2.1　绘制圆

1. 执行方式

☑　命令行：CIRCLE。

Note

☑ 菜单栏："绘图"→"圆"。

☑ 工具栏："绘图"→"圆"。

2. 操作步骤

```
命令：CIRCLE↙
指定圆的圆心或 [三点(3P)/两点(2P)/切点、切点、半径(T)]：（指定圆心）
指定圆的半径或 [直径(D)]：（直接输入半径数值或用鼠标指定半径长度）
指定圆的直径 <默认值>：（输入直径数值或用鼠标指定直径长度）
```

3. 选项说明

☑ 三点(3P)：用指定圆周上三点的方法画圆。

☑ 两点(2P)：按指定直径的两端点的方法画圆。

☑ 切点、切点、半径(T)：按先指定两个相切对象，后给出半径的方法画圆。

"绘图"→"圆"菜单中多了一种"相切、相切、相切"的方法，当选择此方式时，系统提示：

```
指定圆上的第一个点：_tan 到：（指定相切的第一个圆弧）
指定圆上的第二个点：_tan 到：（指定相切的第二个圆弧）
指定圆上的第三个点：_tan 到：（指定相切的第三个圆弧）
```

2.2.2 实例——圆餐桌

本实例利用"圆"命令绘制圆餐桌。绘制流程图如图 2-8 所示。

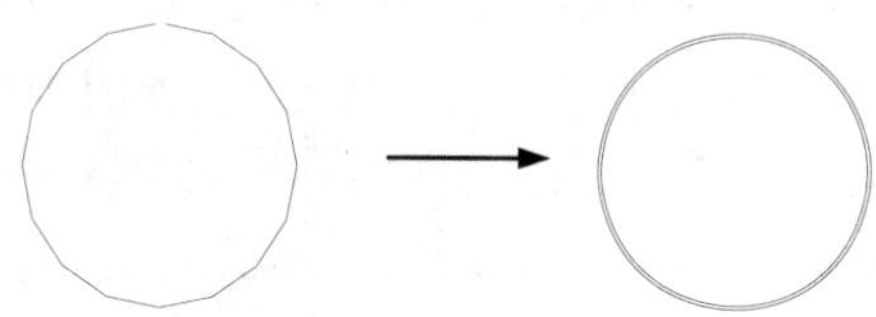

图 2-8 绘制圆餐桌

操作步骤：（光盘\动画演示\第 2 章\圆餐桌.avi）

（1）设置绘图环境。选择菜单栏中的"格式"→"图形界限"命令，设置图幅界限为 297×210。

（2）单击"绘图"工具栏中的"圆"按钮，绘制圆。命令行提示如下：

```
命令：CIRCLE↙
指定圆的圆心或 [三点(3P)/两点(2P)/切点、切点、半径(T)]： 100,100↙
指定圆的半径或 [直径(D)]：50↙
```

绘制结果如图 2-9 所示。

（3）重复"圆"命令，以（100,100）为圆心，绘制半径为 40 的圆。结果如图 2-10 所示。

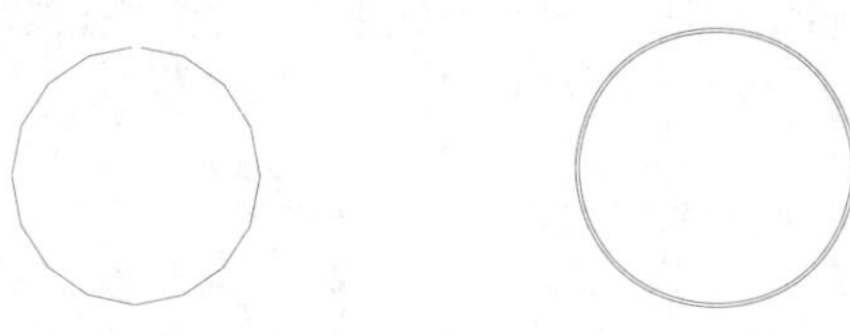

图 2-9 绘制圆　　图 2-10 圆餐桌

（4）单击"标准"工具栏中的"保存"按钮，保存图形。命令行提示如下：

```
命令：SAVEAS↙ （将绘制完成的图形以"圆餐桌.dwg"为文件名保存在指定的路径中）
```

Note

2.2.3 绘制圆弧

1. 执行方式

☑ 命令行：ARC（缩写名：A）。
☑ 菜单栏："绘图"→"圆弧"。
☑ 工具栏："绘图"→"圆弧"。

2. 操作步骤

```
命令：ARC
指定圆弧的起点或 [圆心(C)]：(指定起点)
指定圆弧的第二点或 [圆心(C)/端点(E)]：(指定第二点)
指定圆弧的端点：(指定端点)
```

3. 选项说明

（1）用命令行方式画圆弧时，可以根据系统提示选择不同的选项，具体功能和用"绘制"菜单中的"圆弧"子菜单提供的 11 种方式的功能相似。

（2）需要强调的是"继续"方式，绘制的圆弧与上一线段或圆弧相切，继续画圆弧段，因此提供端点即可。

2.2.4 实例——椅子

本实例利用"直线"、"圆弧"命令绘制椅子。绘制流程图如图 2-11 所示。

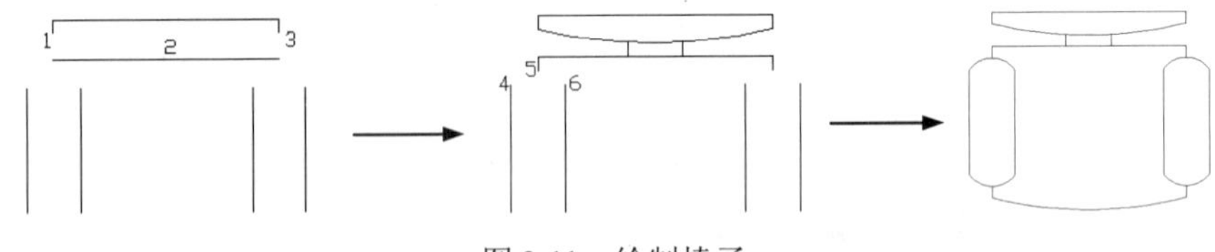

图 2-11 绘制椅子

操作步骤：(光盘\动画演示\第 2 章\椅子.avi)

（1）单击"绘图"工具栏中的"直线"按钮，绘制初步轮廓，结果如图 2-12 所示。

（2）单击"绘图"工具栏中的"圆弧"按钮和"直线"按钮，绘制圆弧和直线。命令行提示如下：

```
命令：ARC↙
指定圆弧的起点或 [圆心(C)]：(用鼠标指定左上方竖线段端点 1，如图 2-12 所示)
指定圆弧的第二点或 [圆心(C)/端点(E)]：(用鼠标在上方两竖线段正中间指定一点 2)
指定圆弧的端点：(用鼠标指定右上方竖线段端点 3)
命令：LINE↙
指定第一点： (用鼠标在刚才绘制的圆弧上指定一点)
指定下一点或 [放弃(U)]： (在垂直方向上用鼠标在中间水平线段上指定一点)
指定下一点或 [放弃(U)]：↙
```

（3）同样方法在圆弧上指定一点为起点向下绘制另一条竖线段。再以图 2-12 中 1、3 两点下面的水平线段的端点为起点各向下适当距离绘制两条竖直线段，如图 2-13 所示。命令行提示如下：

```
命令：ARC↙
指定圆弧的起点或 [圆心(C)]：(用鼠标指定左边第一条竖线段上端点 4，如图 2-13 所示)
```

Note

```
指定圆弧的第二点或 [圆心(C)/端点(E)]: (用上面刚绘制的竖线段上端点 5)
指定圆弧的端点:(用鼠标指定左下方第二条竖线段上端点 6)
命令: LINE↙
指定第一点: (用鼠标在刚才绘制圆弧正中间指定一点)
指定下一点或 [放弃(U)]: (在垂直方向上用鼠标指定一点)
指定下一点或 [放弃(U)]:
```

（4）单击“绘图”工具栏中的“圆弧”按钮，用同样方法绘制扶手位置另外三段圆弧。

（5）同样方法绘制另一条竖线段。

```
命令: ARC ↙
指定圆弧的起点或 [圆心(C)]:(用鼠标指定刚才绘制线段的下端点)
指定圆弧的第二个点或 [圆心(C)/端点(E)]: E↙
指定圆弧的端点:(用鼠标指定刚才绘制另一线段的下端点)
指定圆弧的圆心或 [角度(A)/方向(D)/半径(R)]: D↙
指定圆弧的起点切向: (用鼠标指定圆弧起点切向)
```

绘制结果如图 2-14 所示。

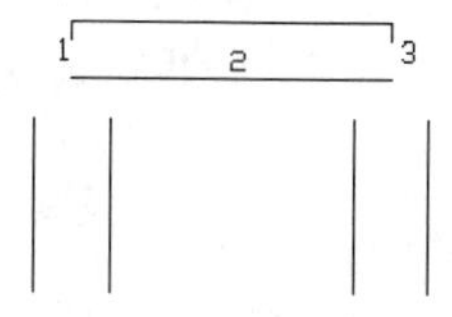

图 2-12　椅子初步轮廓

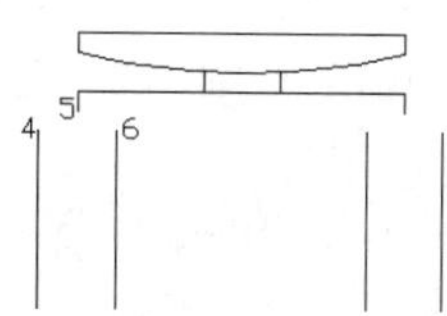

图 2-13　绘制过程

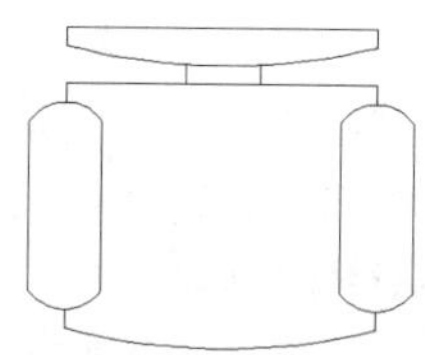

图 2-14　椅子图案

2.2.5　绘制圆环

1. 执行方式

☑ 命令行：DONUT。

☑ 菜单栏：“绘图”→“圆环”。

2. 操作步骤

```
命令: DONUT ↙
指定圆环的内径 <默认值>: (指定圆环内径)
指定圆环的外径 <默认值>: (指定圆环外径)
指定圆环的中心点或 <退出>:(指定圆环的中心点)
指定圆环的中心点或 <退出>:(继续指定圆环的中心点，继续绘制具有相同内外径的圆环。按 Enter
键、空格键或右击，结束命令)
```

3. 选项说明

（1）若指定内径为零，则画出实心填充圆。

（2）用命令 FILL 可以控制圆环是否填充。

```
命令: FILL ↙
输入模式 [开(ON)/关(OFF)] <开>: (选择 ON 表示填充，选择 OFF 表示不填充)
```

2.2.6　绘制椭圆与椭圆弧

1. 执行方式

☑ 命令行：ELLIPSE。

☑ 菜单栏："绘图"→"椭圆"→"圆弧"。

☑ 工具栏："绘图"→"椭圆"或"绘图"→"椭圆弧"。

2. 操作步骤

```
命令：ELLIPSE ↙
指定椭圆的轴端点或 [圆弧(A)/中心点(C)]：
指定轴的另一个端点：
指定另一条半轴长度或 [旋转(R)]：
```

3. 选项说明

☑ 指定椭圆的轴端点：根据两个端点定义椭圆的第一条轴。第一条轴的角度确定了整个椭圆的角度。第一条轴既可定义为椭圆的长轴也可定义为椭圆的短轴。

☑ 旋转(R)：通过绕第一条轴旋转圆来创建椭圆。相当于将一个圆绕椭圆轴翻转一个角度后的投影视图。

☑ 中心点(C)：通过指定的中心点创建椭圆。

☑ 椭圆弧(A)：该选项用于创建一段椭圆弧。与工具栏中的"绘图"→"椭圆弧"功能相同。其中第一条轴的角度确定了椭圆弧的角度。第一条轴既可定义为椭圆弧长轴也可定义为椭圆弧短轴。选择该选项，系统继续提示：

```
指定椭圆弧的轴端点或 [中心点(C)]：(指定端点或输入"C")
指定轴的另一个端点：(指定另一端点)
指定另一条半轴长度或 [旋转(R)]：(指定另一条半轴长度或输入"R")
指定起始角度或 [参数(P)]：(指定起始角度或输入"P")
指定终止角度或 [参数(P)/包含角度(I)]：
```

其中各选项的含义介绍如下。

❖ 角度：指定椭圆弧端点的两种方式之一，光标与椭圆中心点连线的夹角为椭圆弧端点位置的角度。

❖ 参数(P)：指定椭圆弧端点的另一种方式，该方式同样是指定椭圆弧端点的角度，通过以下矢量参数方程式创建椭圆弧。

```
p(u) = c + a* cos(u) + b* sin(u)
```

其中 c 是椭圆的中心点，a 和 b 分别是椭圆的长轴和短轴，u 为光标与椭圆中心点连线的夹角。

❖ 包含角度(I)：定义从起始角度开始的包含角度。

2.2.7 实例——盥洗盆

本实例主要介绍椭圆和椭圆弧绘制方法的具体应用。首先利用前面学到的知识绘制水龙头和旋钮，然后利用椭圆和椭圆弧绘制洗脸盆内沿和外沿。绘制流程图如图 2-15 所示。

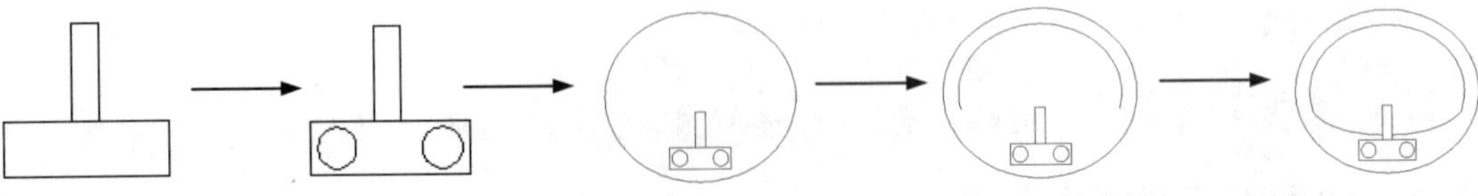

图 2-15　绘制盥洗盆

操作步骤：（光盘\动画演示\第 2 章\盥洗盆.avi）

（1）单击"绘图"工具栏中的"直线"按钮，绘制水龙头图形，如图 2-16 所示。

（2）单击“绘图”工具栏中的“圆”按钮⊙，绘制两个水龙头旋钮，如图 2-17 所示。

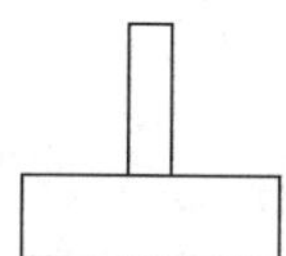

图 2-16 绘制水龙头

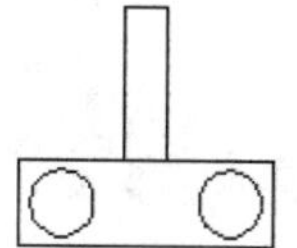

图 2-17 绘制旋钮

（3）单击“绘图”工具栏中的“椭圆”按钮，绘制脸盆外沿。命令行提示如下：

命令：_ellipse↙
指定椭圆的轴端点或 [圆弧(A)/中心点(C)]：(用鼠标指定椭圆轴端点)
指定轴的另一个端点：(用鼠标指定另一端点)
指定另一条半轴长度或 [旋转(R)]：(用鼠标在屏幕上拉出另一半轴长度)

绘制结果如图 2-18 所示。

（4）单击“绘图”工具栏中的“椭圆弧”按钮，绘制脸盆部分内沿。命令行提示如下：

命令：_ellipse↙
指定椭圆的轴端点或 [圆弧(A)/中心点(C)]：_a↙
指定椭圆弧的轴端点或 [中心点(C)]：C↙
指定椭圆弧的中心点：(单击状态栏中的“对象捕捉”按钮，捕捉刚才绘制的椭圆中心点，关于“捕捉”，后面进行介绍)
指定轴的端点：(适当指定一点)
指定另一条半轴长度或 [旋转(R)]：R↙
指定绕长轴旋转的角度：(用鼠标指定椭圆轴端点)
指定起始角度或 [参数(P)]：(用鼠标拉出起始角度)
指定终止角度或 [参数(P)/包含角度(I)]：(用鼠标拉出终止角度)

绘制结果如图 2-19 所示。

（5）单击“绘图”工具栏中的“圆弧”按钮，绘制脸盆其他部分内沿。最终结果如图 2-20 所示。

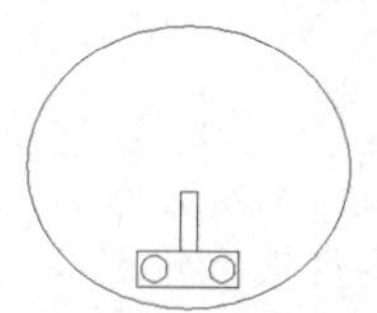

图 2-18 绘制脸盆外沿

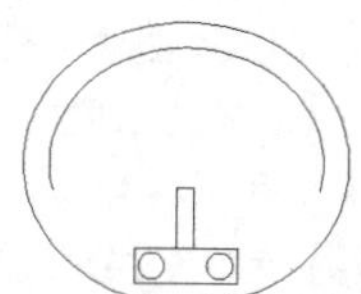

图 2-19 绘制脸盆部分内沿

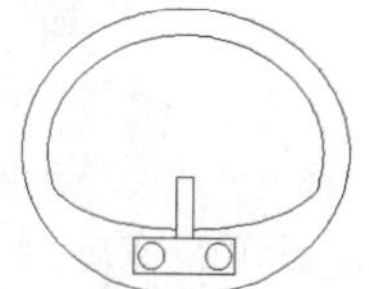

图 2-20 盥洗盆图形

2.3 平 面 图 形

简单的平面图形命令包括“矩形”命令和“正多边形”命令。

2.3.1 绘制矩形

1. 执行方式

☑ 命令行：RECTANG（缩写名：REC）。
☑ 菜单栏：“绘图”→“矩形”。
☑ 工具栏：“绘图”→“矩形”。

2. 操作步骤

```
命令：RECTANG↙
指定第一个角点或 [倒角(C)/标高(E)/圆角(F)/厚度(T)/宽度(W)]:
指定另一个角点或 [面积(A)/尺寸(D)/旋转(R)]:
```

Note

3. 选项说明

☑ 指定第一个角点：通过指定两个角点来确定矩形，如图 2-21（a）所示。

☑ 倒角(C)：指定倒角距离，绘制带倒角的矩形（如图 2-21（b）所示），每一个角点的逆时针和顺时针方向的倒角可以相同，也可以不同，其中第一个倒角距离是指角点逆时针方向的倒角距离，第二个倒角距离是指角点顺时针方向的倒角距离。

☑ 标高(E)：指定矩形标高（Z 坐标），即把矩形画在标高为 Z，和 XOY 坐标面平行的平面上，并作为后续矩形的标高值。

☑ 圆角(F)：指定圆角半径，绘制带圆角的矩形，如图 2-21（c）所示。

☑ 厚度(T)：指定矩形的厚度，如图 2-21（d）所示。

☑ 宽度(W)：指定线宽，如图 2-21（e）所示。

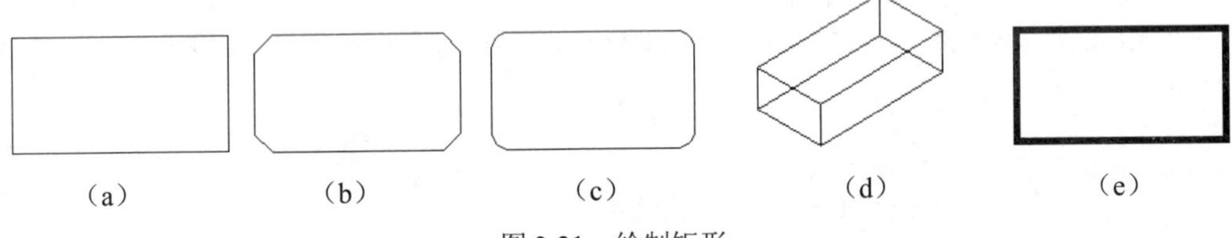

（a）　（b）　（c）　（d）　（e）

图 2-21　绘制矩形

☑ 尺寸(D)：使用长和宽创建矩形。第二个指定点将矩形定位在与第一角点相关的 4 个位置之一内。

☑ 面积(A)：通过指定面积和长或宽来创建矩形。选择该选项，系统提示：

```
输入以当前单位计算的矩形面积 <20.0000>:  （输入面积值）
计算矩形标注时依据 [长度(L)/宽度(W)] <长度>:  （按 Enter 键或输入“W”）
输入矩形长度 <4.0000>: （指定长度或宽度）
```

指定长度或宽度后，系统自动计算出另一个维度后绘制出矩形。如果矩形被倒角或圆角，则在长度或宽度计算中，会考虑此设置，如图 2-22 所示。

☑ 旋转(R)：旋转所绘制矩形的角度。选择该选项，系统提示：

```
指定旋转角度或 [拾取点(P)] <135>:  （指定角度）
指定另一个角点或 [面积(A)/尺寸(D)/旋转(R)]: （指定另一个角点或选择其他选项）
```

指定旋转角度后，系统按指定旋转角度创建矩形，如图 2-23 所示。

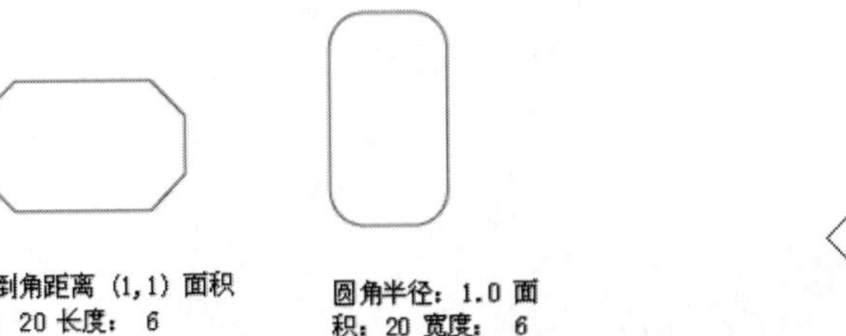

图 2-22　按面积绘制矩形

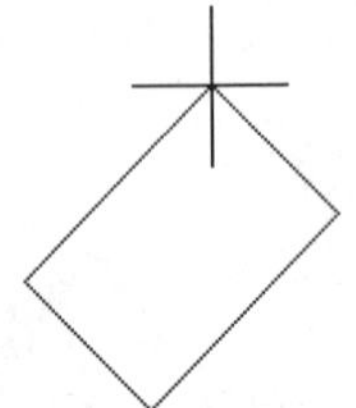

图 2-23　按指定旋转角度创建矩形

2.3.2　实例——办公桌

本实例利用“直线”和“矩形”命令绘制出办公桌。绘制流程图如图 2-24 所示。

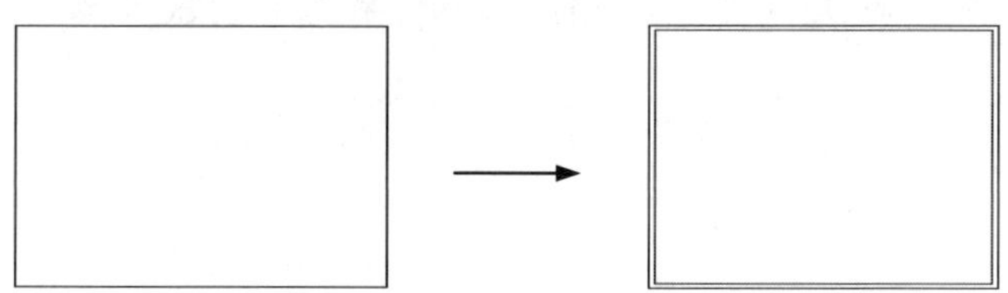

图 2-24　绘制办公桌

操作步骤：（光盘\动画演示\第 2 章\办公桌.avi）

（1）单击“绘图”工具栏中的“直线”按钮，绘制外轮廓线。命令行提示如下：

```
命令: LINE↙
指定第一点: 0,0↙
指定下一点或 [放弃(U)]: @150,0↙
指定下一点或 [放弃(U)]: @0,70↙
指定下一点或 [闭合(C)/放弃(U)]: @-150,0↙
指定下一点或 [闭合(C)/放弃(U)]: c↙
```

结果如图 2-25 所示。

（2）单击“绘图”工具栏中的“矩形”按钮，绘制内轮廓线。命令行提示如下：

```
命令: RECTANG↙
指定第一个角点或 [倒角(C)/标高(E)/圆角(F)/厚度(T)/宽度(W)]: 2,2↙
指定另一个角点或 [面积(A)/尺寸(D)/旋转(R)]: @146,146↙
```

最终结果如图 2-26 所示。

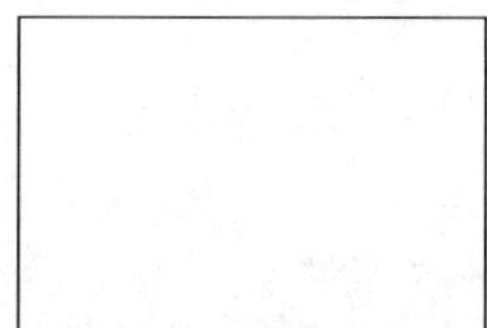

图 2-25　绘制轮廓线

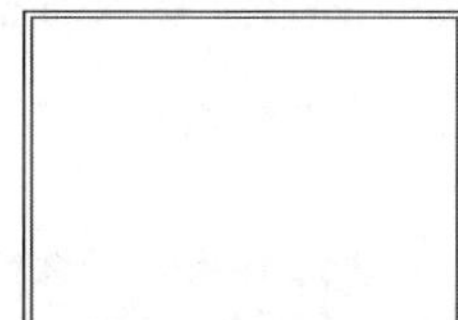

图 2-26　办公桌

2.3.3　绘制正多边形

1. 执行方式

☑ 命令行：POLYGON。

☑ 菜单栏：“绘图”→“正多边形”。

☑ 工具栏：“绘图”→“正多边形”。

2. 操作步骤

```
命令: POLYGON ↙
输入侧面数 <4>:（指定多边形的边数，默认值为 4）
指定正多边形的中心点或 [边(E)]:（指定中心点）
输入选项 [内接于圆(I)/外切于圆(C)] <I>:（指定是内接于圆或外切于圆，I 表示内接于圆，如
```

```
图 2-27（a）所示；C 表示外切于圆，如图 2-27（b）所示）
    指定圆的半径：（指定外接圆或内切圆的半径）
```

Note

3. 选项说明

如果选择“边”选项，则只要指定多边形的一条边，系统就会按逆时针方向创建该正多边形，如图 2-27（c）所示。

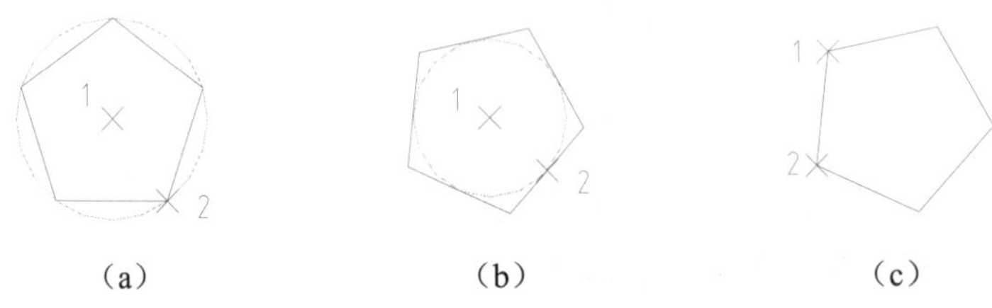

（a）　　（b）　　（c）

图 2-27　画正多边形

2.3.4　实例——八角凳

本实例主要是执行“正多边形”命令绘制外轮廓，再利用“偏移”命令绘制内轮廓。绘制流程图如图 2-28 所示。

图 2-28　绘制八角凳

操作步骤：（光盘\动画演示\第 2 章\八角凳.avi）

（1）选择菜单栏中的“格式”→“图形界限”命令，设置图幅界限为 297×210。

（2）绘制轮廓线。

❶ 单击“绘图”工具栏中的“正多边形”按钮，绘制外轮廓线。命令行提示如下：

```
命令：polygon↙
输入侧面数 <8>：8↙
指定正多边形的中心点或 [边(E)]：0,0↙
输入选项 [内接于圆(I)/外切于圆(C)] <I>：c↙
指定圆的半径：100
```

绘制结果如图 2-29 所示。

❷ 单击“修改”工具栏中的“偏移”按钮，绘制内轮廓线。命令行提示如下：

```
命令：offset↙
当前设置：删除源=否  图层=源  OFFSETGAPTYPE=0
指定偏移距离或 [通过(T)/删除(E)/图层(L)] <通过>： 5↙
选择要偏移的对象，或 [退出(E)/放弃(U)] <退出>：（选择轮廓线图）
指定要偏移的那一侧上的点，或 [退出(E)/多个(M)/放弃(U)] <退出>：（用鼠标单击轮廓线图内一点）
选择要偏移的对象，或 [退出(E)/放弃(U)] <退出>：↙
```

绘制结果如图 2-30 所示。

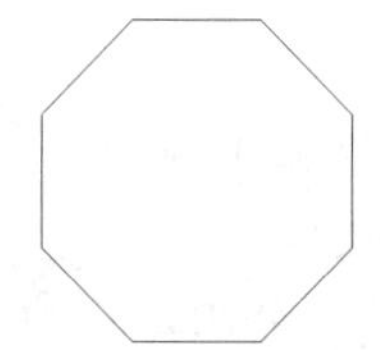

图 2-29　绘制轮廓线图

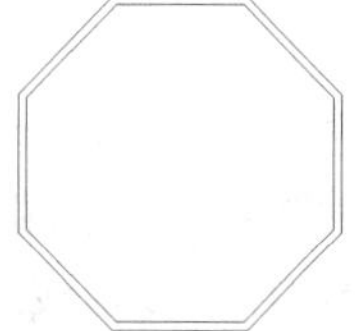

图 2-30　八角凳

Note

2.4　多　段　线

多段线是一种由线段和圆弧组合而成的，不同线宽的多线，这种线由于其组合形式的多样和线宽的不同，弥补了直线或圆弧功能的不足，适合绘制各种复杂的图形轮廓，因而得到了广泛的应用。

2.4.1　绘制多段线

1. 执行方式

☑　命令行：PLINE（缩写名：PL）。

☑　菜单栏："绘图"→"多段线"。

☑　工具栏："绘图"→"多段线"。

2. 操作步骤

```
命令：PLINE ↙
指定起点：(指定多段线的起点)
当前线宽为 0.0000
指定下一个点或 [圆弧(A)/半宽(H)/长度(L)/放弃(U)/宽度(W)]：(指定多段线的下一点)
```

3. 选项说明

多段线主要由不同长度的连续的线段或圆弧组成，如果在上述提示中选择"圆弧"命令，则命令行提示如下：

```
[角度(A)/圆心(CE)/方向(D)/半宽(H)/直线(L)/半径(R)/第二个点(S)/放弃(U)/宽度(W)]：
```

2.4.2　编辑多段线

1. 执行方式

☑　命令行：PEDIT（缩写名：PE）。

☑　菜单栏："修改"→"对象"→"多段线"。

☑　工具栏："修改 II"→"编辑多段线"。

☑　快捷菜单：选择要编辑的多线段，在绘图区右击，在弹出的快捷菜单中选择"多段线编辑"命令。

2. 操作步骤

```
命令：PEDIT ↙
选择多段线或 [多条(M)]：（选择一条要编辑的多段线）
输入选项 [闭合(C)/合并(J)/宽度(W)/编辑顶点(E)/拟合(F)/样条曲线(S)/非曲线化(D)/线型生成(L)/放弃(U)]：
```

Note

3. 选项说明

☑ 合并(J)：以选中的多段线为主体，合并其他直线段、圆弧或多段线，使其成为一条多段线。能合并的条件是各段线的端点首尾相连，如图 2-31 所示。

☑ 宽度(W)：修改整条多段线的线宽，使其具有同一线宽，如图 2-32 所示。

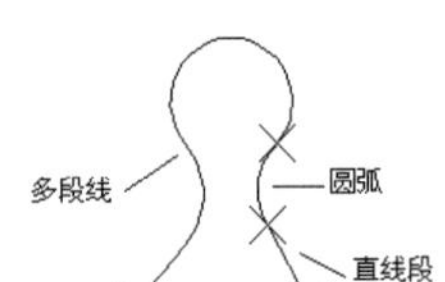

（a）合并前

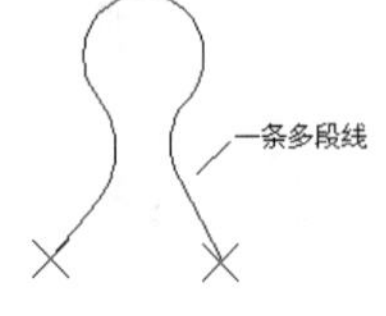

（b）合并后

图 2-31 合并多段线

（a）修改前

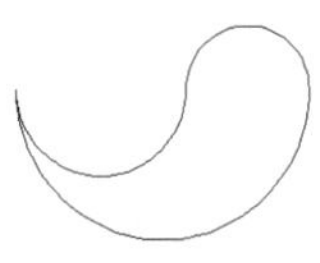

（b）修改后

图 2-32 修改整条多段线的线宽

☑ 编辑顶点(E)：选择该选项后，在多段线起点处出现一个斜的十字叉“×”，它为当前顶点的标记，并在命令行出现进行后续操作的提示：

```
[下一个(N)/上一个(P)/打断(B)/插入(I)/移动(M)/重生成(R)/拉直(S)/切向(T)/宽度(W)/退出(X)] <N>:
```

这些选项允许用户进行移动、插入顶点和修改任意两点间的线的线宽等操作。

☑ 拟合(F)：从指定的多段线生成由光滑圆弧连接而成的圆弧拟合曲线，该曲线经过多段线的各顶点，如图 2-33 所示。

☑ 样条曲线(S)：以指定的多段线的各顶点作为控制点生成 B 样条曲线，如图 2-34 所示。

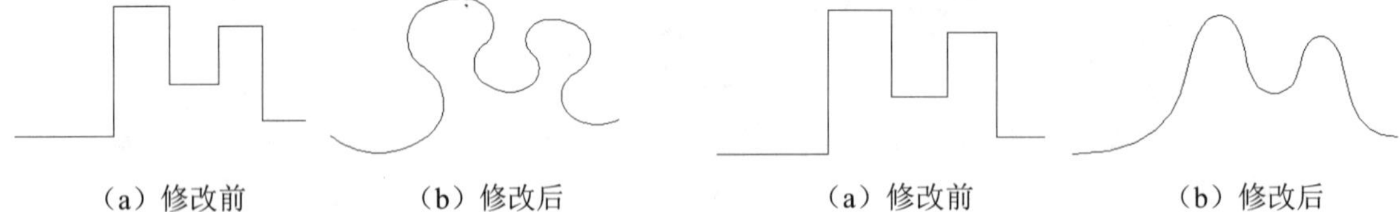

（a）修改前　（b）修改后　（a）修改前　（b）修改后

图 2-33 生成圆弧拟合曲线　　图 2-34 生成 B 样条曲线

☑ 非曲线化(D)：用直线代替指定的多段线中的圆弧。对于选择“拟合(F)”选项或“样条曲线(S)”选项后生成的圆弧拟合曲线或样条曲线，删去其生成曲线时新插入的顶点，则恢复成由直线段组成的多段线。

☑ 线型生成(L)：当多段线的线型为点画线时，控制多段线的线型生成方式开关。选择该选项，系统提示如下：

```
输入多段线线型生成选项 [开(ON)/关(OFF)] <关>:
```

选择 ON 时，将在每个顶点处允许以短划线开始或结束生成线型，选择 OFF 时，将在每个顶点处允许以长划线开始或结束生成线型。“线型生成”不能用于包含带变宽的线段的多段线，如图 2-35 所示。

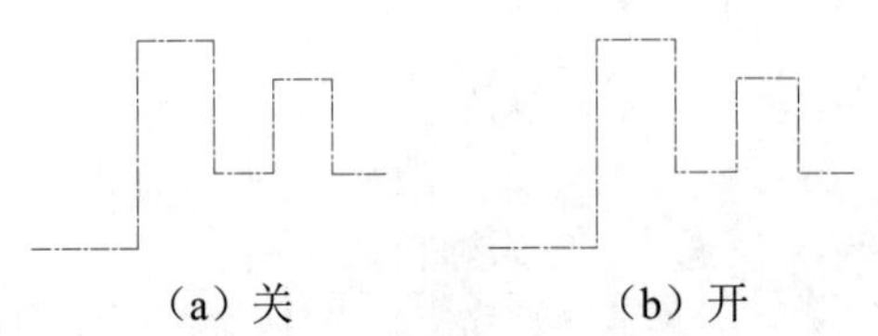

（a）关　（b）开

图 2-35 控制多段线的线型（线型为点划线时）

2.4.3　实例——鼠标

本实例利用“多段线”和“直线”命令绘制出鼠标。绘制流程图如图 2-36 所示。

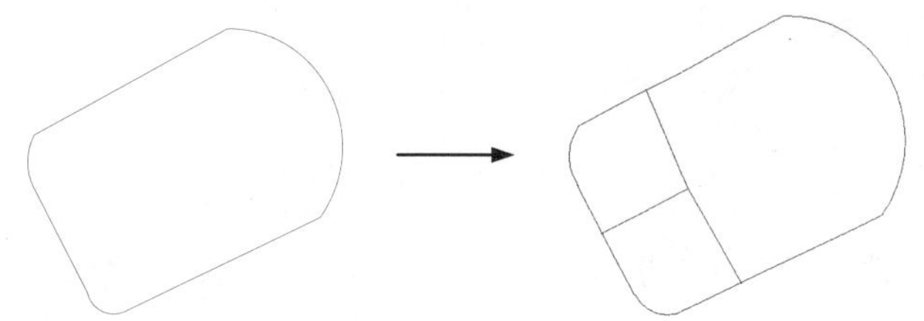

图 2-36　绘制鼠标

操作步骤：（光盘\动画演示\第 2 章\鼠标.avi）

（1）绘制轮廓线。单击“绘图”工具栏中的“多段线”按钮，命令行提示如下：

```
命令: _pline↙
指定起点: 2.5,50↙
当前线宽为 0.0000
指定下一个点或 [圆弧(A)/半宽(H)/长度(L)/放弃(U)/宽度(W)]: 59,80↙
指定下一点或 [圆弧(A)/闭合(C)/半宽(H)/长度(L)/放弃(U)/宽度(W)]: a↙
指定圆弧的端点或[角度(A)/圆心(CE)/闭合(CL)/方向(D)/半宽(H)/直线(L)/半径(R)/第二个点(S)/放弃(U)/宽度(W)]: s↙
指定圆弧上的第二个点: 89.5,62↙
指定圆弧的端点: 86.6,26.7↙
指定圆弧的端点或[角度(A)/圆心(CE)/闭合(CL)/方向(D)/半宽(H)/直线(L)/半径(R)/第二个点(S)/放弃(U)/宽度(W)]: l↙
指定下一点或 [圆弧(A)/闭合(C)/半宽(H)/长度(L)/放弃(U)/宽度(W)]: 29,0↙
指定下一点或 [圆弧(A)/闭合(C)/半宽(H)/长度(L)/放弃(U)/宽度(W)]: a↙
指定圆弧的端点或[角度(A)/圆心(CE)/闭合(CL)/方向(D)/半宽(H)/直线(L)/半径(R)/第二个点(S)/放弃(U)/宽度(W)]: 18,5.3↙
指定圆弧的端点或[角度(A)/圆心(CE)/闭合(CL)/方向(D)/半宽(H)/直线(L)/半径(R)/第二个点(S)/放弃(U)/宽度(W)]: l↙
指定下一点或 [圆弧(A)/闭合(C)/半宽(H)/长度(L)/放弃(U)/宽度(W)]: 2.5,34.6↙
指定下一点或 [圆弧(A)/闭合(C)/半宽(H)/长度(L)/放弃(U)/宽度(W)]: a↙
指定圆弧的端点或[角度(A)/圆心(CE)/闭合(CL)/方向(D)/半宽(H)/直线(L)/半径(R)/第二个点(S)/放弃(U)/宽度(W)]: cl↙
```

绘制结果如图 2-37 所示。

（2）绘制左右键。单击“绘图”工具栏中的“直线”按钮，绘制左右键的分割线。命令行提示如下：

```
命令: _line ↙
指定第一点: 47.2,8.5↙
指定下一点或 [放弃(U)]: 32.4,33.6↙
指定下一点或 [放弃(U)]: 21.3,60.2↙
指定下一点或 [闭合(C)/放弃(U)]: ↙
命令: ↙
LINE 指定第一点: 32.4,33.6↙
```

```
指定下一点或 [放弃(U)]: 9,21.7↙
指定下一点或 [放弃(U)]: ↙
```

最终结果如图 2-38 所示。

Note

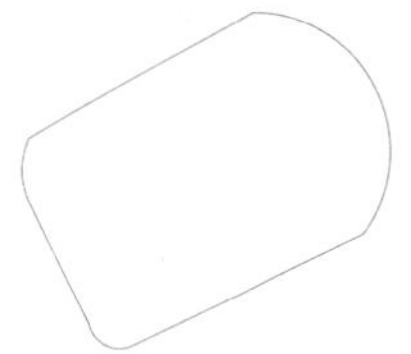
图 2-37　绘制轮廓线

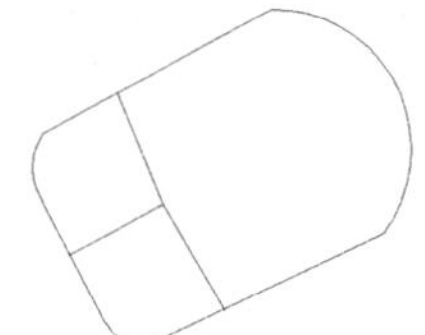
图 2-38　鼠标

2.5　样条曲线

AutoCAD 使用一种称为非一致有理 B 样条（NURBS）曲线的特殊样条曲线类型。NURBS 曲线在控制点之间产生一条光滑的样条曲线，如图 2-39 所示。样条曲线可用于创建形状不规则的曲线，例如，为地理信息系统（GIS）应用或汽车设计绘制轮廓线。

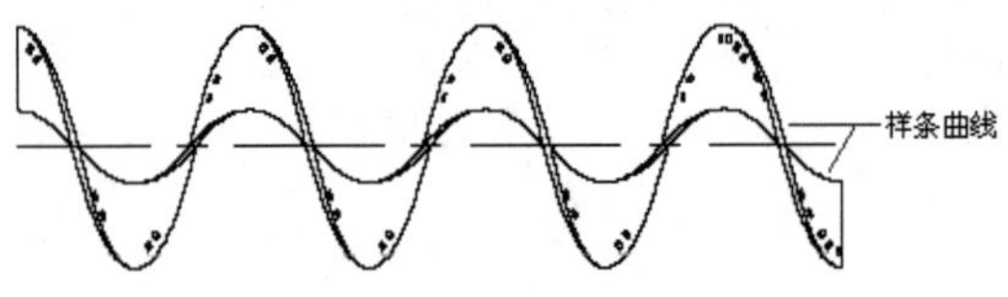

图 2-39　样条曲线

2.5.1　绘制样条曲线

1. 执行方式

☑　命令行：SPLINE。
☑　菜单栏："绘图"→"样条曲线"。
☑　工具栏："绘图"→"样条曲线"。

2. 操作步骤

```
命令：SPLINE ↙
指定第一个点或 [对象(O)]:（指定一点或选择"对象(O)"选项）
指定下一点：（指定一点）
指定下一个点或 [闭合(C)/拟合公差(F)] <起点切向>:
```

3. 选项说明

☑　对象(O)：将二维或三维的二次或三次样条曲线的拟合多段线转换为等价的样条曲线，然后（根据 DelOBJ 系统变量的设置）删除该拟合多段线。
☑　闭合(C)：将最后一点定义为与第一点一致，并使它在连接处与样条曲线相切，这样可以闭合样条曲线。选择该选项后，系统继续提示：

```
指定切向：（指定点或按 Enter 键）
```

用户可以指定一点来定义切向矢量，或者通过使用"切点"和"垂足"对象来捕捉模式使样条曲线与现有对象相切或垂直。

☑ 拟合公差(F)：修改当前样条曲线的拟合公差。根据新的拟合公差，以现有点重新定义样条曲线。拟合公差表示样条曲线拟合时所指定的拟合点集的拟合精度。拟合公差越小，样条曲线与拟合点越接近。公差为 0 时，样条曲线将通过该点。输入大于 0 的拟合公差时，将使样条曲线在指定的公差范围内通过拟合点。在绘制样条曲线时，可以通过改变样条曲线的拟合公差以查看效果。

☑ <起点切向>：定义样条曲线的第一点和最后一点的切向。

如果在样条曲线的两端都指定切向，可以通过输入一个点或者使用"切点"和"垂足"对象来捕捉模式使样条曲线与已有的对象相切或垂直。如果按 Enter 键，AutoCAD 将计算默认切向。

2.5.2　编辑样条曲线

1. 执行方式

☑ 命令行：SPLINEDIT。

☑ 菜单栏："修改"→"对象"→"样条曲线"。

☑ 快捷菜单：选择要编辑的样条曲线，在绘图区右击，在弹出的快捷菜单中选择"编辑样条曲线"命令。

☑ 工具栏："修改 II"→"编辑样条曲线"。

2. 操作步骤

命令：SPLINEDIT ↙

选择样条曲线：(选择要编辑的样条曲线。若选择的样条曲线是用 SPLINE 命令创建的，其近似点以夹点的颜色显示出来；若选择的样条曲线是用 PLINE 命令创建的，其控制点以夹点的颜色显示出来。)

输入选项[打开(O)/拟合数据(F)/编辑顶点(E)/转换为多段线(P)/反转(R)/放弃(U)/推出(X)]：

3. 选项说明

☑ 拟合数据(F)：编辑近似数据。选择该选项后，创建该样条曲线时指定的各点将以小方格的形式显示出来。

☑ 编辑顶点(E)：使用下列选项编辑控制框数据，以此编辑样条曲线的顶点。

输入顶点编辑选项 [添加(A)/删除(D)/提高阶数(E)/移动(M)/权值(W)/退出(X)] <退出>：

☑ 转换为多段线(P)：将样条曲线转换为多段线。

精度值决定生成的多段线与样条曲线的接近程度。有效值为介于 0 到 99 之间的任意整数。

☑ 反转(R)：反转样条曲线的方向。该项操作主要用于第三方应用程序。

2.5.3　实例——雨伞

本实例利用"圆弧"与"样条曲线"命令绘制伞的外框与底边，再利用"圆弧"命令绘制伞面，最后利用"多段线"命令绘制伞顶与伞把。绘制流程图如图 2-40 所示。

图 2-40　绘制雨伞

Note

操作步骤：（光盘\动画演示\第 2 章\雨伞.avi）

（1）单击“绘图”工具栏中的“圆弧”按钮，绘制伞的外框。命令行提示如下：

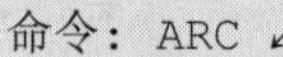

```
命令：ARC ↙
指定圆弧的起点或 [圆心(C)]：C↙
指定圆弧的圆心：(在屏幕上指定圆心)
指定圆弧的起点：(在屏幕上圆心位置的右边指定圆弧的起点)
指定圆弧的端点或 [角度(A)/弦长(L)]：A↙
指定包含角：180(注意角度的逆时针转向)↙
```

（2）单击“绘图”工具栏中的“样条曲线”按钮，绘制伞的底边。命令行提示如下：

```
命令：SPLINE ↙
指定第一个点或 [对象(O)]：(指定样条曲线的第一个点 1，如图 2-41 所示)
指定下一点：（指定样条曲线的下一个点 2）
指定下一点或 [闭合(C)/拟合公差(F)] <起点切向>：(指定样条曲线的下一个点 3)
指定下一点或 [闭合(C)/拟合公差(F)] <起点切向>：(指定样条曲线的下一个点 4)
指定下一点或 [闭合(C)/拟合公差(F)] <起点切向>：(指定样条曲线的下一个点 5)
指定下一点或 [闭合(C)/拟合公差(F)] <起点切向>：(指定样条曲线的下一个点 6)
指定下一点或 [闭合(C)/拟合公差(F)] <起点切向>：(指定样条曲线的下一个点 7)
指定下一点或 [闭合(C)/拟合公差(F)] <起点切向>：
指定起点切向：(在 1 点左边顺着曲线往外指定一点并右击确认)
指定端点切向：(在 7 点右边顺着曲线往外指定一点并右击确认)
```

（3）单击“绘图”工具栏中的“圆弧”按钮，绘制起点在正中点 8，第二个点在点 9，端点在点 2 的圆弧，如图 2-42 所示。重复“圆弧”命令，绘制其他的伞面辐条，绘制结果如图 2-43 所示。

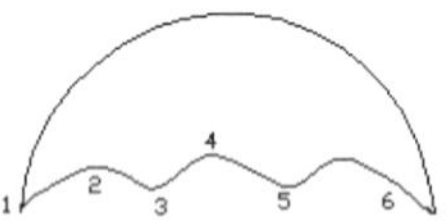

图 2-41　绘制伞边

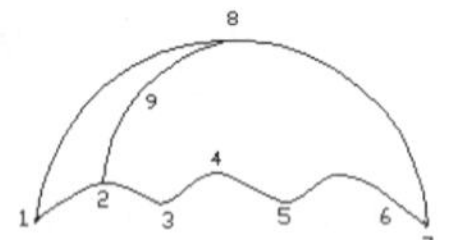

图 2-42　绘制伞面辐条

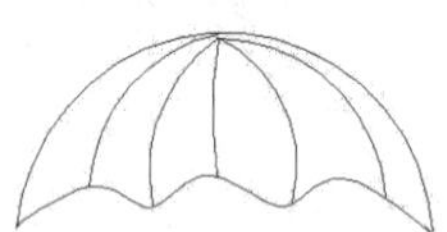

图 2-43　绘制伞面

（4）单击“绘图”工具栏中的“多段线”按钮，绘制伞顶和伞把。命令行提示如下：

```
命令：PLINE↙
指定起点：(在图 2-42 所示的点 8 位置指定伞顶起点)
当前线宽为 3.0000
指定下一个点或 [圆弧(A)/半宽(H)/长度(L)/放弃(U)/宽度(W)]：W↙
指定起点宽度 <3.0000>：4↙
指定端点宽度 <4.0000>：↙
指定下一个点或 [圆弧(A)/半宽(H)/长度(L)/放弃(U)/宽度(W)]：(指定伞顶终点)
指定下一点或 [圆弧(A)/闭合(C)/半宽(H)/长度(L)/放弃(U)/宽度(W)]：U （位置不合适，取消）↙
指定下一个点或 [圆弧(A)/半宽(H)/长度(L)/放弃(U)/宽度(W)]：（重新在往上适当位置指定伞顶终点）
指定下一点或 [圆弧(A)/闭合(C)/半宽(H)/长度(L)/放弃(U)/宽度(W)]：（右击确认）
命令：PLINE↙
指定起点：(在图 2-42 所示的点 8 的正下方点 4 位置附近，指定伞把起点)
当前线宽为 4.0000
指定下一个点或 [圆弧(A)/半宽(H)/长度(L)/放弃(U)/宽度(W)]：H↙
指定起点半宽 <1.0000>：1.5↙
```

```
指定端点半宽 <1.5000>: ↙
指定下一个点或 [圆弧(A)/半宽(H)/长度(L)/放弃(U)/宽度(W)]:(往下适当位置指定下一点)
指定下一点或 [圆弧(A)/闭合(C)/半宽(H)/长度(L)/放弃(U)/宽度(W)]:A↙
指定圆弧的端点或[角度(A)/圆心(CE)/闭合(CL)/方向(D)/半宽(H)/直线(L)/半径(R)/第二个点(S)/放弃(U)/宽度(W)]:(指定圆弧的端点)
指定圆弧的端点或[角度(A)/圆心(CE)/闭合(CL)/方向(D)/半宽(H)/直线(L)/半径(R)/第二个点(S)/放弃(U)/宽度(W)]: (鼠标右击确认)
```

绘制结果如图 2-44 所示。

图 2-44　雨伞

2.6　多　　线

多线是一种复合线，由连续的直线段复合组成。多线的一个突出优点是能够提高绘图效率，保证图线之间的统一性。

2.6.1　绘制多线

1. 执行方式

☑ 命令行：MLINE。
☑ 菜单栏："绘图"→"多线"。

2. 操作步骤

```
命令: MLINE ↙
当前设置: 对正 = 上, 比例 = 20.00, 样式 = STANDARD
指定起点或 [对正(J)/比例(S)/样式(ST)]: (指定起点)
指定下一点: (给定下一点)
指定下一点或 [放弃(U)]: (继续给定下一点, 绘制线段。输入"U", 则放弃前一段的绘制; 右击或按 Enter 键, 结束命令)
指定下一点或 [闭合(C)/放弃(U)]: (继续给定下一点, 绘制线段。输入"C", 则闭合线段, 结束命令)
```

3. 选项说明

☑ 对正(J)：该选项用于给定绘制多线的基准。共有 3 种对正类型，即"上"、"无"和"下"。其中，"上(T)"表示以多线上侧的线为基准，依此类推。
☑ 比例(S)：选择该选项，要求用户设置平行线的间距。输入值为零时，平行线重合；值为负时，多线的排列倒置。
☑ 样式(ST)：该选项用于设置当前使用的多线样式。

Note

2.6.2 定义多线样式

1. 执行方式

命令行：MLSTYLE。

2. 操作步骤

系统自动执行该命令后，弹出如图 2-45 所示的“多线样式”对话框。在该对话框中，用户可以对多线样式进行定义、保存和加载等操作。

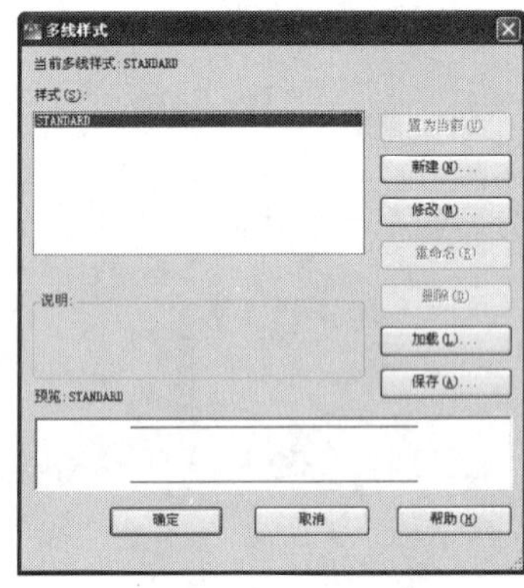

图 2-45 “多线样式”对话框

2.6.3 编辑多线

1. 执行方式

☑ 命令行：MLEDIT。

☑ 菜单栏：“修改”→“对象→“多线”。

2. 操作步骤

利用该命令后，弹出“多线编辑工具”对话框，如图 2-46 所示。利用该对话框可以创建或修改多线的模式。对话框中分 4 列显示了示例图形。其中，第一列管理十字交叉形式的多线，第二列管理 T 形多线，第三列管理拐角接合点和节点形式的多线，第四列管理多线被剪切或连接的形式。

单击选择某个示例图形，然后单击“关闭”按钮，即可调用该项编辑功能。

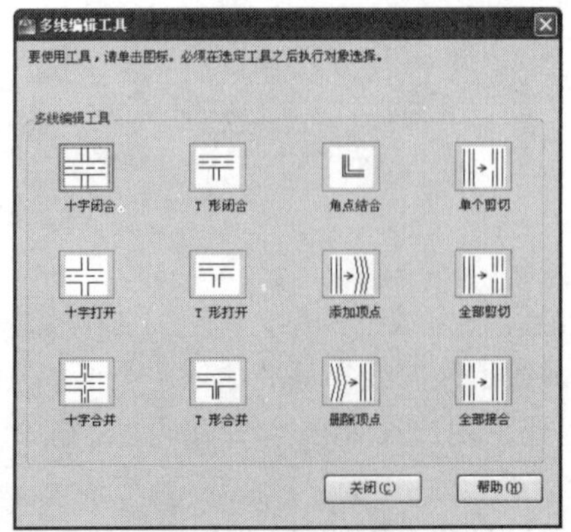

图 2-46 “多线编辑工具”对话框

2.6.4　实例——墙体

本实例利用“构造线”与“偏移”命令绘制辅助线，再利用“多线”命令绘制墙线，最后编辑多线得到所需图形。绘制流程图如图 2-47 所示。

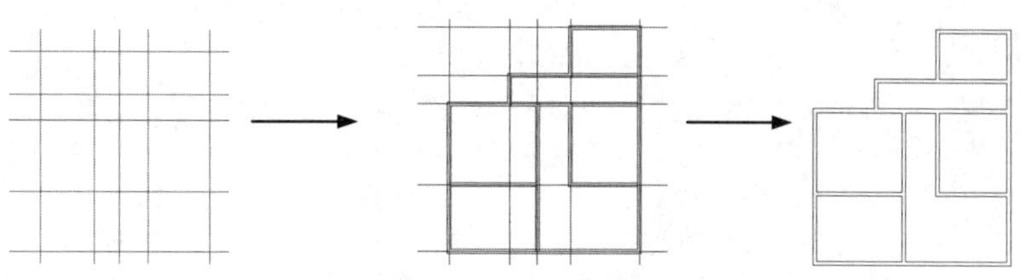

图 2-47　绘制墙体

操作步骤：（光盘\动画演示\第 2 章\墙体.avi）

（1）单击“绘图”工具栏中的“构造线”按钮，绘制出一条水平构造线和一条竖直构造线，组成“十”字形辅助线，如图 2-48 所示。

（2）单击“修改”工具栏中的“偏移”按钮，将水平构造线依次向上偏移 5100、1800 和 3000，偏移得到的水平构造线如图 2-49 所示。重复“偏移”命令，将垂直构造线依次向右偏移 3900、1800、2100 和 4500，结果如图 2-50 所示。

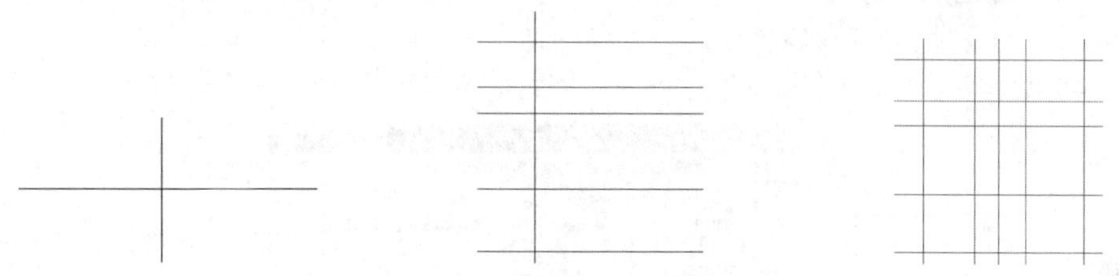

图 2-48　“十”字形辅助线　　图 2-49　水平构造线　　图 2-50　居室的辅助线网格

（3）选择菜单栏中的“格式”→“多线样式”命令，系统打开“多线样式”对话框，在该对话框中单击“新建”按钮，系统打开“创建新的多线样式”对话框，在“新样式名”文本框中输入“墙体线”，单击“继续”按钮。

（4）系统弹出“新建多线样式：墙体线”对话框，进行图 2-51 所示的设置。

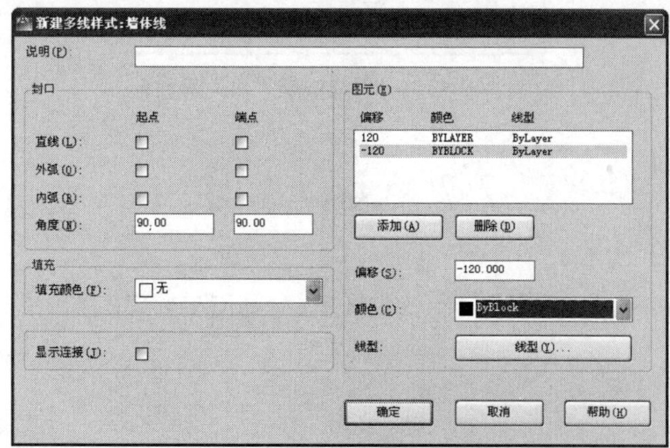

图 2-51　设置多线样式

（5）选择菜单栏中的“绘图”→“多线”命令，绘制墙体。命令行提示如下：

```
命令：MLINE ↙
当前设置：对正 = 上，比例 = 20.00，样式 = STANDARD
指定起点或 [对正(J)/比例(S)/样式(ST)]： S↙
输入多线比例 <20.00>： 1↙
当前设置：对正 = 上，比例 = 1.00，样式 = STANDARD
指定起点或 [对正(J)/比例(S)/样式(ST)]： J↙
输入对正类型 [上(T)/无(Z)/下(B)] <上>： Z↙
当前设置：对正 = 无，比例 = 1.00，样式 = STANDARD
指定起点或 [对正(J)/比例(S)/样式(ST)]：(在绘制的辅助线交点上指定一点)
指定下一点：（在绘制的辅助线交点上指定下一点）
指定下一点或 [放弃(U)]：（在绘制的辅助线交点上指定下一点）
指定下一点或 [闭合(C)/放弃(U)]：（在绘制的辅助线交点上指定下一点）
指定下一点或 [闭合(C)/放弃(U)]:C↙
```

根据辅助线网格，用相同的方法绘制多线，绘制结果如图 2-52 所示。

（6）编辑多线。选择菜单栏中的“修改”→“对象”→“多线”命令，系统弹出“多线编辑工具”对话框，如图 2-53 所示。选择“T 形合并”选项，然后单击“关闭”按钮，命令行提示如下：

```
命令：MLEDIT↙
选择第一条多线：(选择多线)
选择第二条多线：(选择多线)
选择第一条多线或 [放弃(U)]：
```

重复“编辑多线”命令继续进行多线编辑。编辑的最终结果如图 2-54 所示。

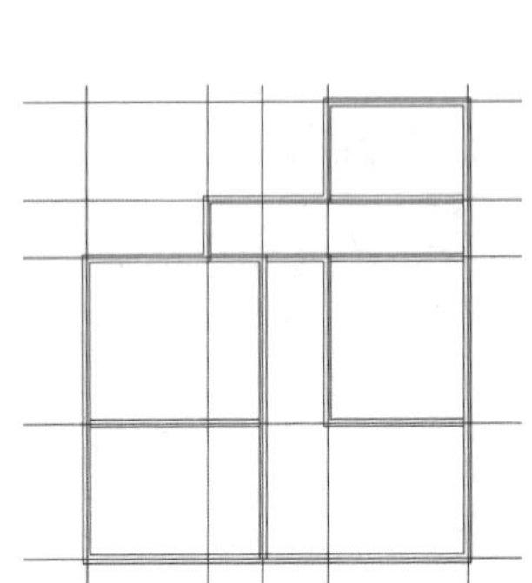

图 2-52　全部多线绘制结果

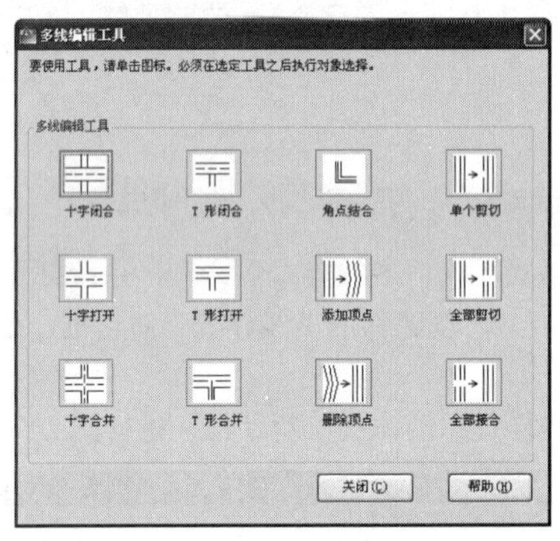

图 2-53　“多线编辑工具”对话框

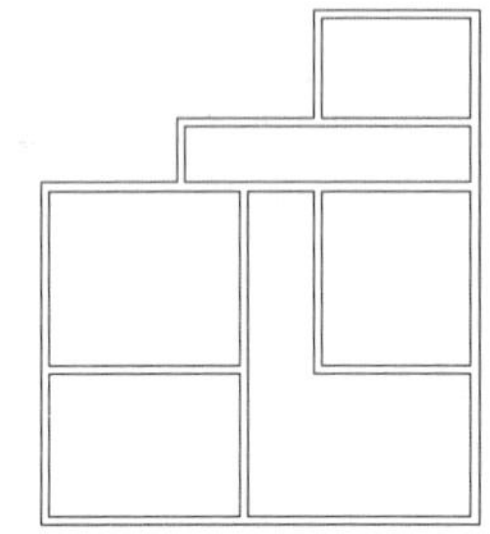

图 2-54　墙体

2.7 文　　字

在工程制图中，文字标注往往是必不可少的环节。AutoCAD 2012 提供了文字相关命令来进行文字的输入与标注。

2.7.1 文字样式

AutoCAD 2012 提供了“文字样式”对话框，通过该对话框可方便直观地设置需要的文字样式，

或对已有的样式进行修改。

1. 执行方式

☑ 命令行：STYLE。

☑ 菜单栏："格式"→"文字样式"。

☑ 工具栏："文字"→"文字样式"。

执行上述操作之一后，系统弹出"文字样式"对话框，如图 2-55 所示。

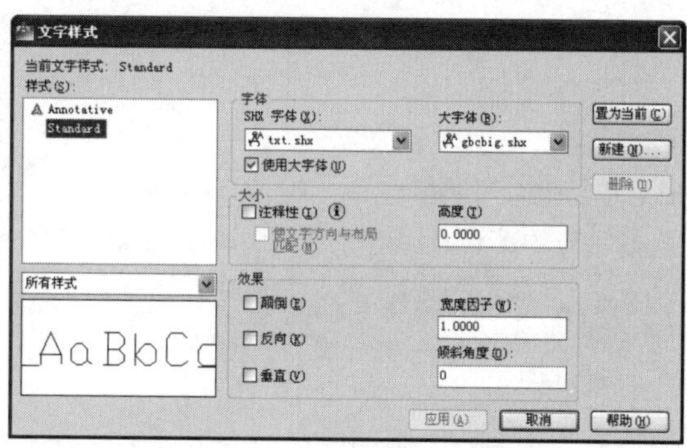

图 2-55　"文字样式"对话框

2. 选项说明

☑ "字体"选项组：确定字体式样。在 AutoCAD 中，除了它固有的 SHX 字体外，还可以使用 TrueType 字体（如宋体、楷体、italic 等）。一种字体可以设置不同的效果从而被多种文字样式使用。

☑ "大小"选项组：用来确定文字样式使用的字体文件、字体风格及字高等。

- ❖ "注释性"复选框：指定文字为注释性文字。
- ❖ "使文字方向与布局匹配"复选框：指定图纸空间视口中的文字方向与布局方向匹配。如果取消选中"注释性"复选框，则该选项不可用。
- ❖ "高度"文本框：如果在"高度"文本框中输入一个数值，则它将作为添加文字时的固定字高，在用 TEXT 命令输入文字时，AutoCAD 将不再提示输入字高参数。如果在该文本框中设置字高为 0，文字默认值为 0.2 高度，AutoCAD 则会在每一次创建文字时提示输入字高。

☑ "效果"选项组：用于设置字体的特殊效果。

- ❖ "颠倒"复选框：选中该复选框，表示将文本文字倒置标注，如图 2-56（a）所示。
- ❖ "反向"复选框：确定是否将文本文字反向标注。如图 2-56（b）所示给出了这种标注效果。
- ❖ "垂直"复选框：确定文本是水平标注还是垂直标注。选中该复选框为垂直标注，否则为水平标注，如图 2-57 所示。

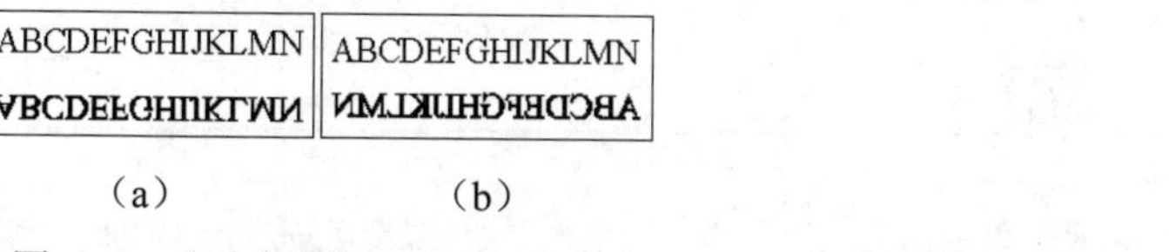

（a）　　（b）

图 2-56　文字倒置标注与反向标注

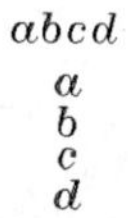

abcd

a
b
c
d

图 2-57　垂直标注文字

☑ “宽度因子”文本框：用于设置宽度系数，确定文本字符的宽高比。当宽度因子为 1 时，表示将按字体文件中定义的宽高比标注文字；小于 1 时文字会变窄，反之变宽。

☑ “倾斜角度”文本框：用于确定文字的倾斜角度。角度为 0 时不倾斜，为正时向右倾斜，为负时向左倾斜。

Note

2.7.2 单行文本标注

1. 执行方式

☑ 命令行：TEXT 或 DTEXT。

☑ 菜单栏：“绘图”→“文字”→“单行文字”。

☑ 工具栏：“文字”→“单行文字”A。

执行上述操作之一后，选择相应的菜单项或在命令行中输入“TEXT”，命令行中的提示如下：

```
当前文字样式：Standard 当前文字高度：0.2000 注释性：  否
指定文字的起点或[对正(J)/样式(S)]:
```

2. 选项说明

☑ 指定文字的起点：在此提示下直接在绘图区拾取一点作为文本的起始点。利用 TEXT 命令也可创建多行文本，只是这种多行文本每一行都是一个对象，因此不能对多行文本同时进行操作，但可以单独修改每一单行的文字样式、字高、旋转角度和对齐方式等。

☑ 对正(J)：在命令行中输入“J”，用来确定文本的对齐方式。对齐方式决定文本的哪一部分与所选的插入点对齐。

☑ 样式(S)：指定文字样式，文字样式决定文字字符的外观。创建的文字使用当前文字样式。实际绘图时，有时需要标注一些特殊字符，如直径符号、上划线或下划线、温度符号等，由于这些符号不能直接从键盘上输入，AutoCAD 提供了一些控制码，用来实现这些要求。控制码用两个百分号（%%）加一个字符构成，常用的控制码如表 2-1 所示。

表 2-1 AutoCAD 常用控制码

符　号	功　能	符　号	功　能
%%o	上划线	\U+0278	电相位
%%u	下划线	\U+E101	流线
%%d	“度数”符号	\U+2261	标识
%%p	“正/负”符号	\U+E102	界碑线
%%c	“直径”符号	\U+2260	不相等
%%%	百分号（%）	\U+2126	欧姆
\U+2248	几乎相等	\U+03A9	欧米加
\U+2220	角度	\U+214A	地界线
\U+E100	边界线	\U+2082	下标 2
\U+2104	中心线	\U+00B2	平方
\U+0394	差值		

其中，%%o 和%%u 分别是上划线和下划线的开关，第一次出现此符号时开始画上划线和下划线，第二次出现此符号时上划线和下划线终止。例如，在“输入文字:”提示后输入“I want to %%U go to

Beijing%%u”，则得到如图 2-58（a）所示的文本行，输入“50%%d+%%c75%%p12”，则得到如图 2-58（b）所示的文本行。

I want to go to Beijing.　　　　50°+Ø75±12

（a）　　　　　　（b）

图 2-58　文本行

Note

用 TEXT 命令可以创建一个或若干个单行文本，也就是说用此命令可以用于标注多行文本。在“输入文字:”提示下输入一行文本后按 Enter 键，用户可输入第二行文本，依此类推，直到文本全部输完，再在此提示下按 Enter 键，结束文本输入命令。每按一次 Enter 键就结束一个单行文本的输入。

用 TEXT 命令创建文本时，在命令行中输入的文字同时显示在屏幕上，而且在创建过程中可以随时改变文本的位置，只要将光标移到新的位置单击，则当前行结束，随后输入的文本出现在新的位置上。用这种方法可以把多行文本标注到屏幕的任何地方。

2.7.3　多行文本标注

1. 执行方式

☑　命令行：MTEXT。

☑　菜单栏：“绘图”→“文字”→“多行文字”。

☑　工具栏：“绘图”→“多行文字” A 或“文字”→“多行文字” A。

执行上述操作之一后，命令行中提示如下：

```
当前文字样式: “Standard”  当前文字高度: 1.9122  注释性: 否
指定第一角点: (指定矩形框的第一个角点)
指定对角点或[高度(H)/对正(J)/行距(L)/旋转(R)/样式(S)/宽度(W)/栏(C)]:
```

2. 选项说明

☑　指定对角点：直接在屏幕上拾取一个点作为矩形框的第二个角点，AutoCAD 以这两个点为对角点形成一个矩形区域，其宽度作为将来要标注的多行文本的宽度，而且第一个点作为第一行文本顶线的起点。响应后系统弹出如图 2-59 所示的多行文字编辑器，可利用此编辑器输入多行文本并对其格式进行设置。关于对话框中各选项的含义与编辑器功能，稍后再详细介绍。

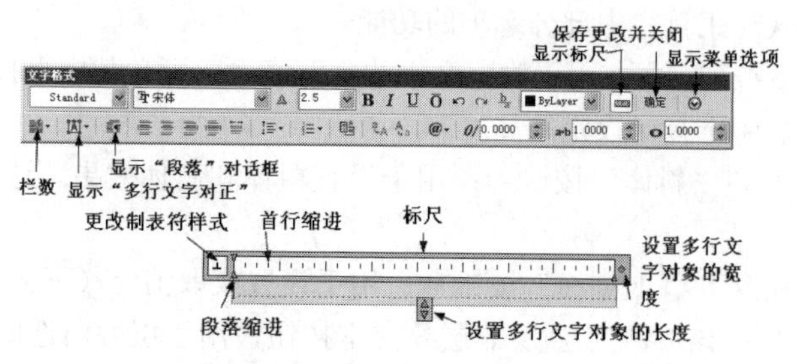

图 2-59　多行文字编辑器

☑　对正(J)：确定所标注文本的对齐方式。

这些对齐方式与 TEXT 命令中的各对齐方式相同，在此不再重复。选择一种对齐方式后按 Enter 键，AutoCAD 回到上一级提示。

- ☑ 行距(L)：确定多行文本的行间距，这里所说的行间距是指相邻两文本行的基线之间的垂直距离。选择此选项，命令行中提示如下：

```
输入行距类型[至少(A)/精确(E)]<至少(A)>:
```

在此提示下有两种方式确定行间距，即“至少”方式和“精确”方式。“至少”方式下 AutoCAD 根据每行文本中最大的字符自动调整行间距。“精确”方式下 AutoCAD 给多行文本赋予一个固定的行间距。可以直接输入一个确切的间距值，也可以输入“nx”的形式，其中“n”是一个具体数，表示行间距设置为单行文本高度的 n 倍，而单行文本高度是本行文本字符高度的 1.66 倍。

- ☑ 旋转(R)：确定文本行的倾斜角度。选择此选项，命令行中提示如下：

```
指定旋转角度<0>：（输入倾斜角度）
```

输入角度值后按 Enter 键，返回到“指定对角点或 [高度(H)/对正(J)/行距(L)/旋转(R)/样式(S)/宽度(W)]:”提示。

- ☑ 样式(S)：确定当前的文字样式。
- ☑ 宽度(W)：指定多行文本的宽度。可在屏幕上拾取一点，将其与前面确定的第一个角点组成的矩形框的宽度作为多行文本的宽度，也可以输入一个数值，精确设置多行文本的宽度。

在创建多行文本时，只要给定了文本行的起始点和宽度后，AutoCAD 就会打开如图 2-59 所示的多行文字编辑器，该编辑器包括一个“文字格式”工具栏和一个右键快捷菜单。用户可以在编辑器中输入和编辑多行文本，包括设置字高、文字样式以及倾斜角度等。

该编辑器与 Microsoft 的 Word 编辑器界面类似，事实上该编辑器与 Word 编辑器在某些功能上趋于一致。

- ☑ 栏(C)：可以将多行文字对象的格式设置为多栏。可以指定栏和栏之间的宽度、高度及栏数，以及使用夹点编辑栏宽和栏高。其中提供了 3 个栏选项，即“不分栏”、“静态栏”和“动态栏”。

（1）“文字格式”工具栏

“文字格式”工具栏用来控制文本的显示特性。可以在输入文本之前设置文本的特性，也可以改变已输入文本的特性。要改变已有文本的显示特性，首先应选中要修改的文本，选择文本有以下 3 种方法：

- ☑ 将光标定位到文本开始处，按住鼠标左键，将光标拖到文本末尾。
- ☑ 双击某一个字，则该字被选中。
- ☑ 三击鼠标，则选中全部内容。

下面介绍“文字格式”工具栏中部分选项的功能。

- ☑ “文字高度”下拉列表框：用于确定文本的字符高度，可在其中直接输入新的字符高度，也可在该下拉列表中选择已设定的高度。
- ☑ “粗体”按钮 **B** 和“斜体”按钮 *I*：用于设置粗体和斜体效果。这两个按钮只对 TrueType 字体有效。
- ☑ “下划线”按钮 U 和“上划线”按钮 Ō：用于设置或取消上（下）划线。
- ☑ “堆叠”按钮：该按钮为层叠/非层叠文本按钮，用于层叠所选的文本，也就是创建分数形式。当文本中某处出现“/”、“^”或“#”这 3 种层叠符号之一时可层叠文本，方法是选中需层叠的文字，然后单击此按钮，则符号左边的文字作为分子，右边文字作为分母进行层叠。
- ☑ “倾斜角度”文本框 0/：用于设置文本的倾斜角度。

☑ “符号”按钮：用于输入各种符号。单击该按钮，系统弹出符号列表，如图 2-60 所示。用户可以从中选择符号输入到文本中。

☑ “插入字段”按钮：用于插入一些常用或预设字段。单击该按钮，系统弹出“字段”对话框，如图 2-61 所示，用户可以从中选择字段插入到标注文本中。

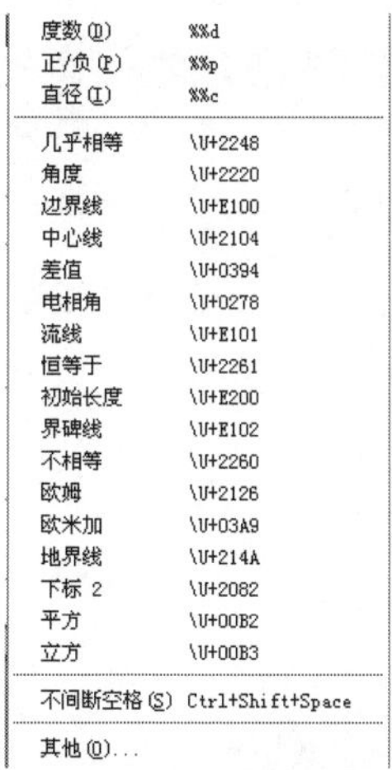

图 2-60　符号列表

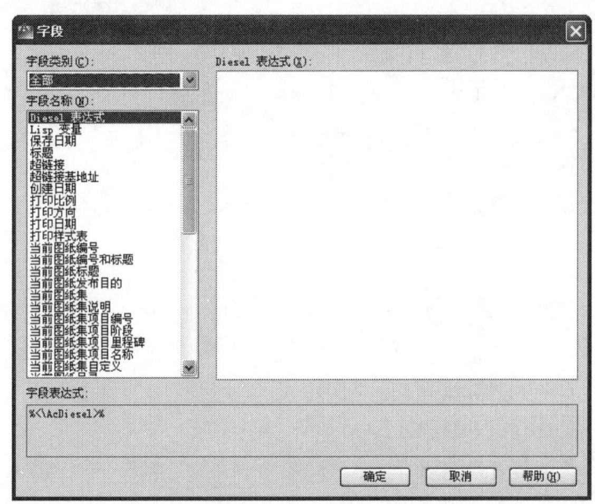

图 2-61　“字段”对话框

☑ “追踪”文本框：用于增大或减小选定字符之间的距离。1.0 是常规间距，设置为大于 1.0 可增大间距，设置为小于 1.0 可减小间距。

☑ “宽度比例”文本框：用于扩展或收缩选定字符。1.0 代表此字体中字母的常规宽度。可以增大该宽度或减小该宽度。

☑ “栏”下拉列表：显示栏菜单，该菜单中提供 5 个栏选项，即“不分栏”、“静态栏”、“动态栏”、“插入分栏符”和“分栏设置”。

☑ “多行文字对齐”下拉列表：显示“多行文字对正”菜单，并且有 9 个对齐选项可用。“左上”为默认。

（2）“选项”菜单

单击“文字格式”工具栏中的“选项”按钮，系统弹出“选项”菜单，如图 2-62 所示。其中许多选项与 Word 中的相关选项类似，这里只对其中比较特殊的选项进行简单介绍。

插入字段 (L)...　Ctrl+F
符号 (S)
输入文字 (I)...
段落对齐
段落...
项目符号和列表
分栏
查找和替换...　Ctrl+R
改变大小写 (H)
自动大写
字符集
合并段落 (O)
删除格式
背景遮罩 (B)...
编辑器设置
帮助　F1

图 2-62　“选项”菜单

☑ 符号：在光标位置插入列出的符号或不间断空格。也可以手动插入符号。

☑ 输入文字：选择该命令，弹出“选择文件”对话框，如图 2-63 所示。选择任意 ASCII 或 RTF 格式的文件，输入的文字保留原始字符格式和样式特性，但可以在多行文字编辑器中编辑或格式化输入的文字。选择要输入的文本文件后，可以在文本编辑框中替换选定的文字或全部文字，或在文字边界内将插入的文字附加到选定的文字中。输入文字的文件必须小于 32KB。

☑ 删除格式：清除选定文字的粗体、斜体或下划线格式。

☑ 背景遮罩：用设定的背景对标注的文字进行遮罩。选择该命令，系统打开“背景遮罩”对话框，如图 2-64 所示。

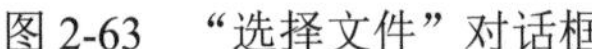
图 2-63 “选择文件”对话框

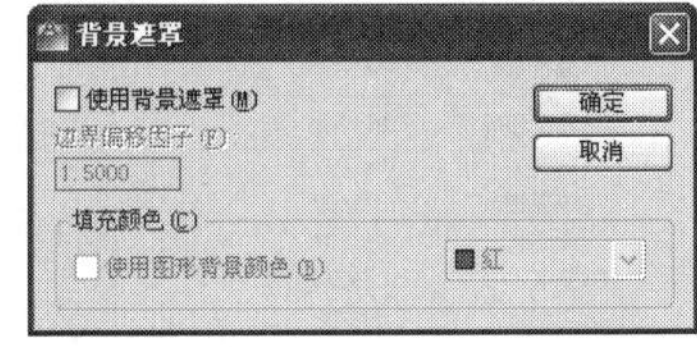

图 2-64 “背景遮罩”对话框

2.7.4 文本编辑

进行文本编辑的执行方式如下。

☑ 命令行：DDEDIT。

☑ 菜单栏：“修改”→“对象”→“文字”→“编辑”。

☑ 工具栏：“文字”→“编辑”。

执行上述操作之一后，命令行中的提示如下：

```
命令：DDEDIT↙
选择注释对象或[放弃(U)]：
```

要求选择想要修改的文本，同时光标变为拾取框。单击选择对象，如果选择的文本是用 TEXT 命令创建的单行文本，则亮显该文本，此时可对其进行修改；如果选择的文本是用 MTEXT 命令创建的多行文本，选择后则打开多行文字编辑器，可根据前面的介绍对各项设置或内容进行修改。

2.8 表　　格

使用 AutoCAD 提供的表格功能，创建表格就变得非常容易，用户可以直接插入设置好样式的表格，而不用由单独的图线重新绘制。

2.8.1 定义表格样式

表格样式是用来控制表格基本形状和间距的一组设置。和文字样式一样，所有 AutoCAD 图形中的表格都有和其相对应的表格样式。当插入表格对象时，AutoCAD 使用当前设置的表格样式。模板文件“acad.dwt”和“acadiso.dwt”中定义了名为 Standard 的默认表格样式。

1. 执行方式

☑ 命令行：TABLESTYLE。

☑ 菜单栏：“格式”→“表格样式”。

☑ 工具栏：“样式”→“表格样式”。

执行上述操作之一后，弹出“表格样式”对话框，如图 2-65 所示。单击“新建”按钮，弹出“创建新的表格样式”对话框，如图 2-66 所示。输入新的表格样式名后，单击“继续”按钮，弹出“新

建表格样式”对话框，如图 2-67 所示，从中可以定义新的表格样式。

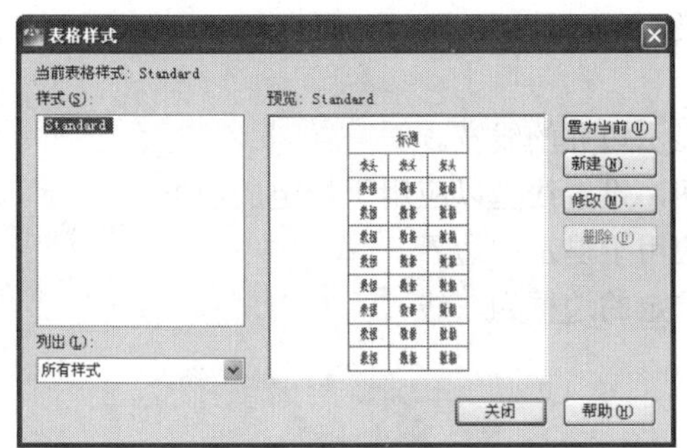

图 2-65　“表格样式”对话框

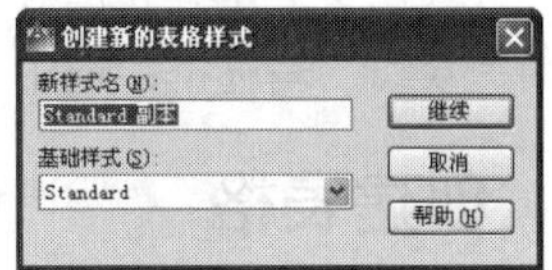

图 2-66　“创建新的表格样式”对话框

“新建表格样式”对话框中有 3 个选项卡，即“常规”、“文字”和“边框”，分别用于控制表格中数据、表头和标题的有关参数，如图 2-68 所示。

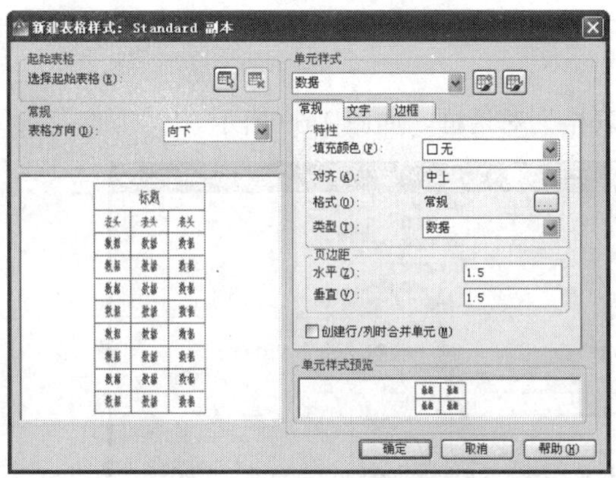

图 2-67　“新建表格样式”对话框

图 2-68　表格样式

2. 选项说明

（1）“常规”选项卡

❶ “特性”选项组

☑ “填充颜色”下拉列表框：用于指定填充颜色。

☑ “对齐”下拉列表框：用于为单元内容指定一种对齐方式。

☑ “格式”选项框：用于设置表格中各行的数据类型和格式。

☑ “类型”下拉列表框：将单元样式指定为标签或数据，在包含起始表格的表格样式中插入默认文字时使用。也用于在工具选项板上创建表格工具的情况。

❷ “页边距”选项组

☑ “水平”文本框：设置单元中的文字或块与左右单元边界之间的距离。

☑ “垂直”文本框：设置单元中的文字或块与上下单元边界之间的距离。

☑ “创建行/列时合并单元”复选框：将使用当前单元样式创建的所有新行或列合并到一个单元中。

（2）“文字”选项卡

☑ “文字样式”下拉列表框：用于指定文字样式。

☑ “文字高度”文本框：用于指定文字高度。

Note

☑ “文字颜色”下拉列表框：用于指定文字颜色。

☑ “文字角度”文本框：用于设置文字角度。

（3）“边框”选项卡

☑ “线宽”下拉列表框：用于设置要用于显示边界的线宽。

☑ “线型”下拉列表框：通过单击边框按钮，设置线型以应用于指定的边框。

☑ “颜色”下拉列表框：用于指定颜色以应用于显示的边界。

☑ “双线”复选框：选中该复选框，指定选定的边框为双线。

2.8.2 创建表格

设置好表格样式后，用户可以利用 TABLE 命令创建表格。

1. 执行方式

☑ 命令行：TABLE。

☑ 菜单栏：“绘图”→“表格”。

☑ 工具栏：“绘图”→“表格”▦。

执行上述操作之一后，弹出“插入表格”对话框，如图 2-69 所示。

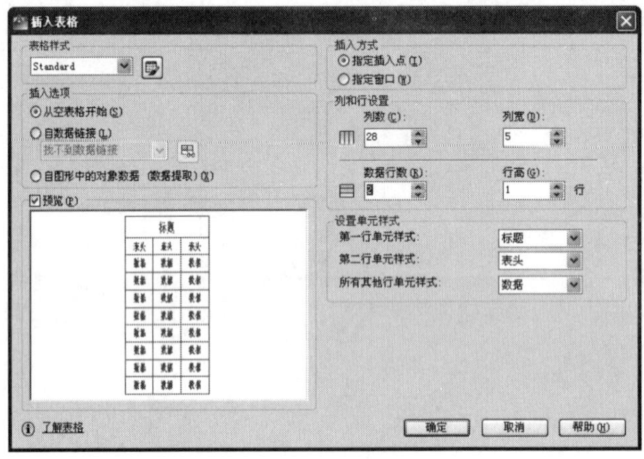

图 2-69 “插入表格”对话框

2. 选项说明

（1）“表格样式”选项组

可以在下拉列表框中选择一种表格样式，也可以单击右侧的“启动‘表格样式’对话框”按钮，新建或修改表格样式。

（2）“插入方式”选项组

☑ “指定插入点”单选按钮：用于指定表格左上角的位置。可以使用定点设备，也可以在命令行中输入坐标值。如果表样式将表的方向设置为由下而上读取，则插入点位于表的左下角。

☑ “指定窗口”单选按钮：用于指定表格的大小和位置。可以使用定点设备，也可以在命令行中输入坐标值。选中该单选按钮时，行数、列数、列宽和行高取决于窗口的大小以及列和行的设置。

（3）“列和行设置”选项组

指定列和行的数目以及列宽与行高。

在“插入表格”对话框中进行相应的设置后，单击“确定”按钮，系统在指定的插入点处自动插入一个空表格，并显示多行文字编辑器，用户可以逐行逐列输入相应的文字或数据，如图 2-70 所示。

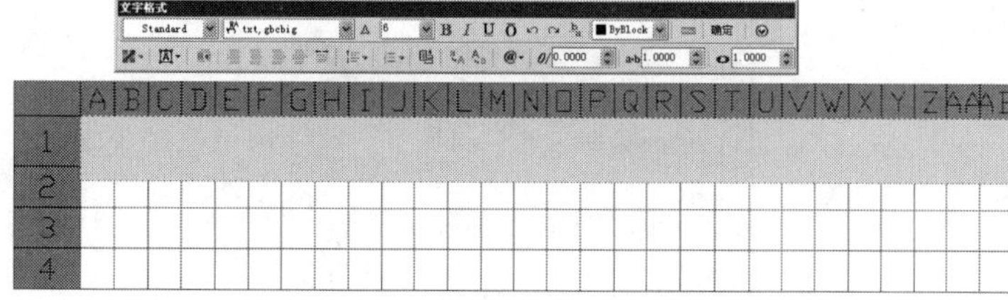

图 2-70　空表格和多行文字编辑器

2.8.3　表格文字编辑

1. 执行方式

☑ 命令行：TABLEDIT。

☑ 快捷菜单：选定表的一个或多个单元后右击，在弹出的快捷菜单中选择“编辑文字”命令。

☑ 定点设备：在表格单元内双击。

2. 操作步骤

执行上述操作之一后，弹出多行文字编辑器，用户可以对指定单元格中的文字进行编辑。

在 AutoCAD 2012 中，可以在表格中插入简单的公式，用于求和、计数和计算平均值，以及定义简单的算术表达式。要在选定的单元格中插入公式，需在单元格中右击，在弹出的快捷菜单中选择“插入点”→“公式”命令。也可以使用多行文字编辑器输入公式。选择一个公式项后，命令行中的提示如下：

```
选择表单元范围的第一个角点：（在表格内指定一点）
选择表单元范围的第二个角点：（在表格内指定另一点）
```

2.8.4　实例——A3 建筑图纸样板图形

设置单位、图形边界及文本样式后利用“矩形”、“直线”命令绘制图框线和标题栏，再利用“表格”命令绘制会签栏。绘制流程图如图 2-71 所示。

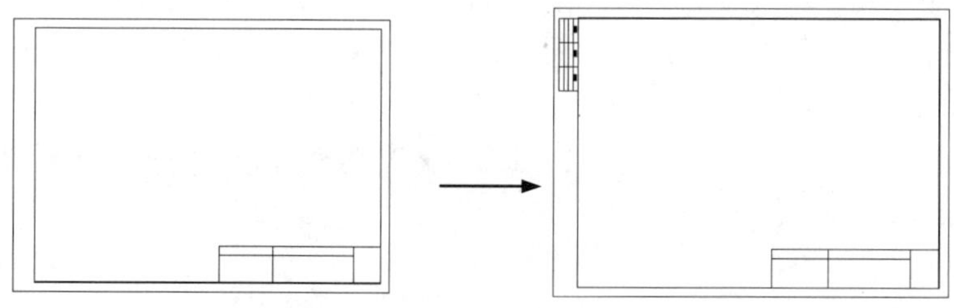

图 2-71　绘制 A3 建筑图纸样板图形

操作步骤：（光盘\动画演示\第 2 章\A3 建筑图纸样板图形.avi）

下面绘制一个建筑样板图形，具有自己的图标栏和会签栏。具体操作步骤如下：

1. 设置单位和图形边界

（1）打开 AutoCAD 2012 应用程序，系统自动建立一个新的图形文件。

Note

（2）设置单位。选择菜单栏中的“格式”→“单位”命令，弹出“图形单位”对话框，如图2-72所示。设置长度的“类型”为“小数”，“精度”为0.0000；角度的“类型”为“十进制度数”，“精度”为0，系统默认逆时针方向为正方向。

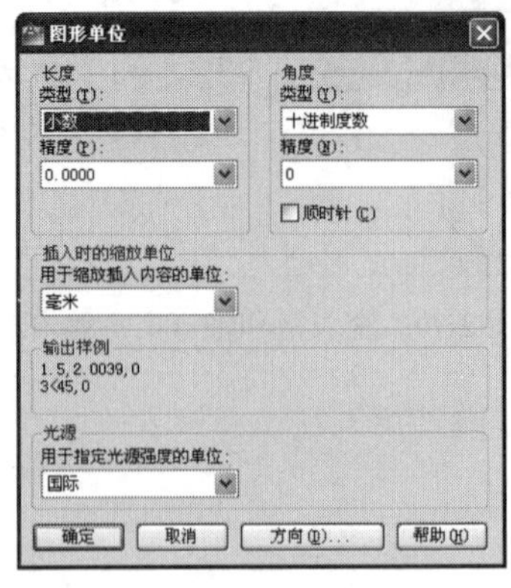

图2-72 “图形单位”对话框

（3）设置图形边界。国标对图纸的幅面大小作了严格规定，在这里，按国标A3图纸幅面设置图形边界。A3图纸的幅面为420mm×297mm，命令行提示如下：

```
命令：LIMITS↙
重新设置模型空间界限：
指定左下角点或 [开(ON)/关(OFF)] <0.0000,0.0000>：↙
指定右上角点 <12.0000,9.0000>：420,297↙
```

2. 设置文本样式

下面列出一些本练习中的格式，请按如下约定进行设置：文本高度一般注释为7mm，零件名称为10mm，图标栏和会签栏中的其他文字为5mm，尺寸文字为5mm；线型比例为1，图纸空间线型比例为1；单位为十进制，尺寸小数点后0位，角度小数点后0位。

可以生成4种文字样式，分别用于一般注释、标题块中零件名、标题块注释及尺寸标注。

（1）选择菜单栏中的“格式”→“文字样式”命令，弹出“文字样式”对话框，单击“新建”按钮，系统弹出“新建文字样式”对话框，如图2-73所示。接受默认的“样式1”文字样式名，确认退出。

（2）系统返回“文字样式”对话框，在“字体名”下拉列表框中选择“仿宋_GB2312”选项，设置“高度”为5，“宽度因子”为0.7，如图2-74所示。单击“应用”按钮，再单击“关闭”按钮。其他文字样式进行类似的设置。

图2-73 “新建文字样式”对话框

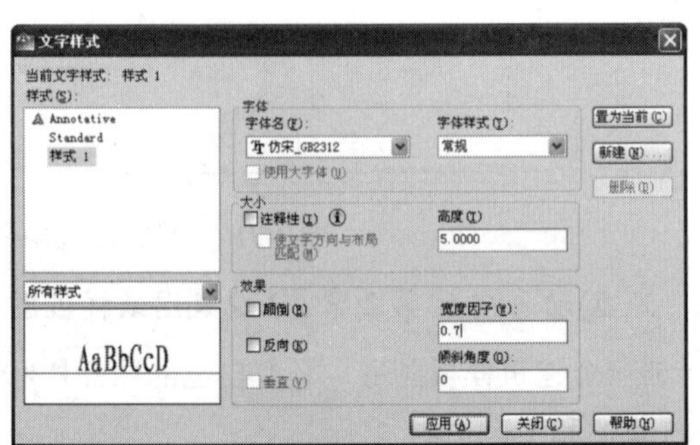

图2-74 “文字样式”对话框

3. 绘制图框线和标题栏

（1）单击“绘图”工具栏中的“矩形”按钮，两个角点的坐标分别为（25,10）和（410,287），绘制一个 420mm×297mm（A3 图纸大小）的矩形作为图纸范围，如图 2-75 所示（外框表示设置的图纸范围）。

（2）单击“绘图”工具栏中的“直线”按钮，绘制标题栏。坐标分别为{（230,10）、（230,50）、（410,50）}，{（280,10）、（280,50）}，{（360,10）、（360,50）}，{（230,40）、（360,40）}，如图 2-76 所示（说明：大括号中的数值表示一条独立连续线段的端点坐标值）。

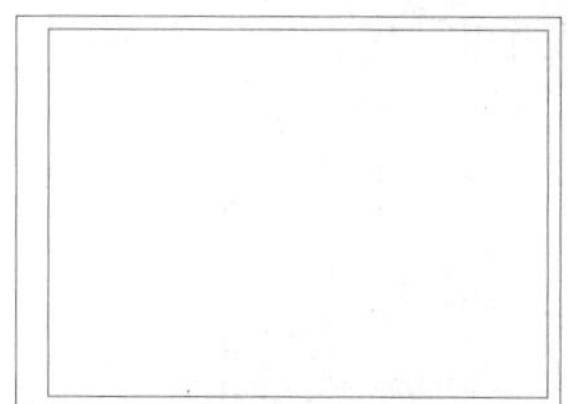

图 2-75　绘制图框线

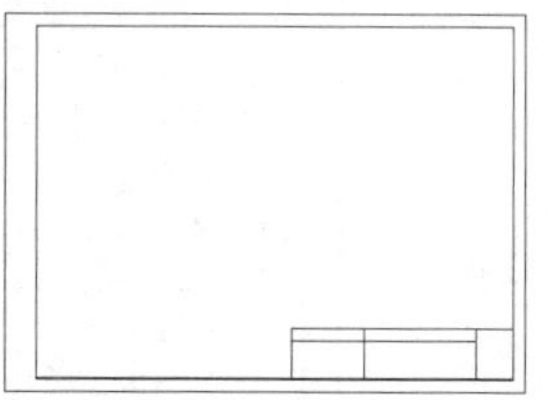

图 2-76　绘制标题栏

4. 绘制会签栏

（1）选择菜单栏中的“格式”→“表格样式”命令，打开“表格样式”对话框，如图 2-77 所示。

（2）单击“修改”按钮，系统打开“修改表格样式”对话框，在“单元样式”下拉列表框中选择“数据”选项，在下面的“文字”选项卡中将“文字高度”设置为 3，如图 2-78 所示。再打开“常规”选项卡，将“页边距”选项组中的“水平”和“垂直”都设置为 1，如图 2-79 所示。

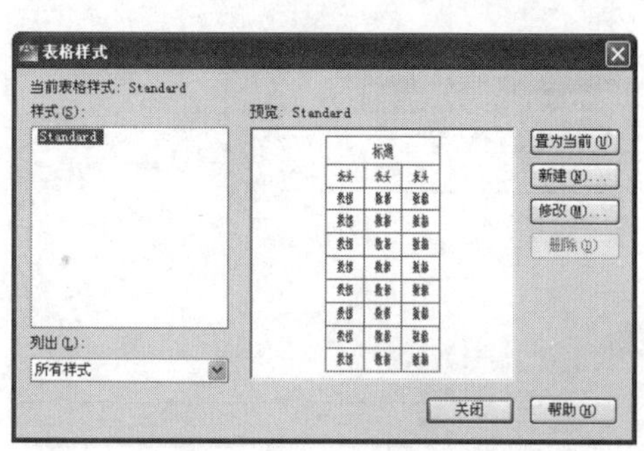

图 2-77　“表格样式”对话框

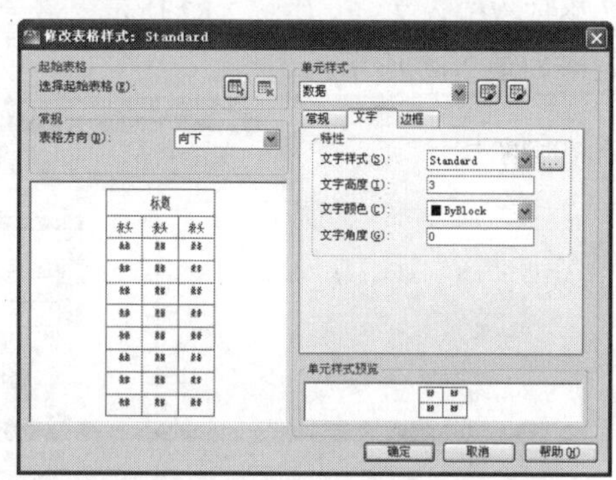

图 2-78　“修改表格样式”对话框

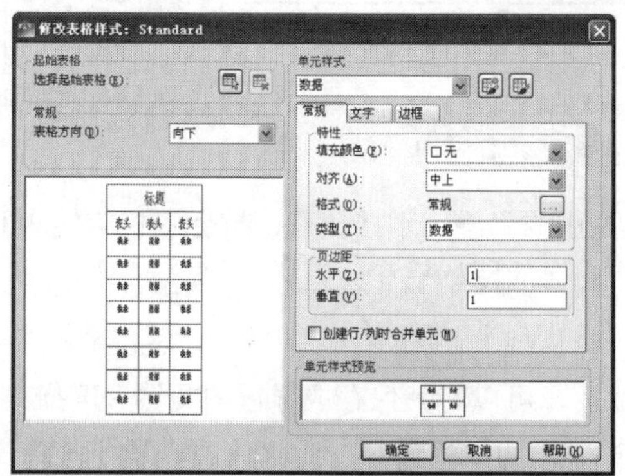

图 2-79　设置“常规”选项卡

说明： 表格的行高=文字高度+2×垂直页边距，此处设置为 3+2×1=5。

（3）系统回到“表格样式”对话框，单击“关闭”按钮退出。

（4）选择菜单栏中的“绘图”→“表格”命令，系统打开“插入表格”对话框，在“列和行设置”选项组中将“列”设置为 3，将“列宽”设置为 25，将“数据行数”设置为 2（加上标题行和表头行共 4 行），将“行高”设置为 1 行（即为 5）；在“设置单元样式”选项组中将“第一行单元样式”与“第二行单元样式”和“所有其他行单元样式”都设置为“数据”，如图 2-80 所示。

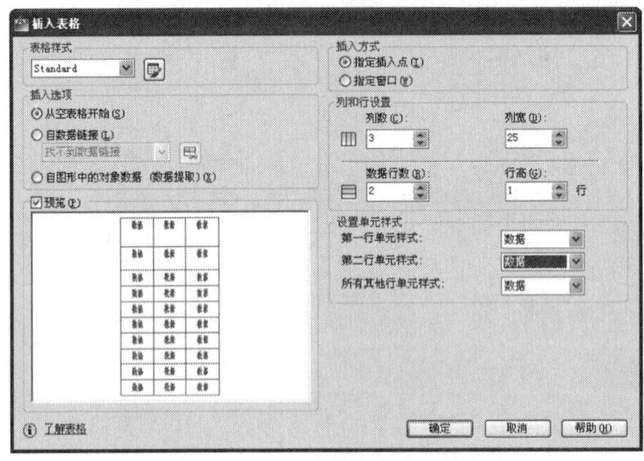

图 2-80　“插入表格”对话框

（5）在图框线左上角指定表格位置，系统生成表格，同时打开多行文字编辑器，如图 2-81 所示，在各格依次输入文字，如图 2-82 所示。最后按 Enter 键或单击多行文字编辑器上的“确定”按钮，生成表格如图 2-83 所示。

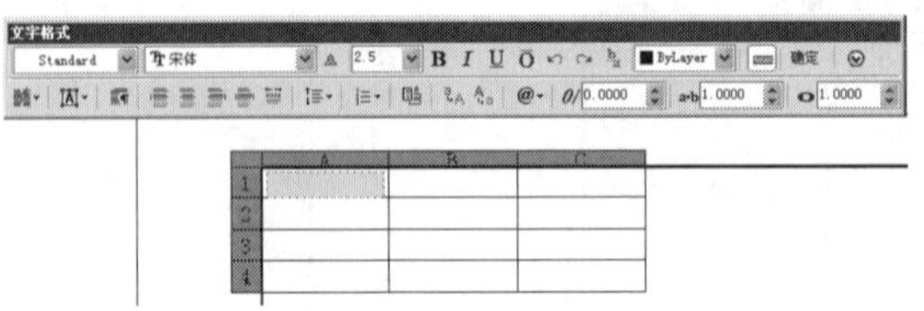

图 2-81　生成表格

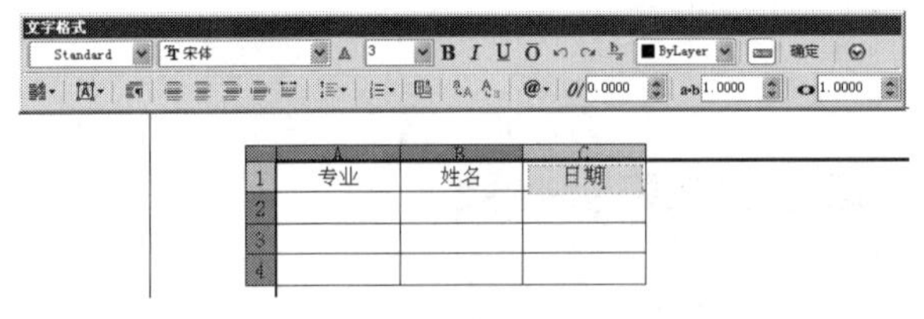

图 2-82　输入文字

图 2-83　完成表格

（6）单击“修改”工具栏中的“旋转”按钮，把会签栏旋转-90°，结果如图 2-84 所示。这就得到了一个样板图形，带有自己的图标栏和会签栏。

5. 保存成样板图文件

样板图及其环境设置完成后，可以将其保存成样板图文件。选择菜单栏中的“文件”→“保存”或“另存为”命令，弹出“保存”或“图形另存为”对话框。在“文件类型”下拉列表框中选择“AutoCAD 图形样板（*.dwt）”选项，输入文件名为“A3”，单击“保存”按钮保存文件。

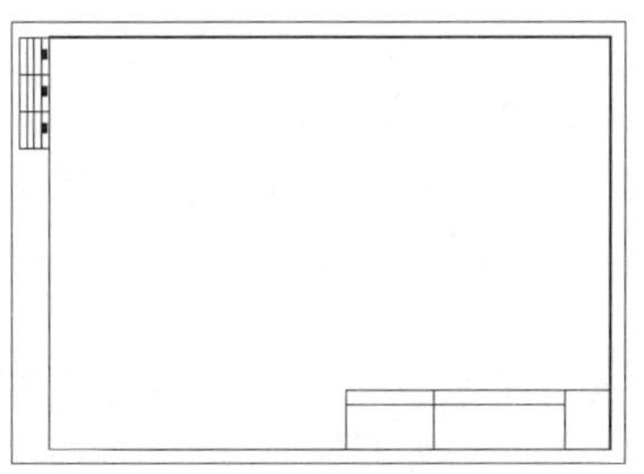

图 2-84　旋转会签栏

下次绘图时，可以打开该样板图文件，在此基础上开始绘图。

2.9　图案填充

当用户需要用一个重复的图案（pattern）填充某个区域时，可以使用 BHATCH 命令建立一个相关联的填充阴影对象，即所谓的图案填充。

2.9.1　基本概念

1. 图案边界

当进行图案填充时，首先要确定图案填充的边界。定义边界的对象只能是直线、双向射线、单向射线、多段线、样条曲线、圆弧、圆、椭圆、椭圆弧、面域等对象或用这些对象定义的块，而且作为边界的对象，在当前屏幕上必须全部可见。

2. 孤岛

在进行图案填充时，把位于总填充域内的封闭区域称为孤岛，如图 2-85 所示。在用 BHATCH 命令进行图案填充时，AutoCAD 允许用户以拾取点的方式确定填充边界，即在希望填充的区域内任意拾取一点，AutoCAD 会自动确定出填充边界，同时也确定该边界内的孤岛。如果用户是以点取对象的方式确定填充边界的，则必须确切地点取这些孤岛。

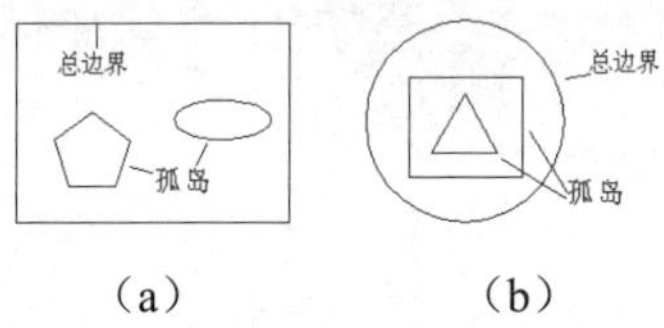

（a）　　（b）

图 2-85　孤岛

3. 填充方式

在进行图案填充时，需要控制填充的范围，AutoCAD 系统为用户设置了以下 3 种填充方式，实现对填充范围的控制。

☑ 普通方式。如图 2-86（a）所示，该方式从边界开始，从每条填充线或每个剖面符号的两端向里画，遇到内部对象与之相交时，填充线或剖面符号断开，直到遇到下一次相交时再继续画。采用这种方式时，要避免填充线或剖面符号与内部对象的相交次数为奇数。该方式为系统内部的默认方式。

☑ 最外层方式。如图 2-86（b）所示，该方式从边界开始，向里画剖面符号，只要在边界内部与对象相交，则剖面符号由此断开，而不再继续画。

☑ 忽略方式。如图 2-86（c）所示，该方式忽略边界内部的对象，所有内部结构都被剖面符号覆盖。

Note

（a）普通方式

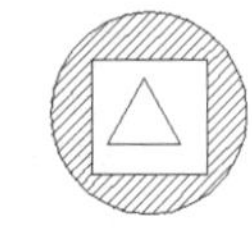

（b）最外层方式

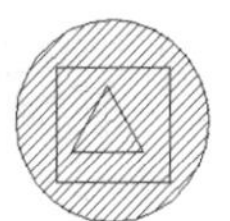

（c）忽略方式

图 2-86 填充方式

2.9.2 图案填充的操作

1. 执行方式

☑ 命令行：BHATCH。

☑ 菜单栏："绘图"→"图案填充"。

☑ 工具栏："绘图"→"图案填充"或"绘图"→"渐变色"。

2. 操作步骤

执行上述命令后，系统弹出如图 2-87 所示的"图案填充和渐变色"对话框，各选项组和按钮的含义介绍如下。

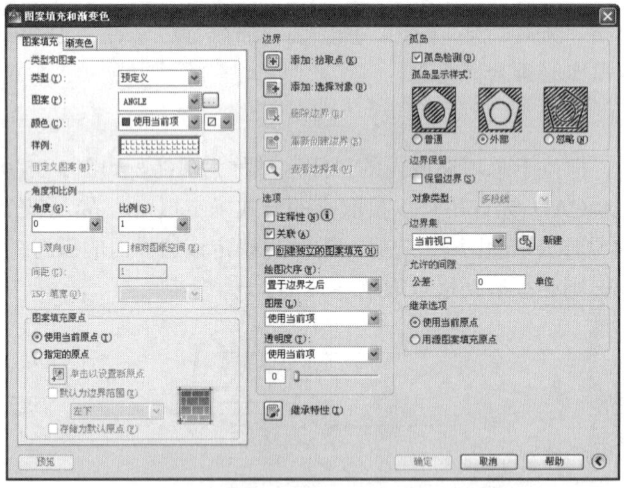

图 2-87 "图案填充和渐变色"对话框

（1）"图案填充"选项卡

该选项卡中的各选项用来确定填充图案及其参数。选择该选项卡后，弹出如图 2-87 所示的左边选项组。其中各选项的含义介绍如下。

☑ "类型"下拉列表框：用于确定填充图案的类型。在该下拉列表框中，"用户定义"选项表示用户要临时定义填充图案，与命令行方式中的"U"选项作用一样；"自定义"选项表示选用 ACAD.PAT 图案文件或其他图案文件（.PAT 文件）中的填充图案；"预定义"选项表示选用 AutoCAD 标准图案文件（ACAD.PAT 文件）中的填充图案。

Note

☑ “图案”下拉列表框：用于确定 AutoCAD 标准图案文件中的填充图案。在该下拉列表框中，用户可从中选取填充图案。选取所需要的填充图案后，在“样例”中的图像框内会显示出该图案。只有用户在“类型”下拉列表框中选择了“预定义”选项后，此项才以正常亮度显示，即允许用户从 AutoCAD 标准图案文件中选取填充图案。

如果选择的图案类型是“预定义”，单击“图案”下拉列表框右边的□按钮，会弹出如图 2-88 所示的“填充图案选项板”对话框，该对话框中显示出所选图案类型所具有的图案，用户可从中确定所需要的图案。

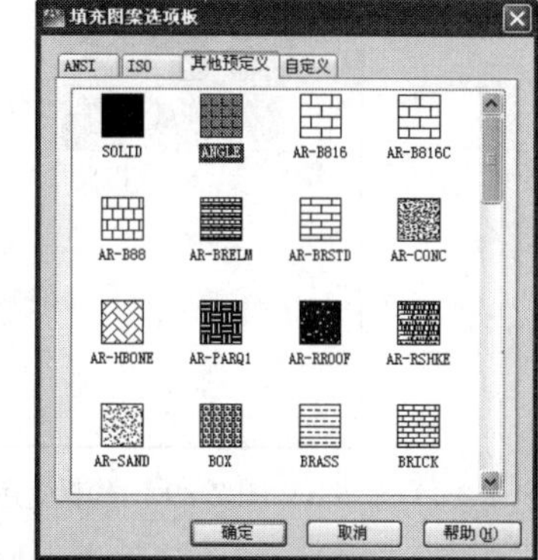

图 2-88　“填充图案选项板”对话框

☑ “颜色”下拉列表框：使用填充图案和实体填充的指定颜色替代当前颜色。

☑ “样例”图像框：用来给出样本图案。在其右边有一矩形图像框，显示出当前用户所选用的填充图案。可以单击该图像框迅速查看或选取已有的填充图案。

☑ “自定义图案”下拉列表框：用于确定 ACAD.PAT 图案文件或其他图案文件（.PAT）中的填充图案。只有在“类型”下拉列表框中选择了“自定义”选项后，该选项才以正常亮度显示，即允许用户从 ACAD.PAT 图案文件或其他图案件（.PAT）中选取填充图案。

☑ “角度”下拉列表框：用于确定填充图案时的旋转角度。每种图案在定义时的旋转角度为零，用户可在“角度”下拉列表框中选择所希望的旋转角度。

☑ “比例”下拉列表框：用于确定填充图案的比例值。每种图案在定义时的初始比例为 1，用户可以根据需要放大或缩小，方法是在“比例”下拉列表框中选择相应的比例值。

☑ “双向”复选框：用于确定用户临时定义的填充线是一组平行线，还是相互垂直的两组平行线。只有在“类型”下拉列表框中选用“用户定义”选项后，该选项才可以使用。

☑ “相对图纸空间”复选框：用于确定是否相对图纸空间单位来确定填充图案的比例值。选中该复选框后，可以按适合于版面布局的比例方便地显示填充图案。该选项仅仅适用于图形版面编排。

☑ “间距”文本框：指定平行线之间的间距，在“间距”文本框内输入值即可。只有在“类型”下拉列表框中选用“用户定义”选项后，该项才可以使用。

☑ “ISO 笔宽”下拉列表框：告诉用户根据所选择的笔宽确定与 ISO 有关的图案比例。只有在选择了已定义的 ISO 填充图案后，才可确定它的内容。

☑ “图案填充原点”选项组：控制填充图案生成的起始位置。填充这些图案（如砖块图案）时需要与图案填充边界上的一点对齐。在默认情况下，所有填充图案原点都对应于当前的 UCS 原点。也可以选中“指定的原点”单选按钮，通过其下一级的选项重新指定原点。

（2）“渐变色”选项卡

渐变色是指从一种颜色到另一种颜色的平滑过渡。渐变色能产生光的效果，可为图形添加视觉效果。“渐变色”选项卡如图 2-89 所示，其中各选项的含义介绍如下。

☑ “单色”单选按钮：应用单色对所选择的对象进行渐变填充。在“图案填充和渐变色”对话框的右上边的显示框中显示用户所选择的真彩色，单击□按钮，系统打开“选择颜色”对话框，如图 2-90 所示。

☑ “双色”单选按钮：应用双色对所选择的对象进行渐变填充。填充颜色将从颜色 1 渐变到颜色 2。颜色 1 和颜色 2 的选取与单色选取类似。

☑ “渐变方式”样板：在“渐变色”选项卡的下方有9个“渐变方式”样板，分别表示不同的渐变方式，包括线形、球形和抛物线形等方式。

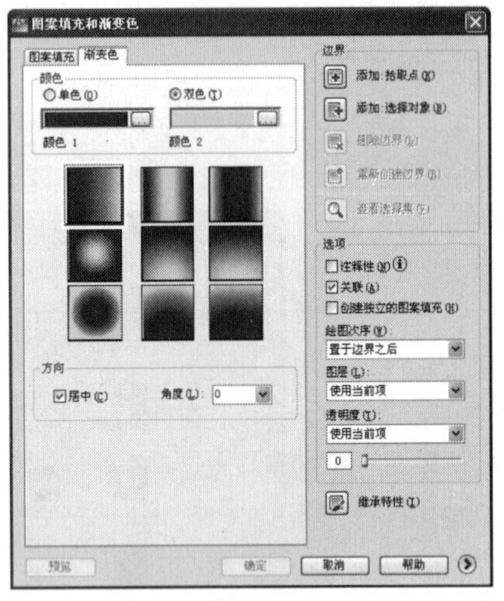

图2-89 “渐变色”选项卡

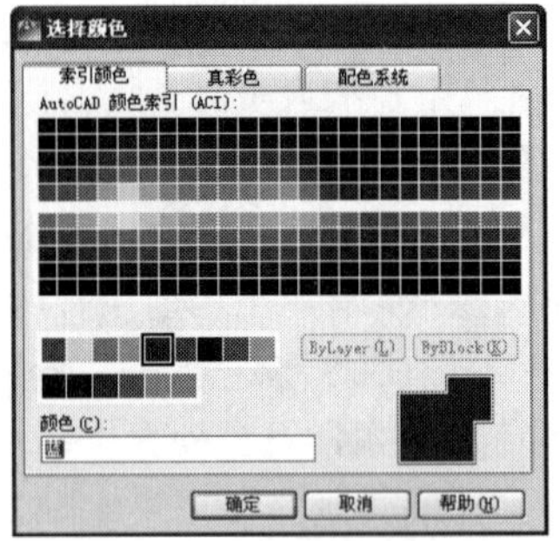

图2-90 “选择颜色”对话框

☑ “居中”复选框：该复选框决定渐变填充是否居中。

☑ “角度”下拉列表框：在该下拉列表框中选择角度，此角度为渐变色倾斜的角度。不同的渐变色填充如图2-91所示。

（a）单色线形居中0角度渐变填充

（b）双色抛物线形居中0角度渐变填充

（c）单色线形居中45度渐变填充

（d）双色球形不居中0角度渐变填充

图2-91 不同的渐变色填充

（3）“边界”选项组

☑ “添加:拾取点”按钮：以拾取点的形式自动确定填充区域的边界。在填充的区域内任意拾取一点，系统会自动确定出包围该点的封闭填充边界，并且以高亮度显示（如图2-92所示）。

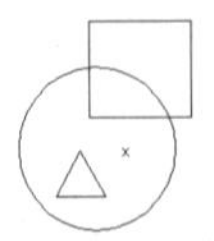

（a）选择一点

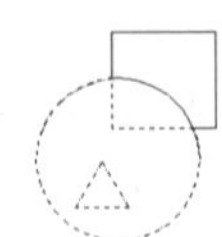

（b）填充区域

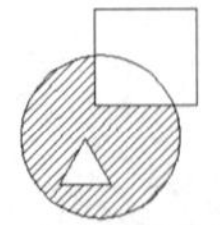

（c）填充结果

图2-92 拾取点

☑ “添加:选择对象”按钮：以选择对象的方式确定填充区域的边界。用户可以根据需要选取构成填充区域的边界。同样，被选择的边界也会以高亮度显示（如图2-93所示）。

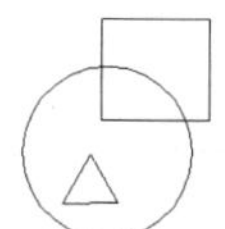
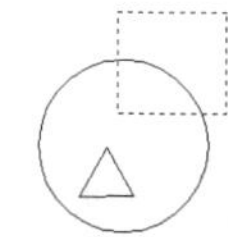
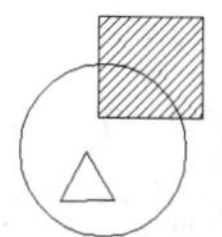

（a）原始图形　　（b）选取边界对象　　（c）填充结果

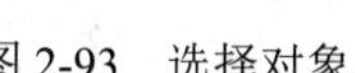

图 2-93　选择对象

☑ “删除边界”按钮：从边界定义中删除以前添加的所有对象（如图 2-94 所示）。

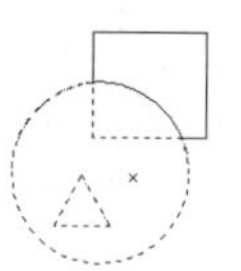
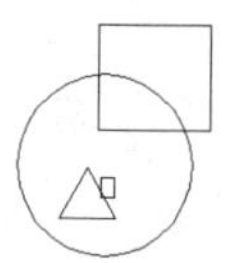
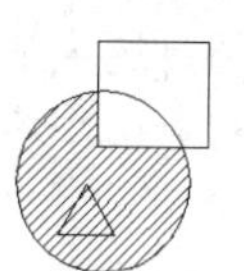

（a）选取边界对象　　（b）删除边界　　（c）填充结果

图 2-94　删除边界

☑ “重新创建边界”按钮：围绕选定的填充图案或填充对象创建多段线或面域。

☑ “查看选择集”按钮：查看填充区域的边界。单击该按钮，AutoCAD 临时切换到绘图屏幕，将所选择的作为填充边界的对象以高亮度显示。只有通过“拾取点”按钮或“选择对象”按钮选取了填充边界，“查看选择集”按钮才可以使用。

（4）“选项”选项组

☑ “注释性”复选框：指定填充图案为注释性。

☑ “关联”复选框：用于确定填充图案与边界的关系。若选中该复选框，那么填充图案与填充边界保持着关联关系，即图案填充后，当用钳夹（Grips）功能对边界进行拉伸等编辑操作时，AutoCAD 会根据边界的新位置重新生成填充图案。

☑ “创建独立的图案填充”复选框：当指定了几个独立的闭合边界时，用来控制是创建单个图案填充对象，还是创建多个图案填充对象，如图 2-95 所示。

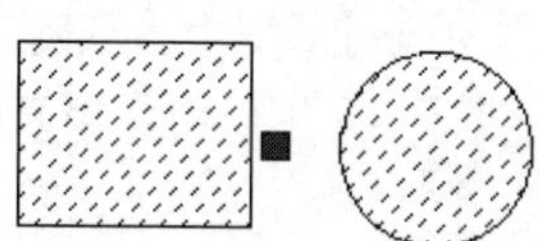
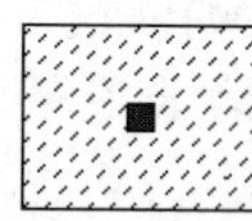
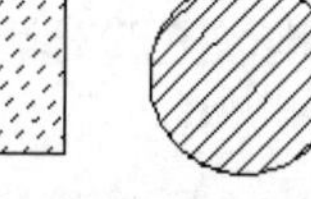

（a）不独立，选中时是一个整体　　（b）独立，选中时不是一个整体

图 2-95　独立与不独立

☑ “绘图次序”下拉列表框：指定图案填充的顺序。图案填充可以放在所有其他对象之后、所有其他对象之前、图案填充边界之后或图案填充边界之前。

（5）“继承特性”按钮

该按钮的作用是图案填充的继承特性，即选用图中已有的填充图案作为当前的填充图案。

（6）“孤岛”选项组

☑ “孤岛显示样式”列表：用于确定图案的填充方式。用户可以从中选取所需要的填充方式。默认的填充方式为“普通”。用户也可以在右键快捷菜单中选择填充方式。

☑ “孤岛检测”复选框：确定是否检测孤岛。

（7）“边界保留”选项组

该选项组指定是否将边界保留为对象，并确定应用于这些对象的对象类型是多段线还是面域。

（8）“边界集”选项组

该选项组用于定义边界集。当单击“添加:拾取点”按钮以根据拾取点的方式确定填充区域时，有两种定义边界集的方式：一种是以包围所指定点的最近的有效对象作为填充边界，即“当前视口”选项，该项是系统的默认方式；另一种是用户自己选定一组对象来构造边界，即“现有集合”选项，选定对象通过其上面的“新建”按钮来实现，单击该按钮后，AutoCAD 临时切换到绘图屏幕，并提示用户选取作为构造边界集的对象。此时若选取“现有集合”选项，AutoCAD 会根据用户指定的边界集中的对象来构造一个封闭边界。

Note

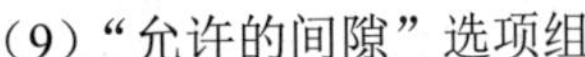

（9）“允许的间隙”选项组

该选项组设置将对象用作填充图案边界时可以忽略的最大间隙。默认值为 0，此值指定对象必须封闭区域而没有间隙。

（10）“继承选项”选项组

使用“继承特性”创建填充图案时，控制图案填充原点的位置。

2.9.3 编辑填充的图案

利用 HATCHEDIT 命令，可以编辑已经填充的图案。

1. 执行方式

☑ 命令行：HATCHEDIT。

☑ 菜单栏：“修改”→“对象”→“图案填充”。

☑ 工具栏：“修改 II”→“编辑图案填充”。

2. 操作步骤

执行上述命令后，AutoCAD 会给出下面提示：

```
选择关联填充对象:
```

选取关联填充物体后，系统弹出如图 2-96 所示的“图案填充编辑”对话框。

在图 2-96 中，只有正常显示的选项，才可以对其进行操作。该对话框中各项的含义与图 2-87 所示的“图案填充和渐变色”对话框中各项的含义相同。利用该对话框，可以对已填充的图案进行一系列的编辑修改。

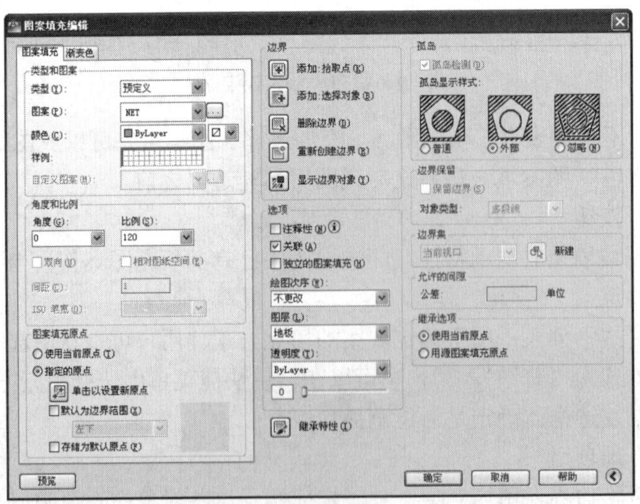

图 2-96 “图案填充编辑”对话框

2.9.4　实例——绘制小房子

本实例利用“直线”命令绘制屋顶和外墙轮廓，再利用“矩形”、“圆环”、“多段线”及“多行文字”命令绘制门、把手、窗、牌匾，最后利用“图案填充”命令填充图案。绘制流程图如图 2-97 所示。

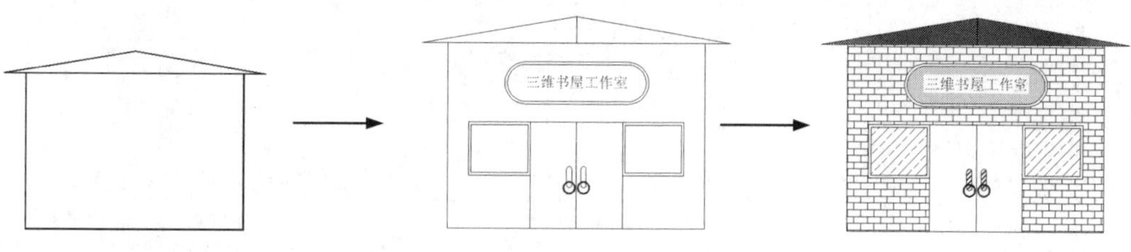

图 2-97　绘制小房子

操作步骤：（光盘\动画演示\第 2 章\小房子.avi）

1. 绘制屋顶轮廓

（1）利用“直线”命令，以{（0,500）、（@600,0）}为端点坐标绘制直线。

（2）再利用“直线”命令，单击状态栏中的“对象捕捉”按钮，捕捉绘制好的直线的中点，以其为起点，以坐标为（@0,50）的点为第二点，绘制直线。连接各端点，结果如图 2-98 所示。

2. 绘制墙体轮廓

（1）利用“矩形”命令，以（50,500）为第一角点，以（@500,-350）为第二角点绘制墙体轮廓，结果如图 2-99 所示。

图 2-98　屋顶轮廓　　　　图 2-99　墙体轮廓

（2）单击状态栏中的“线宽”按钮，结果如图 2-100 所示。

3. 绘制门

（1）绘制门体。将“门窗”层设置为当前层。利用“矩形”命令，以墙体底面的中点为第一角点，以（@90,200）为第二角点绘制右边的门，同理，以墙体底面的中点作为第一角点，以（@-90,200）为第二角点绘制左边的门。结果如图 2-101 所示。

图 2-100　显示线宽　　　　图 2-101　绘制门体

（2）绘制门把手。利用“矩形”命令，在适当的位置上，绘制一个长度为 10，高度为 40，倒圆半径为 5 的矩形。命令行提示如下：

```
命令: rectang↙
指定第一个角点或 [倒角(C)/标高(E)/圆角(F)/厚度(T)/宽度(W)]: f↙
```

```
指定矩形的圆角半径 <0.0000>: 5↙
指定第一个角点或 [倒角(C)/标高(E)/圆角(F)/厚度(T)/宽度(W)]:(在图上选取合适的位置)
指定另一个角点或 [面积(A)/尺寸(D)/旋转(R)]: @10,40↙
```

用同样的方法，绘制另一个门把手。结果如图 2-102 所示。

Note

（3）绘制门环。利用“圆环”命令，在适当的位置上，绘制两个内径为 20，外径为 40 的圆环。命令行提示如下：

```
命令: donut↙
指定圆环的内径 <30.0000>: 20↙
指定圆环的外径 <35.0000>: 24↙
指定圆环的中心点或 <退出>:(适当指定一点)
指定圆环的中心点或 <退出>:(适当指定一点)
指定圆环的中心点或 <退出>:↙
```

结果如图 2-103 所示。

4. 绘制窗户

（1）利用“矩形”命令，绘制左边外玻璃窗，指定门的左上角点为第一个角点，指定第二角点为（@-120,-100）；接着指定门的右上角点为第一个角点，指定第二角点为（@-120,100），绘制右边外玻璃窗。

（2）再利用“矩形”命令，以（205,345）为第一角点，（@-110,-90）为第二角点绘制左边内玻璃窗，以（505,345）为第一角点，（@110,-90）为第二角点绘制右边的内玻璃窗，结果如图 2-104 所示。

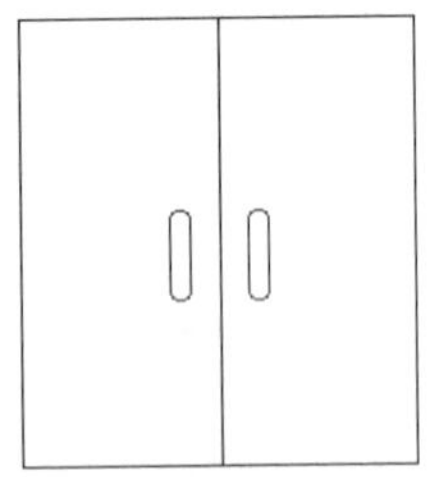

图 2-102　绘制门把手

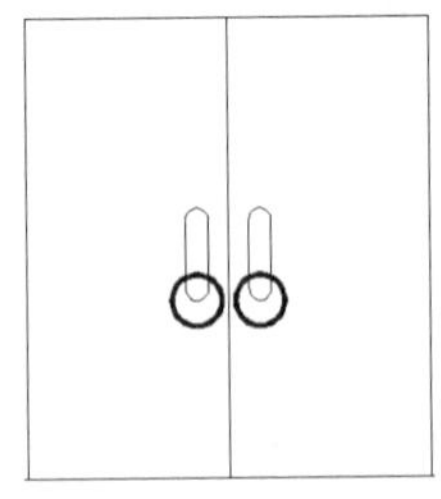

图 2-103　绘制门环

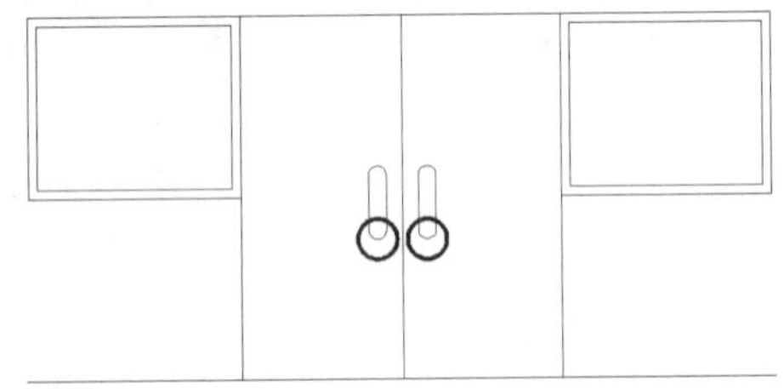

图 2-104　绘制窗户

5. 绘制牌匾

单击“绘图”工具栏中的“多段线”按钮，绘制牌匾。命令行提示如下：

```
命令: _pline ↙
指定起点: (用光标拾取一点作为多段线的起点)
当前线宽为 0.0000
指定下一个点或 [圆弧(A)/半宽(H)/长度(L)/放弃(U)/宽度(W)]: @200,0
指定下一点或 [圆弧(A)/闭合(C)/半宽(H)/长度(L)/放弃(U)/宽度(W)]: a
指定圆弧的端点或[角度(A)/圆心(CE)/闭合(CL)/方向(D)/半宽(H)/直线(L)/半径(R)/第二个点(S)/放弃(U)/宽度(W)]: a
指定包含角: 180
指定圆弧的端点或 [圆心(CE)/半径(R)]: r
指定圆弧的半径: 40
指定圆弧的弦方向 <0>: 90
指定圆弧的端点或[角度(A)/圆心(CE)/闭合(CL)/方向(D)/半宽(H)/直线(L)/半径(R)/第二个点(S)/放弃(U)/宽度(W)]: l
指定下一点或 [圆弧(A)/闭合(C)/半宽(H)/长度(L)/放弃(U)/宽度(W)]: @-200,0
```

```
指定下一点或 [圆弧(A)/闭合(C)/半宽(H)/长度(L)/放弃(U)/宽度(W)]: a
指定圆弧的端点或[角度(A)/圆心(CE)/闭合(CL)/方向(D)/半宽(H)/直线(L)/半径(R)/第二个点(S)/放弃(U)/宽度(W)]: a
指定包含角: 180
指定圆弧的端点或 [圆心(CE)/半径(R)]: r
指定圆弧的半径: 40
指定圆弧的弦方向 <180>: -90
指定圆弧的端点或[角度(A)/圆心(CE)/闭合(CL)/方向(D)/半宽(H)/直线(L)/半径(R)/第二个点(S)/放弃(U)/宽度(W)]:
```

Note

结果如图 2-105 所示。

6. 输入牌匾中的文字

单击“绘图”工具栏中的“多行文字”按钮A，系统打开“多行文字编辑器”对话框。在该对话框中输入书店的名称，并设置字体的属性，设置字体属性之后的结果如图 2-106 所示。单击“确定”按钮，即可完成牌匾的绘制，如图 2-107 所示。

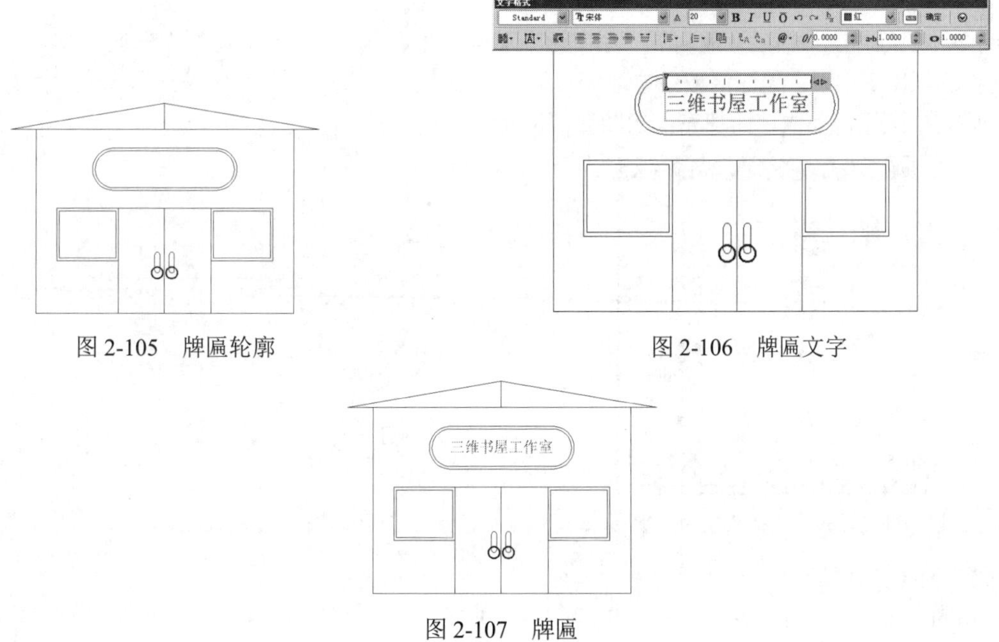

图 2-105　牌匾轮廓

图 2-106　牌匾文字

图 2-107　牌匾

7. 填充图形

图案的填充主要包括 5 部分，即墙面、玻璃窗、门把手、牌匾和屋顶等的填充。利用“图案填充”命令选择适当的图案，即可分别填充这 5 部分图形。

（1）外墙图案填充

❶ 单击“绘图”工具栏中的“图案填充”按钮，系统打开“图案填充和渐变色”对话框（如图 2-108 所示），单击对话框右下角的按钮，展开对话框，在“孤岛”选项组中选择“外部”孤岛显示样式。

❷ 在“类型”下拉列表框中选择“预定义”选项，单击“图案”下拉列表框右侧的按钮，打开“填充图案选项板”对话框，选择“其他预定义”选项卡中的 BRICK 图案，如图 2-109 所示。

图 2-108　“图案填充和渐变色”对话框

❸ 单击“确定”按钮后，返回到“图案填充和渐变色”对话框，将“比例”设置为 1。单击按钮，切换到绘图平面，在墙面区域中选取一点，按 Enter 键后，返回到“图案填充和渐变色”对话框，单击“确定”按钮，完成墙面填充，如图 2-110 所示。

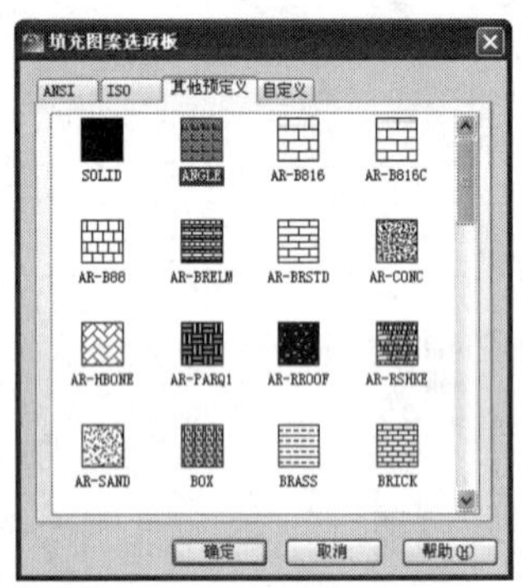

图 2-109　选择适当的图案

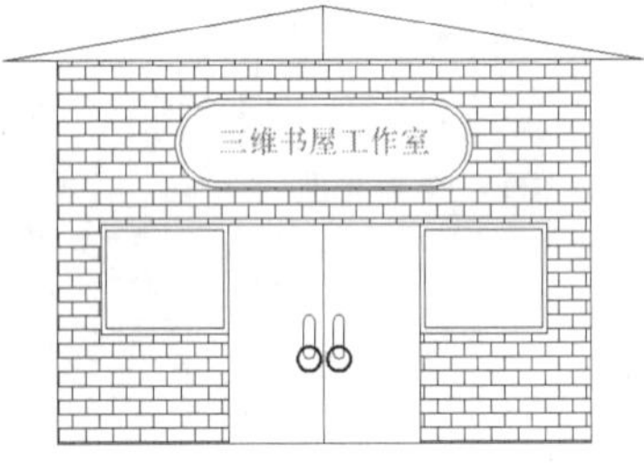

图 2-110　完成墙面填充

（2）窗户图案填充

用相同的方法，选择“其他预定义”选项卡中的 STEEL 图案，将其“比例”设置为 1，选择窗户区域进行填充，结果如图 2-111 所示。

（3）门把手图案填充

用相同的方法，选择 ANSI 选项卡中的 ANSI33 图案，将其“比例”设置为 4，选择门把手区域进行填充，结果如图 2-112 所示。

（4）牌匾图案填充

❶ 单击“绘图”工具栏中的“渐变色”按钮，系统打开“图案填充和渐变色”对话框的“渐变色”选项卡，如图 2-113 所示。接受默认的“单色”单选按钮，单击颜色显示框后面的按钮，打开“选择颜色”对话框，选择金黄色，如图 2-114 所示。

❷ 单击“确定”按钮后，返回到“图案填充和渐变色”对话框的“渐变色”选项卡，在颜色“渐变方式”样板中选择左下角的过渡模式。单击“添加:拾取点”按钮，切换到绘图平面，在牌匾区域中选取一点，按 Enter 键后，返回到“图案填充和渐变色”对话框，单击“确定”按钮，完成牌匾

填充，如图 2-115 所示。

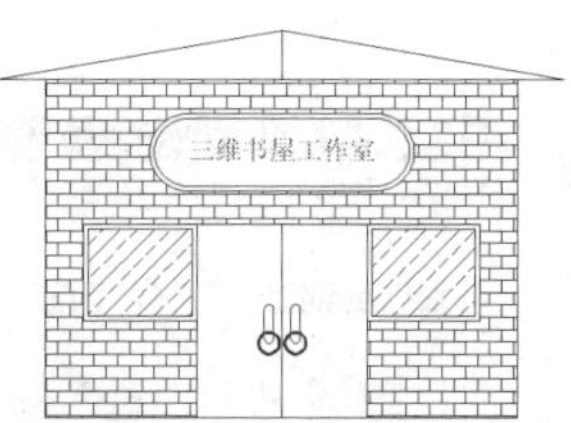

图 2-111　完成窗户填充

图 2-112　完成门把手填充

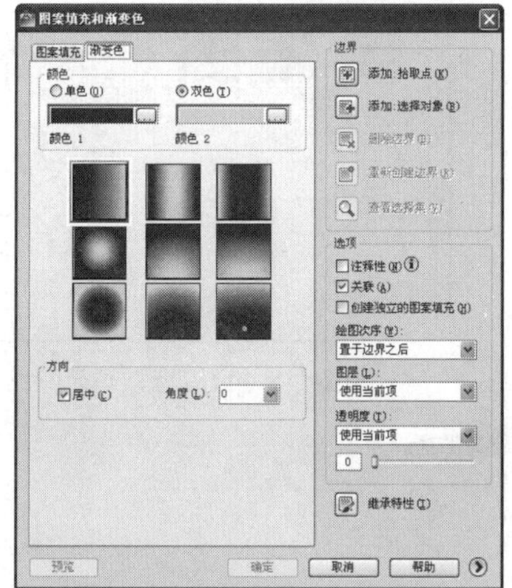

图 2-113　“渐变色”选项卡

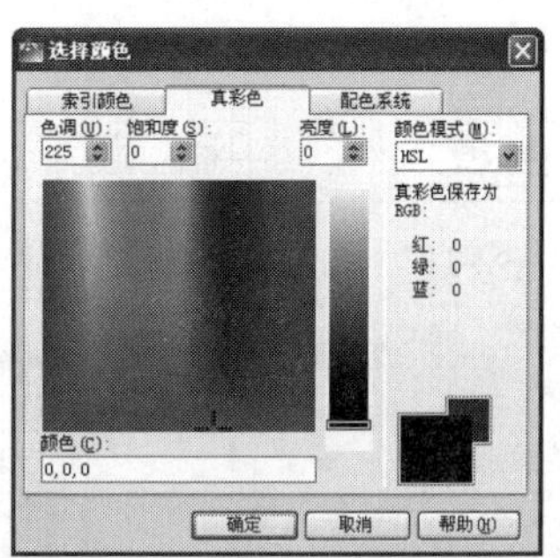

图 2-114　“选择颜色”对话框

完成牌匾填充后，发现不需要填充金黄色渐变，这时可以在填充区域中双击，系统打开“图案填充编辑”对话框，将颜色渐变滑块移动到中间位置，如图 2-116 所示，单击“确定”按钮，完成牌匾填充图案的编辑，如图 2-117 所示。

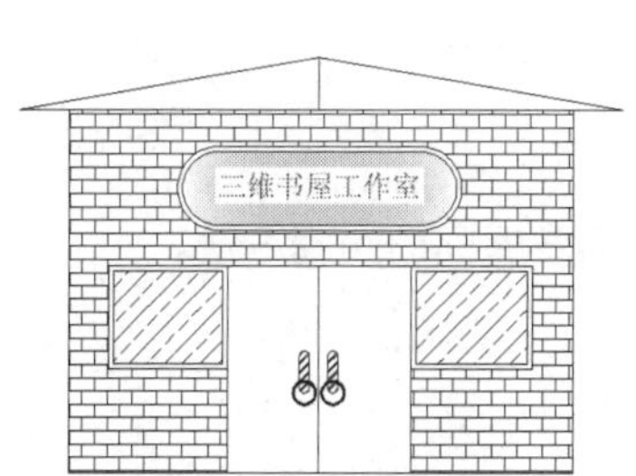

图 2-115　完成牌匾填充

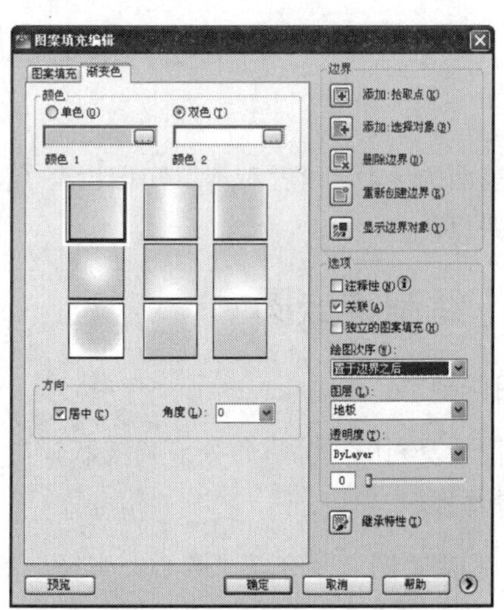

图 2-116　“图案填充编辑”对话框

（5）屋顶图案填充

用同样的方法，打开“图案填充和渐变色”对话框的“渐变色”选项卡，选中“双色”单选按钮，

分别设置“颜色 1”和“颜色 2”为红色和绿色，选择一种颜色过渡方式，如图 2-118 所示。单击“确定”按钮后，选择屋顶区域进行填充，结果如图 2-119 所示。

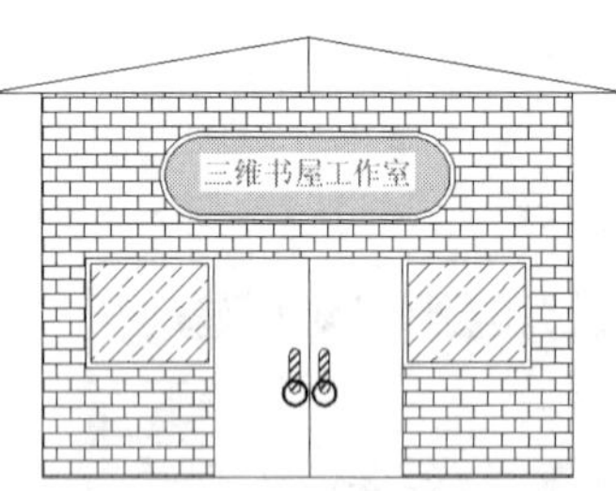

图 2-117 编辑填充图案

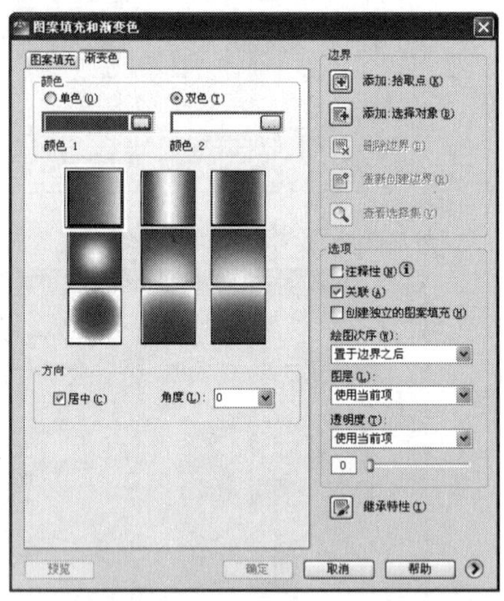

图 2-118 设置屋顶填充颜色

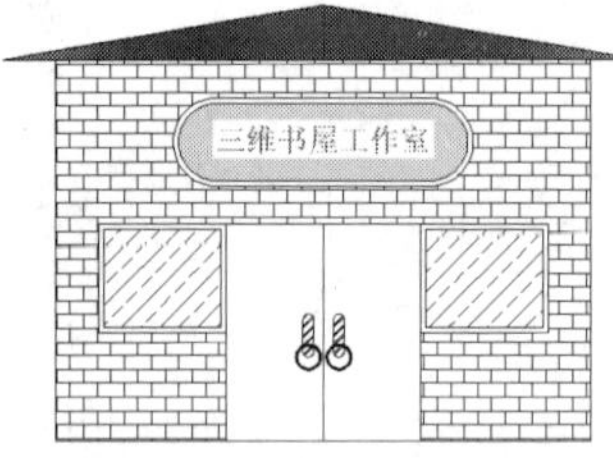

图 2-119 三维书屋

2.10 上机操作

通过前面的学习，读者对本章知识也有了大体的了解，本节通过几个操作练习使读者进一步掌握本章知识要点。

2.10.1 绘制镶嵌圆

1. 目的要求

本实例反复利用“圆”命令绘制镶嵌圆，从而使读者灵活掌握圆的绘制方法。

2. 操作提示

（1）利用“圆”命令以“圆心、半径”的方法绘制两个小圆。

（2）再利用“圆”命令以“相切、相切、半径”的方法绘制内部第 3 个小圆。

（3）最后利用“圆”命令以“相切、相切、相切”的方法绘制外圆。

绘制结果如图 2-120 所示。

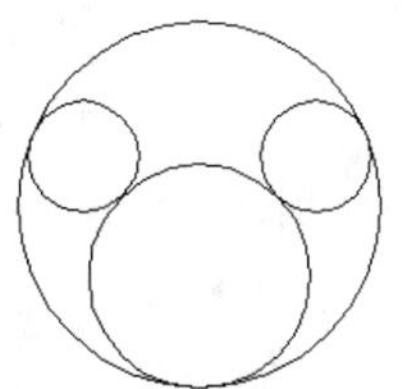

图 2-120　镶嵌圆

2.10.2　绘制卡通造型

1．目的要求

本实例利用一些基础绘图命令绘制图形，从而使读者灵活掌握这些绘图命令的使用方法。

2．操作提示

（1）利用“圆”命令绘制左边头部的小圆及圆环。

（2）利用“矩形”命令绘制矩形。

（3）利用“圆”、“椭圆”、“正多边形”命令绘制卡通造型身体的大圆、小椭圆及正六边形。

（4）利用“直线”命令绘制嘴部。

绘制结果如图 2-121 所示。

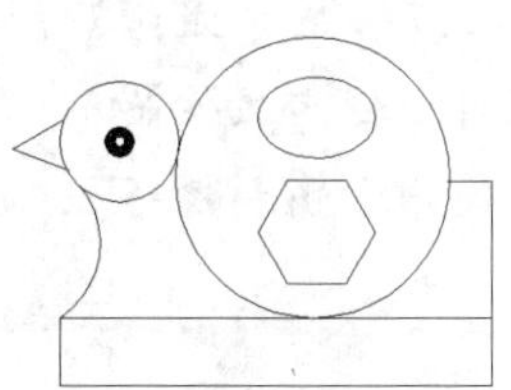

图 2-121　卡通造型

2.10.3　绘制汽车造型

1．目的要求

本实例图形涉及各种命令，从而使读者灵活掌握各种命令的绘制方法。

2．操作提示

（1）利用“圆”、“圆环”命令绘制车轮。

（2）利用“直线”、“多段线”、“圆弧”命令绘制车身。

（3）利用“矩形”、“正多边形”命令绘制车轮。

绘制结果如图 2-122 所示。

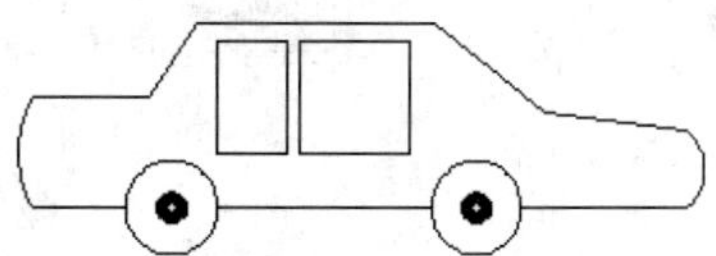

图 2-122　汽车造型

基本绘图工具

为了快捷、准确地绘制图形，AutoCAD 提供了多种必要的和辅助的绘图工具，如图层工具、对象约束工具、对象捕捉工具、栅格工具和正交工具等。利用这些工具，用户可以方便、迅速、准确地实现图形的绘制和编辑，不仅可以提高工作效率，而且能更好地保证图形的质量。

本章将详细讲述这些工具的具体使用方法和技巧。

☑ 图层设置　　☑ 对象约束

☑ 绘图辅助工具　　☑ 尺寸标注

任务驱动&项目案例

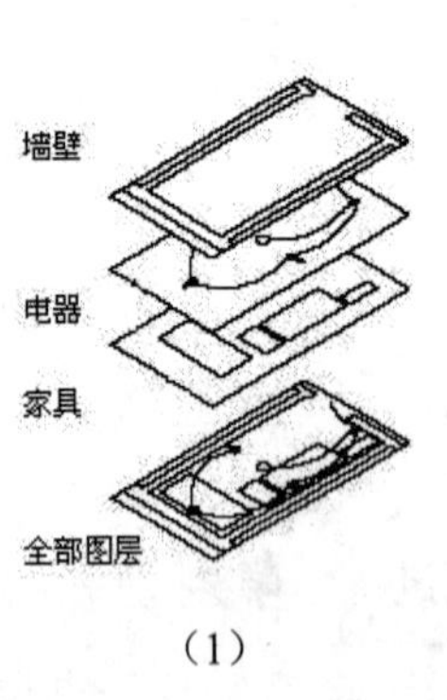

（1）

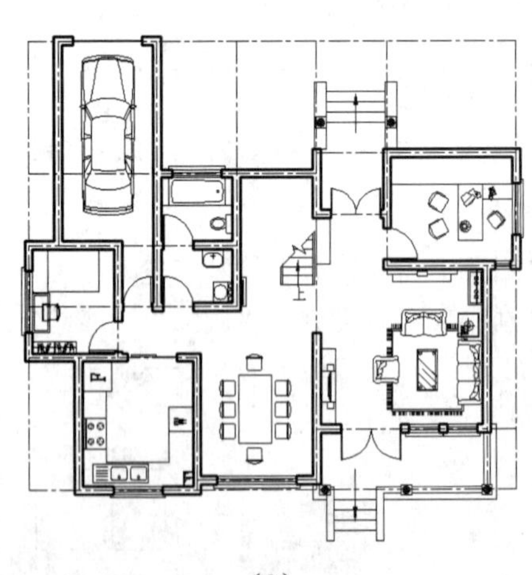

（2）

Note

3.1　图 层 设 置

AutoCAD 中的图层就如同在手工绘图中使用的重叠透明图纸，如图 3-1 所示，可以使用图层来组织不同类型的信息。在 AutoCAD 中，图形的每个对象都位于一个图层上，所有图形对象都具有图层、颜色、线型和线宽 4 个基本属性。在绘图时，图形对象将创建在当前的图层上。每个 CAD 文档中图层的数量是不受限制的，每个图层都有自己的名称。

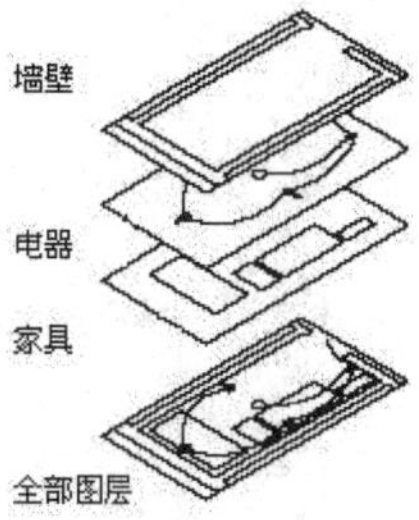

墙壁

电器

家具

全部图层

图 3-1　图层示意图

3.1.1　建立新图层

新建的 CAD 文档中只能自动创建一个名为“0”的特殊图层。默认情况下，图层 0 将被指定使用 7 号颜色、Continuous 线型、默认线宽以及 NORMAL 打印样式，并且不能被删除或重命名。通过创建新的图层，可以将类型相似的对象指定给同一个图层使其相关联。例如，可以将构造线、文字、标注和标题栏置于不同的图层上，并为这些图层指定通用特性。通过将对象分类放到各自的图层中，可以快速、有效地控制对象的显示以及对其进行更改。

执行方式

☑　命令行：LAYER。

☑　菜单栏：“格式”→“图层”。

☑　工具栏：“图层”→“图层特性管理器”，如图 3-2 所示。

执行上述操作之一后，系统将弹出“图层特性管理器”对话框，如图 3-3 所示。单击“图层特性管理器”对话框中的“新建图层”按钮，可以建立新图层，默认的图层名为“图层 1”。可以根据绘图需要，更改图层名，图层最长可使用 255 个字符的字母数字命名。在一个图形中可以创建的图层数以及在每个图层中可以创建的对象数实际上是无限的，图层特性管理器按名称的字母顺序排列图层。

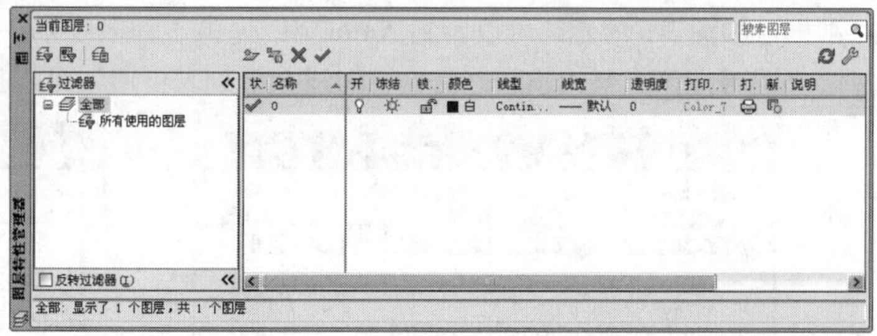

图 3-2　“图层”工具栏

图 3-3　“图层特性管理器”对话框

说明：如果要建立不只一个图层，无须重复单击“新建”按钮。更有效的方法是：在建立一个新的图层“图层 1”后，改变图层名，在其后输入逗号“,”，这样系统会自动建立一个新图层“图层 1”，再改变图层名，并输入一个逗号，又一个新的图层建立了，这样可以依次建立各个图层。也可以按两次 Enter 键，建立另一个新的图层。

在每个图层属性设置中，包括图层名称、关闭/打开图层、冻结/解冻图层、锁定/解锁图层、图层线条颜色、图层线条线型、图层线条宽度、图层打印样式以及图层是否打印 9 个参数。下面分别讲述

如何设置这些图层参数。

1. 设置图层线条颜色

Note

在工程图中，整个图形包含多种不同功能的图形对象，如实体、剖面线与尺寸标注等，为了便于直观地区分它们，就有必要针对不同的图形对象使用不同的颜色，如实体层使用白色、剖面线层使用青色等。

要改变图层的颜色时，单击图层所对应的颜色图标，弹出“选择颜色”对话框，如图 3-4 所示。该对话框是一个标准的颜色设置对话框，可以使用“索引颜色”、“真彩色”和“配色系统”3 个选项卡中的参数来设置颜色。

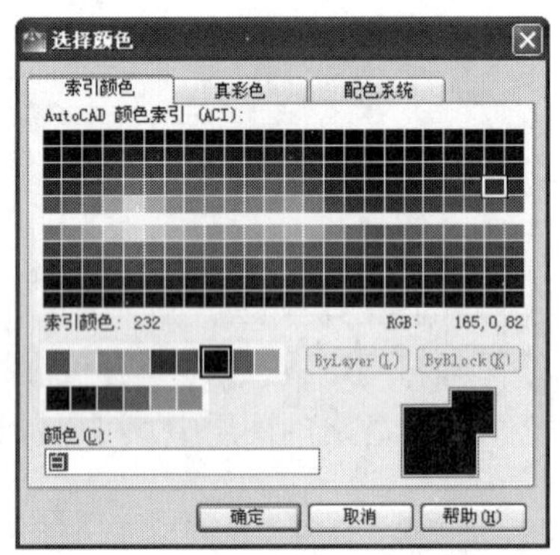

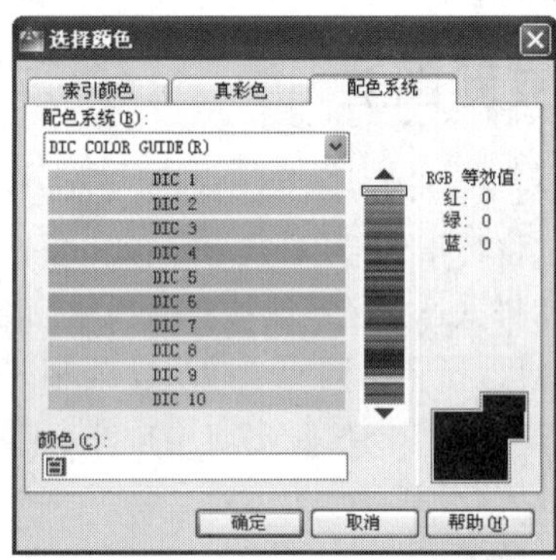

图 3-4 “选择颜色”对话框

2. 设置图层线型

线型是指作为图形基本元素的线条的组成和显示方式，如实线、点画线等。在许多绘图工作中，常常以线型划分图层，需要为某一个图层设置适合的线型。在绘图时，只需将该图层设为当前工作层，即可绘制出符合线型要求的图形对象，极大地提高了绘图效率。

单击图层所对应的线型图标，弹出“选择线型”对话框，如图 3-5 所示。默认情况下，在“已加载的线型”列表框中，系统中只添加了 Continuous 线型。单击“加载”按钮，弹出“加载或重载线型”对话框，如图 3-6 所示。可以看到 AutoCAD 提供了许多线型，用鼠标选择所需的线型，单击“确定”按钮，即可把该线型加载到“已加载的线型”列表框中，可以按住 Ctrl 键选择几种线型同时加载。

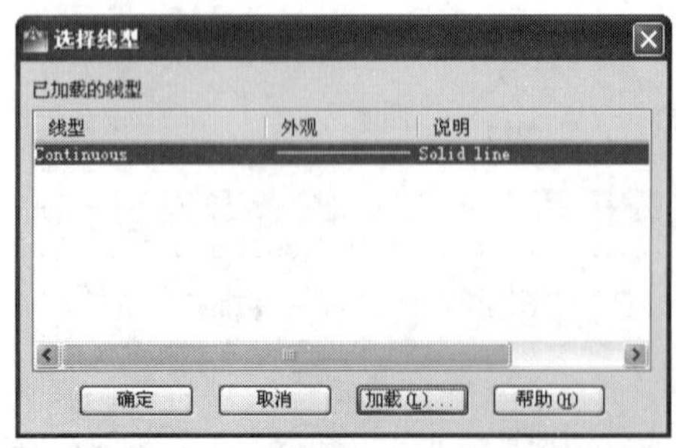

图 3-5 “选择线型”对话框

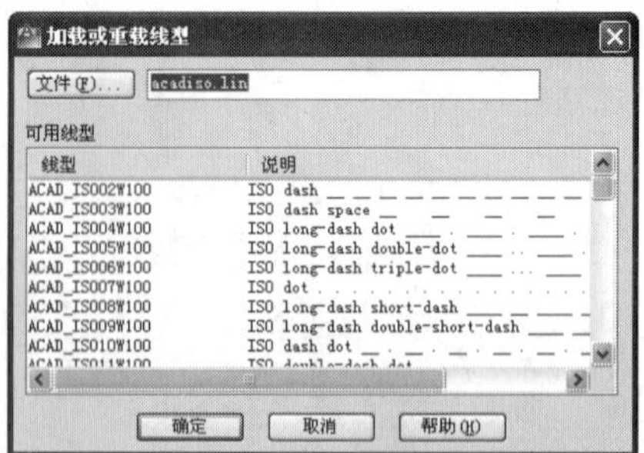

图 3-6 “加载或重载线型”对话框

3. 设置图层线宽

线宽设置，顾名思义就是改变线条的宽度。用不同宽度的线条表现图形对象的类型，可以提高图形的表达能力和可读性，如绘制外螺纹时大径使用粗实线，小径使用细实线。

单击“图层特性管理器”对话框中图层所对应的线宽图标，弹出“线宽”对话框，如图 3-7 所示。选择一个线宽，单击“确定”按钮即可完成对图层线宽的设置。

图层线宽的默认值为 0.25mm。在状态栏为“模型”状态时，显示的线宽同计算机的像素有关。线宽为零时，显示为一个像素的线宽。单击状态栏中的“显示/隐藏线宽”按钮+，显示的图形线宽与实际线宽成比例，如图 3-8 所示，但线宽不随着图形的放大和缩小而变化。线宽功能关闭时，不显示图形的线宽，图形的线宽均为默认宽度值显示。可以在“线宽”对话框中选择所需的线宽。

Note

图 3-7　“线宽”对话框

图 3-8　线宽显示效果图

3.1.2　设置图层

除了前面讲述的通过图层管理器设置图层的方法外，还有其他几种简便方法可以设置图层的颜色、线宽、线型等参数。

1. 直接设置图层

可以直接通过命令行或菜单设置图层的颜色、线宽、线型等参数。

（1）设置颜色

☑　命令行：COLOR。

☑　菜单栏：“格式”→“颜色”。

执行上述操作之一后，系统弹出“选择颜色”对话框，如图 3-4 所示。

（2）设置线型

☑　命令行：LINETYPE。

☑　菜单栏：“格式”→“线型”。

执行上述操作之一后，系统弹出“线型管理器”对话框，如图 3-9 所示。该对话框的使用方法与图 3-5 所示的“选择线型”对话框类似。

（3）设置线宽

☑　命令行：LINEWEIGHT 或 LWEIGHT。

☑　菜单栏：“格式”→“线宽”。

执行上述操作之一后，系统弹出“线宽设置”对话框，如图 3-10 所示。该对话框的使用方法与图 3-7 所示的“线宽”对话框类似。

2. 利用“特性”工具栏设置图层

AutoCAD 提供了一个“特性”工具栏，如图 3-11 所示。用户能够控制和使用工具栏中的对象特性工具快速地查看和改变所选对象的颜色、线型、线宽等特性。“特性”工具栏增强了查看和编辑对

Note

象属性的功能，在绘图区选择任意对象都将在该工具栏中自动显示它所在的图层、颜色、线型等属性。

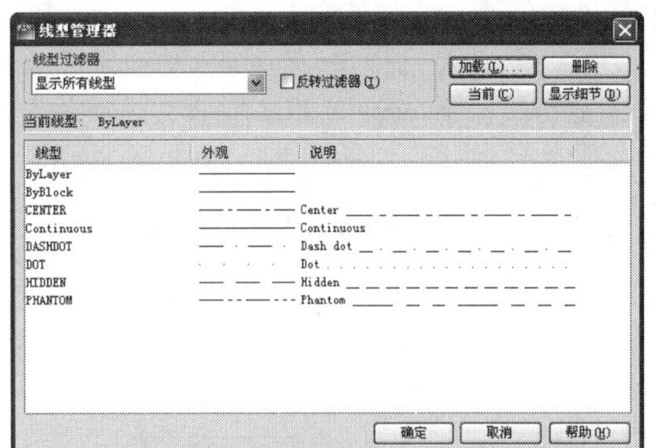

图 3-9 “线型管理器”对话框

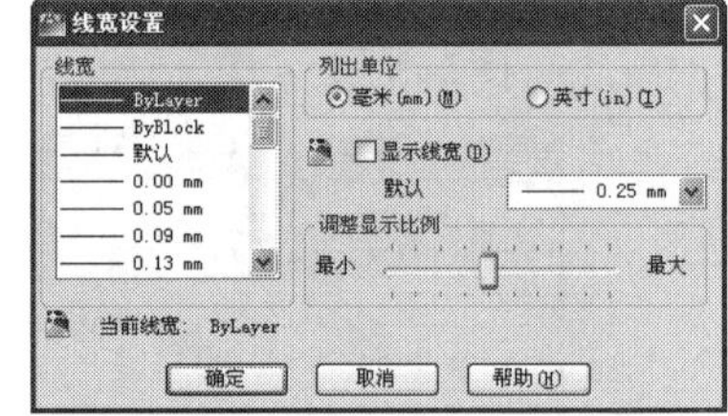

图 3-10 “线宽设置”对话框

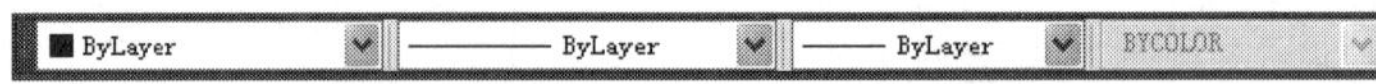

图 3-11 “特性”工具栏

也可以在“特性”工具栏的“颜色”、“线型”、“线宽”和“打印样式”下拉列表框中选择需要的参数值。如果在“颜色”下拉列表框中选择“选择颜色”选项，如图 3-12 所示，系统就会弹出“选择颜色”对话框。同样，如果在“线型”下拉列表框中选择“其他”选项，如图 3-13 所示，系统就会弹出“线型管理器”对话框。

3. 用“特性”选项板设置图层

☑ 命令行：DDMODIFY 或 PROPERTIES。

☑ 菜单栏：“修改”→“特性”。

☑ 工具栏：“标准”→“特性”。

执行上述操作之一后，系统弹出“特性”选项板，如图 3-14 所示。在其中可以方便地设置或修改图层、颜色、线型、线宽等属性。

图 3-12 “颜色”下拉列表框

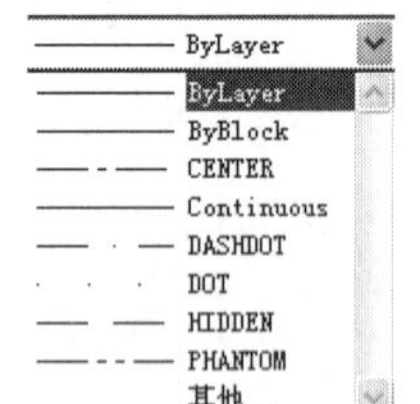

图 3-13 “线型”下拉列表框

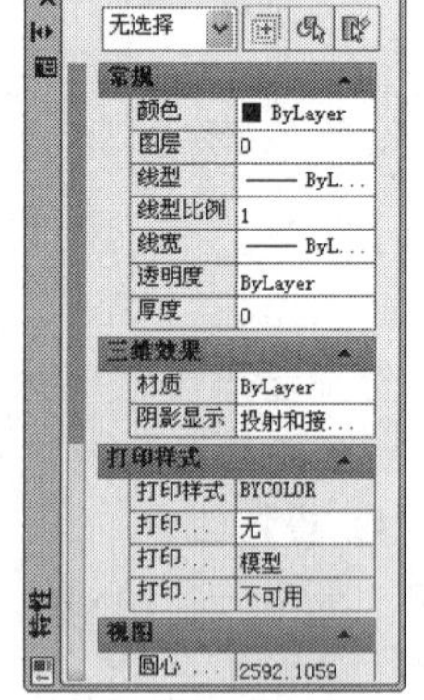

图 3-14 “特性”选项板

3.1.3 控制图层

1. 切换当前图层

不同的图形对象需要绘制在不同的图层中，在绘制前，需要将工作图层切换到所需的图层。单击

“图层”工具栏中的“图层特性管理器”按钮，弹出“图层特性管理器”对话框，选择图层，单击“置为当前”按钮即可完成设置。

2. 删除图层

在“图层特性管理器”对话框的图层列表框中选择要删除的图层，单击“删除”按钮即可删除该图层。从图形文件定义中删除选定的图层时，只能删除未参照的图层。参照图层包括图层 0 及 DEFPOINTS、包含对象（包括块定义中的对象）的图层、当前图层和依赖外部参照的图层。不包含对象（包括块定义中的对象）的图层、非当前图层和不依赖外部参照的图层都可以删除。

3. 关闭/打开图层

在“图层特性管理器”对话框中单击图标，可以控制图层的可见性。图层打开时，图标小灯泡呈鲜艳的颜色，该图层上的图形可以显示在屏幕上或绘制在绘图仪上。单击该属性图标后，图标小灯泡呈灰暗色，该图层上的图形不显示在屏幕上，而且不能被打印输出，但仍然作为图形的一部分保留在文件中。

4. 冻结/解冻图层

在“图层特性管理器”对话框中单击图标，可以冻结图层或将图层解冻。图标呈雪花灰暗色时，该图层处于冻结状态；图标呈太阳鲜艳色时，该图层处于解冻状态。图层上冻结的对象不能显示，也不能打印，同时也不能编辑修改。在冻结了图层后，该图层上的对象不影响其他图层上对象的显示和打印。例如，在使用 HIDE 命令消隐对象时，被冻结图层上的对象不隐藏。

5. 锁定/解锁图层

在“图层特性管理器”对话框中单击或图标，可以锁定图层或将图层解锁。锁定图层后，该图层上的图形依然显示在屏幕上并可打印输出，也可以在该图层上绘制新的图形对象，但不能对该图层上的图形进行编辑修改操作。可以对当前图层进行锁定，也可以对锁定图层上的图形对象进行查询或捕捉。锁定图层可以防止对图形的意外修改。

6. 打印样式

在 AutoCAD 2012 中，可以使用一个名为“打印样式”的对象特性。打印样式控制对象的打印特性，包括颜色、抖动、灰度、虚拟笔、线型、线宽、线条端点样式、线条连接样式和填充样式等。打印样式功能给用户提供了很大的灵活性，用户可以设置打印样式来替代其他对象特性，也可以根据需要关闭这些替代设置。

7. 打印/不打印

在“图层特性管理器”对话框中单击或图标，可以设定该图层是否打印，以保证在图形可见性不变的条件下，控制图形的打印特征。打印功能只对可见的图层起作用，对于已经被冻结或被关闭的图层不起作用。

8. 新视口冻结

新视口冻结功能用于控制在当前视口中图层的冻结和解冻，不解冻图形中设置为“关”或“冻结”的图层，对于模型空间视口不可用。

9. 透明度

透明度可控制所有对象在选定图层上的可见性。对单个对象应用透明度时，对象的透明度特性将替代图层的透明度设置。

10. 说明

（可选）描述图层或图层过滤器。

Note

3.2 绘图辅助工具

要快速顺利地完成图形绘制工作，有时要借助一些辅助工具，如用于准确确定绘制位置的精确定位工具和调整图形显示范围与显示方式的图形显示工具等。下面简要介绍这两种非常重要的辅助绘图工具。

3.2.1 精确定位工具

在绘制图形时，可以使用直角坐标和极坐标精确定位点，但是有些点（如端点、中心点等）的坐标是不知道的，如果想精确地指定这些点是很困难的，有时甚至是不可能的。AutoCAD 中提供了精确定位工具，使用这类工具，可以很容易地在屏幕中捕捉到这些点，进行精确绘图。

1. 推断约束

可以在创建和编辑几何对象时自动应用几何约束。

启用“推断约束”模式会自动在正在创建或编辑的对象与对象捕捉的关联对象或点之间应用约束。

与 AUTOCONSTRAIN 命令相似，约束也只有在对象符合约束条件时才会应用。推断约束后不会重新定位对象。

打开“推断约束”时，用户在创建几何图形时指定的对象捕捉将用于推断几何约束。但是，不支持下列对象捕捉：交点、外观交点、延长线和象限点；无法推断下列约束：固定、平滑、对称、同心、等于、共线。

2. 捕捉模式

捕捉是指 AutoCAD 可以生成一个隐含分布于屏幕上的栅格，这种栅格能够捕捉光标，使光标只能落到其中的某一个栅格点上。捕捉可分为矩形捕捉和等轴测捕捉两种类型，默认设置为矩形捕捉，即捕捉点的阵列类似于栅格，如图 3-15 所示。用户可以指定捕捉模式在 X 轴方向和 Y 轴方向上的间距，也可改变捕捉模式与图形界限的相对位置。与栅格不同之处在于，捕捉间距的值必须为正实数，且捕捉模式不受图形界限的约束。等轴测捕捉表示捕捉模式为等轴测模式，此模式是绘制正等轴测图时的工作环境，如图 3-16 所示。在等轴测捕捉模式下，栅格和光标十字线成绘制等轴测图时的特定角度。

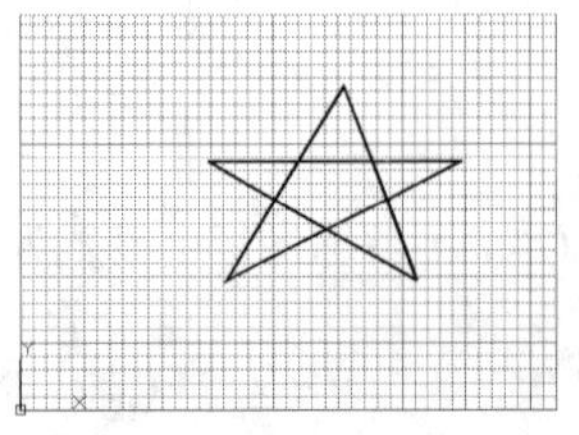

图 3-15　矩形捕捉

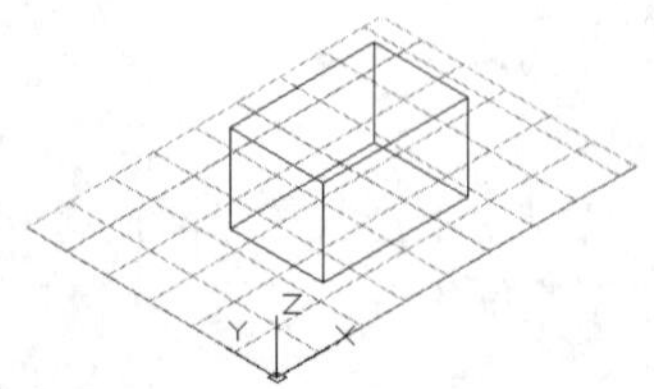

图 3-16　等轴测捕捉

在绘制图 3-15 和图 3-16 所示的图形时，输入参数点时光标只能落在栅格点上。选择菜单栏中的

“工具”→“草图设置”命令，弹出“草图设置”对话框，在“捕捉和栅格”选项卡的“捕捉类型”选项组中，选中“矩形捕捉”或“等轴测捕捉”单选按钮，即可切换两种模式。

Note

3. 栅格显示

AutoCAD 中的栅格由有规则的点的矩阵组成，延伸到指定为图形界限的整个区域。使用栅格绘图与在坐标纸上绘图是十分相似的，利用栅格可以对齐对象并直观显示对象之间的距离。如果放大或缩小图形，可能需要调整栅格间距，使其适合新的比例。虽然栅格在屏幕上是可见的，但它并不是图形对象，因此不会被打印成图形中的一部分，也不会影响在何处绘图。

可以单击状态栏中的“栅格显示”按钮或按 F7 键打开或关闭栅格。启用栅格并设置栅格在 X 轴方向和 Y 轴方向上的间距的方法如下。

☑ 命令行：DSETTINGS（快捷命令为 DS、SE 或 DDRMODES）。

☑ 菜单栏：“工具”→“草图设置”。

☑ 快捷菜单：在“栅格显示”按钮处右击，在弹出的快捷菜单中选择“设置”命令。

执行上述操作之一后，系统弹出“草图设置”对话框，如图 3-17 所示。

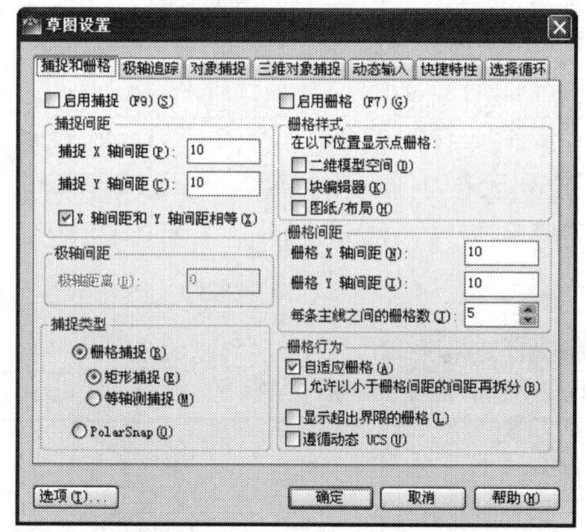

图 3-17 “草图设置”对话框

如果要显示栅格，需选中“启用栅格”复选框。在“栅格 X 轴间距”文本框中输入栅格点之间的水平距离，单位为“毫米”。如果使用相同的间距设置垂直和水平分布的栅格点，则按 Tab 键；否则，在“栅格 Y 轴间距”文本框中输入栅格点之间的垂直距离。

用户可改变栅格与图形界限的相对位置。默认情况下，栅格以图形界限的左下角为起点，沿着与坐标轴平行的方向填充整个由图形界限所确定的区域。

说明： 如果栅格的间距设置得太小，当进行打开栅格操作时，AutoCAD 将在命令行中显示“栅格太密，无法显示”提示信息，而不在屏幕上显示栅格点。使用缩放功能时，将图形缩放得很小，也会出现同样的提示，不显示栅格。

使用捕捉功能可以使用户直接使用鼠标快速地定位目标点。捕捉模式有几种不同的形式，即栅格捕捉、对象捕捉、极轴捕捉和自动捕捉，在下文中将详细讲解。

另外，还可以使用 GRID 命令通过命令行方式设置栅格，其功能与“草图设置”对话框类似，这里不再赘述。

4. 正交绘图

正交绘图模式，即在命令的执行过程中，光标只能沿 X 轴或者 Y 轴移动。所有绘制的线段和构造线都将平行于X轴或Y轴，因此它们相互垂直成90°相交，即正交。使用正交绘图模式，对于绘制水平线和垂直线非常有用，特别是绘制构造线时经常使用。而且当捕捉模式为等轴测模式时，它还迫使直线平行于3个坐标轴中的一个。

Note

要设置正交绘图模式，可以直接单击状态栏中的“正交模式”按钮，或按F8键，相应地会在文本窗口中显示开/关提示信息。也可以在命令行中输入“ORTHO”，执行开启或关闭正交绘图模式的操作。

5. 极轴捕捉

极轴捕捉是在创建或修改对象时，按事先给定的角度增量和距离增量来追踪特征点，即捕捉相对于初始点且满足指定极轴距离和极轴角的目标点。

极轴追踪设置主要是设置追踪的距离增量和角度增量以及与之相关联的捕捉模式。这些设置可以通过“草图设置”对话框中的“捕捉和栅格”与“极轴追踪”选项卡来实现。

（1）设置极轴距离

如图3-17所示，在“草图设置”对话框的“捕捉和栅格”选项卡中，可以设置极轴距离增量，单位为“毫米”。绘图时，光标将按指定的极轴距离增量进行移动。

（2）设置极轴角度

在“草图设置”对话框的“极轴追踪”选项卡中，可以设置极轴角增量角度，如图3-18所示。设置时，可以使用“增量角”下拉列表框中预设的角度，也可以直接输入其他任意角度。光标移动时，如果接近极轴角，将显示对齐路径和工具栏提示。例如，图3-19所示为当极轴角增量设置为30°，光标移动时显示的对齐路径。

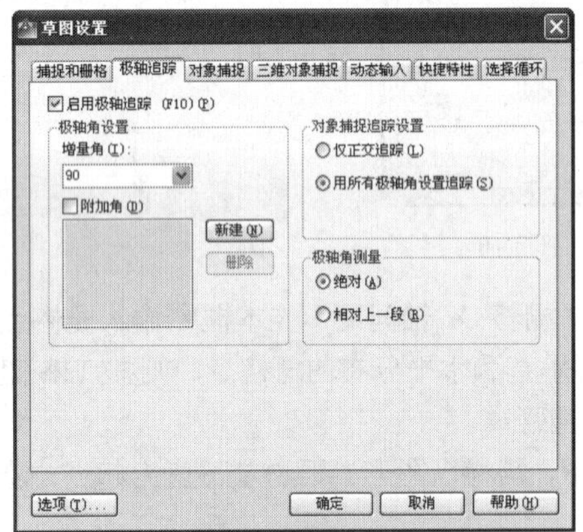

图3-18 “极轴追踪”选项卡

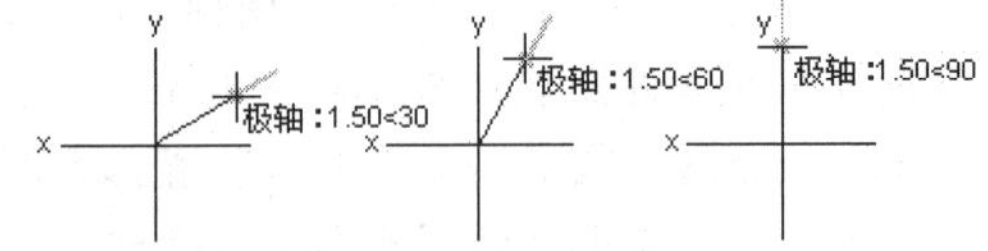

图3-19 极轴捕捉

“附加角”用于设置极轴追踪时是否采用附加角度追踪。选中“附加角”复选框，通过“新建”按钮或者“删除”按钮来增加、删除附加角度值。

（3）对象捕捉追踪设置

用于设置对象捕捉追踪的模式。如果在“极轴追踪”选项卡的“对象捕捉追踪设置”选项组中选中“仅正交追踪”单选按钮，则当采用追踪功能时，系统仅在水平和垂直方向上显示追踪数据；如果选中“用所有极轴角设置追踪”单选按钮，则当采用追踪功能时，系统不仅可以在水平和垂直方向上显示追踪数据，还可以在设置的极轴追踪角度与附加角度所确定的一系列方向上显示追踪数据。

（4）极轴角测量

用于设置极轴角的角度测量采用的参考基准。“绝对”是相对水平方向逆时针测量，“相对上一

段”则是以上一段对象为基准进行测量。

6. 允许/禁止动态 UCS

使用动态 UCS 功能，可以在创建对象时使 UCS 的 XY 平面自动与实体模型上的平面临时对齐。

Note

使用绘图命令时，可以通过在面的一条边上移动指针对齐 UCS，而无须使用 UCS 命令。结束该命令后，UCS 将恢复到其上一个位置和方向。

7. 动态输入

“动态输入”在光标附近提供了一个命令界面，以帮助用户专注于绘图区域。

打开动态输入时，工具提示将在光标旁边显示信息，该信息会随光标移动动态更新。当某命令处于活动状态时，工具提示将为用户提供输入的位置。

8. 显示/隐藏线宽

可以在图形中打开和关闭线宽，并在模型空间中以不同于在图纸空间布局中的方式显示。

9. 快捷特性

对于选定的对象，可以使用“快捷特性”选项卡访问可通过特性选项板访问的特性的子集。

可以自定义显示在“快捷特性”选项卡中的特性。选定对象后所显示的特性是所有对象类型的共同特性，也是选定对象的专用特性。可用特性与特性选项板上的特性以及用于鼠标悬停工具提示的特性相同。

3.2.2 对象捕捉工具

1. 对象捕捉

AutoCAD 给所有的图形对象都定义了特征点，对象捕捉则是指在绘图过程中，通过捕捉这些特征点，迅速准确地将新的图形对象定位在现有对象的确切位置上，如圆的圆心、线段中点或两个对象的交点等。在 AutoCAD 2012 中，可以通过单击状态栏中的“对象捕捉追踪”按钮，或在“草图设置”对话框的“对象捕捉”选项卡中选中“启用对象捕捉”复选框，来启用对象捕捉功能。在绘图过程中，对象捕捉功能的调用可以通过以下方式完成。

（1）使用“对象捕捉”工具栏

在绘图过程中，当系统提示需要指定点的位置时，可以单击“对象捕捉”工具栏中相应的特征点按钮，如图 3-20 所示，再把光标移动到要捕捉对象的特征点附近，AutoCAD 会自动提示并捕捉到这些特征点。例如，如果需要用直线连接一系列圆的圆心，可以将圆心设置为捕捉对象。如果有多个可能的捕捉点落在选择区域内，AutoCAD 将捕捉离光标中心最近的符合条件的点。在指定位置有多个符合捕捉条件的对象时，需要检查哪一个对象捕捉有效，在捕捉点之前，按 Tab 键可以遍历所有可能的点。

（2）使用“对象捕捉”快捷菜单

在需要指定点的位置时，还可以按住 Ctrl 键或 Shift 键并右击，弹出“对象捕捉”快捷菜单，如图 3-21 所示。在该菜单上同样可以选择某一种特征点执行对象捕捉，把光标移动到要捕捉对象的特征点附近，即可捕捉到这些特征点。

（3）使用命令行

当需要指定点的位置时，在命令行中输入相应特征点的关键字，然后把光标移动到要捕捉对象的特征点附近，即可捕捉到这些特征点。对象捕捉特征点的关键字如表 3-1 所示。

Note

图 3-20 “对象捕捉”工具栏

图 3-21 “对象捕捉”快捷菜单

表 3-1 对象捕捉特征点的关键字

模　式	关 键 字	模　式	关 键 字	模　式	关 键 字
临时追踪点	TT	捕捉自	FROM	端点	END
中点	MID	交点	INT	外观交点	APP
延长线	EXT	圆心	CEN	象限点	QUA
切点	TAN	垂足	PER	平行线	PAR
节点	NOD	最近点	NEA	无捕捉	NON

说明：（1）对象捕捉不可单独使用，必须配合其他绘图命令一起使用。仅当 AutoCAD 提示输入点时，对象捕捉才生效。如果试图在命令提示下使用对象捕捉，AutoCAD 将显示错误信息。

（2）对象捕捉只影响屏幕上可见的对象，包括锁定图层上的对象、布局视口边界和多段线上的对象，不能捕捉不可见的对象，如未显示的对象、关闭或冻结图层上的对象或虚线的空白部分。

2. 三维镜像捕捉

控制三维对象的镜像对象捕捉设置。使用镜像对象捕捉设置（也称为对象捕捉），可以在对象上的精确位置指定捕捉点。选择多个选项后，将应用选定的捕捉模式，以返回距离靶框中心最近的点。按 Tab 键以在这些选项之间循环。

当对象捕捉打开时，在“三维对象捕捉模式”下选定的三维对象捕捉处于活动状态。

3. 对象捕捉追踪

在绘制图形的过程中，使用对象捕捉的频率非常高，如果每次在捕捉时都要先选择捕捉模式，将使工作效率大大降低。出于此种考虑，AutoCAD 提供了自动对象捕捉模式。如果启用了自动捕捉功能，当光标距指定的捕捉点较近时，系统会自动精确地捕捉这些特征点，并显示出相应的标记以及该捕捉的提示。在“草图设置”对话框的“对象捕捉”选项卡中选中“启用对象捕捉追踪”复选框，可以调用自动捕捉功能，如图 3-22 所示。

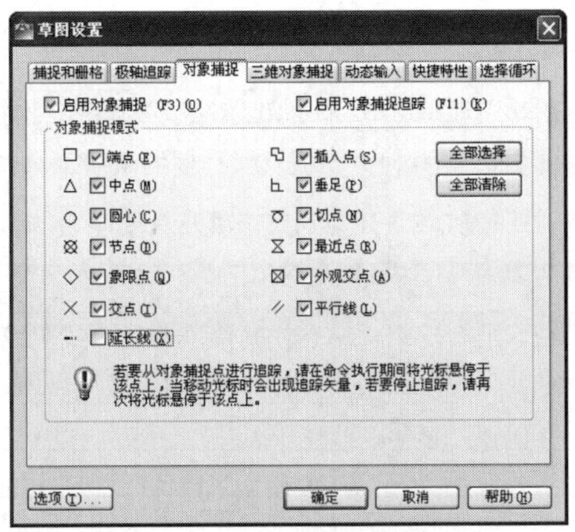

图 3-22　“对象捕捉”选项卡

说明： 用户可以设置自己经常使用的捕捉方式。一旦设置了捕捉方式后，在每次运行时，所设定的目标捕捉方式就会被激活，而不是仅对一次选择有效，当同时使用多种捕捉方式时，系统将捕捉距光标最近，同时又满足多种目标捕捉方式之一的点。当光标距要获取的点非常近时，按 Shift 键将暂时不获取对象。

3.3　对象约束

约束能够用于精确地控制草图中的对象。草图约束有两种类型，即尺寸约束和几何约束。

几何约束用于建立草图对象的几何特性（如要求某一直线具有固定长度）以及两个或多个草图对象的关系类型（如要求两条直线垂直或平行，或是几个弧具有相同的半径）。在二维草图与注释环境下，可以单击“参数化”选项卡中的“全部显示”、“全部隐藏”或“显示”按钮来显示有关信息，并显示代表这些约束的直观标记（如图 3-23 所示的水平标记和共线标记等）。

尺寸约束用于建立草图对象的大小（如直线的长度、圆弧的半径等）以及两个对象之间的关系（如两点之间的距离）。如图 3-24 所示为一带有尺寸约束的示例。

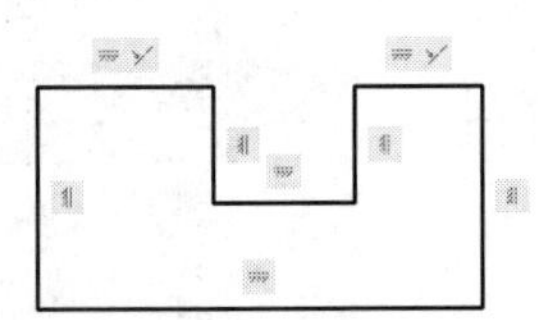

图 3-23　“几何约束”示意图

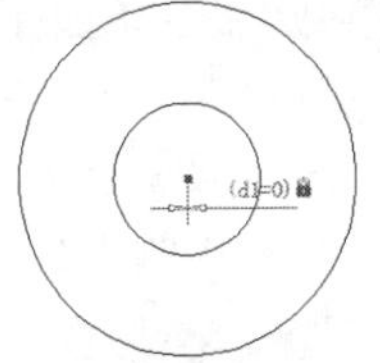

图 3-24　“尺寸约束”示意图

3.3.1　建立几何约束

使用几何约束，可以指定草图对象必须遵守的条件，或是草图对象之间必须维持的关系。“几何”面板（在二维草图与注释环境下的“参数化”选项卡中）及“几何约束”工具栏（AutoCAD 经典环境）如图 3-25 所示。其主要几何约束选项的功能如表 3-2 所示。

图 3-25　“几何”面板及“几何约束”工具栏

Note

表 3-2　几何约束选项及其功能

约束模式	功　能
重合	约束两个点使其重合，或者约束一个点使其位于曲线（或曲线的延长线）上。可以使对象上的约束点与某个对象重合，也可以使其与另一对象上的约束点重合
共线	使两条或多条直线段沿同一直线方向
同心	将两个圆弧、圆或椭圆约束到同一个中心点，与将重合约束应用于曲线的中心点所产生的结果相同
固定	将几何约束应用于一对对象时，选择对象的顺序以及选择每个对象的点都可能会影响对象彼此间的放置方式
平行	使选定的直线位于彼此平行的位置。平行约束在两个对象之间应用
垂直	使选定的直线位于彼此垂直的位置。垂直约束在两个对象之间应用
水平	使直线或点位于与当前坐标系的 X 轴平行的位置。默认选择类型为对象
竖直	使直线或点位于与当前坐标系的 Y 轴平行的位置
相切	将两条曲线约束为保持彼此相切或其延长线保持彼此相切。相切约束在两个对象之间应用
平滑	将样条曲线约束为连续，并与其他样条曲线、直线、圆弧或多段线保持 G2 连续性
对称	使选定对象受对称约束，相对于选定直线对称
相等	将选定的圆弧和圆重新调整为相同的半径，或将选定的直线重新调整为长度相同

绘图中可指定二维对象或对象上的点之间的几何约束。之后编辑受约束的几何图形时，将保留约束。因此，通过使用几何约束，可以在图形中包括设计要求。

3.3.2　几何约束设置

在使用 AutoCAD 绘图时，使用“约束设置”对话框可以控制显示或隐藏的几何约束类型。

1. 执行方式

☑　命令行：CONSTRAINTSETTINGS（快捷命令为 CSETTINGS）。

☑　菜单栏：“参数”→“约束设置”。

☑　工具栏：“参数化”→“约束设置”。

☑　功能区：在二维草图与注释环境下单击“参数化”选项卡“几何”面板中的“约束设置”按钮。

2. 操作步骤

执行上述操作之一后，系统弹出“约束设置”对话框，该对话框中的“几何”选项卡（如图 3-26 所示）可以控制约束栏上约束类型的显示。

3. 选项说明

☑　“约束栏显示设置”选项组：用于控制图形编辑器中是否为对象显示约束栏或约束点标记。例如，可以为水平约束和竖直约束隐藏约束栏。

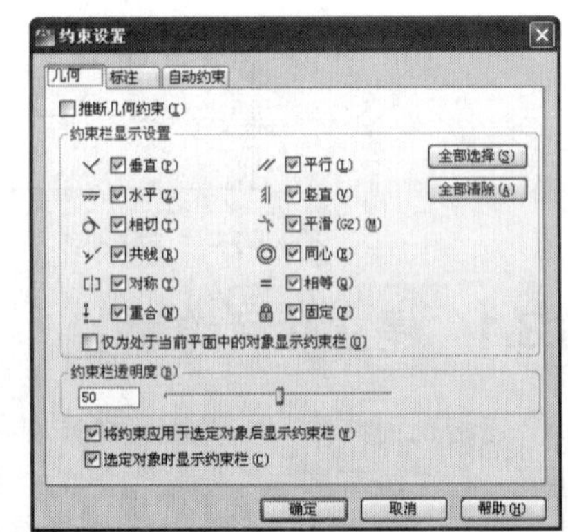

图 3-26　“约束设置”对话框

☑　“全部选择”按钮：用于选择几何约束类型。

☑　“全部清除”按钮：用于清除选定的几何约束类型。

☑　“仅为处于当前平面中的对象显示约束栏”复选框：仅为当前平面上受几何约束的对象显示约束栏。

☑　“约束栏透明度”选项组：用于设置图形中约束栏的透明度。

☑　“将约束应用于选定对象后显示约束栏”复选框：手动应用约束后或使用 AUTOCONSTRAIN 命令时显示相关约束栏。

☑　“选定对象时显示约束栏”复选框：临时显示选定对象的约束栏。

3.3.3　建立尺寸约束

建立尺寸约束就是限制图形几何对象的大小，与在草图上标注尺寸相似，同样设置尺寸标注线，并建立相应的表达式，不同的是可以在后续的编辑工作中实现尺寸的参数化驱动。“标注”面板（在“参数化”选项卡中）及“标注约束”工具栏（AutoCAD 经典环境）如图 3-27 所示。

生成尺寸约束时，用户可以选择草图曲线、边、基准平面或基准轴上的点，以生成水平、竖直、平行、垂直或角度尺寸。

生成尺寸约束时，系统会生成一个表达式，其名称和值显示在一个弹出的文本区域中，如图 3-28 所示，用户可以接着编辑该表达式的名称和值。

图 3-27　“标注”面板及“标注约束”工具栏

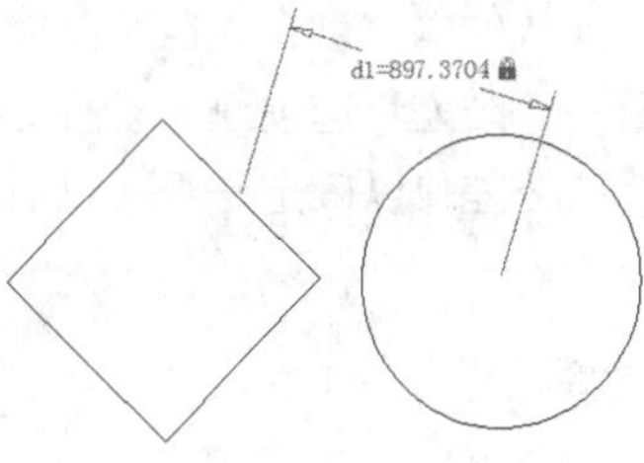

图 3-28　尺寸约束编辑

生成尺寸约束时，只要选中了几何体，其尺寸及其延伸线和箭头就会全部显示出来。将尺寸拖动到位后单击，即可完成尺寸的约束。完成尺寸约束后，用户可以随时更改。只需在绘图区选中该值并双击，即可使用和生成过程相同的方式，编辑其名称、值和位置。

3.3.4　尺寸约束设置

在使用 AutoCAD 绘图时，使用“约束设置”对话框内的“标注”选项卡，可以控制显示标注约束时的系统配置。尺寸可以约束以下内容：

☑　对象之间或对象上的点之间的距离。

☑　对象之间或对象上的点之间的角度。

在“约束设置”对话框中选择“标注”选项卡，如图 3-29 所示。利用该选项卡可以控制约束类型的显示。其中的主要选项介绍如下。

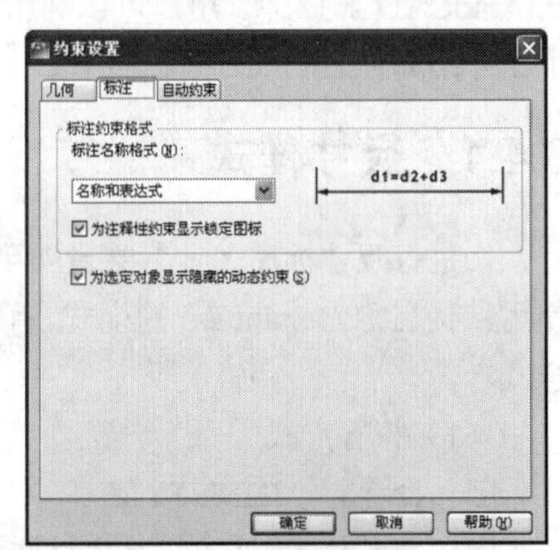

图 3-29　“标注”选项卡

☑　“标注约束格式”选项组：在该选项组中可以设置标

注名称格式以及锁定图标的显示。

☑ “标注名称格式”下拉列表框：选择应用标注约束时显示的文字指定格式。

☑ “为注释性约束显示锁定图标”复选框：针对已应用注释性约束的对象显示锁定图标。

☑ “为选定对象显示隐藏的动态约束”复选框：显示选定时已设置为隐藏的动态约束。

Note

3.3.5 自动约束

选择“约束设置”对话框中的“自动约束”选项卡，如图 3-30 所示。利用该选项卡可以控制自动约束相关参数。其中的主要选项介绍如下。

☑ “自动约束”列表框：显示自动约束的类型以及优先级。可以通过“上移”和“下移”按钮调整优先级的先后顺序。可以单击✔图标选择或去掉某约束类型作为自动约束类型。

☑ “相切对象必须共用同一交点”复选框：指定两条曲线必须共用一个点（在距离公差范围内指定）以便应用相切约束。

☑ “垂直对象必须共用同一交点”复选框：指定直线必须相交或者一条直线的端点必须与另一条直线或直线的端点重合（在距离公差范围内指定）。

☑ “公差”选项组：设置可接受的“距离”和“角度”公差值以确定是否可以应用约束。

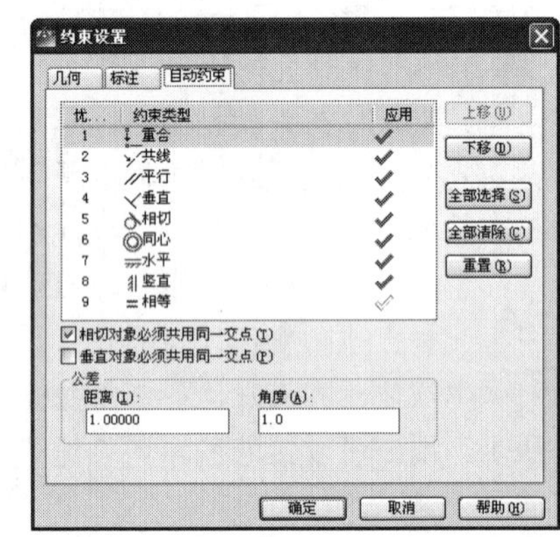

图 3-30 “自动约束”选项卡

3.4 尺寸标注

组成尺寸标注的尺寸界线、尺寸线、尺寸文本及箭头等可以采用多种多样的形式，实际标注一个几何对象的尺寸时，其尺寸标注以什么形态出现，取决于当前所采用的尺寸标注样式。标注样式决定尺寸标注的形式，包括尺寸线、尺寸界线、箭头和中心标记的形式，以及尺寸文本的位置、特性等。在 AutoCAD 2012 中，用户可以利用“标注样式管理器”对话框方便地设置自己需要的尺寸标注样式。下面介绍如何定制尺寸标注样式。

3.4.1 尺寸样式

在进行尺寸标注之前，要建立尺寸标注的样式。如果用户不建立尺寸样式而直接进行标注，系统使用默认名称为 Standard 的样式。用户如果认为使用的标注样式有某些设置不合适，也可以修改标注样式。

（1）执行方式

☑ 命令行：DIMSTYLE。

☑ 菜单栏：“格式”→“标注样式”或“标注”→“标注样式”。

☑ 工具栏：“标注”→“标注样式”。

（2）操作步骤

执行上述操作之一后，弹出“标注样式管理器”对话框，如图 3-31 所示。利用此对话框可方便直观地设置和浏览尺寸标注样式，包括建立新的标注样式、修改已存在的样式、设置当前尺寸标注样式、重命名样式以及删除一个已存在的样式等。

（3）选项说明

☑ “置为当前”按钮：单击该按钮，可把在“样式”列表框中选中的样式设置为当前样式。

☑ “新建”按钮：定义一个新的尺寸标注样式。单击该按钮，弹出“创建新标注样式”对话框，如图 3-32 所示。利用此对话框可创建一个新的尺寸标注样式。

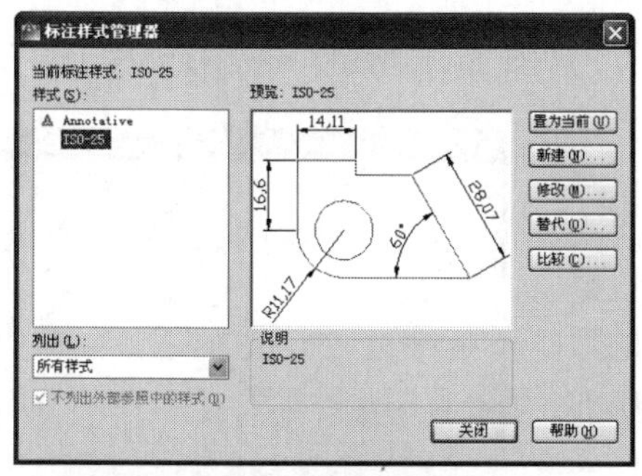

图 3-31 “标注样式管理器”对话框

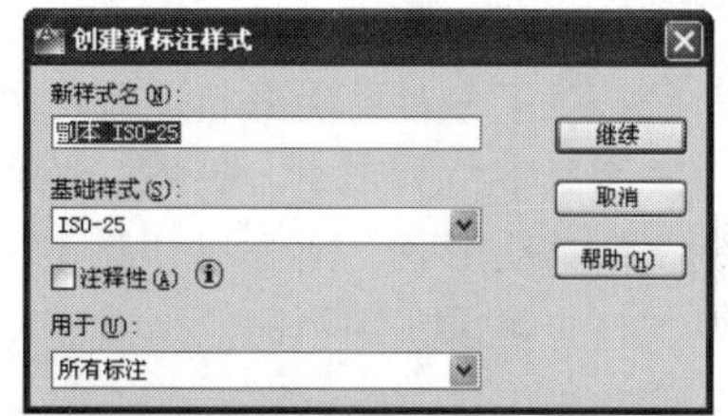

图 3-32 “创建新标注样式”对话框

☑ “修改”按钮：修改一个已存在的尺寸标注样式。单击该按钮，弹出“修改标注样式”对话框，该对话框中的各选项与“创建新标注样式”对话框中完全相同，用户可以对已有标注样式进行修改。

☑ “替代”按钮：设置临时覆盖尺寸标注样式。单击该按钮，弹出“替代当前样式”对话框，如图 3-33 所示。用户可改变选项的设置覆盖原来的设置，但这种修改只对指定的尺寸标注起作用，而不影响当前尺寸变量的设置。

☑ “比较”按钮：比较两个尺寸标注样式在参数上的区别或浏览一个尺寸标注样式的参数设置。单击该按钮，弹出“比较标注样式”对话框，如图 3-34 所示。可以把比较结果复制到剪贴板上，然后再粘贴到其他的 Windows 应用软件上。

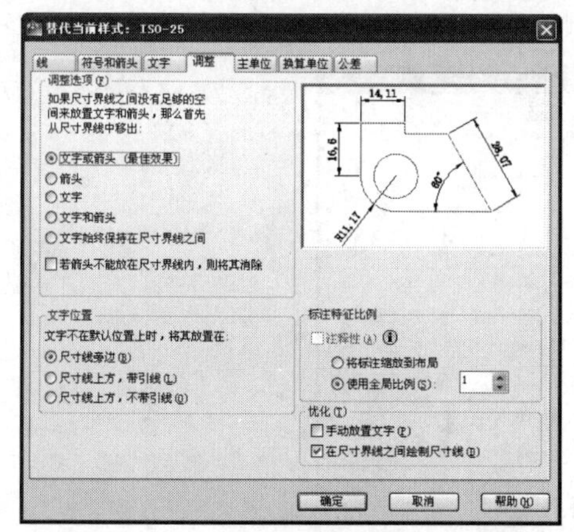

图 3-33 “替代当前样式”对话框

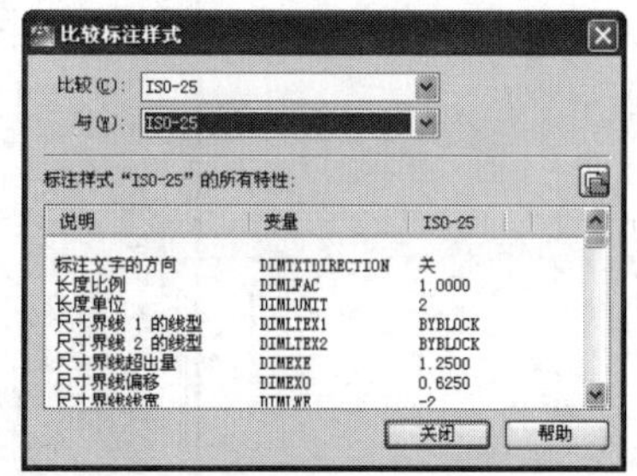

图 3-34 “比较标注样式”对话框

下面对“新建标注样式”对话框中的主要选项卡进行简要说明。

Note

1. 线

“新建标注样式”对话框中的“线”选项卡用于设置尺寸线、尺寸界线的形式和特性。现分别进行说明。

☑ “尺寸线”选项组：用于设置尺寸线的特性。

☑ “尺寸界线”选项组：用于确定尺寸界线的形式。

☑ 尺寸样式显示框：在“新建标注样式”对话框的右上方，是一个尺寸样式显示框，该显示框以样例的形式显示用户设置的尺寸样式。

2. 符号和箭头

“新建标注样式”对话框中的“符号和箭头”选项卡如图 3-35 所示。该选项卡用于设置箭头、圆心标记、弧长符号和半径折弯标注的形式和特性。

☑ “箭头”选项组：用于设置尺寸箭头的形式。系统提供了多种箭头形状，列在“第一个”和“第二个”下拉列表中。另外，还允许采用用户自定义的箭头形状。两个尺寸箭头可以采用相同的形式，也可以采用不同的形式。一般建筑制图中的箭头采用建筑标记样式。

☑ “圆心标记”选项组：用于设置半径标注、直径标注和中心标注中的中心标记和中心线的形式。相应的尺寸变量是 DIMCEN。

☑ “弧长符号”选项组：用于控制弧长标注中圆弧符号的显示。

☑ “折断标注”选项组：控制折断标注的间隙宽度。

☑ “半径折弯标注”选项组：控制半径折弯标注的显示。

☑ “线性折弯标注”选项组：控制线性折弯标注的显示。

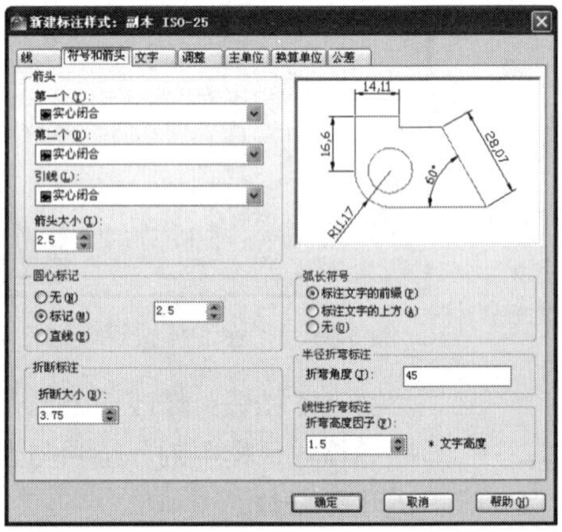

图 3-35 “符号和箭头”选项卡

3. 文字

“新建标注样式”对话框中的“文字”选项卡如图 3-36 所示。该选项卡用于设置尺寸文本的形式、位置和对齐方式等。

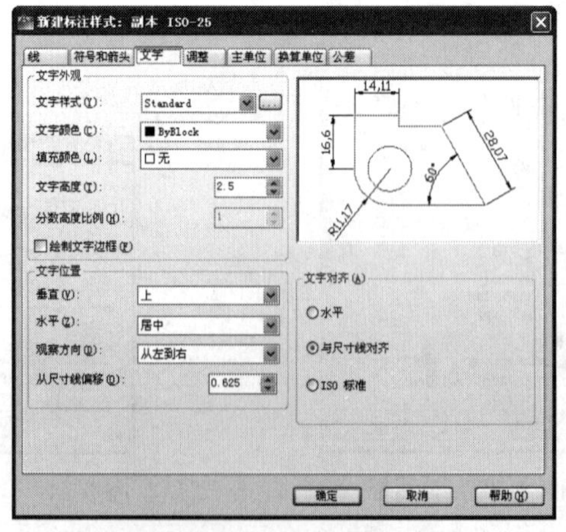

图 3-36 “文字”选项卡

- ☑ “文字外观”选项组：用于设置文字的样式、颜色、填充颜色、高度、分数高度比例以及文字是否带边框。
- ☑ “文字位置”选项组：用于设置文字的位置是垂直还是水平，以及从尺寸线偏移的距离。
- ☑ “文字对齐”选项组：用于控制尺寸文本排列的方向。当尺寸文本在尺寸界线之内时，与其对应的尺寸变量是 DIMTIH；当尺寸文本在尺寸界线之外时，与其对应的尺寸变量是 DIMTOH。

Note

3.4.2　尺寸标注

正确地进行尺寸标注是设计绘图工作中非常重要的一个环节，AutoCAD 2012 提供了方便快捷的尺寸标注方法，可通过执行命令实现，也可利用菜单或工具按钮来实现。本节将重点介绍如何对各种类型的尺寸进行标注。

1. 线性标注

（1）执行方式

- ☑ 命令行：DIMLINEAR（快捷命令为 DIMLIN）。
- ☑ 菜单栏：“标注”→“线性”。
- ☑ 工具栏：“标注”→“线性”。

（2）操作步骤

执行上述操作之一后，命令行中的提示如下：

```
指定第一个延伸线原点或 <选择对象>:
```

（3）选项说明

在此提示下有两种选择，直接按 Enter 键选择要标注的对象或确定尺寸界线的起始点。

- ☑ 直接按 Enter 键：光标变为拾取框，命令行中的提示如下：

```
选择标注对象:
```

用拾取框拾取要标注尺寸的线段，命令行中的提示如下：

```
指定尺寸线位置或[多行文字(M)/文字(T)/角度(A)/水平(H)/垂直(V)/旋转(R)]:
```

- ☑ 指定第一个延伸线原点：指定第一条与第二条尺寸界线的起始点。

2. 对齐标注

（1）执行方式

- ☑ 命令行：DIMALIGNED。
- ☑ 菜单栏：“标注”→“对齐”。
- ☑ 工具栏：“标注”→“对齐”。

（2）操作步骤

执行上述操作之一后，命令行中的提示如下：

```
指定第一条延伸线原点或<选择对象>:
```

使用“对齐标注”命令标注的尺寸线与所标注的轮廓线平行，标注的是起始点到终点之间的距离尺寸。

3. 基线标注

基线标注用于产生一系列基于同一条尺寸界线的尺寸标注，适用于长度尺寸标注、角度标注和坐标标注等。在使用基线标注方式之前，应该先标注出一个相关的尺寸。

（1）执行方式

- ☑ 命令行：DIMBASELINE。

☑ 菜单栏："标注"→"基线"。

☑ 工具栏："标注"→"基线"。

（2）操作步骤

执行上述操作之一后，命令行中的提示如下：

Note

```
指定第二条延伸线原点或[放弃(U)/选择(S)]<选择>:
```

（3）选项说明

☑ 指定第二条延伸线原点：直接确定另一个尺寸的第二条尺寸界线的起点，以上次标注的尺寸为基准标注出相应的尺寸。

☑ 选择(S)：在上述提示下直接按 Enter 键，命令行中的提示与操作如下：

```
选择基准标注:（选择作为基准的尺寸标注）
```

4. 连续标注

连续标注又叫尺寸链标注，用于产生一系列连续的尺寸标注，后一个尺寸标注均把前一个标注的第二条尺寸界线作为它的第一条尺寸界线。适用于长度尺寸标注、角度标注和坐标标注等。在使用连续标注方式之前，应该先标注出一个相关的尺寸。

（1）执行方式

☑ 命令行：DIMCONTINUE。

☑ 菜单栏："标注"→"连续"。

☑ 工具栏："标注"→"连续"。

（2）操作步骤

执行上述操作之一后，命令行中的提示如下：

```
指定第二条延伸线原点或[放弃(U)/选择(S)]<选择>:
```

此提示下的各选项与基线标注中的选项完全相同，在此不再赘述。

5. 引线标注

AutoCAD 提供了引线标注功能，利用该功能不仅可以标注特定的尺寸，如圆角、倒角等，还可以在图中添加多行旁注、说明。在引线标注中，指引线可以是折线，也可以是曲线；指引线端部可以有箭头，也可以没有箭头。

利用 QLEADER 命令可快速生成指引线及注释，而且可以通过命令行优化对话框进行用户自定义，由此可以消除不必要的命令行提示，获得最高的工作效率。

（1）执行方式

☑ 命令行：QLEADER。

（2）操作步骤

执行上述操作后，命令行中的提示如下：

```
指定第一个引线点或[设置(S)]<设置>:
```

（3）选项说明

❶ 指定第一个引线点

根据命令行中的提示确定一点作为指引线的第一点，命令行中的提示如下：

```
指定下一点:（输入指引线的第二点）
指定下一点:（输入指引线的第三点）
```

AutoCAD 提示用户输入的点的数目由"引线设置"对话框确定，如图 3-37 所示。输入完指引线的点后，命令行中的提示如下：

```
指定文字宽度<0.0000>:（输入多行文本的宽度）
输入注释文字的第一行<多行文字(M)>:
```

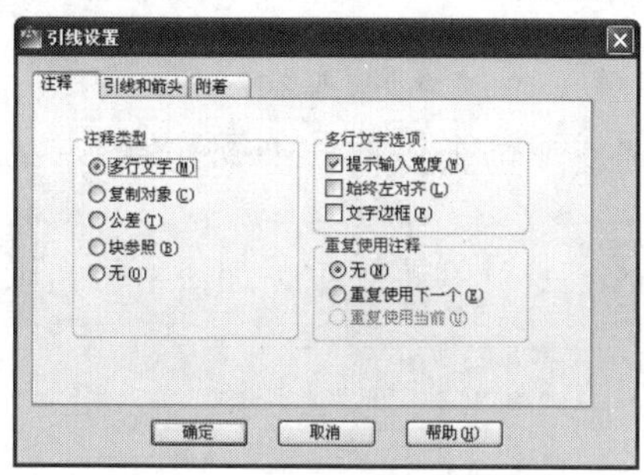

图 3-37 “引线设置”对话框

此时，有以下两种方式进行输入选择。

☑ 输入注释文字的第一行：在命令行中输入第一行文本。此时，命令行中的提示如下：

```
输入注释文字的下一行:（输入另一行文本）
输入注释文字的下一行:（输入另一行文本或按 Enter 键）
```

☑ 多行文字(M)：打开多行文字编辑器，输入、编辑多行文字。输入全部注释文本后直接按 Enter 键，系统结束 QLEADER 命令，并把多行文本标注在指引线的末端附近。

❷ 设置(S)

在上面的命令行提示下直接按 Enter 键或输入“S”，弹出“引线设置”对话框，允许对引线标注进行设置。该对话框中包含“注释”、“引线和箭头”和“附着”3 个选项卡，下面分别进行介绍。

☑ “注释”选项卡：用于设置引线标注中注释文本的类型、多行文本的格式并确定注释文本是否多次使用。

☑ “引线和箭头”选项卡：用于设置引线标注中引线和箭头的形式，如图 3-38 所示。其中，“点数”选项组用于设置执行 QLEADER 命令时提示用户输入的点的数目。例如，设置点数为 3，执行 QLEADER 命令时当用户在提示下指定 3 个点后，AutoCAD 自动提示用户输入注释文本。

需要注意的是，设置的点数要比用户希望的指引线段数多 1。如果选中“无限制”复选框，AutoCAD 会一直提示用户输入点直到连续按 Enter 键两次为止。“角度约束”选项组用于设置第一段和第二段指引线的角度约束。

☑ “附着”选项卡：用于设置注释文本和指引线的相对位置，如图 3-39 所示。如果最后一段指引线指向右边，系统自动把注释文本放在右侧；如果最后一段指引线指向左边，系统自动把注释文本放在左侧。利用该选项卡中左侧和右侧的单选按钮，可以分别设置位于左侧和右侧的注释文本与最后一段指引线的相对位置，两者可相同也可不同。

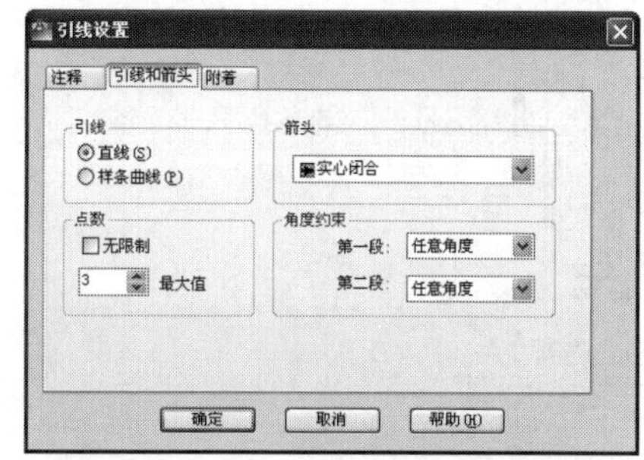

图 3-38 “引线和箭头”选项卡

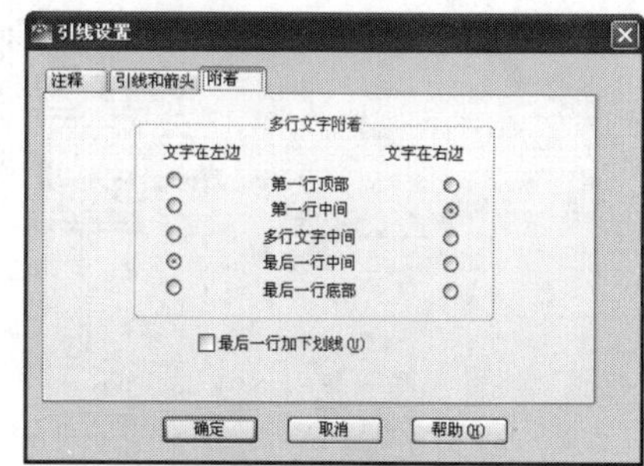

图 3-39 “附着”选项卡

3.5 综合实例——标注别墅首层平面图

在别墅的首层平面图中，标注主要包括 5 部分，即轴线编号、平面标高、尺寸标注、文字标注以及指北针和剖切符号的标注。

打开随书光盘中的“源文件\3\别墅首层平面图”，如图 3-40 所示。

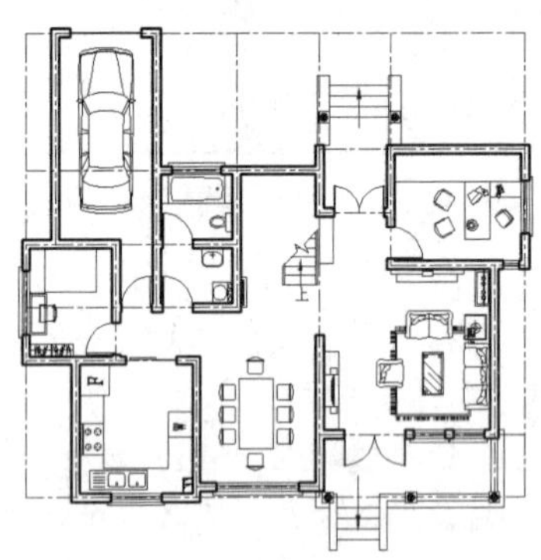

图 3-40 别墅首层平面图

下面将依次介绍这 5 种标注方式的绘制方法。绘制流程图如图 3-41 所示。

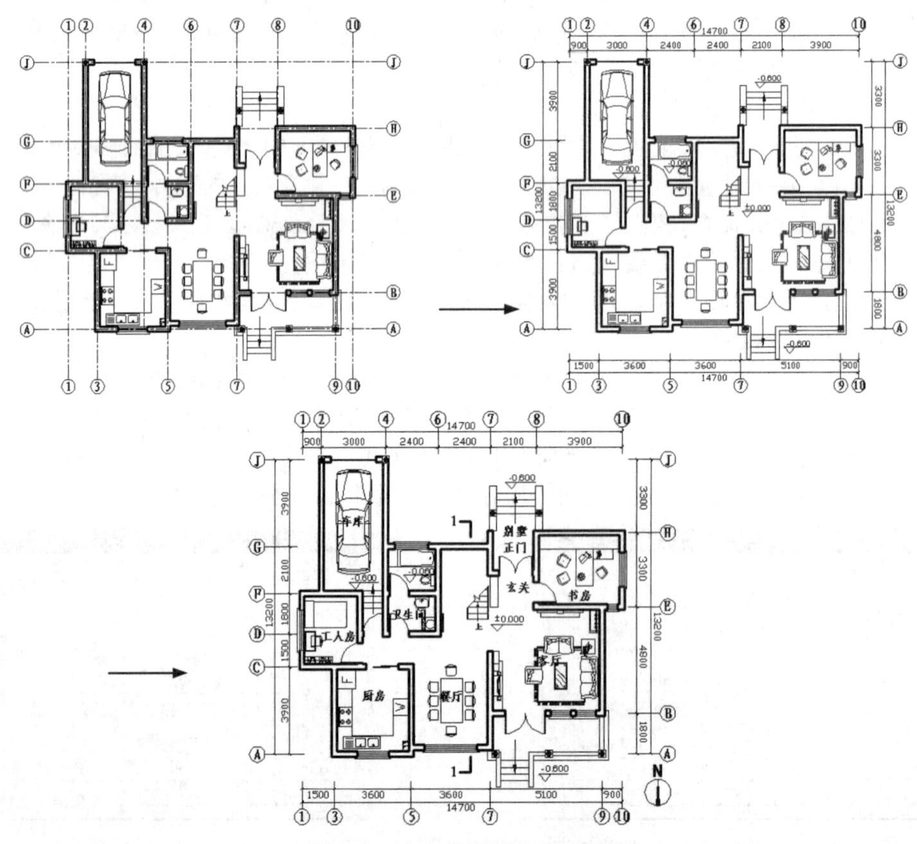

图 3-41 标注别墅首层平面图

操作步骤：（光盘\动画演示\第 3 章\标注别墅首层平面图.avi）

3.5.1　轴线编号

在平面形状较简单或对称的房屋中，平面图的轴线编号一般标注在图形的下方及左侧。对于较复杂或不对称的房屋，图形上方和右侧也可以标注。在本例中，由于平面形状不对称，因此需要在上、下、左、右 4 个方向均标注轴线编号。

（1）单击“图层”工具栏中的“图层特性管理器”按钮，打开“图层特性管理器”对话框，打开“轴线”图层，使其保持可见；创建新图层，将其命名为“轴线编号”，并将其设置为当前图层，如图 3-42 所示。

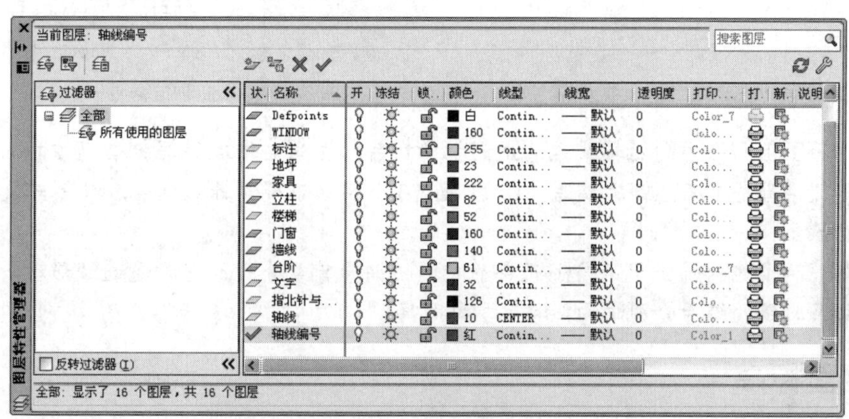

图 3-42　设置图层

（2）单击平面图上左侧第一根纵轴线，将十字光标移动至轴线下端点处单击，将夹持点激活（此时，夹持点成红色），然后向下移动鼠标，在命令行中输入“3000”后，按 Enter 键，完成第一条轴线延长线的绘制。以相同的方法完成其他轴线的延长，如图 3-43 所示。

（3）单击“绘图”工具栏中的“圆”按钮，以已绘的一根轴线延长线端点作为圆心，绘制半径为 350mm 的圆；单击“修改”工具栏中的“移动”按钮，向下移动所绘圆，移动距离为 350mm，如图 3-44 所示。

（4）重复上述步骤，完成其他编号圆的绘制。

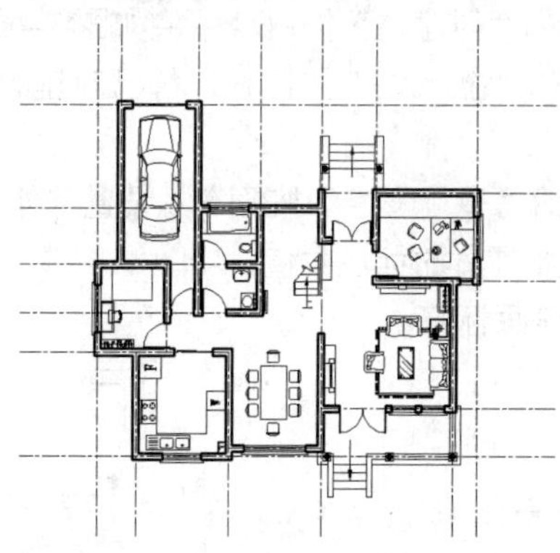

图 3-43　轴线延长

（5）单击“绘图”工具栏中的“多行文字”按钮，设置字体为“仿宋_GB2312”，文字高度为

300；在每个轴线端点处的圆内输入相应的轴线编号，如图 3-45 所示。

Note

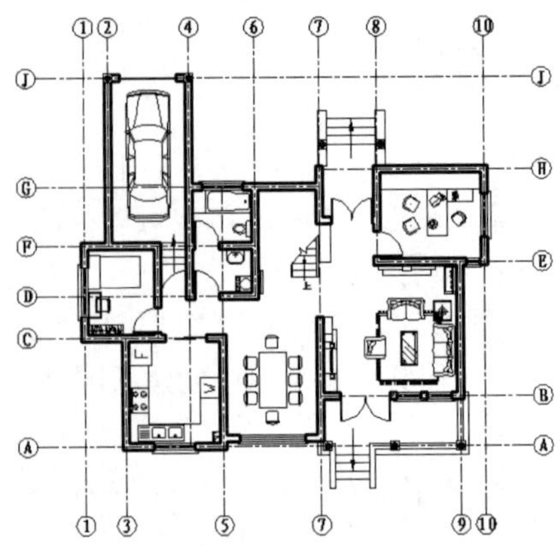

图 3-44　绘制第一条轴线的延长线及编号圆　　　图 3-45　添加轴线编号

说明：平面图上水平方向的轴线编号用阿拉伯数字从左向右依次编写；垂直方向的编号用大写英文字母自下而上顺次编写。I、O 及 Z 3 个字母不得作轴线编号，以免与数字 1、0 及 2 混淆。

如果两条相邻轴线间距较小而导致它们的编号有重叠时，可以通过“移动”命令将这两条轴线的编号分别向两侧移动少许距离。

3.5.2　平面标高

建筑物中的某一部分与所确定的标准基点的高度差称为该部位的标高，在图纸中通常用标高符号结合数字来表示。建筑制图标准规定，标高符号应以直角等腰三角形表示，如图 3-46 所示。

（1）在“图层”下拉列表框中选择“标注”图层，将其设置为当前图层。

（2）单击“绘图”工具栏中的“正多边形”按钮，绘制边长为 350mm 的正方形。

（3）单击“修改”工具栏中的“旋转”按钮，将正方形旋转 90°；单击“绘图”工具栏中的“直线”按钮，连接正方形左右两个端点，绘制水平对角线。

（4）单击水平对角线，将十字光标移动至其右端点处单击，将夹持点激活（此时，夹持点成红色），然后向右移动鼠标，在命令行中输入“600”后，按 Enter 键，完成绘制。

（5）单击“绘图”工具栏中的“创建块”按钮，将如图 3-46 所示的标高符号定义为图块。

（6）单击“绘图”工具栏中的“插入块”按钮，将已创建的图块插入到平面图中需要标高的位置。

（7）单击“绘图”工具栏中的“多行文字”按钮，设置字体为“仿宋_GB2312”，文字高度为 300，在标高符号的长直线上方添加具体的标注数值。

如图 3-47 所示为台阶处室外地面标高。

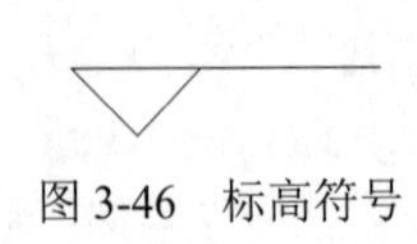

图 3-46　标高符号

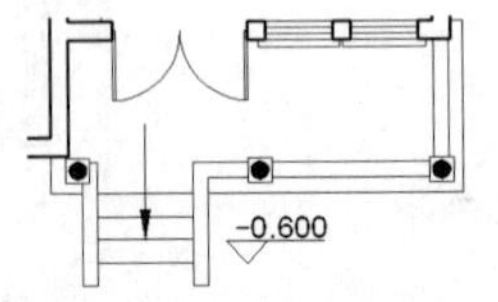

图 3-47　台阶处室外标高

说明：一般来说，在平面图上绘制的标高反映的是相对标高，而不是绝对标高。绝对标高指的是以我国青岛市附近的黄海海平面作为零点面测定的高度尺寸。

通常情况下，室内标高要高于室外标高，主要使用房间标高要高于卫生间、阳台标高。在绘图中，常见的是将建筑首层室内地面的高度设为零点，标作“±0.000”；低于此高度的建筑部位标高值为负值，在标高数字前加“-”号；高于此高度的部位标高值为正值，标高数字前不加任何符号。

Note

3.5.3 尺寸标注

本例中采用的尺寸标注分两部分，一为各轴线之间的距离；另一个为平面总长度或总宽度。

（1）将“标注”图层置为当前图层。

（2）设置标注样式。

❶ 单击“标注”工具栏中的“标注样式”按钮，打开“标注样式管理器”对话框，如图 3-48 所示。单击“新建”按钮，打开“创建新标注样式”对话框，在“新样式名”文本框中输入“平面标注”，如图 3-49 所示。

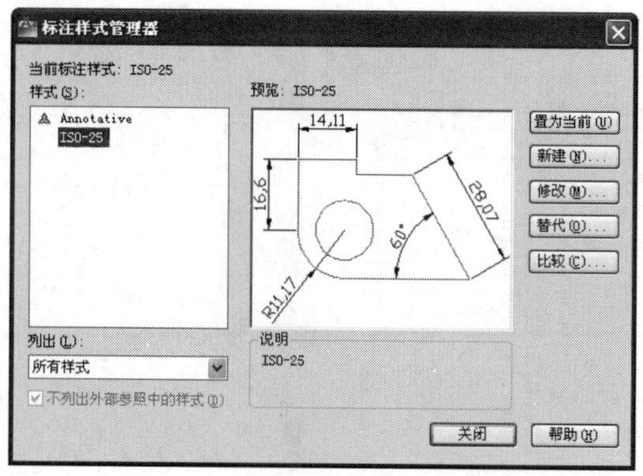

图 3-48 “标注样式管理器”对话框

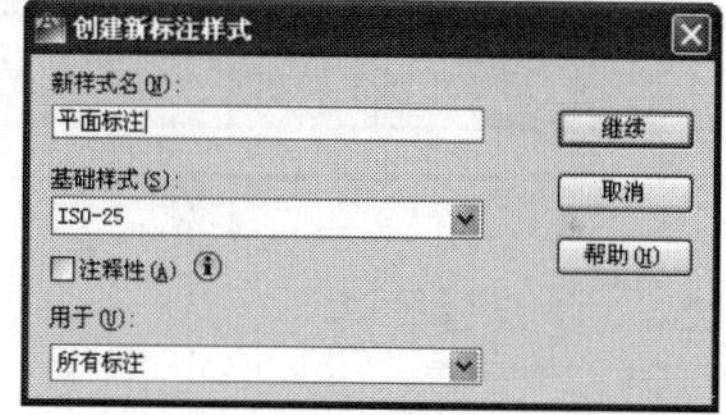

图 3-49 “创建新标注样式”对话框

❷ 单击“继续”按钮，打开“新建标注样式：平面标注”对话框，进行以下设置。

❸ 选择“符号和箭头”选项卡，在“箭头”选项组中的“第一个”和“第二个”下拉列表框中均选择“建筑标记”选项，在“引线”下拉列表框中选择“实心闭合”选项，在“箭头大小”数值框中输入“100”，如图 3-50 所示。

❹ 选择“文字”选项卡，在“文字外观”选项组的“文字高度”数值框中输入“300”，如图 3-51 所示。

❺ 单击“确定”按钮，回到“标注样式管理器”对话框。在“样式”列表中激活“平面标注”标注样式，单击“置为当前”按钮，如图 3-52 所示。单击“关闭”按钮，完成标注样式的设置。

（3）单击“标注”工具栏中的“线性”按钮和“连续”按钮，标注相邻两轴线之间的距离。

（4）单击“标注”工具栏中的“线性”按钮，在已绘制的尺寸标注的外侧，对建筑平面横向和纵向的总长度进行尺寸标注。

（5）完成尺寸标注后，单击“图层”工具栏中的“图层特性管理器”按钮，打开“图层特性管理器”对话框，关闭“轴线”图层，如图 3-53 所示。

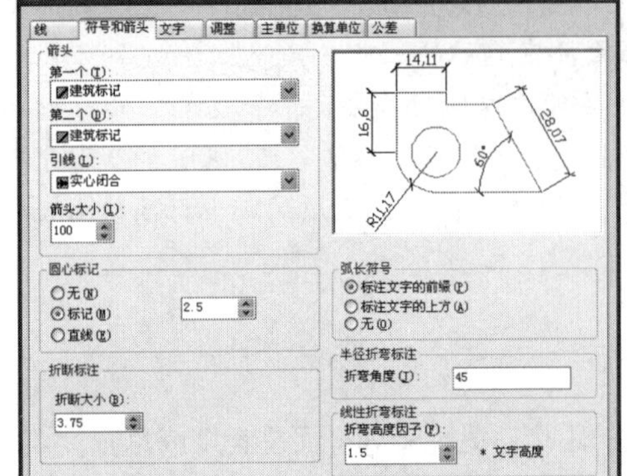

图 3-50 “符号和箭头”选项卡

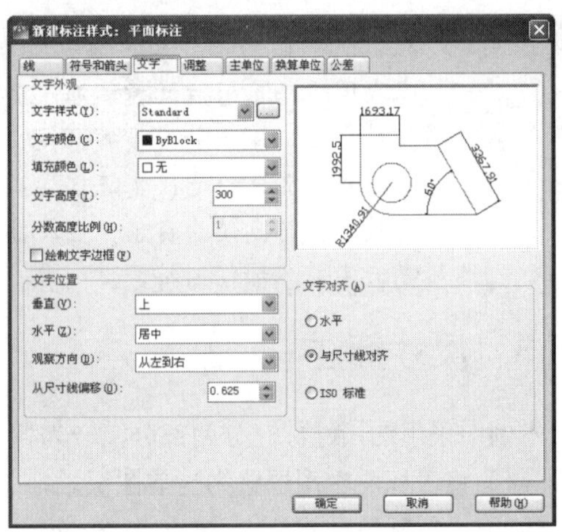

图 3-51 “文字”选项卡

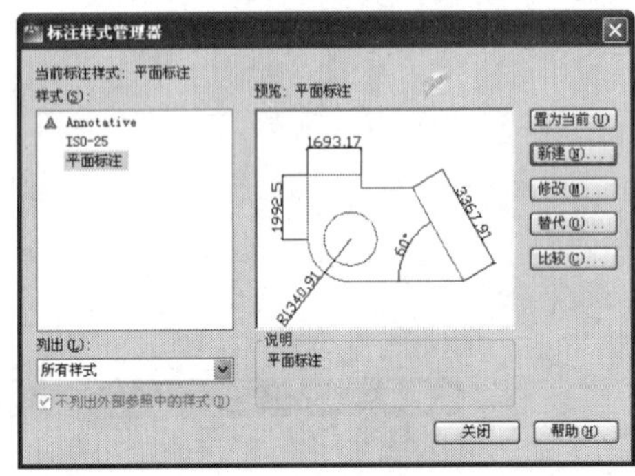

图 3-52 “标注样式管理器”对话框

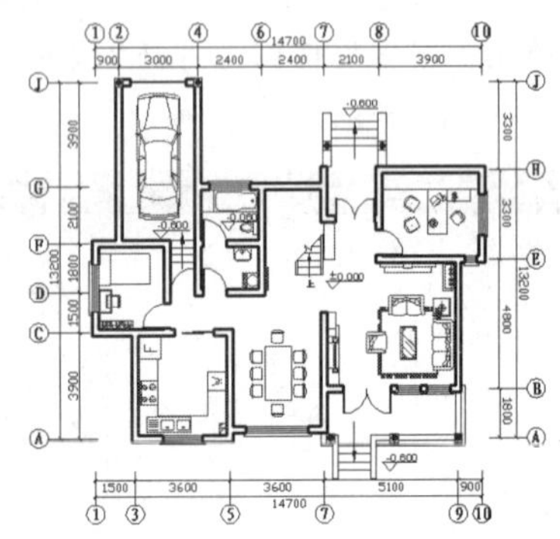

图 3-53 添加尺寸标注

3.5.4 文字标注

在平面图中，各房间的功能用途可以用文字进行标识。下面以首层平面图中的厨房为例，介绍文字标注的具体方法。

（1）将“文字”图层置为当前图层。

（2）单击“绘图”工具栏中的“多行文字”按钮A，在平面图中指定文字插入位置后，打开的“多行文字编辑器”对话框，如图 3-54 所示。在该对话框中设置文字样式为 Standard，字体为“仿宋_GB2312”，文字高度为 300。

（3）在文字编辑框中输入文字“厨房”，并拖动“宽度控制”滑块来调整文本框的宽度，然后单击“确定”按钮，完成该处的文字标注。

文字标注结果如图 3-55 所示。

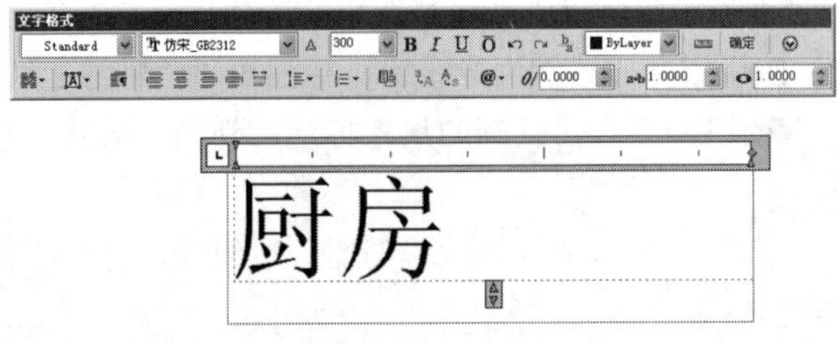

图 3-54 “多行文字编辑器”对话框

图 3-55 标注厨房文字

Note

3.5.5　绘制指北针和剖切符号

在建筑首层平面图中应绘制指北针以标明建筑方位。如果需要绘制建筑的剖面图，则还应在首层平面图中画出剖切符号以标明剖面剖切位置。

下面将分别介绍平面图中指北针和剖切符号的绘制方法。

1．绘制指北针

（1）单击“图层”工具栏中的“图层特性管理器”按钮，打开“图层特性管理器”对话框，创建新图层，将新图层命名为“指北针与剖切符号”，并将其设置为当前图层。

（2）单击“绘图”工具栏中的“圆”按钮，绘制直径为 1200mm 的圆。

（3）单击“绘图”工具栏中的“直线”按钮，绘制圆的垂直方向直径作为辅助线。

（4）单击“修改”工具栏中的“偏移”按钮，将辅助线分别向左右两侧偏移，偏移量均为 75mm。

（5）单击“绘图”工具栏中的“直线”按钮，将两条偏移线与圆的下方交点同辅助线上端点连接起来；单击“修改”工具栏中的“删除”按钮，删除 3 条辅助线（原有辅助线及两条偏移线），得到一个等腰三角形，如图 3-56 所示。

（6）单击“绘图”工具栏中的“图案填充”按钮，打开“图案填充和渐变色”对话框，选择填充类型为“预定义”，“图案”为 SOLID，对所绘的等腰三角形进行填充。

（7）单击“绘图”工具栏中的“多行文字”按钮，设置文字高度为 500mm，在等腰三角形上端顶点的正上方书写大写的英文字母“N”，标示平面图的正北方向，如图 3-57 所示。

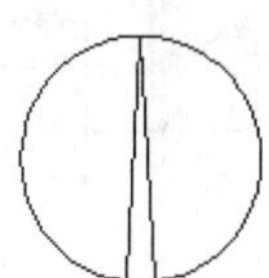

图 3-56　圆与三角形

图 3-57　指北针

2．绘制剖切符号

（1）单击“绘图”工具栏中的“直线”按钮，在平面图中绘制剖切面的定位线，并使得该定位线两端伸出被剖切外墙面的距离均为 1000mm，如图 3-58 所示。

（2）单击“绘图”工具栏中的“直线”按钮，分别以剖切面定位线的两端点为起点，向剖面图投影方向绘制剖视方向线，长度为 500mm。

（3）单击“绘图”工具栏中的“圆”按钮，分别以定位线两端点为圆心，绘制两个半径为 700mm 的圆。

（4）单击“修改”工具栏中的“修剪”按钮，修剪两圆之间的投影线条，然后删除两圆，得到两条剖切位置线。

（5）将剖切位置线和剖视方向线的线宽都设置为 0.30mm。

（6）单击“绘图”工具栏中的“多行文字”按钮，设置文字高度为 300mm，在平面图两侧剖视方向线的端部书写剖面剖切符号的编号为“1”，如图 3-59 所示，完成首层平面图中剖切符号的绘制。最终标注效果如图 3-60 所示。

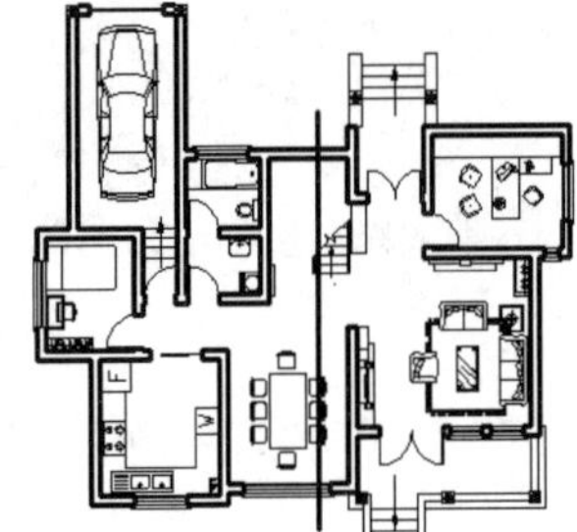

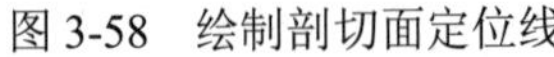
图 3-58　绘制剖切面定位线

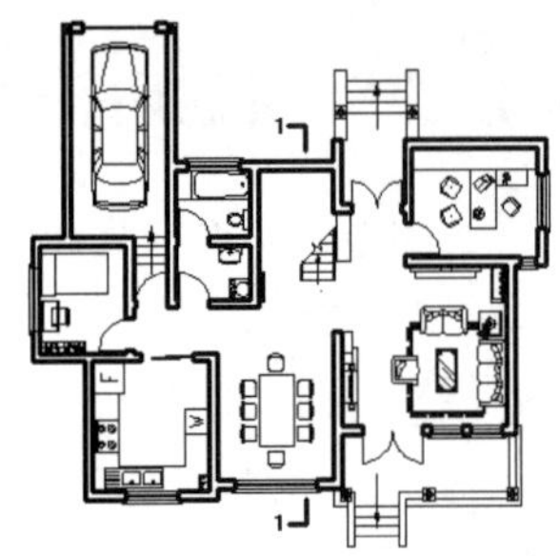

图 3-59　绘制剖切符号

📖 **说明：** 剖面的剖切符号，应由剖切位置线及剖视方向线组成，均应以粗实线绘制。剖视方向线应垂直于剖切位置线且长度应短于剖切位置线，绘图时，剖面剖切符号不宜与图面上的图线相接触。

剖面剖切符号的编号，宜采用阿拉伯数字，按顺序由左至右、由下至上连续编排，并应注写在剖视方向线的端部。

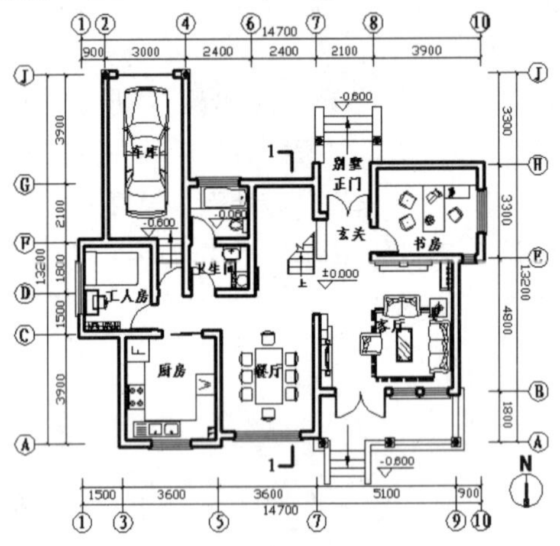

图 3-60　首层平面标注最终效果

3.6　上　机　操　作

通过前面的学习，读者对本章知识应有了大体的了解，本节通过几个操作练习使读者进一步掌握本章知识要点。

3.6.1　绘制五环旗

1. 目的要求

本例要绘制的图形由一些基本图线组成，一个最大的特色就是要为不同的图线设置不同颜色，为此，必须设置不同的图层。通过本例，要求读者掌握设置图层的方法与图层转换过程的操作。

2. 操作提示

（1）利用图层命令 LAYER 创建 5 个图层。

Note

（2）利用“直线”、“多段线”、“圆环”、“圆弧”等命令在不同图层绘制图线。

（3）每绘制一种颜色图线前，进行图层转换。

绘制结果如图 3-61 所示。

图 3-61　五环旗

3.6.2　标注居室平面图

1. 目的要求

设置标注样式是标注尺寸的首要工作，一般可以根据图形的需要对标注样式的各个选项进行细致的设置，从而进行尺寸的标注。本实例通过对标注样式的设置以及对图形尺寸的标注过程，使读者灵活掌握尺寸标注的方法。

2. 操作提示

（1）利用一些基础绘图命令绘制居室平面图。

（2）设置尺寸标注样式。

（3）利用“线性”、“连续”命令标注水平轴线及竖向轴线的尺寸。

（4）利用“线性”命令标注细部及总尺寸。

绘制结果如图 3-62 所示。

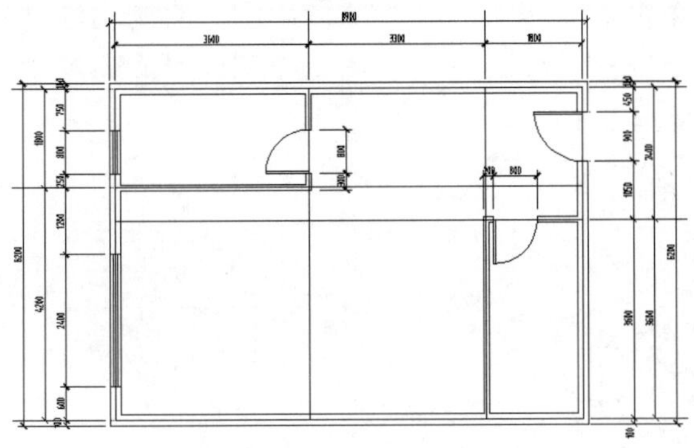

图 3-62　标注居室平面图

第4章 编辑命令

二维图形的编辑操作配合绘图命令的使用可以进一步完成复杂图形对象的绘制工作，并可使用户合理安排和组织图形，保证绘图准确，减少重复，因此，对编辑命令的熟练掌握和使用有助于提高设计和绘图的效率。本章主要内容包括选择对象，复制类命令，删除及恢复类命令，改变位置类命令，改变几何特性命令和对象编辑等。

- ☑ 选择对象
- ☑ 删除及恢复类命令
- ☑ 复制类命令
- ☑ 改变位置类命令
- ☑ 改变几何特性类命令
- ☑ 对象编辑

任务驱动&项目案例

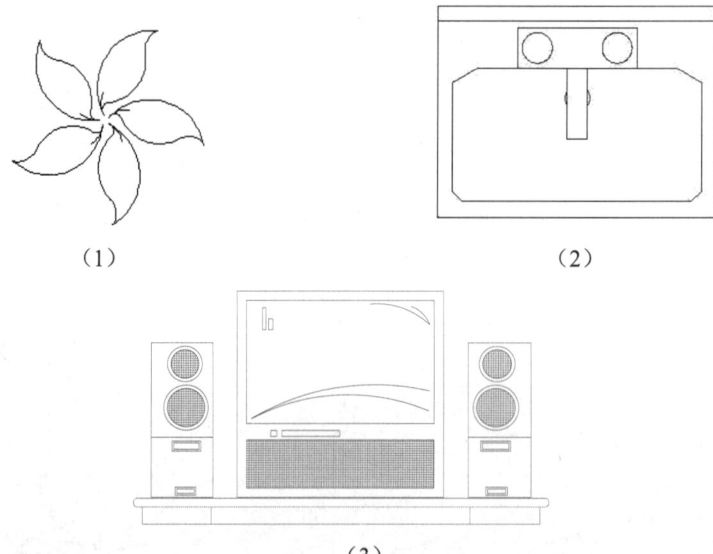

（1）　（2）

（3）

4.1　选择对象

Note

AutoCAD 2012 提供两种编辑图形的途径：

（1）先执行编辑命令，然后选择要编辑的对象。

（2）先选择要编辑的对象，然后执行编辑命令。

这两种途径的执行效果是相同的，但选择对象是进行编辑的前提。AutoCAD 2012 提供了多种对象选择方法，如点取方法、用选择窗口选择对象、用选择线选择对象、用对话框选择对象等。AutoCAD 可以把选择的多个对象组成整体，如选择集和对象组，进行整体编辑与修改。

下面结合 SELECT 命令说明选择对象的方法。

SELECT 命令可以单独使用，也可以在执行其他编辑命令时被自动调用。此时屏幕提示如下：

```
选择对象:
```

等待用户以某种方式选择对象作为回答。AutoCAD 2012 提供多种选择方式，可以输入“？”查看这些选择方式。选择选项后，出现如下提示：

```
需要点或窗口(W)/上一个(L)/窗交(C)/框(BOX)/全部(ALL)/栏选(F)/圈围(WP)/圈交(CP)/编组(G)/添加(A)/删除(R)/多个(M)/前一个(P)/放弃(U)/自动(AU)/单个(SI)/子对象/对象
```

上面各选项的含义介绍如下。

☑ 点：该选项表示直接通过点取的方式选择对象。用鼠标或键盘移动拾取框，使其框住要选取的对象，然后单击，就会选中该对象并以高亮度显示。

☑ 窗口(W)：用由两个对角顶点确定的矩形窗口选取位于其范围内部的所有图形，与边界相交的对象不会被选中。在指定对角顶点时应该按照从左向右的顺序，如图 4-1 所示。

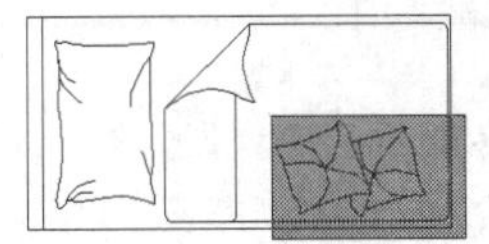

（a）图中深色覆盖部分为选择窗口

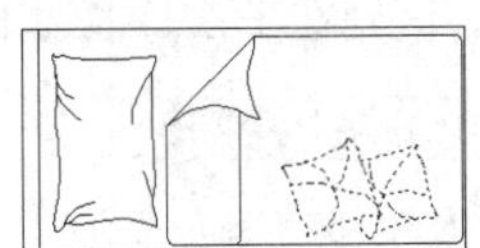

（b）选择后的图形

图 4-1　“窗口”对象选择方式

☑ 上一个(L)：在“选择对象:”提示下输入“L”后，按 Enter 键，系统会自动选取最后绘出的一个对象。

☑ 窗交(C)：该方式与上述“窗口”方式类似，区别在于，它不但选中矩形窗口内部的对象，也选中与矩形窗口边界相交的对象。选择的对象如图 4-2 所示。

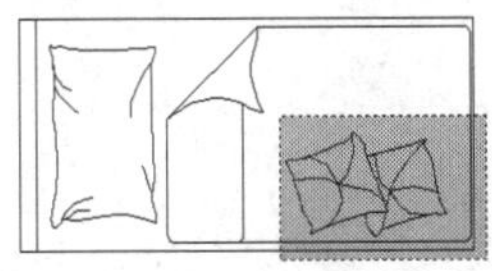

（a）图中深色覆盖部分为选择窗口

（b）选择后的图形

图 4-2　“窗交”对象选择方式

☑ 框(BOX)：使用时，系统根据用户在屏幕上给出的两个对角点的位置而自动引用“窗口”或“窗交”方式。若从左向右指定对角点，则为“窗口”方式；反之，则为“窗交”方式。

☑ 全部(ALL)：选取图上面的所有对象。

Note

☑ 栏选(F)：用户临时绘制一些直线，这些直线不必构成封闭图形，凡是与这些直线相交的对象均被选中。绘制结果如图 4-3 所示。

（a）图中虚线为选择栏

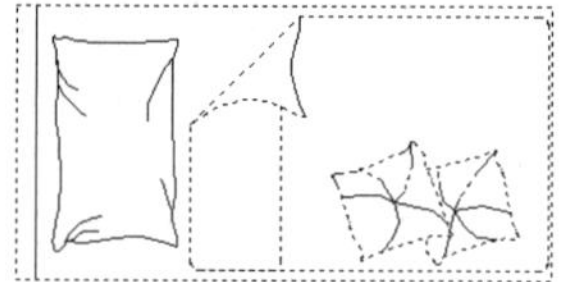
（b）选择后的图形

图 4-3 “栏选”对象选择方式

☑ 圈围(WP)：使用一个不规则的多边形来选择对象。根据提示，用户顺次输入构成多边形的所有顶点的坐标，最后按 Enter 键结束操作，系统将自动连接第一个顶点到最后一个顶点的各个顶点，形成封闭的多边形。凡是被多边形围住的对象均被选中（不包括边界）。执行结果如图 4-4 所示。

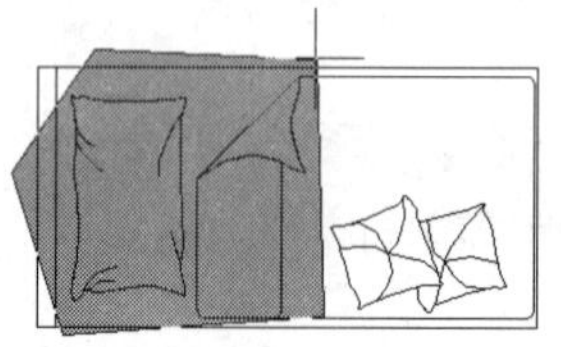
（a）图中十字线所拉出深色多边形为选择窗口

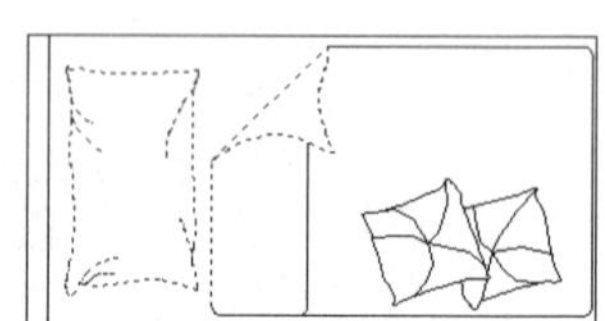
（b）选择后的图形

图 4-4 “圈围”对象选择方式

☑ 圈交(CP)：类似于“圈围”方式，在“选择对象:”提示后输入“CP”，后续操作与“圈围”方式相同。区别在于，与多边形边界相交的对象也被选中。

说明： 若矩形框从左向右定义，即第一个选择的对角点为左侧的对角点，矩形框内部的对象被选中，框外部的及与矩形框边界相交的对象不会被选中。若矩形框从右向左定义，矩形框内部及与矩形框边界相交的对象都会被选中。

4.2 删除及恢复类命令

这一类命令主要用于删除图形的某部分或对已被删除的部分进行恢复。包括删除、重做、清除等命令。

4.2.1 “删除”命令

如果所绘制的图形不符合要求或错绘了图形，则可以使用“删除”命令 ERASE 将其删除。

1. 执行方式

☑ 命令行：ERASE。
☑ 菜单栏：“修改”→“删除”。
☑ 快捷菜单：选择要删除的对象，在绘图区右击，在弹出的快捷菜单中选择“删除”命令。
☑ 工具栏：“修改”→“删除”。

2. 操作步骤

可以先选择对象，然后调用“删除”命令；也可以先调用“删除”命令，然后再选择对象。选择对象时，可以使用前面介绍的各种对象选择的方法。

当选择多个对象时，多个对象都被删除；若选择的对象属于某个对象组，则该对象组的所有对象都被删除。

Note

4.2.2 “恢复”命令

若误删除了图形，则可以使用“恢复”命令 OOPS 恢复误删除的对象。

1. 执行方式

☑ 命令行：OOPS 或 U。
☑ 工具栏：“标准”→“放弃”。
☑ 快捷键：Ctrl+Z。

2. 操作步骤

在命令行窗口中输入“OOPS”，按 Enter 键。

4.2.3 “清除”命令

“清除”命令与“删除”命令的功能完全相同。

1. 执行方式

☑ 菜单栏：“编辑”→“清除”。
☑ 快捷键：Del。

2. 操作步骤

用菜单或快捷键输入上述命令后，系统提示如下：

```
选择对象：（选择要清除的对象，按 Enter 键执行“清除”命令）
```

4.3 复制类命令

本节详细介绍 AutoCAD 2012 的复制类命令。利用这些复制类命令，可以方便地编辑绘制图形。

4.3.1 “复制”命令

1. 执行方式

☑ 命令行：COPY。
☑ 菜单栏：“修改”→“复制”。
☑ 工具栏：“修改”→“复制”。
☑ 快捷菜单：选择要复制的对象，在绘图区右击，从弹出的快捷菜单中选择“复制选择”命令。

2. 操作步骤

```
命令：COPY
选择对象：（选择要复制的对象）
```

Note

用前面介绍的对象选择方法选择一个或多个对象，按 Enter 键，结束选择操作。系统继续提示：

```
当前设置：  复制模式 = 多个
指定基点或 [位移(D)/模式(O)] <位移>:
指定第二个点或 [阵列(A)] <使用第一个点作为位移>:
指定第二个点或 [阵列(A)/退出(E)/放弃(U)] <退出>:
```

3. 选项说明

☑ 指定基点：指定一个坐标点后，AutoCAD 2012 把该点作为复制对象的基点，并提示如下：

```
指定位移的第二点或 <用第一点作位移>:
```

指定第二个点后，系统将根据这两点确定的位移矢量把选择的对象复制到第二点处。如果此时直接按 Enter 键，即选择默认的“用第一点作位移”，则第一个点被当作相对于 X、Y、Z 的位移。例如，如果指定基点为（2,3）并在下一个提示下按 Enter 键，则该对象从它当前的位置开始，在 X 方向上移动 2 个单位，在 Y 方向上移动 3 个单位。复制完成后，系统会继续提示：

```
指定位移的第二点:
```

这时，可以不断指定新的第二点，从而实现多重复制。

☑ 位移(D)：直接输入位移值，表示以选择对象时的拾取点为基准，以拾取点坐标为移动方向，纵横比移动指定位移后所确定的点为基点。例如，选择对象时的拾取点坐标为（2,3），输入位移为 5，则表示以（2,3）点为基准，沿纵横比为 3:2 的方向移动 5 个单位所确定的点为基点。

☑ 模式(O)：控制是否自动重复该命令。确定复制模式是单个还是多个。

☑ 阵列(A)：指定在线性阵列中排列的副本数量。

4.3.2 实例——洗手台

本实例利用“直线”命令绘制洗手台架，再利用“直线”、“圆”、“圆弧”、“椭圆弧”及“复制”命令绘制洗手盆及肥皂盒。绘制流程图如图 4-5 所示。

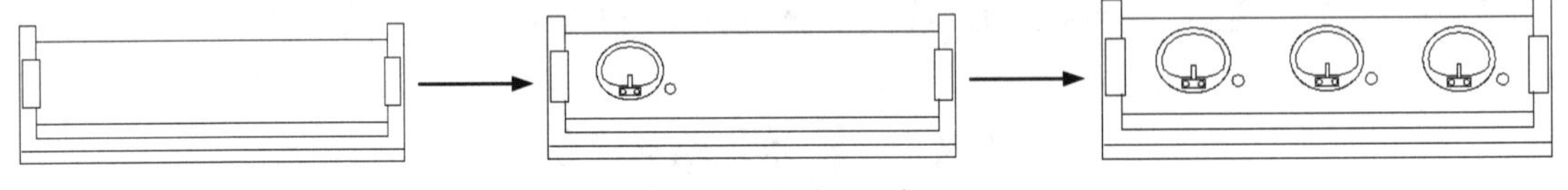

图 4-5 绘制洗手台

操作步骤：（光盘\动画演示\第 4 章\洗手台.avi）

（1）单击“绘图”工具栏中的“直线”按钮和“矩形”按钮，绘制洗手台架，如图 4-6 所示。

（2）单击“绘图”工具栏中的“直线”按钮、“圆”按钮、“圆弧”按钮以及“椭圆弧”按钮绘制一个洗手盆及肥皂盒，如图 4-7 所示。

图 4-6 绘制洗手台架　　图 4-7 绘制一个洗手盆

（3）单击“修改”工具栏中的“复制”按钮，复制另两个洗手盆及肥皂盒。命令行提示与操作如下：

```
命令: _copy↙
选择对象:(框选上面绘制的洗手盆及肥皂盒)
找到 23 个
选择对象: ↙
当前设置:  复制模式 = 多个
指定基点或 [位移(D)/模式(O)] <位移>:(指定一点为基点)
指定位移的第二个点或[阵列(A)] <用第一点作位移>:(打开状态栏上的“正交”开关,指定适当位置一点)
指定位移的第二个点[阵列(A)]:(指定适当位置一点)
指定位移的第二个点[阵列(A)]: ↙
```

结果如图 4-8 所示。

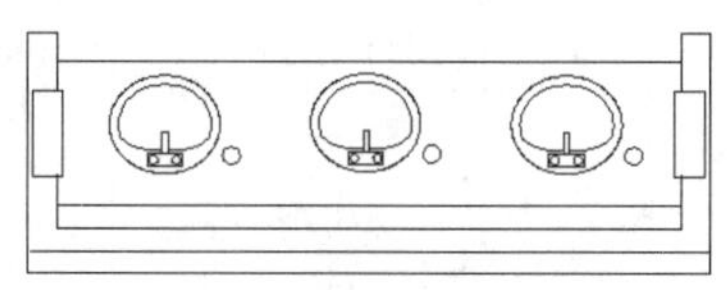

图 4-8　洗手台

4.3.3　“镜像”命令

镜像对象是指把选择的对象以一条镜像线为对称轴进行镜像后的对象。镜像操作完成后，可以保留原对象也可以将其删除。

1. 执行方式

☑ 命令行：MIRROR。
☑ 菜单栏：“修改”→“镜像”。
☑ 工具栏：“修改”→“镜像”。

2. 操作步骤

```
命令: MIRROR
选择对象: (选择要镜像的对象)
指定镜像线的第一点: (指定镜像线的第一个点)
指定镜像线的第二点:(指定镜像线的第二个点)
要删除源对象? [是(Y)/否(N)] <N>:(确定是否删除原对象)
```

这两点确定一条镜像线，被选择的对象以该线为对称轴进行镜像。包含该线的镜像平面与用户坐标系统的 XY 平面垂直，即镜像操作工作在与用户坐标系统的 XY 平面平行的平面上。

4.3.4　实例——办公桌

本实例利用“矩形”命令绘制一侧桌柜及桌面，再利用“镜像”命令创建另外一侧的桌柜。绘制流程图如图 4-9 所示。

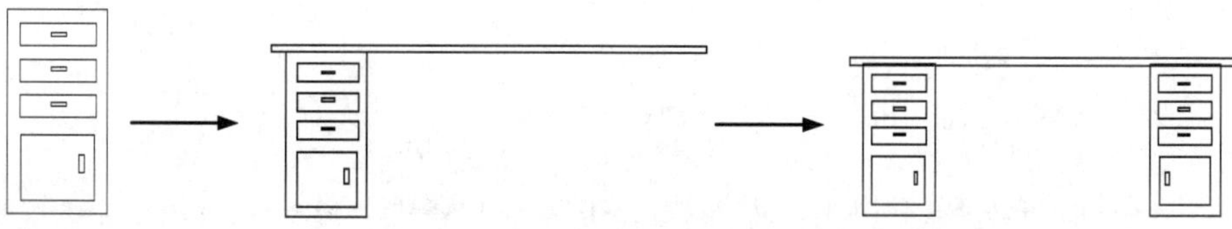

图 4-9　绘制办公桌

操作步骤：（光盘\动画演示\第 4 章\办公桌.avi）

（1）单击“绘图”工具栏中的“矩形”按钮，在合适的位置绘制矩形，如图 4-10 所示。

（2）单击“绘图”工具栏中的“矩形”按钮，在合适的位置绘制一系列的矩形，结果如图 4-11 所示。

（3）单击“绘图”工具栏中的“矩形”按钮，在合适的位置绘制一系列的矩形，结果如图 4-12 所示。

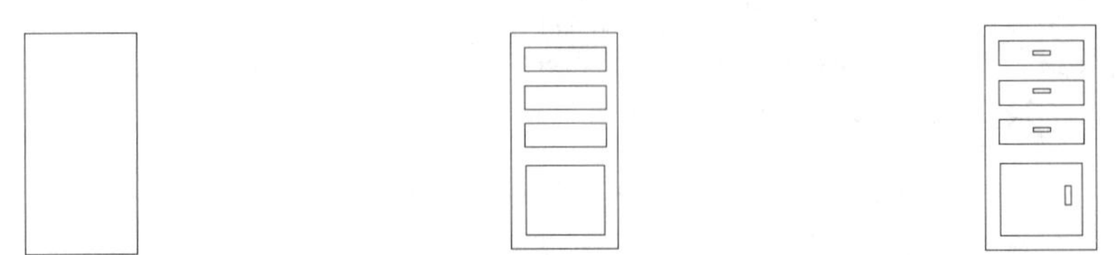

图 4-10　作矩形（1）　　图 4-11　作矩形（2）　　图 4-12　作矩形（3）

（4）单击“绘图”工具栏中的“矩形”按钮，在合适的位置绘制矩形，结果如图 4-13 所示。

（5）单击“修改”工具栏中的“镜像”按钮，将左边的一系列矩形以桌面矩形的顶边中点和底边中点的连线为对称轴进行镜像。命令行提示如下：

```
命令：MIRROR↙
选择对象：（选取左边的一系列矩形）
选择对象：
指定镜像线的第一点：选择桌面矩形的底边中点
指定镜像线的第二点：选择桌面矩形的顶边中点
要删除源对象吗？[是(Y)/否(N)] <N>： ↙
```

绘制结果如图 4-14 所示。

图 4-13　作矩形（4）

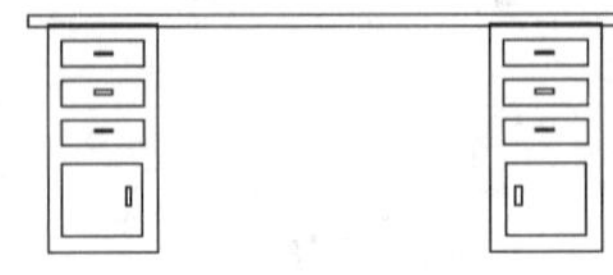

图 4-14　办公桌

4.3.5　“偏移”命令

偏移对象是指保持选择的对象的形状、在不同的位置以不同的尺寸大小新建的一个对象。

1. 执行方式

☑ 命令行：OFFSET。

☑ 菜单栏：“修改”→“偏移”。

☑ 工具栏：“修改”→“偏移”。

2. 操作步骤

```
命令： OFFSET
当前设置：删除源=否　图层=源　OFFSETGAPTYPE=0
指定偏移距离或 [通过(T)/删除(E)/图层(L)] <通过>：（指定距离值）
选择要偏移的对象，或 [退出(E)/放弃(U)] <退出>：（选择要偏移的对象。按 Enter 键，结束操作）
指定要偏移的那一侧上的点，或 [退出(E)/多个(M)/放弃(U)] <退出>：（指定偏移方向）
```

3. 选项说明

☑ 指定偏移距离：输入一个距离值，或按 Enter 键，使用当前的距离值，系统把该距离值作为偏移距离，如图 4-15 所示。

☑ 通过(T)：指定偏移对象的通过点。选择该选项后出现如下提示：

```
选择要偏移的对象或 <退出>:（选择要偏移的对象，按 Enter 键，结束操作）
指定通过点:（指定偏移对象的一个通过点）
```

操作完毕后，系统根据指定的通过点绘出偏移对象，如图 4-16 所示。

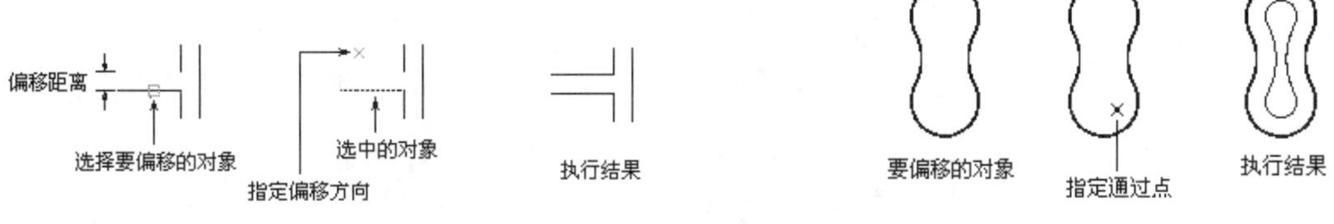

图 4-15　指定偏移对象的距离　　　　图 4-16　指定偏移对象的通过点

☑ 删除(E)：偏移后，将源对象删除。选择该选项后出现如下提示：

```
要在偏移后删除源对象吗？[是(Y)/否(N)]<当前>:
```

☑ 图层(L)：确定将偏移对象创建在当前图层上还是源对象所在的图层上。选择该选项后出现如下提示：

```
输入偏移对象的图层选项 [当前(C)/源(S)] <当前>:
```

4.3.6 实例——单开门

本实例利用“矩形”命令绘制门外框，再利用“偏移”命令创建内框，最后利用“直线”、“矩形”、“偏移”命令绘制窗口等。绘制流程图如图 4-17 所示。

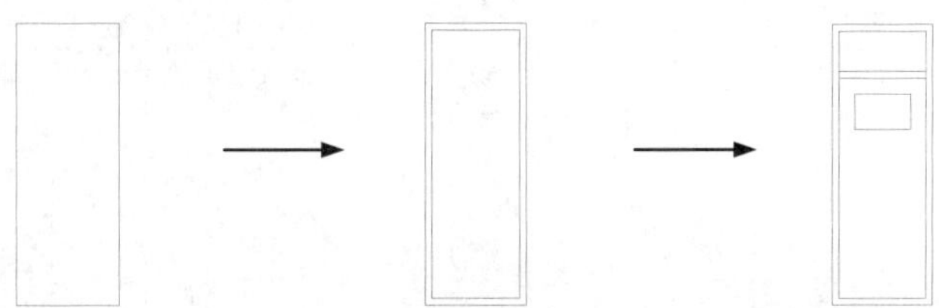

图 4-17　绘制单开门

操作步骤：（光盘\动画演示\第 4 章\单开门.avi）

（1）选择菜单栏中的“绘图”→“矩形”命令，绘制角点坐标分别为（0,0）和（@900,2400）的矩形，结果如图 4-18 所示。

（2）选择菜单栏中的“修改”→“偏移”命令，将步骤（1）绘制的矩形进行偏移操作。命令行提示如下：

```
命令: _offset↙
当前设置: 删除源=否  图层=源  OFFSETGAPTYPE=0
指定偏移距离或 [通过(T)/删除(E)/图层(L)] <通过>:  60↙
选择要偏移的对象，或 [退出(E)/放弃(U)] <退出>:（选择上述矩形）
指定要偏移的那一侧上的点，或 [退出(E)/多个(M)/放弃(U)] <退出>:（选择矩形内侧）
选择要偏移的对象，或 [退出(E)/放弃(U)] <退出>:↙
```

Note

结果如图 4-19 所示。

（3）选择菜单栏中的“绘图”→“直线”命令，绘制端点坐标分别为（60,2000）和（@780,0）的直线。结果如图 4-20 所示。

（4）选择菜单栏中的“修改”→“偏移”命令，将步骤（3）绘制的直线向下偏移，偏移距离为 60。结果如图 4-21 所示。

（5）选择菜单栏中的“绘图”→“矩形”命令，绘制角点坐标分别为（200,1500）和（700,1800）的矩形。绘制结果如图 4-22 所示。

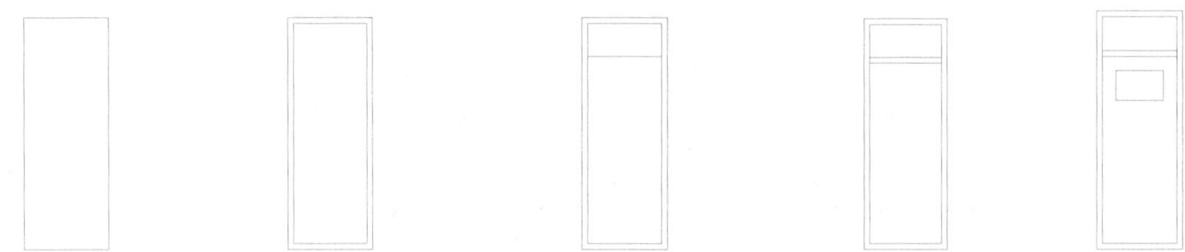

图 4-18　绘制矩形　　图 4-19　偏移操作　　图 4-20　绘制直线　　图 4-21　偏移操作　　图 4-22　门

4.3.7　“阵列”命令

阵列是指多重复制选择对象并把这些副本按矩形或环形排列。把副本按矩形排列称为建立矩形阵列，把副本按环形排列称为建立极阵列。建立极阵列时，应该控制复制对象的次数和对象是否被旋转；建立矩形阵列时，应该控制行和列的数量以及对象副本之间的距离。

用该命令可以建立矩形阵列、极阵列（环形）和旋转的矩形阵列。

1. 执行方式

☑ 命令行：ARRAY。

☑ 菜单栏：“修改”→“阵列”。

☑ 工具栏：“修改”→“矩形阵列”，“修改”→“路径阵列”，“修改”→“环形阵列”。

2. 操作步骤

```
命令：ARRAY↙
选择对象：（使用对象选择方法）
输入阵列类型[矩形（R）/路径（PA）/极轴（PO）]<矩形>:PA↙
类型=路径 关联=是
选择路径曲线：（使用一种对象选择方法）
输入沿路径的项数或 [方向(O)/表达式(E)] <方向>：（指定项目数或输入选项）
指定基点或 [关键点(K)] <路径曲线的终点>：（指定基点或输入选项）
指定与路径一致的方向或 [两点(2P)/法线(N)] <当前>：（按 Enter 键或选择选项）
指定沿路径的项目间的距离或 [定数等分(D)/全部(T)/表达式(E)] <沿路径平均定数等分（D）>：（指定距离或输入选项）
按 Enter 键接受或 [关联(AS)/基点(B)/项目(I)/行数(R)/层级(L)/对齐项目(A)/Z 方向(Z)/退出(X)] <退出>：（按 Enter 键或选择选项）
```

3. 选项说明

☑ 方向(O)：控制选定对象是否将相对于路径的起始方向重定向（旋转），然后再移动到路径的起点。

Note

☑ 表达式(E)：使用数学公式或方程式获取值。

☑ 指定基点：指定阵列的基点。

☑ 关键点(K)：对于关联阵列，在源对象上指定有效的约束点（或关键点）以用作基点。如果编辑生成阵列的源对象，阵列的基点保持与源对象的关键点重合。

☑ 定数等分(D)：沿整个路径长度平均定数等分项目。

☑ 全部(T)：指定第一个和最后一个项目之间的总距离。

☑ 关联(AS)：指定是否在阵列中创建项目作为关联阵列对象，或作为独立对象。

☑ 项目(I)：编辑阵列中的项目数。

☑ 行数(R)：指定阵列中的行数和行间距，以及它们之间的增量标高。

☑ 层级(L)：指定阵列中的层数和层间距。

☑ 对齐项目(A)：指定是否对齐每个项目以与路径的方向相切。对齐相对于第一个项目的方向（方向选项）。

☑ Z 方向(Z)：控制是否保持项目的原始 Z 方向或沿三维路径自然倾斜项目。

☑ 退出(X)：退出命令。

4.3.8　实例——餐厅桌椅

本实例利用“直线”、“圆弧”命令绘制椅子，再利用“圆”命令绘制餐桌，最后利用“环形阵列”命令创建其余椅子。绘制流程图如图 4-23 所示。

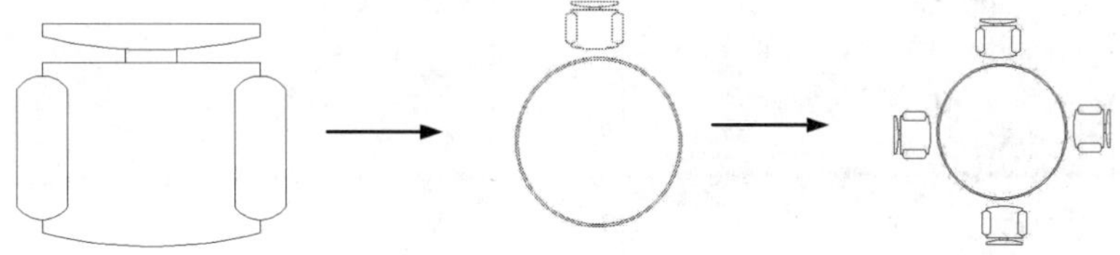

图 4-23　绘制餐厅桌椅

操作步骤：（光盘\动画演示\第 4 章\餐厅桌椅.avi）

（1）单击“绘图”工具栏中的“直线”按钮，绘制初步轮廓结果如图 4-24 所示。

（2）单击“绘图”工具栏中的“圆弧”按钮和“直线”按钮，绘制圆弧和直线。

（3）用同样方法在圆弧上指定一点为起点向下绘制另一条竖线段。再以图 4-24 中 1、3 两点下面的水平线段的端点为起点各向下适当距离绘制两条竖直线段，如图 4-25 所示。

（4）单击“绘图”工具栏中的“圆弧”按钮，用同样方法绘制扶手位置另外三段圆弧。

（5）用同样方法绘制另一条竖线段。绘制结果如图 4-26 所示。

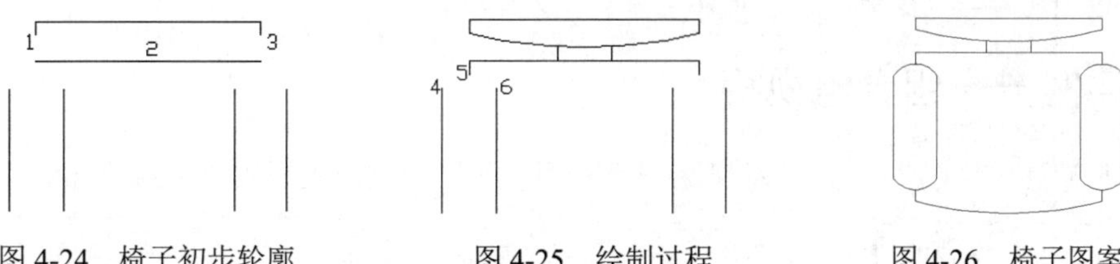

图 4-24　椅子初步轮廓　　图 4-25　绘制过程　　图 4-26　椅子图案

（6）单击“绘图”工具栏中的“圆”按钮，在椅子下方适当位置指定一点为圆心，任意点为半径绘制一个适当大小的圆作为餐桌。

（7）单击“修改”工具栏中的“偏移”按钮，向内偏移步骤（6）绘制的圆。绘制桌子完成的图形如图 4-27 所示。

（8）单击“修改”工具栏中的“环形阵列”按钮，再单击状态栏中的“对象捕捉追踪”按钮，指定桌面圆心为阵列中心点，单击“选择对象”按钮，框选椅子图形，最后确认退出。绘制的最终图形如图 4-28 所示。

Note

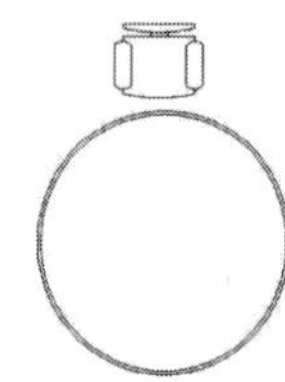
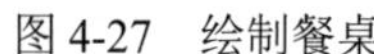
图 4-27　绘制餐桌

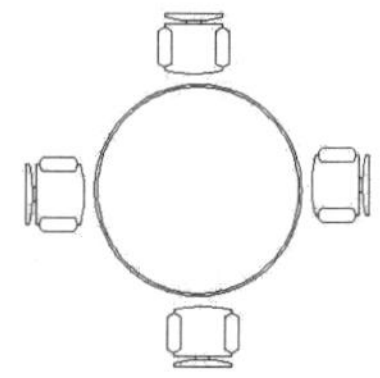
图 4-28　最终图形

4.4　改变位置类命令

这一类编辑命令的功能是按照指定要求改变当前图形或图形的某部分的位置，主要包括移动、旋转和缩放等命令。

4.4.1　“移动”命令

1. 执行方式

☑ 命令行：MOVE。
☑ 菜单栏：“修改”→“移动”。
☑ 快捷菜单：选择要复制的对象，在绘图区右击，在弹出的快捷菜单中选择“移动”命令。
☑ 工具栏：“修改”→“移动”。

2. 操作步骤

```
命令：MOVE
选择对象：（选择对象）
```

用前面介绍的对象选择方法选择要移动的对象，按 Enter 键，结束选择。系统继续提示：

```
指定基点或位移：（指定基点或移至点）
指定基点或 [位移(D)] <位移>：（指定基点或位移）
指定第二个点或 <使用第一个点作为位移>：
```

命令的选项功能与“复制”命令类似。

4.4.2　实例——组合电视柜

打开图形后利用“移动”命令将图形移动到所需位置。绘制流程图如图 4-29 所示。

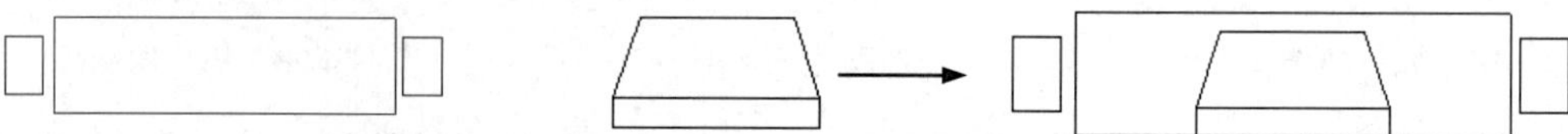
图 4-29　绘制组合电视柜

操作步骤：（光盘\动画演示\第 4 章\组合电视柜.avi）

（1）打开“源文件\建筑图库\电视柜图形”，如图 4-30 所示。

（2）打开“源文件\建筑图库\电视图形”，如图 4-31 所示。

（3）单击“修改”工具栏中的“移动”按钮，以电视图形外边的中点为基点，电视柜外边中点为第二点，将电视图形移动到电视柜图形上。

绘制结果如图 4-32 所示。

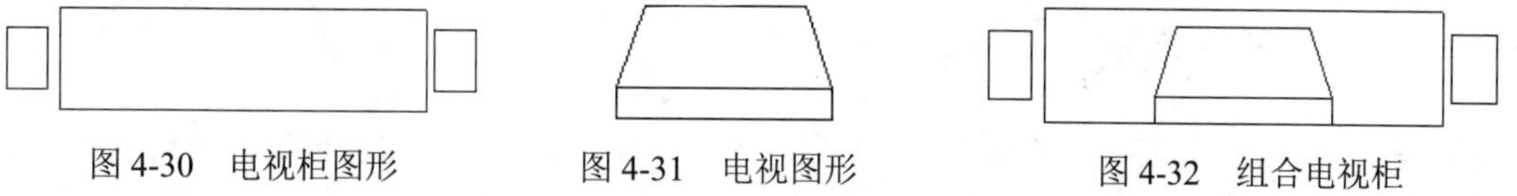

图 4-30　电视柜图形　　图 4-31　电视图形　　图 4-32　组合电视柜

4.4.3　“旋转”命令

1. 执行方式

☑ 命令行：ROTATE。

☑ 菜单栏：“修改”→“旋转”。

☑ 快捷菜单：选择要旋转的对象，在绘图区右击，在弹出的快捷菜单中选择“旋转”命令。

☑ 工具栏：“修改”→“旋转”。

2. 操作步骤

```
命令：ROTATE
UCS 当前的正角方向： ANGDIR=逆时针  ANGBASE=0
选择对象：（选择要旋转的对象）
指定基点：（指定旋转的基点。在对象内部指定一个坐标点）
指定旋转角度，或 [复制(C)/参照(R)] <0>：（指定旋转角度或其他选项）
```

3. 选项说明

☑ 复制(C)：选择该选项，旋转对象的同时，保留原对象，如图 4-33 所示。

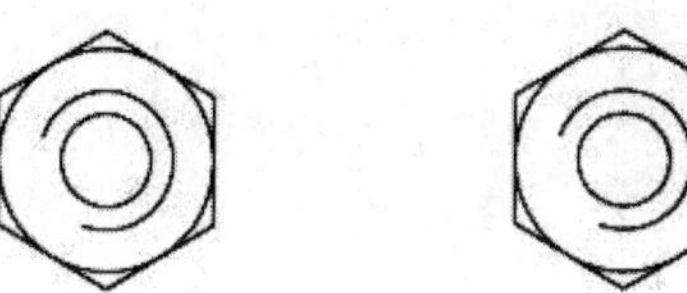

（a）旋转前　　（b）旋转后

图 4-33　复制旋转

☑ 参照(R)：采用参照方式旋转对象时，系统提示：

```
指定参照角 <0>：（指定要参考的角度，默认值为 0）
指定新角度：（输入旋转后的角度值）
```

操作完毕后，对象被旋转至指定的角度位置。

说明： 可以用拖动鼠标的方法旋转对象。选择对象并指定基点后，从基点到当前光标位置会出现一条连线，鼠标选择的对象会动态地随着该连线与水平方向的夹角的变化而旋转，按 Enter 键，确认旋转操作，如图 4-34 所示。

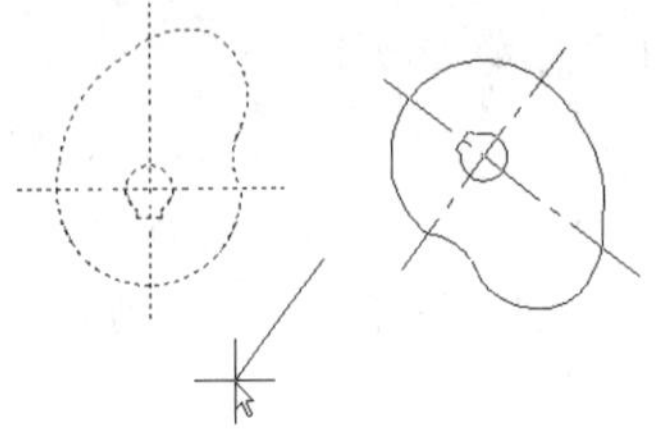

图 4-34　拖动鼠标旋转对象

4.4.4　实例——电脑

设置图层后利用“矩形”、“直线”、“多段线”和“矩形阵列”命令绘制电脑，再利用“旋转”命令调整图形。绘制流程图如图 4-35 所示。

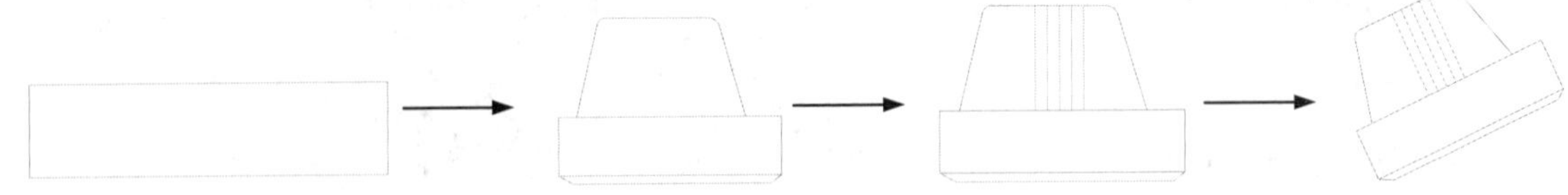

图 4-35　绘制电脑

操作步骤：（光盘\动画演示\第 4 章\电脑.avi）

（1）图层设计。新建两个图层：

❶ “1”图层，颜色为红色，其余属性默认。

❷ “2”图层，颜色为绿色，其余属性默认。

（2）将当前图层设为“1”。单击“绘图”工具栏中的“矩形”按钮，绘制角点坐标分别为（0,16）和（450,130）的矩形。绘制结果如图 4-36 所示。

图 4-36　绘制矩形

（3）单击“绘图”工具栏中的“多段线”按钮，命令行提示如下：

```
命令: _pline↙
指定起点: 0,16↙
当前线宽为 0.0000
指定下一个点或 [圆弧(A)/半宽(H)/长度(L)/放弃(U)/宽度(W)]: 30,0↙
指定下一点或 [圆弧(A)/闭合(C)/半宽(H)/长度(L)/放弃(U)/宽度(W)]: 430,0↙
指定下一点或 [圆弧(A)/闭合(C)/半宽(H)/长度(L)/放弃(U)/宽度(W)]: 450,16↙
指定下一点或 [圆弧(A)/闭合(C)/半宽(H)/长度(L)/放弃(U)/宽度(W)]:
命令: pline↙
指定起点: 37,130↙
当前线宽为 0.0000
指定下一个点或 [圆弧(A)/半宽(H)/长度(L)/放弃(U)/宽度(W)]: 80,308↙
指定下一点或 [圆弧(A)/闭合(C)/半宽(H)/长度(L)/放弃(U)/宽度(W)]: a↙
指定圆弧的端点或[角度(A)/圆心(CE)/闭合(CL)/方向(D)/半宽(H)/直线(L)/半径(R)/第二个
点(S)/放弃(U)/宽度(W)]: 101,320↙
```

```
    指定圆弧的端点或[角度(A)/圆心(CE)/闭合(CL)/方向(D)/半宽(H)/直线(L)/半径(R)/第二个点(S)/放弃(U)/宽度(W)]: l↙
    指定下一点或 [圆弧(A)/闭合(C)/半宽(H)/长度(L)/放弃(U)/宽度(W)]: 306,320↙
    指定下一点或 [圆弧(A)/闭合(C)/半宽(H)/长度(L)/放弃(U)/宽度(W)]: a↙
    指定圆弧的端点或[角度(A)/圆心(CE)/闭合(CL)/方向(D)/半宽(H)/直线(L)/半径(R)/第二个点(S)/放弃(U)/宽度(W)]: 326,308↙
    指定圆弧的端点或[角度(A)/圆心(CE)/闭合(CL)/方向(D)/半宽(H)/直线(L)/半径(R)/第二个点(S)/放弃(U)/宽度(W)]: l↙
    指定下一点或 [圆弧(A)/闭合(C)/半宽(H)/长度(L)/放弃(U)/宽度(W)]: 380,130↙
    指定下一点或 [圆弧(A)/闭合(C)/半宽(H)/长度(L)/放弃(U)/宽度(W)]:
```

绘制结果如图 4-37 所示。

（4）将当前层设置为“2”图层，单击“绘图”工具栏中的“直线”按钮，绘制一条直线，指定坐标点{（176,130），（176,320）}。绘制结果如图 4-38 所示。

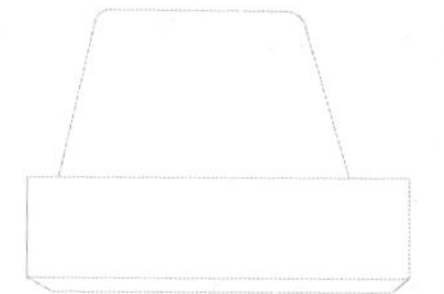

图 4-37 绘制多段线

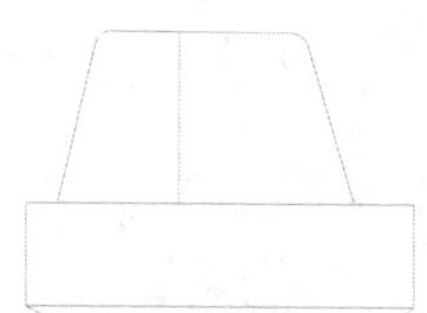

图 4-38 绘制直线

（5）单击“修改”工具栏中的“矩形阵列”按钮，阵列对象为步骤（4）中绘制的直线，设置行数为 1，列数为 5，列间距为 22。绘制结果如图 4-39 所示。

（6）单击“修改”工具栏中的“旋转”按钮，旋转绘制的电脑。命令行提示如下：

```
命令: _rotate↙
UCS 当前的正角方向: ANGDIR=逆时针 ANGBASE=0
选择对象: all 找到 8 个
选择对象:
指定基点: 0,0
指定旋转角度，或 [复制(C)/参照(R)] <0>: 25↙
```

绘制结果如图 4-40 所示。

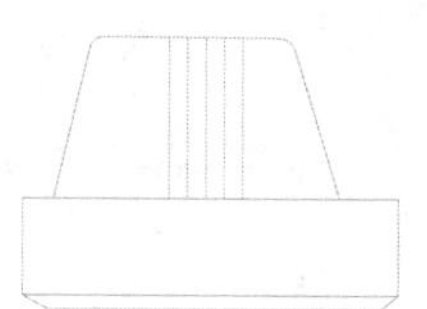

图 4-39 阵列

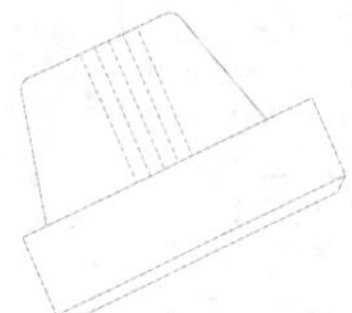

图 4-40 电脑

4.4.5 “缩放”命令

1. 执行方式

☑ 命令行：SCALE。

☑ 菜单栏：“修改”→“缩放”。

☑ 快捷菜单：选择要缩放的对象，在绘图区右击，在弹出的快捷菜单中选择“缩放”命令。

☑ 工具栏：“修改”→“缩放”。

2. 操作步骤

```
命令：SCALE
选择对象：（选择要缩放的对象）
指定基点：（指定缩放操作的基点）
指定比例因子或 [复制(C)/参照(R)] <1.0000>:
```

Note

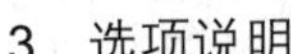

3. 选项说明

☑ 参照(R)：采用参考方向缩放对象时，系统提示如下：

```
指定参照长度 <1>:（指定参考长度值）
指定新的长度或 [点(P)] <1.0000>:（指定新长度值）
```

若新长度值大于参考长度值，则放大对象；否则，缩小对象。操作完毕后，系统以指定的基点按指定的比例因子缩放对象。如果选择“点(P)”选项，则指定两点来定义新的长度。

☑ 指定比例因子：选择对象并指定基点后，从基点到当前光标位置会出现一条线段，线段的长度即为比例大小。鼠标选择的对象会动态地随着该连线长度的变化而缩放，按 Enter 键，确认缩放操作。

☑ 复制(C)：选择该选项时，可以复制缩放对象，即缩放对象时，保留原对象，如图 4-41 所示。

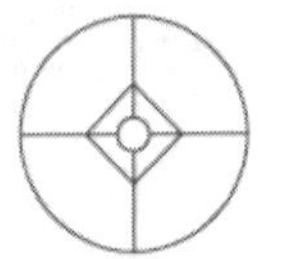

（a）缩放前

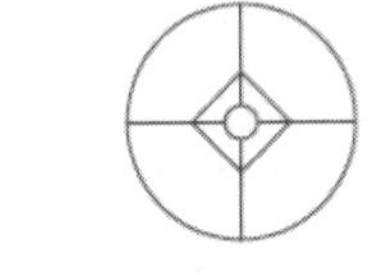

（b）缩放后

图 4-41　复制缩放

4.4.6 实例——紫荆花

本实例利用“圆弧”命令绘制花瓣，利用“正多边形”、“直线”、“修剪”命令绘制五角星，再利用“缩放”命令将绘制好的五角星调整到适当大小，最后利用“环形阵列”命令创建其余花瓣。绘制流程图如图 4-42 所示。

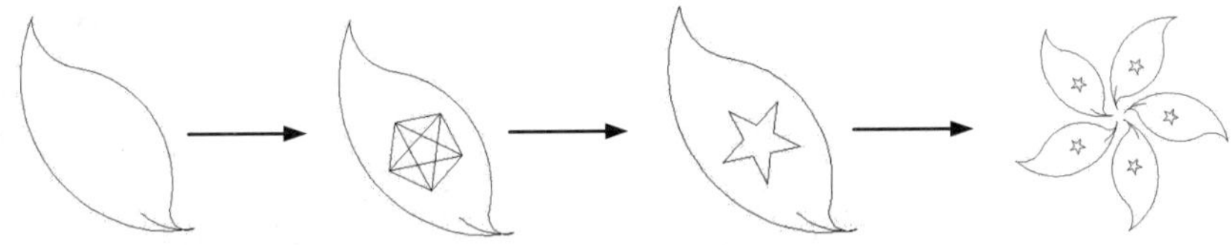

图 4-42　绘制紫荆花

操作步骤：（光盘\动画演示\第 4 章\紫荆花.avi）

（1）单击“绘图”工具栏中的“圆弧”按钮，绘制花瓣外框如图 4-43 所示。

（2）单击“绘图”工具栏中的“正多边形”按钮，绘制花瓣，命令行提示如下：

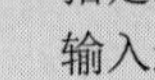

```
命令：POLYGON↙
输入边的数目 <4>: 5↙
指定正多）边形的中心点或 [边(E)]:（指定中心点）
输入选项 [内接于圆(I)/外切于圆(C)] <I>: ↙
指定圆的半径:（指定半径）
```

（3）单击“绘图”工具栏中的“直线”按钮，绘制连接正五边形的各条线段，结果如图 4-44 所示。

（4）单击“修改”工具栏中的“删除”按钮，选择正五边形，删除外框，结果如图 4-45 所示。

（5）单击“修改”工具栏中的“修剪”按钮，将五角星内部线段进行修剪，结果如图 4-46 所示。

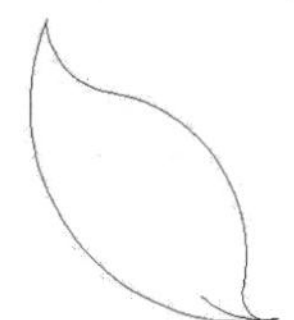

图 4-43　花瓣外框

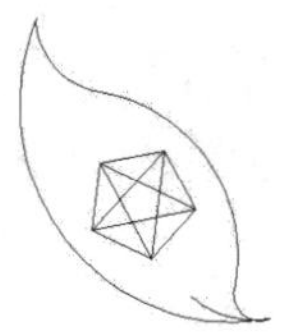

图 4-44　绘制五角星

图 4-45　删除正五边形

图 4-46　修剪五角星

（6）单击“修改”工具栏中的“缩放”按钮，将五角星缩放到适当大小，命令行提示如下：

```
命令: SCALE↙
选择对象:（框选修剪的五角星）
指定对角点:
找到 10 个
选择对象: ↙
指定基点:（指定五角星斜下方凹点）
指定比例因子或 [复制(C)/参照(R)] <1.0000>: 0.5↙
```

结果如图 4-47 所示。

（7）单击“修改”工具栏中的“环形阵列”按钮，项目总数为 5，填充角度为 360，选择花瓣下端点外一点为中心，再选择绘制的花瓣为对象。绘制出的紫荆花图案如图 4-48 所示。

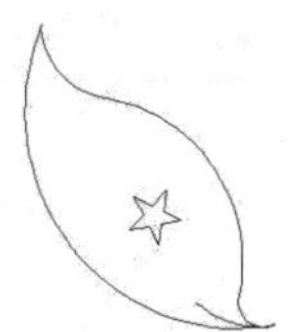

图 4-47　缩放五角星

图 4-48　紫荆花图案

4.5　改变几何特性类命令

这一类编辑命令在对指定对象进行编辑后，使编辑对象的几何特性发生改变。包括倒角、圆角、打断、剪切、延伸、拉长、拉伸等命令。

4.5.1　“圆角”命令

圆角是指用指定的半径决定的一段平滑的圆弧连接两个对象。系统规定可以圆角连接一对直线段、非圆弧的多段线段、样条曲线、双向无限长线、射线、圆、圆弧和椭圆。可以在任何时刻圆角连接非圆弧多段线的每个节点。

1. 执行方式

☑　命令行：FILLET。

☑ 菜单栏："修改"→"圆角"。

☑ 工具栏："修改"→"圆角"。

2. 操作步骤

Note

```
命令：FILLET
当前设置：模式 = 修剪，半径 = 0.0000
选择第一个对象或 [放弃(U)/多段线(P)/半径(R)/修剪(T)/多个(M)]：(选择第一个对象或别的选项)
选择第二个对象，或按住 Shift 键选择要应用角点的对象：(选择第二个对象)
```

3. 选项说明

（1）多段线(P)

在一条二维多段线的两段直线段的节点处插入圆滑的弧。选择多段线后，系统会根据指定的圆弧的半径把多段线各顶点用圆滑的弧连接起来。

（2）修剪(T)

决定在圆角连接两条边时，是否修剪这两条边，如图 4-49 所示。

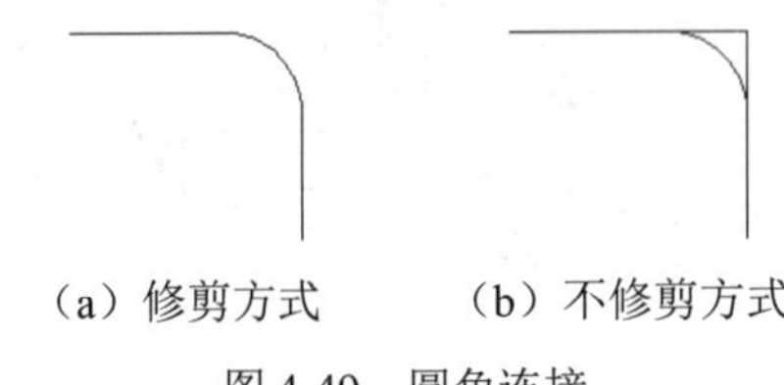

（a）修剪方式　　（b）不修剪方式

图 4-49　圆角连接

（3）多个(M)

可以同时对多个对象进行圆角编辑，而不必重新起用命令。

按住 Shift 键并选择两条直线，可以快速创建零距离倒角或零半径圆角。

4.5.2　实例——坐便器

本实例利用"直线"命令绘制辅助线，利用"直线"、"圆弧"、"复制"、"镜像"、"偏移"等命令绘制主体图形，再利用"圆角"命令修改图形，最后利用"圆弧"、"直线"、"偏移"命令绘制水箱及按钮部分。绘制流程图如图 4-50 所示。

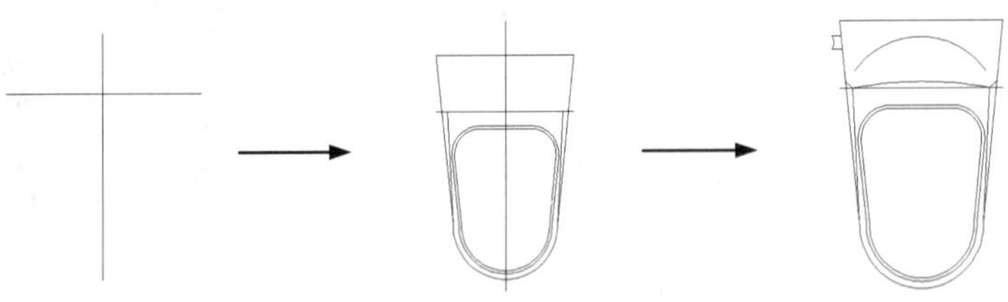

图 4-50　绘制坐便器

操作步骤：（光盘\动画演示\第 4 章\座便器.avi）

（1）将 AutoCAD 中的捕捉工具栏激活，如图 4-51 所示，留待在绘图过程中使用。

图 4-51　"对象捕捉"工具栏

（2）单击"绘图"工具栏中的"直线"按钮，在图中绘制一条长度为 50 的水平直线，重复"直

Note

线”命令，单击“对象捕捉”工具栏中的“捕捉到中点”按钮，再单击水平直线的中点，此时水平直线的中点会出现一个黄色的小三角提示即为中点。绘制一条垂直的直线，并移动到合适的位置，作为绘图的辅助线，如图 4-52 所示。

（3）单击“绘图”工具栏中的“直线”按钮，再单击水平直线的左端点，输入坐标点（@6,-60）绘制直线，如图 4-53 所示。

（4）单击“修改”工具栏中的“镜像”按钮，以垂直直线的两个端点为镜像点，将刚刚绘制的斜向直线镜像到另外一侧，如图 4-54 所示。

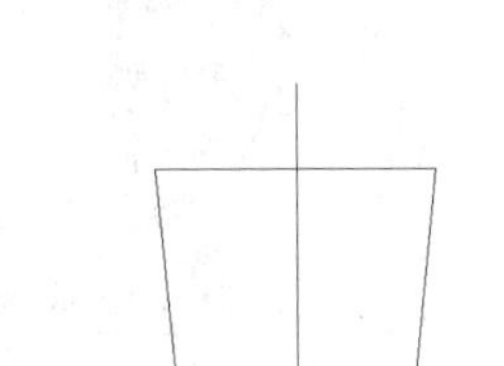

图 4-52　绘制辅助线　　图 4-53　绘制直线　　图 4-54　镜像图形

（5）单击“绘图”工具栏中的“圆弧”按钮，以斜线下端的端点为起点，如图 4-55 所示，以垂直辅助线上的一点为第二点，以右侧斜线的端点为端点，绘制弧线，如图 4-56 所示。

（6）在图中选择水平直线，然后单击“修改”工具栏中的“复制”按钮，选择其与垂直直线的交点为基点，然后输入坐标点（@0,-20），再次复制水平直线，输入坐标点（@0,-25），如图 4-57 所示。

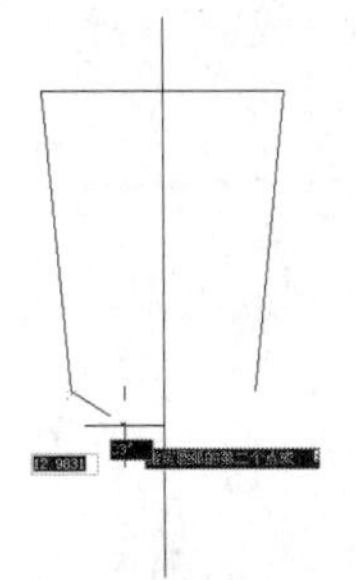

图 4-55　绘制弧线

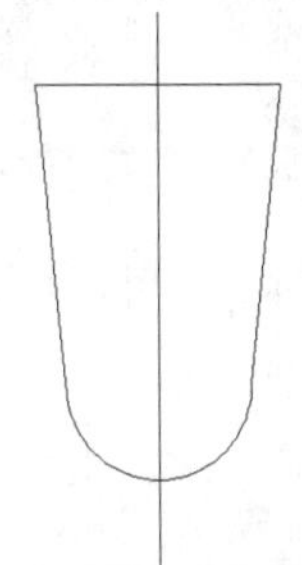

图 4-56　绘制弧线

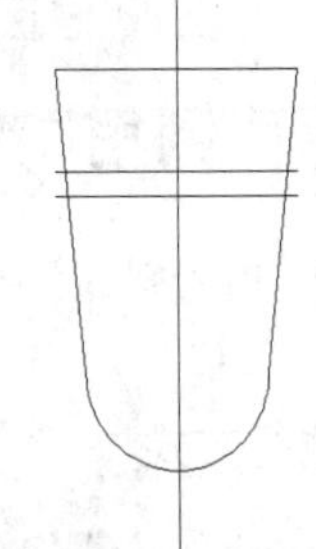

图 4-57　增加辅助线

（7）单击“修改”工具栏中的“偏移”按钮，将右侧斜向直线向左偏移 2，如图 4-58 所示。重复“偏移”命令，将圆弧和左侧直线复制到内侧，如图 4-59 所示。

（8）单击“绘图”工具栏中的“直线”按钮，将中间的水平线与内侧斜线的交点和外侧斜线的下端点连接起来，如图 4-60 所示。

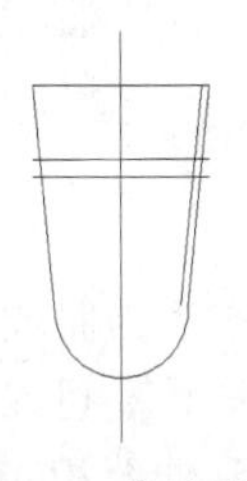

图 4-58　偏移直线

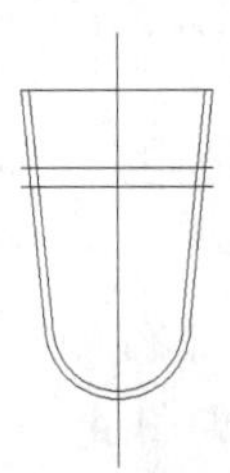

图 4-59　偏移其他图形

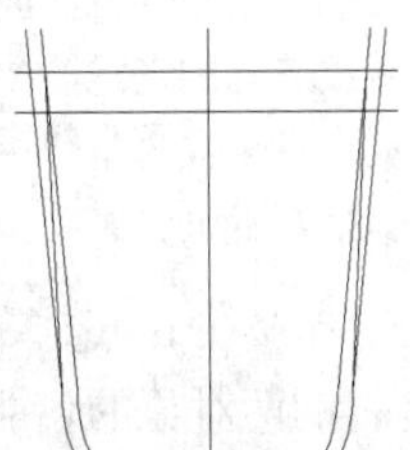

图 4-60　连接直线

（9）单击“修改”工具栏中的“圆角”按钮，指定倒角半径为10，依次选择最下面的水平线和内侧的斜向直线，将其交点设置为倒圆角，如图4-61所示。依照此方法，将右侧的交点也设置为倒圆角，直径也是10，如图4-62所示。

Note

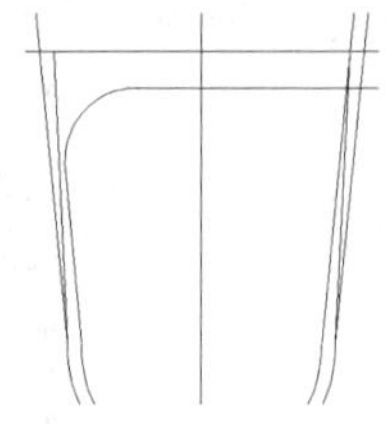

图4-61　设置倒圆角

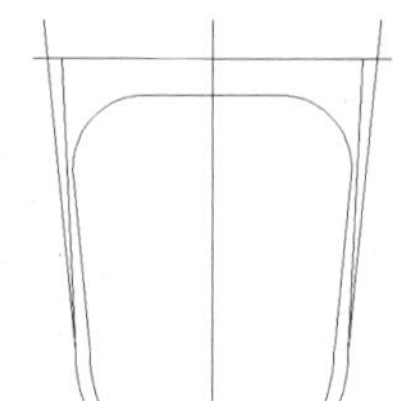

图4-62　设置另外一侧倒圆角

（10）单击“修改”工具栏中的“偏移”按钮，将椭圆部分向内侧偏移1，如图4-63所示。

（11）在上侧添加弧线和斜向直线，再在左侧添加冲水按钮，即完成了坐便器的绘制，最终如图4-64所示。

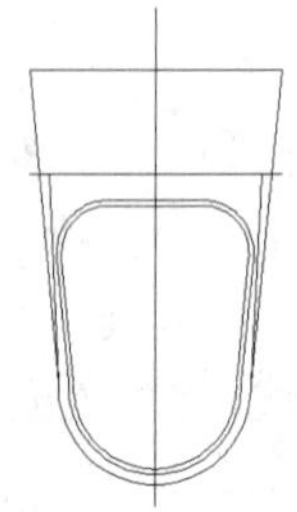

图4-63　偏移内侧椭圆

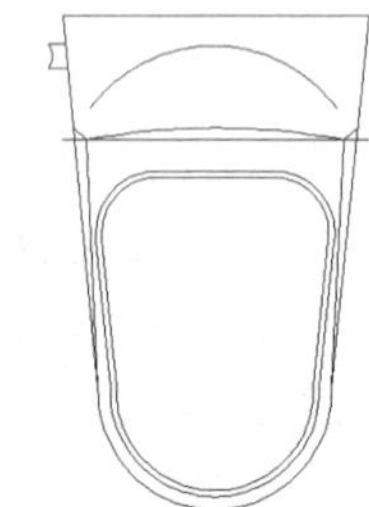

图4-64　坐便器绘制完成

4.5.3　“倒角”命令

倒角是指用斜线连接两个不平行的线型对象。可以用斜线连接直线段、双向无限长线、射线和多段线。

1. 执行方式

☑ 命令行：CHAMFER。
☑ 菜单栏：“修改”→“倒角”。
☑ 工具栏：“修改”→“倒角”。

2. 操作步骤

```
命令：CHAMFER
（“不修剪”模式）当前倒角距离 1 = 0.0000，距离 2 = 0.0000
选择第一条直线或 [放弃(U)/多段线(P)/距离(D)/角度(A)/修剪(T)/方式(E)/多个(M)]：（选择第一条直线或别的选项）
选择第二条直线，或按住 Shift 键选择要应用角点的直线：（选择第二条直线）
```

3. 选项说明

☑ 距离(D)：选择倒角的两个斜线距离。斜线距离是指从被连接的对象与斜线的交点到被连接的两对象的可能的交点之间的距离，如图4-65所示。这两个斜线距离可以相同也可以不相同，若两者均为0，则系统不绘制连接的斜线，而是把两个对象延伸至相交，并修剪超出的部分。

Note

☑　角度(A)：选择第一条直线的斜线距离和角度。采用这种方法斜线连接对象时，需要输入两个参数，即斜线与一个对象的斜线距离和斜线与该对象的夹角，如图 4-66 所示。

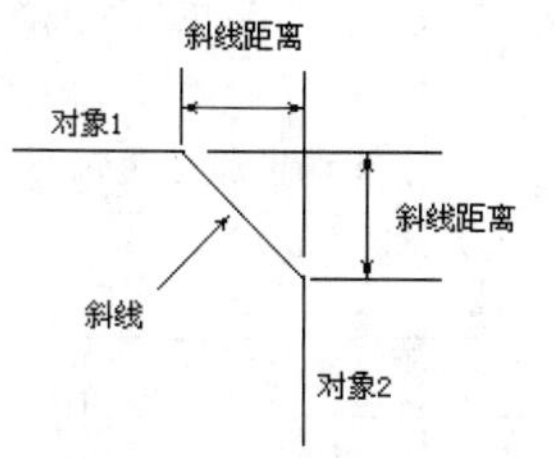

图 4-65　斜线距离

图 4-66　斜线距离与夹角

☑　多段线(P)：对多段线的各个交叉点进行倒角编辑。为了得到最好的连接效果，一般设置斜线是相等的值。系统根据指定的斜线距离把多段线的每个交叉点都作斜线连接，连接的斜线成为多段线新添加的构成部分，如图 4-67 所示。

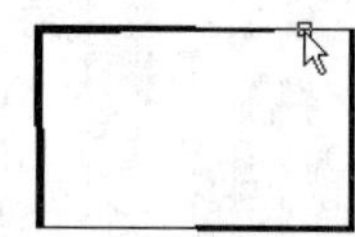

（a）选择多段线

（b）倒角结果

图 4-67　斜线连接多段线

☑　修剪(T)：与圆角连接命令 FILLET 相同，该选项决定连接对象后，是否修剪原对象。

☑　方式(E)：决定采用“距离”方式还是“角度”方式来倒角。

☑　多个(M)：同时对多个对象进行倒角编辑。

说明： 有时用户在执行“圆角”和“倒角”命令时，发现命令不执行或执行后没什么变化，那是因为系统默认圆角半径和斜线距离均为 0，如果不事先设定圆角半径或斜线距离，系统就以默认值执行命令，所以看起来好像没有执行命令。

4.5.4　实例——洗菜盆

本实例利用“直线”命令绘制外部轮廓，再利用“圆”、“复制”等命令绘制水龙头和出水口，最后利用“倒角”命令将图形细化。绘制流程图如图 4-68 所示。

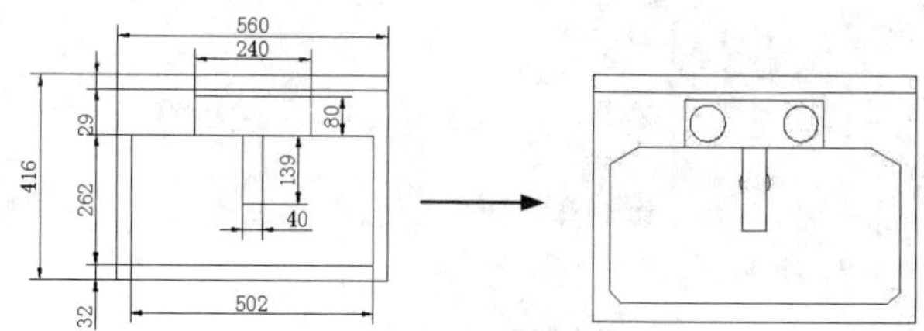

图 4-68　绘制洗菜盆

操作步骤：（光盘\动画演示\第 4 章\洗菜盆.avi）

（1）单击“绘图”工具栏中的“直线”按钮，可以绘制出初步轮廓，大约尺寸如图 4-69 所示。

（2）单击“绘图”工具栏中的“圆”按钮，以图 4-69 中长 240 宽 80 的矩形大约左中位置处为圆心，绘制半径为 35 的圆。

Note

（3）单击“修改”工具栏中的“复制”按钮，选择刚绘制的圆，复制到右边合适的位置，完成旋钮绘制。

（4）单击“绘图”工具栏中的“圆”按钮，以图4-69中长139宽40的矩形大约正中位置为圆心，绘制半径为25的圆作为出水口。

（5）单击“修改”工具栏中的“修剪”按钮，将绘制的出水口圆修剪成如图4-70所示。

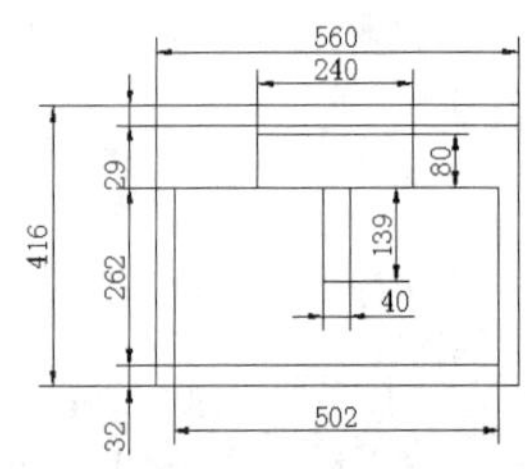

图4-69　初步轮廓图

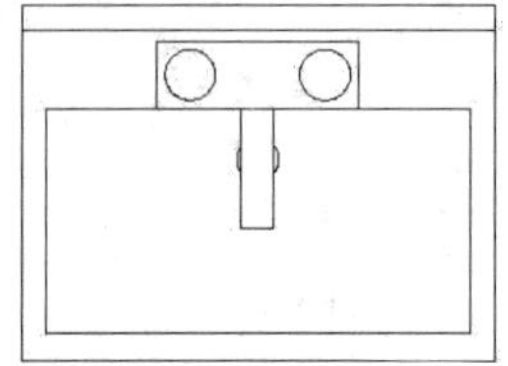

图4-70　绘制水笼头和出水口

（6）单击“修改”工具栏中的“倒角”按钮，绘制水盆4角。命令行提示如下：

命令:CHAMFER ↙
（“修剪”模式）当前倒角距离 1 = 0.0000，距离 2 = 0.0000
选择第一条直线或 [放弃(U)/多段线(P)/距离(D)/角度(A)/修剪(T)/方式(E)/多个(M)]:D↙
指定第一个倒角距离 <0.0000>: 50↙
指定第二个倒角距离 <50.0000>: 30↙
选择第一条直线或 [多段线(P)/距离(D)/角度(A)/修剪(T)/方式(M)/多个(U)]: U↙
选择第一条直线或 [放弃(U)/多段线(P)/距离(D)/角度(A)/修剪(T)/方式(E)/多个(M)]:（选择左上角横线段）
选择第二条直线，或按住 Shift 键选择要应用角点的直线:（选择右上角竖线段）
选择第一条直线或 [放弃(U)/多段线(P)/距离(D)/角度(A)/修剪(T)/方式(E)/多个(M)]:（选择左上角横线段）
选择第二条直线，或按住 Shift 键选择要应用角点的直线:（选择右上角竖线段）
命令: CHAMFER↙
（“修剪”模式）当前倒角距离 1 = 50.0000，距离 2 = 30.0000
选择第一条直线或 [放弃(U)/多段线(P)/距离(D)/角度(A)/修剪(T)/方式(E)/多个(M)]:A↙
指定第一条直线的倒角长度 <20.0000>: ↙
指定第一条直线的倒角角度 <0>: 45↙
选择第一条直线或 [放弃(U)/多段线(P)/距离(D)/角度(A)/修剪(T)/方式(E)/多个(M)]:U↙
选择第一条直线或 [放弃(U)/多段线(P)/距离(D)/角度(A)/修剪(T)/方式(E)/多个(M)]: （选择左下角横线段）
选择第二条直线，或按住 Shift 键选择要应用角点的直线:（选择左下角竖线段）
选择第一条直线或 [放弃(U)/多段线(P)/距离(D)/角度(A)/修剪(T)/方式(E)/多个(M)]: （选择右下角横线段）
选择第二条直线，或按住 Shift 键选择要应用角点的直线:（选择右下角竖线段）

洗菜盆绘制结果如图4-71所示。

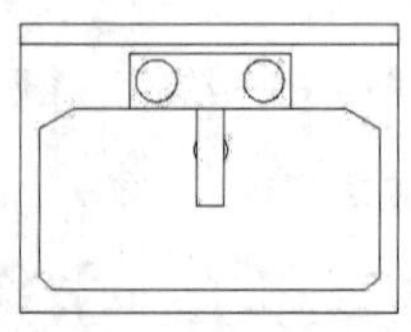

图4-71　洗菜盆

Note

4.5.5　“修剪”命令

1. 执行方式

☑　命令行：TRIM。
☑　菜单栏：“修改”→“修剪”。
☑　工具栏：“修改”→“修剪”。

2. 操作步骤

```
命令：TRIM
当前设置：投影=UCS，边=无
选择剪切边...
选择对象或 <全部选择>:（选择用作修剪边界的对象）
按 Enter 键，结束对象选择，系统提示：
选择要修剪的对象，或按住 Shift 键选择要延伸的对象，或[栏选(F)/窗交(C)/投影(P)/边(E)/
删除(R)/放弃(U)]:
```

3. 选项说明

（1）按 Shift 键

在选择对象时，如果按住 Shift 键，系统就自动将“修剪”命令转换成“延伸”命令，“延伸”命令将在 4.5.7 小节介绍。

（2）边(E)

选择此选项时，可以选择对象的修剪方式，即延伸和不延伸。

☑　延伸(E)：延伸边界进行修剪。在此方式下，如果剪切边没有与要修剪的对象相交，系统会延伸剪切边直至与要修剪的对象相交，然后再修剪，如图 4-72 所示。

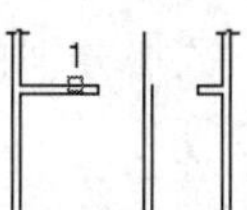

（a）选择剪切边

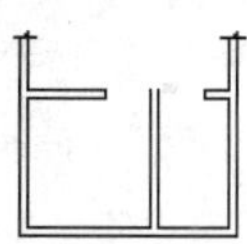

（b）选择要修剪的对象

（c）修剪后的结果

图 4-72　延伸方式修剪对象

☑　不延伸(N)：不延伸边界修剪对象。只修剪与剪切边相交的对象。

（3）栏选(F)

选择此选项时，系统以栏选的方式选择被修剪对象，如图 4-73 所示。

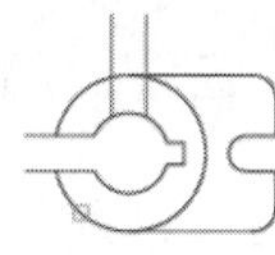

（a）选定剪切边

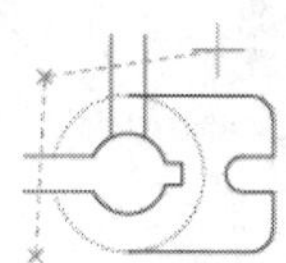

（b）使用栏选选定要修剪的对象

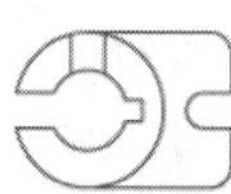

（c）结果

图 4-73　栏选选择修剪对象

（4）窗交(C)

选择此选项时，系统以窗交的方式选择被修剪对象，如图 4-74 所示。

Note

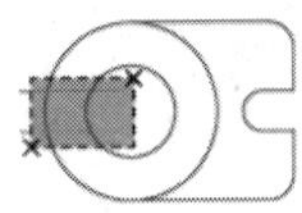
(a)使用窗交选择选定的边

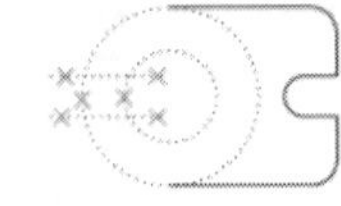
(b)选定要修剪的对象

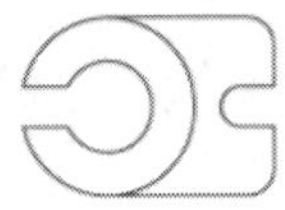
(c)结果

图 4-74　窗交选择修剪对象

被选择的对象可以互为边界和被修剪对象，此时系统会在选择的对象中自动判断边界，如图 4-74 所示。

4.5.6　实例——灯具

本实例利用“矩形”、“镜像”、“圆弧”命令绘制灯架，再利用“圆弧”、“直线”、“修剪”等命令绘制连接处，最后利用“样条曲线”、“直线”、“圆弧”命令创建灯罩。绘制流程图如图 4-75 所示。

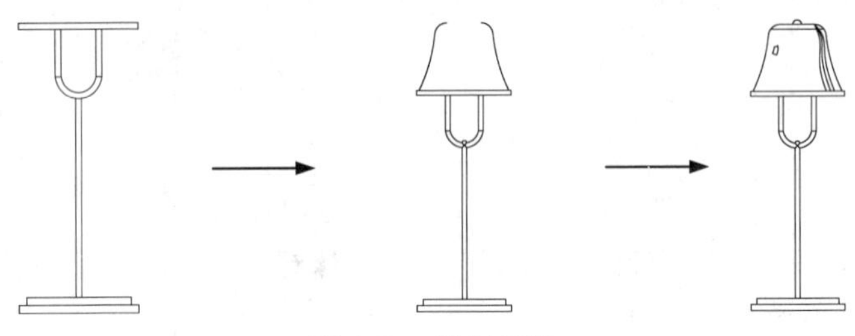

图 4-75　绘制灯具

操作步骤：(光盘\动画演示\第 4 章\灯具.avi)

（1）单击“绘图”工具栏中的“矩形”按钮，绘制轮廓线。然后单击“修改”工具栏中的“镜像”按钮，使轮廓线左右对称，如图 4-76 所示。

（2）单击“绘图”工具栏中的“圆弧”按钮，绘制两条圆弧，端点分别捕捉到矩形的角点上，绘制的下面的圆弧中间一点捕捉到中间矩形上边的中点上，如图 4-77 所示。

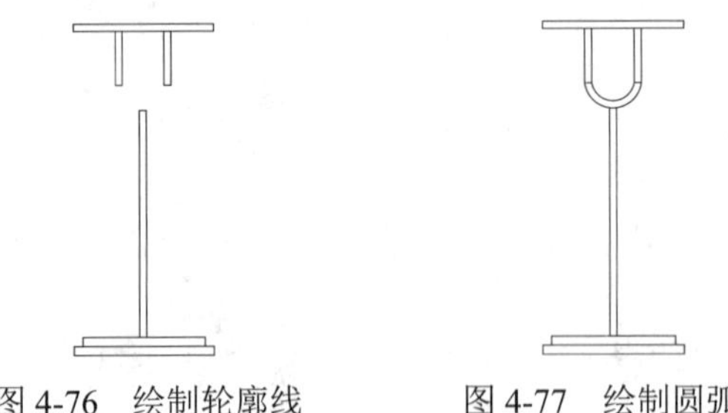

图 4-76　绘制轮廓线　　　图 4-77　绘制圆弧

（3）单击“绘图”工具栏中的“圆弧”按钮和“直线”按钮，绘制灯柱上的结合点，如图 4-78 所示的轮廓线。

（4）单击“修改”工具栏中的“修剪”按钮，修剪多余图线。命令行提示如下：

```
命令： _trim↙
当前设置:投影=UCS，边=延伸
选择修剪边...
选择对象或<全部选择>:(选择修剪边界对象)
选择对象:(选择修剪边界对象)
选择对象: ↙
```

```
选择要修剪的对象，或按住 Shift 键选择要延伸的对象，或 [投影(P)/边(E)/放弃(U)]：(选择修剪对象)
```

修剪结果如图 4-79 所示。

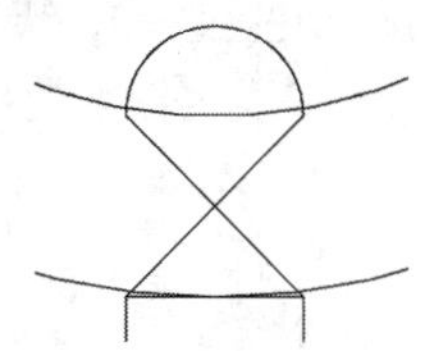

图 4-78　绘制灯柱上的结合点

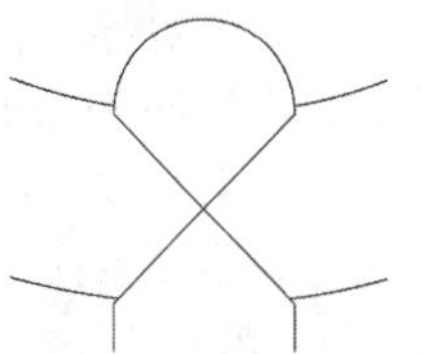

图 4-79　修剪图形

（5）单击"绘图"工具栏中的"样条曲线"按钮和"修改"工具栏中的"镜像"按钮，绘制灯罩轮廓线，如图 4-80 所示。

（6）单击"绘图"工具栏中的"直线"按钮，补齐灯罩轮廓线，直线端点捕捉对应样条曲线端点，如图 4-81 所示。

（7）单击"绘图"工具栏中的"圆弧"按钮，绘制灯罩顶端的突起。

（8）单击"绘图"工具栏中的"样条曲线"按钮，绘制灯罩上的装饰线，最终结果如图 4-82 所示。

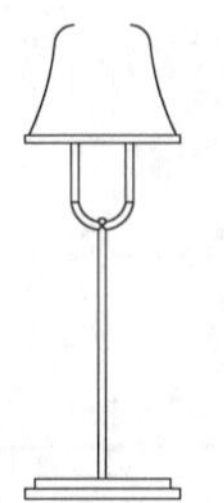

图 4-80　绘制灯罩轮廓线

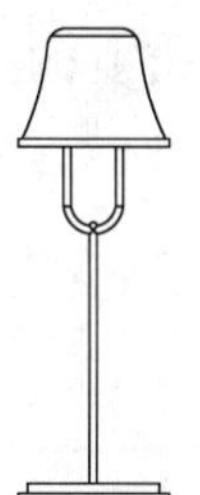

图 4-81　补齐灯罩轮廓线

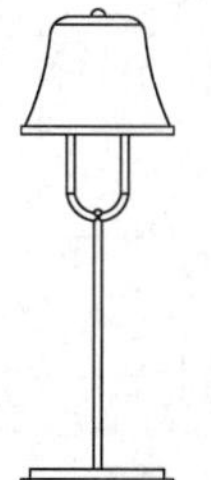

图 4-82　绘制灯罩顶端的突起

4.5.7　"延伸"命令

延伸对象是指延伸要延伸的对象直至另一个对象的边界线，如图 4-83 所示。

（a）选择边界

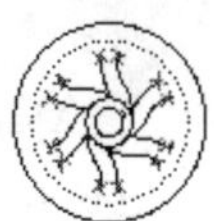

（b）选择要延伸的对象

（c）执行结果

图 4-83　延伸对象

1. 执行方式

☑　命令行：EXTEND。

☑　菜单栏："修改"→"延伸"。

☑　工具栏："修改"→"延伸"。

2. 操作步骤

```
命令：EXTEND
当前设置：投影=UCS，边=无
```

```
选择边界的边...
选择对象或 <全部选择>:(选择边界对象)
```

此时可以通过选择对象来定义边界。若直接按 Enter 键，则选择所有对象作为可能的边界对象。

系统规定可以用作边界对象的对象有直线段、射线、双向无限长线、圆弧、圆、椭圆、二维和三维多段线、样条曲线、文本、浮动的视口、区域。如果选择二维多段线作为边界对象，系统会忽略其宽度而把对象延伸至多段线的中心线上。

选择边界对象后，系统继续提示：

```
选择要延伸的对象，或按住 Shift 键选择要修剪的对象，或[栏选(F)/窗交(C)/投影(P)/边(E)/放弃(U)]:
```

3. 选项说明

（1）如果要延伸的对象是适配样条多段线，则延伸后会在多段线的控制框上增加新节点。如果要延伸的对象是锥形的多段线，系统会修正延伸端的宽度，使多段线从起始端平滑地延伸至新的终止端。如果延伸操作导致新终止端的宽度为负值，则取宽度值为 0，如图 4-84 所示。

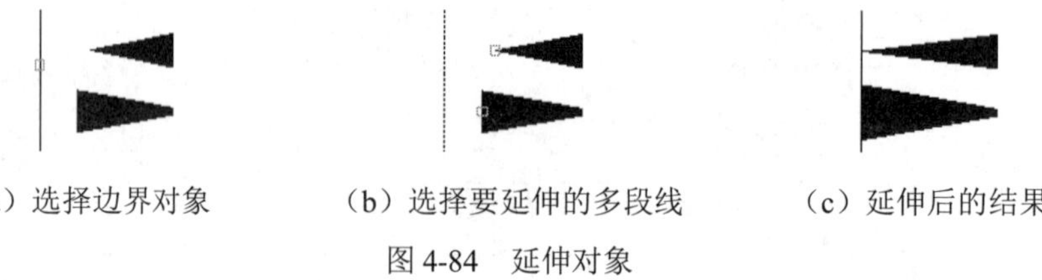

（a）选择边界对象　（b）选择要延伸的多段线　（c）延伸后的结果

图 4-84　延伸对象

（2）选择对象时，如果按住 Shift 键，系统就自动将“延伸”命令转换成“修剪”命令。

4.5.8　实例——沙发

本实例利用“矩形”、“直线”、“分解”、“圆角”、“延伸”、“修剪”等命令绘制沙发，其中着重介绍“延伸”命令，绘制流程图如图 4-85 所示。

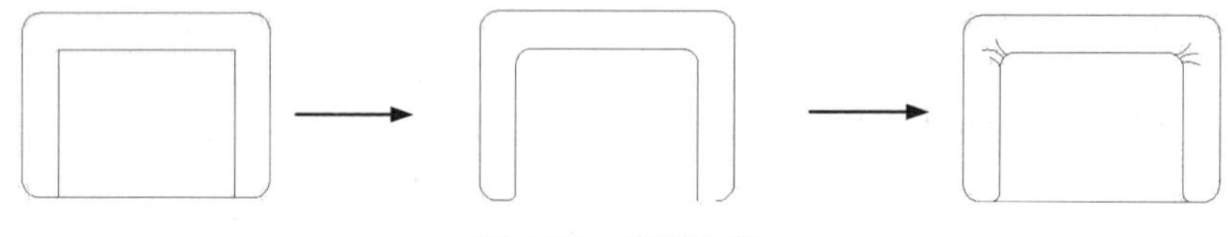

图 4-85　绘制沙发

操作步骤：（光盘\动画演示\第 4 章\沙发.avi）

（1）单击“绘图”工具栏中的“矩形”按钮，绘制圆角为 10、第一角点坐标为（20,20）、长度和宽度分别为 140 和 100 的矩形作为沙发的外框。

（2）单击“绘图”工具栏中的“直线”按钮，绘制坐标分别为（40,20）、（@0,80）、（@100,0）、（@0,-80）的连续线段。绘制结果如图 4-86 所示。

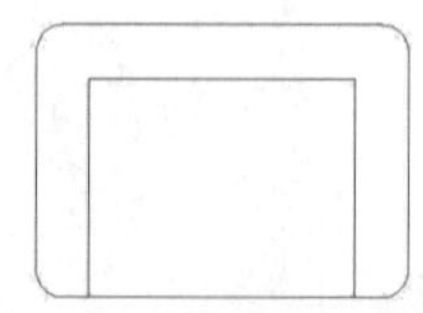

图 4-86　绘制初步轮廓

（3）单击“修改”工具栏中的“分解”按钮（此命令将在4.5.15小节中详细介绍）和“圆角”按钮，修改沙发轮廓。命令行提示如下：

```
命令：_explode↙
选择对象：选择外面倒圆矩形
选择对象：
命令：_fillet↙
当前设置：模式 = 修剪，半径 = 6.0000
选择第一个对象或[放弃(U)/多段线(P)/半径(R)/修剪(T)/多个(M)]：选择内部四边形左边
选择第二个对象，或按住 Shift 键选择要应用角点的对象：选择内部四边形上边
选择第一个对象或 [放弃(U)/多段线(P)/半径(R)/修剪(T)/多个(M)]：选择内部四边形右边
选择第二个对象，或按住 Shift 键选择要应用角点的对象：选择内部四边形上边
选择第一个对象或 [放弃(U)/多段线(P)/半径(R)/修剪(T)/多个(M)]：
```

单击“修改”工具栏中的“圆角”按钮，选择内部四边形左边和外部矩形下边左端为对象，进行圆角处理。绘制结果如图4-87所示。

（4）单击“修改”工具栏中的“延伸”按钮，命令行提示如下：

```
命令：_ extend↙
当前设置：投影=UCS，边=无
选择边界的边...
选择对象或 <全部选择>：选择如图 4-87 所示的右下角圆弧
选择对象：
选择要延伸的对象，或按住 Shift 键选择要修剪的对象，或[栏选(F)/窗交(C)/投影(P)/边(E)/放弃(U)]：选择如图 4-87 所示的左端短水平线
选择要延伸的对象，或按住 Shift 键选择要修剪的对象，或[栏选(F)/窗交(C)/投影(P)/边(E)/放弃(U)]：
```

（5）单击“修改”工具栏中的“圆角”按钮，选择内部四边形右边和外部矩形下边为倒圆角对象，进行圆角处理。

（6）单击“修改”工具栏中的“修剪”按钮，以刚倒出的圆角圆弧为边界，对内部四边形右边下端进行修剪。绘制结果如图4-88所示。

（7）单击“绘图”工具栏中的“圆弧”按钮，绘制沙发皱纹。在沙发拐角位置绘制6条圆弧。最终绘制结果如图4-89所示。

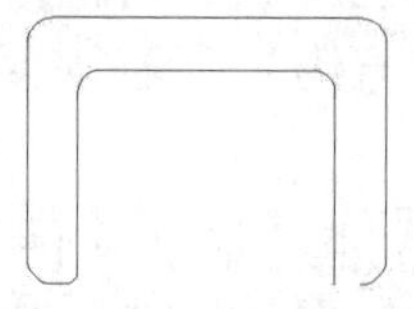

图4-87　绘制倒圆

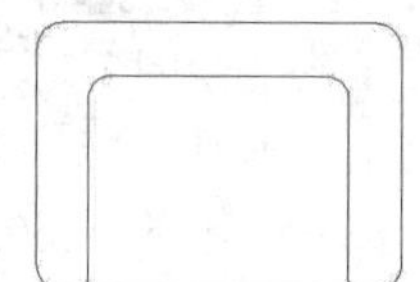

图4-88　完成倒圆角

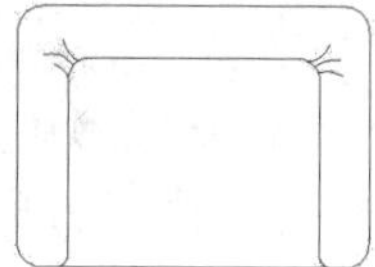

图4-89　沙发

4.5.9　“拉伸”命令

拉伸对象是指拖拉选择的对象，且形状发生改变后的对象。拉伸对象时，应指定拉伸的基点和移置点。利用一些辅助工具如捕捉、钳夹功能及相对坐标等可以提高拉伸的精度。

1．执行方式

☑　命令行：STRETCH。

☑　菜单栏：“修改”→“拉伸”。

☑ 工具栏："修改"→"拉伸"。

2. 操作步骤

```
命令：STRETCH
以交叉窗口或交叉多边形选择要拉伸的对象...
选择对象：C
指定第一个角点：指定对角点：找到 2 个（采用交叉窗口的方式选择要拉伸的对象）
指定基点或 [位移(D)] <位移>:（指定拉伸的基点）
指定第二个点或 <使用第一个点作为位移>:（指定拉伸的移至点）
```

此时，若指定第二个点，系统将根据这两点决定的矢量拉伸对象。若直接按 Enter 键，系统会把第一个点作为 X 轴和 Y 轴的分量值。

STRETCH 仅移动位于交叉选择内的顶点和端点，不更改那些位于交叉选择外的顶点和端点。部分包含在交叉选择窗口内的对象将被拉伸。

说明：用交叉窗口选择拉伸对象时，落在交叉窗口内的端点被拉伸，落在外部的端点保持不动。

4.5.10 实例——门把手

设置图层后利用"直线"命令绘制中心线，再利用"圆"、"直线"、"修剪"、"镜像"命令绘制门把手，最后利用"拉伸"命令修改图形。绘制流程图如图 4-90 所示。

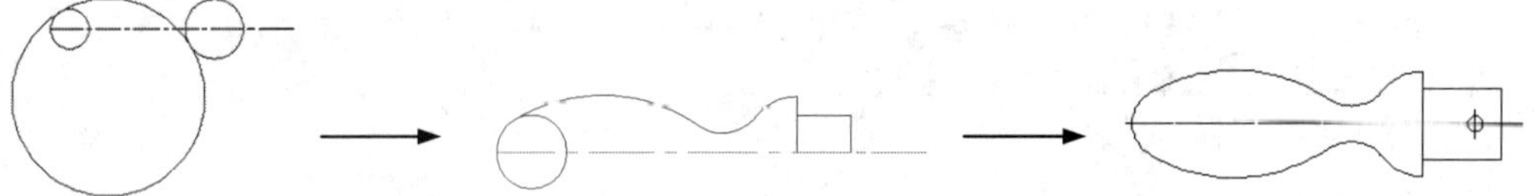

图 4-90 绘制门把手

操作步骤：（光盘\动画演示\第 4 章\门把手.avi）

（1）设置图层

选择菜单栏中的"格式"→"图层"命令，弹出"图层特性管理器"对话框，新建两个图层：

❶ 第一图层命名为"轮廓线"，线宽属性为 0.3mm，其余属性默认。

❷ 第二图层命名为"中心线"，颜色设为红色，线型加载为 CENTER，其余属性默认。

（2）将"轮廓线"层设置为当前层。单击"绘图"工具栏中的"直线"按钮，绘制坐标分别为（150,150）和（@120,0）的直线。结果如图 4-91 所示。

（3）单击"绘图"工具栏中的"圆"按钮，以（160,150）为圆心，绘制半径为 10 的圆。重复"圆"命令，以（235,150）为圆心，绘制半径为 15 的圆。再绘制半径为 50 的圆与前两个圆相切，结果如图 4-92 所示。

图 4-91 绘制直线

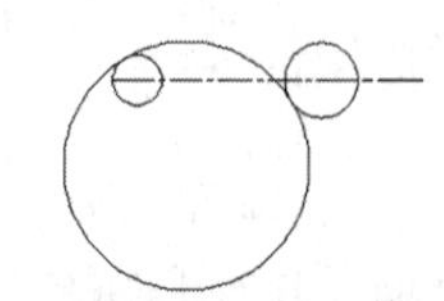

图 4-92 绘制圆

（4）单击"绘图"工具栏中的"直线"按钮，绘制坐标为（250,150），（@10<90），（@15<180）的两条直线。重复"直线"命令，绘制坐标为（235,165）和（235,150）的直线。结果如图 4-93 所示。

（5）单击“修改”工具栏中的“修剪”按钮，进行修剪处理。结果如图 4-94 所示。

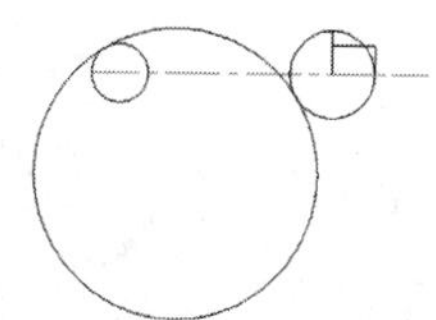

图 4-93　绘制直线

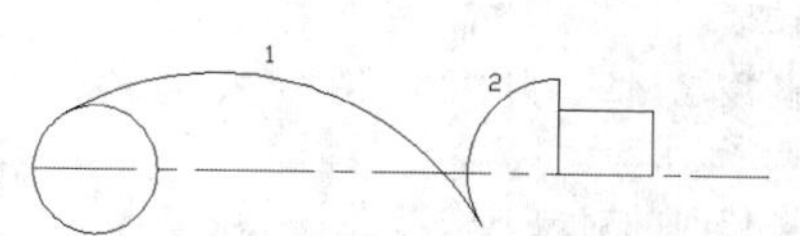

图 4-94　修剪处理

（6）单击“绘图”工具栏中的“圆”按钮，绘制半径为 12 与圆弧 1 和圆弧 2 相切的圆。结果如图 4-95 所示。

（7）单击“修改”工具栏中的“修剪”按钮，将多余的圆弧进行修剪。结果如图 4-96 所示。

（8）单击“修改”工具栏中的“镜像”按钮，以（150,150）和（250,150）为两镜像点对图形进行镜像处理。结果如图 4-97 所示。

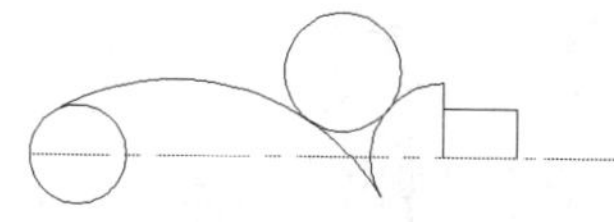

图 4-95　绘制圆

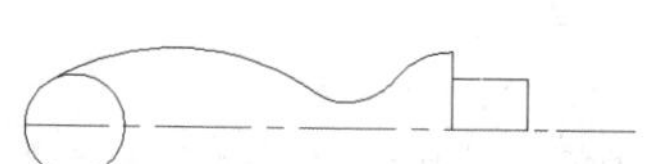

图 4-96　修剪处理

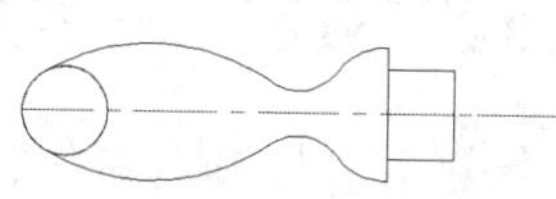

图 4-97　镜像处理

（9）单击“修改”工具栏中的“修剪”按钮，进行修剪处理。结果如图 4-98 所示。

（10）将“中心线”层设置为当前层。单击“绘图”工具栏中的“直线”按钮，在把手接头处的中间位置绘制适当长度的竖直线段，作为销孔定位中心线，如图 4-99 所示。

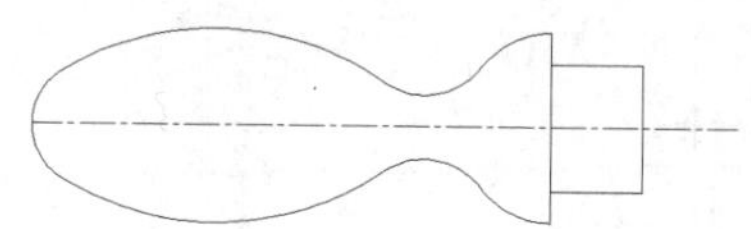

图 4-98　把手初步图形

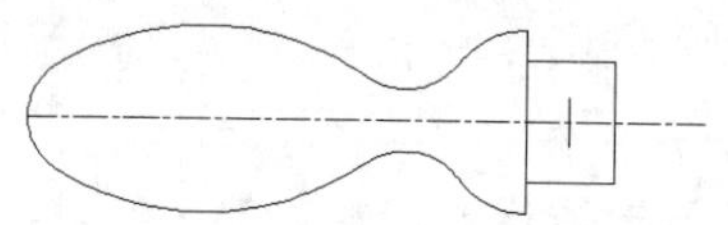

图 4-99　销孔中心线

（11）将“轮廓线”层设置为当前层。单击“绘图”工具栏中的“圆”按钮，以中心线交点为圆心绘制适当半径的圆作为销孔，如图 4-100 所示。

（12）单击“修改”工具栏中的“拉伸”按钮，拉伸接头长度。结果如图 4-101 所示。

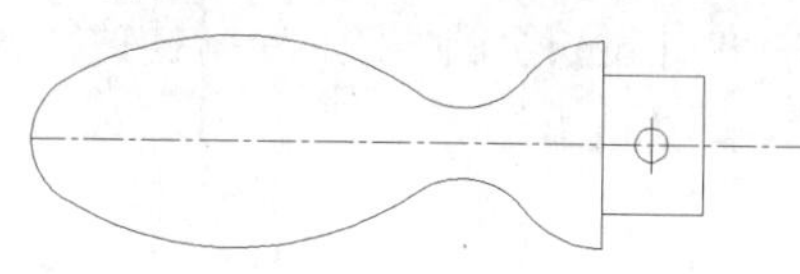

图 4-100　销孔

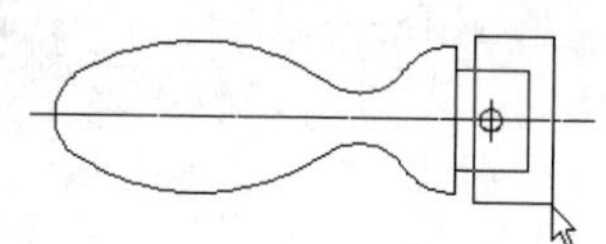

图 4-101　指定拉伸对象

4.5.11　“拉长”命令

1. 执行方式

☑　命令行：LENGTHEN。

☑　菜单栏：“修改”→“拉长”。

2. 操作步骤

```
命令：LENGTHEN
选择对象或 [增量(DE)/百分数(P)/全部(T)/动态(DY)]：(选定对象)
```

当前长度：30.5001（给出选定对象的长度，如果选择圆弧则还将给出圆弧的包含角）

选择对象或 [增量(DE)/百分数(P)/全部(T)/动态(DY)]：DE（选择拉长或缩短的方式。如选择“增量（DE）”方式）

输入长度增量或 [角度(A)] <0.0000>：10（输入长度增量数值。如果选择圆弧段，则可输入选项“A”给定角度增量）

选择要修改的对象或 [放弃(U)]：（选定要修改的对象，进行拉长操作）

选择要修改的对象或 [放弃(U)]：（继续选择，按 Enter 键，结束命令）

3. 选项说明

☑ 增量(DE)：用指定增加量的方法来改变对象的长度或角度。

☑ 百分数(P)：用指定要修改对象的长度占总长度的百分比的方法来改变圆弧或直线段的长度。

☑ 全部(T)：用指定新的总长度或总角度值的方法来改变对象的长度或角度。

☑ 动态(DY)：在这种模式下，可以使用拖拉鼠标的方法来动态地改变对象的长度或角度。

4.5.12 实例——挂钟

本实例利用“圆”命令绘制外轮廓，再利用“直线”命令绘制指针，最后利用“拉长”命令创建长指针。绘制流程图如图 4-102 所示。

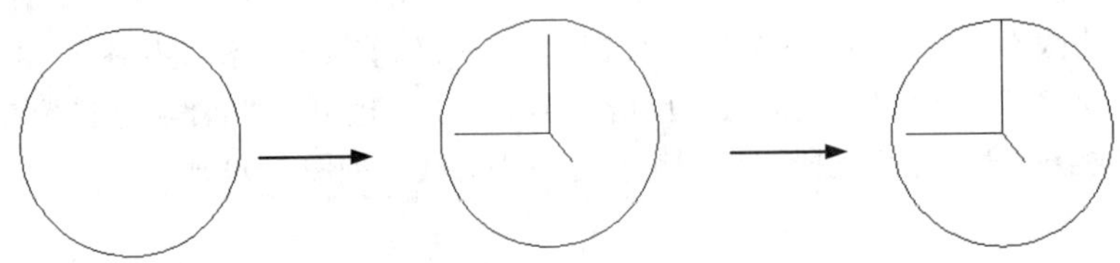

图 4-102 绘制挂钟

操作步骤：（光盘\动画演示\第 4 章\挂钟.avi）

（1）单击“绘图”工具栏中的“圆”按钮，以（100,100）为圆心，绘制半径为 20 的圆形作为挂钟的外轮廓线，如图 4-103 所示。

（2）单击“绘图”工具栏中的“直线”按钮，绘制坐标为（100,100），（100,120）；（100,100），（80,100）；（100,100），（105,94）的 3 条直线作为挂钟的指针，如图 4-104 所示。

（3）选择菜单栏中的“修改”→“拉长”命令，将秒针拉长至圆的边，绘制挂钟完成，如图 4-105 所示。

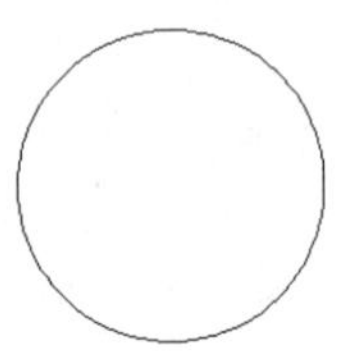

图 4-103 绘制圆

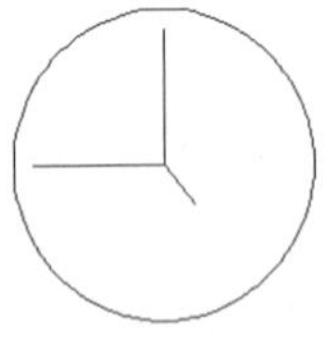

图 4-104 绘制指针

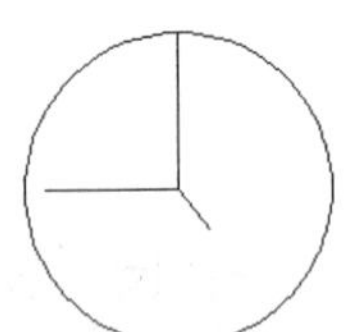

图 4-105 挂钟图形

4.5.13 “打断”命令

1. 执行方式

☑ 命令行：BREAK。

☑ 菜单栏：“修改”→“打断”。

☑　工具栏：“修改”→“打断”。

2. 操作步骤

```
命令：BREAK
选择对象：(选择要打断的对象)
指定第二个打断点或 [第一点(F)]：(指定第二个断开点或输入“F”)
```

3. 选项说明

如果选择“第一点(F)”选项，系统将丢弃前面的第一个选择点，重新提示用户指定两个打断点。

4.5.14　“打断于点”命令

“打断于点”命令是指在对象上指定一点，从而把对象在此点拆分成两部分。此命令与“打断”命令类似。

1. 执行方式

工具栏：“修改”→“打断于点”。

2. 操作步骤

输入此命令后，命令行提示如下：

```
选择对象：(选择要打断的对象)
指定第二个打断点或 [第一点(F)]： _f（系统自动执行“第一点(F)”选项）
指定第一个打断点：(选择打断点)
指定第二个打断点：@（系统自动忽略此提示）
```

4.5.15　“分解”命令

1. 执行方式

☑　命令行：EXPLODE。

☑　菜单栏：“修改”→“分解”。

☑　工具栏：“修改”→“分解”。

2. 操作步骤

```
命令：EXPLODE
选择对象：（选择要分解的对象）
```

选择一个对象后，该对象会被分解。系统继续提示该行信息，允许分解多个对象。

4.5.16　“合并”命令

可以将直线、圆弧、椭圆弧和样条曲线等独立的对象合并为一个对象，如图 4-106 所示。

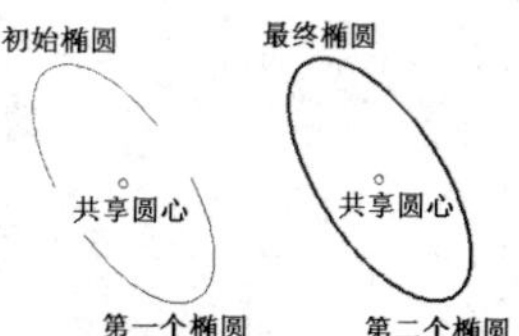

图 4-106　合并对象

1. 执行方式

☑　命令行：JOIN。

☑　菜单栏：“修改”→“合并”。

☑　工具栏：“修改”→“合并”。

2. 操作步骤

```
命令：JOIN
选择源对象：(选择一个对象)
选择要合并到源的直线：  (选择另一个对象)
找到 1 个
选择要合并到源的直线：
已将 1 条直线合并到源
```

4.6 对象编辑

在对图形进行编辑时，还可以对图形对象本身的某些特性进行编辑，从而方便地进行图形绘制。

4.6.1 钳夹功能

利用钳夹功能可以快速方便地编辑对象。AutoCAD 在图形对象上定义了一些特殊点，称为夹点，利用夹点可以灵活地控制对象，如图 4-107 所示。

要使用钳夹功能编辑对象，必须先打开钳夹功能，打开方法是：选择“工具”→“选项”→“选择”命令。

在“选项”对话框的“选择集”选项卡中选中“启用夹点”复选框。在该选项卡中，还可以设置代表夹点的小方格的尺寸和颜色。也可以通过 GRIPS 系统变量来控制是否打开钳夹功能，1 代表打开，0 代表关闭。

打开了钳夹功能后，应该在编辑对象之前先选择对象。夹点表示了对象的控制位置。

使用夹点编辑对象，要选择一个夹点作为基点，称为基准夹点。然后选择一种编辑操作：镜像、移动、旋转、拉伸和缩放。可以用空格键、Enter 键或键盘上的快捷键循环选择这些功能。

下面仅就其中的拉伸对象操作为例进行讲述，其他操作类似。

在图形上拾取一个夹点来改变颜色，此点为夹点编辑的基准夹点。这时系统提示：

```
** 拉伸 **
指定拉伸点或 [基点(B)/复制(C)/放弃(U)/退出(X)]:
```

在上述拉伸编辑提示下，输入“镜像”命令或右击，在弹出的快捷菜单中选择“镜像”命令，如图 4-108 所示。系统就会转换为“镜像”操作，其他操作类似。

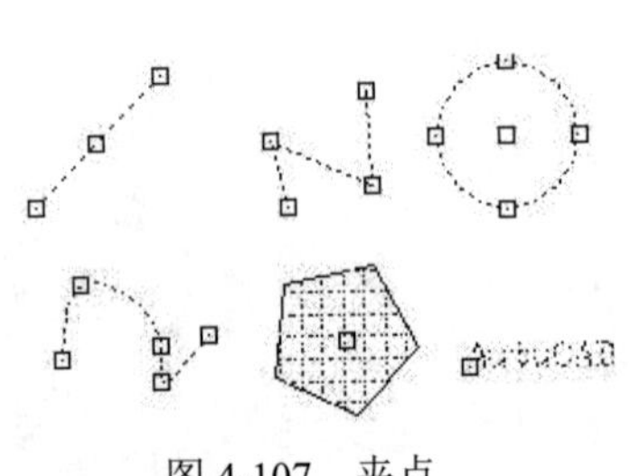

图 4-107　夹点

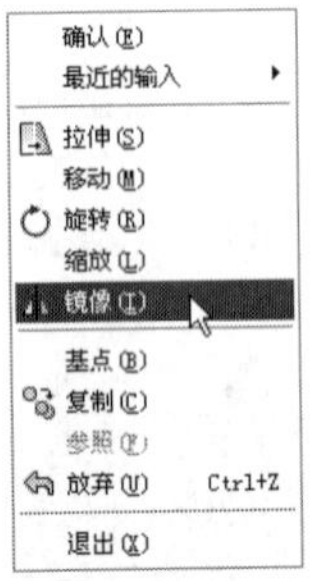

图 4-108　快捷菜单

4.6.2　修改对象属性

1. 执行方式

☑　命令行：DDMODIFY 或 PROPERTIES。

☑　菜单栏："修改" → "特性。

☑　工具栏："标准" → "特性" 。

2. 操作步骤

在 AutoCAD 中打开"特性"选项板，如图 4-109 所示。利用它可以方便地设置或修改对象的各种属性。

不同的对象属性种类和值不同，修改属性值，对象改变为新的属性。

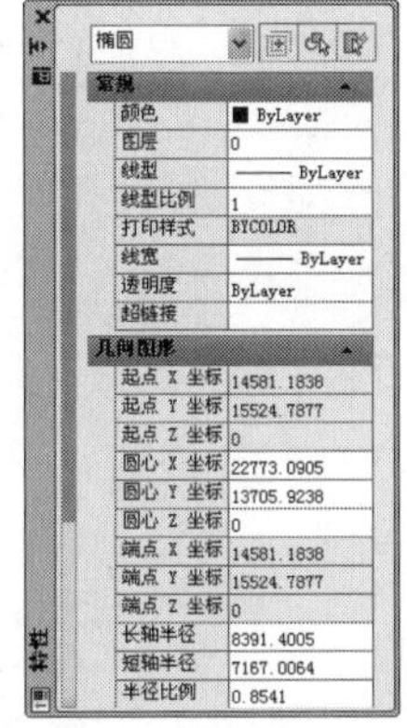

图 4-109　"特性"选项板

4.6.3　特性匹配

利用特性匹配功能可以将目标对象的属性与源对象的属性进行匹配，使目标对象的属性与源对象属性相同。利用特性匹配功能可以方便快捷地修改对象属性，并保持不同对象的属性相同。

1. 执行方式

☑　命令行：MATCHPROP。

☑　菜单栏："修改" → "特性匹配"。

2. 操作步骤

```
命令：MATCHPROP
选择源对象：(选择源对象)
选择目标对象或 [设置(S)]：(选择目标对象)
```

图 4-110（a）所示为两个属性不同的对象，以左边的圆为源对象，对右边的矩形进行特性匹配。结果如图 4-110（b）所示。

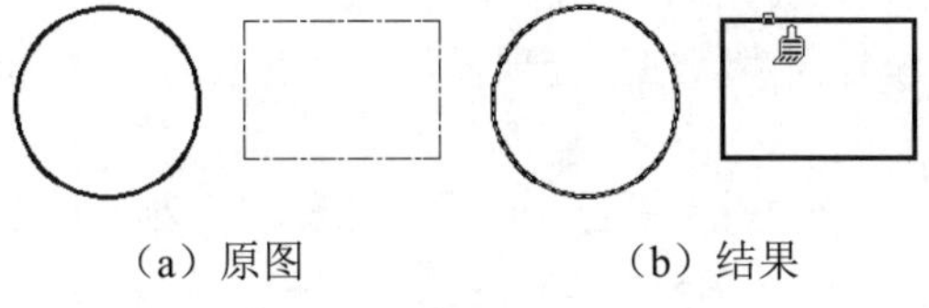

（a）原图　　　　（b）结果

图 4-110　特性匹配

4.6.4　实例——花朵的绘制

本实例利用"圆"命令绘制花蕊，再利用"正多边形"及"圆弧"等命令绘制花瓣，最后利用"多段线"命令绘制花茎与叶子并修改。绘制流程图如图 4-111 所示。

操作步骤：（光盘\动画演示\第 4 章\花朵.avi）

（1）单击"绘图"工具栏中的"圆"按钮，绘制花蕊。

（2）单击"绘图"工具栏中的"正多边形"按钮，绘制以圆心为中心点内接于圆的正五边形，结果如图 4-112 所示。

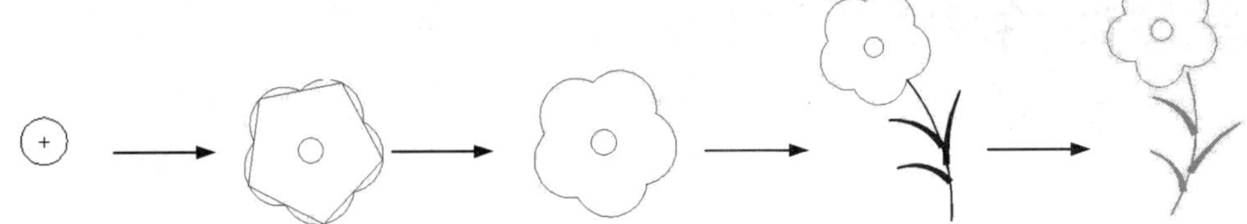

图 4-111　绘制花朵

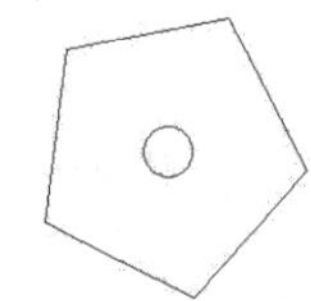

图 4-112　绘制正五边形

说明：一定要先绘制中心的圆，因为正五边形的外接圆与此圆同心，必须通过捕捉获得正五边形的外接圆圆心位置。如果反过来，先画正五边形，再画圆，会发现无法捕捉正五边形外接圆圆心。

（3）单击“绘图”工具栏中的“圆弧”按钮，以最上斜边的中点为圆弧起点，左上斜边中点为圆弧端点，绘制花朵。绘制结果如图 4-113 所示。重复“圆弧”命令，绘制另外 4 段圆弧，结果如图 4-114 所示。最后删除正五边形，结果如图 4-115 所示。

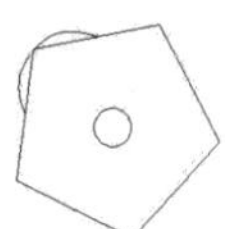

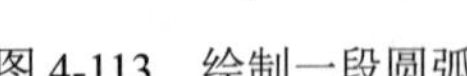

图 4-113　绘制一段圆弧

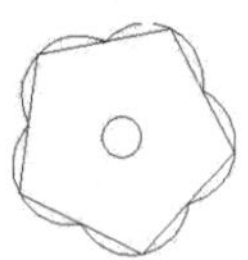

图 4-114　绘制所有圆弧

图 4-115　绘制花朵

（4）单击“绘图”工具栏中的“多段线”按钮，绘制枝叶。花枝的宽度为 4；叶子的起点半宽为 12，端点半宽为 3。用同样方法绘制另两片叶子，结果如图 4-116 所示。

（5）选择枝叶，枝叶上显示夹点标志，在一个夹点上右击，在弹出的快捷菜单中选择“特性”命令，如图 4-117 所示。系统打开“特性”选项板，在“颜色”下拉列表框中选择“绿”选项，如图 4-118 所示。

（6）按照步骤（5）的方法修改花朵颜色为红色，花蕊颜色为洋红色。最终结果如图 4-119 所示。

图 4-116　绘制出花朵图案

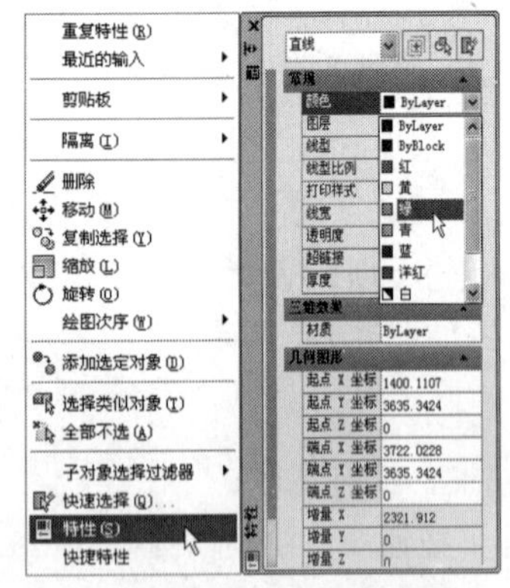

图 4-117　快捷菜单

图 4-118　修改枝叶颜色

图 4-119　花朵图案

Note

4.7　综合实例——绘制家庭影院

本实例运用到“矩形”、“直线”、“圆”、“圆弧”、“圆角”、“图案填充”等一些基础的绘图命令绘制图形。绘制流程图如图 4-120 所示。

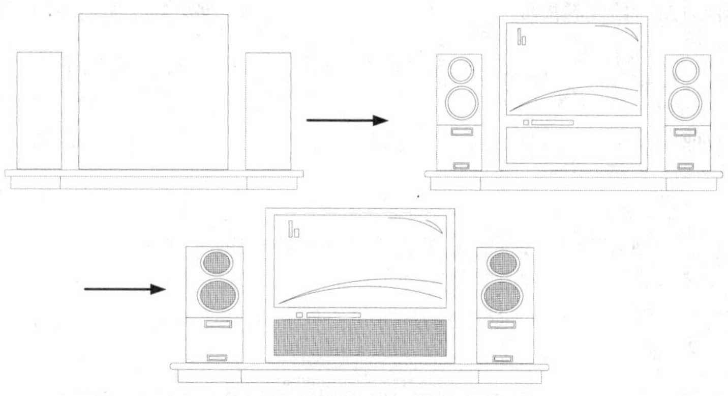

图 4-120　绘制家庭影院

操作步骤：（光盘\动画演示\第 4 章\家庭影院.avi）

（1）图层设计。新建两个图层：

❶ “1”图层，颜色为黑色，其余属性默认。

❷ “2”图层，颜色为蓝色，其余属性默认。

（2）图形缩放。选择“视图”→“缩放”→“范围”命令或者单击“视图”工具栏中的“范围缩放”按钮，将绘图区域缩放到适当大小。

（3）绘制轮廓线。将当前图层设为“2”图层，绘制矩形，单击“绘图”工具栏中的“矩形”按钮，命令行提示如下：

```
命令：_rectang↙
指定第一个角点或 [倒角(C)/标高(E)/圆角(F)/厚度(T)/宽度(W)]: 0,0↙
指定另一个角点或 [面积(A)/尺寸(D)/旋转(R)]: 2300,100↙
```

（4）同样的方法，单击“绘图”工具栏中的“矩形”按钮，绘制 4 个矩形，端点坐标分别为{（-50,100），（2350,150）}、{（50,155），（@360,900）}、{（2250,155），（@-360,900）}、{（550,155），（@1200,1200）}。

（5）绘制直线，单击“绘图”工具栏中的“直线”按钮，坐标点为{（400,0），（@0,100）}和{（1900,0），（@0,100）}。绘制结果如图 4-121 所示。

（6）绘制矩形。单击“绘图”工具栏中的“矩形”按钮，命令行提示如下：

```
命令：_rectang↙
指定第一个角点或 [倒角(C)/标高(E)/圆角(F)/厚度(T)/宽度(W)]: 604,585↙
指定另一个角点或 [面积(A)/尺寸(D)/旋转(R)]: @1092,716↙
```

（7）同样的方法，绘制 11 个矩形，端点坐标分别为{（605,210），（@1090,280）}、{（745,510），（@37,35）}、{（810,510），（@340,35）}、{（167,426），（@171,57）}、{（177,436），（@151,37）}、{（185,168），（@124,46）}、{（195,178），（@104,26）}、{（2133,426），（@-171,57）}、{（2123,436），（@-151,37）}、{（2115,168），（@-124,46）}、{（2105,178），（@-104,26）}。绘制结果如图 4-122

Note

所示。

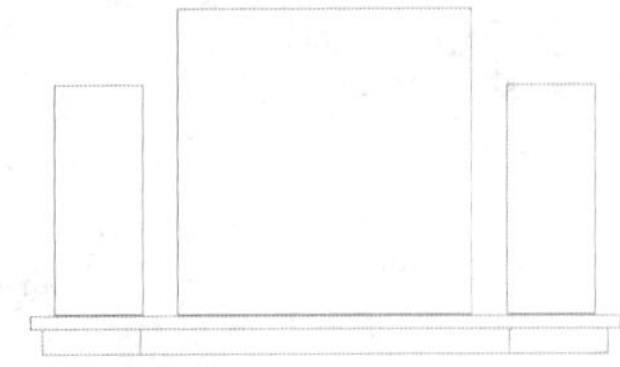
图 4-121　绘制轮廓线

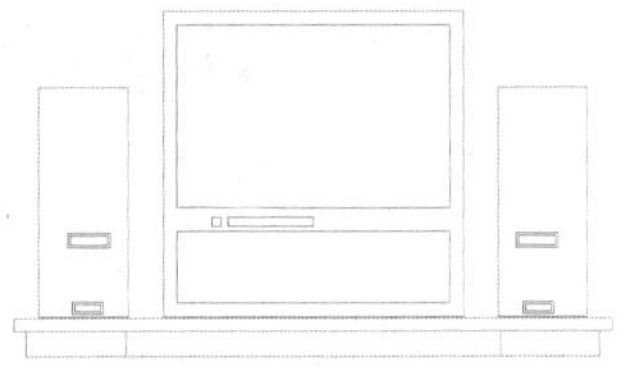
图 4-122　绘制矩形

（8）绘制圆。单击“绘图”工具栏中的“圆”按钮，命令行提示如下：

```
命令: _circle ↙
指定圆的圆心或 [三点(3P)/两点(2P)/相切、相切、半径(T)]: 251,677↙
指定圆的半径或 [直径(D)]: 131↙
命令: ↙
CIRCLE 指定圆的圆心或 [三点(3P)/两点(2P)/相切、相切、半径(T)]: 251,677↙
指定圆的半径或 [直径(D)] <131.0000>: 111↙
```

（9）同样的方法，用圆命令 CIRCLE 绘制同心圆，圆心坐标为（244,930），圆的半径分别为 103、83。

（10）同样的方法，用圆命令 CIRCLE 绘制同心圆，圆心坐标为（2049,677），圆的半径分别为 131、111。

（11）同样的方法，用圆命令 CIRCLE 绘制同心圆，圆心坐标为（2056,930），圆的半径分别为 103、83。

绘制结果如图 4-123 所示。

（12）绘制直线。单击“绘图”工具栏中的“直线”按钮，绘制直线。命令行提示如下：

```
命令: line↙
指定第一点: 50,506↙
指定下一点或 [放弃(U)]: @360,0↙
指定下一点或 [放弃(U)]: ↙
命令: line↙
指定第一点: 1890,506↙
指定下一点或 [放弃(U)]: @360,0↙
指定下一点或 [放弃(U)]: ↙
```

（13）绘制画面图形。单击“绘图”工具栏中的“矩形”按钮和“圆弧”按钮，完成如图 4-124 所示的图形。

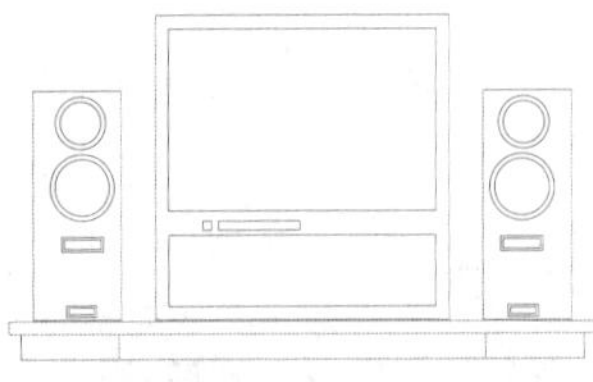
图 4-123　绘制圆

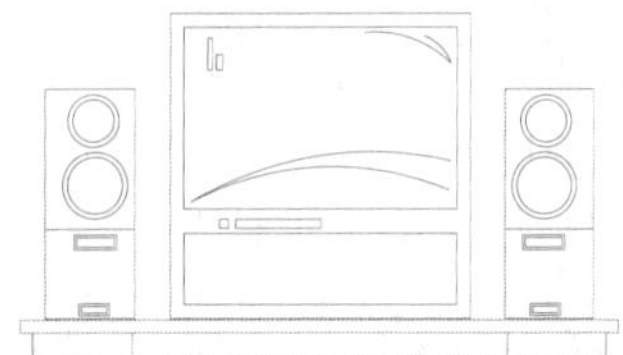
图 4-124　绘制画面图形

（14）圆角处理。单击“修改”工具栏中的“圆角”按钮，圆角半径为 20，绘制结果如图 4-125 所示。命令行提示如下：

```
命令: _fillet↙
当前设置: 模式 = 修剪, 半径 = 0.0000
```

```
选择第一个对象或 [放弃(U)/多段线(P)/半径(R)/修剪(T)/多个(M)]: r↙
指定圆角半径 <0.0000>: 20↙
选择第一个对象或 [放弃(U)/多段线(P)/半径(R)/修剪(T)/多个(M)]: p↙
选择二维多段线: (选择如图 4-124 的矩形)
4 条直线已被圆角
```

（15）图案填充。单击“绘图”工具栏中的“图案填充”按钮，选择合适的填充图案和填充区域。绘制结果如图 4-126 所示。

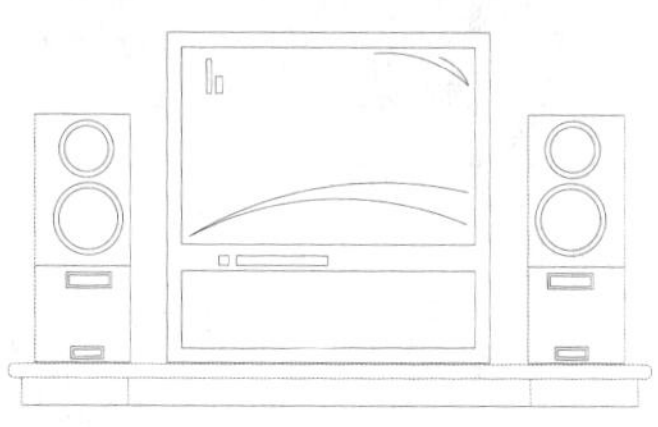

图 4-125　圆角处理

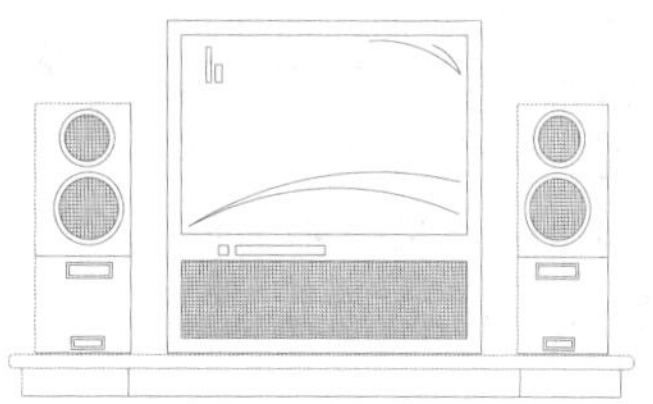

图 4-126　家庭影院

4.8　上 机 操 作

通过前面的学习，读者对本章知识也有了大体的了解，本节通过几个操作练习使读者进一步掌握本章知识要点。

4.8.1　绘制洗衣机

1. 目的要求

本实例利用一些基础绘图以及修改命令绘制图形，从而使读者灵活掌握这些绘图与修改命令的使用方法。

2. 操作提示

（1）利用“直线”命令绘制洗衣机的外观轮廓。

（2）利用“直线”、“圆”、“偏移”、“复制”等命令绘制洗衣机的顶部操作面板部分。

（3）利用“直线”、“偏移”、“复制”等命令绘制洗衣机的底部轮廓。

（4）利用“圆”、“偏移”命令绘制洗衣机的滚筒部分。

（5）利用“缩放”命令将洗衣机图形调整到适当大小，洗衣机造型绘制完成。

绘制结果如图 4-127 所示。

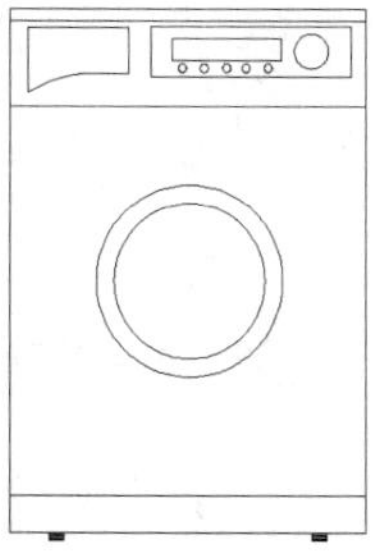

图 4-127　洗衣机

4.8.2 绘制平面配景图形

Note

1. 目的要求

本实例利用一些基础绘图以及修改命令绘制图形，从而使读者灵活掌握这些绘图与修改命令的使用方法。

2. 操作提示

（1）利用“直线”、“圆弧”、“样条曲线”、“镜像”等命令绘制一条花茎。

（2）利用“圆弧”、“环形阵列”等命令绘制其余花茎。

（3）利用“圆”和“图案填充”命令绘制花茎上的装饰图形。

绘制结果如图 4-128 所示。

图 4-128　平面配景图形

4.8.3 绘制餐桌和椅子

1. 目的要求

本实例利用一些如矩形、圆弧等基础绘图命令绘制图形，再利用一些如偏移、移动、镜像等基础的修改命令修改图形，从而使读者灵活掌握这些绘图及修改命令的使用方法。

2. 操作提示

（1）利用“矩形”命令绘制桌面。

（2）利用“圆弧”、“直线”、“偏移”、“镜像”等命令绘制椅子。

（3）利用“移动”、“镜像”、“复制”等命令创建其余的椅子，最终完成餐桌与椅子的绘制。

绘制结果如图 4-129 所示。

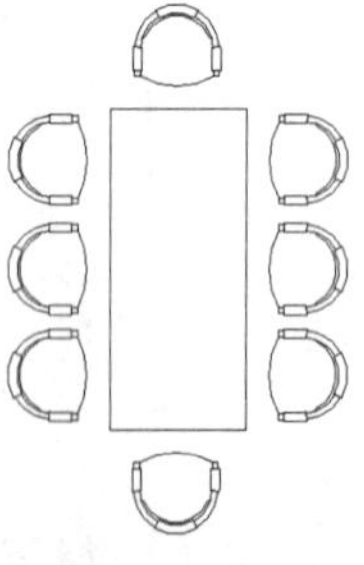

图 4-129　餐桌和椅子

辅助工具

在绘图设计过程中，经常会遇到一些重复出现的图形（如建筑设计中的桌椅、门窗等），如果每次都重新绘制这些图形，不仅会造成大量的重复工作，而且存储这些图形及其信息也会占据相当大的磁盘空间。图块与设计中心提出了模块化绘图的方法，这样不仅避免了大量的重复工作，提高了绘图速度和工作效率，而且还可以大大节省磁盘空间。本章主要介绍图块和设计中心功能，主要内容包括图块操作、图块属性、设计中心、工具选项板等知识。

☑ 查询工具

☑ 图块及其属性

☑ 设计中心与工具选项板

任务驱动&项目案例

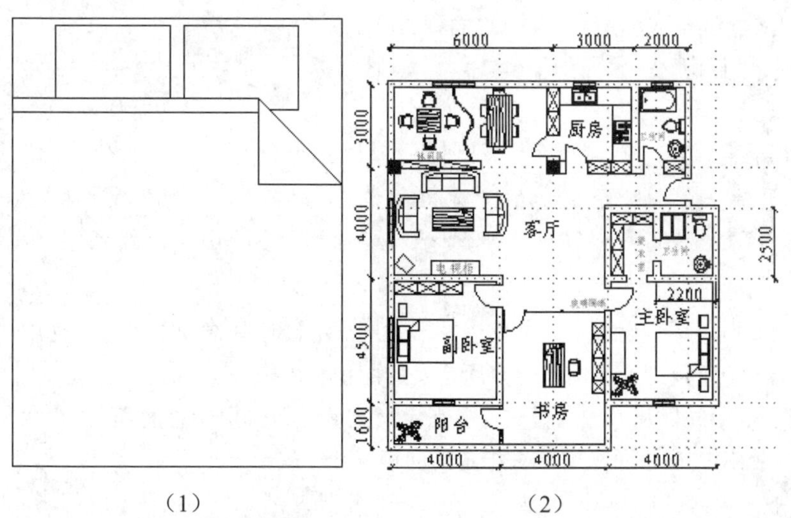

（1）　　　　　　　　　　（2）

5.1 查询工具

为方便用户及时了解图形信息，AutoCAD 提供了很多查询工具，这里简要进行说明。

5.1.1 距离查询

1. 执行方式

☑ 命令行：MEASUREGEOM。

☑ 菜单栏："工具"→"查询"→"距离"。

☑ 工具栏："查询"→"距离"。

2. 操作步骤

```
命令：MEASUREGEOM
输入选项 [距离(D)/半径(R)/角度(A)/面积(AR)/体积(V)] <距离>：距离
指定第一点：指定点
指定第二点或 [多点]：指定第二点或输入 m 表示多个点
距离 = 623.9631，XY 平面中的倾角 = 332，  与 XY 平面的夹角 = 0
X 增量 = 551.8148，  Y 增量 = -291.2564，   Z 增量 = 0.0000
输入选项 [距离(D)/半径(R)/角度(A)/面积(AR)/体积(V)/退出(X)] <距离>：退出
```

3. 选项说明

多点：如果使用此选项，将基于现有直线段和当前橡皮线即时计算总距离。

5.1.2 面积查询

1. 执行方式

☑ 命令行：MEASUREGEOM。

☑ 菜单栏："工具"→"查询"→"面积"。

☑ 工具栏："查询"→"面积"。

2. 操作步骤

```
命令：MEASUREGEOM
输入选项 [距离(D)/半径(R)/角度(A)/面积(AR)/体积(V)] <距离>：面积
指定第一个角点或 [对象(O)/增加面积(A)/减少面积(S)/退出(X)] <对象>：选择选项
```

3. 选项说明

在工具选项板中，系统设置了一些常用图形的选项卡，这些选项卡可以方便用户绘图。

☑ 指定第一个角点：计算由指定点所定义的面积和周长。

☑ 增加面积(A)：打开"加"模式，并在定义区域时即时保持总面积。

☑ 减少面积(S)：从总面积中减去指定的面积。

5.2 图块及其属性

Note

把一组图形对象组合成图块加以保存，需要的时候可以把图块作为一个整体以任意比例和旋转角度插入到图中任意位置，这样不仅避免了大量的重复工作，提高绘图速度和工作效率，而且可大大节省磁盘空间。

5.2.1 图块操作

1. 图块定义

（1）执行方式

☑ 命令行：BLOCK。

☑ 菜单栏："绘图"→"块"→"创建"。

☑ 工具栏："绘图"→"创建块"。

（2）操作步骤

执行上述命令，系统弹出图 5-1 所示的"块定义"对话框，利用该对话框指定定义对象和基点以及其他参数，可定义图块并命名。

图 5-1 "块定义"对话框

2. 图块保存

（1）执行方式

命令行：WBLOCK。

（2）操作步骤

执行上述命令，系统弹出如图 5-2 所示的"写块"对话框。利用此对话框可把图形对象保存为图块或把图块转换成图形文件。

3. 图块插入

（1）执行方式

☑ 命令行：INSERT。

☑ 菜单栏："插入"→"块"。

☑ 工具栏："插入"→"插入块"或"绘图"→"插入块"。

Note

（2）操作步骤

执行上述命令，系统弹出“插入”对话框，如图 5-3 所示。利用此对话框设置插入点位置、插入比例以及旋转角度可以指定要插入的图块及插入位置。

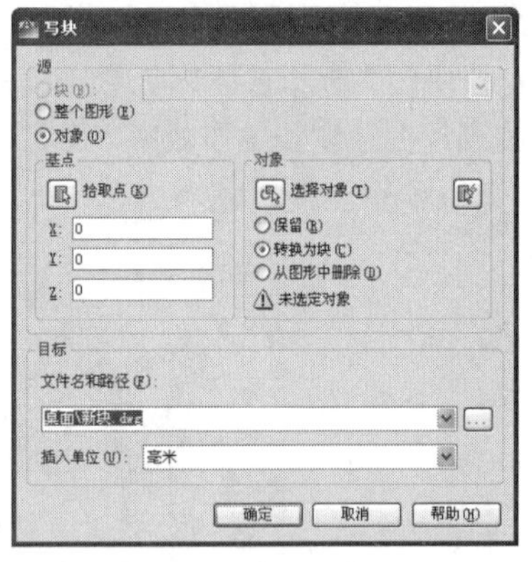

图 5-2 “写块”对话框

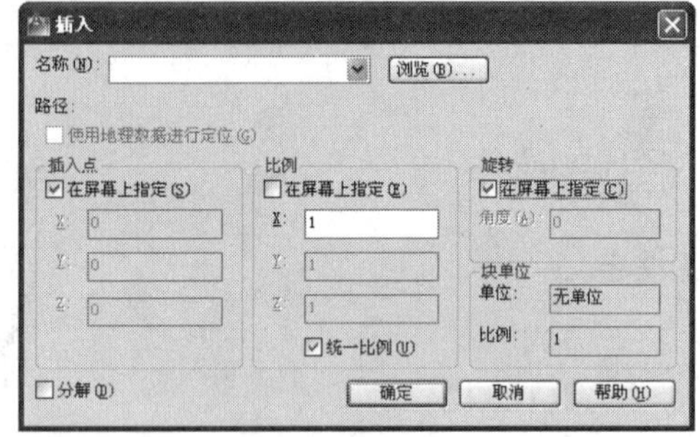

图 5-3 “插入”对话框

5.2.2 图块的属性

1. 属性定义

（1）执行方式

☑ 命令行：ATTDEF。

☑ 菜单栏：“绘图”→“块”→“定义属性”。

（2）操作步骤

执行上述命令，系统弹出“属性定义”对话框，如图 5-4 所示。

（3）选项说明

❶ “模式”选项组

☑ “不可见”复选框：选中此复选框，属性为不可见显示方式，即插入图块并输入属性值后，属性值在图中并不显示出来。

☑ “固定”复选框：选中此复选框，属性值为常量，即属性值在属性定义时给定，在插入图块时 AutoCAD 不再提示输入属性值。

☑ “验证”复选框：选中此复选框，当插入图块时 AutoCAD 重新显示属性值让用户验证该值是否正确。

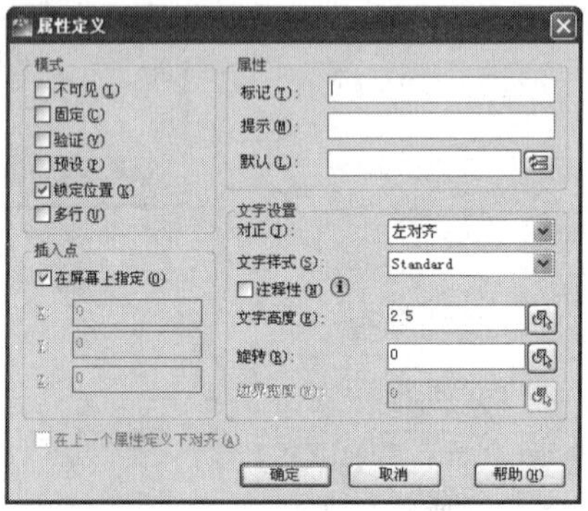

图 5-4 “属性定义”对话框

☑ “预设”复选框：选中此复选框，当插入图块时 AutoCAD 自动把事先设置好的默认值赋予属性，而不再提示输入属性值。

☑ “锁定位置”复选框：选中此复选框，当插入图块时 AutoCAD 锁定块参照中属性的位置。解锁后，属性可以相对于使用夹点编辑的块的其他部分移动，并且可以调整多行属性的大小。

☑ “多行”复选框：指定属性值可以包含多行文字。

❷ “属性”选项组

☑ “标记”文本框：输入属性标签。属性标签可由除空格和感叹号以外的所有字符组成。

AutoCAD 自动把小写字母改为大写字母。

☑ “提示”文本框：输入属性提示。属性提示是插入图块时 AutoCAD 要求输入属性值的提示。如果不在此文本框内输入文本，则以属性标签作为提示。如果在“模式”选项组中选中“固定”复选框，即设置属性为常量，则不需设置属性提示。

Note

☑ “默认”文本框：设置默认的属性值。可把使用次数较多的属性值作为默认值，也可不设默认值。

其他各选项组比较简单，这里不再赘述。

2. 修改属性定义

（1）执行方式

☑ 命令行：DDEDIT。

☑ 菜单栏：“修改”→“对象”→“文字”→“编辑”。

（2）操作步骤

```
命令：DDEDIT
选择注释对象或[放弃(U)]:
```

在此提示下选择要修改的属性定义，AutoCAD 打开“编辑属性定义”对话框，如图 5-5 所示。可以在该对话框中修改属性定义。

3. 图块属性编辑

（1）执行方式

☑ 命令行：EATTEDIT。

☑ 菜单栏：“修改”→“对象”→“属性”→“单个”。

☑ 工具栏：“修改 II”→“编辑属性”。

（2）操作步骤

```
命令：EATTEDIT
选择块：
```

选择块后，系统弹出“增强属性编辑器”对话框，如图 5-6 所示。该对话框不仅可以编辑属性值，还可以编辑属性的文字选项和图层、线型、颜色等特性值。

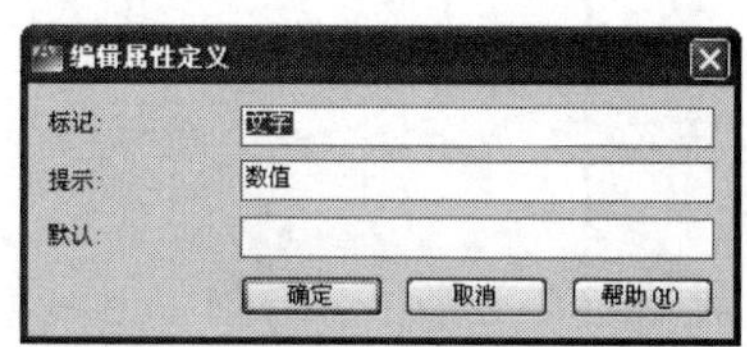

图 5-5 “编辑属性定义”对话框

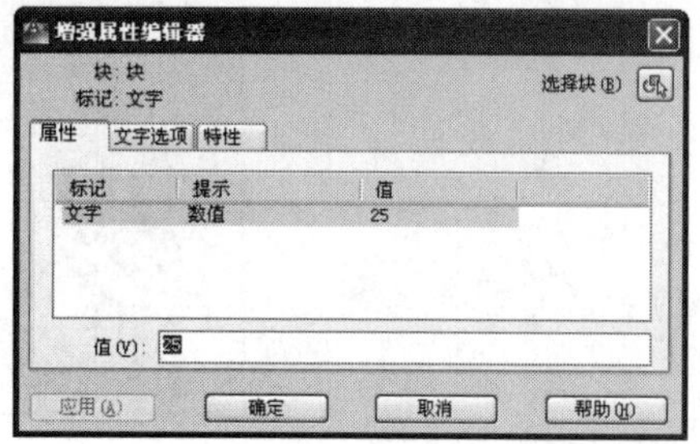

图 5-6 “增强属性编辑器”对话框

5.2.3 实例——绘制指北针图块

本实例应用二维绘图及编辑命令绘制指北针，利用写块命令，将其定义为图块。绘制流程图如图 5-7 所示。

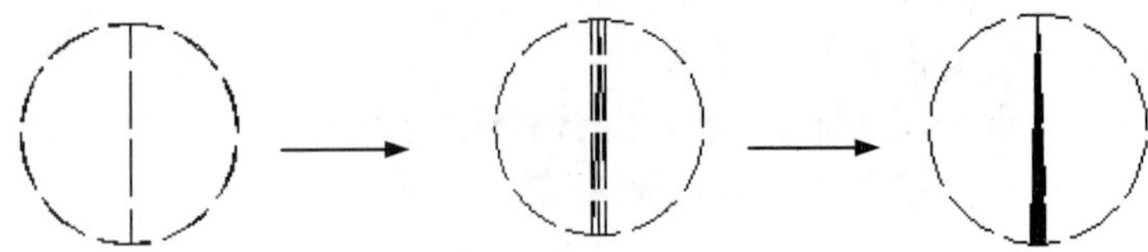

图 5-7　绘制指北针图块

操作步骤：（光盘\动画演示\第 5 章\绘制指北针图块.avi）

（1）单击“绘图”工具栏中的“圆”按钮，绘制一个直径为 24 的圆。

（2）单击“绘图”工具栏中的“直线”按钮，绘制圆的竖直直径。结果如图 5-8 所示。

（3）单击“修改”工具栏中的“偏移”按钮，使直径向左右两边各偏移 1.5。结果如图 5-9 所示。

（4）单击“修改”工具栏中的“修剪”按钮，选取圆作为修剪边界，修剪偏移后的直线。

（5）单击“绘图”工具栏中的“直线”按钮，绘制直线。结果如图 5-10 所示。

（6）单击“修改”工具栏中的“删除”按钮，删除多余直线。

（7）单击“绘图”工具栏中的“图案填充”按钮，选择图案填充选项板的 Solid 图标，选择指针作为图案填充对象进行填充。结果如图 5-7 所示。

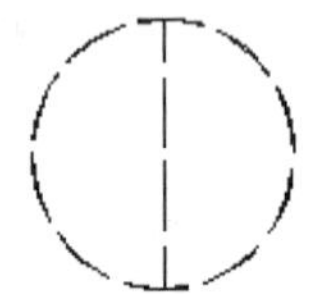

图 5-8　绘制竖直直线

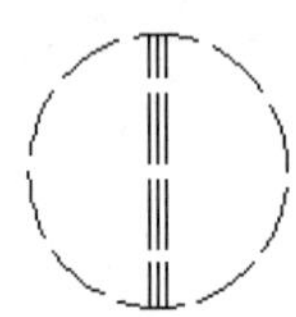

图 5-9　偏移直线

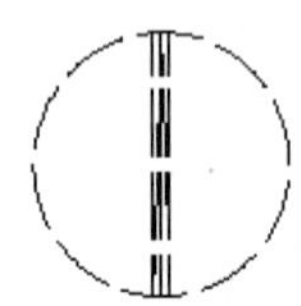

图 5-10　绘制直线

（8）在命令行中输入“WBLOCK”，弹出“写块”对话框，如图 5-11 所示。单击“拾取点”按钮，拾取指北针的顶点为基点，单击“选择对象”按钮，拾取下面的图形为对象，输入图块名称“指北针图块”并指定路径，确认保存。

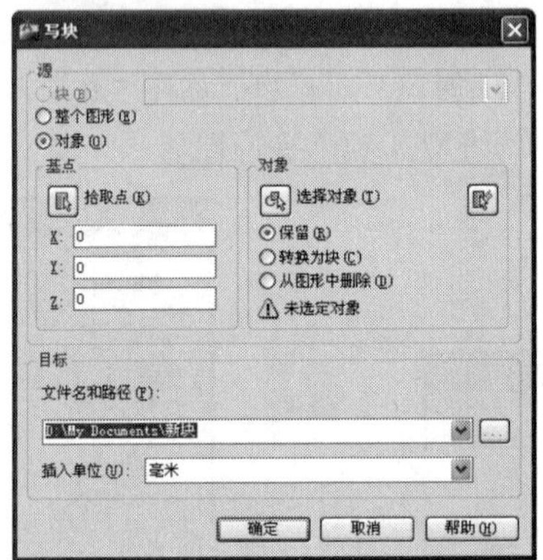

图 5-11　“写块”对话框

5.3　设计中心与工具选项板

使用 AutoCAD 2012 设计中心可以很容易地组织设计内容，并把它们拖动到当前图形中。工具选

项板是“工具选项板”窗口中选项卡形式的区域，提供组织、共享和放置块及填充图案的有效方法。工具选项板还可以包含由第三方开发人员提供的自定义工具。也可以利用设置中心组织内容，并将其创建为工具选项板。设计中心与工具选项板的使用大大方便了绘图，加快了绘图的效率。

5.3.1 设计中心

1. 启动设计中心

（1）执行方式

☑ 命令行：ADCENTER。

☑ 菜单栏：“工具”→“设计中心”。

☑ 工具栏：“标准”→“设计中心”。

☑ 快捷键：Ctrl+2。

（2）操作步骤

执行上述命令，系统打开设计中心。第一次启动设计中心时，其默认打开的选项卡为“文件夹”。内容显示区采用大图标显示，左边的资源管理器采用 tree view 显示方式显示系统的树形结构，浏览资源的同时，在内容显示区显示所浏览资源的有关细目或内容，如图 5-12 所示。也可以搜索资源，方法与 Windows 资源管理器类似。

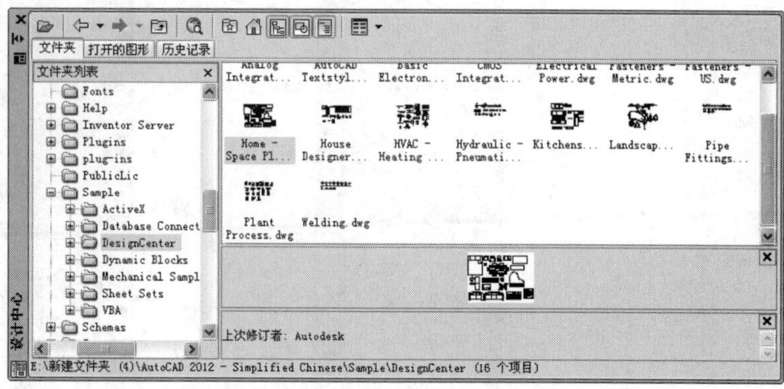

图 5-12 AutoCAD 2012 设计中心的资源管理器和内容显示区

2. 利用设计中心插入图形

设计中心一个最大的优点是可以将系统文件夹中的 DWG 图形当成图块插入到当前图形中去。

（1）从查找结果列表框中选择要插入的对象，并双击该对象。

（2）弹出“插入”对话框，如图 5-13 所示。

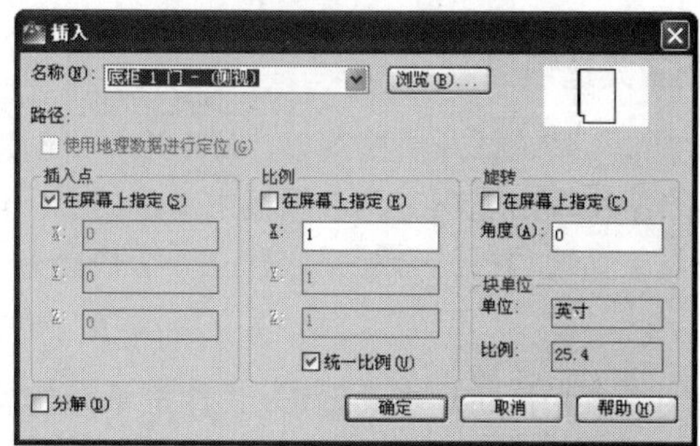

图 5-13 “插入”对话框

（3）在对话框中插入点、比例和旋转角度等数值。

被选择的对象根据指定的参数插入到图形当中。

5.3.2 工具选项板

1. 打开工具选项板

（1）执行方式

☑ 命令行：TOOLPALETTES。

☑ 菜单栏："工具"→"选项板"→"工具选项板"。

☑ 工具栏："标准"→"工具选项板"。

☑ 快捷键：Ctrl+3。

（2）操作步骤

执行上述操作后，系统自动弹出"工具选项板"窗口，如图 5-14 所示。单击鼠标右键，在系统弹出的快捷菜单中选择"新建选项板"命令，如图 5-15 所示。系统新建一个空白选项卡，可以命名该选项卡，如图 5-16 所示。

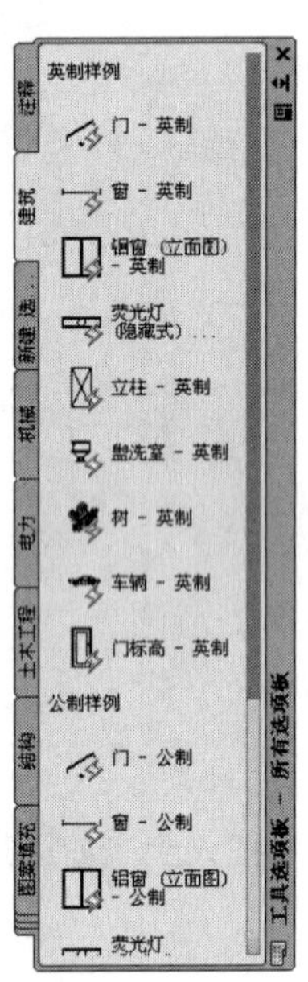

图 5-14 "工具选项板"窗口

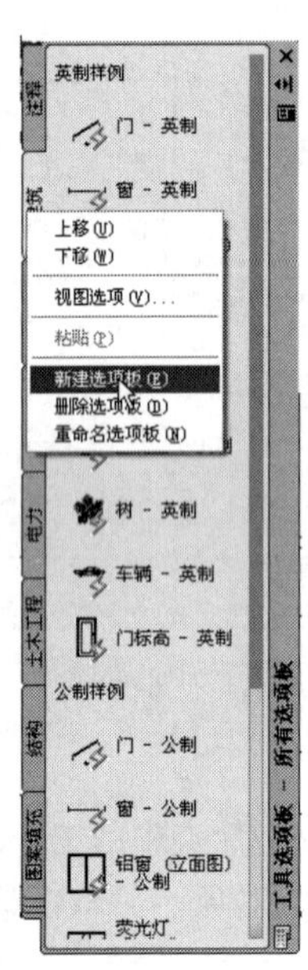

图 5-15 快捷菜单

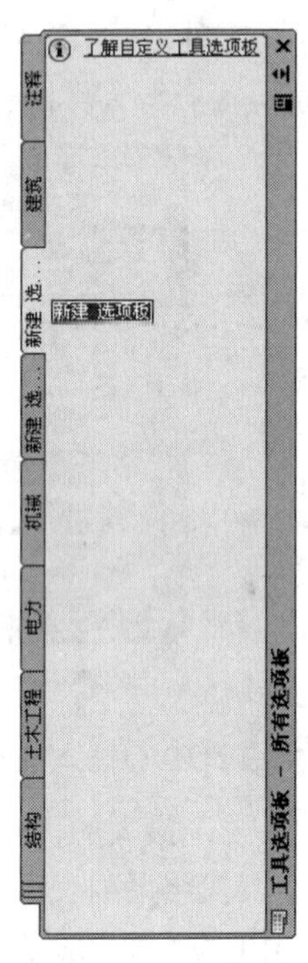

图 5-16 新建选项板

2. 将设计中心内容添加到工具选项板

在 DesignCenter 文件夹上右击，系统打开快捷菜单，从中选择"创建块的工具选项板"命令，如图 5-17 所示。设计中心中储存的图元就出现在工具选项板中新建的 DesignCenter 选项卡上，如图 5-18 所示。这样就可以将设计中心与工具选项板结合起来，建立一个快捷方便的工具选项板。

3. 利用工具选项板绘图

只需要将工具选项板中的图形单元拖动到当前图形，该图形单元就以图块的形式插入到当前图形中。如图 5-19 所示是将工具选项板中"建筑"选项卡中的"床-双人床"图形单元拖到当前图形。

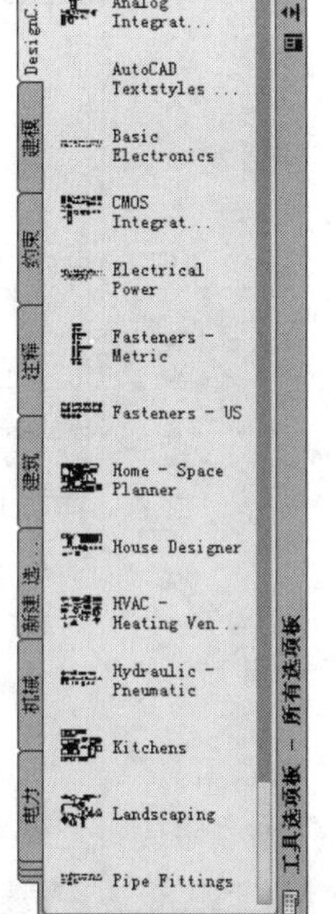

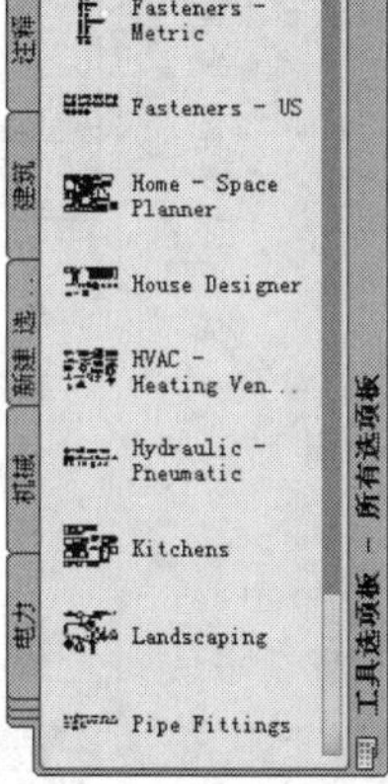

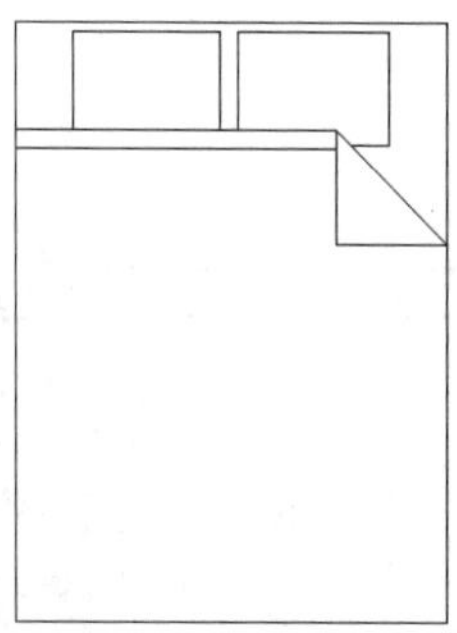

图 5-17　快捷菜单　　　　图 5-18　创建工具选项板　　　图 5-19　双人床

5.4　综合实例——绘制居室室内布置平面图

本实例利用“直线”、“圆弧”等命令绘制主图平面图，再利用设计中心和工具选项板辅助绘制居室室内布置平面图。绘制流程图如图 5-20 所示。

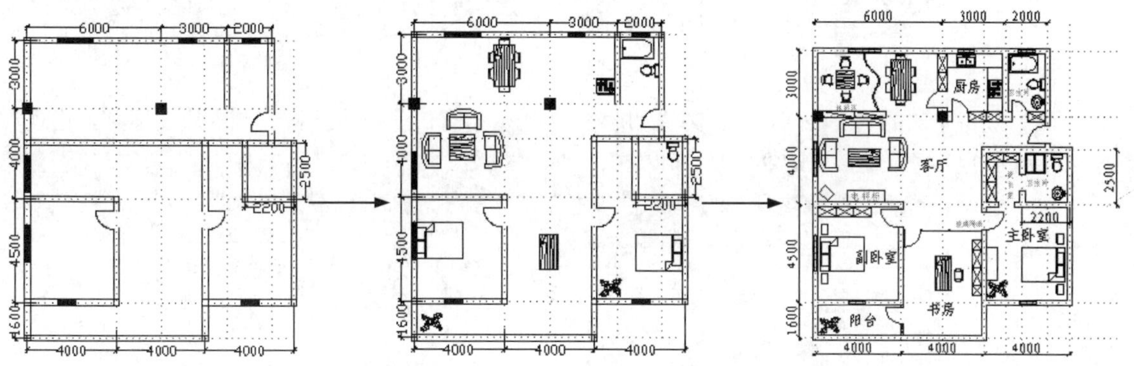

图 5-20　绘制居室室内布置平面图

操作步骤：（光盘\动画演示\第 5 章\居室室内布置平面图.avi）

5.4.1　绘制建筑主体图

单击“绘图”工具栏中的“直线”按钮和“圆弧”按钮，绘制建筑主体图，结果如图 5-21 所示。

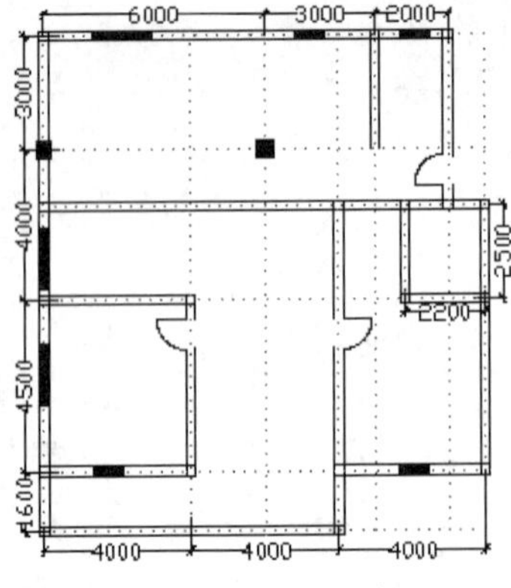

图 5-21　建筑主体

5.4.2　启动设计中心

（1）选择菜单栏中的“工具”→“选项板”→“设计中心”命令，出现如图 5-22 所示的设计中心面板，其中面板的左侧为“资源管理器”。

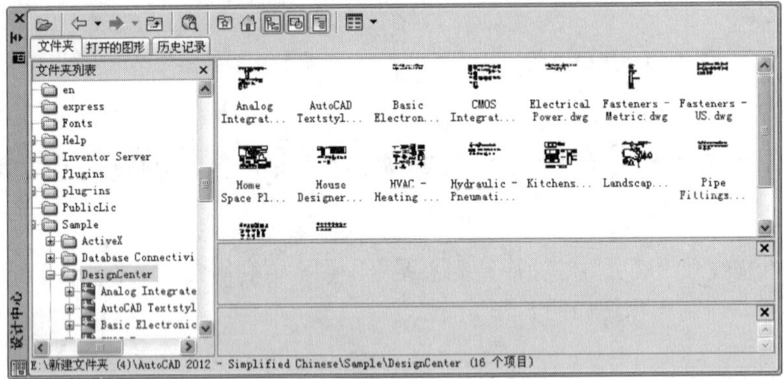

图 5-22　设计中心

（2）双击左侧的 Kitchens.dwg，弹出如图 5-23 所示的窗口。单击面板右侧的块图标，出现如图 5-24 所示的厨房设计常用的燃气灶、水龙头、橱柜和微波炉等模块。

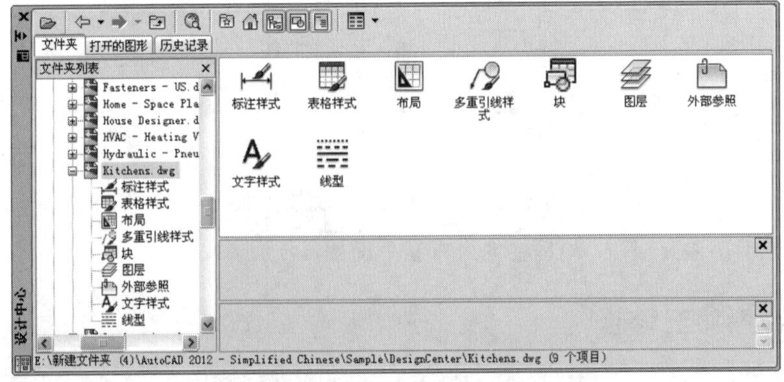

图 5-23　Kitchens.dwg

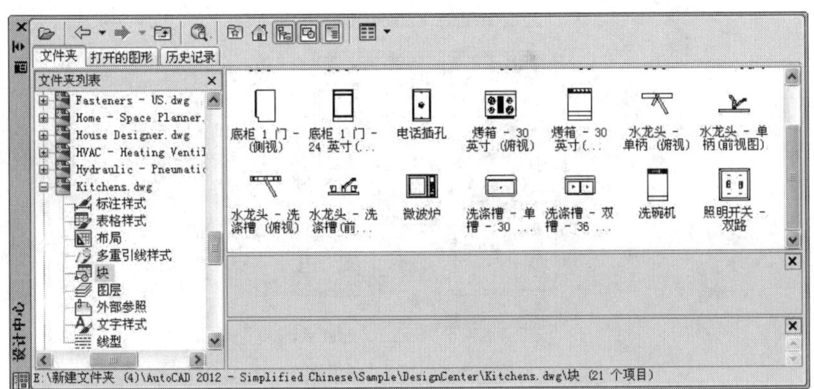

图 5-24 图形模块

5.4.3 插入图块

新建“内部布置”图层，双击如图 5-24 所示的“微波炉”图标，弹出如图 5-25 所示的“插入”对话框，设置插入点为（19618,21000），缩放比例为 25.4，旋转角度为 0，插入的图块如图 5-26 所示，绘制结果如图 5-27 所示。重复上述操作，把 Home-Space Planner 与 House Designer 中的相应模块插入图形中，绘制结果如图 5-28 所示。

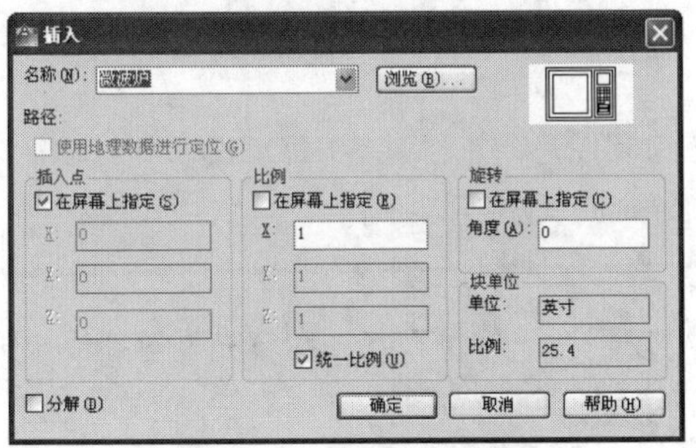

图 5-25 “插入”对话框

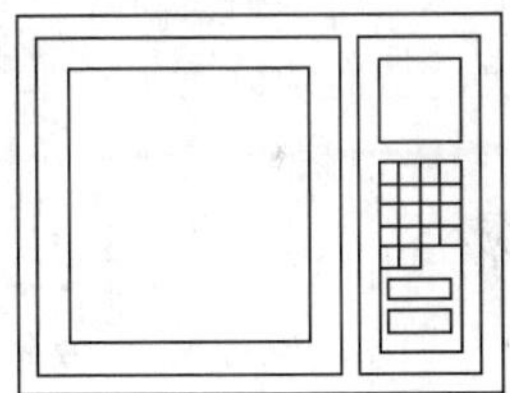

图 5-26 插入的图块

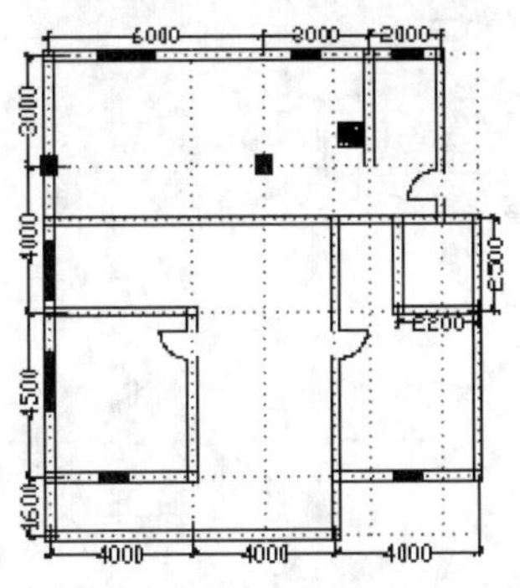

图 5-27 插入图块效果

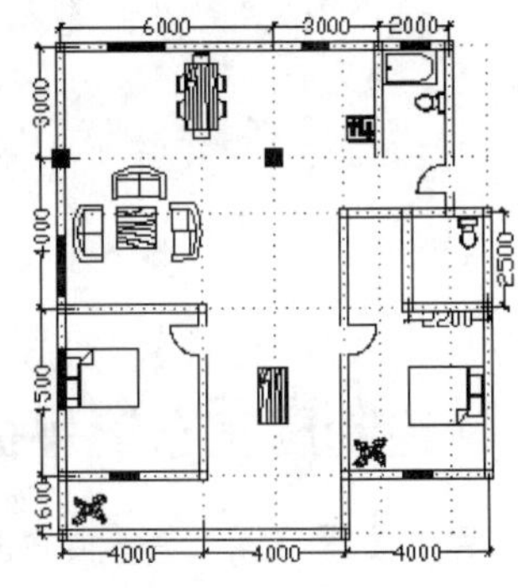

图 5-28 室内布局

5.4.4 标注文字

单击“绘图”工具栏中的“多行文字”按钮A，在“客厅”、“厨房”等位置输入相应的名称，结果如图 5-29 所示。

Note

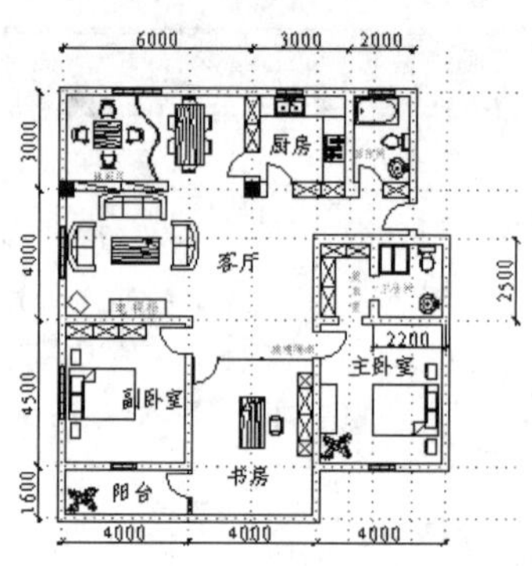

图 5-29　居室平面图

5.5　上 机 操 作

通过前面的学习，读者对本章知识也有了大体的了解，本节通过几个操作练习使读者进一步掌握本章知识要点。

5.5.1　创建餐桌图块

1. 目的要求

本实例利用一些基础绘图以及修改命令绘制图形，并利用 WBLOCK 命令将绘制好的餐桌图形创建为图块，从而使读者灵活掌握 WBLOCK 命令的使用方法。

2. 操作提示

（1）利用“矩形”、“直线”、“偏移”、“复制”、“镜像”、“图案填充”等命令绘制餐桌图形。

（2）利用 WBLOCK 命令将绘制好的餐桌图形创建为图块。

绘制结果如图 5-30 所示。

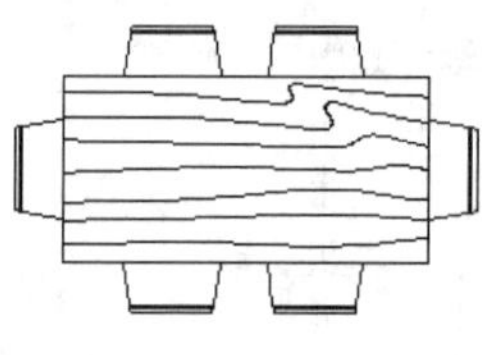

图 5-30　餐桌

5.5.2　绘制居室布置平面图

1. 目的要求

本实例利用设计中心创建新的工具选项板，再将所需图块插入到平面图中，完成居室平面图的布置。从而使读者灵活掌握设计中心及工具选项板的使用。

2. 操作提示

（1）利用前面学过的绘图命令与编辑命令绘制住房结构截面图。

（2）创建新的工具选项卡。

（3）将所需图块插入到平面图中。

绘制结果如图 5-31 所示。

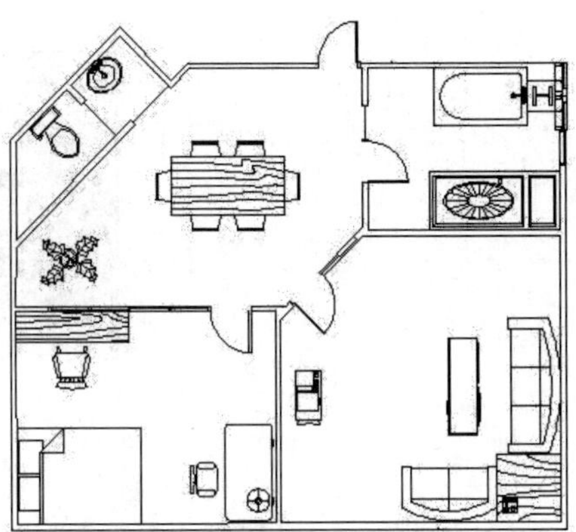

图 5-31 居室布置平面图

第6章 室内设计基础知识

本章主要介绍室内设计的基本概念和基本理论。在掌握了基本概念的基础上，才能理解和领会室内设计布置图中的内容和安排方法，更好地学习室内设计的知识。

- ☑ 室内设计基础
- ☑ 室内设计原理
- ☑ 室内设计制图的内容
- ☑ 室内设计制图的要求及规范
- ☑ 室内设计方法

任务驱动&项目案例

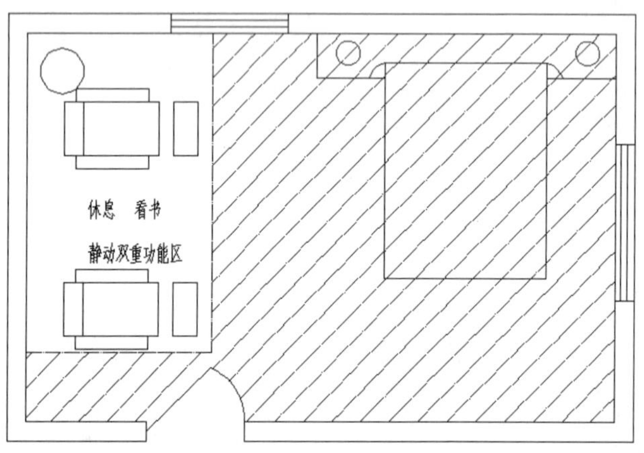

6.1 室内设计基础

室内装潢是现代工作、生活空间环境中比较重要的内容，也是与建筑设计密不可分的组成部分。了解室内装潢的特点和要求，对学习使用 AutoCAD 进行设计是十分必要的。

6.1.1 室内设计概述

室内（Interior）是指建筑物的内部，即建筑物的内部空间。室内设计（Interior Design）就是对建筑物的内部空间进行设计。所谓“装潢”，意为“装点、美化、打扮”之义。关于室内设计的特点与专业范围，各种提法很多，但把室内设计简单地称为“装潢设计”是较为普遍的。诚然，在室内设计工作中含有装潢设计的内容，但它又不完全是单纯的装潢问题。要深刻地理解室内设计的含义，需对历史文化、技术水平、城市文脉、环境状况、经济条件、生活习俗和审美要求等因素做出综合的分析，才能掌握室内设计的内涵和其应有的特色。在具体的创作过程中，室内设计不同于雕塑、绘画等其他的造型艺术形式能再现生活，只能运用自身的特殊手段，如空间、体型、细部、色彩、质感等形成的综合整体效果，表达出各种抽象的意味，即宏伟、壮观、粗放、秀丽、庄严、活泼、典雅等气氛。因为室内设计的创作，其构思过程是受各种制约条件限定的，只能沿着一定的轨迹，运用形象的思维逻辑，创造出美的艺术形式。

从含义上说，室内设计是建筑创作不可分割的组成部分，其焦点是如何为人们创造出良好的物质与精神上的生活环境。所以室内设计不是一项孤立的工作，确切地说，它是建筑构思中的深化、延伸和升华。因而既不能人为地将它从完整的建筑总体构思中划分出去，也不能抹杀掉室内设计的相对独立性，更不能把室内外空间界定的那么准确。因为室内空间的创意，是相对于室外环境和总体设计架构而存在的，只能是相互依存、相互制约、相互渗透和相互协调的有机关系。忽视或有意割断这种内在的联系关系，将使创作落入空中楼阁的境地，犹如无源之水，无本之木一样，失掉了构思的依据，必然导致创作思路的枯竭，使作品苍白、落套而缺乏新意。显然，当今室内设计发展的特征，强调更多的是尊重人们自身的价值观、深层的文化背景、民族的形式特色及宏观的时代新潮。通过装潢设计，可以使室内环境更加优美，更加适宜人们工作和生活。如图 6-1 和图 6-2 所示是常见住宅居室中的客厅装潢前后的效果对比。

图 6-1　客厅装潢前效果

图 6-2　客厅装潢后效果

现代室内设计作为一门新兴的学科，尽管还只是近数十年的事情，但是人们有意识地对自己生活、生产活动的室内进行安排布置，甚至美化装潢，赋予室内环境以所祈使的气氛，却早已从人类文明伊

始就存在了。我国各类民居，如北京的四合院、四川的山地住宅以及上海的里弄建筑等，在体现地域文化的建筑形体和室内空间组织、在建筑装潢的设计与制作等许多方面，都有极为宝贵的可供借鉴的成果。随着经济的发展，从公共建筑、商业建筑，及至涉及千家万户的居住建筑，在室内设计和建筑装潢方面都有了蓬勃的发展。现代社会是一个经济、信息、科技、文化等各方面都高速发展的社会，人们对社会的物质生活和精神生活不断提出新的要求，相应地人们对自身所处的生产、生活活动环境的质量，也必将提出更高的要求，这就需要设计师从实践到理论认真学习、钻研和探索，才能创造出安全、健康、适用、美观、能满足现代室内综合要求、具有文化内涵的室内环境。

从风格上划分，室内设计有中式风格、西式风格和现代风格，再进一步细分，可分为地中海风格、北美风格等。

6.1.2 室内设计特点

室内设计具有以下特点。

1. 室内设计是建筑的构成空间，是环境的一部分

室内设计的空间存在形式主要依靠建筑物的围合性与控制性而形成，在没有屋顶的空间中，对其进行空间和地面两大体系设计语言的表现。当然，室内设计是以建筑为中心，和周围环境要素共同构成的统一整体，周围的环境要素既相互联系，又相互制约，组合成具有功能相对单一、空间相对简洁的室内设计。

室内设计是整体环境中的一部分，是环境空间的节点设计，是衬托主体环境的视觉构筑形象，同时，室内设计的形象特色还将反映建筑物的某种功能以及空间特征。设计师运用地面上形成的水面、草地、踏步、铺地的变化；在空间中运用高墙、矮墙、花墙、透空墙等的处理；在向外延伸时，又可包括花台、廊柱、雕塑、小品、栏杆等多种空间的隔断形式的交替使用，都要与建筑主体物的功能、形象、含义相得益彰，在造型上、色彩上协调统一。因此，室内设计必须在整体性原则的基础上，处理好整体与局部、建筑主体与室内设计的关系。

2. 室内设计的相对独立性

室内设计与任何环境一样，都是由环境的构成要素及环境设施所组成的空间系统。室内设计在整体的环境中具有相对独立的功能，也具有由环境设施构成的相对完整的空间形象，并且可以传达出相对独立的空间内涵，同时，在满足部分人群的行为需求基础上，也可以满足部分人群精神上的慰藉及对美的、个性化环境的追求。

在相对独立的室内设计中，虽然从属于整体建筑环境空间，但每一处室内设计都是为了表达某种含义或服务于某些特定的人群行为，是外部环境的最终归宿，是整个环境的设计节点。

3. 室内设计的环境艺术性

环境是门综合的艺术，它将空间的组织方法、空间的造型方式、材料等与社会文化、人们的情感、审美、价值趋向相结合，创造出具有艺术美感价值的环境空间。为人们提供“舒适、美观、安全、实用”的生活空间，并满足人们生理的、心理的、审美的等多方面的需求。环境的设计是自然科学与社会科学的综合，是哲学与艺术的探讨。

环境是一种空间艺术的载体，室内设计是环境的一部分，所以，室内设计是环境空间与艺术的综合体现，是环境设计的细化与深入。

进行现代的室内设计，设计师要使室内设计在统一的、整体的环境前提下，运用自己对空间造型、对材料肌理、对人——环境——建筑之间关系的理解进行设计。同时还要突出室内设计所具有的独

立性，并利用空间环境的构成要素的差异性和统一性，通过造型、质地、色彩向人们展示形象，表达特定的情感。而且通过整体的空间形象向人们传达某种特定的信息，通过室内设计的空间造型、色彩基调、光线的变化以及空间尺度等的协调统一，借鉴建筑形式美的法则等艺术手段进行加工处理，完成向人传达特定的情感、吸引人们的注意力、实现空间行为的需要，并把小环境的环境艺术性得以充分的展现。

Note

6.2 室内设计原理

室内设计是一门大众参与最为广泛的艺术活动，是设计内涵集中体现的地方。室内设计是人类创造更好的生存和生活环境条件的重要活动，它通过运用现代的设计原理进行适用、美观的设计，使空间更加符合人们的生理和心理的需求，同时也促进了社会中审美意识的普遍提高，从而不仅对社会的物质文明建设有着重要的促进作用，而且，对于社会的精神文明建设也有了潜移默化的积极作用。

6.2.1 室内设计的作用

一般情况下，室内设计具有以下作用和意义。

1. 提高室内造型的艺术性，满足人们的审美需求

在拥挤、嘈杂、忙碌、紧张的现代社会生活中，人们对于城市的景观环境、居住环境以及居住周围的室内设计的设计质量越来越关注，特别是城市的景观环境以及与人难以割舍的室内设计。室内设计不仅关系城市的形象、城市的经济发展，而且还与城市的精神文明建设密不可分。

在时代发展、高技术、高情感的指导下，强化建筑及建筑空间的性格、意境和气氛，使不同类型的建筑及建筑外部空间更具性格特征、情感及艺术感染力，以此来满足不同人群室外活动的需要。同时，通过对空间造型、色彩基调、光线的变化以及空间尺度的艺术处理，来营造良好的、开阔的、室外视觉审美空间。

因此，室内设计从舒适、美观入手，改善并提高人们的生活水平及生活质量，表现出空间造型的艺术性；同时，它还伴随着时间的流逝，运用创造性而凝铸在历史中的时空艺术。

2. 保护建筑主体结构的牢固性，延长建筑的使用寿命

室内设计可以弥补建筑空间的缺陷与不足，加强建筑的空间序列效果，增强构筑物、景观的物理性能，以及辅助设施的使用效果，提高室内空间的综合使用性能。

室内设计是综合性的设计，它要求设计师不仅具备审美的艺术素质，同时还应具备环境保护学、园林学、绿化学、室内装修学、社会学、设计学等多门学科的综合知识体系，以增强建筑的物理性能和设备的使用效果，提高建筑的综合使用性能。因此，家具、绿化、雕塑、水体、基面、小品等的设计可以弥补由建筑而造成的空间缺陷与不足，加强室内设计空间的序列效果，增强对室内设计中各构成要素进行艺术的处理，提高室外空间的综合使用性能。

如在室内设计中，雕塑、小品、构筑物的设置既可以改变空间的构成形式，提高空间的利用效果，也可以提升空间的审美功能，满足人们对室外空间的综合性能的使用需要。

3. 协调“建筑—— 人—— 空间”三者的关系

室内设计是以人为中心的设计，是空间环境的节点设计。室内设计是由建筑物围合而成的，且具有限定性的空间小环境。自室内设计的产生，它就展现出“建筑—— 人—— 空间”三者之间协调与

Note

制约的关系。室内设计就是要将建筑的艺术风格、形成的限制性空间的强弱；使用者的个人特征、需要及所具有的社会属性；小环境空间的色彩、造型、肌理等三者之间的关系按照设计者的思想，重新加以组合，并以满足使用者“舒适、美观、安全、实用”的需求，实践在空间环境中。

总之，室内设计的中心议题是如何通过对室外小空间进行艺术的、综合的、统一的设计，提升室外整体空间环境的形象，提升室内空间环境形象，满足人们的生理及心理需求，更好地为人类的生活、生产和活动服务，并创造出新的、现代的生活理念。

6.2.2 室内设计主体

人是室内设计的主体。人的活动决定了室内设计的目的和意义，人是室内环境的使用者和创造者。有了人，才区分出了室内和室外。

人的活动规律之一是动态和静态交替进行：动态－静态－动态－静态。

人的活动规律之二是个人活动与多人活动交叉进行。

人们在室内空间活动时，按照一般的活动规律，可将活动空间分为3种功能区，即静态功能区、动态功能区和静动双重功能区。

根据人们的具体活动行为，又将有更加详细的划分，如静态功能区又将划分为睡眠区、休息区、学习办公区，如图6-3所示；动态功能区划分为运动区、大厅，如图6-4所示；静动双重功能区分为会客区、车站候车室、生产车间等，如图6-5所示。

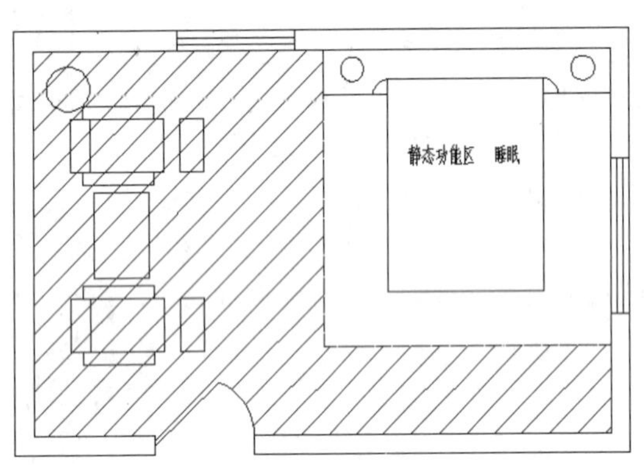

图6-3 静态功能区

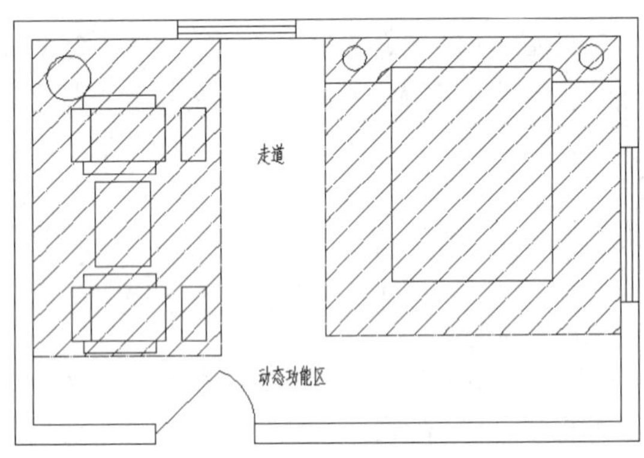

图6-4 动态功能区

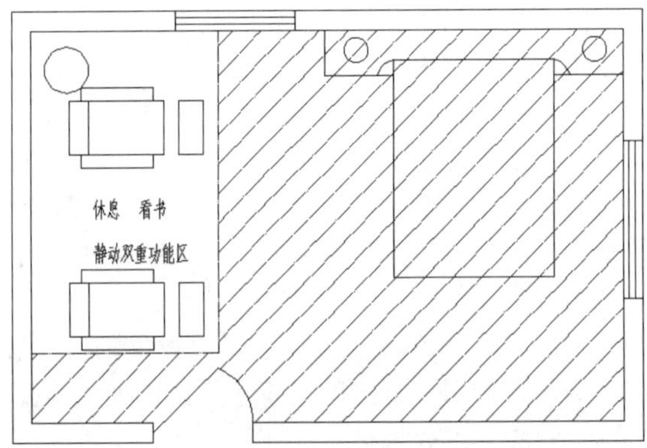

图6-5 静动双重功能区

同时，要明确使用空间的性质。其性质通常是由其使用功能决定的。虽然许多空间中设置了其他

使用功能的设施，但要明确其主要的使用功能。如在起居室内设置酒吧台、视听区等，但其主要功能仍然是起居室的性质。

空间流线分析是室内设计中的重要步骤，其目的是为了：

（1）明确空间主体—— 人的活动规律和使用功能的参数，如数量、体积、常用位置等。

（2）明确设备、物品的运行规律、摆放位置、数量、体积等。

（3）分析各种活动因素的平行、互动、交叉关系。

（4）经过以上 3 部分分析，提出初步设计思路和设想。

空间流线分析从构成情况上分为水平流线和垂直流线；从使用状况上来讲可分为单人流线和多人流线；从流线性质上可分为单一功能流线和多功能流线；流线交叉形成的枢纽室内空间厅、场。

如某单人流线分析如图 6-6 所示，大厅多人流线平面图如图 6-7 所示。

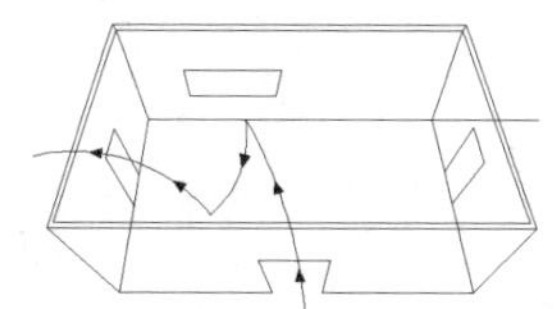

图 6-6　单人组成水平流线图

图 6-7　多人组成水平流线图

功能流线组合形式分为中心型、自由型、对称型、簇型和线型等，如图 6-8 所示。

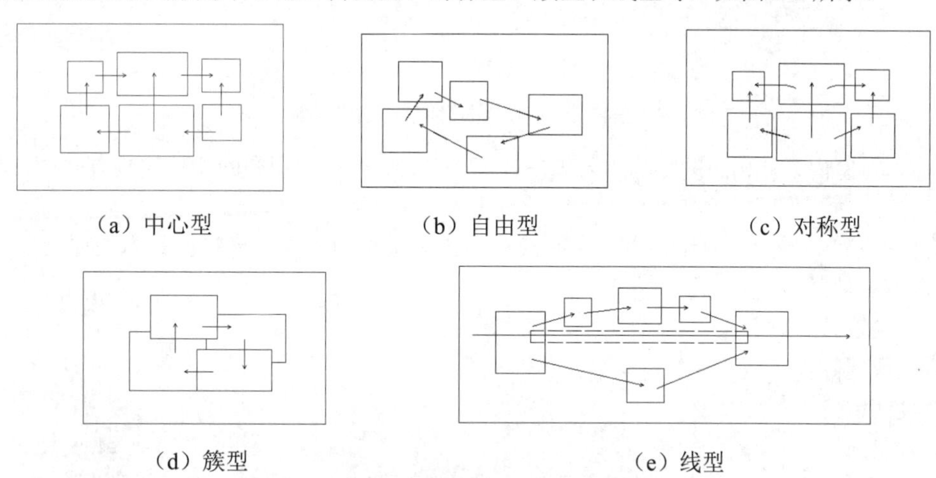

（a）中心型　（b）自由型　（c）对称型

（d）簇型　（e）线型

图 6-8　功能流线组合形式图例

6.2.3　室内设计构思

1. 初始阶段

室内设计的构思在设计的过程中起着举足轻重的作用。因此在设计初始阶段，就要进行一系列的构思设计，使后续工作能够有效、完美地进行。构思的初始阶段主要包括以下几个内容。

（1）空间性质 • 使用功能

室内设计是在建筑主体完成后的原型空间内进行的。因此，室内设计的首要工作就是要认定原型空间的使用功能，也就是原型空间的使用性质。

（2）水平流线组织

当原型空间认定之后，着手构思第一步是做流线分析和组织，包括水平流线和垂直流线。流线功

Note

能按需要可能是单一流线也可能是多种流线。

（3）功能分区图示化

空间流线组织之后，要进行功能分区图示化布置，进一步接近平面布局设计。

（4）图示选择

选择最佳图示布局作为平面设计的最终依据。

（5）平面初步组合

经过前面几个步骤操作，最后形成空间平面组合的形式，有待进一步深化。

2. 深化阶段

经过初始阶段的室内设计构成了最初构思方案后，要在此基础上进行构思深化阶段的设计。深化阶段的构思内容和步骤如图 6-9 所示。

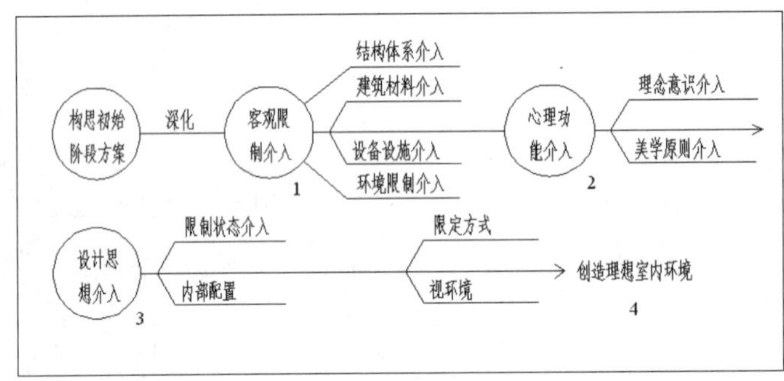

图 6 9　室内设计构思深化阶段内容与步骤图解

结构技术对室内设计构思的影响主要表现在两个方面：一是原型空间墙体结构方式；二是原型空间屋顶结构方式。

墙体结构方式关系到室内设计内部空间改造的饰面采用的方法和材料。基本的原型空间墙体结构方式有以下 4 种：

（1）板柱墙。

（2）砌块墙。

（3）柱间墙。

（4）轻隔断墙。

屋盖结构原型屋顶（屋盖）结构关系到室内设计的顶棚做法。屋盖结构主要分为：

（1）构架结构体系。

（2）梁板结构体系。

（3）大跨度结构体系。

（4）异型结构体系。

另外，室内设计要考虑建筑所用材料对设计内涵和色彩、光影、情趣的影响；室内外露管道和布线的处理；通风条件、采光条件、噪音和空气清新、温度的影响等。

人们对室内要求越来越高，设计时要结合个人喜好，定好室内设计的基调。一般人们对室内的格调要求有 3 种类型：

（1）现代新潮观念。

（2）怀旧情调观念。

（3）随意舒适观念（折中型）。

6.2.4　创造理想室内空间

Note

经过前面两个构思阶段的设计，已形成较完美的设计方案。创建室内空间的第一个标准就是要使其具备形态、体量、质量，即形、体、质 3 个方向的统一协调。而第二个标准是使用功能和精神功能的统一。如在住宅的书房中除了布置写字台、书柜外，还可布置绿化等装饰物，使室内空间在满足书房使用功能的同时，也活跃了气氛，净化空气，满足人们的精神需要。

一个完美的室内设计作品，是经过初始构思阶段和深入构思阶段，最后又通过设计师对各种因素和功能的协调平衡创造出来的。要提高室内设计的水平，就要综合利用各个领域的知识和深入的构思设计。最终室内设计方案形成最基本的图纸方案。一般包括设计平面图、设计剖面图和室内透视图。

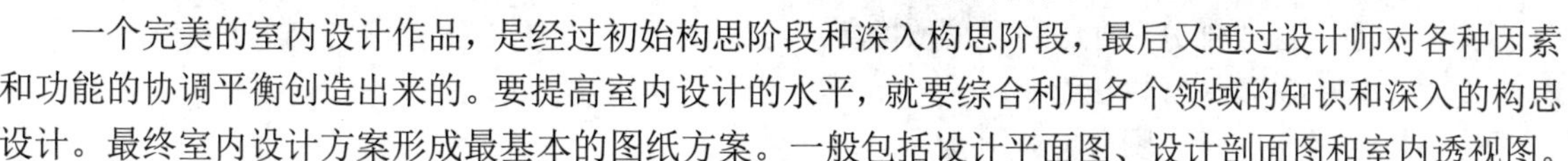

6.3　室内设计制图的内容

一套完整的室内设计图一般包括平面图、顶棚图、立面图、构造详图和透视图。下面简述各种图样的概念及内容。

6.3.1　室内平面图

室内平面图是以平行于地面的切面在距地面 1.5mm 左右的位置将上部切去而形成的正投影图。室内平面图中应表达的内容如下：

（1）墙体、隔断及门窗、各空间大小及布局、家具陈设、人流交通路线、室内绿化等。若不单独绘制地面材料平面图，则应该在平面图中表示地面材料。

（2）标注各房间尺寸、家具陈设尺寸及布局尺寸，对于复杂的公共建筑，则应标注轴线编号。

（3）注明地面材料名称及规格。

（4）注明房间名称、家具名称。

（5）注明室内地坪标高。

（6）注明详图索引符号、图例及立面内视符号。

（7）注明图名和比例。

（8）若需要辅助文字说明的平面图，还要注明文字说明、统计表格等。

6.3.2　室内顶棚图

室内设计顶棚图是根据顶棚在其下方假想的水平镜面上的正投影绘制而成的镜像投影图。顶棚图中应表达的内容如下：

（1）顶棚的造型及材料说明。

（2）顶棚灯具和电器的图例、名称规格等说明。

（3）顶棚造型尺寸标注、灯具、电器的安装位置标注。

（4）顶棚标高标注。

（5）顶棚细部做法的说明。

（6）详图索引符号、图名、比例等。

6.3.3 室内立面图

以平行于室内墙面的切面将前面部分切去后，剩余部分的正投影图即室内立面图。立面图的主要内容如下：

（1）墙面造型、材质及家具陈设在立面上的正投影图。

（2）门窗立面及其他装潢元素立面。

（3）立面各组成部分尺寸、地坪吊顶标高。

（4）材料名称及细部做法说明。

（5）详图索引符号、图名、比例等。

6.3.4 构造详图

为了放大个别设计内容和细部做法，多以剖面图的方式表达局部剖开后的情况，这就是构造详图。表达的内容如下：

（1）以剖面图的绘制方法绘制出各材料断面、构配件断面及其相互关系。

（2）用细线表示出剖视方向上看到的部位轮廓及相互关系。

（3）标出材料断面图例。

（4）用指引线标出构造层次的材料名称及做法。

（5）标出其他构造做法。

（6）标注各部分尺寸。

（7）标注详图编号和比例。

6.3.5 透视图

透视图是根据透视原理在平面上绘制出能够反映三维空间效果的图形，它与人的视觉空间感受相似。室内设计常用的绘制方法有一点透视、两点透视（成角透视）和鸟瞰图 3 种。

透视图可以通过人工绘制，也可以应用计算机绘制，它能直观表达设计思想和效果，故也称作效果图或表现图，是一个完整的设计方案不可缺少的部分。鉴于本书重点是介绍应用 AutoCAD 2012 绘制二维图形，因此本书中不包含这部分内容。

6.4 室内设计制图的要求及规范

本节主要介绍室内制图中的图幅、图标及会签栏的尺寸，线型要求以及常用图示标志、材料符号和绘图比例。

6.4.1 图幅、图标及会签栏

1. 图幅

图幅即图面的大小，根据国家规范的规定，按图面的长和宽的大小确定图幅的等级。室内设计常用的图幅有 A0（也称 0 号图幅，其余类推）、A1、A2、A3 及 A4，每种图幅的长宽尺寸如表 6-1 所

示，表中的尺寸代号意义如图 6-10 和图 6-11 所示。

表 6-1　图幅标准

单位：mm

图幅代号 尺寸代号	A0	A1	A2	A3	A4
b×l	841×1189	594×841	420×594	297×420	210×297
c	10			5	
a	25				

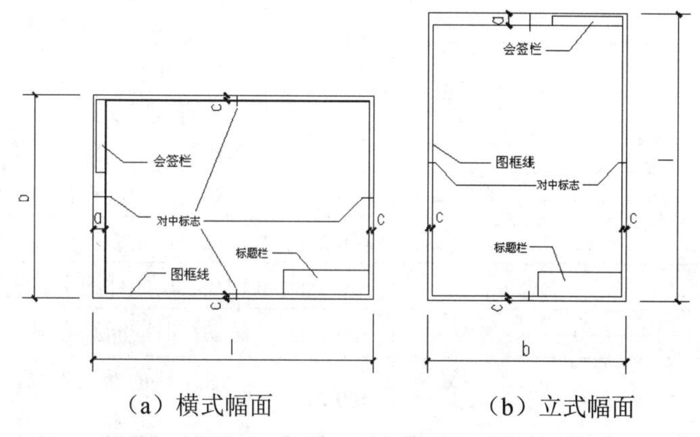

（a）横式幅面　　（b）立式幅面

图 6-10　A0～A3 图幅格式

2. 图标

图标即图纸的标题栏，包括设计单位名称、工程名称、签字区、图名区及图号区等内容。一般图标格式如图 6-12 所示，如今不少设计单位采用自己个性化的图标格式，但是仍必须包括这几项内容。

3. 会签栏

会签栏是为各工种负责人审核后签名用的表格，包括专业、姓名、日期等内容，具体内容可根据需要设置，如图 6-13 所示为其中一种格式。对于不需要会签的图样，可以不设此栏。

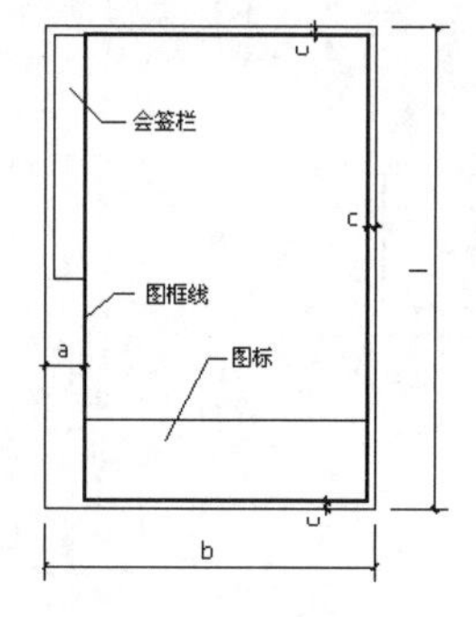

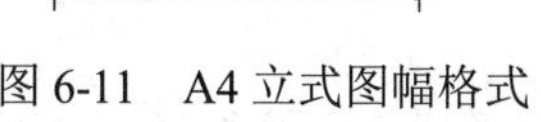

图 6-11　A4 立式图幅格式

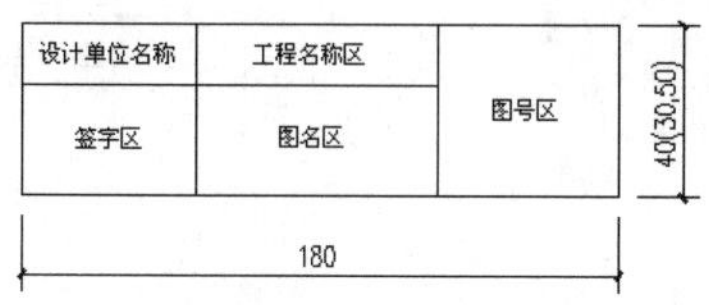

图 6-12　图标格式

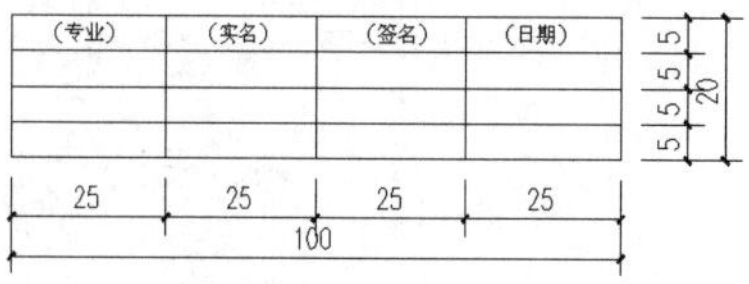

图 6-13　会签栏格式

6.4.2　线型要求

室内设计图主要由各种线条构成，不同的线型表示不同的对象和不同的部位，代表着不同的含

义。为了图面能够清晰、准确、美观地表达设计思想，工程实践中采用了一套常用的线型，并规定了它们的使用范围，常用线型如表 6-2 所示。在 AutoCAD 2012 中，可以通过“图层”中“线型”、“线宽”的设置来选定所需线型。

Note

表 6-2　常用线型

名　称	线　型		线　宽	适用范围
实线	粗	——	b	建筑平面图、剖面图、构造详图的被剖切截面的轮廓线，建筑立面图、室内立面图外轮廓线，图框线
	中	——	0.5b	室内设计图中被剖切的次要构件的轮廓线，室内平面图、顶棚图、立面图、家具三视图中构配件的轮廓线等
	细	——	≤0.25b	尺寸线、图例线、索引符号、地面材料线及其他细部刻画用线
虚线	中	- - - -	0.5b	主要用于构造详图中不可见的实物轮廓
	细	- - - -	≤0.25b	其他不可见的次要实物轮廓线
点划线	细	— - —	≤0.25b	轴线、构配件的中心线、对称线等
折断线	细	—\/—	≤0.25b	画图样时的断开界限
波浪线	细	～～	≤0.25b	构造层次的断开界线，有时也表示省略画出时的断开界限

说明：标准实线宽度 b=0.4～0.8mm。

6.4.3　尺寸标注

在第 3 章中，已介绍过 AutoCAD 的尺寸标注的设置问题，然而，具体在对室内设计图进行标注时，还要注意下面一些标注原则。

（1）尺寸标注应力求准确、清晰、美观大方。同一张图样中，标注风格应保持一致。

（2）尺寸线应尽量标注在图样轮廓线以外，从内到外依次标注从小到大的尺寸，不能将大尺寸标在内，而小尺寸标在外，如图 6-14 所示。

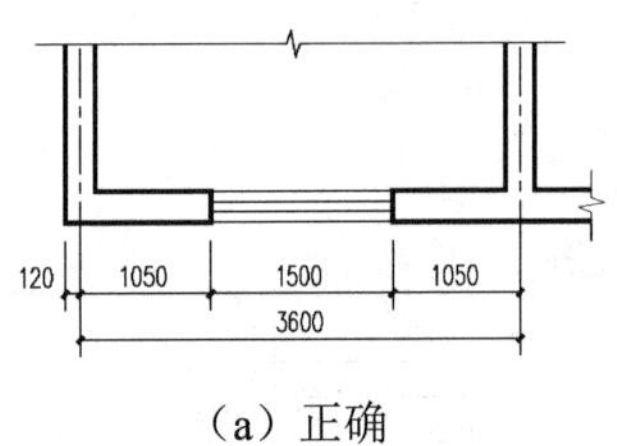

（a）正确

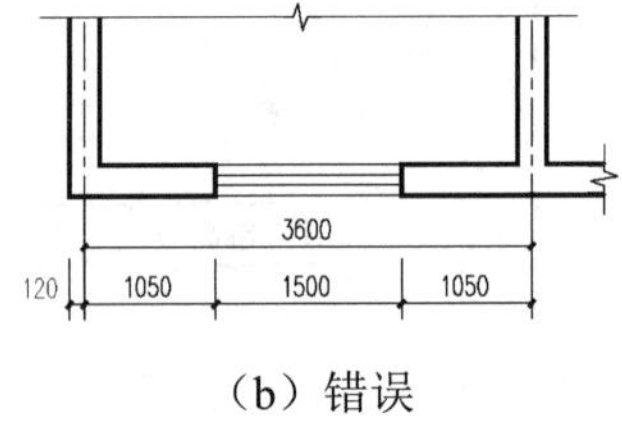

（b）错误

图 6-14　尺寸标注正误对比

（3）最内一道尺寸线与图样轮廓线之间的距离不应小于 10mm，两道尺寸线之间的距离一般为 7～10mm。

（4）尺寸界线朝向图样的端头距图样轮廓的距离应大于等于 2mm，不宜直接与之相连。

（5）在图线拥挤的地方，应合理安排尺寸线的位置，但不宜与图线、文字及符号相交；可以考

虑将轮廓线用作尺寸界线，但不能作为尺寸线。

（6）对于连续相同的尺寸，可以采用“均分”或“（EQ）”字样代替，如图 6-15 所示。

图 6-15　相同尺寸的标注

Note

6.4.4　文字说明

在一幅完整的图样中，用图线方式表现得不充分和无法用图线表示的地方，就需要进行文字说明，如材料名称、构配件名称、构造做法、统计表及图名等。文字说明是图样内容的重要组成部分，制图规范对文字标注中的字体、字号及字体字号搭配等方面作了一些具体规定。

（1）一般原则：字体端正，排列整齐，清晰准确，美观大方，避免过于个性化的文字标注。

（2）字体：一般标注推荐采用仿宋字，标题可用楷体、隶书、黑体字等。例如：

仿宋：室内设计（小四）室内设计（四号）室内设计（二号）

黑体：室内设计（四号）室内设计（小二）

楷体：室内设计（四号）室内设计（二号）

隶书：室内设计（三号）室内设计（一号）

字母、数字及符号：0123456789abcdefghijk％ @ 或

0123456789abcdefghijk％@

（3）字号：标注的文字高度要适中；同一类型的文字采用同一字号；较大的字用于较概括性的说明内容，较小的字用于较细致的说明内容。

（4）字体及字号的搭配应注意体现层次感。

6.4.5　常用图示标志

1. 详图索引符号及详图符号

室内平、立、剖面图中，在需要另设详图表示的部位标注一个索引符号，以表明该详图的位置，这个索引符号就是详图索引符号。详图索引符号采用细实线绘制，圆圈直径 10mm。图 6-16（d）～图 6-16（g）所示形式用于索引剖面详图；当详图就在本张图样时，采用图 6-16（a）的形式；详图不在本张图样时，采用图 6-16（b）～图 6-16（h）所示的形式。

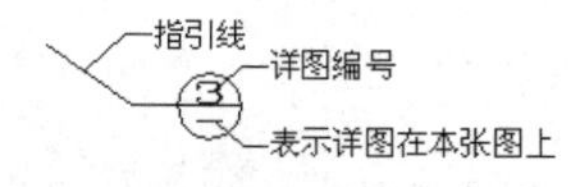

（a）本张图纸上的割切符号

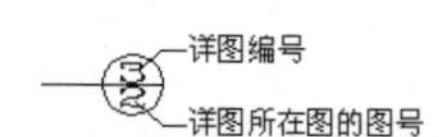

（b）详图本图的割切符号

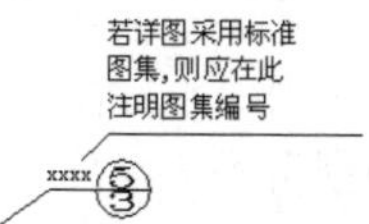

（c）图集的割切符号

图 6-16　详图索引符号

Note

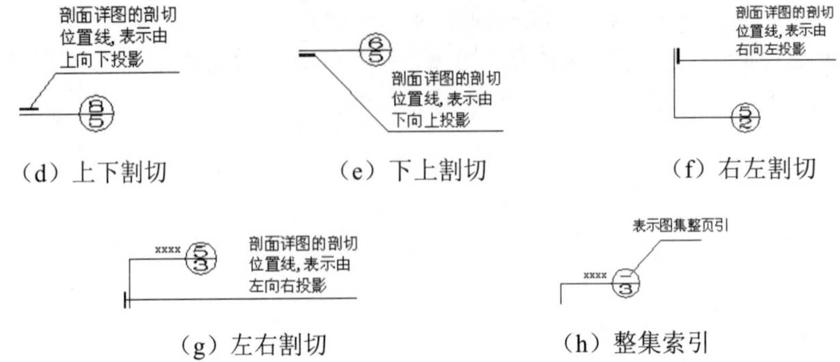

（d）上下割切　（e）下上割切　（f）右左割切

（g）左右割切　（h）整集索引

图6-16　详图索引符号（续）

详图符号即详图的编号，用粗实线绘制，圆圈直径为14mm，如图6-17所示。

（a）普通详图编号　（b）带索引详图编号

图6-17　详图符号

2. 引出线

由图样引出一条或多条线段指向文字说明，该线段就是引出线。引出线与水平方向的夹角一般采用0°、30°、45°、60°、90°，常见的引出线形式如图6-18所示。图6-18（a）～图6-18（d）为普通引出线，图6-18（e）～图6-18（h）为多层构造引出线。使用多层构造引出线时，应注意构造分层的顺序要与文字说明的分层顺序一致。文字说明可以放在引出线的端头，如图6-18（a）～图6-18（h）所示，也可以放在引出线水平段之上，如图6-18（i）所示。

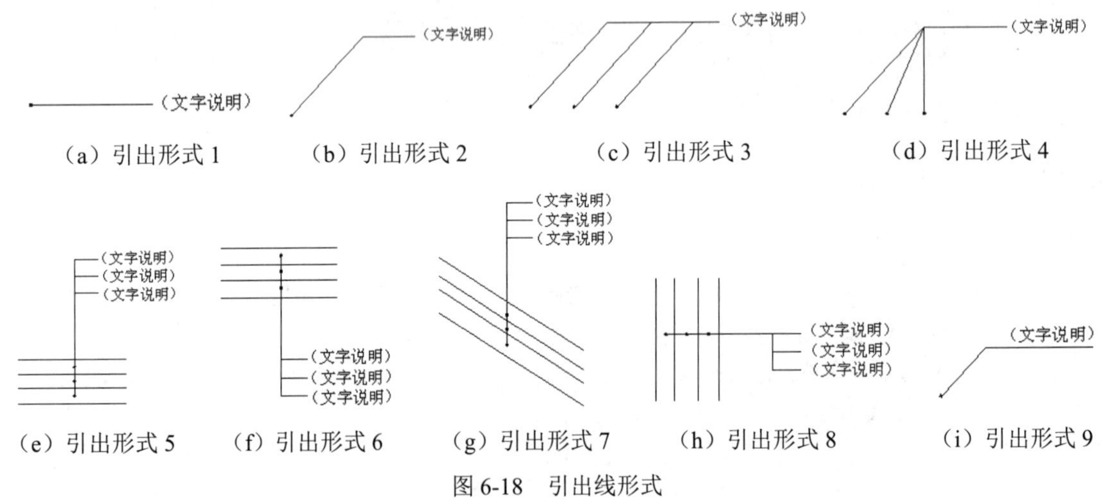

（a）引出形式1　（b）引出形式2　（c）引出形式3　（d）引出形式4

（e）引出形式5　（f）引出形式6　（g）引出形式7　（h）引出形式8　（i）引出形式9

图6-18　引出线形式

3. 内视符号

在房屋建筑中，一个特定的室内空间领域总存在竖向分隔（隔断或墙体）来界定。因此，根据具体情况，就有可能绘制一个或多个立面图来表达隔断、墙体及家具、构配件的设计情况。内视符号标注在平面图中，包含视点位置、方向和编号3个信息，建立平面图和室内立面图之间的联系。内视符

号的形式如图 6-19 所示。图中立面图编号可用英文字母或阿拉伯数字表示，黑色的箭头指向表示立面的方向，图 6-19（a）为单向内视符号，图 6-19（b）为双向内视符号，图 6-19（c）为四向内视符号，A、B、C、D 顺时针标注。

（a）　（b）　（c）

图 6-19　内视符号

为了方便读者查阅，其他常用符号及其说明如表 6-3 所示。

表 6-3　室内设计图常用符号图例

符　号	说　明	符　号	说　明
3.600 3.600	标高符号，线上数字为标高值，单位为 m 下面一种在标注位置比较拥挤时采用	i=5%	表示坡度
1　1	标注剖切位置的符号，标数字的方向为投影方向，“1”与剖面图的编号“3-1”对应	2　2	标注绘制断面图的位置，标数字的方向为投影方向，“2”与断面图的编号“3-2”对应
	对称符号。在对称图形的中轴位置画此符号，可以省画另一半图形		指北针
	楼板开方孔		楼板开圆孔
@	表示重复出现的固定间隔，如“双向木格栅@500”	Ø	表示直径，如 Ø30
平面图 1:100	图名及比例	1 1：5	索引详图名及比例
	单扇平开门		旋转门
	双扇平开门		卷帘门
	子母门		单扇推拉门
	单扇弹簧门		双扇推拉门
	四扇推拉门		折叠门
	窗		首层楼梯
	顶层楼梯		中间层楼梯

6.4.6　常用材料符号

室内设计图中经常应用材料图例来表示材料，在无法用图例表示的地方，也采用文字说明。常用

的材料图例如表 6-4 所示。

表 6-4　常用材料图例

符　　号	说　　明	符　　号	说　　明
	自然土壤		夯实土壤
	毛石砌体		普通砖
	石材		砂、灰土
	空心砖		松散材料
	混凝土		钢筋混凝土
	多孔材料		金属
	矿渣、炉渣		玻璃
	纤维材料		防水材料，上下两种根据绘图比例大小选用
	木材		液体，须注明液体名称

6.4.7　常用绘图比例

下面列出常用的绘图比例，读者可根据实际情况灵活使用。

☑　平面图：1:50，1:100 等。

☑　立面图：1:20，1:30，1:50，1:100 等。

☑　顶棚图：1:50，1:100 等。

☑　构造详图：1:1，1:2，1:5，1:10，1:20 等。

6.5　室内设计方法

本节主要介绍室内设计的各种方法。

室内设计要美化环境是无可置疑的，但如何达到美化的目的，有不同的方法，分别介绍如下。

1. 现代室内设计方法

该方法即是在满足功能要求的情况下，利用材料、色彩、质感、光影等有序的布置创造美。

2. 空间分割方法

组织和划分平面与空间，这是室内设计的一个主要方法。利用该设计方法，巧妙地布置平面和利用空间，有时可以突破原有的建筑平面、空间的限制，满足室内需要。在另一种情况下，设计又能使室内空间流通、平面灵活多变。

3. 民族特色方法

在表达民族特色方面，应采用设计方法使室内充满民族韵味，而不是民族符号、语言的堆砌。

4. 其他设计方法

如突出主题、人流导向、制造气氛等都是室内设计的方法。

室内设计人员往往首先拿到的是一个建筑的外壳，这个外壳或许是新建的，也或许是旧建筑，设计的魅力就在于在原有建筑的各种限制下做出最理想的方案。

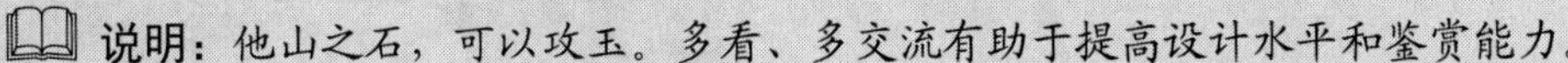

Note

办公空间室内装潢设计

本章将详细论述如图7-1所示办公空间的室内装饰设计思路及其相关装饰图的绘制方法与技巧，包括办公室各个建筑空间平面图中的墙体、柱子、门窗以及文字尺寸等图形绘制和标注；办公空间室内建筑装修平面图中的前台门厅、办公室和会议室等装修设计和家具布局方法；男女卫生间的厕所隔间等装修绘制方法；办公室空间部分立面装修图及节点大样图设计要点。此外，还详细论述办公空间室内的天花和地面造型设计方法及其他功能房间吊顶与地面设计方法等。

- ☑ 办公空间装修前建筑平面图绘制
- ☑ 地面和天花等平面装饰图绘制
- ☑ 办公空间装饰图绘制
- ☑ 办公空间立面和节点大样图设计

任务驱动&项目案例

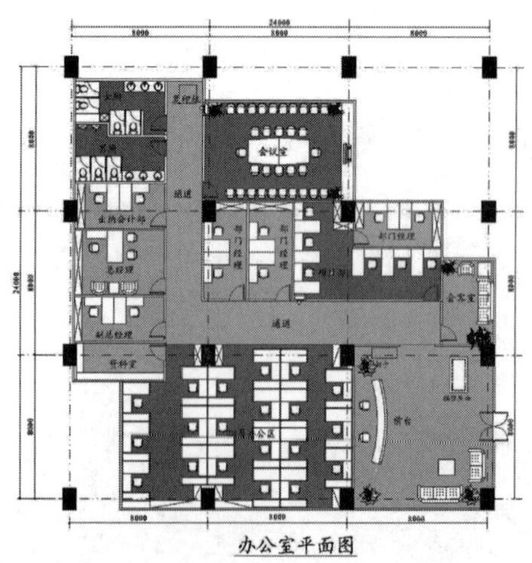

办公室平面图

7.1　办公空间装修前建筑平面图绘制

办公室的设计是指人们在行政工作中特定的环境设计。我国办公室设计种类繁多，在机关、学校、团体办公室中多数采用小空间的全间断设计。这里主要介绍一种现代企业办公室的设计。该设计从环境空间来认识，是一种集体和个人空间的综合体，它应考虑到的因素大致如下：

（1）个人空间与集体空间系统的便利化及办公环境给人的心理满足。

（2）从功能出发考虑到空间划分的合理性，如办公自动化、提高工作效率、提高个人工作的集中力等。

（3）主入口的整体形象的完美性。

办公空间建筑平面图绘制与其他建筑平面图绘制方法类似，同样是先建立各个功能房间的开间和进深轴线，然后按轴线位置绘制建筑柱子以及各个功能房间墙体及相应的门窗洞口的平面造型，最后绘制消火栓等建筑设施的平面图形，同时标注相应的尺寸和文字说明。

7.1.1　概述

办公室是脑力劳动的场所，企业的创造性大都来源于该场所的个人创造性的发挥。因此，重视个人环境兼顾集体空间，借以活跃人们的思维，努力提高办公效率，这也就成为提高企业生产率的重要手段。从另一个方面来说，办公室也是企业的整体形象的体现，一个完整、统一而美观的办公室形象，能增加客户的信任感，同时也能给员工以心理上的满足。

下面介绍办公室建筑平面设计的相关知识及其绘图方法与技巧。绘制流程图如图 7-1 所示。

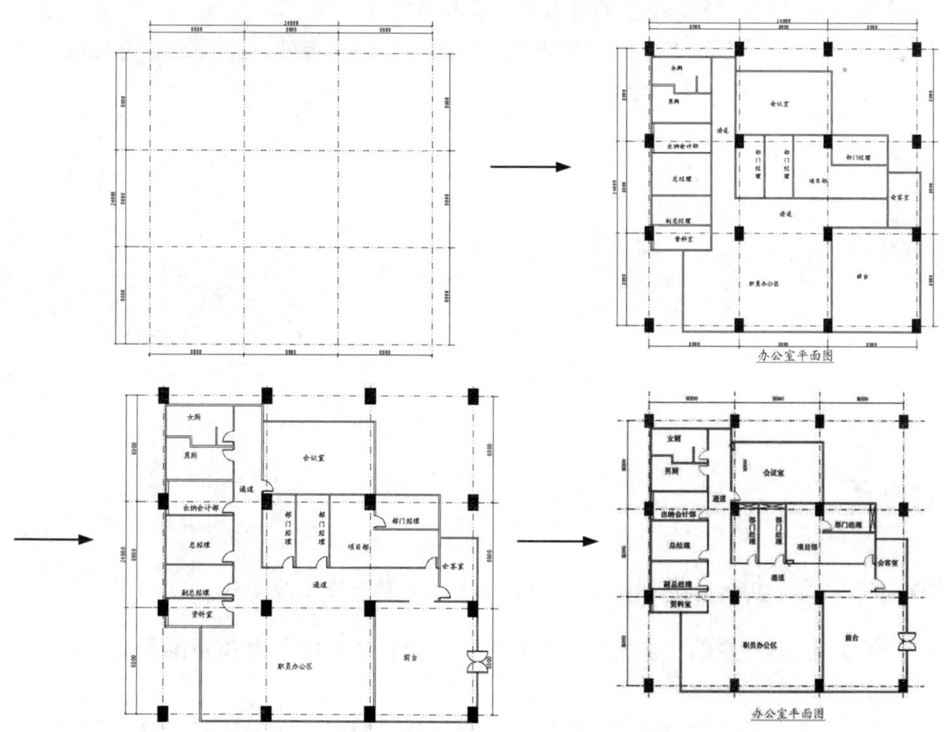

图 7-1　绘制办公空间装修前平面图

操作步骤：（光盘\动画演示\第 7 章\办公空间装修前平面图.avi）

7.1.2 办公空间建筑墙体绘制

Note

进行装饰设计前的准备工作，是绘制办公空间的各个房间的墙体轮廓。

（1）单击“绘图”工具栏中的“直线”按钮，创建办公室建筑的平面轴线。绘制两条水平和垂直方向的直线，其长度要略大于办公建筑水平和垂直方向的总长度尺寸，如图 7-2 所示。

说明：作为办公建筑的平面轴线，其长度要略大于建筑水平和垂直方向的总长度尺寸。

（2）将两条直线改变为点划线线型，如图 7-3 所示。

改变线型为点划线。使用鼠标单击所绘的直线，然后在“特性”工具栏的“线型”下拉列表框中选择点划线，所选择的直线将改变线型，得到建筑平面图的轴线点划线。若还未加载此种线型，则选择“其他”命令选项先加载此种点划线线型。

图 7-2 创建建筑轴线　　　图 7-3 改变线型

（3）单击“修改”工具栏中的“偏移”按钮，根据办公室柱网尺寸大小（即进深与开间），通过偏移生成相应位置的轴线网。轴线网的间距为 8000，如图 7-4 所示。

（4）单击“绘图”工具栏中的“矩形”按钮，在两轴线的交点处，绘制长度为 1200，宽度为 800 的柱子轮廓，如图 7-5 所示。

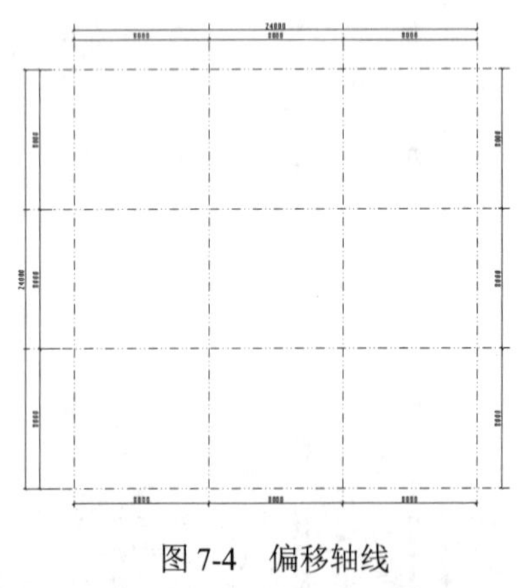

图 7-4 偏移轴线

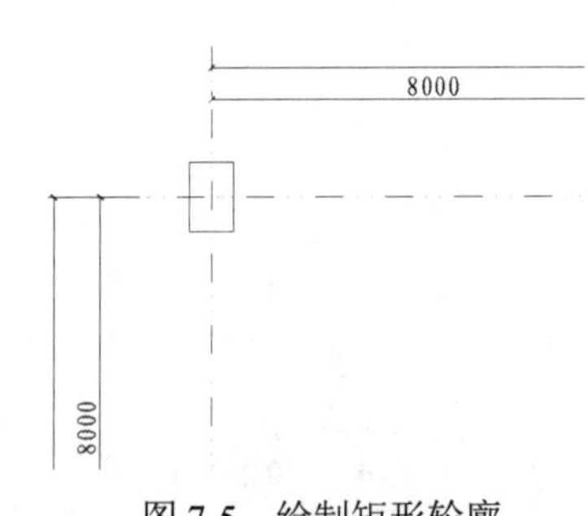

图 7-5 绘制矩形轮廓

说明：矩形柱子可以使用 PLINE、LINE、RECTANG 等功能命令进行绘制。

（5）单击“绘图”工具栏中的“图案填充”按钮，设置填充图案为 SOLID，填充矩形柱子，如图 7-6 所示。

（6）单击“修改”工具栏中的“复制”按钮，根据柱子的布局进行复制，如图 7-7 所示。

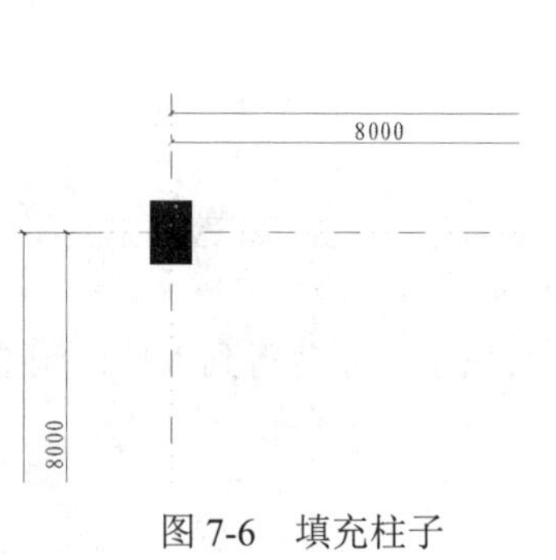

图 7-6　填充柱子

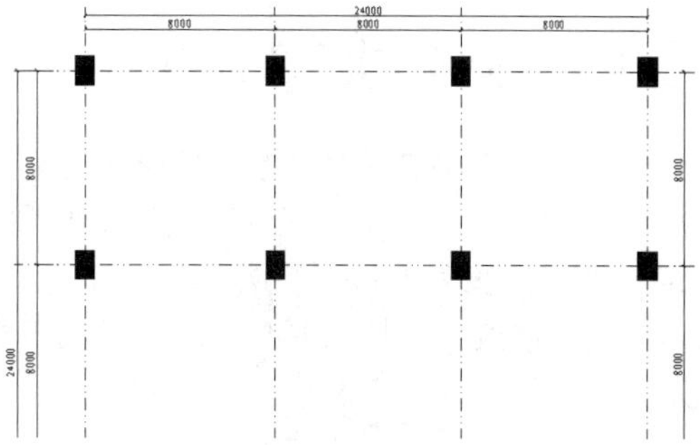

图 7-7　复制柱子

（7）完成柱网和柱子的布局绘制，如图 7-8 所示。

（8）选择菜单栏中的“绘图”→“多线”命令，设置多线比例为 100。绘制办公室前台的墙体，如图 7-9 所示。

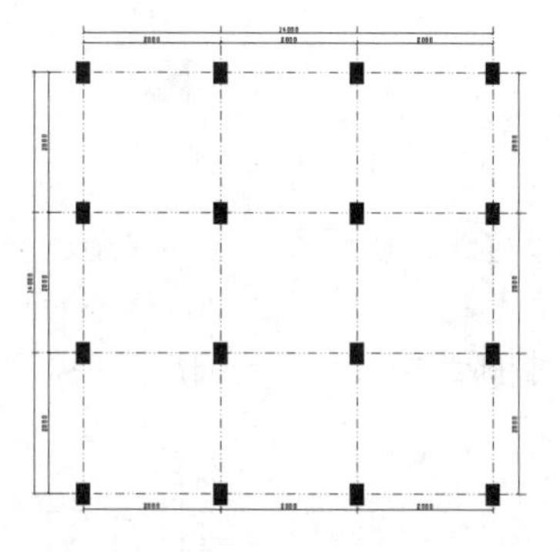

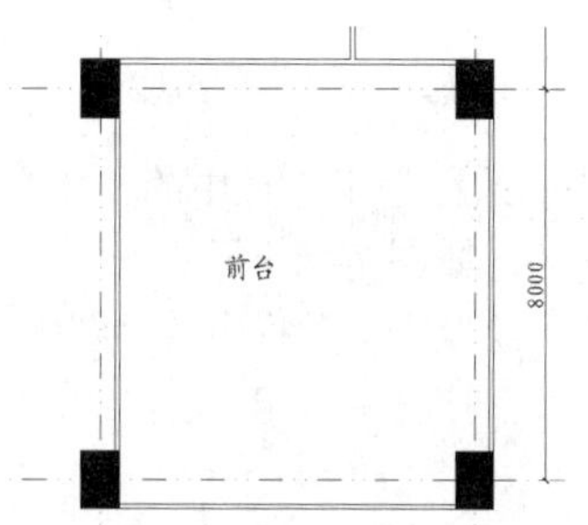

图 7-8　完成柱网和柱子

图 7-9　绘制前台墙体

（9）选择菜单栏中的“绘图”→“多线”命令，根据办公室的布局情况，进行其他房间的墙体绘制，如图 7-10 所示。

说明：墙体宽度可以通过设置 MLINE 的比例（S）进行调整。

（10）按上述方法，完成该办公空间各个房间的墙体绘制，如图 7-11 所示。

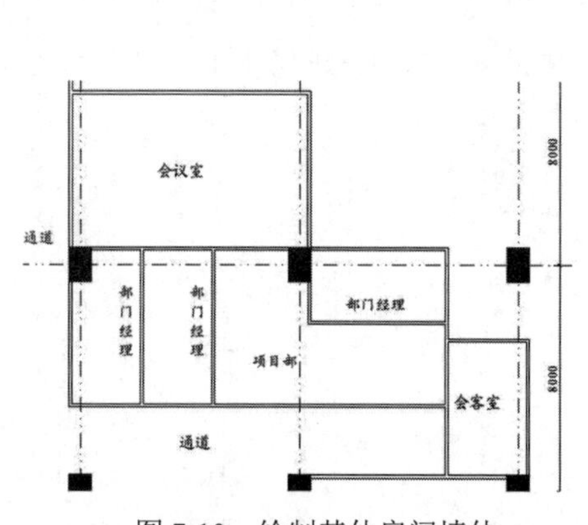

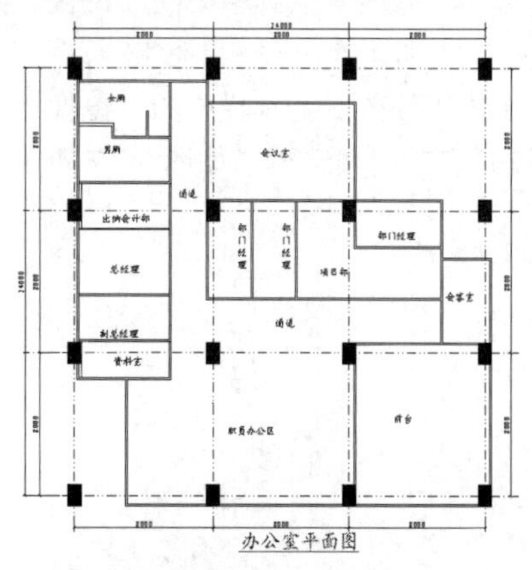

图 7-10　绘制其他房间墙体

图 7-11　完成办公室墙体绘制

Note

7.1.3 办公空间室内门窗绘制

在绘制好的办公室各个墙体上绘制相应房间的门窗造型。

（1）单击“绘图”工具栏中的“直线”按钮，绘制直线段，然后单击“修改”工具栏中的“偏移”按钮，偏移距离为1200。绘制前台入口大门，如图7-12所示。

（2）单击“修改”工具栏中的“修剪”按钮，通过对线条进行修剪得到入口门洞造型，如图7-13所示。

图7-12 绘制短线　　图7-13 得到门洞

（3）单击“绘图”工具栏中的“矩形”按钮和“直线”按钮，绘制门扇造型，矩形长度为1200，宽度为60，如图7-14所示。

（4）单击“绘图”工具栏中的“圆弧”按钮，绘制弧线构成完整的门扇造型，如图7-15所示。

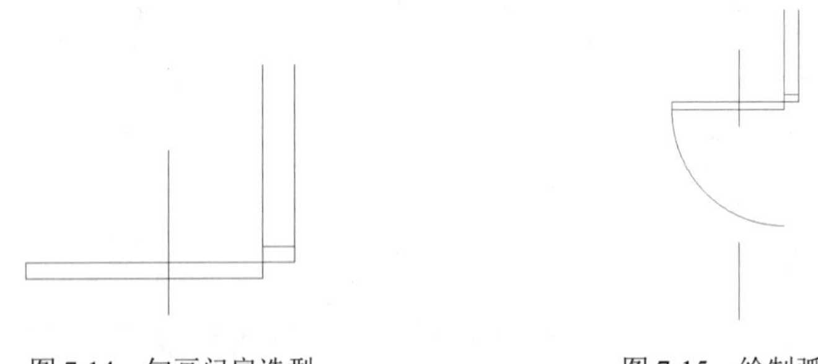

图7-14 勾画门扇造型　　图7-15 绘制弧线

（5）单击“修改”工具栏中的“镜像”按钮，将步骤（4）绘制的门扇进行镜像得到双扇门扇造型，如图7-16所示。

（6）单击“修改”工具栏中的“镜像”按钮，将步骤（5）绘制的双扇门再进行镜像，得到两个方向可以开启的门扇造型，如图7-17所示。

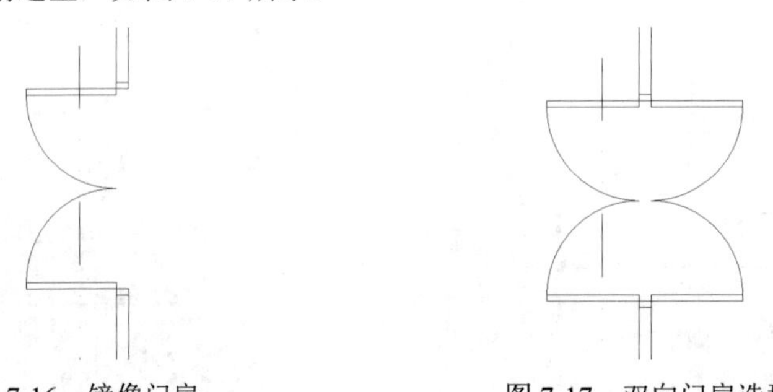

图7-16 镜像门扇　　图7-17 双向门扇造型

说明：两个方向可以开启的门扇即是双向门。

（7）单扇门和门洞造型可参照上述双扇门的方法绘制，如图 7-18 所示。

（8）办公室空间其他房间的门扇和门洞造型可按上述方法绘制，如图 7-19 所示。

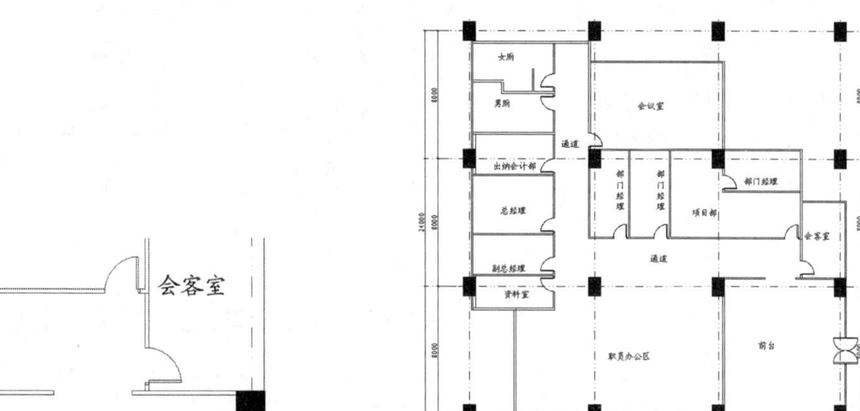

图 7-18　绘制单扇门和门洞　　图 7-19　绘制其他门扇

7.1.4　消火栓箱等消防辅助设施绘制

基于安全考虑，现代办公室中还有一些消防辅助设施需要绘制，如消火栓箱等。

（1）单击“绘图”工具栏中的“矩形”按钮，在墙体附近绘制消火栓箱造型轮廓，如图 7-20 所示。

（2）单击“修改”工具栏中的“修剪”按钮，对轮廓线内的线条进行修剪，如图 7-21 所示。

图 7-20　绘制消火栓箱轮廓　　图 7-21　修剪线条

（3）单击“修改”工具栏中的“偏移”按钮，偏移轮廓线形成消火栓箱外轮廓造型，如图 7-22 所示。

（4）单击“绘图”工具栏中的“直线”按钮和“修改”工具栏中的“偏移”按钮，绘制消火栓箱门扇造型，如图 7-23 所示。

图 7-22　偏移轮廓线　　图 7-23　绘制消火栓箱门扇

（5）单击“绘图”工具栏中的“圆弧”按钮和“直线”按钮，绘制开启形状的门扇造型，如图 7-24 所示。

Note

（6）至此，办公室未装修的建筑平面图绘制完成。缩放视图观察图形，保存图形，如图 7-25 所示。

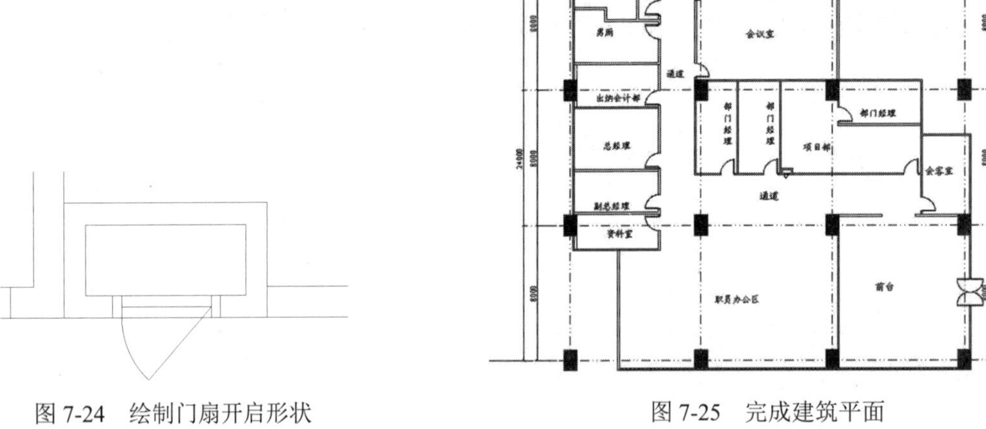

图 7-24　绘制门扇开启形状

图 7-25　完成建筑平面

说明：在图形绘制中要随时保存。

7.2　办公空间装饰图绘制

办公空间设计需要考虑多方面的问题，涉及科学、技术、人文、艺术等诸多因素。空间就是布局、格局，也即是指对空间的物理和心理分割。办公空间室内设计的最大目标就是要为工作人员创造一个舒适、方便、卫生、安全、高效的工作环境，以便更大限度地提高员工的工作效率。这一目标在当前商业竞争日益激烈的情况下显得更加重要，它是办公空间设计的基础，是办公空间设计的首要目标。其中“舒适”涉及建筑声学、建筑光学、建筑热工学、环境心理学和人类工效学等方面的学科；“方便”涉及功能流线分析，人类工效学等方面的内容；“卫生”涉及绿色材料、卫生学、给排水工程等方面的内容；“安全”问题则涉及建筑防灾，装饰构造等方面的内容。

7.2.1　概述

办公空间具有不同于普通住宅的特点，它是由办公、会议、走廊 3 个区域来构成内部空间使用功能的，从有利于办公组织以及采光通风等角度考虑，其进深通常以 8～12m 为基本尺寸。办公室主要有总经理室、副总经理室、部门经理室、会计室等，还有办公配套用房如前台、会议室、接待室（会客室）、资料室和卫生间等。其装修设计关键是各个房间相应的家具设施安排和布局方式，设计方法与前面相关建筑的装修图绘制方法类似。

办公空间设计的首要目标是以人为本。在国外，商务是随着商业而发展起来的，商业则是从生产车间发展起来的。随着社会的发展，为了会见客户和进行管理的需要，办公空间开始从生产空间里分离出来，并逐渐搬近市中心，开始形成自己专门的商务区，现代的写字楼模式开始形成。根据社会的发展状况，写字楼将迎来空间形态大小兼顾、硬件标准日趋超前、服务理念具有针对性的时代。尤其随着新世纪科技的进步以及人们思想观念的转变，工作环境的舒适与否将变得越来越重要。上班族对现代办公环境的设计要求越来越高，办公智能化和办公空间环境的人性化将成为主流。

下面介绍办公室装饰平面的设计相关知识及其绘图方法与技巧。绘制流程图如图 7-26 所示。

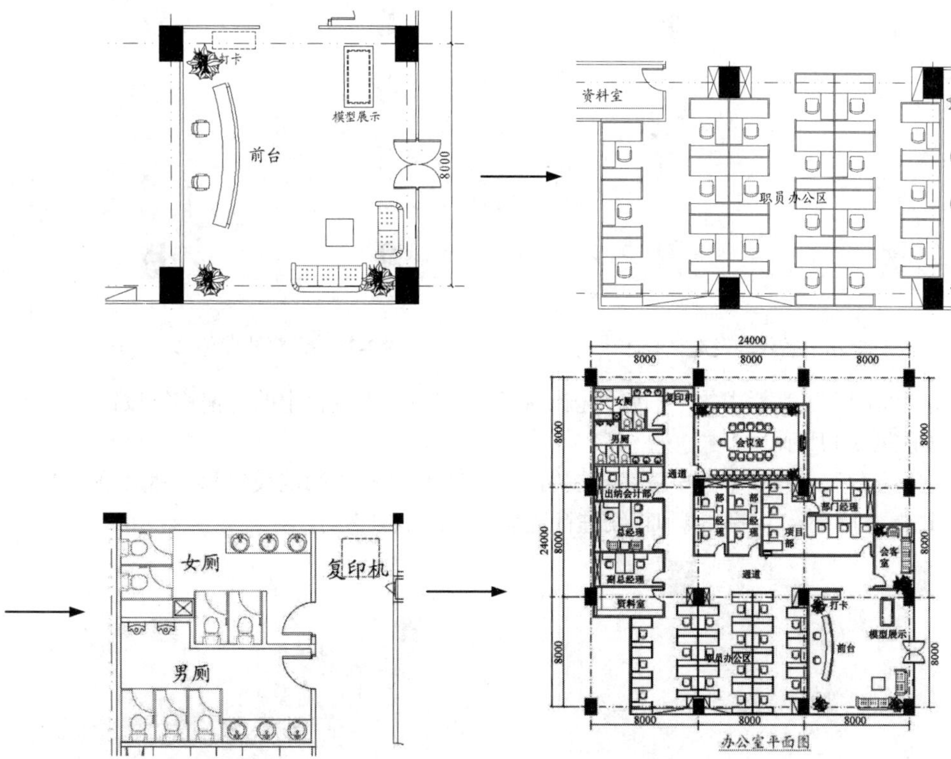

图 7-26　绘制办公空间装饰图

操作步骤：（光盘\动画演示\第 7 章\办公空间装饰图.avi）

7.2.2　前台门厅平面装饰设计

前台门厅是进入各个办公室的主要入口，也是客人对公司形象产生第一印象的地方。

（1）还没有进行家具布置前的前台门厅空间平面，如图 7-27 所示。

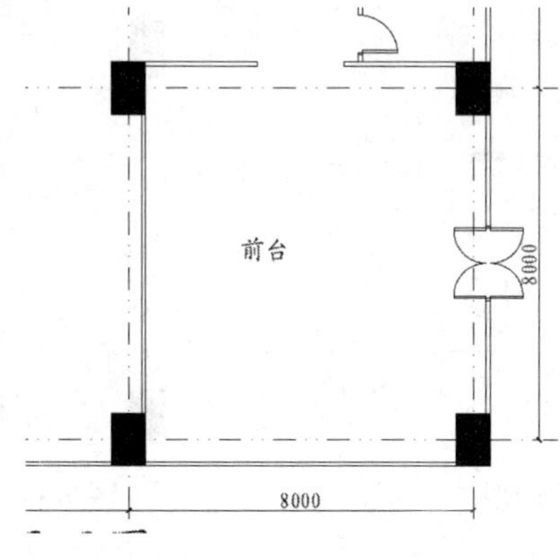

图 7-27　前台门厅平面

（2）单击“绘图”工具栏中的“插入块”按钮，将沙发插入到前台门厅，如图 7-28 所示。

（3）若插入的位置不合适，单击“修改”工具栏中的“移动”按钮，则可以对其位置进行调整，如图 7-29 所示。

Note

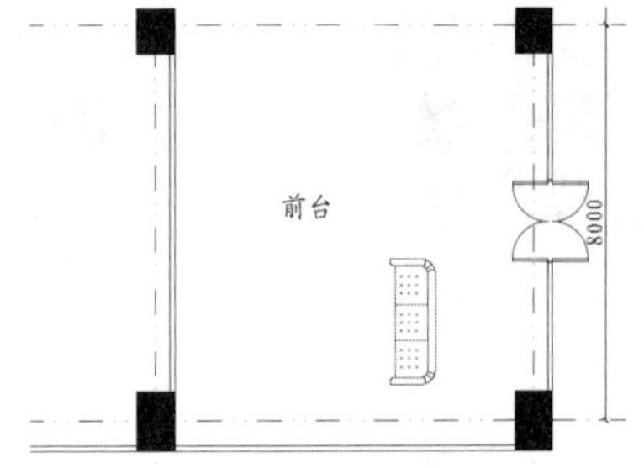

图 7-28　插入沙发造型

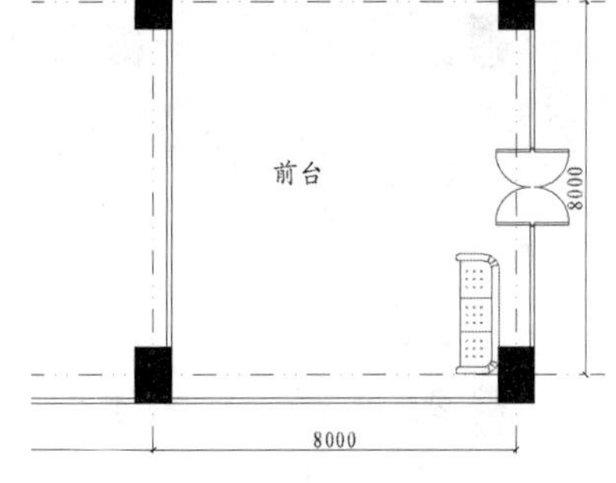

图 7-29　调整沙发位置

（4）单击“绘图”工具栏中的“圆弧”按钮和“修改”工具栏中的“偏移”按钮，绘制弧形前台轮廓，如图 7-30 所示。

（5）单击“绘图”工具栏中的“直线”按钮，在弧线两端绘制端线轮廓。然后单击“修改”工具栏中的“镜像”按钮，将弧线和直线进行镜像，如图 7-31 所示。

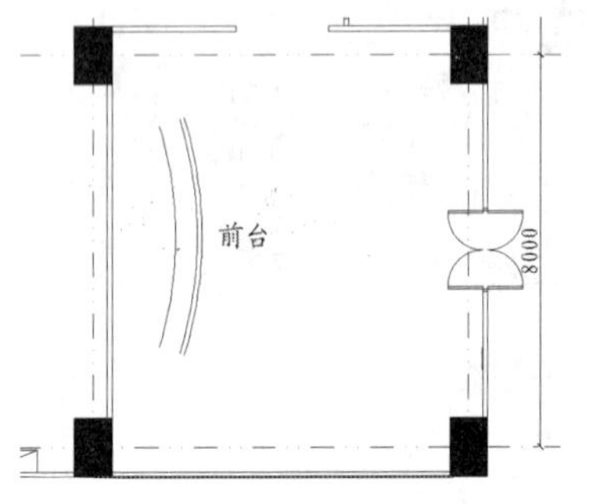

图 7-30　绘制前台轮廓

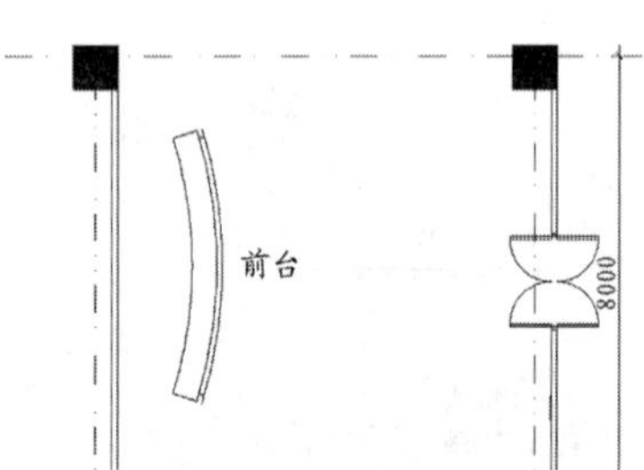

图 7-31　绘制端线

（6）单击“绘图”工具栏中的“插入块”按钮，插入两个椅子造型，如图 7-32 所示。

（7）单击“绘图”工具栏中的“插入块”按钮，在前台门厅下角布置沙发与茶几组合造型，如图 7-33 所示。

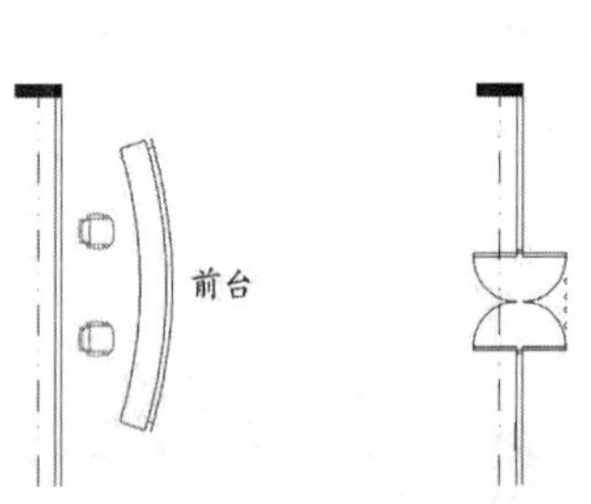

图 7-32　插入椅子造型

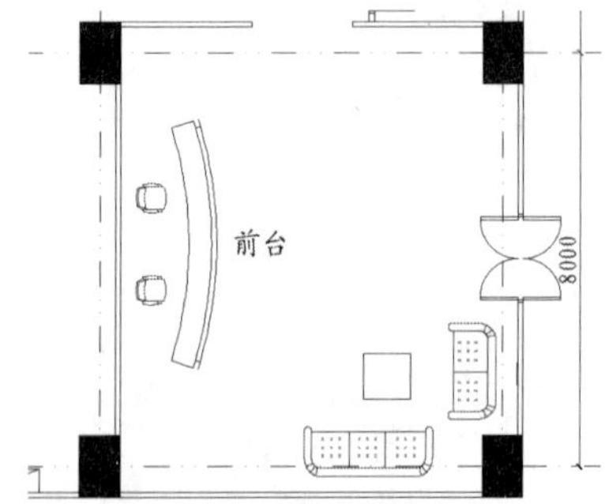

图 7-33　布置沙发茶几

（8）单击“绘图”工具栏中的“多段线”按钮，在门厅前台上方布置考勤打卡机和一个模型展示区域，如图 7-34 所示。

（9）单击“绘图”工具栏中的“插入块”按钮，布置一些花草进行美化，完成前台门厅装饰设计，如图 7-35 所示。

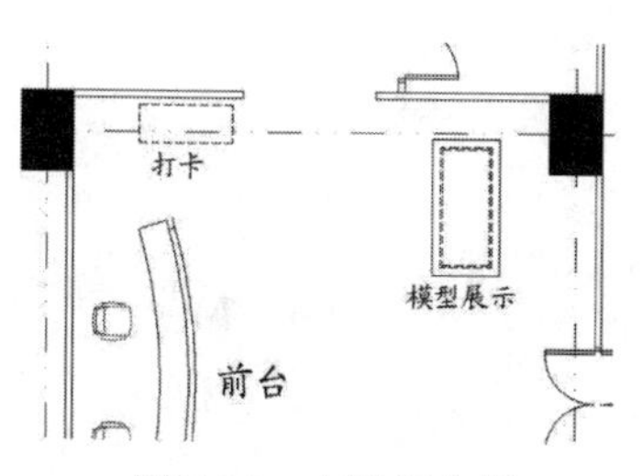

图 7-34　布置打卡机

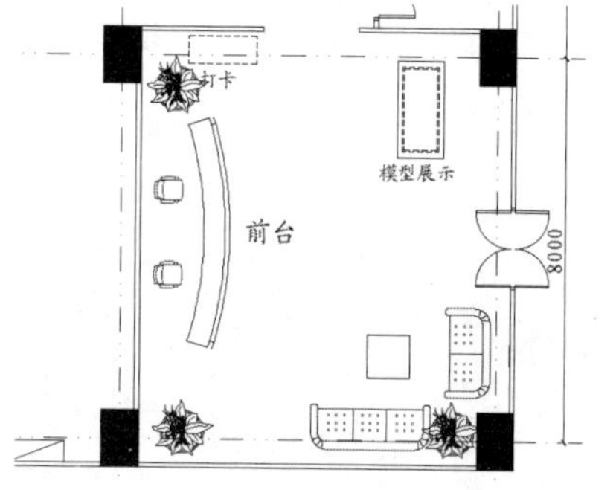

图 7-35　布置花草

7.2.3　办公室和会议室等房间平面装饰设计

一个公司的办公空间，除了前台门厅外，一般还有多间办公室、一至二间会议室、出纳会计室和会客室以及资料室等各种功能的房间。

（1）单击“绘图”工具栏中的“多行文字”按钮，按照功能相应安排各个功能房间的平面位置，标注相应的房间名称，如图 7-36 所示。

（2）单击“绘图”工具栏中的“插入块”按钮，插入两个沙发造型，然后单击“绘图”工具栏中的“矩形”按钮，并绘制一个茶几。布置会客室，如图 7-37 所示。

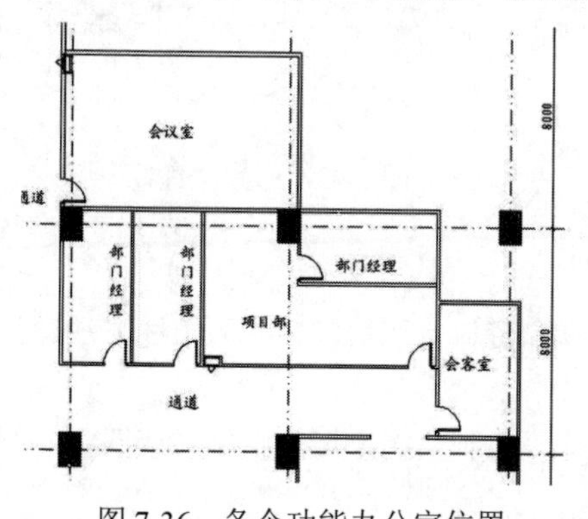

图 7-36　各个功能办公室位置

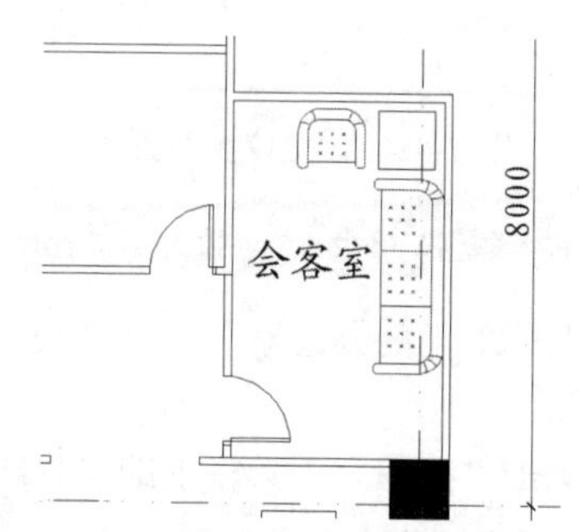

图 7-37　会客室设计

（3）单击“绘图”工具栏中的“插入块”按钮，插入花草对会客室进行装饰，如图 7-38 所示。

（4）局部缩放视图，对项目部区域办公室进行设计，如图 7-39 所示。

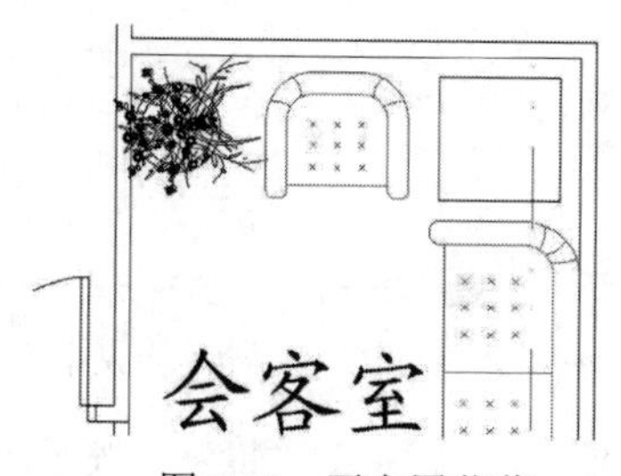

图 7-38　再布置花草

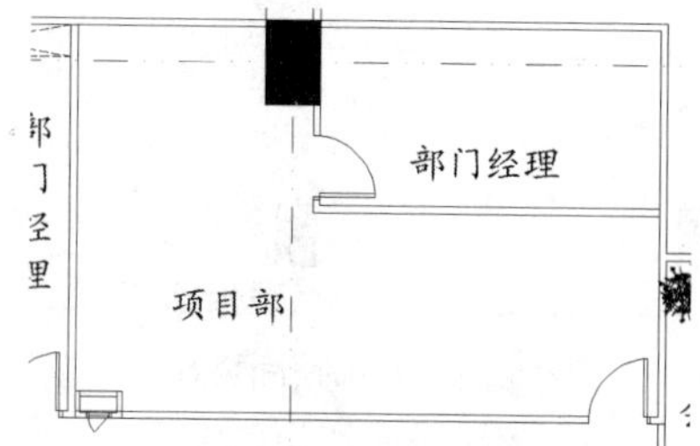

图 7-39　项目部办公室区域

（5）单击“绘图”工具栏中的“矩形”按钮，在适当的位置绘制办公桌造型，如图 7-40 所示。

（6）单击“绘图”工具栏中的“插入块”按钮，在适当的位置插入办公椅造型。

Note

（7）单击“修改”工具栏中的“复制”按钮，根据项目部办公平面的范围，布置办公桌和椅子，如图 7-41 所示。

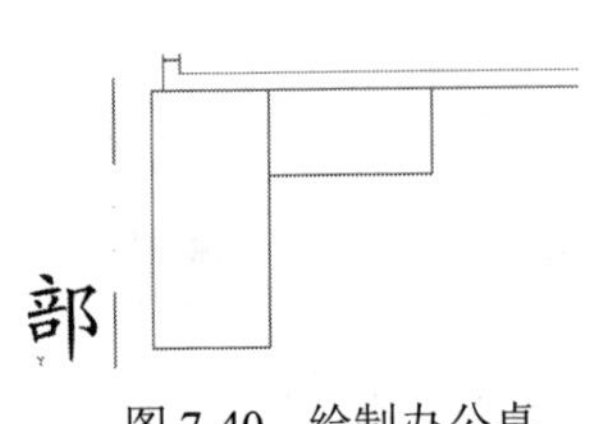

图 7-40　绘制办公桌

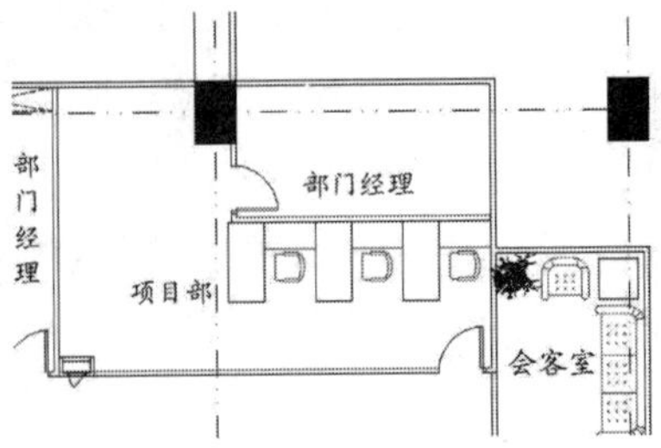

图 7-41　布置项目部办公室

（8）单击“修改”工具栏中的“旋转”按钮，旋转复制办公桌和椅子，在另外一个方向布置办公桌，如图 7-42 所示。

（9）单击“绘图”工具栏中的“矩形”按钮和“直线”按钮，在其他空闲地方安排办公文件柜，最后完成整个项目部的平面设计，如图 7-43 所示。

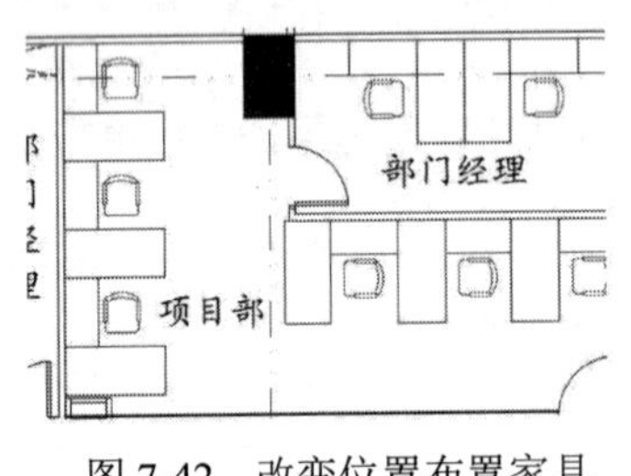

图 7-42　改变位置布置家具

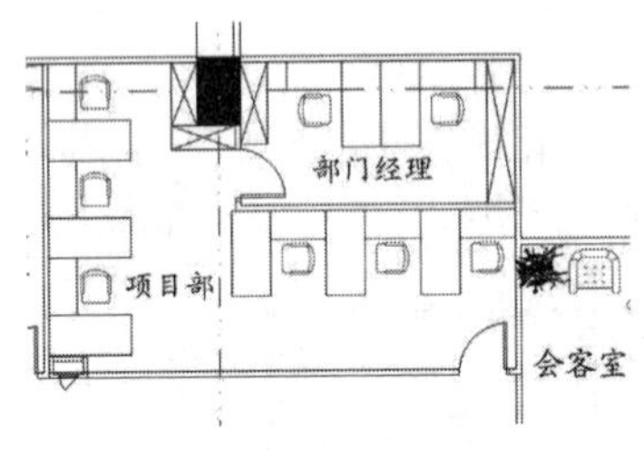

图 7-43　布置文件柜

说明：办公文件柜大小一般为 450mm×1200mm。

（10）其他部门的办公室，如总经理、部门经理和资料室等房间，参照上述方法进行装饰设计，如图 7-44 所示。

（11）单击“绘图”工具栏中的“直线”按钮，绘制会议桌造型轮廓，如图 7-45 所示。

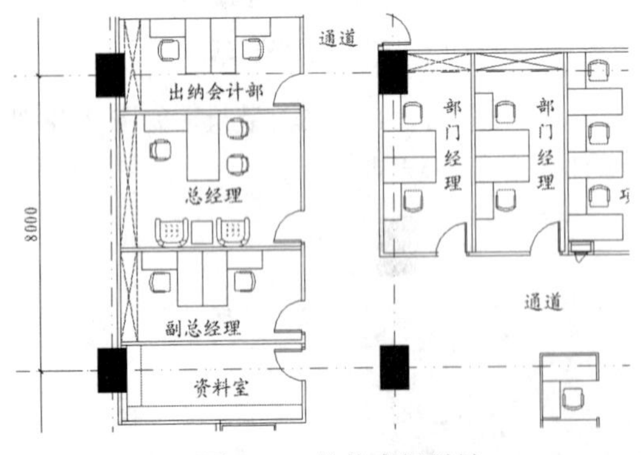

图 7-44　其他房间设计

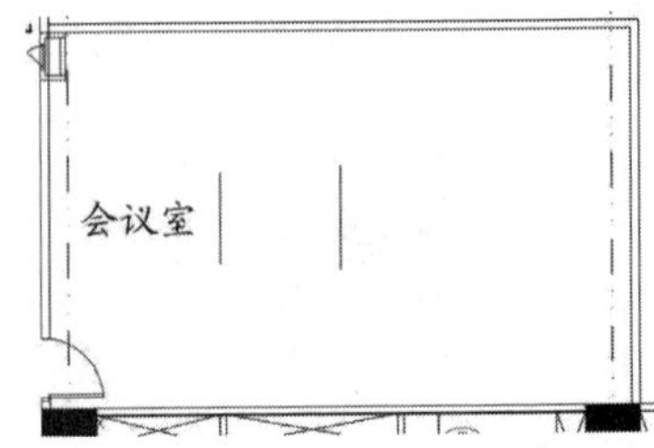

图 7-45　绘制会议桌轮廓

（12）单击“绘图”工具栏中的“圆弧”按钮和“修改”工具栏中的“镜像”按钮，绘制会议桌两边弧形边，如图 7-46 所示。

（13）单击“修改”工具栏中的“镜像”按钮，镜像得到整个会议桌造型，如图 7-47 所示。

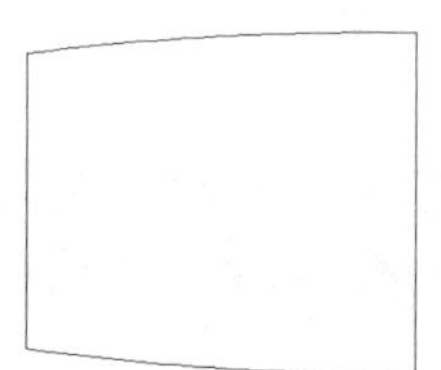

图 7-46　绘制弧形边

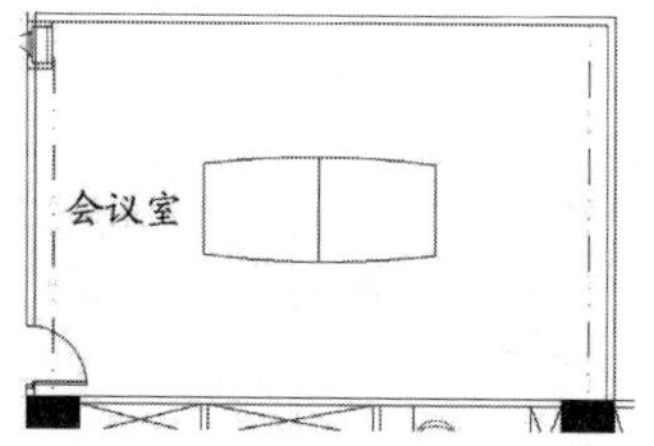

图 7-47　得到会议桌造型

（14）单击“绘图”工具栏中的“插入块”按钮，在会议室中插入椅子，如图 7-48 所示。

（15）单击“修改”工具栏中的“旋转”按钮，将椅子通过旋转和复制布置会议室的全部椅子，如图 7-49 所示。

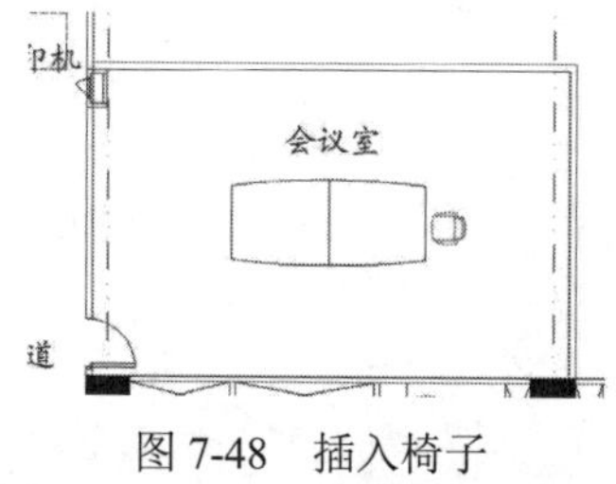

图 7-48　插入椅子

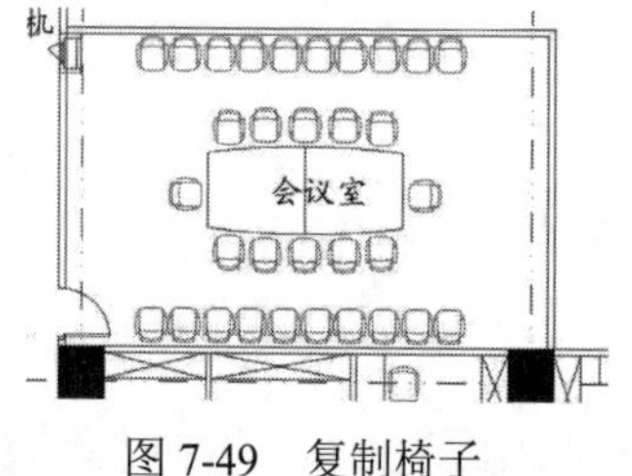

图 7-49　复制椅子

说明：此会议室比较大，能容纳近 30 人左右。

（16）单击“绘图”工具栏中的“直线”按钮，在会议室右端绘制电视柜造型。单击“绘图”工具栏中的“插入块”按钮，在相应的地方插入电视和花草等设施造型，如图 7-50 所示。

（17）完成会议室的装饰设计布局，如图 7-51 所示。

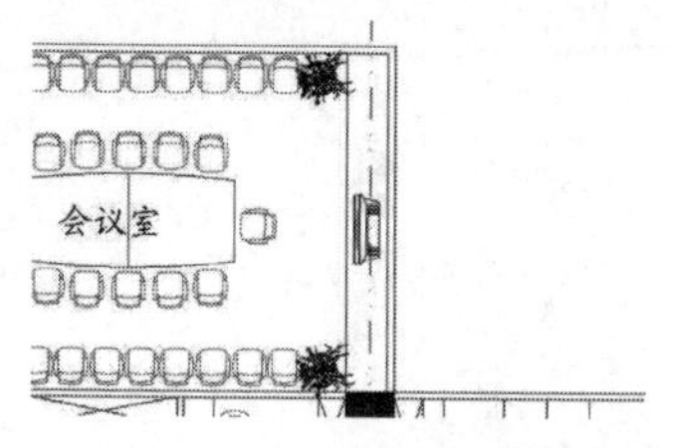

图 7-50　绘制电视柜造型

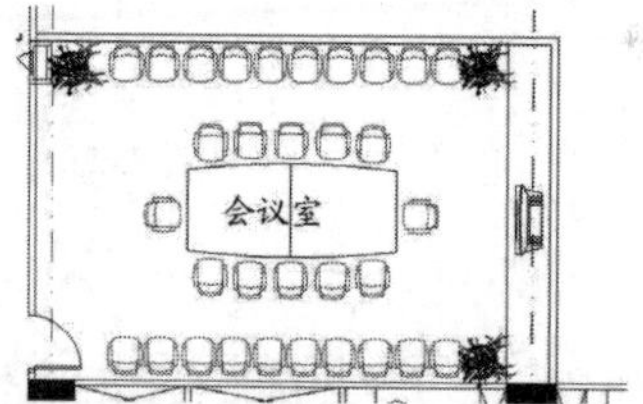

图 7-51　完成会议室布局

（18）对公共办公区（普通员工办公区）空间平面进行设计，如图 7-52 所示。

（19）单击“修改”工具栏中的“复制”按钮，复制前面所绘制的办公桌和椅子造型，如图 7-53 所示。

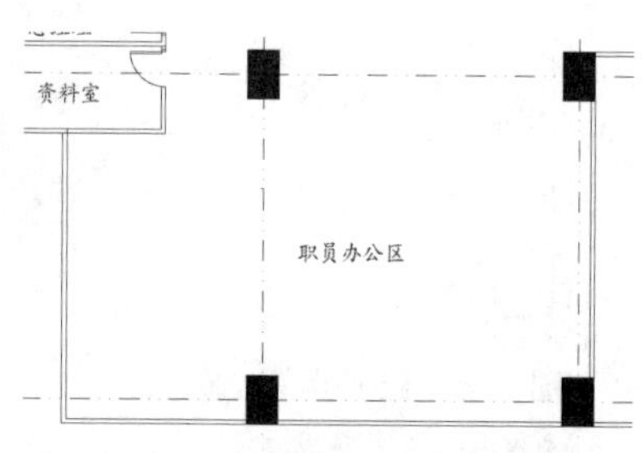

图 7-52　员工办公区空间平面

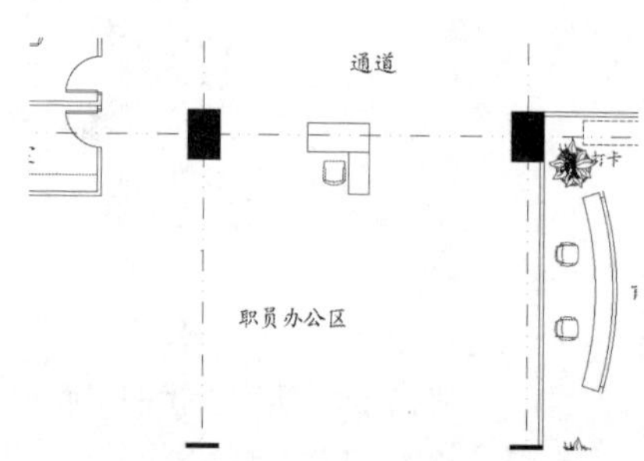

图 7-53　复制一个办公桌

（20）单击“绘图”工具栏中的“多段线”按钮，在办公桌外侧勾画隔间轮廓造型和矮柜造型，如图 7-54 所示。

（21）单击“修改”工具栏中的“镜像”按钮，以中间轴线为镜像线，将前面绘制的办公隔间轮廓进行镜像。然后单击“修改”工具栏中的“复制”按钮，根据空间平面进行办公隔间布置，如图 7-55 所示。

Note

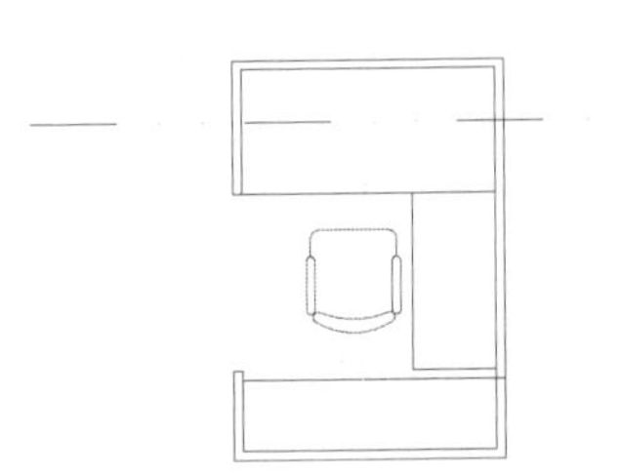

图 7-54　勾画办公隔间轮廓

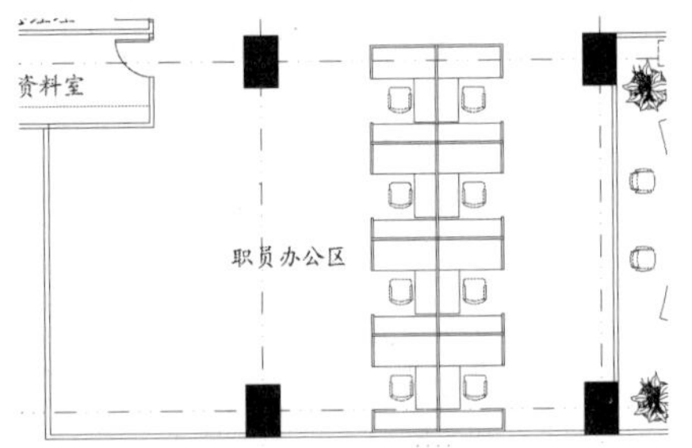

图 7-55　布置办公隔间

说明：每个办公隔间大小约 2200mm×1700mm。

（22）单击“绘图”工具栏中的“多段线”按钮，在空隙处布置文件柜造型，如图 7-56 所示。

（23）完成普通员工办公区空间平面设计，如图 7-57 所示。

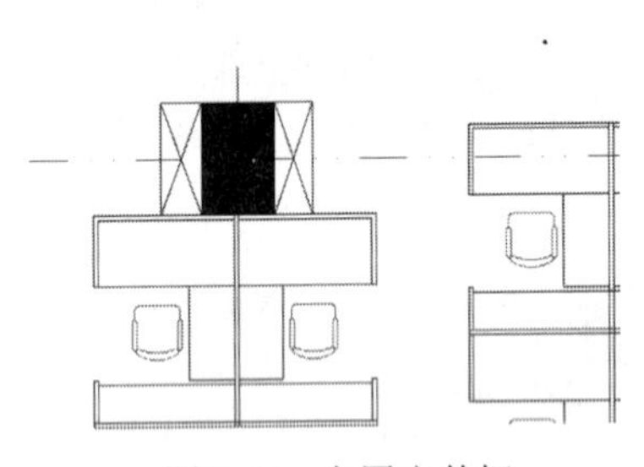

图 7-56　布置文件柜

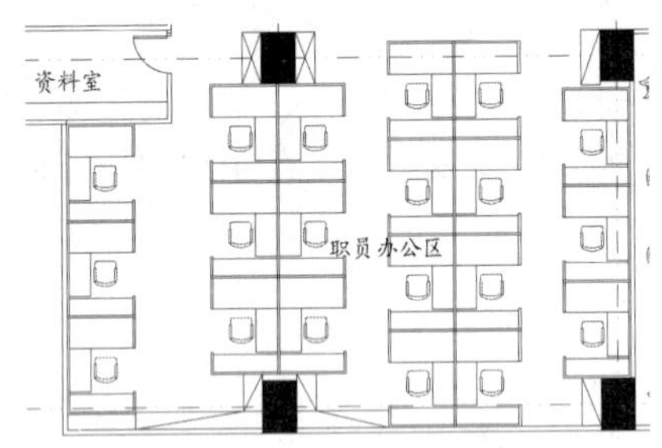

图 7-57　完成员工办公区设计

7.2.4　男女公共卫生间平面装饰设计

下面介绍办公室的男女公共卫生间平面装饰设计和布局安排。

（1）按性别安排男女卫生间空间平面位置，如图 7-58 所示。

（2）单击“绘图”工具栏中的“多段线”按钮，绘制卫生间隔间轮廓，如图 7-59 所示。

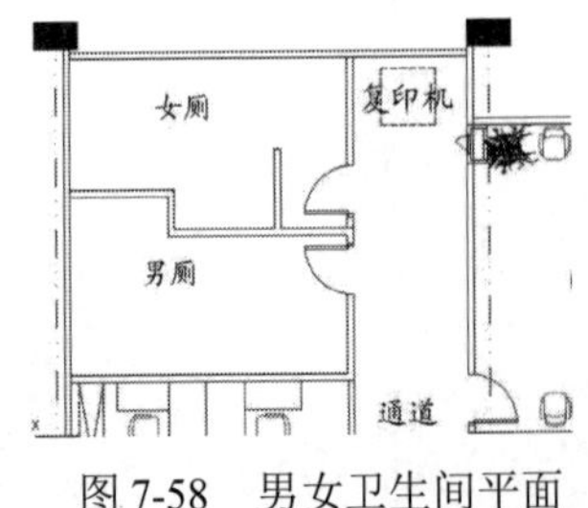

图 7-58　男女卫生间平面

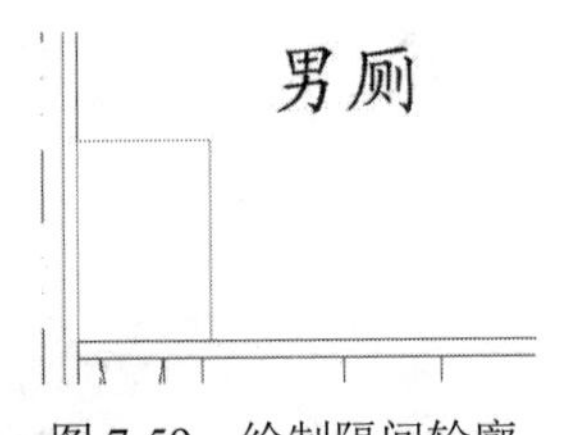

图 7-59　绘制隔间轮廓

说明：卫生间内开门大小约 1400mm×1200mm。

（3）单击“绘图”工具栏中的“直线”按钮，在轮廓内侧绘制隔间的隔断墙体，如图 7-60 所示。

（4）单击“绘图”工具栏中的“矩形”按钮，创建隔间门扇轮廓，如图 7-61 所示。

（5）单击“绘图”工具栏中的“圆弧”按钮，勾画隔间门扇弧线，如图 7-62 所示。

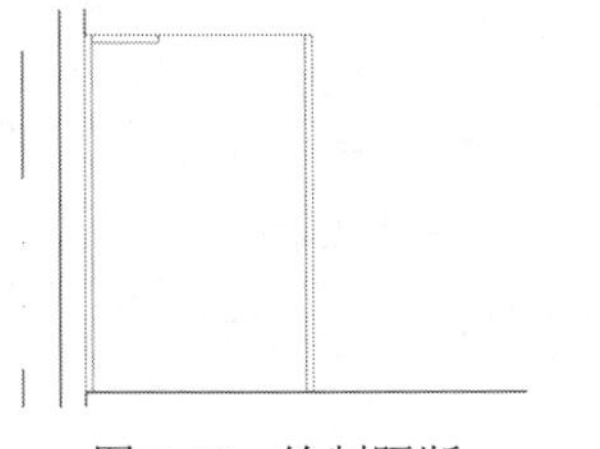

图 7-60　绘制隔断

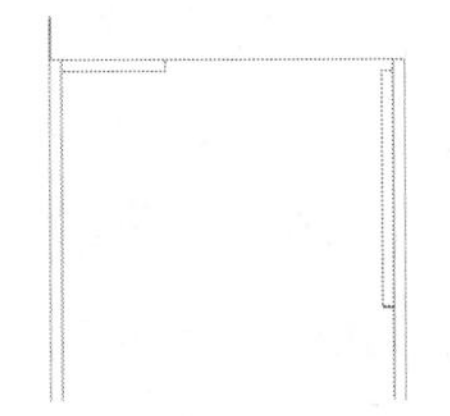

图 7-61　创建隔间门扇

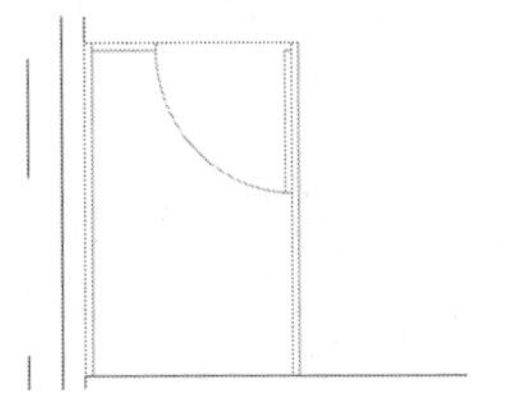

图 7-62　勾画门扇弧线

（6）单击“绘图”工具栏中的“矩形”按钮和“直线”按钮，在隔间的隔断内侧绘制手纸支架造型，如图 7-63 所示。

（7）单击“绘图”工具栏中的“插入块”按钮，在隔间内插入卫生洁具大便器造型，如图 7-64 所示。

（8）单击“修改”工具栏中的“复制”按钮，复制隔间得到多个隔间造型，如图 7-65 所示。

（9）单击“绘图”工具栏中的“插入块”按钮和“修改”工具栏中的“复制”按钮，布置小便器造型，如图 7-66 所示。

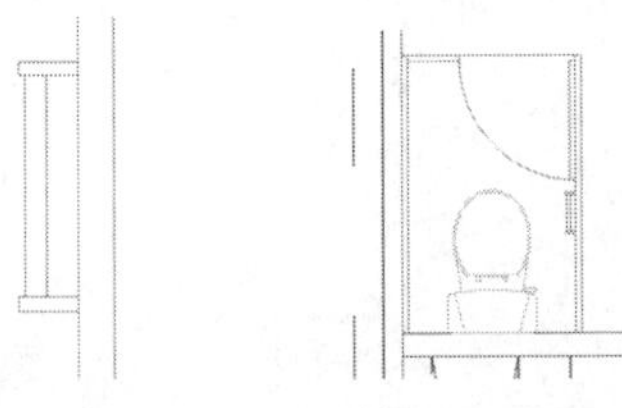

图 7-63　绘制支架

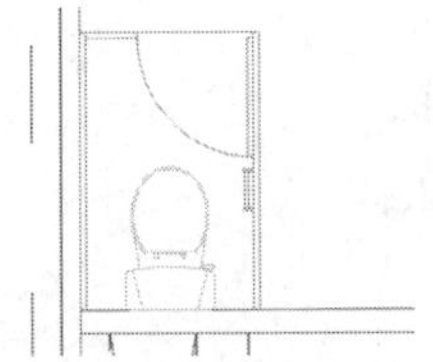

图 7-64　插入洁具

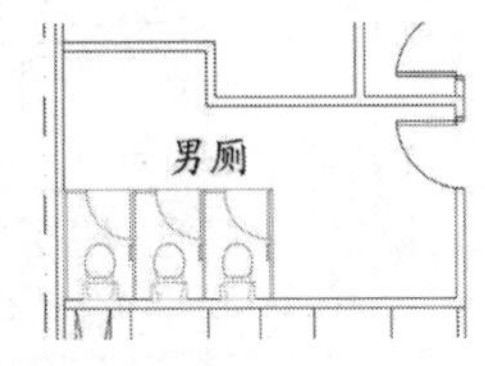

图 7-65　复制隔间

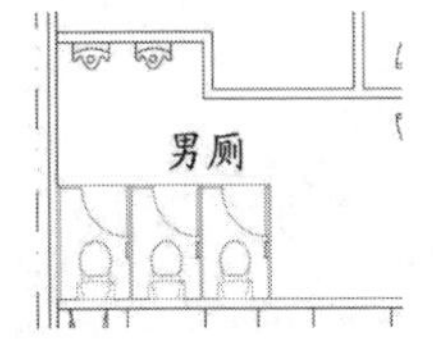

图 7-66　插入小便器

说明：小便器间距约 700mm。

（10）单击“绘图”工具栏中的“直线”按钮，创建洗手盆台面造型轮廓，如图 7-67 所示。

（11）单击“绘图”工具栏中的“插入块”按钮，插入洗手盆。单击“修改”工具栏中的“复制”按钮，复制并布置洗手盆，如图 7-68 所示。

（12）女厕的隔间和洗手盆造型按男厕的方法进行绘制和布置，如图 7-69 所示。

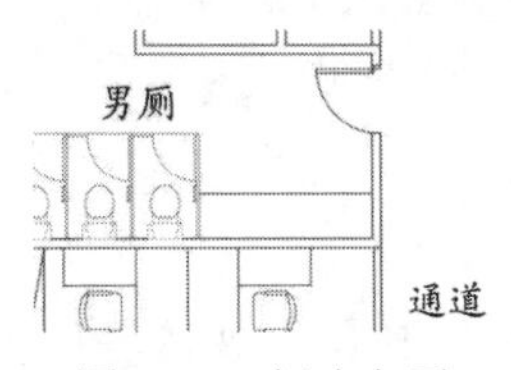

图 7-67　创建台面

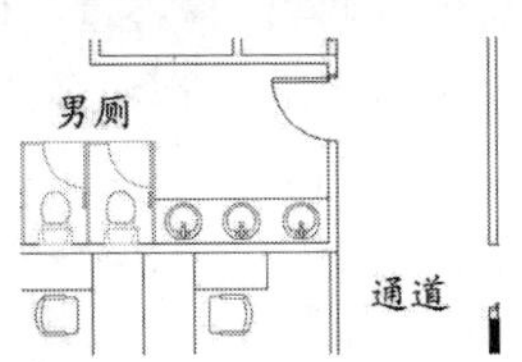

图 7-68　布置洗手盆

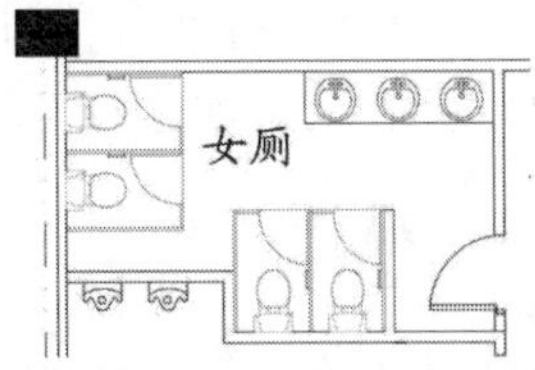

图 7-69　女厕设计

（13）单击“绘图”工具栏中的“多段线”按钮和“修改”工具栏中的“偏移”按钮，在女厕内绘制拖布池造型轮廓，如图 7-70 所示。

（14）单击“绘图”工具栏中的“直线”按钮和“圆”按钮，勾画拖布池内部的造型，如图 7-71 所示。

（15）完成男女卫生间的设计与布置，如图 7-72 所示。

Note

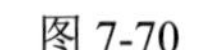

图 7-70　绘制拖布池

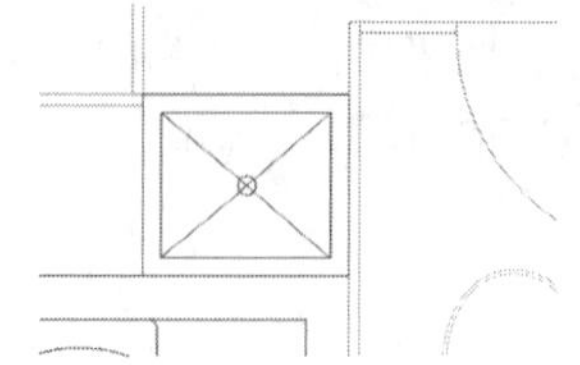

图 7-71　勾画拖布池造型

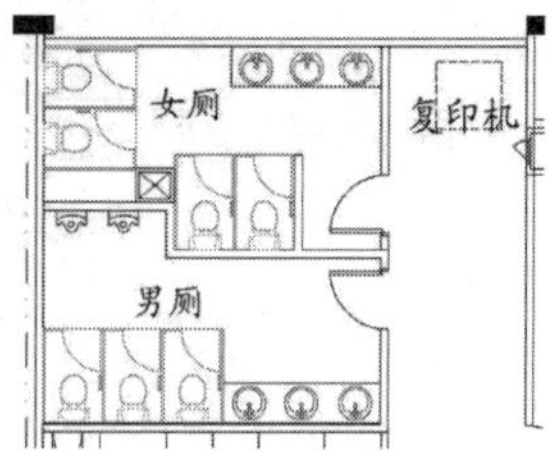

图 7-72　完成卫生间设计

（16）办公空间的平面装饰设计绘制完成，缩放视图观察，保存图形，如图 7-73 所示。

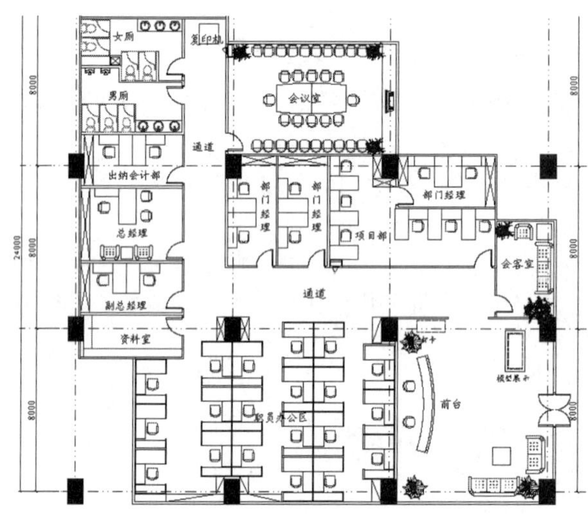

图 7-73　完成办公室平面设计

7.3　地面和天花等平面装饰图绘制

地面设计在室内、外整体建筑设计中的作用是不容忽视的。在人的视域中，地面的比例比较大，离人眼的距离比较近，因此它的造型往往给人比较直观。在地面设计中必须注意设计的整体效果，包括上下界面的组合、地面和空间的实用机能、图案和色彩的设计、材料的质感和功能等。总之地面的设计好坏，对整体室内环境的艺术质量与效果，具有举足轻重的作用。而办公室天花的装修材料较多，如轻钢龙骨石膏板天花、铝扣板天花和矿面板天花等，根据各个房间的性质选用。

7.3.1　概述

地面材料有天然石材地面（花岗岩、大理石）、水泥板块地面（水磨石、混凝土）、陶瓷板地面、木板地面、金属板地面、钢化玻璃地面和卷材地面（地毯、靼料、橡胶）。设计选择地面材料应注意以下几个方面：

（1）大量人流通过的地面，如门厅、共享大堂、过道等处可选用美观、耐磨与清洁的花岗岩、水磨石地面。

（2）安静、私密、休息的空间，可选用有良好消声和触感的地毯、橡胶地板等材料。

（3）厨房、卫生间等处，应用防滑、耐水、易清洗的地面，如缸砖、马赛克等材料。

说明：办公室的地面材料，多采用地毯、大理石和抛光砖等。

Note

而天花的装修材料较多，下面介绍几种供参考。

（1）轻钢龙骨石膏板天花

石膏天花板是以熟石膏为主要原料掺入添加剂与纤维制成，具有质轻、绝热、吸声、阻燃和可锯等性能。多用于商业空间科学，一般采用 600mm×600mm 规格，有明骨和暗骨之分，龙骨常用铝或铁。石膏板与轻钢龙骨相结合，便构成轻钢龙骨石膏板。轻钢龙骨石膏板天花有纸面石膏板、装饰石膏板、纤维石膏板、空心石膏板等多种。

说明：从目前来看，使用轻钢龙骨石膏板作隔断墙的较多，而用来做造型天花的也比较常见。

（2）夹板天花

夹板（也叫胶合板）具有材质轻、强度高、良好的弹性和韧性，耐冲击和振动、易加工和涂饰、绝缘等优点。它还能轻易地创造出弯曲的、圆的、方的等各种各样的造型天花。

（3）铝扣板天花

在厨房、厕所等容易脏污的地方使用，是目前的主流产品。

（4）其他类型

如彩绘玻璃天花，这种天花具有多种图形图案，内部可安装照明装置，但一般只用于局部装饰。

装修若用轻钢龙骨石膏板天花或夹板天花，在其面涂漆时，应用石膏粉封好接缝，然后用牛皮胶带纸密封后再打底层、涂漆。

7.3.2 地面装饰图设计

本小节介绍办公空间的地面装饰图绘制方法与相关技巧。绘制流程图如图 7-74 所示。

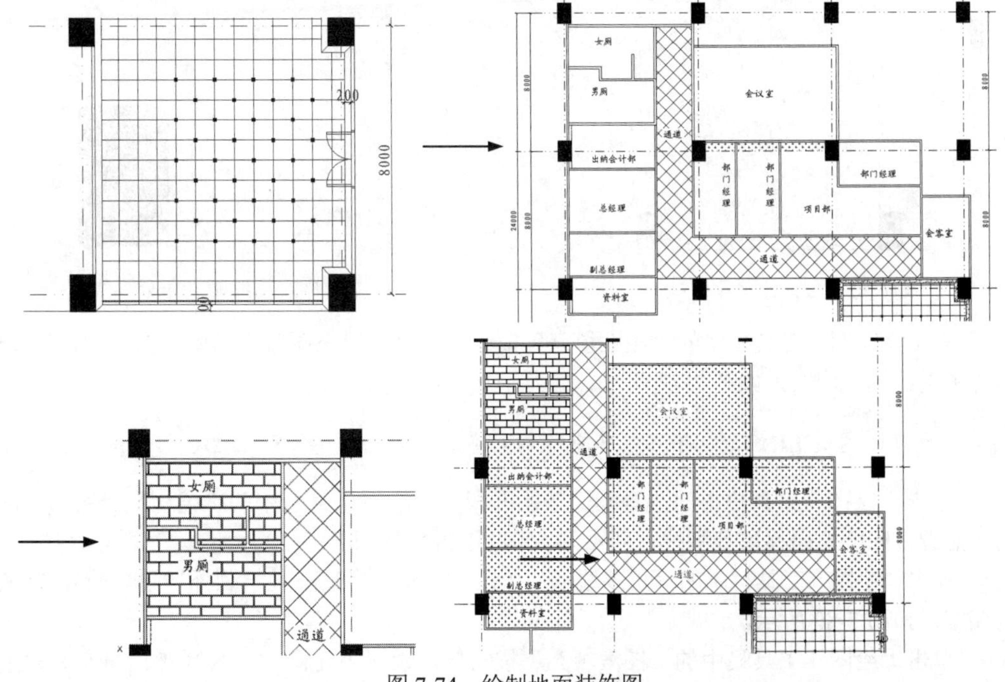

图 7-74 绘制地面装饰图

Note

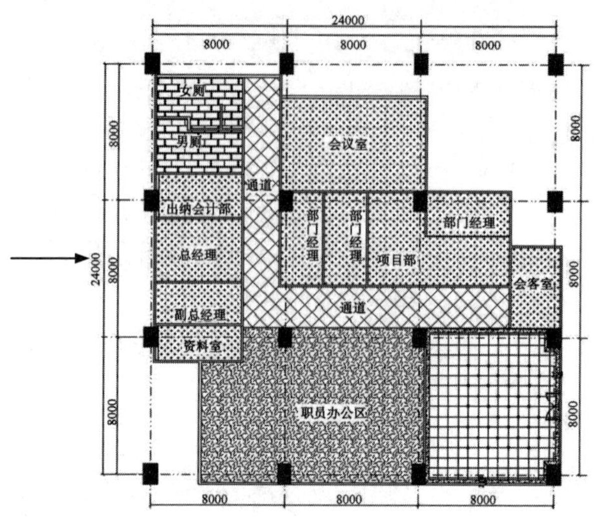

图 7-74　绘制地面装饰图（续）

操作步骤：（光盘\动画演示\第 7 章\地面装饰图.avi）

（1）单击“绘图”工具栏中的“多段线”按钮，先绘制前台门厅的地面，如图 7-75 所示。

> **说明：** 绘制不同材质地面分界轮廓线，其距离为距门厅各个墙体边的一定距离（通过偏移定位相同距离）。

（2）单击“绘图”工具栏中的“直线”按钮，在轮廓线转角处绘制分界线，如图 7-76 所示。

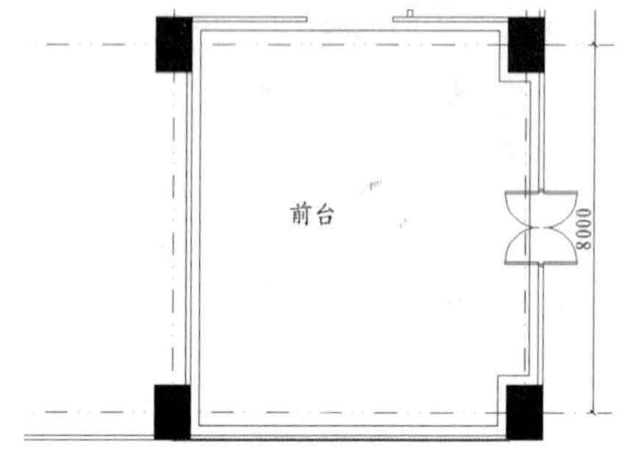

图 7-75　绘制分界轮廓线

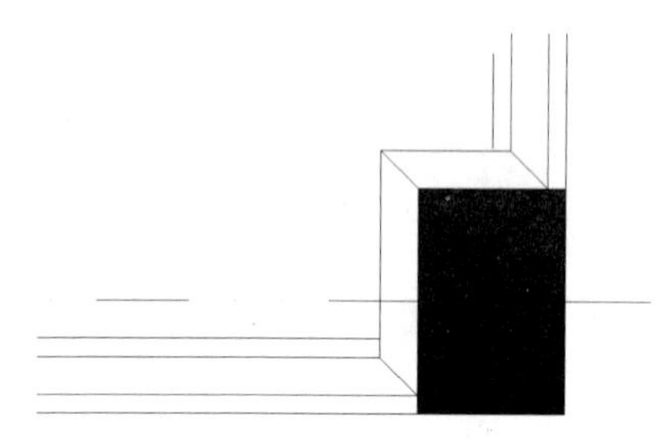

图 7-76　绘制转角分界线

（3）单击“绘图”工具栏中的“图案填充”按钮，设置填充图案为 AR-SAND，比例为 5。对轮廓线外侧进行填充图案，如图 7-77 所示。

> **说明：** 也可以通过 LINE、OFFSET 功能命令来完成。

（4）单击“绘图”工具栏中的“直线”按钮和“修改”工具栏中的“偏移”按钮，绘制水平方向和竖直方向的地面材质分割线，间距为 600，如图 7-78 和图 7-79 所示。

（5）单击“绘图”工具栏中的“正多边形”按钮，在网格交点处绘制外切圆半径为 50 的一个小方框图案，如图 7-80 所示。

（6）单击“绘图”工具栏中的“图案填充”按钮，设置填充图案为 SOLID。将小方框进行图案填充为实心图，如图 7-81 所示。

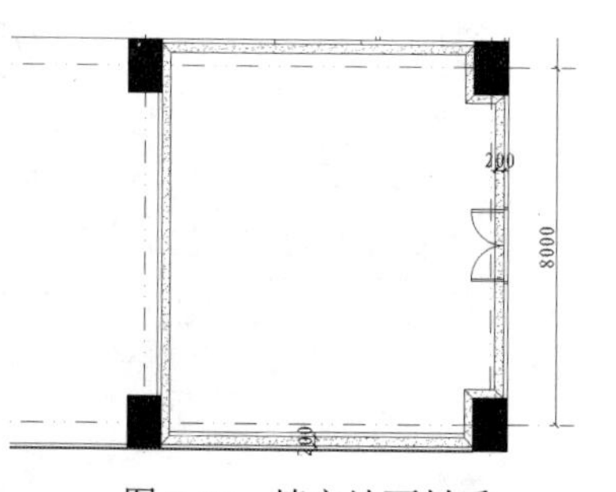

图 7-77　填充地面材质

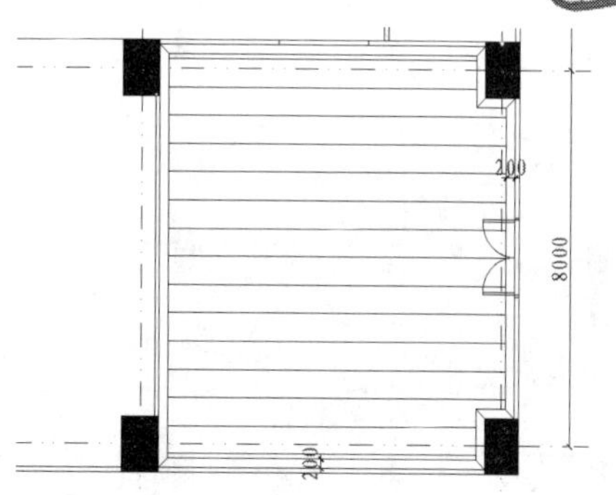

图 7-78　绘制水平分割线

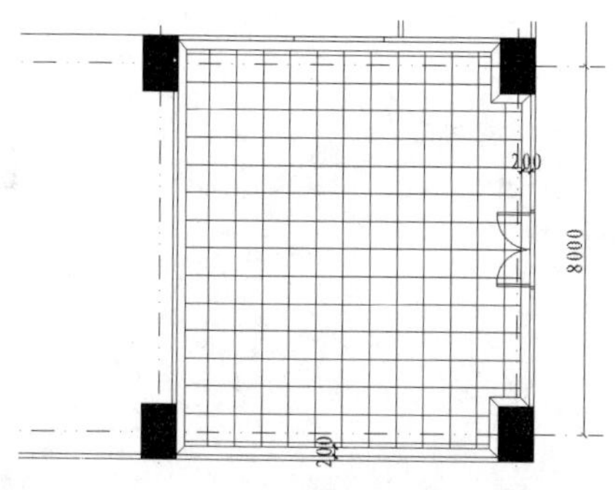

图 7-79　绘制竖直分割线

图 7-80　绘制小方框

（7）单击“修改”工具栏中的“复制”按钮，将填充好的小方框复制到适当的位置，完成前台门厅地面绘制，如图 7-82 所示。

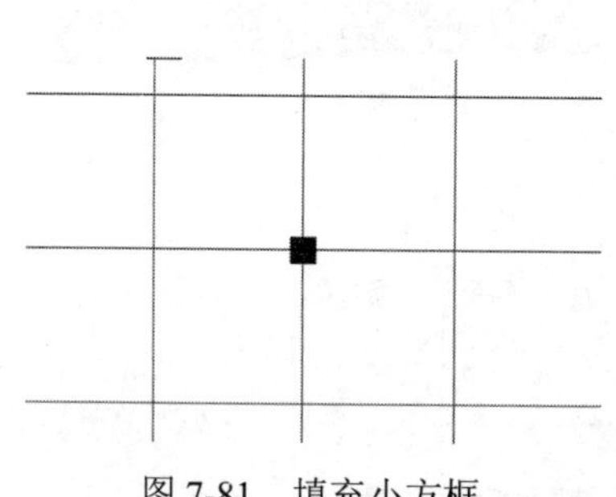

图 7-81　填充小方框

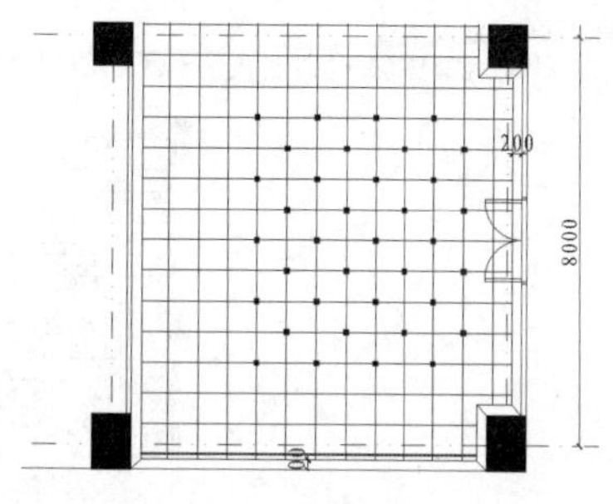

图 7-82　创建地面造型

说明：根据设计形状创建前台门厅地面装修造型效果。

（8）单击“绘图”工具栏中的“图案填充”按钮，设置填充图案为 ANSI37，角度为 0，比例为 150。对公共走道填充地砖造型，如图 7-83 所示。

（9）单击“绘图”工具栏中的“图案填充”按钮，设置填充图案为 AR-B816，角度为 0，比例为 2。对卫生间铺设条形地砖，如图 7-84 所示。

（10）单击“绘图”工具栏中的“图案填充”按钮，设置填充图案为 CROSS，角度为 0，比例为 30。对其他办公房间内铺设地毯地面，如图 7-85 所示。

（11）单击“绘图”工具栏中的“图案填充”按钮，设置填充图案为 HOUND，角度为 0，比例为 100。对员工公共办公区域进行地面造型，如图 7-86 所示。

Note

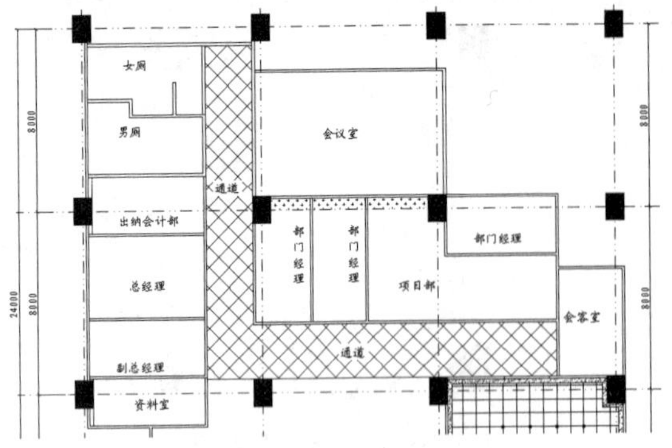

图 7-83　走道地面设计

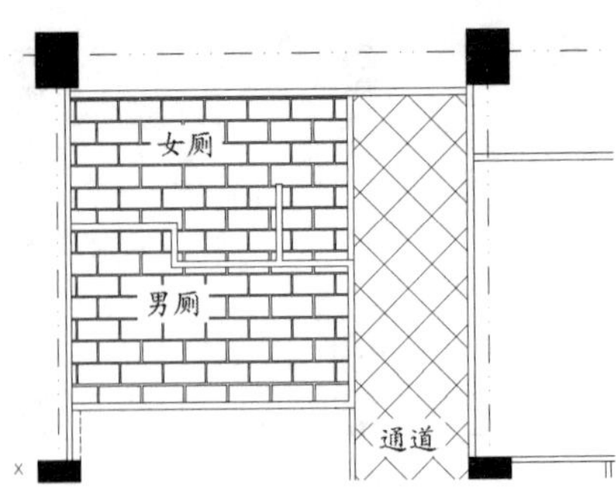

图 7-84　卫生间地面设计

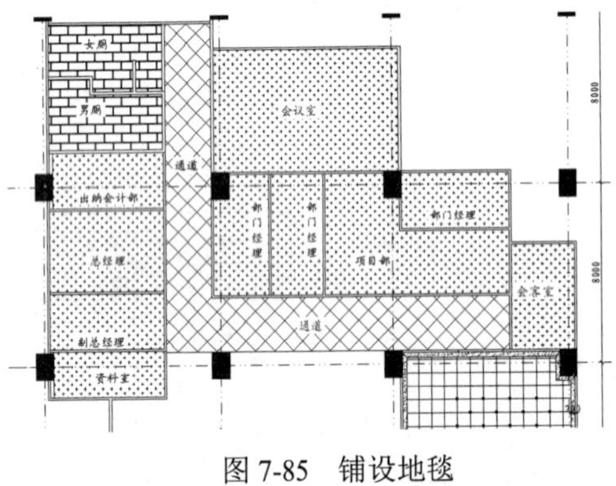

图 7-85　铺设地毯

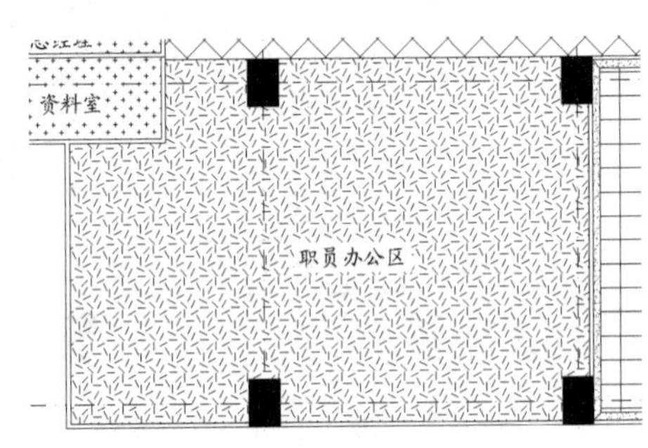

图 7-86　铺设员工区域地面

（12）单击“绘图”工具栏中的“多行文字”按钮A，对各个区域进行文字说明，如图 7-87 所示。

说明：可以引出标注各种文字，对装修采用的材料进行说明，在此从略。

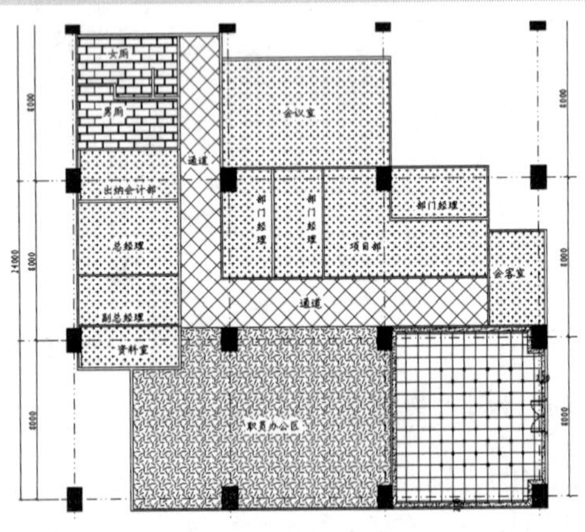

图 7-87　完成地面绘制

7.3.3　天花平面装饰图设计

本小节将介绍办公空间的天花平面装饰图绘制方法与相关技巧。绘制流程图如图 7-88 所示。

操作步骤：（光盘\动画演示\第 7 章\天花平面装饰图.avi）

（1）单击“绘图”工具栏中的“多段线”按钮，对前台门厅吊顶造型进行设计，如图 7-89 所示。

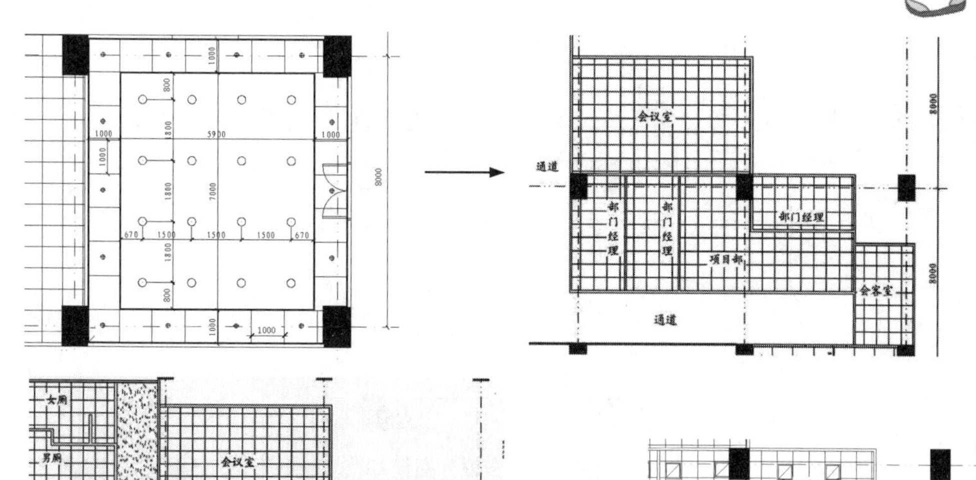

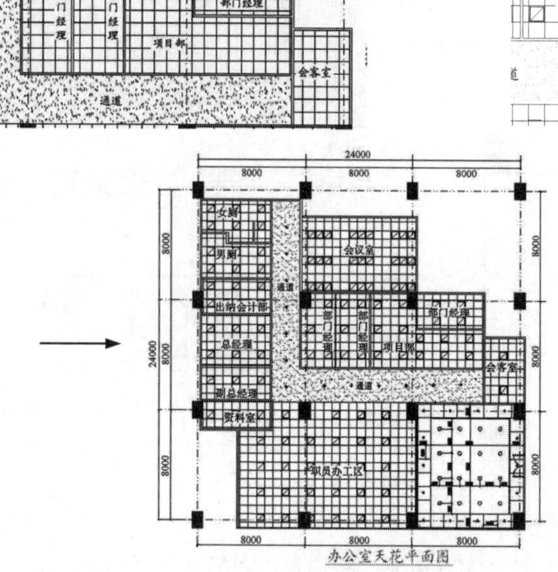

图 7-88　绘制天花平面装饰图

（2）单击“绘图”工具栏中的“直线”按钮和“修改”工具栏中的“偏移”按钮，偏移距离为 1000。对天花造型外圈进行分割，如图 7-90 所示。

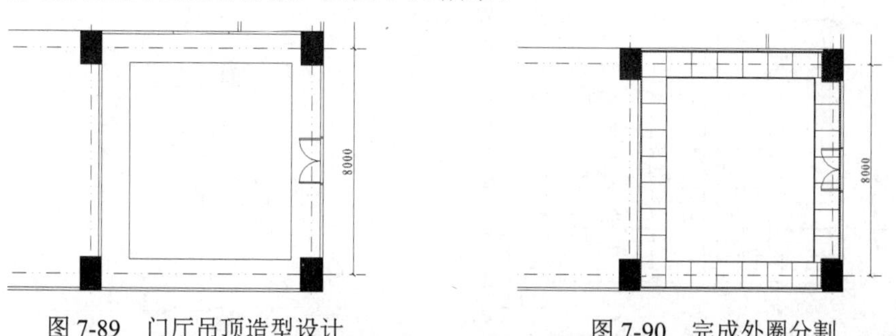

图 7-89　门厅吊顶造型设计　　　　图 7-90　完成外圈分割

（3）单击“绘图”工具栏中的“插入块”按钮，插入灯具设施，然后单击“修改”工具栏中

Note

的“复制”按钮，将灯具复制到适当的位置。布置外圈吊顶筒灯造型，如图 7-91 所示。

说明：按一定规律布置灯具。

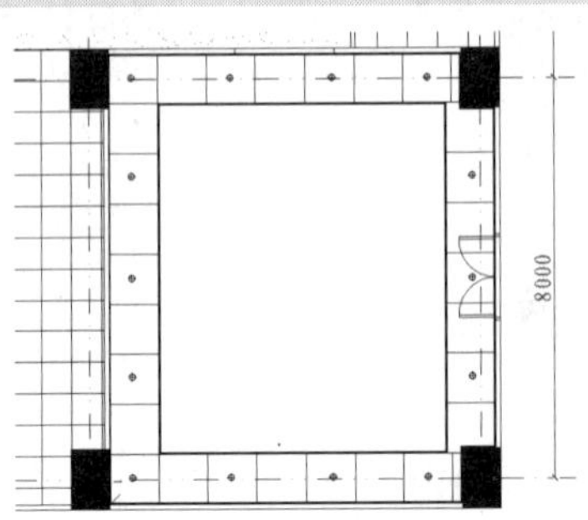

图 7-91　布置外圈筒灯

（4）单击“绘图”工具栏中的“插入块”按钮，在适当的位置插入灯具设施，然后单击“修改”工具栏中的“复制”按钮，完成内圈吊顶造型灯布置，如图 7-92 所示。

（5）单击“绘图”工具栏中的“图案填充”按钮，设置填充图案为 ANSI37，角度为 45，比例为 200。对各个办公室房间、卫生间和职员办公区域的吊顶采用矿棉板吊顶，如图 7-93 所示。

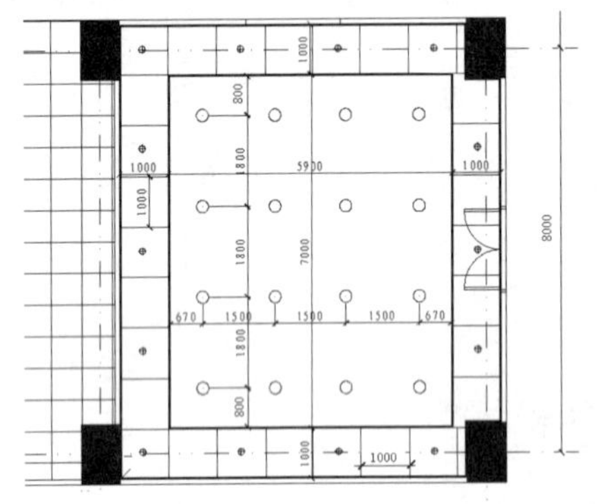

图 7-92　布置内圈造型灯

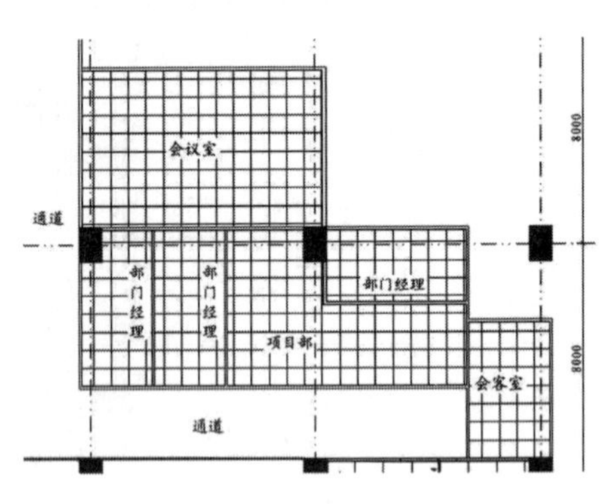

图 7-93　布置其他房间吊顶

（6）单击“绘图”工具栏中的“图案填充”按钮，设置填充图案为 AR-SAND，角度为 0，比例为 20。办公室公共走道的吊顶采用石膏板，如图 7-94 所示。

（7）单击“绘图”工具栏中的“插入块”按钮和“修改”工具栏中的“复制”按钮，布置相关房间的照明灯造型，如图 7-95 所示。

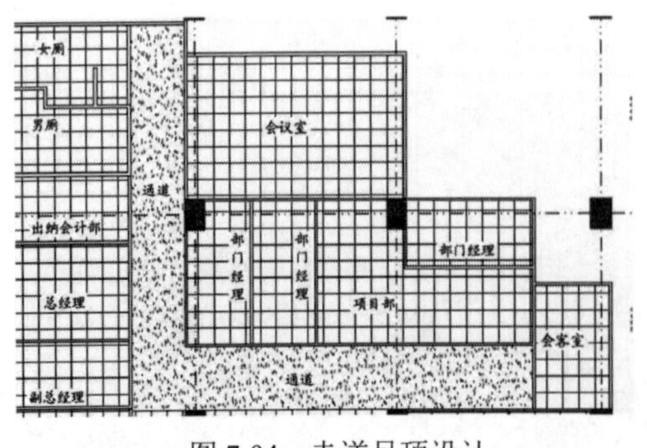

图 7-94　走道吊顶设计

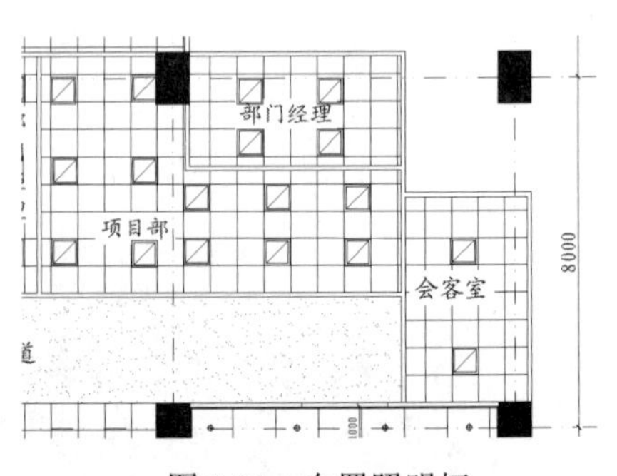

图 7-95　布置照明灯

说明：灯具采用隔栅灯造型。

（8）单击“绘图”工具栏中的“插入块”按钮和“修改”工具栏中的“复制”按钮，在走道吊顶上布置筒灯，如图 7-96 所示。

（9）完成办公室吊顶图绘制，如图 7-97 所示。

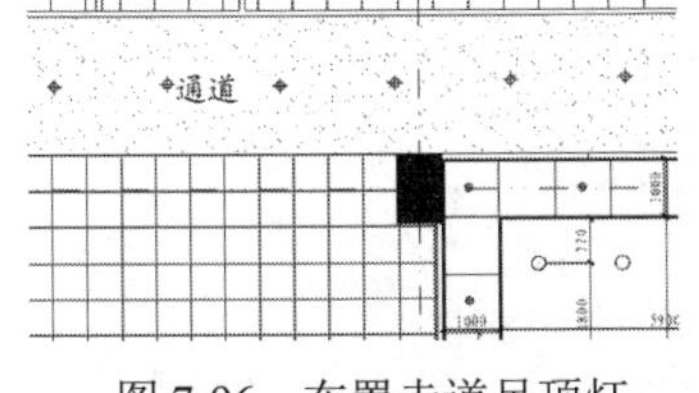

图 7-96 布置走道吊顶灯

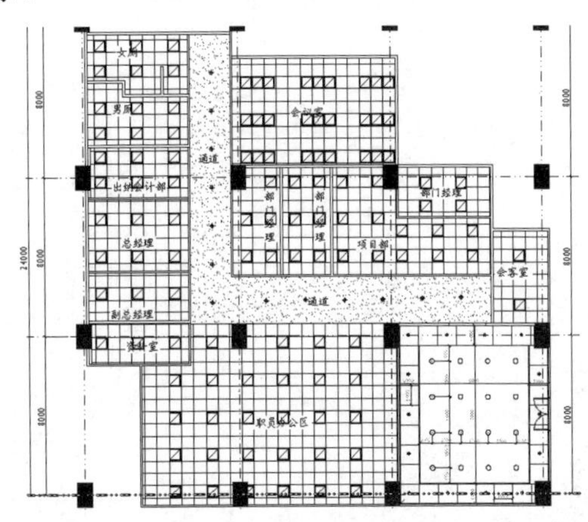

图 7-97 完成天花设计

说明：根据做法使用折线引出，标注相应的说明文字，在此从略。同时要注意及时保存图形。

7.4 办公空间立面和节点大样图设计

立面设计应以满足功能为基础，与平面布局有机结合。设计中可充分利用各种几何线条来塑造立面效果。同时立面设计也应考虑到动态透视效果，以取得移步换景的良好效果。在室内立面设计处理中，形体上提倡简洁的线条和现代风格，并反映出个性特点；材质上鼓励设计中选用美观经济的新材料，通过材质变化及对比来丰富立面；色彩上居住建筑宜以淡雅、明快为主。此外，立面设计应考虑室内相关设施的位置，保持良好的整体效果。

本节介绍办公空间立面图和节点大样图的设计相关知识及其绘图方法与技巧。绘制流程图如图 7-98 和图 7-99 所示。

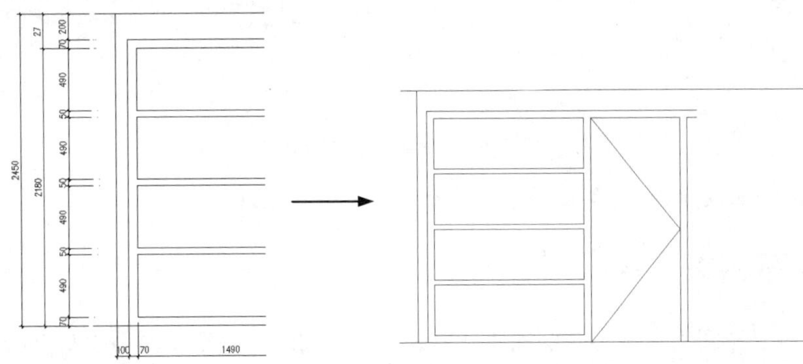

图 7-98 绘制办公空间立面图

Note

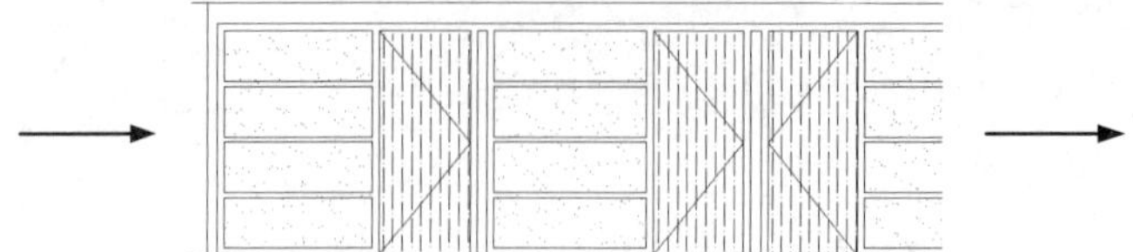

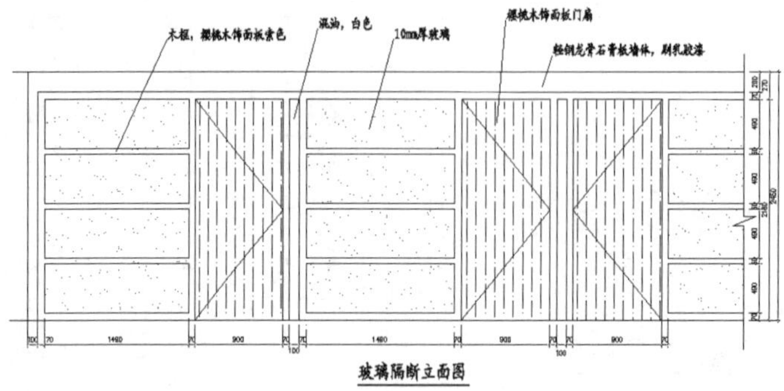

图 7-98　绘制办公空间立面图（续）

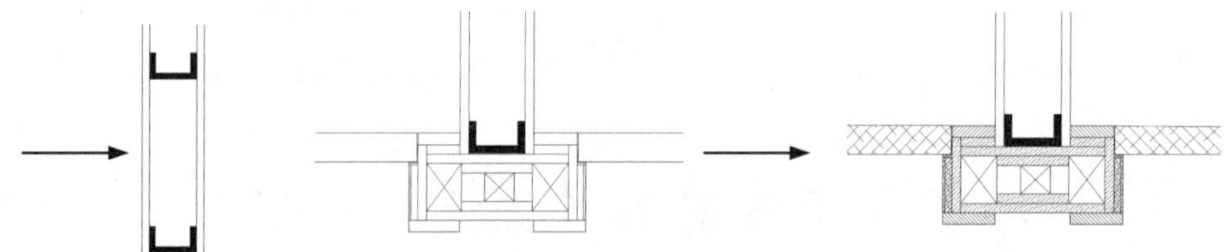

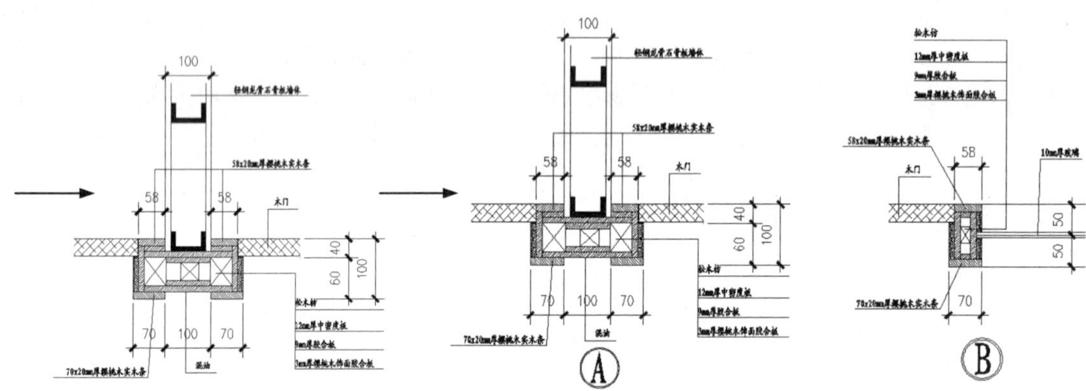

图 7-99　绘制节点大样图

操作步骤：（光盘\动画演示\第 7 章\办公空间立面和节点大样图.avi）

7.4.1　办公室相关立面设计

本小节介绍办公空间其中一个立面图——办公室墙体的玻璃隔断立面的绘制方法与相关技巧。

（1）单击“绘图”工具栏中的“直线”按钮，创建地平线，如图 7-100 所示。

（2）单击“修改”工具栏中的“偏移”按钮，将地平线向上偏移 2450，绘制立面天花线，如

图 7-101 所示。

图 7-100　创建地平线　　　　图 7-101　绘制天花线

（3）单击“绘图”工具栏中的“直线”按钮，绘制立面侧面竖直方向端线轮廓，如图 7-102 所示。

（4）单击“绘图”工具栏中的“直线”按钮和“修改”工具栏中的“偏移”按钮，按比例分割立面，如图 7-103 所示。

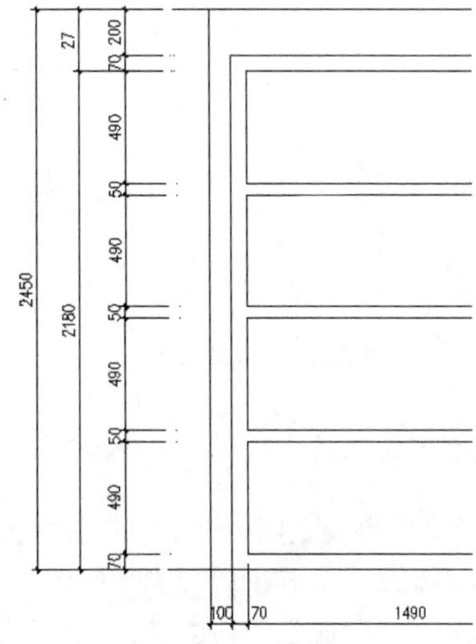

图 7-102　绘制端线　　　　图 7-103　分割立面

（5）单击“绘图”工具栏中的“多段线”按钮，绘制房间门立面轮廓，如图 7-104 所示。

（6）单击“绘图”工具栏中的“直线”按钮，勾画门扇开启方向立面轮廓线，如图 7-105 所示。

（7）单击“绘图”工具栏中的“图案填充”按钮，设置填充图案为 ANSI36，角度为 45 度，比例为 30。填充立面图案，如图 7-106 所示。

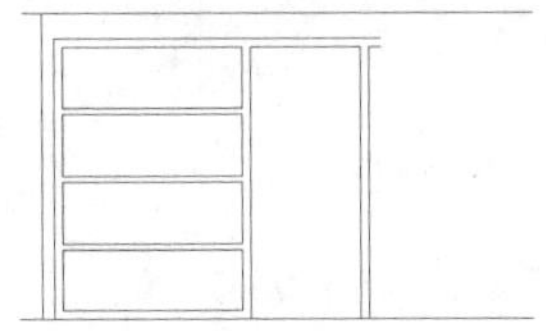

图 7-104　绘制房间门轮廓

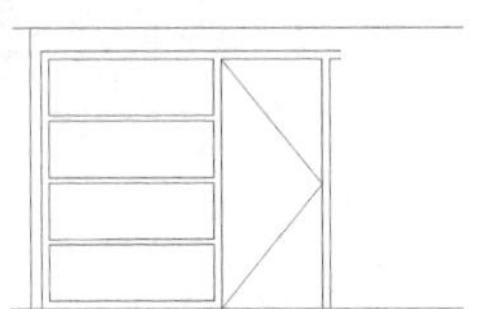

图 7-105　绘制门开启方向

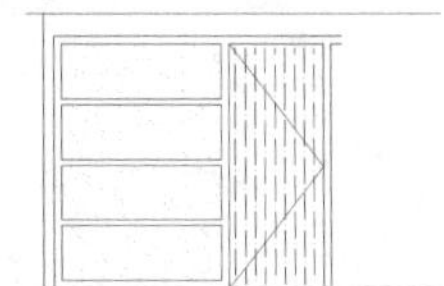

图 7-106　填充立面材质

（8）按上述方法绘制相邻房间的立面造型，如图 7-107 所示。

（9）单击“绘图”工具栏中的“直线”按钮和“修改”工具栏中的“偏移”按钮，在立面另外一端勾画折断线，如图 7-108 所示。

（10）单击“标注”工具栏中的“线性”按钮，在竖直和水平方向上进行尺寸标注，如图 7-109 所示。

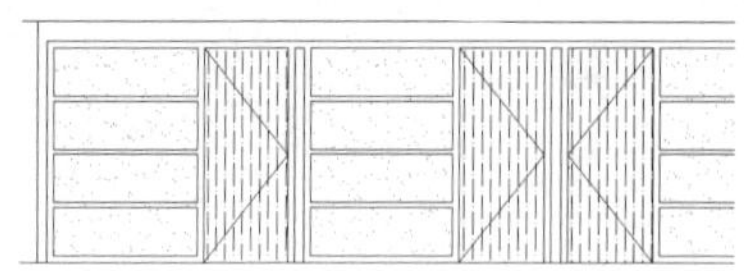

图 7-107　绘制相邻立面造型

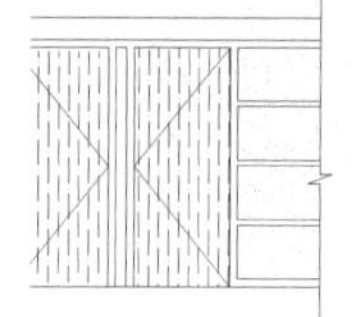

图 7-108　勾画折断线

Note

（11）单击“绘图”工具栏中的“直线”按钮和“多行文字”按钮，标注相关材质的做法及说明文字，完成立面造型绘制，如图 7-110 所示。

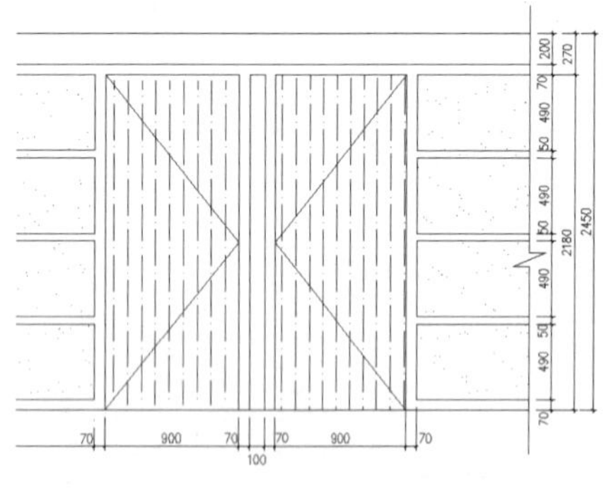

图 7-109　标注尺寸

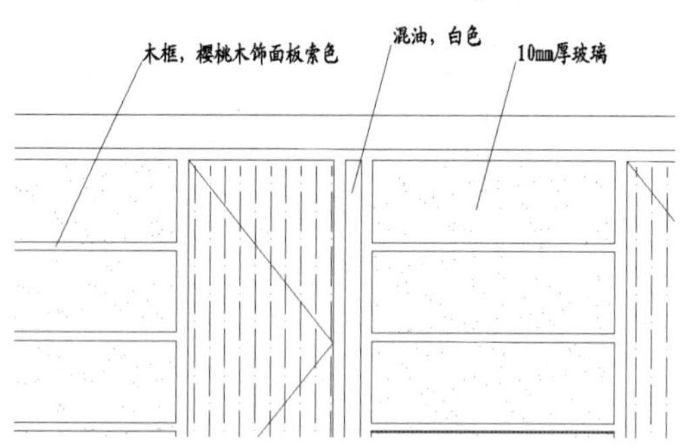

图 7-110　标注说明文字

7.4.2　办公室相关节点大样设计

本小节介绍办公空间中一个节点装修图的绘制方法与相关技巧。

（1）绘制节点大样图的门洞平面图，如图 7-111 所示。

（2）单击“绘图”工具栏中的“圆”按钮、“直线”按钮和“多行文字”按钮，绘制节点大样编号，如图 7-112 所示。

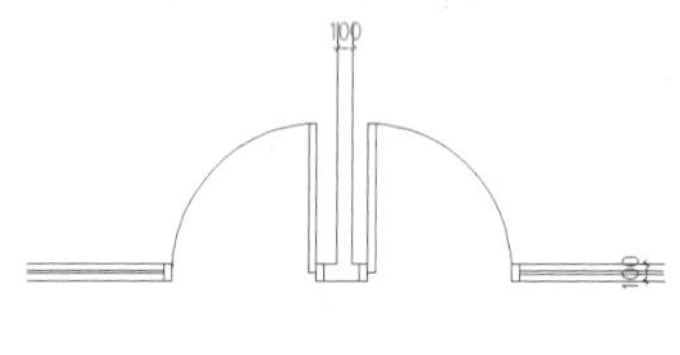

图 7-111　门洞平面图

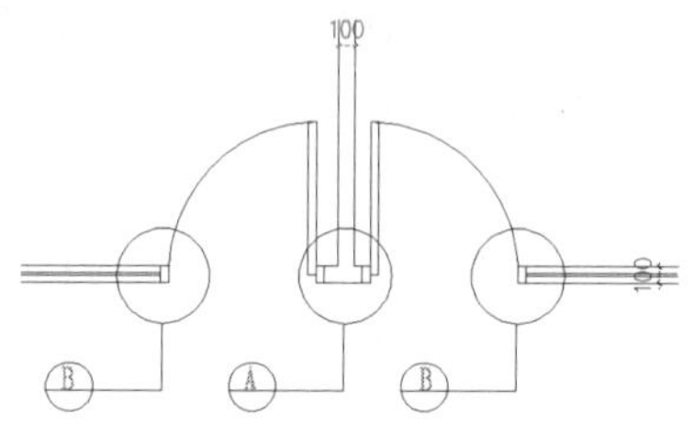

图 7-112　绘制编号

（3）单击“绘图”工具栏中的“直线”按钮和“修改”工具栏中的“偏移”按钮，绘制中间的墙体轮廓，如图 7-113 所示。

（4）单击“绘图”工具栏中的“多段线”按钮和“修改”工具栏中的“复制”按钮，绘制龙骨轮廓造型，如图 7-114 所示。

（5）单击“绘图”工具栏中的“直线”按钮，绘制内侧细部构造做法，如图 7-115 所示。

（6）单击“绘图”工具栏中的“直线”按钮，再单击“修改”工具栏中的“偏移”按钮和“修剪”按钮，继续进行逐层勾画不同部位的构造做法，如图 7-116 所示。

图 7-113　绘制墙体轮廓　　图 7-114　绘制龙骨轮廓　　图 7-115　绘制构造做法

（7）单击“绘图”工具栏中的“矩形”按钮和“直线”按钮，勾画外侧表面构造做法，如图 7-117 所示。

（8）单击“绘图”工具栏中的“直线”按钮，绘制门扇平面造型，如图 7-118 所示。

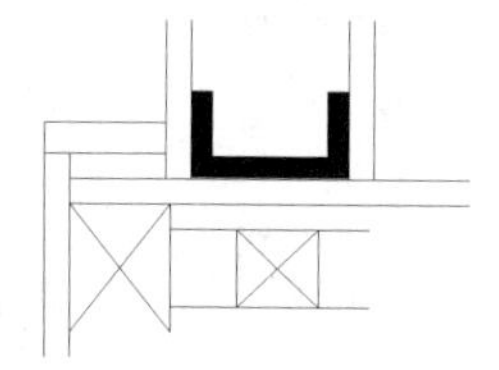

图 7-116　勾画不同部位构造

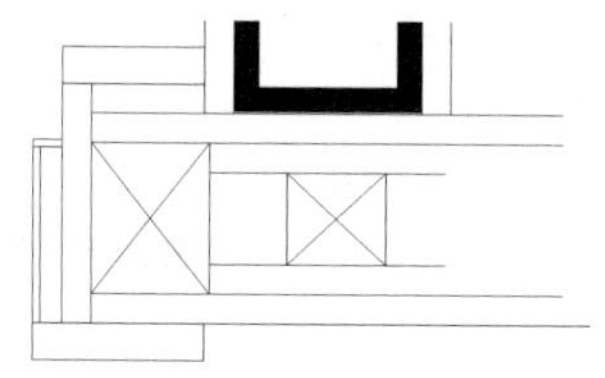

图 7-117　勾画外侧构造做法

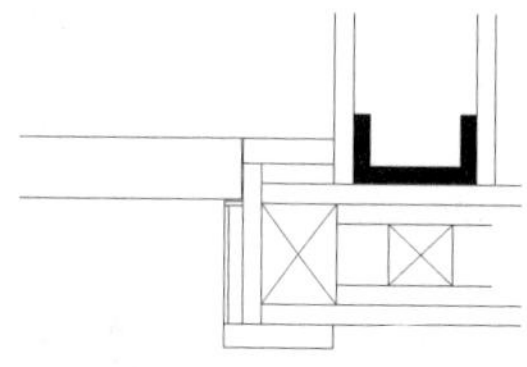

图 7-118　绘制门扇造型

（9）单击“修改”工具栏中的“镜像”按钮，进行镜像得到节点 A 的大样图，如图 7-119 所示。

（10）单击“绘图”工具栏中的“图案填充”按钮，选择图案填充材质，如图 7-120 所示。

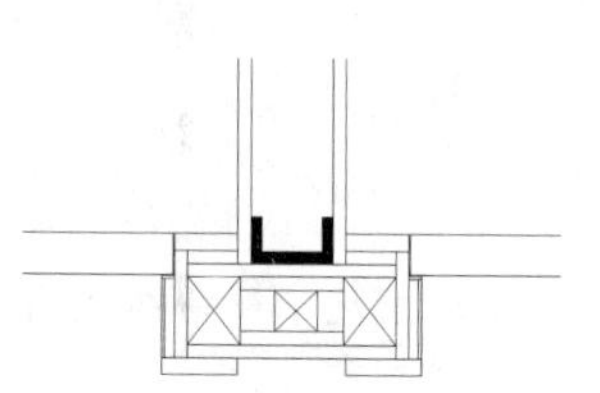

图 7-119　镜像图形

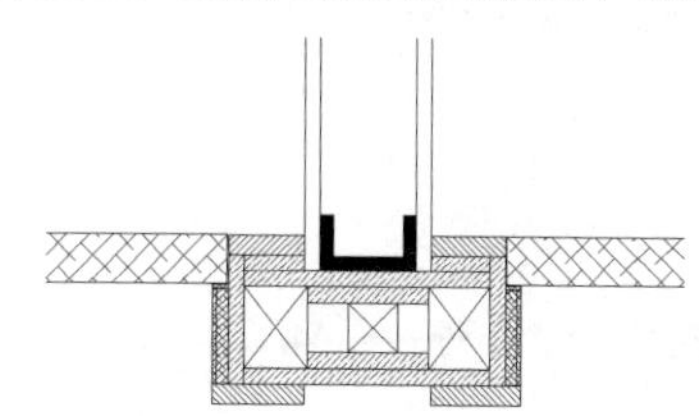

图 7-120　填充材质

（11）单击“标注”工具栏中的“线性”按钮，标注细部尺寸大小，如图 7-121 所示。

（12）单击“绘图”工具栏中的“多行文字”按钮，标注材质说明文字，如图 7-122 所示。

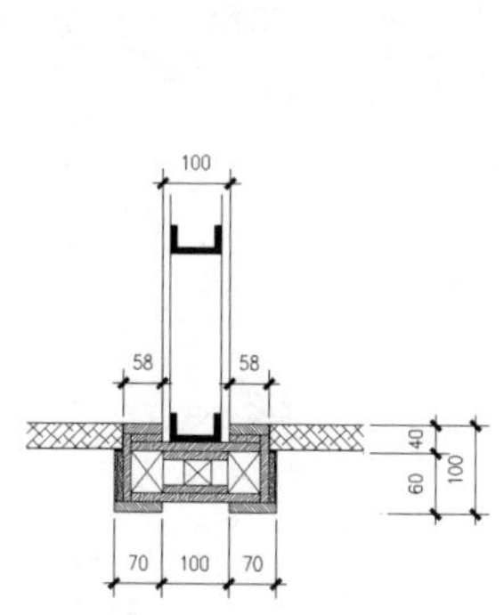

图 7-121　标注尺寸

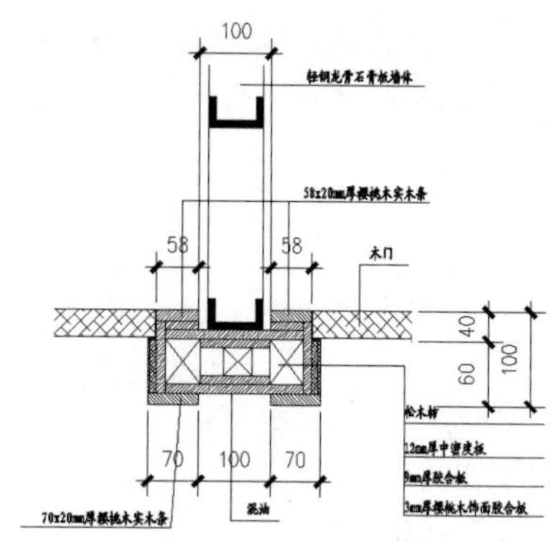

图 7-122　标注文字

（13）单击“绘图”工具栏中的“多行文字”按钮和“圆”按钮以及“修改”工具栏中的“偏移”按钮，标注节点大样编号，完成大样图绘制，如图 7-123 所示。

Note

（14）节点大样 B 按节点大样 A 的绘制方法进行绘制，如图 7-124 所示。

A

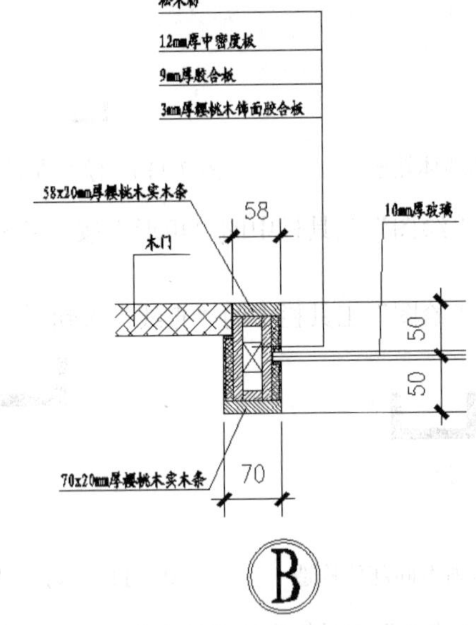

图 7-123　标注大样编号

图 7-124　绘制大样 B

7.5　上 机 操 作

通过前面的学习，读者对本章知识也有了大体的了解，本节通过几个操作练习使读者进一步掌握本章知识要点。

7.5.1　绘制咖啡吧平面图

1. 目的要求

本实例主要要求读者通过练习进一步熟悉和掌握平面图的绘制方法。通过本实例，可以帮助读者学会完成整个平面图绘制的全过程。

2. 操作提示

（1）绘图前准备。

（2）绘制定位辅助线。

（3）绘制柱子。

（4）绘制墙线、门窗、洞口。

（5）绘制楼梯及台阶。

（6）绘制装饰凹槽。

（7）标注尺寸。

（8）标注文字。

绘制结果如图 7-125 所示。

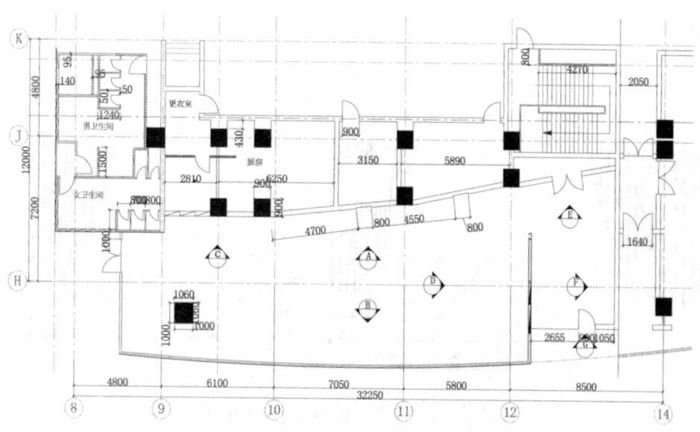

图 7-125　咖啡吧平面图

7.5.2　绘制咖啡吧装饰平面图

1. 目的要求

本实例主要要求读者通过练习进一步熟悉和掌握装饰平面图的绘制方法。通过本实例，可以帮助读者学会完成整个装饰平面图绘制的全过程。

2. 操作提示

（1）绘图前准备。

（2）绘制所需图块。

（3）布置图形。

绘制结果如图 7-126 所示。

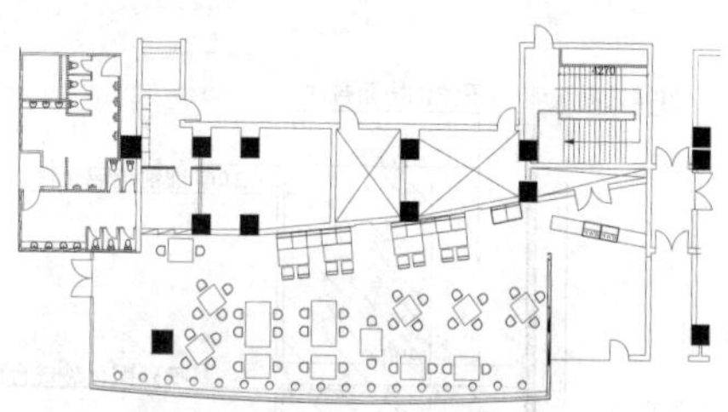

图 7-126　咖啡吧装饰平面图

7.5.3　绘制咖啡吧立面图

1. 目的要求

本实例主要要求读者通过练习进一步熟悉和掌握立面图的绘制方法。通过本实例，可以帮助读者学会完成整个立面图绘制的全过程。

2. 操作提示

（1）绘图前准备。

（2）绘制立面图。

（3）标注尺寸。

（4）标注文字。

绘制结果如图 7-127 所示。

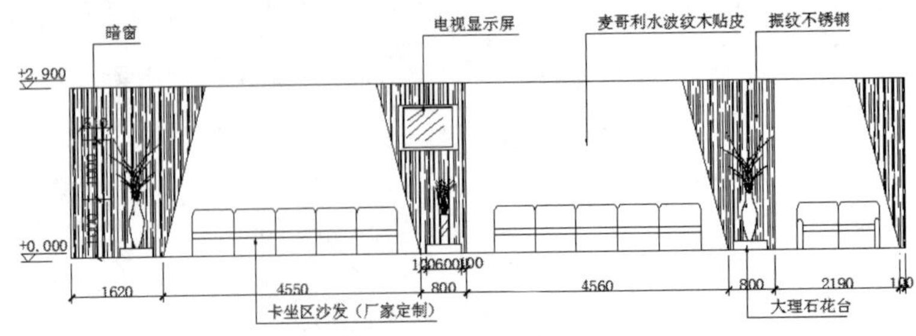

图 7-127　咖啡吧立面图

7.5.4　绘制咖啡吧玻璃台面节点详图

1. 目的要求

本实例主要要求读者通过练习进一步熟悉和掌握节点详图的绘制方法。通过本实例，可以帮助读者学会完成整个节点详图绘制的全过程。

2. 操作提示

（1）绘制定位辅助线。

（2）绘制折线。

（3）绘制详图。

（4）标注尺寸。

（5）标注文字。

绘制结果如图 7-128 所示。

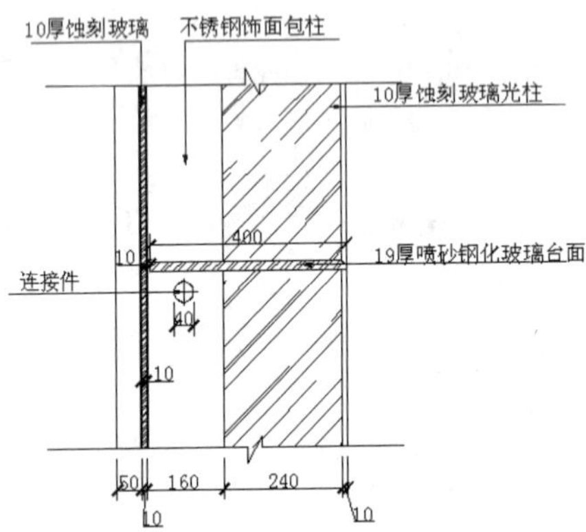

图 7-128　咖啡吧玻璃台面节点详图

餐厅室内装潢设计

本章将详细论述餐厅的室内装饰设计思路及其相关装饰图的绘制方法与技巧，包括餐厅各个建筑空间平面图中的墙体、门窗、文字尺寸等图形绘制和标注；餐厅建筑装修平面图中的前厅、餐厅、包间等的装修设计和餐桌布局方法；厨房操作间、储藏间等装修布局方法；冷库、点心加工等餐厅房间装修设计要点；餐厅大小包间的天花和地面造型设计方法及其他功能房间吊顶与地面设计方法等。

☑ 餐厅装修前建筑平面图绘制

☑ 餐厅装饰图绘制

☑ 餐厅地面和天花平面装饰图的绘制

任务驱动&项目案例

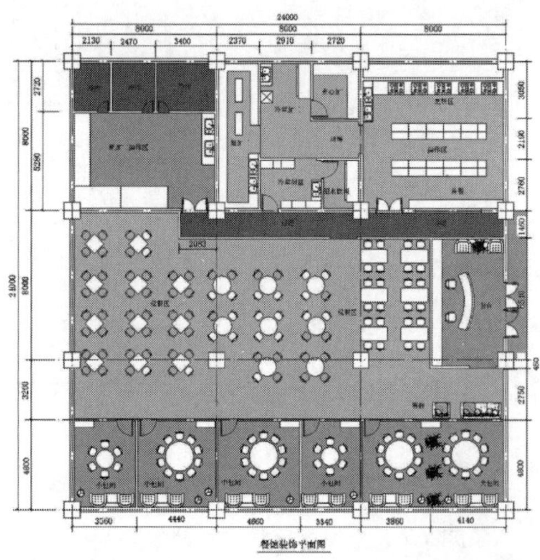

餐馆装饰平面图

8.1 餐厅装修前建筑平面图绘制

餐厅内部设计首先由其面积决定。由于现代都市人口密集，寸土寸金，因此需对空间做有效的利用。从生意上着眼，第一件应考虑的事就是每一位顾客可以利用的空间。餐厅的总体布局是通过交通空间、使用空间、工作空间等要素的完美组织所共同创造的一个整体。作为一个整体，餐厅的空间设计首先必须合乎接待顾客和使顾客方便用餐这一基本要求，同时还要追求更高的审美和艺术价值。原则上说，餐厅的总体平面布局是不可能有一种"放诸四海而皆准"的真理的，但是它确实也有不少规律可循，并能根据这些规律，创造相当可靠的平面布局效果。与住宅建筑平面图绘制方法类似，餐厅建筑平面图同样是先建立各个功能房间的开间和进深轴线，然后按轴线位置绘制建筑柱子、各个功能房间墙体及相应的门窗洞口的平面造型，最后绘制冷库等空间的平面图形，同时标注相应的尺寸和文字说明。

8.1.1 概述

餐厅的厅内场地太挤与太宽均不好，应以顾客来餐厅的数量来决定其面积大小。秩序是餐厅平面设计的一个重要因素。由于餐厅空间有限，所以许多建材与设备均应作经济有序的组合，以显示出形式之美。所谓形式美，就是全体与部分的和谐。简单的平面配置富于统一的理念，但容易因单调而失败；复杂的平面配置富于变化的趣味，但却容易松散。配置得当时，添一份则多，减一份嫌少，移去一部分则有失去和谐之感。因此，设计时还是要运用适度的规律把握秩序的精华，这样才能求取完整而又灵活的平面效果。在设计餐厅空间时，由于各用途所需空间大小各异，其组合运用亦各不相同，必须考虑各种空间的适度性及各空间组织的合理性。在运用时要注意各空间面积的特殊性，并考察顾客与工作人员流动路线的简捷性，同时也要注意消防等安全性的安排，以求得各空间面积与建筑物的合理组合，高效率利用空间。

下面介绍餐厅装修前建筑平面设计绘图方法与技巧及其相关知识。绘制流程图如图 8-1 所示。

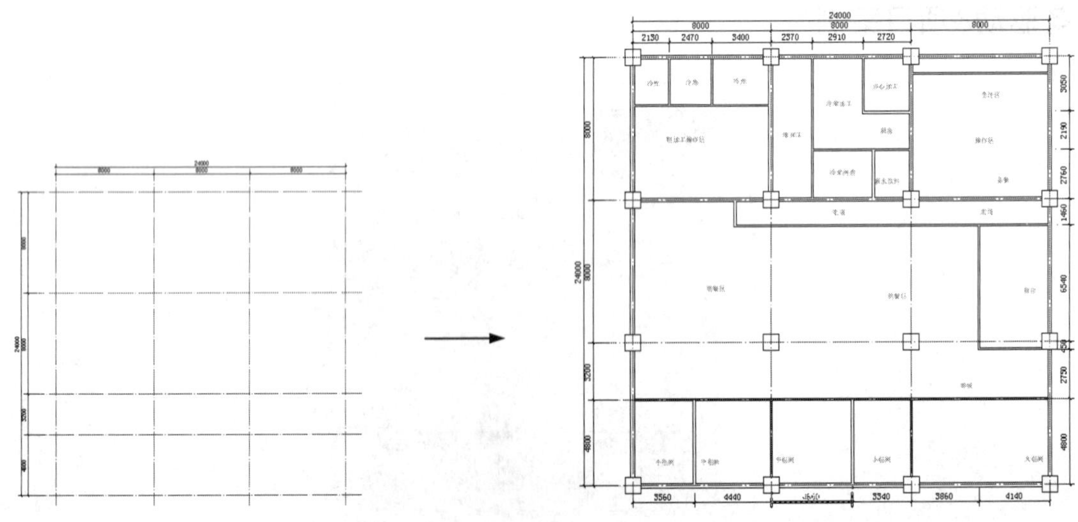

图 8-1　绘制餐厅装修前建筑平面图

Note

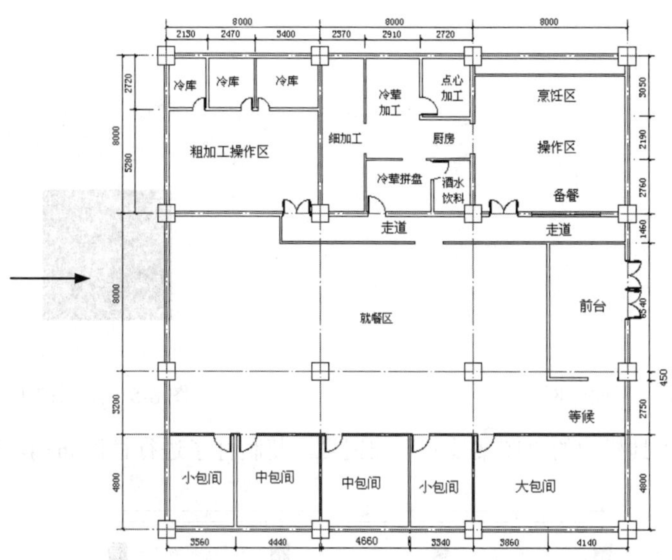

图 8-1　绘制餐厅装修前建筑平面图（续）

操作步骤：（光盘\动画演示\第 8 章\餐厅装修前建筑平面图.avi）

8.1.2　餐厅建筑墙体绘制

本小节绘制餐厅的各个空间平面的建筑墙体和柱子轮廓。

（1）单击“绘图”工具栏中的“直线”按钮，绘制两条水平和垂直方向的直线，作为餐厅建筑的平面轴线，如图 8-2 所示。

说明：餐厅建筑的平面轴线的长度要略大于餐厅建筑水平和垂直方向的总长度尺寸。

（2）将轴线线型改变为点划线线型，如图 8-3 所示。

改变线型为点划线。具体方法是使用鼠标单击所绘的直线，然后在“特性”工具栏的“线型”下拉列表框中选择点划线，所选择的直线将改变线型，得到建筑平面图的轴线点划线。若还未加载此种线型，则选择“其他”命令选项先加载此种点划线线型。

图 8-2　创建餐厅建筑轴线　　　　图 8-3　改变轴线线型

（3）单击“修改”工具栏中的“偏移”按钮，按照餐厅柱网尺寸大小（即进深与开间），通过偏移生成平面轴网，如图 8-4 所示。

（4）单击“绘图”工具栏中的“正多边形”按钮，创建餐厅正方形柱子外轮廓。单击“绘图”工具栏中的“图案填充”按钮，设置填充图案为 SOLID，如图 8-5 所示。

Note

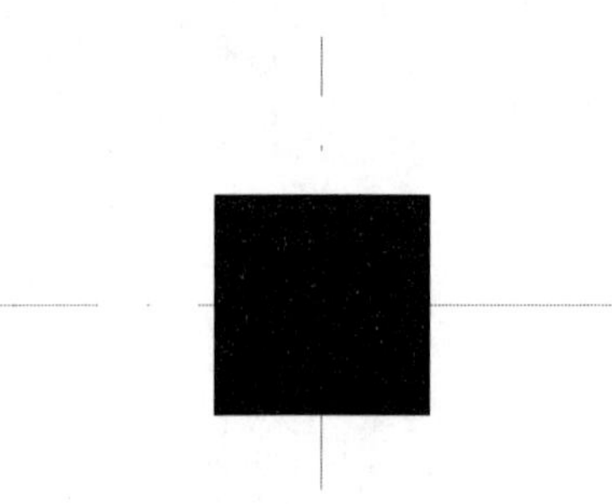

图 8-4　平面轴网　　　　图 8-5　绘制柱子

（5）单击“绘图”工具栏中的“图案填充”按钮，复制柱子进行柱网布局，如图 8-6 所示。

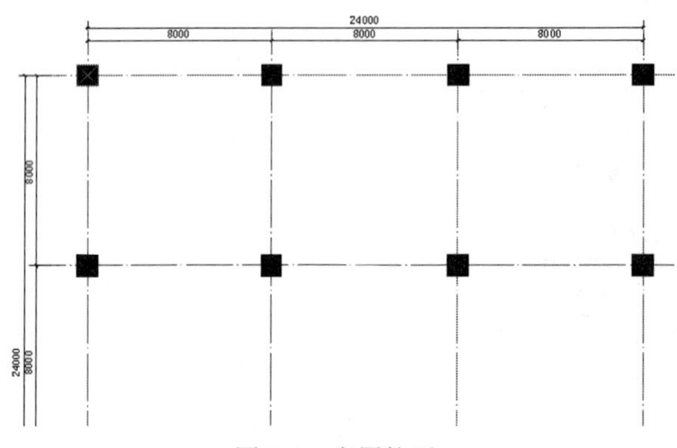

图 8-6　布置柱子

（6）柱网和柱子的布局绘制完成，如图 8-7 所示。

（7）选择菜单栏中的“绘图”→“多线”命令，设置多线比例为 200，再绘制餐厅平面建筑墙体，如图 8-8 所示。

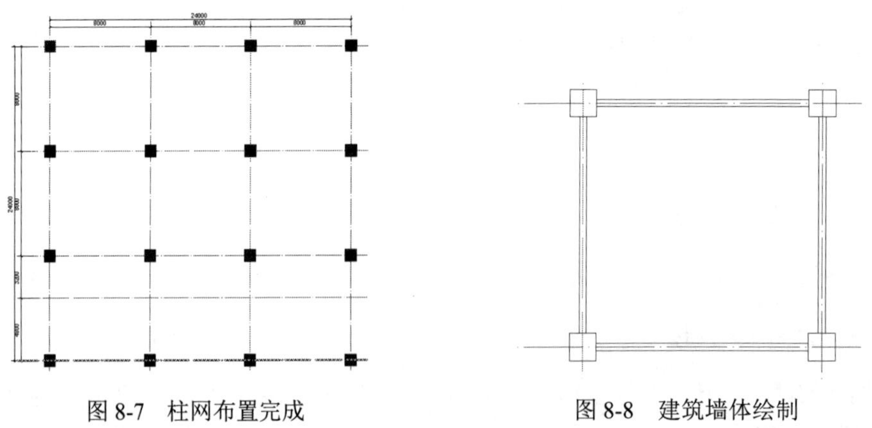

图 8-7　柱网布置完成　　　　图 8-8　建筑墙体绘制

（8）继续绘制其他房间的墙体轮廓线，如图 8-9 所示。

（9）选择菜单栏中的“绘图”→“多线”命令，设置多线比例为 100，绘制餐厅内部房间的隔墙薄墙体，如图 8-10 所示。

Note

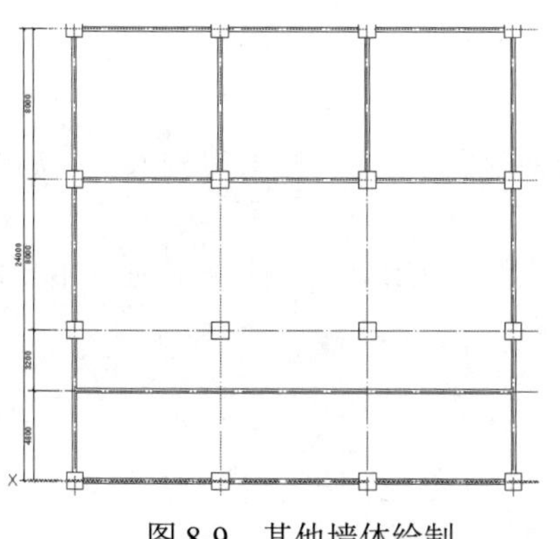

图 8-9 其他墙体绘制

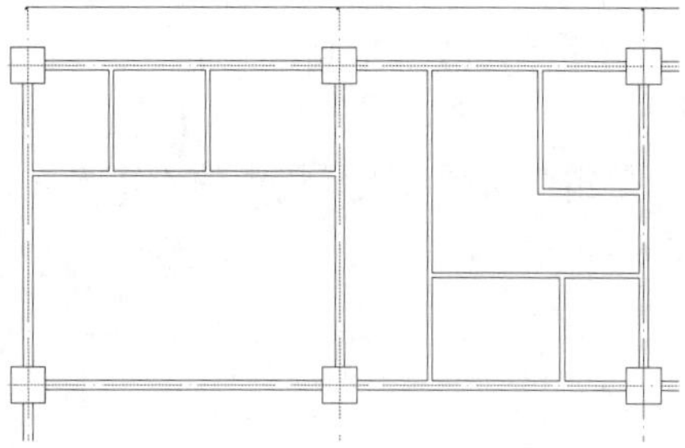

图 8-10 薄墙体绘制

（10）单击“标注”工具栏中的“线性”按钮，标注隔墙位置尺寸，如图 8-11 所示。

（11）单击“绘图”工具栏中的“多行文字”按钮A，进行房间功能安排，并标注说明文字，如图 8-12 所示。

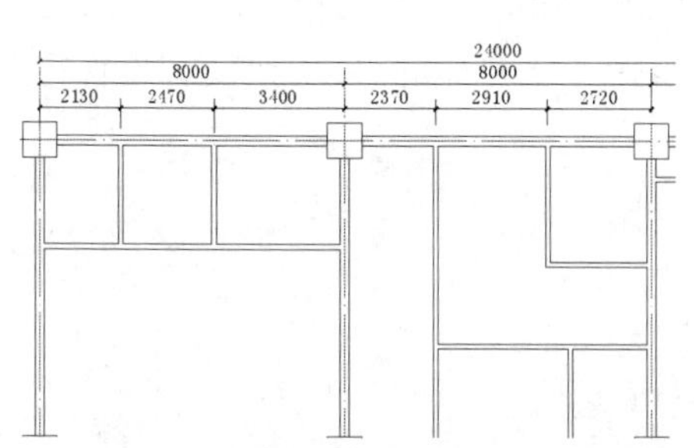

图 8-11 标注隔墙尺寸

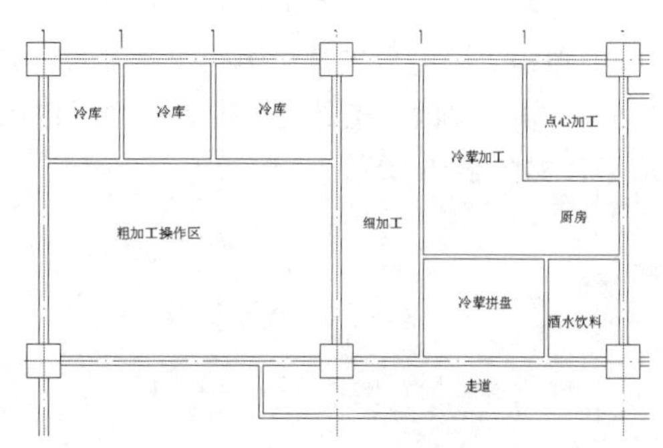

图 8-12 房间功能安排

（12）完成餐厅建筑墙体平面绘制，保存图形，如图 8-13 所示。

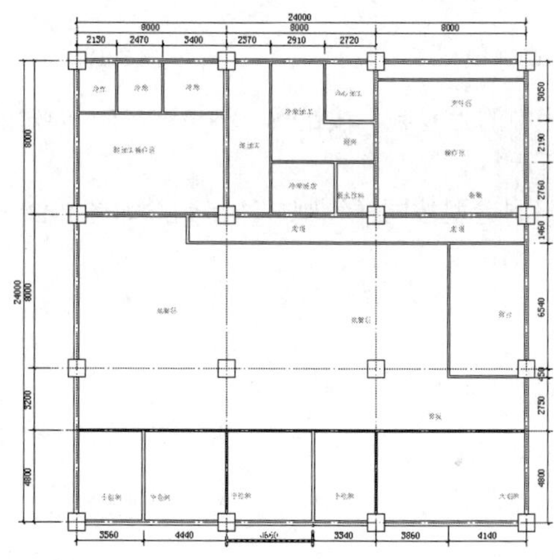

图 8-13 墙体创建完成

8.1.3 餐厅室内门窗绘制

在绘制好的餐厅各个墙体上，绘制相应房间的门窗造型。

Note

（1）单击“绘图”工具栏中的“直线”按钮和“修改”工具栏中的“偏移”按钮，在前台入口绘制大门造型的门洞边线，如图8-14所示。

（2）单击“修改”工具栏中的“修剪”按钮，通过对线条进行修剪得到入口门洞造型，如图8-15所示。

（3）单击“绘图”工具栏中的“矩形”按钮和“直线”按钮，创建入口处其中一扇门扇造型，如图8-16所示。

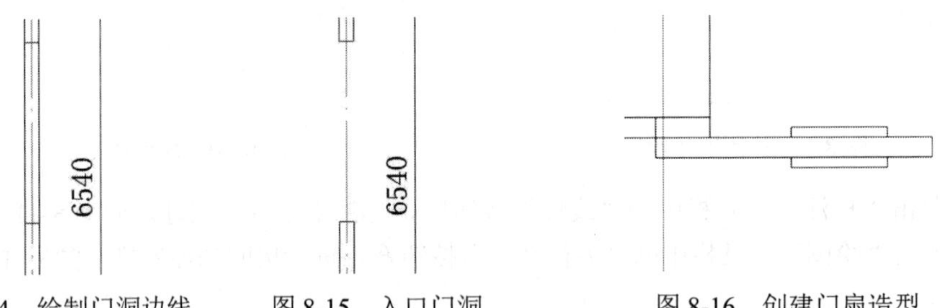

图8-14　绘制门洞边线　　图8-15　入口门洞　　图8-16　创建门扇造型

（4）单击“绘图”工具栏中的“圆弧”按钮，勾画门扇弧线造型，如图8-17所示。

（5）单击“修改”工具栏中的“镜像”按钮，将步骤（4）创建的门扇造型通过镜像得到双扇门扇造型，如图8-18所示。

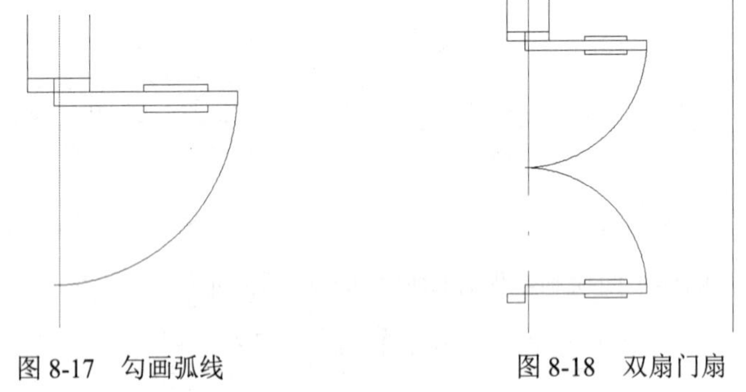

图8-17　勾画弧线　　图8-18　双扇门扇

（6）单击“修改”工具栏中的“复制”按钮，将步骤（5）创建的双扇门造型进行复制，得到两扇双扇门造型，如图8-19所示。

（7）其他单扇门造型和门洞造型按同样绘制方法得到，如图8-20所示。

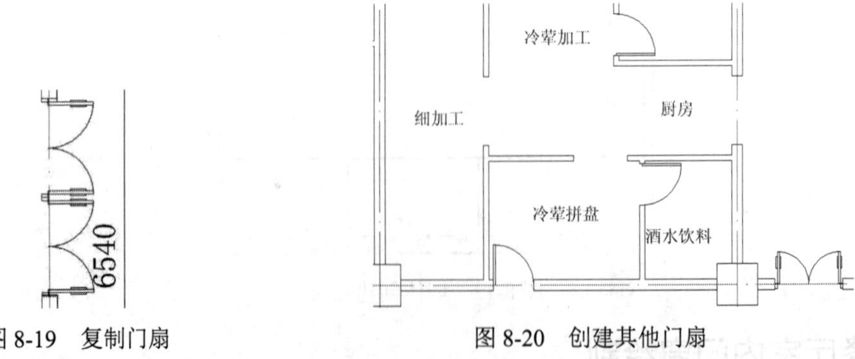

图8-19　复制门扇　　图8-20　创建其他门扇

（8）餐厅空间平面所有门扇和门洞绘制完成，其建筑平面创建也基本完成，如图8-21所示。

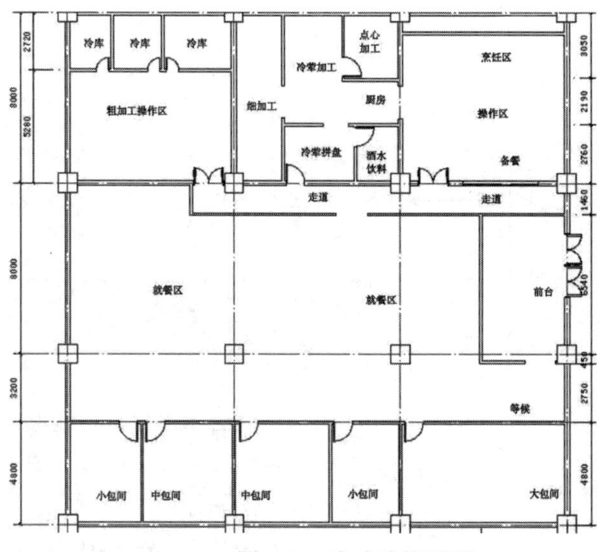

图 8-21 完成建筑平面

8.2 餐厅装饰图绘制

餐厅装修的要点如下：

（1）色彩的搭配。餐厅的色彩搭配一般是从空间感的角度来考虑的。色彩的使用上，宜采用暖色系，因为从色彩心理学上来讲，暖色有利于促进食欲。

（2）装修的风格。餐厅的风格在一定程度上是由餐具和餐桌等决定的，所以在装修前期，就应对餐桌、餐椅的风格定夺好。其中最容易冲突的是色彩、天花造型和墙面装饰品。

（3）家具选择。餐桌的选择需要注意与空间大小配合，小空间配大餐桌或者大空间配小餐桌都是不合适的。餐桌与餐椅一般是配套的，也可分开选购，但需注意人体工程学方面的问题，如椅面到桌面的高度差以 30cm 左右为宜，过高或过低都会影响正常姿势；椅子的靠背应感觉舒适等。餐桌布宜以布料为主，目前市场上也有多种选择。使用塑料餐布的，在放置热物时，应放置必要的厚垫，特别是玻璃桌，有可能引起不必要的受热开裂。

8.2.1 概述

餐厅的装修包括方方面面，因为餐厅服务的对象包括社会各阶层人士，一般以广大工薪阶层为主，所以餐厅的装修从表至里，既要有文化品位能突出自身经营的主题，又要大众化。有些经营者在装修餐厅前，总想将店铺设计得更豪华、更现代，使其能在激烈的商海竞争中受到消费者的欢迎，结果往往事与愿违，不根据自己餐厅的具体情况因时因地地灵活掌握装修的内容和档次，过分强调豪华，而忽视文化品味和大众化的构思，是不会收到好的效果的。餐厅装修各有特色，其一个共同点就是装修大众化，雅俗共赏。除了菜品丰富、菜量较大、经济实惠、上菜迅速等特点外，餐厅的装修风格也应朴实大方，能为百姓所乐于接受。

下面介绍餐厅装饰平面的设计绘图方法与技巧及其相关知识。绘制流程图如图 8-22 所示。

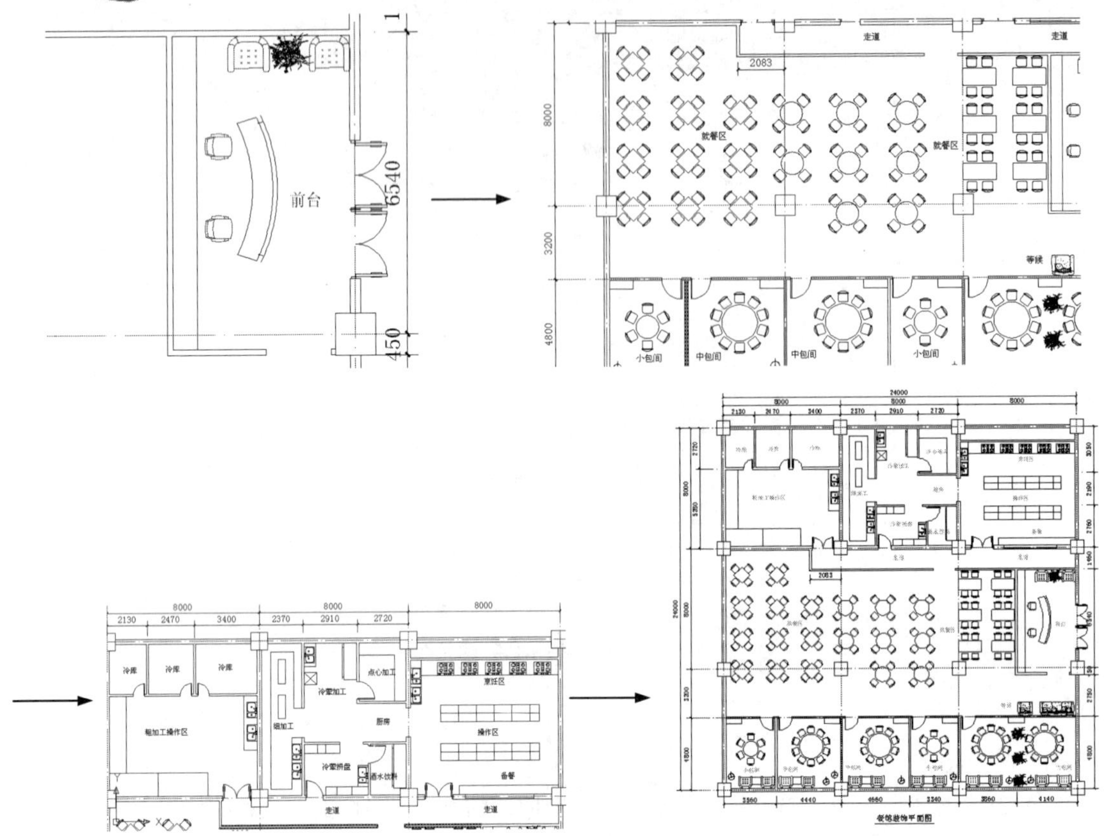

图 8-22　绘制餐厅装饰图

操作步骤：（光盘\动画演示\第 8 章\餐厅装饰图.avi）

8.2.2　餐厅入口门厅平面装饰设计

下面先布置餐厅入口门厅平面。

（1）单击“绘图”工具栏中的“直线”按钮，在餐厅入口门厅空间平面后绘制一个展示柜轮廓，如图 8-23 所示。

（2）单击“绘图”工具栏中的“插入块”按钮和“修改”工具栏中的“复制”按钮，插入服务台和椅子造型，如图 8-24 所示。

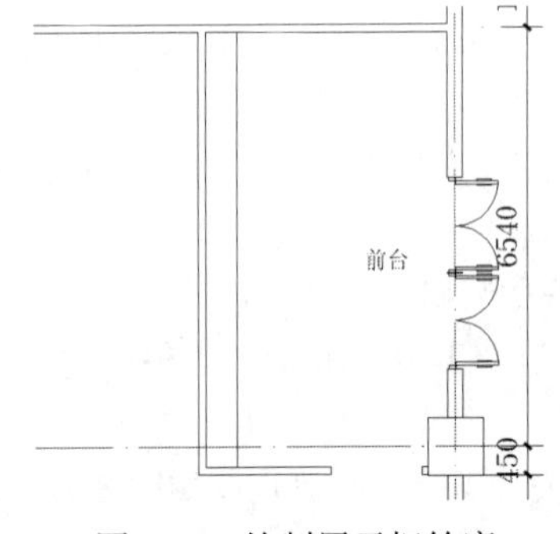

图 8-23　绘制展示柜轮廓

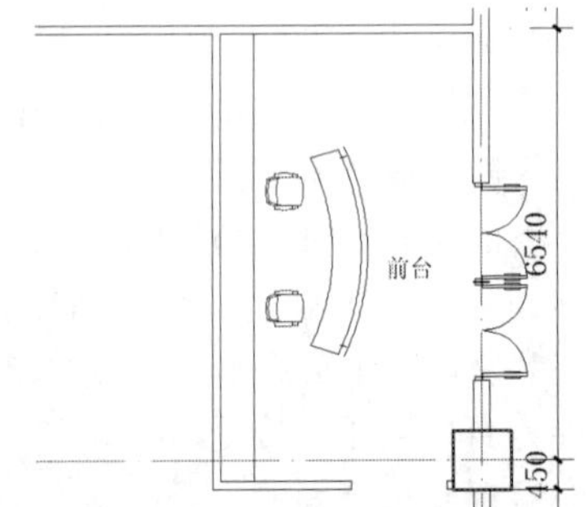

图 8-24　插入服务台和椅子

（3）单击“绘图”工具栏中的“插入块”按钮，在另外一端布置沙发和花草，如图 8-25 所示。

（4）入口门厅设计布置完成，如图 8-26 所示。

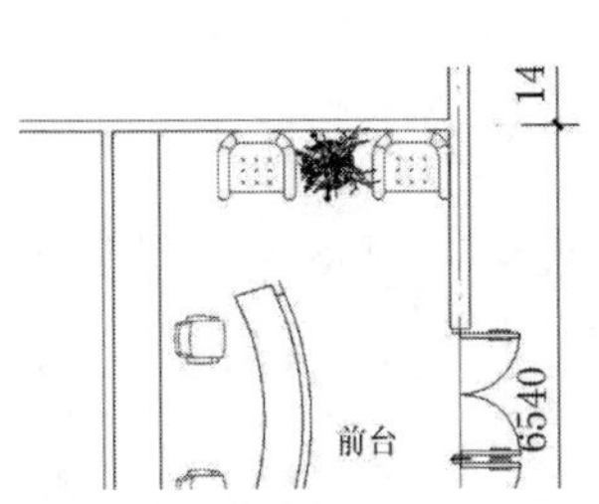

图 8-25　布置沙发和花草

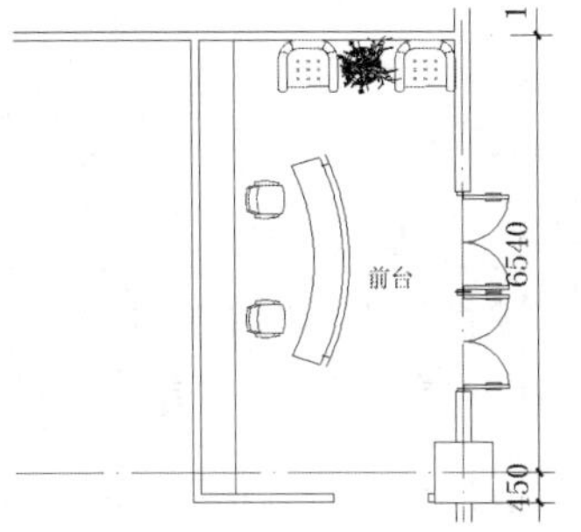

图 8-26　入口布置完成

8.2.3　包间和就餐区等房间平面装饰设计

餐厅一般有多间大小不同的包间，还有开敞的公共就餐区等各种功能的房间和空间平面。

（1）单击“绘图”工具栏中的“插入块”按钮，从入口门厅进入的通道休息区处布置沙发造型，如图 8-27 所示。

（2）单击“绘图”工具栏中的“插入块”按钮和“修改”工具栏中的“复制”按钮，在大包间布置两个大餐桌造型，如图 8-28 所示。

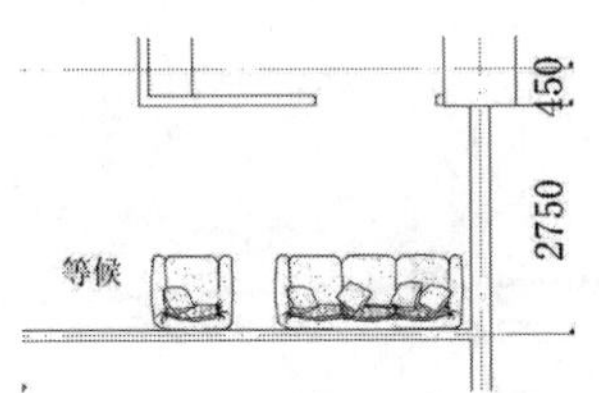

图 8-27　布置休息区沙发

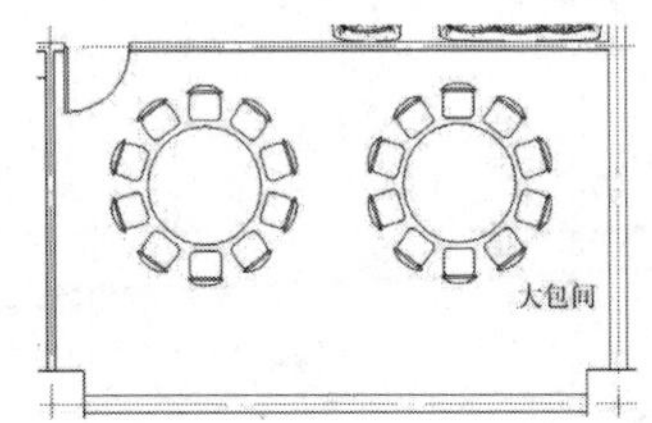

图 8-28　布置大餐桌

（3）单击“绘图”工具栏中的“插入块”按钮和“修改”工具栏中的“复制”按钮，同时布置大包间沙发，如图 8-29 所示。

（4）单击“绘图”工具栏中的“矩形”按钮，绘制一个小餐具桌，如图 8-30 所示。

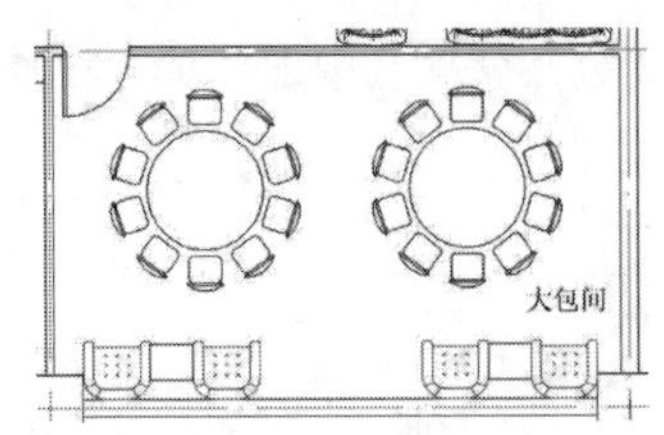

图 8-29　布置沙发

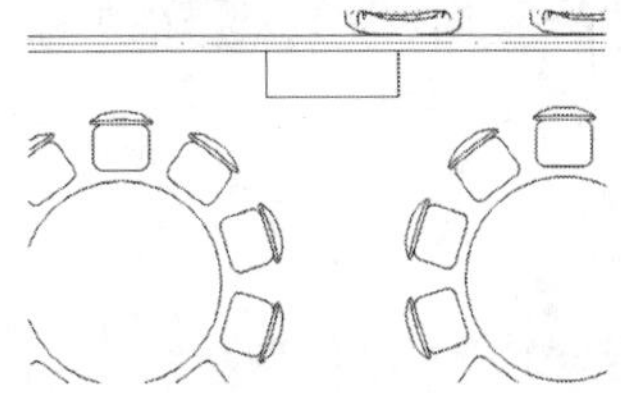

图 8-30　绘制餐具桌

（5）单击“绘图”工具栏中的“圆”按钮和“修改”工具栏中的“偏移”按钮，绘制包间衣帽架造型，如图 8-31 所示。

（6）单击“绘图”工具栏中的“直线”按钮，绘制衣帽支架造型，如图 8-32 所示。

（7）单击“修改”工具栏中的“复制”按钮，复制衣帽架造型，如图 8-33 所示。

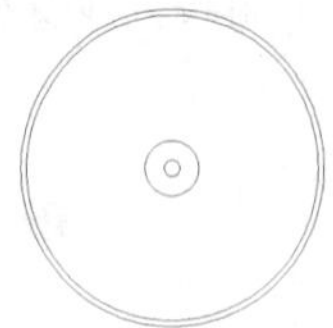
图 8-31　绘制衣帽架

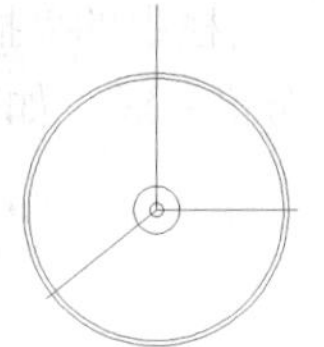
图 8-32　绘制衣帽支架

（8）单击“绘图”工具栏中的“插入块”按钮和“修改”工具栏中的“复制”按钮，在中间位置布置花草作为空间软分割，完成大包间装饰平面设计，如图 8-34 所示。

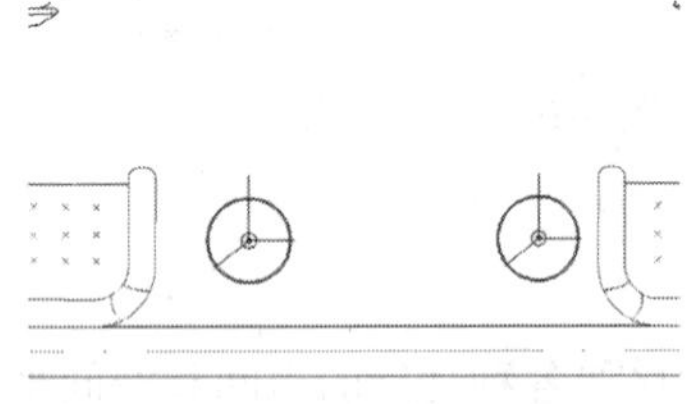
图 8-33　复制衣帽架

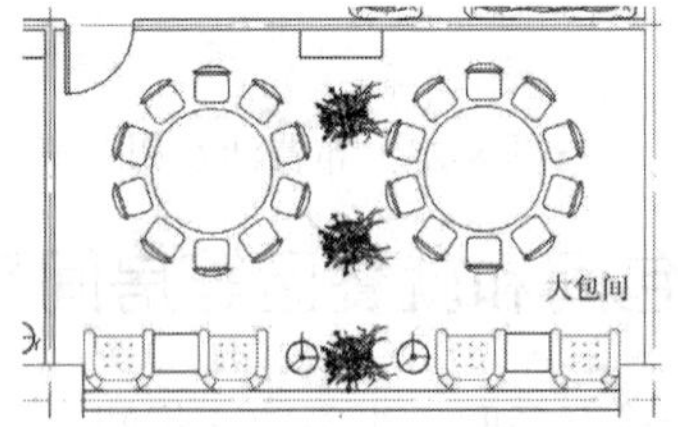

图 8-34　布置花草分割

（9）按大包间的平面设计方法，对中型和小型包间进行布置，如图 8-35 所示。

（10）单击“绘图”工具栏中的“插入块”按钮，对公共就餐区进行餐桌布置，先布置条形餐桌，如图 8-36 所示。

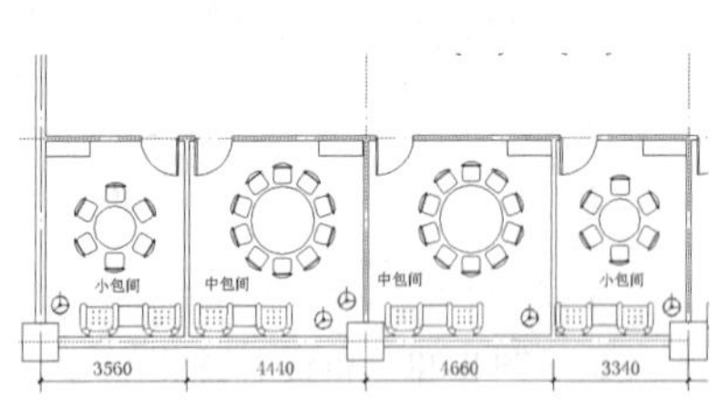

图 8-35　中小包间平面设计

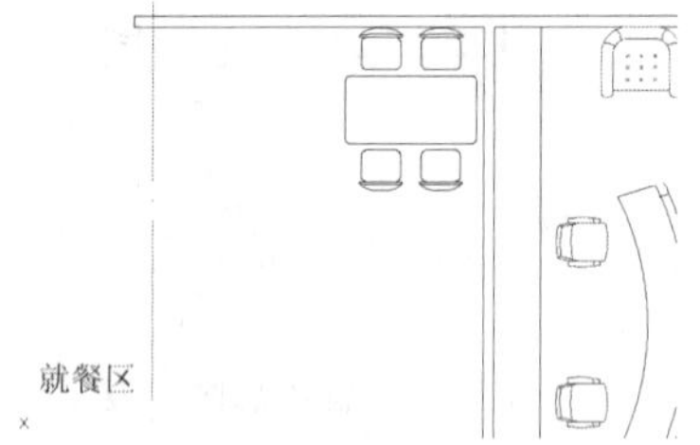

图 8-36　布置条形餐桌

（11）单击“修改”工具栏中的“复制”按钮，根据平面复制布置多个条形餐桌，如图 8-37 所示。

（12）单击“绘图”工具栏中的“插入块”按钮，在公共就餐区中部位置，布置圆形餐桌，如图 8-38 所示。

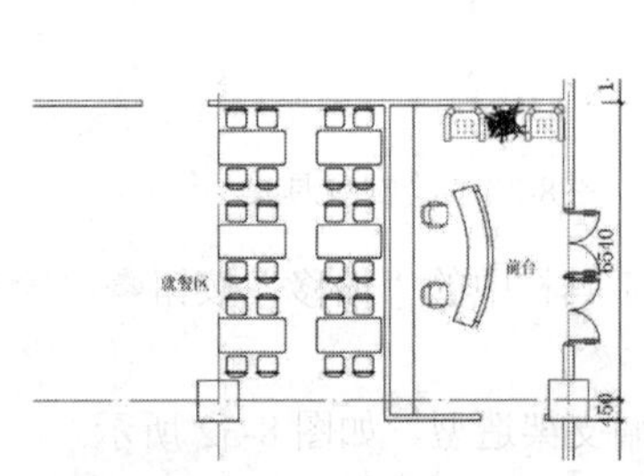

图 8-37　复制布置条形餐桌

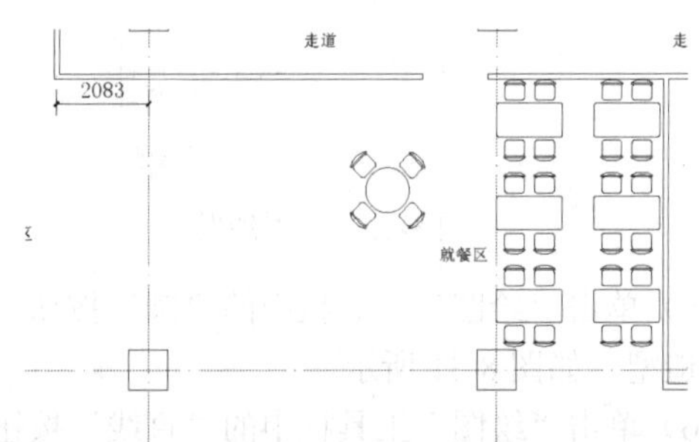

图 8-38　布置圆形餐桌

（13）单击“修改”工具栏中的“复制”按钮，复制布置圆形餐桌，如图 8-39 所示。

（14）单击“绘图”工具栏中的“插入块”按钮，在其他空闲地方布置方形餐桌，如图 8-40 所示。

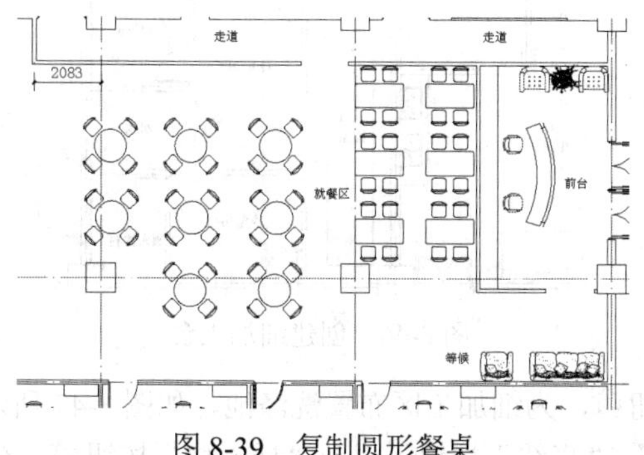

图 8-39　复制圆形餐桌

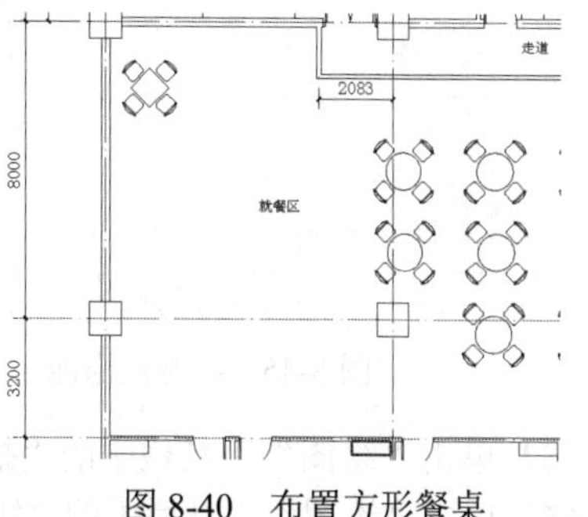

图 8-40　布置方形餐桌

（15）单击“修改”工具栏中的“复制”按钮，通过复制进行方形餐桌布置，如图 8-41 所示。

（16）完成公共就餐区平面设计，如图 8-42 所示。

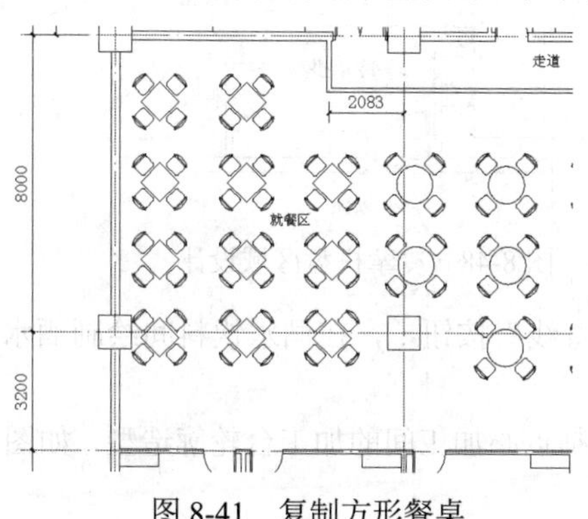

图 8-41　复制方形餐桌

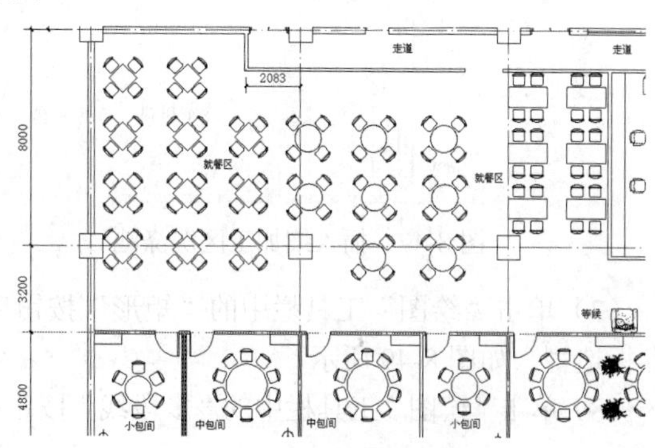

图 8-42　公共就餐区平面

8.2.4　餐厅厨房操作间平面装饰设计

本小节介绍餐厅的厨房操作间平面装饰设计和布局安排。

（1）绘制冷库的空间平面，如图 8-43 所示。

（2）单击“绘图”工具栏中的“多段线”按钮，绘制粗加工台轮廓，如图 8-44 所示。

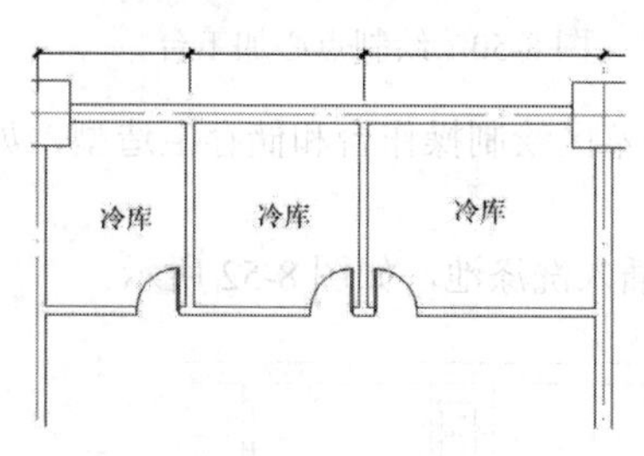

图 8-43　冷库平面

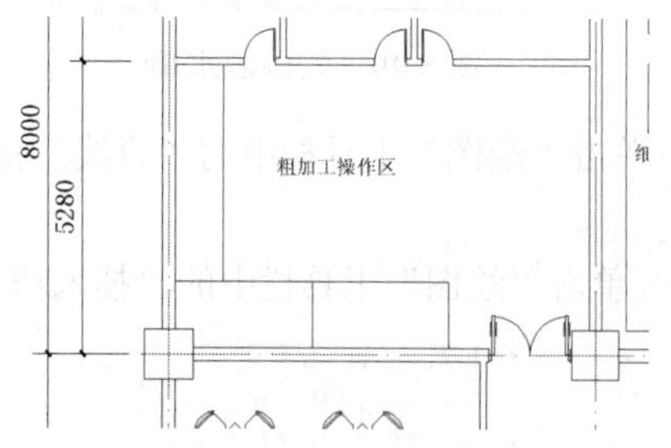

图 8-44　绘制粗加工台

（3）单击“绘图”工具栏中的“直线”按钮和“插入块”按钮，在另外位置布置洗涤池，如图 8-45 所示。

（4）单击“绘图”工具栏中的“直线”按钮和“矩形”按钮，在细加工区绘制加工台造型，

Note

如图 8-46 所示。

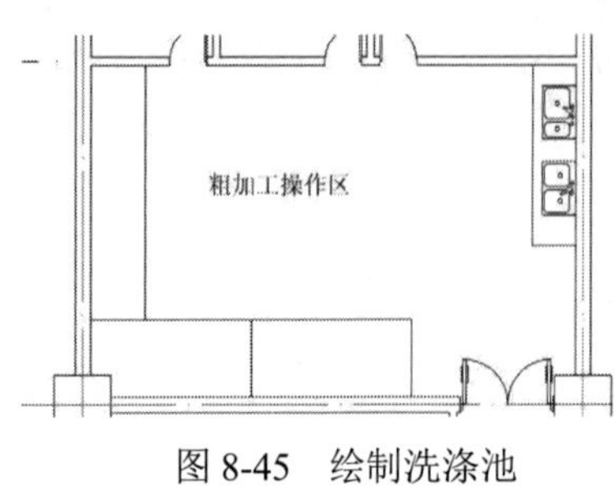

图 8-45　绘制洗涤池

图 8-46　创建细加工台

（5）单击“绘图”工具栏中的“插入块”按钮，为细加工区布置洗涤池，如图 8-47 所示。

（6）单击“绘图”工具栏中的“矩形”按钮、“直线”按钮以及“插入块”按钮，在冷荤拼盘区域勾画操作台和储存柜造型，并插入相应的洗涤池，如图 8-48 所示。

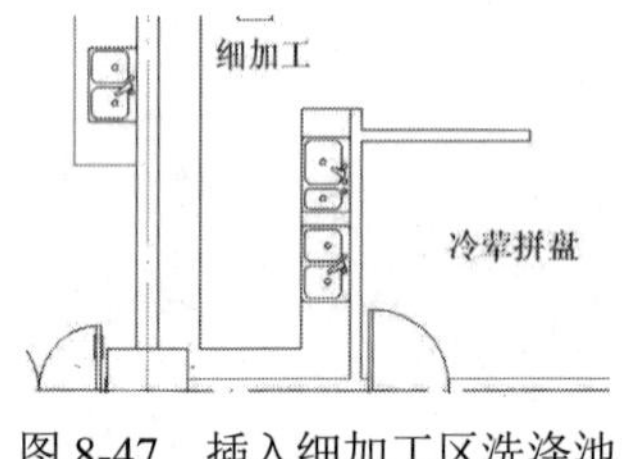

图 8-47　插入细加工区洗涤池

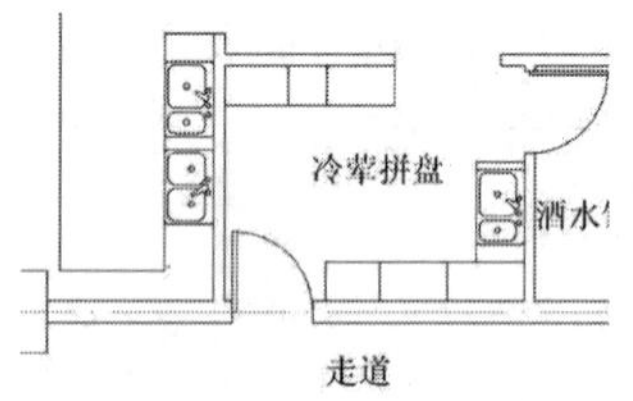

图 8-48　冷荤拼盘区域设计

（7）单击“绘图”工具栏中的“矩形”按钮和“直线”按钮，在酒水饮料间绘制酒水饮料储存柜造型，如图 8-49 所示。

（8）单击“绘图”工具栏中的“多段线”按钮，绘制点心加工间的加工台轮廓造型，如图 8-50 所示。

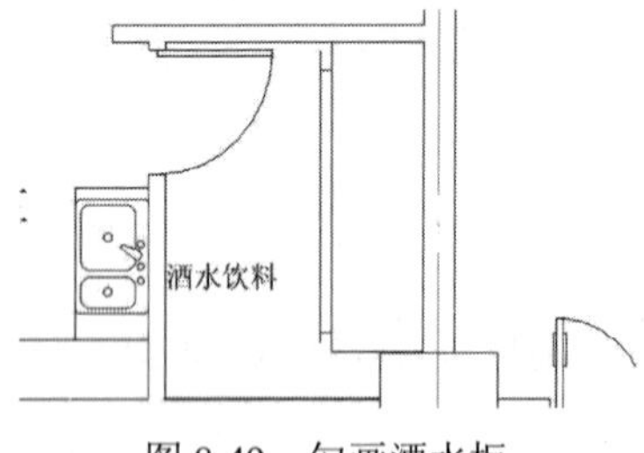

图 8-49　勾画酒水柜

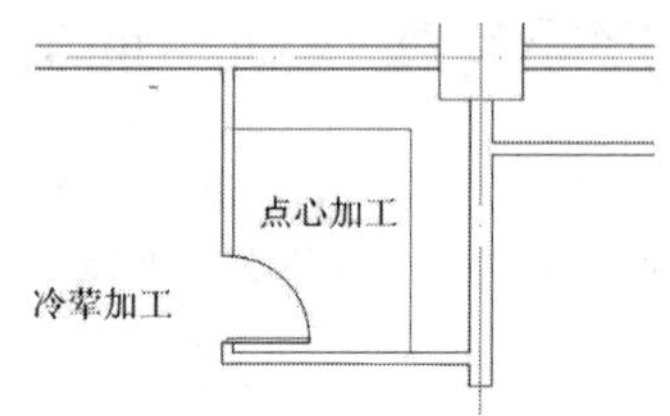

图 8-50　绘制点心加工台

（9）单击“绘图”工具栏中的“直线”按钮，在冷荤区绘制操作台和储存柜造型，如图 8-51 所示。

（10）单击“绘图”工具栏中的“插入块”按钮，插入洗涤池，如图 8-52 所示。

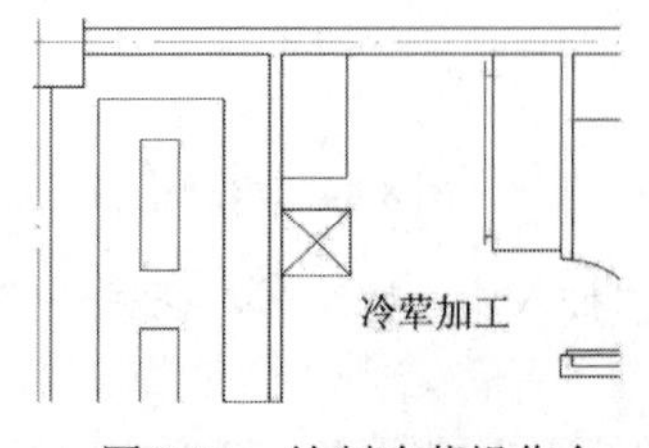

图 8-51　绘制冷荤操作台

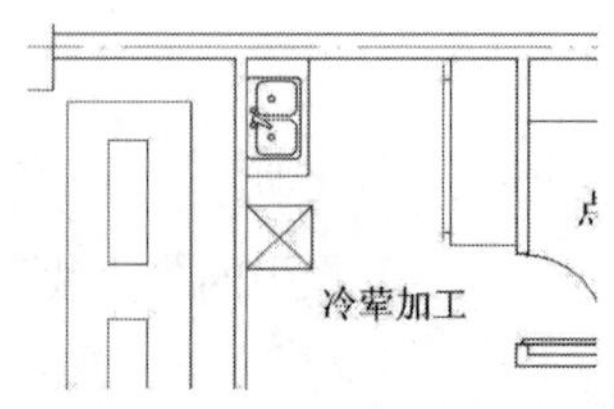

图 8-52　安排洗涤池

（11）单击“绘图”工具栏中的“直线”按钮，在厨房操作间进行设计，如图 8-53 所示。

（12）单击“绘图”工具栏中的“多段线”按钮和“修改”工具栏中的“偏移”按钮，在中部平面位置绘制厨房操作台，如图 8-54 所示。

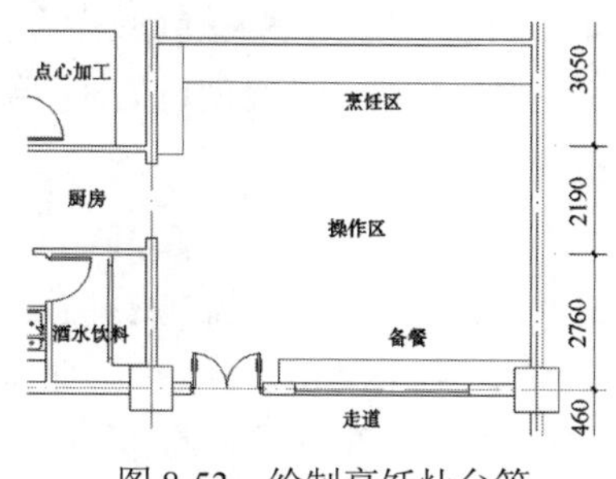

图 8-53　绘制烹饪灶台等

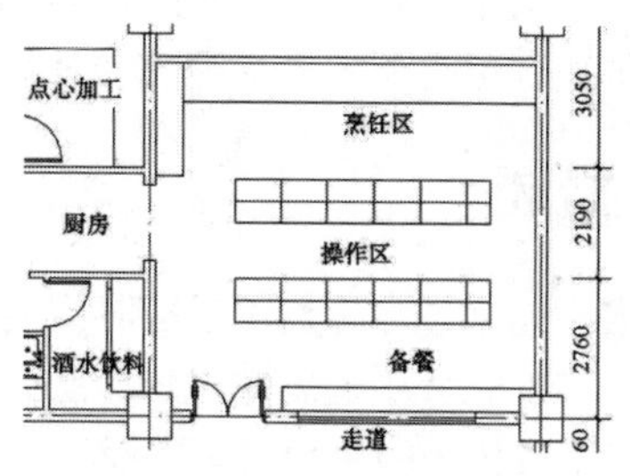

图 8-54　绘制厨房操作台

（13）在相应位置布置厨房洗涤池造型，如图 8-55 所示。

（14）在相应位置布置燃气灶造型，如图 8-56 所示。

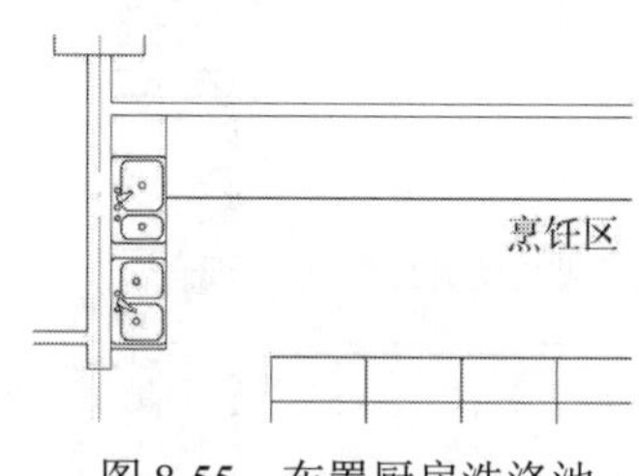

图 8-55　布置厨房洗涤池

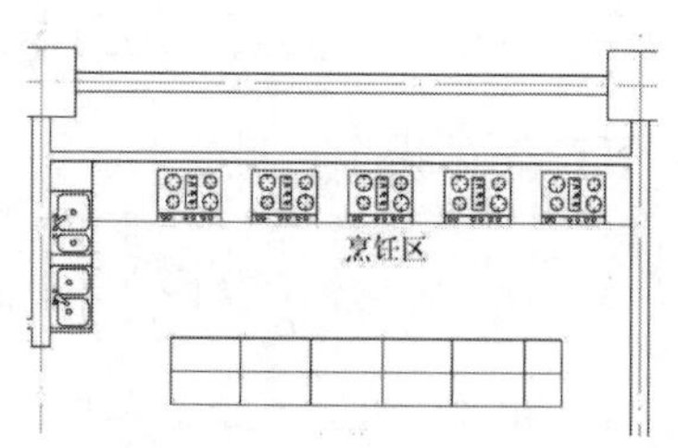

图 8-56　布置燃气灶

（15）完成厨房区域的设计与布置，如图 8-57 所示。

（16）至此，餐厅的平面装饰设计绘制完成，缩放视图观察，保存图形，如图 8-58 所示。

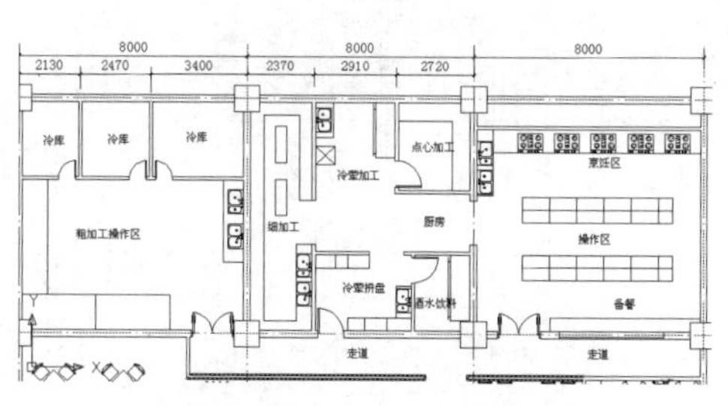

图 8-57　完成厨房区域设计

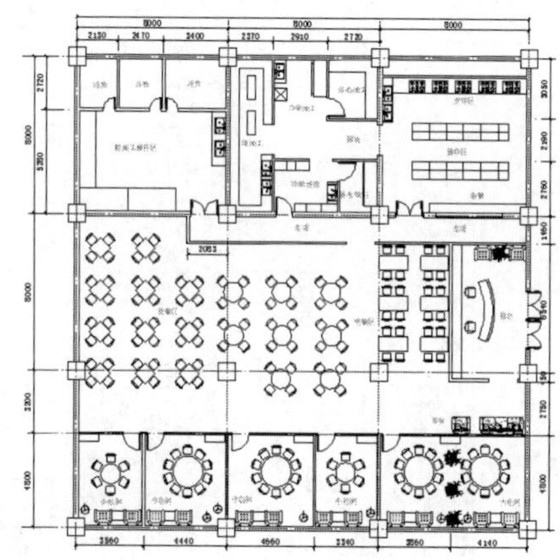

图 8-58　完成餐厅平面设计

8.3　餐厅地面和天花平面装饰图绘制

餐厅的地面装修中，要注意使用易清洁的材料，如石材、瓷砖等。而在餐厅天花设计中，照明灯具的设计十分重要。餐厅中安装和设计各种照明灯具，一定要根据餐厅内部装修的具体情况，选择适合本餐厅需要的各种类型的照明设备。餐厅的照明设备种类很多，如筒灯、烛光、太阳灯、吸顶灯、射灯、节能灯、彩光灯等。其中照明的色彩、亮度以及动感效果，均对就餐环境、就餐气氛以及顾客在用餐中的感觉，起着很重要的作用。餐厅室外合理的照明，不但显示出企业的重要标志，而且能使企业档次提高，更重要的是增强顾客对餐厅的注意力，吸引更多的顾客，从而创造更好的经济效益。

8.3.1 概述

现代餐厅越来越注重运用适应时代潮流的装饰设计新理念，突出餐厅经营的主体性和个性，满足客人在快节奏的社会中追求完美舒适的心理需求。因此餐厅装饰设计要体现“完美舒适即是豪华”这一新理念，一改传统的繁琐复杂的设计手法，通过巧妙的几何造型、主体色彩的运用和富有节奏感的“目的性照明”烘托，营造出简洁、明快、亮丽的装饰风格和方便、舒适、快捷的经营主题。要让共享大厅空间自然延伸，并与室外绿色景观融为一体。总而言之，餐厅的室内规划布局要合理，着重强调其整体和谐性和独特的装饰风格，突出舒适感和人性化的设计理念。同时要完善配套隐蔽工程，为餐厅整体经营的经济性、安全性、环保性和舒适性打下良好的基础。

8.3.2 地面装饰设计

本小节介绍餐厅地面装饰图绘制方法与相关技巧。绘制流程图如图 8-59 所示。

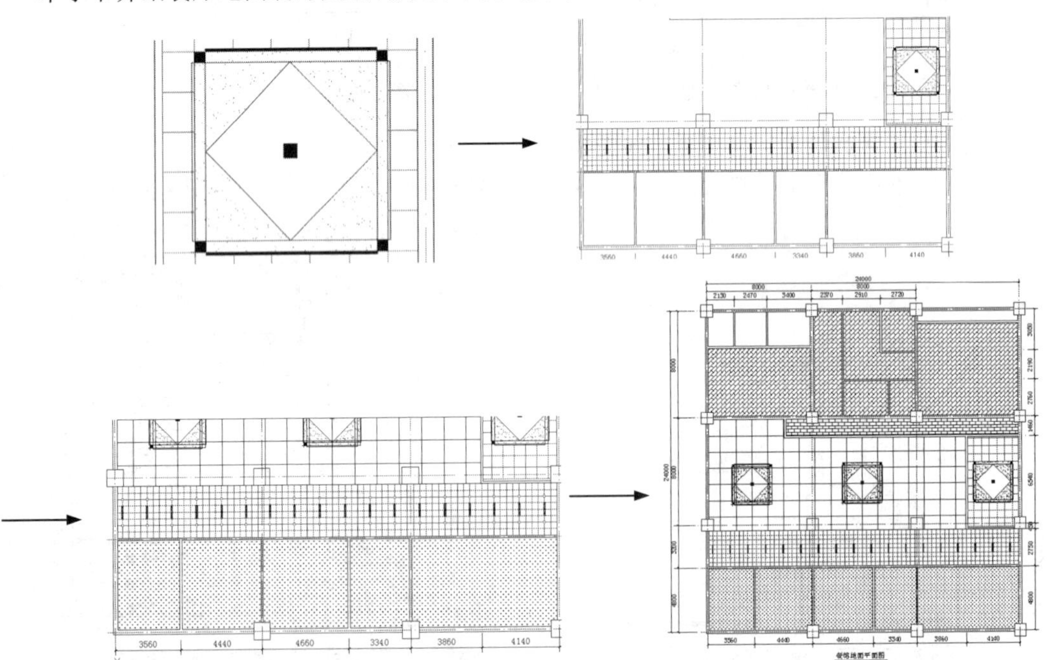

图 8-59　绘制地面装饰图

操作步骤：（光盘\动画演示\第 8 章\地面装饰图.avi）

（1）单击“绘图”工具栏中的“多段线”按钮和“修改”工具栏中的“偏移”按钮，绘制餐厅入口门厅的地面，如图 8-60 所示。

（2）单击“绘图”工具栏中的“直线”按钮和“矩形”按钮，勾画入口地面的地面拼花图

案造型，如图 8-61 所示。

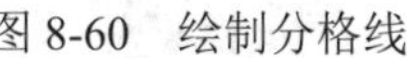
图 8-60　绘制分格线

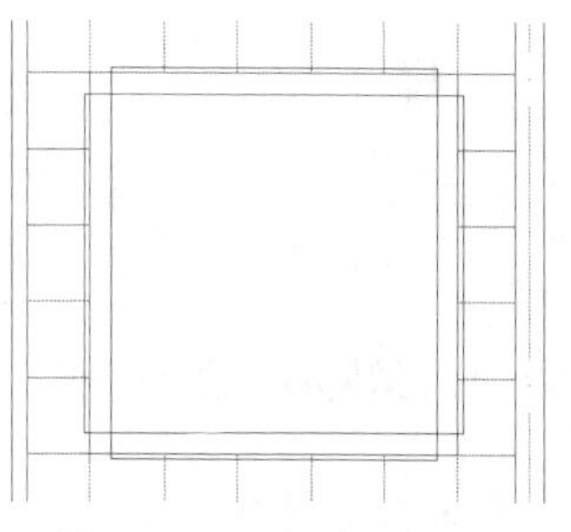
图 8-61　绘制地面拼花

（3）单击“绘图”工具栏中的“正多边形”按钮，在图案内侧绘制一个菱形，如图 8-62 所示。

（4）单击“绘图”工具栏中的“正多边形”按钮，在内侧中心位置绘制一个小方框图案，如图 8-63 所示。

（5）单击“绘图”工具栏中的“图案填充”按钮，设置填充图案为 SOLID，对其中一些位置填充图案，如图 8-64 所示。

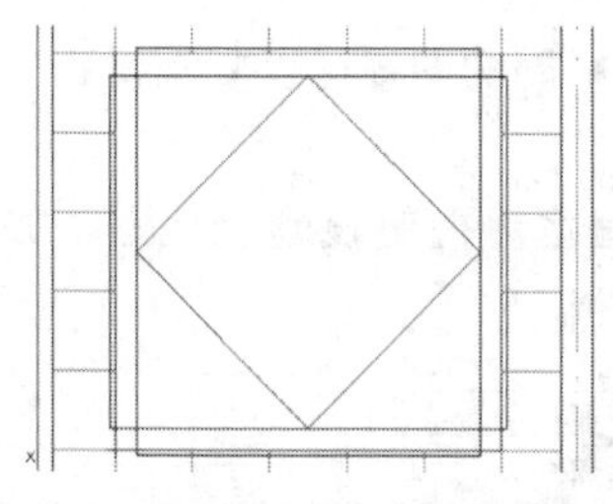
图 8-62　创建菱形

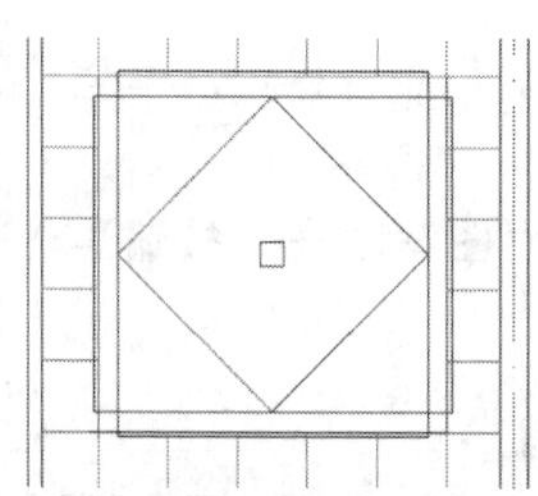
图 8-63　创建小方框

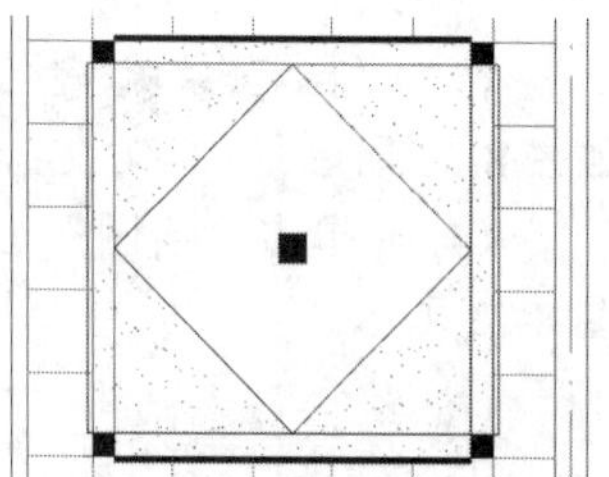
图 8-64　完成地面拼花图

（6）单击“绘图”工具栏中的“直线”按钮和“修改”工具栏中的“偏移”按钮，在餐厅公共就餐区的走道，创建水平和竖直方向分格线，如图 8-65 所示。

（7）单击“绘图”工具栏中的“正多边形”按钮，绘制菱形小方框图形，如图 8-66 所示。

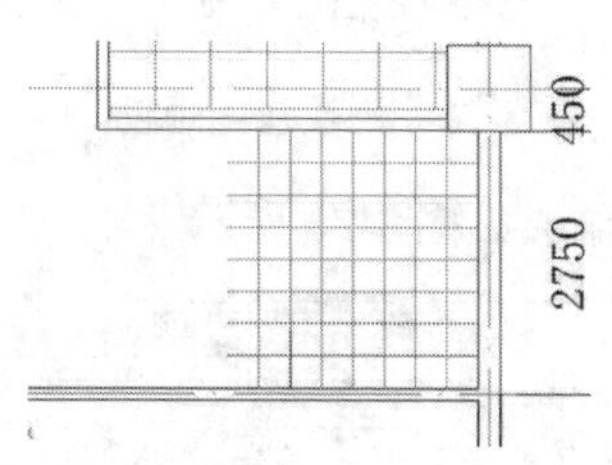

图 8-65　创建分格线

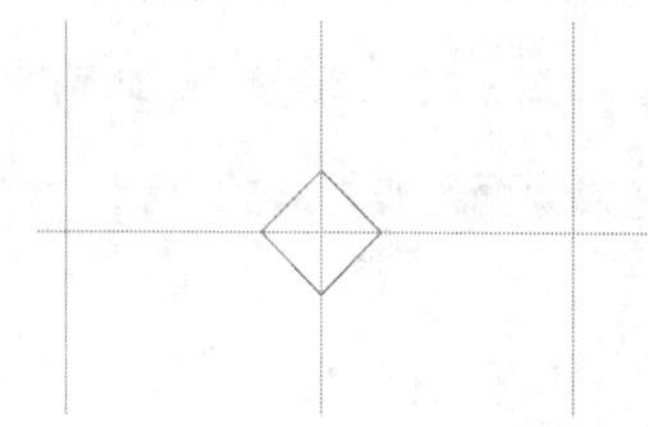
图 8-66　创建菱形小方框

（8）单击“绘图”工具栏中的“矩形”按钮和“修改”工具栏中的“镜像”按钮，在菱形小方框下绘制窄矩形，并镜像菱形小方框，如图 8-67 所示。

（9）单击“修改”工具栏中的“复制”按钮和“镜像”按钮，复制造型，并修剪矩形和菱形内的线条，如图 8-68 所示。

（10）单击“绘图”工具栏中的“图案填充”按钮，设置填充图案为 AR-SAND，填充步骤（9）绘制的矩形，如图 8-69 所示。

（11）单击“修改”工具栏中的“复制”按钮，进行造型复制，得到走道地面装修造型，如图 8-70 所示。

Note

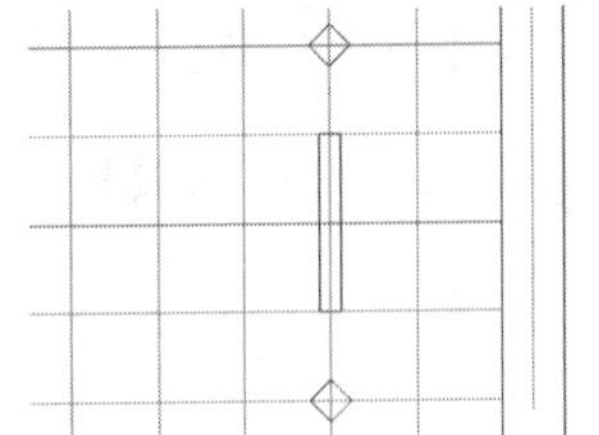
图 8-67　绘制矩形

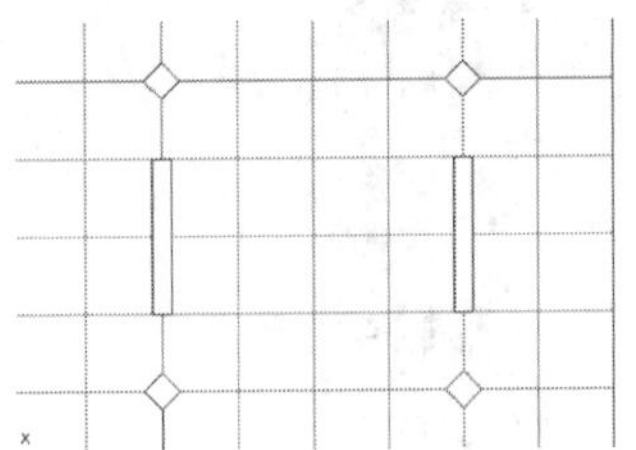
图 8-68　修剪图形线条

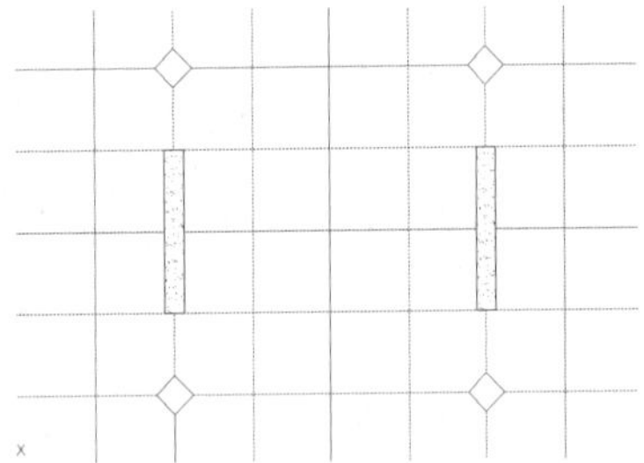
图 8-69　填充材质

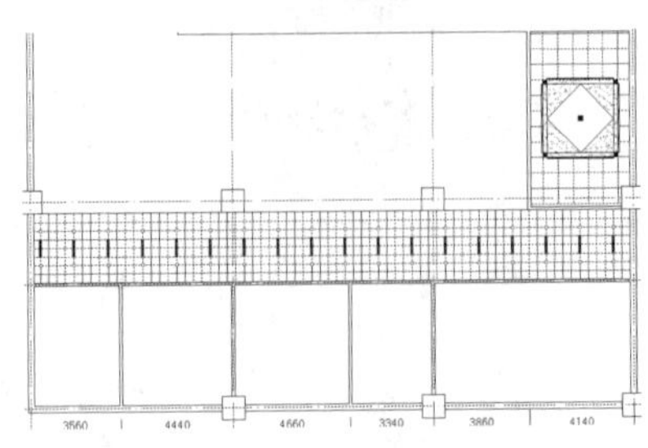
图 8-70　走道地面设计

（12）绘制公共就餐区地面造型。先绘制分格线，再绘制拼花图案（相同的图案可以复制得到），如图 8-71 所示。

（13）单击“绘图”工具栏中的“图案填充”按钮，在各个包间房间内铺设地毯地面，如图 8-72 所示。

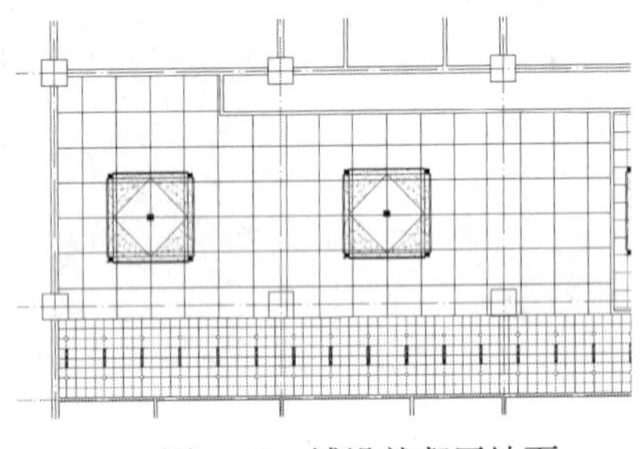
图 8-71　铺设就餐区地面

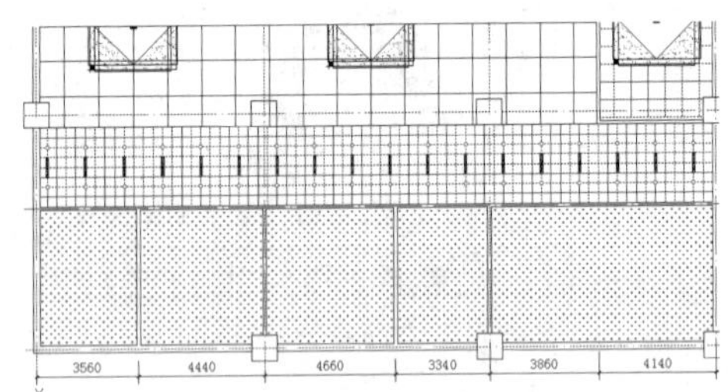
图 8-72　铺设包间地毯

（14）完成地面装修材料的绘制，如图 8-73 所示。最终结果如图 8-74 所示。

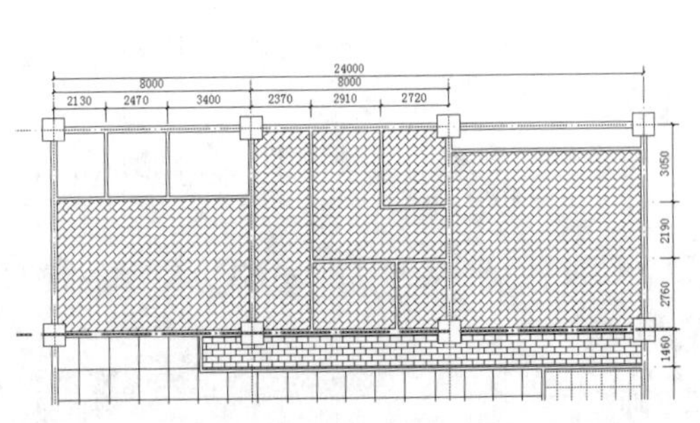
图 8-73　铺设地砖地面

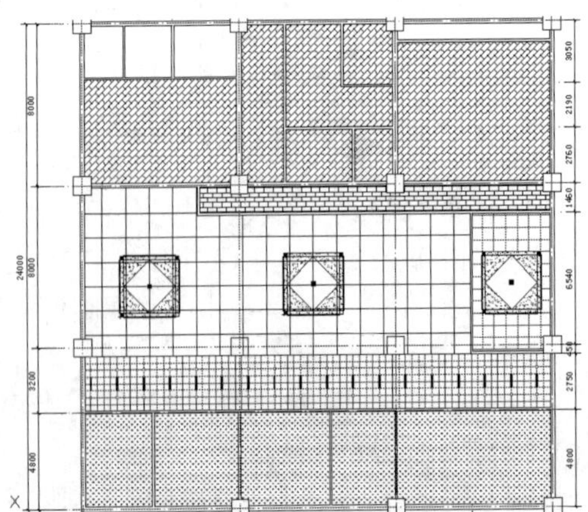
图 8-74　完成餐厅地面绘制

Note

8.3.3　天花平面装饰设计

本小节介绍餐厅天花平面装饰图绘制方法与相关技巧。绘制流程图如图 8-75 所示。

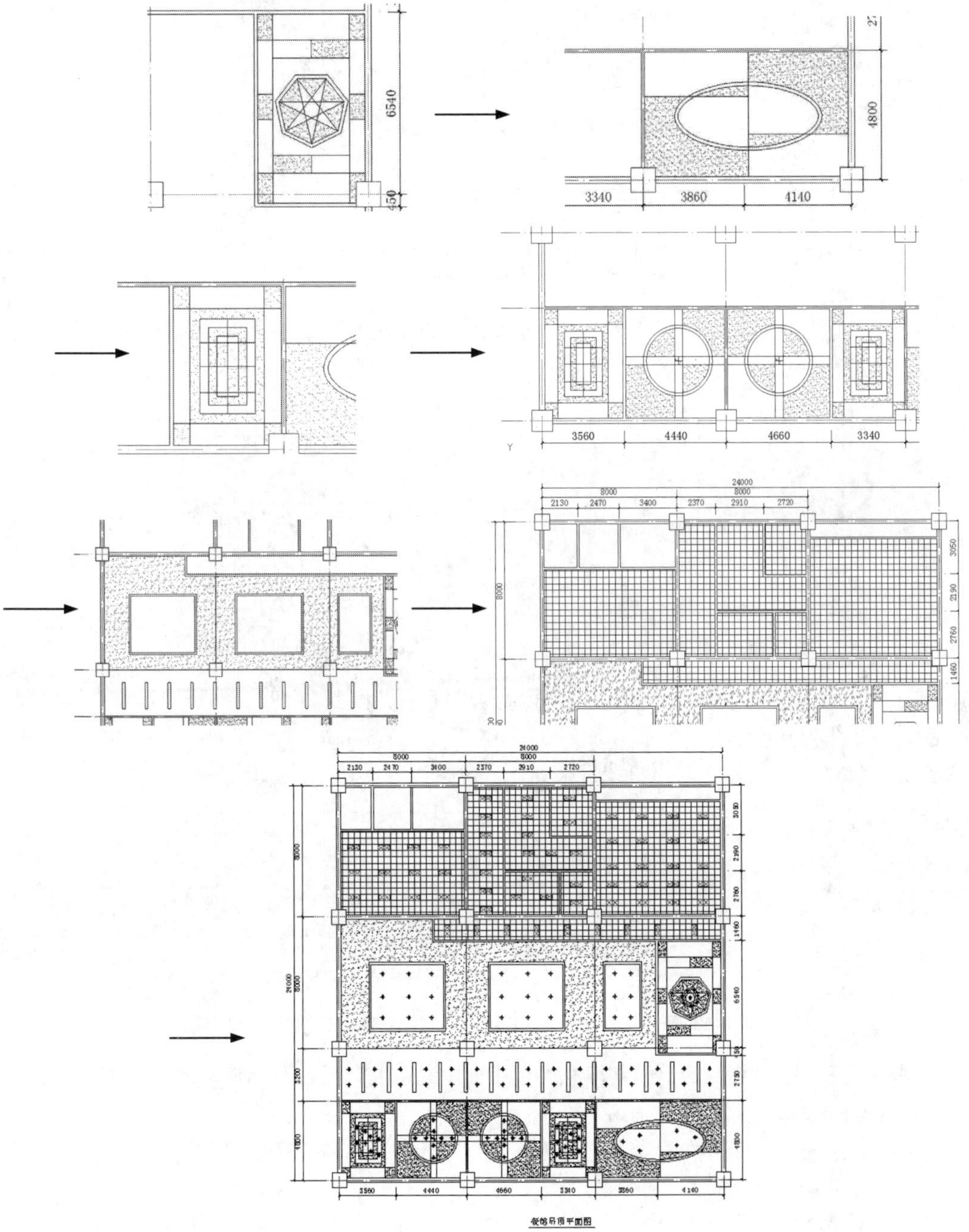

图 8-75　天花平面装饰图

操作步骤：（光盘\动画演示\第 8 章\天花平面装饰图.avi）

（1）单击"绘图"工具栏中的"正多边形"按钮和"修改"工具栏中的"偏移"按钮，绘

制正七边形作为入口门厅吊顶造型，如图 8-76 所示。

（2）单击“绘图”工具栏中的“直线”按钮，连接正七边形的对角线，如图 8-77 所示。

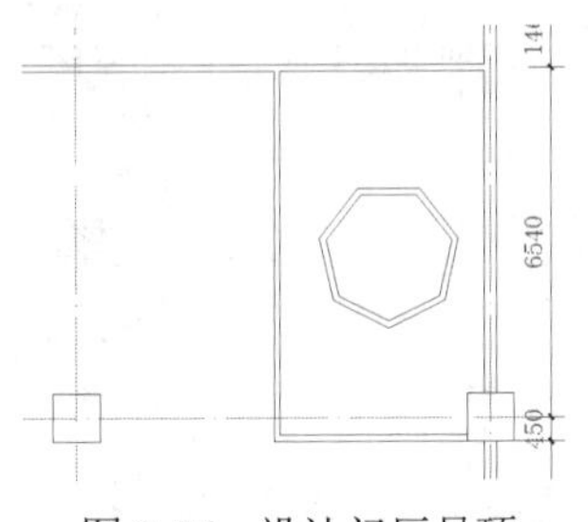

图 8-76　设计门厅吊顶

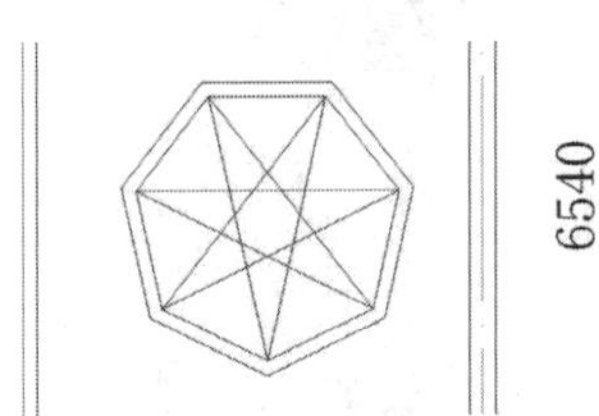

图 8-77　连接对角线

（3）单击“绘图”工具栏中的“直线”按钮和“修改”工具栏中的“偏移”按钮，在多边形外圈分割造型，如图 8-78 所示。

（4）单击“绘图”工具栏中的“图案填充”按钮，设置填充图案为 AR-SAND，对吊顶造型进行部分位置图案填充，如图 8-79 所示。

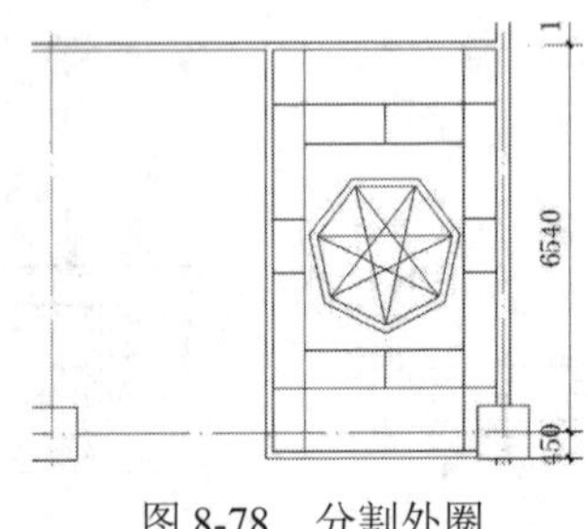

图 8-78　分割外圈

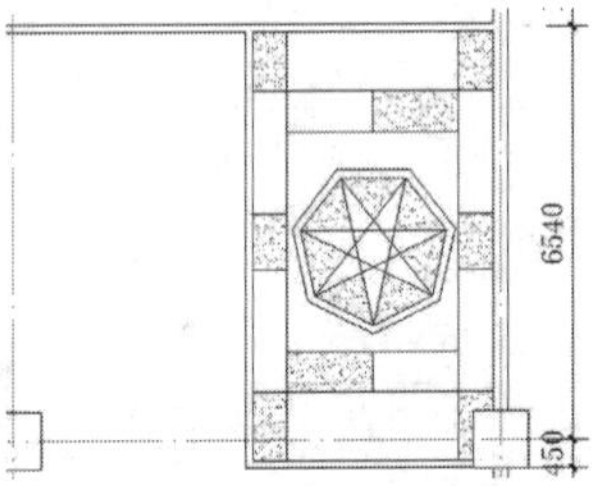

图 8-79　填充部分图案

（5）单击“绘图”工具栏中的“椭圆”按钮和“修改”工具栏中的“偏移”按钮，绘制大包间吊顶造型，如图 8-80 所示。

（6）单击“绘图”工具栏中的“直线”按钮，分割大包间吊顶，如图 8-81 所示。

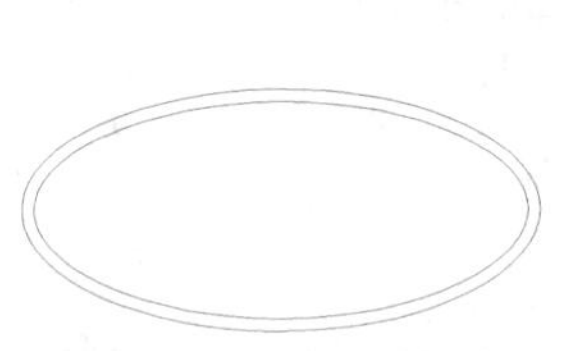

图 8-80　绘制椭圆

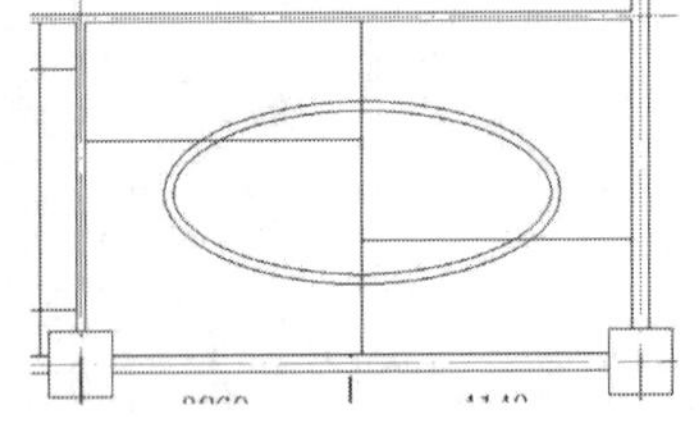

图 8-81　分割大包间吊顶

（7）单击“绘图”工具栏中的“图案填充”按钮，设置填充图案为 AR-SAND，填充大包间吊顶不同部位，如图 8-82 所示。

（8）单击“绘图”工具栏中的“直线”按钮和“修改”工具栏中的“偏移”按钮，分割小包间吊顶造型，如图 8-83 所示。

（9）单击“绘图”工具栏中的“多段线”按钮和“修改”工具栏中的“偏移”按钮，进一步分割小包间吊顶内侧造型，如图 8-84 所示。

（10）单击“绘图”工具栏中的“图案填充”按钮，设置填充图案为 AR-SAND，填充小包间吊顶不同部位造型，如图 8-85 所示。

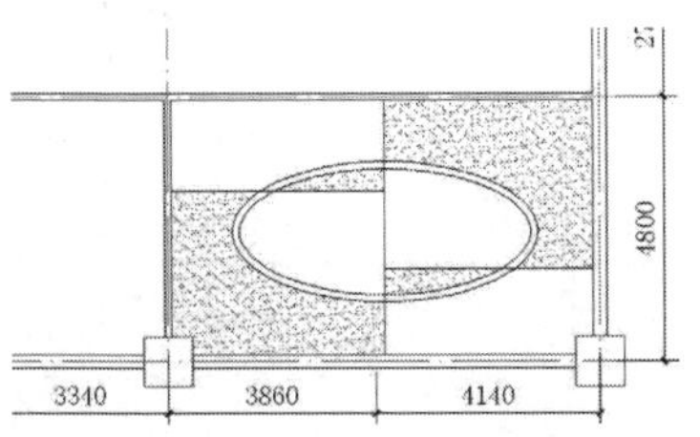

图 8-82 填充大包间吊顶

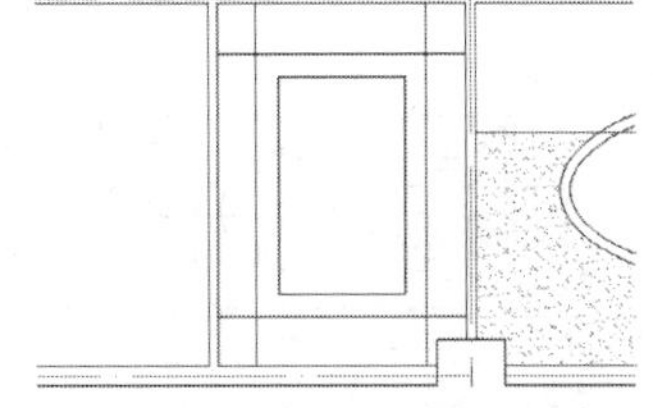

图 8-83 分割小包间吊顶

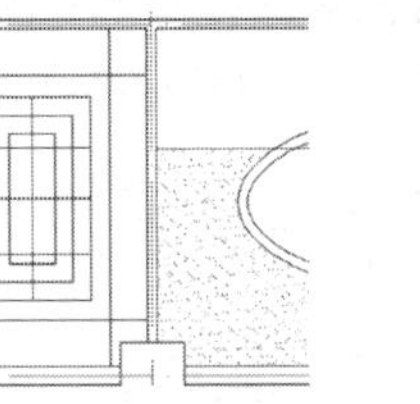

图 8-84 进一步分割吊顶

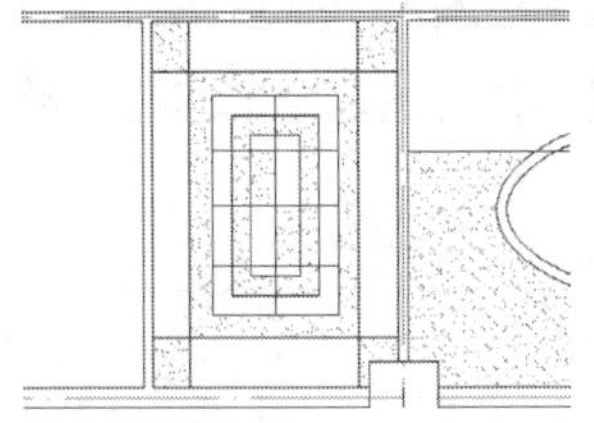

图 8-85 填充小包间吊顶

（11）单击“绘图”工具栏中的“圆”按钮和“修改”工具栏中的“偏移”按钮，分割中型包间的吊顶造型，如图 8-86 所示。

（12）单击“绘图”工具栏中的“矩形”按钮，进一步勾画中包间吊顶造型，如图 8-87 所示。

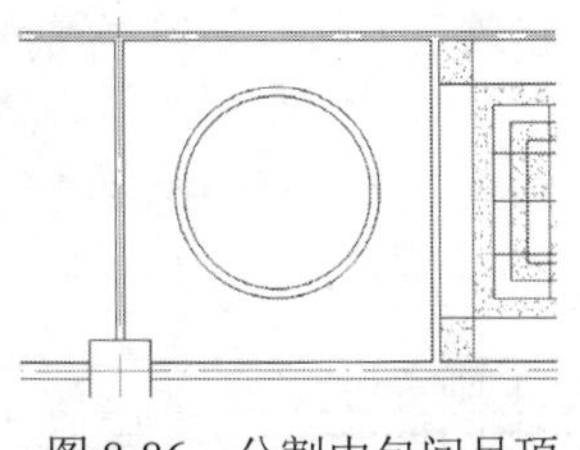

图 8-86 分割中包间吊顶

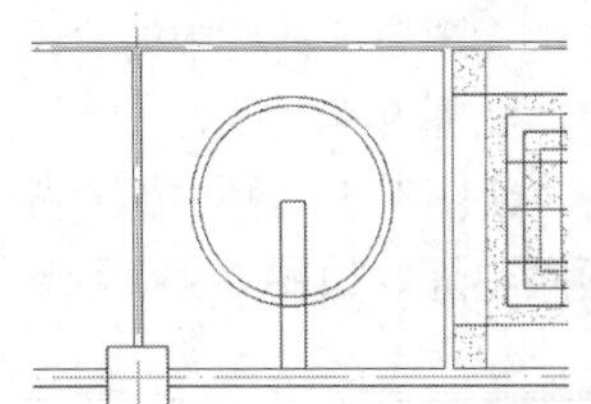

图 8-87 勾画中包间吊顶

（13）单击“绘图”工具栏中的“矩形”按钮，在另外对应位置勾画相同的包间吊顶造型，如图 8-88 所示。

（14）单击“绘图”工具栏中的“图案填充”按钮，设置填充图案为 AR-SAND，填充中包间吊顶不同部位造型，如图 8-89 所示。

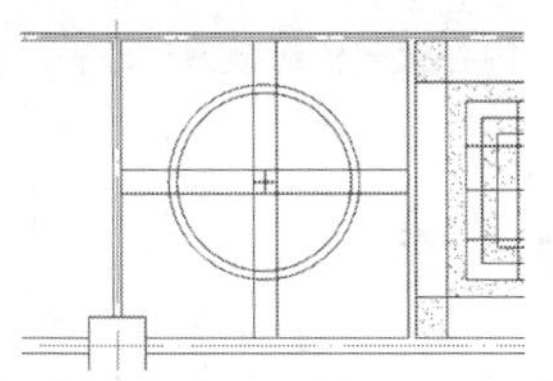

图 8-88 勾画相同吊顶造型

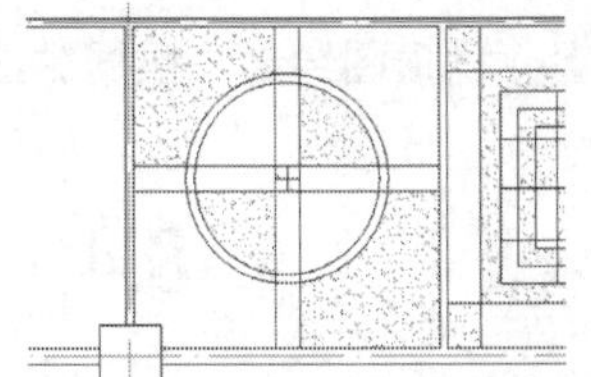

图 8-89 填充中包间吊顶

（15）另外两个中小包间吊顶造型按上述方法进行绘制，如图 8-90 所示。

（16）单击“绘图”工具栏中的“矩形”按钮和“修改”工具栏中的“复制”按钮，对公共就餐区的走道吊顶造型设计，如图 8-91 所示。

（17）单击“绘图”工具栏中的“多段线”按钮和“修改”工具栏中的“偏移”按钮，绘制公共就餐区的大吊顶造型，单击“绘图”工具栏中的“图案填充”按钮，设置填充图案为 AR-SAND，填充公共就餐区的大吊顶，如图 8-92 所示。

Note

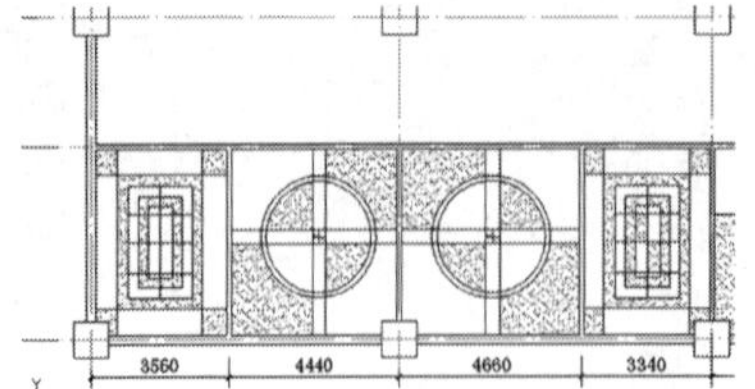

图 8-90　另外两个包间吊顶设计

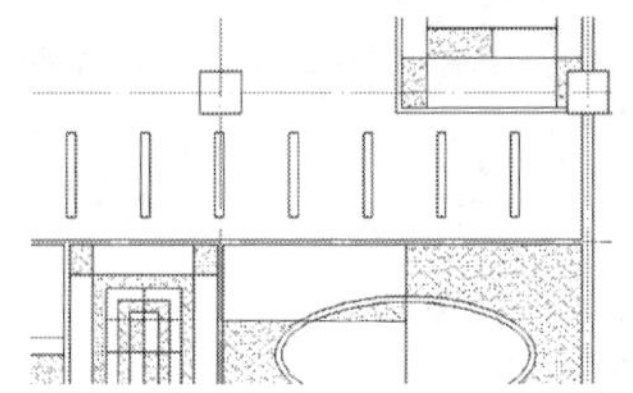

图 8-91　就餐区走道吊顶

（18）单击“绘图”工具栏中的“图案填充”按钮，设置填充图案为 ANSI37，角度为 45°。对厨房操作区域及其交通走道矿棉板吊顶造型进行填充，如图 8-93 所示。

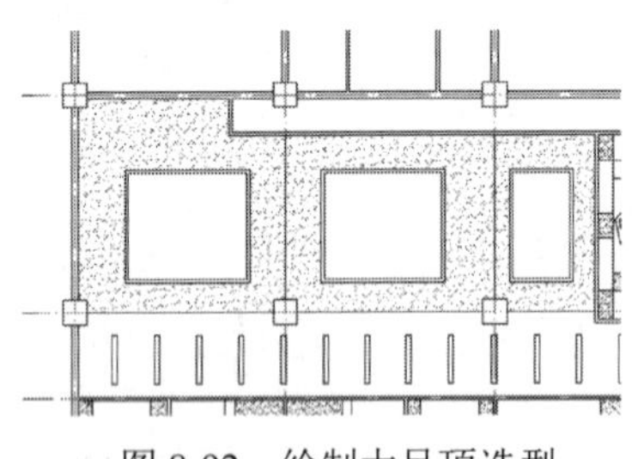

图 8-92　绘制大吊顶造型

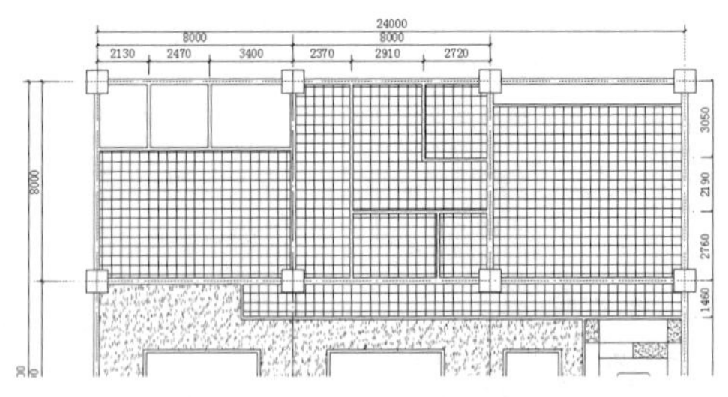

图 8-93　填充矿棉板

（19）单击“绘图”工具栏中的“插入块”按钮和“修改”工具栏中的“复制”按钮，进行吊顶造型灯布置，如图 8-94 所示。

（20）单击“绘图”工具栏中的“插入块”按钮和“修改”工具栏中的“复制”按钮，布置其他矿棉板吊顶照明灯，如图 8-95 所示。

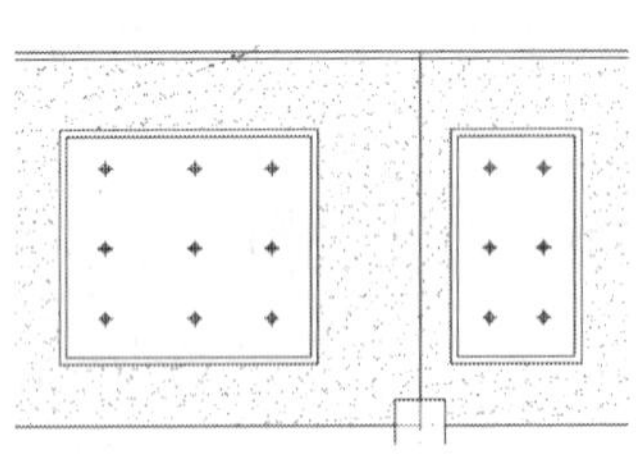

图 8-94　布置吊顶灯

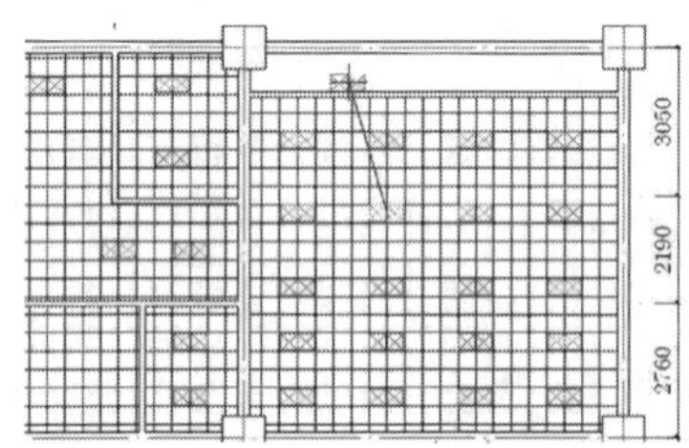

图 8-95　布置照明灯

（21）完成餐厅吊顶图绘制。根据做法使用折线引出，标注相应的说明文字，在此从略。

8.4　上机操作

通过前面的学习，读者对本章知识也有了大体的了解，本节通过几个操作练习使读者进一步掌握本章知识要点。

8.4.1　绘制某剧院接待室建筑平面图

1. 目的要求

本实例主要要求读者通过练习进一步熟悉和掌握平面图的绘制方法。通过本实例，可以帮助读者

学会完成整个平面图绘制的全过程。

2. 操作提示

（1）绘图前准备。

（2）绘制定位辅助线。

（3）绘制柱子。

（4）绘制墙体、隔断、门窗、洞口。

（5）绘制装饰凹槽。

（6）绘制门。

（7）标注尺寸。

（8）标注文字。

绘制结果如图 8-96 所示。

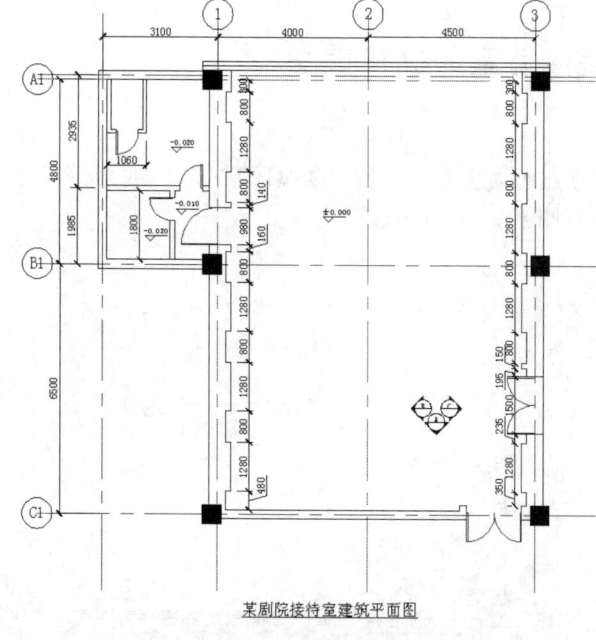

图 8-96　某剧院接待室建筑平面图

8.4.2　绘制某剧院接待室平面布置图

1. 目的要求

本实例主要要求读者通过练习进一步熟悉和掌握平面布置图的绘制方法。通过本实例，可以帮助读者学会完成整个平面布置图绘制的全过程。

2. 操作提示

（1）整理图形。

（2）绘制所需图块。

（3）布置图形。

绘制结果如图 8-97 所示。

Note

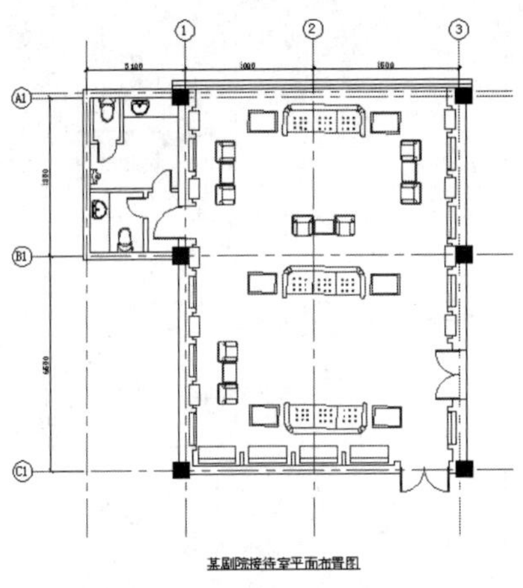

图 8-97　某剧院接待室平面布置图

8.4.3　绘制某剧院接待室顶棚布置图

1. 目的要求

本实例主要要求读者通过练习进一步熟悉和掌握顶棚布置图的绘制方法。通过本实例，可以帮助读者学会完成整个顶棚布置图绘制的全过程。

2. 操作提示

（1）整理图形。

（2）绘制吊顶。

（3）绘制灯具。

（4）标注尺寸。

（5）标注文字。

绘制结果如图 8-98 所示。

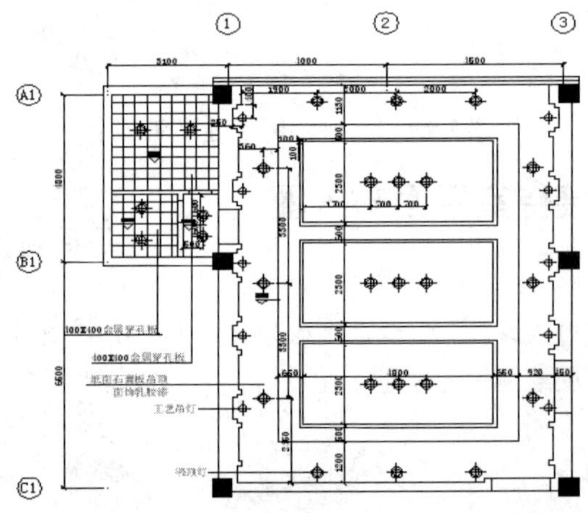

某剧院接待室顶棚布置图

图 8-98　某剧院接待室顶棚布置图

第9章 某别墅平面图绘制

别墅是练习建筑绘图的理想示例。因为它建筑规模小、简单，易于初学者接受；而且它包含的建筑构配件是比较齐全的，所谓“麻雀虽小、五脏俱全”。本章以某别墅设计方案图作为示例，和读者一起体验别墅平面图绘制的过程。

某座独院别墅，砖混结构，共三层。底层布置客厅、餐厅、厨房、客人房、工人房、车库、游泳池和卫生间，二层布置家庭室、主卧室、书房、书库、小孩房及车库屋顶花园，三层布置两间卧室、活动室和室外观景平台。

☑ 底层平面图

☑ 二层平面图

☑ 三层平面图

☑ 屋顶平面图

任务驱动&项目案例

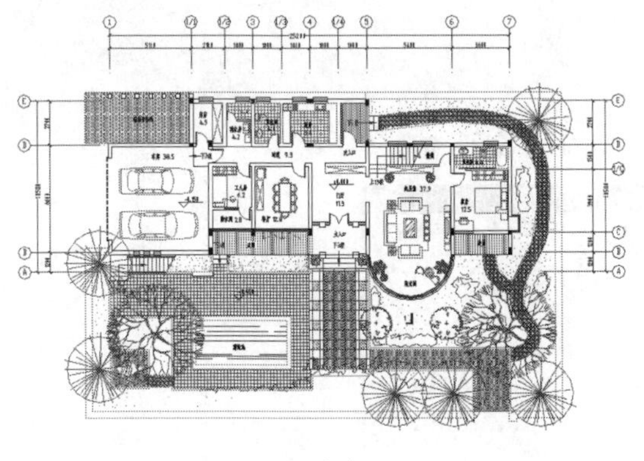

（1）

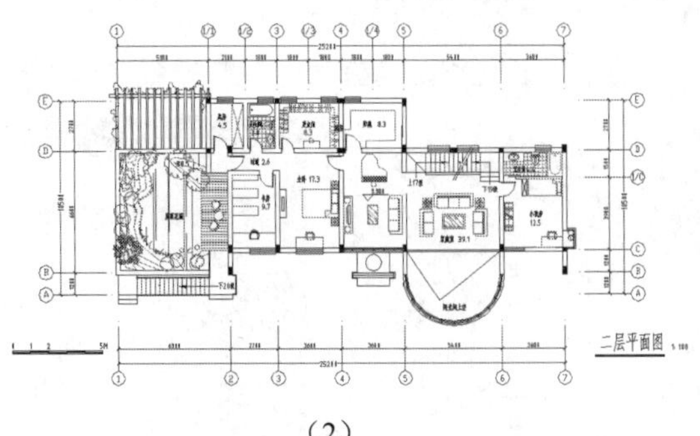

（2）

Note

9.1 底层平面图

本节介绍别墅底层平面图设计的相关知识及其绘图方法与技巧。绘制流程图如图 9-1 所示。

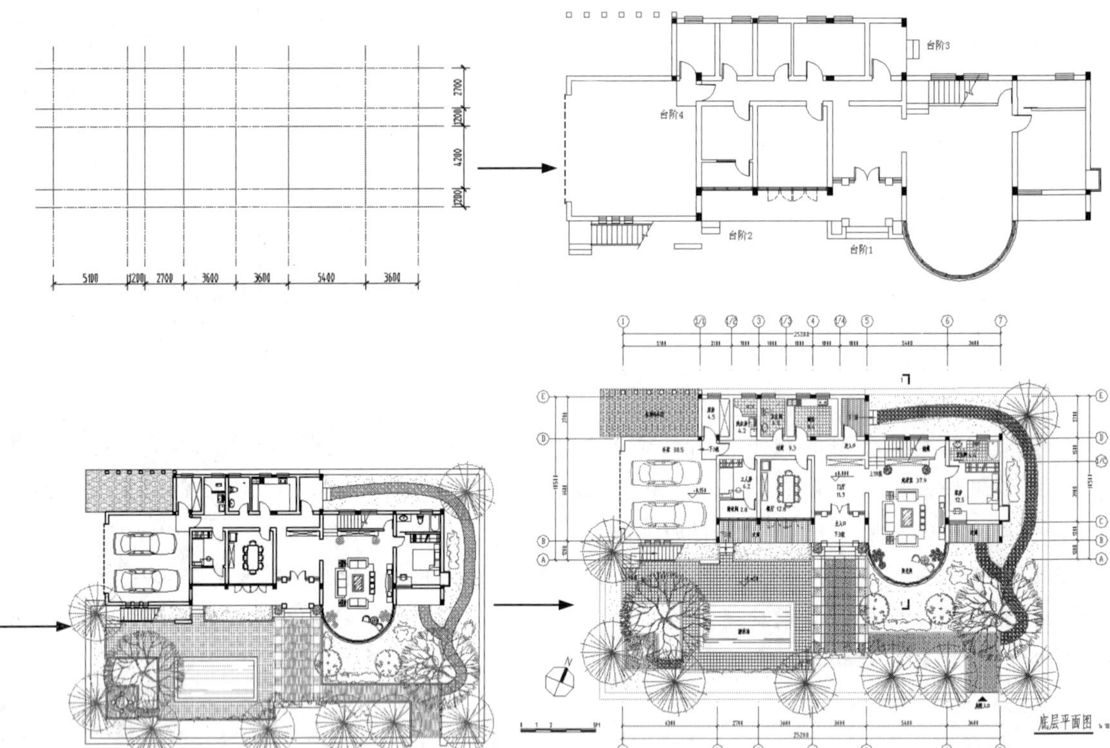

图 9-1 绘制底层平面图

操作步骤：（光盘\动画演示\第 9 章\底层平面图.avi）

9.1.1 准备工作

新建图形文件，选择光盘中的样板文件，打开进入绘图状态，如图 9-2 所示。

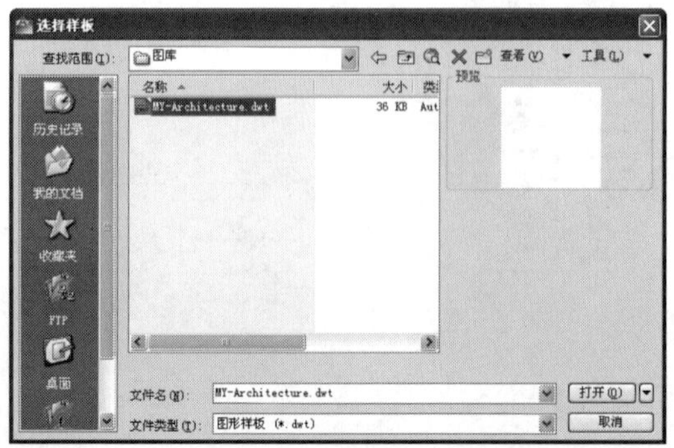

图 9-2 选择光盘中的样板文件

9.1.2 轴线绘制

轴线绘制的操作步骤如下：

（1）将“轴线”图层置为当前层。

（2）单击“绘图”工具栏中的“直线”按钮和“修改”工具栏中的“偏移”按钮，如图 9-3 所示绘制出纵横定位轴线网格。

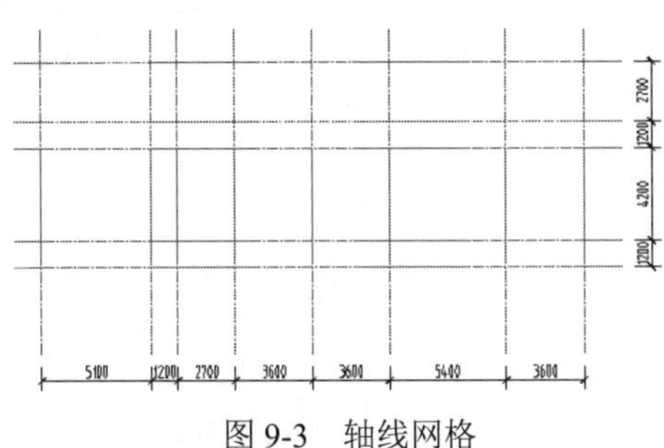

图 9-3 轴线网格

说明：绘制轴线，没有必要一步到位将所有轴线全部绘制出来，可以先将主要的、起控制作用的轴线绘好，而那些附加轴线待需要时再添加，逐步细化。这样做有利于避免繁杂混乱而导致的错误。

9.1.3 墙线绘制

墙线绘制的操作步骤如下：

（1）将“墙线”图层置为当前层。

（2）选择菜单栏中的“绘图”→“多线”命令，设置比例为 240，按如图 9-4 所示粗线绘制墙线。

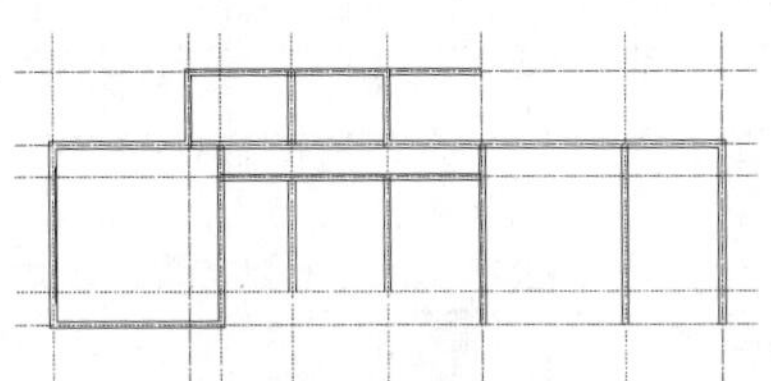

图 9-4 墙线粗绘

（3）单击“修改”工具栏中的“分解”按钮，将多线分解开，对交接处进行“修剪”、“倒角”处理，使之连接正确。单击“绘图”工具栏中的“直线”按钮，对墙头未封口处进行封口，结果如图 9-5 所示。

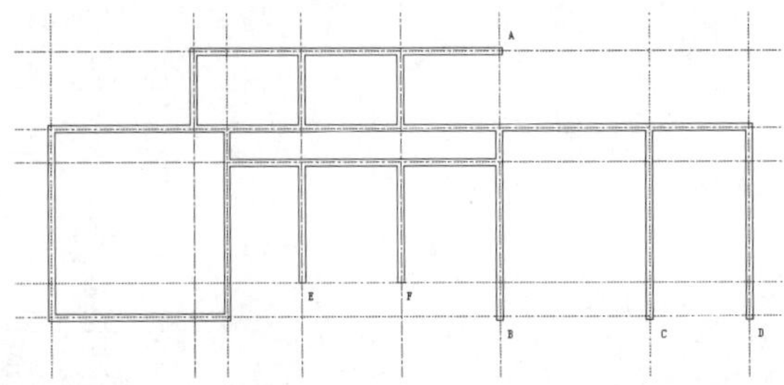

图 9-5 墙线处理

Note

图中 A、B、C、D、E、F 6 个位置的墙头需要先用“延伸”命令由轴线向外延伸 120，然后再封口。

（4）采用类似的方法完成剩余墙体，结果如图 9-6 所示。

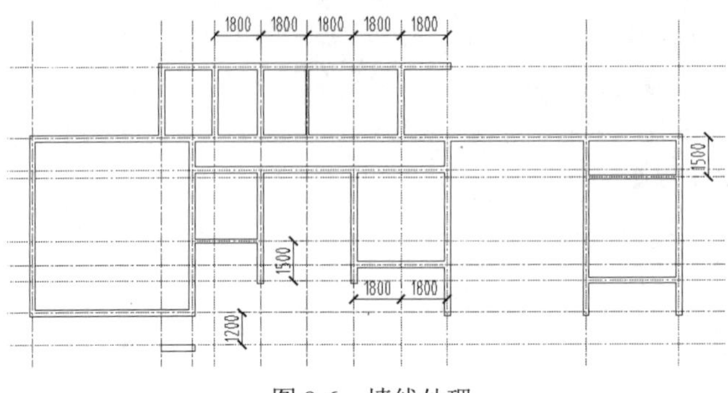

图 9-6 墙线处理

9.1.4 柱绘制

柱包括混凝土柱和砖筑。

1. 混凝土柱

混凝土柱一般涂黑表示，绘制方法是：首先绘制一个矩形，然后执行“图案填充”命令，将矩形涂黑，填充图案为 SOLID。

将“柱”图层置为当前层，如图 9-7 所示绘制并布置混凝土柱。

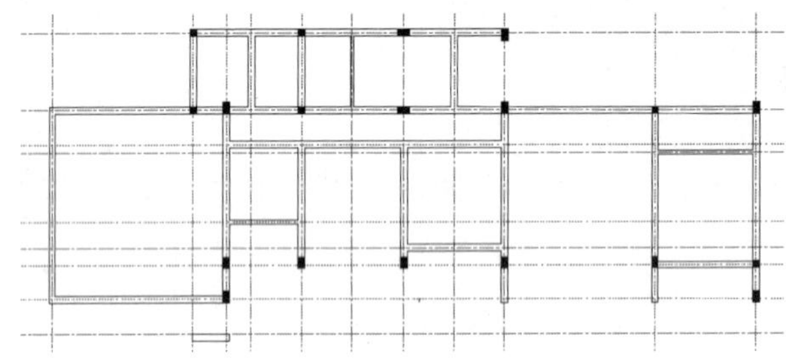

图 9-7 混凝土柱布置

2. 砖柱

入口处的门柱和西北角备用停车位处的廊柱为砖柱，在“墙线”图层中绘制。

（1）入口处门柱截面大小为 360×360，如图 9-8 所示。首先增加定位轴线，然后绘制矩形，最后移动柱图案进行定位，将多余线条修剪掉。

（2）西北角廊柱大小为 240×240，如图 9-9 所示。首先绘制一个矩形，然后阵列出其他柱子。

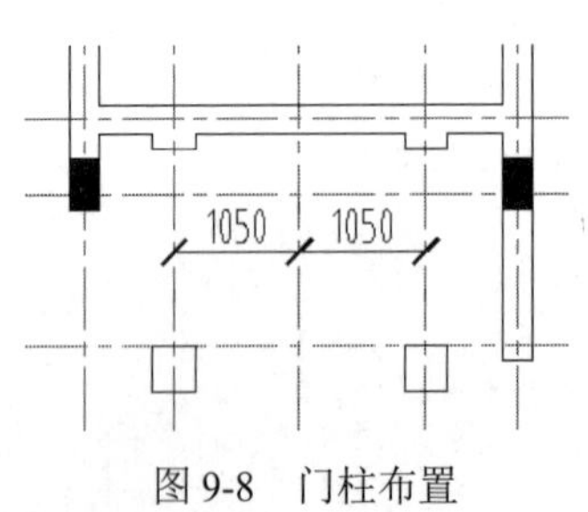

图 9-8 门柱布置

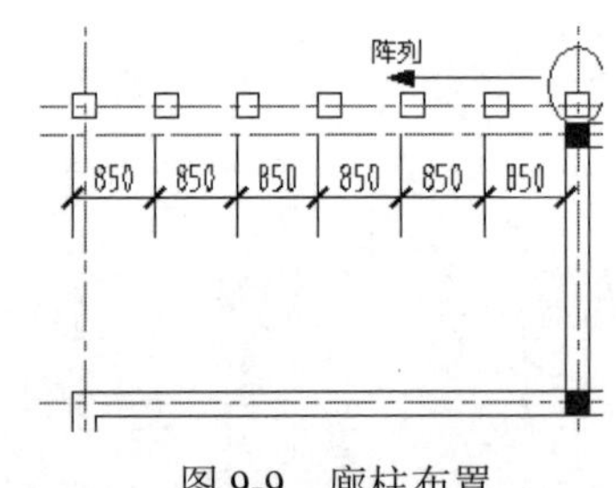

图 9-9 廊柱布置

9.1.5 门窗绘制

门窗绘制的操作步骤如下：

（1）门窗洞定位。在“墙线”图层为当前层的状态下，参照图 9-10 绘制出门窗洞口边界线。

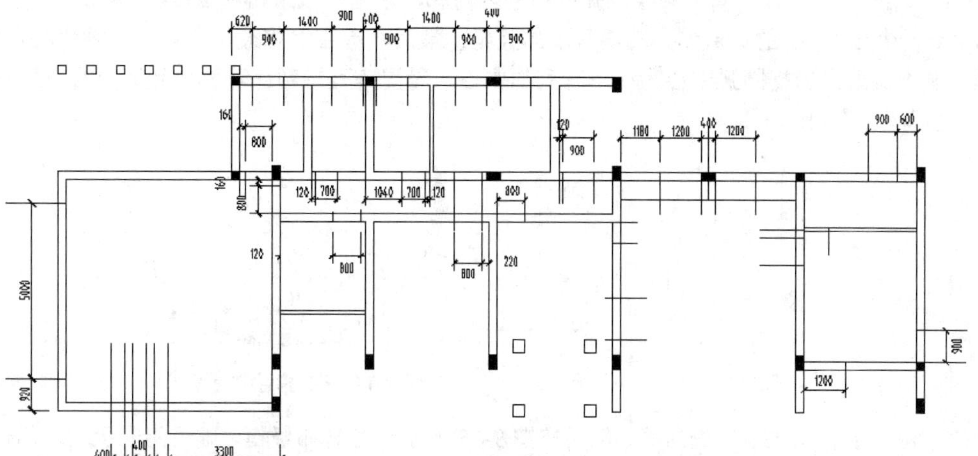

图 9-10 门窗洞定位

（2）门窗洞整理。逐个修剪、整理门窗洞口，结果如图 9-11 所示。

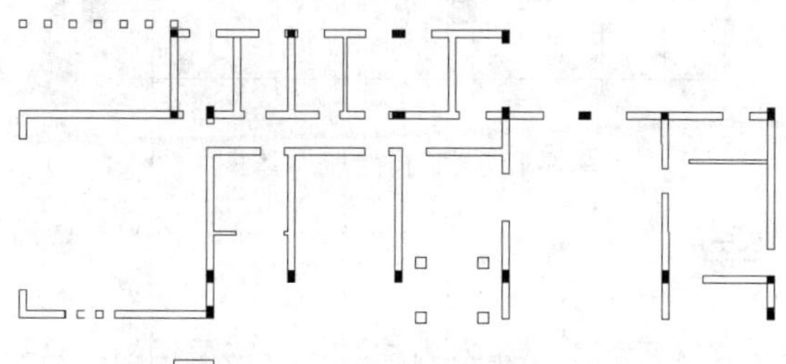

图 9-11 门窗洞口

（3）将“门窗”图层置为当前状态，完成门窗绘制，结果如图 9-12 所示。下面说明其操作要点。

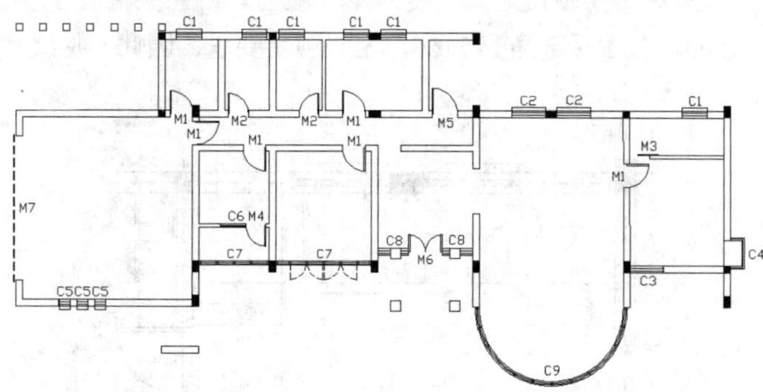

图 9-12 完成门窗

❶ C1、C2、C5。首先选择菜单栏中的“绘图”→“多线”命令，绘制出四线窗，然后单击“绘

Note

图”工具栏中的“直线”按钮或“多段线”按钮，绘制外侧窗台。

❷ C3、C6、C8。直接选择菜单栏中的“绘图”→“多线”命令，绘制出四线窗。

❸ C4。首先单击“绘图”工具栏中的“多段线”按钮，绘制出凸窗的内轮廓，然后向外依次偏移 50、50、50 绘出窗线，如图 9-13 所示。

❹ C9。如图 9-14 所示，首先，绘制弧线窗的内轮廓，并向外依次偏移 50 绘出窗线；其次，紧靠墙端部绘制一个 150×50 的矩形作为玻璃幕墙的竖梃；最后，单击“修改”工具栏中的“环形阵列”按钮，选中矩形，捕捉圆弧中心为环形阵列的中心，设置阵列参数：阵列个数为 13；填充角度为 180°，进行环形阵列。

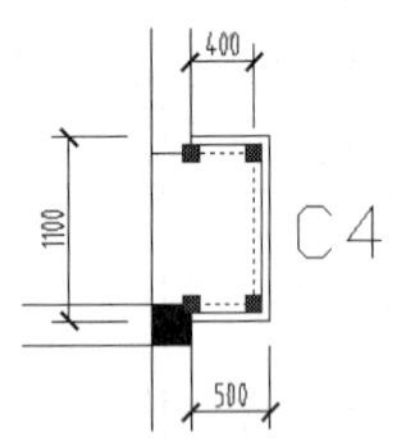

图 9-13　C4 窗绘制示意图

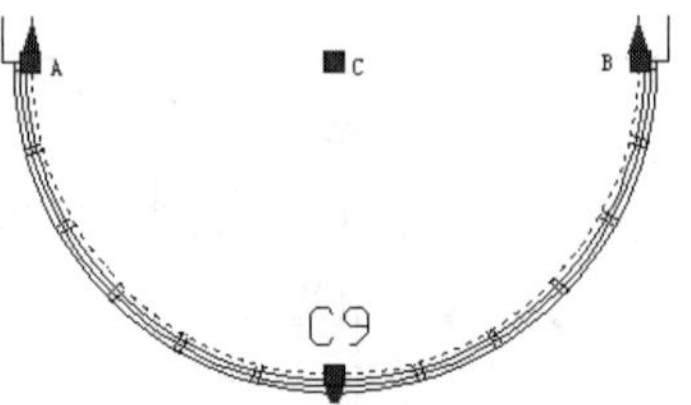

图 9-14　C9 窗绘制示意图

❺ C7。首先绘制出 150 厚的窗线，然后按图 9-15 所示尺寸分布竖梃，虚线门表示玻璃门可开取。

❻ M1～M6 比较简单，M7 表示卷帘门，用多段线绘制，在其特性中调整线型和线型比例以达到效果。

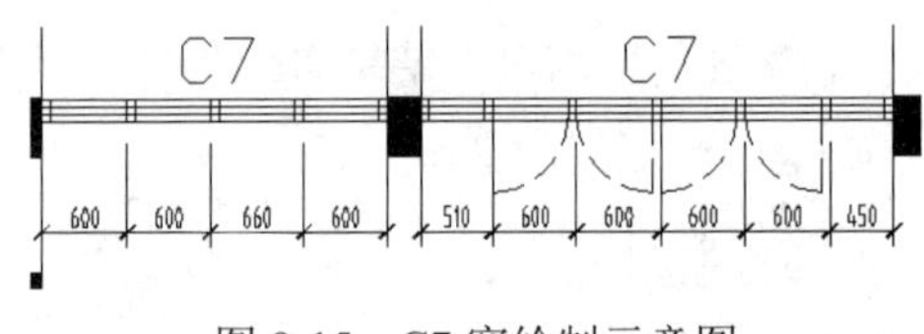

图 9-15　C7 窗绘制示意图

9.1.6　楼梯、台阶绘制

本节包含两个楼梯，一个在客厅后部，是室内连接一～三层通道；另一个在室外车库前，连接车库上的屋顶花园。台阶包括主、次入口处的台阶。

1. 室内楼梯

底层层高为 3300，如考虑楼梯每级踏步高度为 175 左右，则总共需要 19 级。如选取踏步宽度为 250，那么梯段长度为 4500，客厅后部净宽 5160，无法满足要求。因此，将楼梯采用三跑楼梯，踏步设计如图 9-16 所示。

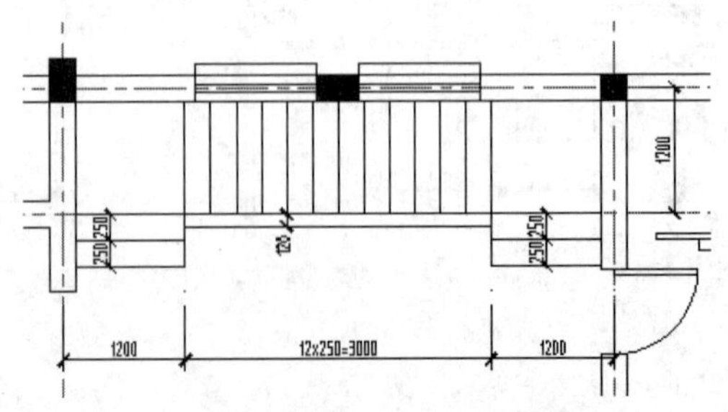

图 9-16　底层室内楼梯形式及尺寸

下面讲述底层楼梯的绘制要点。

（1）将“楼梯”图层置为当前状态。

（2）单击“修改”工具栏中的“偏移”按钮，从左、右、上 3 侧的轴线向内分别偏移 1200 复制出辅助定位线，如图 9-17 所示。

（3）绘制出线段 1、2，然后由线段 1 向下依次偏移 250，复制出 3 个踏步，由线段 2 向右阵列出 10 个踏步，如图 9-18 所示。

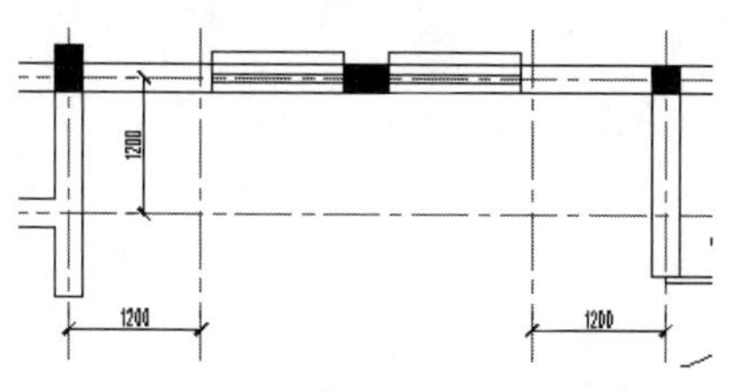

图 9-17　偏移定位轴线

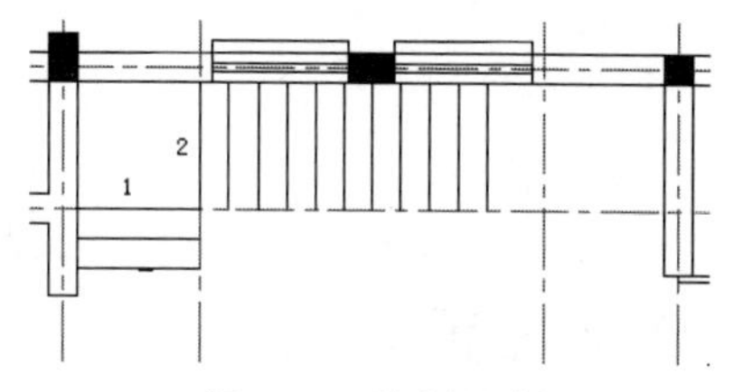

图 9-18　绘制踏步

（4）绘出第一跑楼梯的边线，接着单击“绘图”工具栏中的“矩形”按钮绘出第二跑楼梯侧面的 120mm 厚墙体，并把该墙体置换到“墙线”层去，如图 9-19 所示。

（5）单击“绘图”工具栏中的“直线”按钮，在第二跑楼梯中部绘制出 60° 倾斜角的折断线（提示：输入相对坐标“@1800<60”）。然后，在 120 墙体端部开一个 700 宽的门洞，楼梯下作为储藏室，如图 9-20 所示。

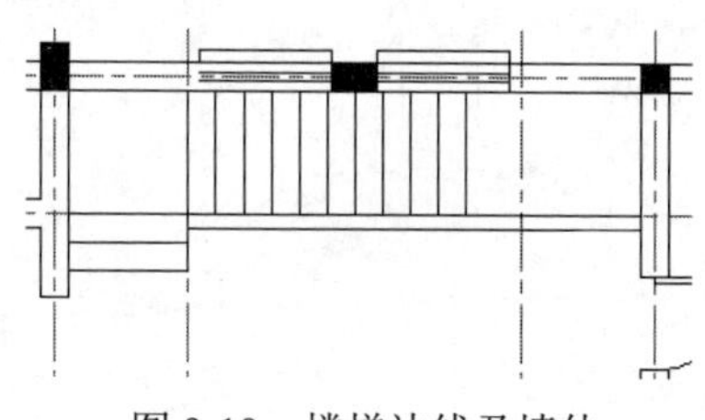

图 9-19　楼梯边线及墙体

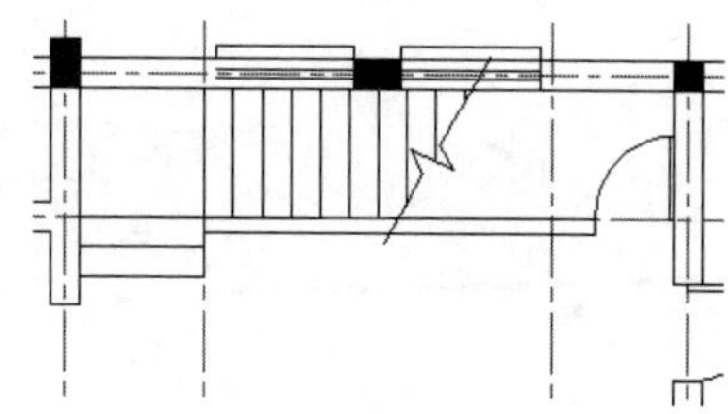

图 9-20　折断线及门

2. 室外楼梯

室外楼梯绘制方法与室内类似，先给出楼梯形式和尺寸，如图 9-21 所示。

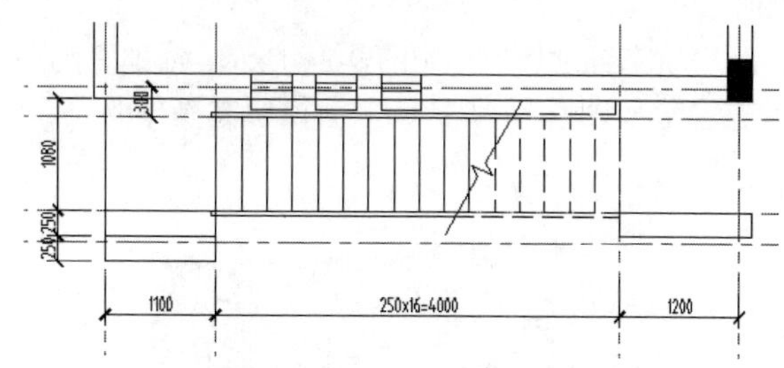

图 9-21　底层室外楼梯形式及尺寸

3. 台阶

将“台阶”图层置为当前状态。

本例室内外高差为 450，设置的台阶包括主入口台阶、次入口台阶和车库后台阶，踏步高度为 150，宽度为 300，如图 9-22 所示。

主入口台阶依门柱设置，两侧为花台。可以先绘一侧，然后镜像复制另一侧，最后作修整。

Note

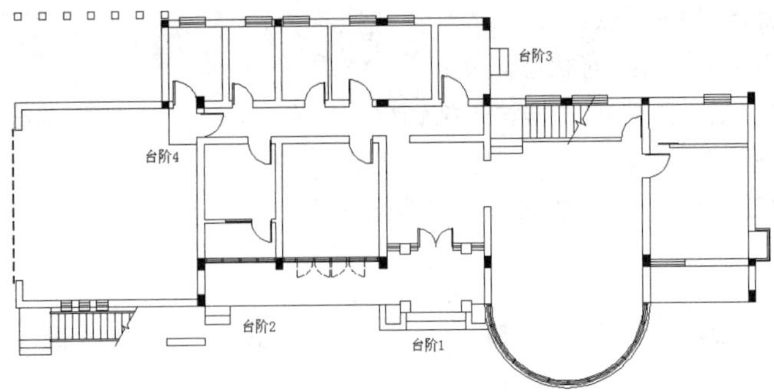

图 9-22　底层台阶

9.1.7　室内布置

室内布置内容包括客厅、卧室、厨房、卫生间、车库。本例所需相关家具陈设大部分图块置于“光盘：\图库\建筑图块.dwg”中，可以通过设计中心或命令按钮选项板调用，但是需要根据具体情况作适当修改。布置时注意将“家具”层置为当前层。结果如图 9-23 所示。

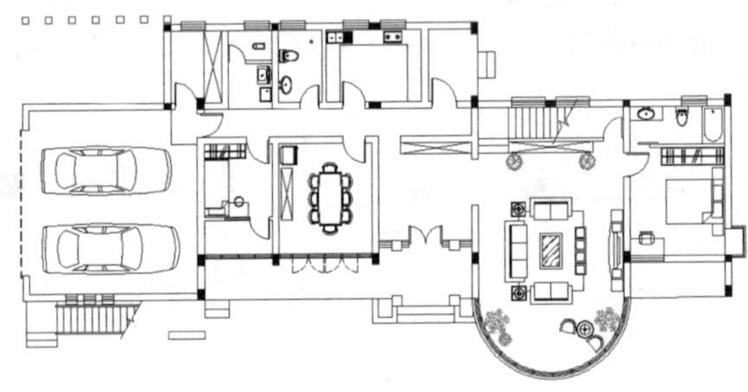

图 9-23　室内布置

9.1.8　室内铺地

室内铺地的操作步骤如下：

（1）将走廊、卫生间、厨房填充铺地图案，如图 9-24 所示。铺地 1 为地面砖，填充参数如图 9-25 所示，铺地 2 为木板条，填充参数如图 9-26 所示。下面说明其操作要点。

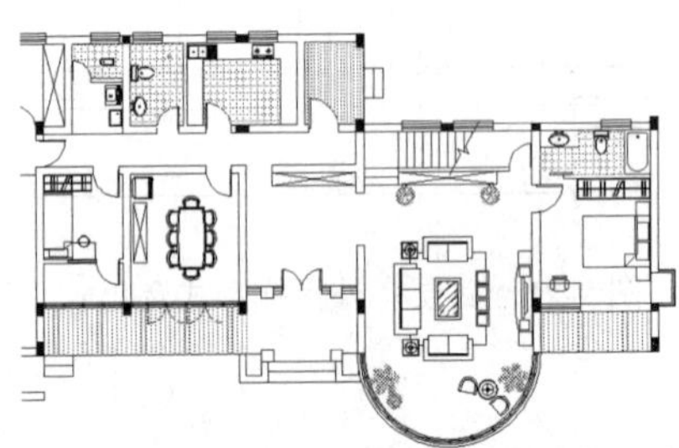

图 9-24　室内铺地

❶ 将“铺地”图层置为当前状态。

❷ 填充之前用线条将填充边界封闭。

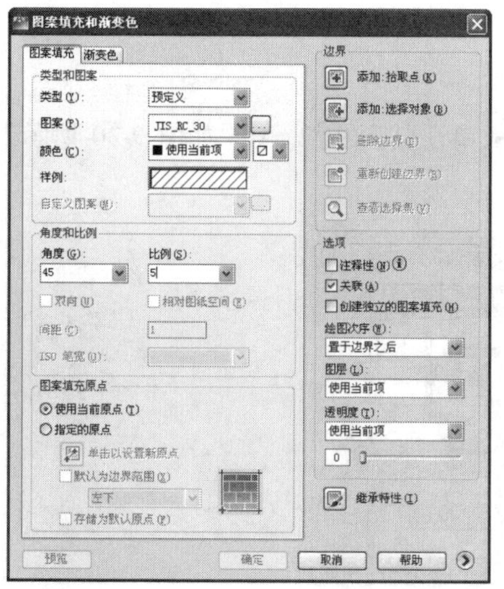
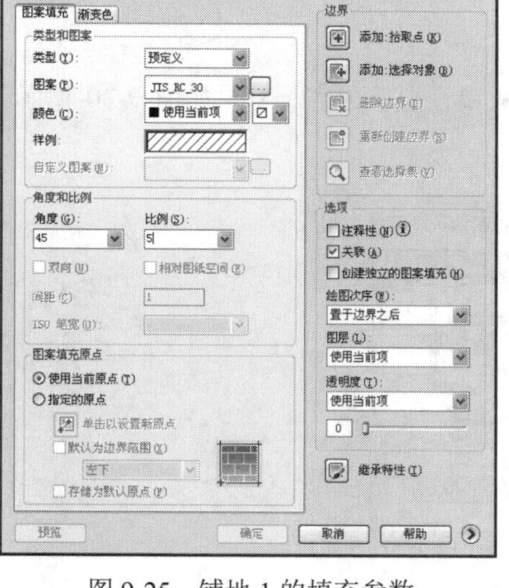

图 9-25　铺地 1 的填充参数

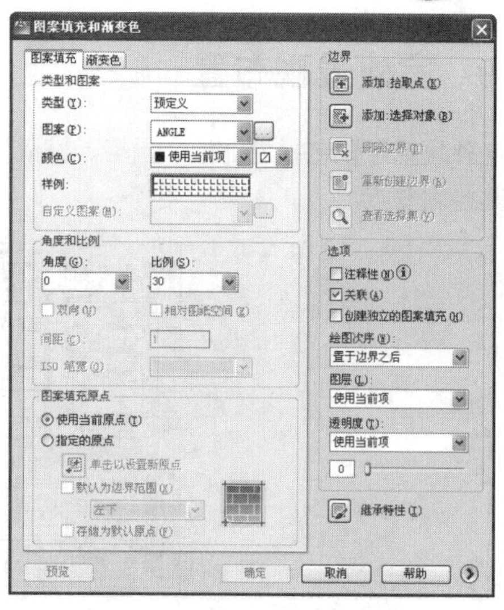

图 9-26　铺地 2 的填充参数

（2）如果出现填充图案将内部孤岛图案覆盖的情况（如图 9-27 所示），可以采用以下两种方法进行处理。

❶ 单击“修改”工具栏中的“修剪”按钮，将重叠部分去掉，选中大便器边缘后，单击鼠标右键，然后用鼠标选取大便器边缘内的填充图案，即可去掉，如图 9-28 所示。

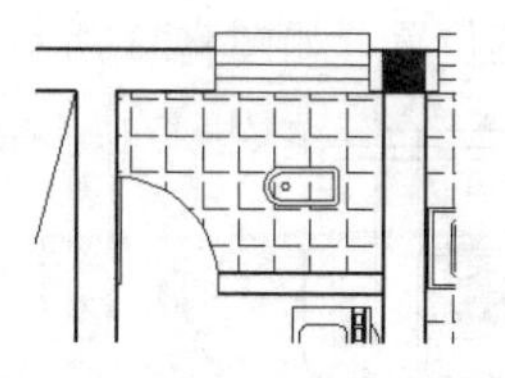

图 9-27　填充图案覆盖孤岛

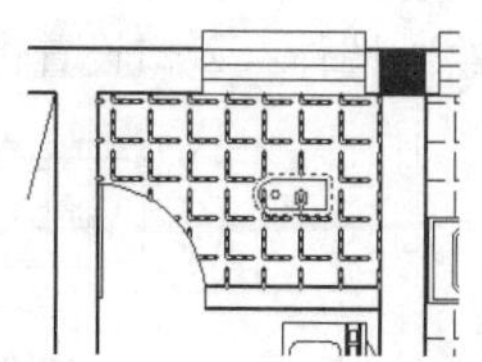

图 9-28　修剪填充图案

❷ 双击填充图案打开编辑对话框，单击右下角的“更多选项”按钮，将对话框展开，如图 9-29 所示修改孤岛显示方式，也可实现同样效果。

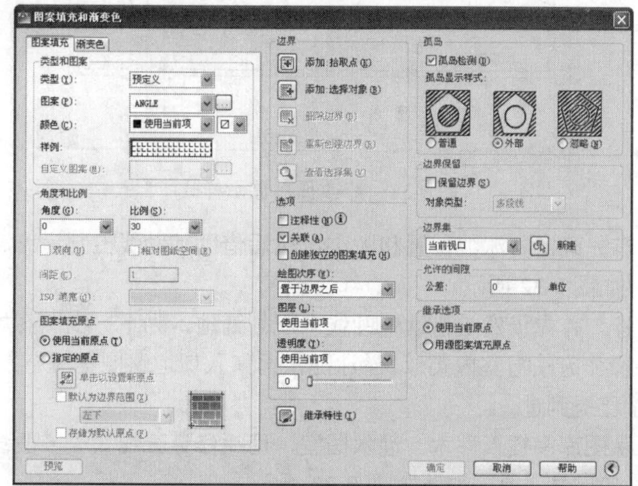

图 9-29　修改孤岛显示样式

9.1.9 室外景观布置

Note

室外景观布置包括游泳池、围墙、庭院绿化、庭院入口设置等内容。结果如图 9-30 所示，下面介绍其绘制要点。

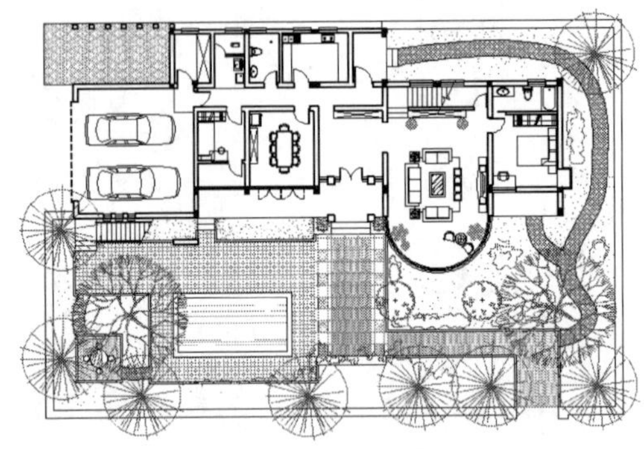

图 9-30 室外景观布置

（1）笔者为庭院部分绘制设置了“庭院”、“庭院绿化”、“庭院铺地”和“辅助线”4 个图层，读者可以参考。

（2）将“庭院”图层置为当前层，用于围墙、绿地、道路、游泳池边线绘制。

（3）围墙及庭院入口布置。本例围墙沿别墅周边设置，首先依据建筑红线的相对距离确定围墙位置，然后再绘制墙体；入口设置在东南角，借助辅助线确定其位置，如图 9-31 所示。

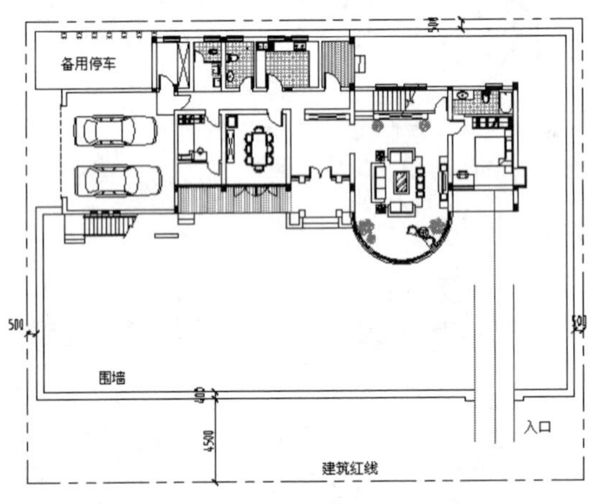

图 9-31 修改孤岛显示样式

（4）庭院布置。首先确定游泳池位置和大小，然后借助辅助线控制道路、广场、绿地的边界，最后绘制、整理出来，如图 9-32 所示。

（5）室外铺地设计。首先仍然是借助辅助线来规划铺地，为下一步图案填充做准备；然后选取不同的图案进行填充，操作方法与室内类似。游泳池水面和入口道路图案填充参数如图 9-33 和图 9-34 所示。其他图案前面都已提到过。

（6）绿化布置。从图库中插入乔木、灌木图案，用“修订云线”、“多段线”、“点”等命令补充绘制竹子、灌木、山石等园林小品。结果如图 9-30 所示。

（7）整理。布置工作结束后，将不必要的辅助线删去，需要保留的辅助线设置到“辅助线”层中。

Note

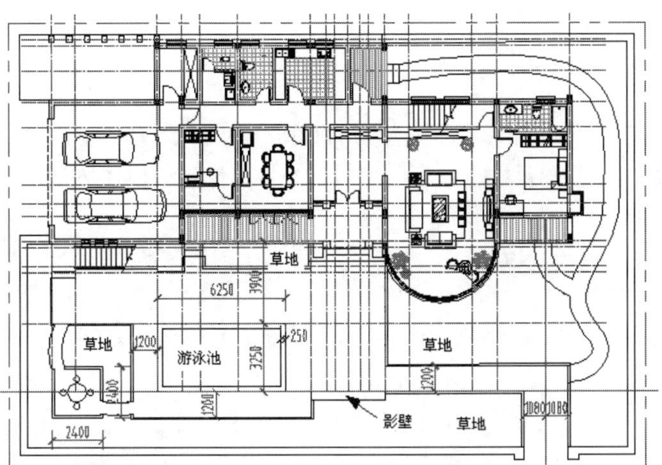

图 9-32 庭院主要部分布置

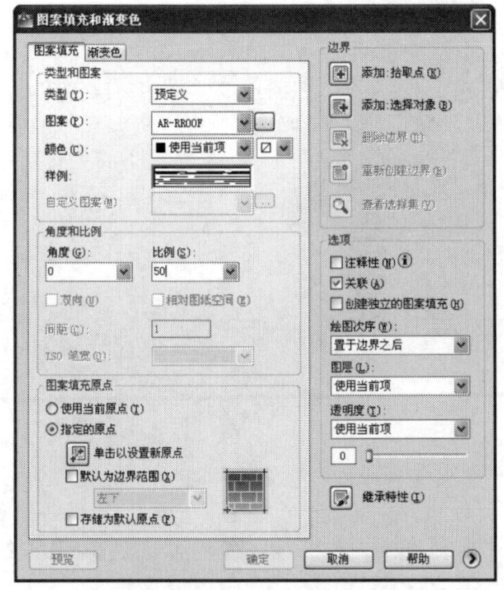
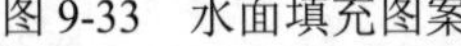

图 9-33 水面填充图案

图 9-34 铺地填充图案

说明：在进行下一项绘制时，可以将暂时不需要进行操作的图层锁定，这样便于绘图，而且可以提高程序运行速度。如图 9-35 所示，在进行绿化布置时，将其他图层锁定。

图 9-35 锁定图层

Note

9.1.10 尺寸、文字和符号标注

根据《建筑工程设计文件编制深度规定》（2003 版）要求，方案图中，平面图标注的尺寸有总尺寸、开间尺寸、进深尺寸、柱网尺寸等。有时也可以不标尺寸，而用比例尺来表示。标高标注包括楼层地面标高，底层应标注室外地坪标高。

其他标注内容有房间名称、指北针、图名、比例或比例尺。底层还应标注剖面图的剖切位置和编号。

结合别墅实例进行各种标注，结果如图 9-36 所示。

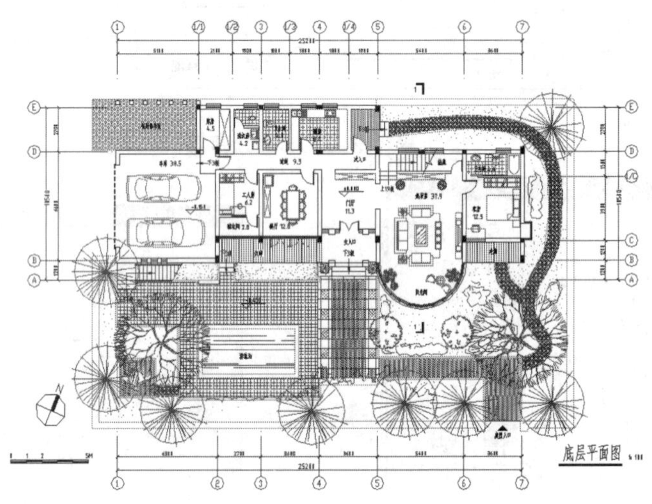

图 9-36　完成标注

需要说明的要点如下：

（1）本例平面图采用 1:100 出图比例。

（2）本例标注两道尺寸，第一道为轴线尺寸（尺寸界线伸出长度为 12），第二道为总轴线尺寸（尺寸界线伸出长度为 2），如图 9-37 所示。

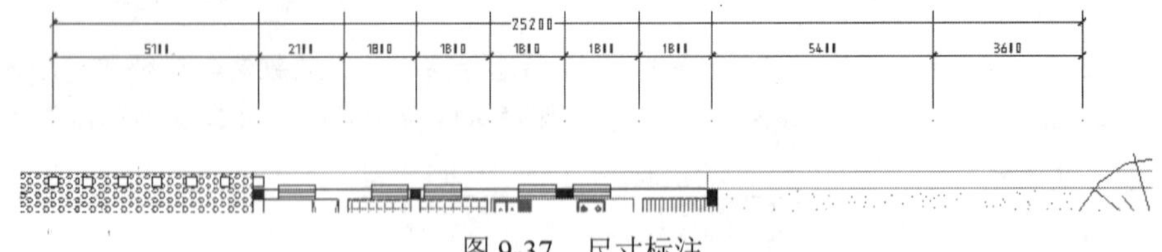

图 9-37　尺寸标注

（3）轴线编号。从光盘“建筑图库.dwg”文件中插图轴号块，输入比例 100，定位到尺寸线端头，在命令行输入编号，标出第一个轴号。其他轴号通过复制修改来完成，结果如图 9-38 所示。

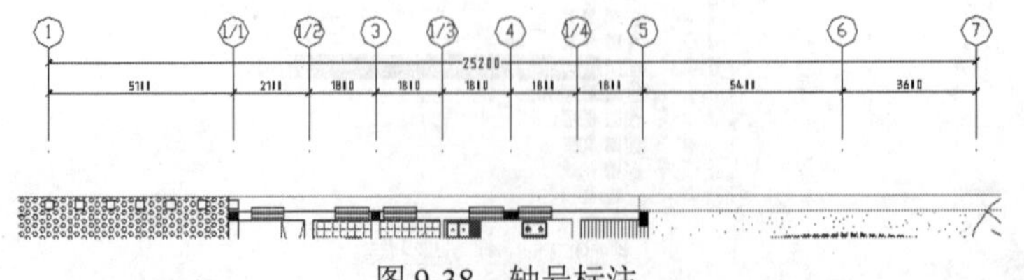

图 9-38　轴号标注

Note

（4）另一侧的尺寸线，可以通过单击“修改”工具栏中的“镜像”按钮，复制到另一侧，如图 9-39 所示。再根据这一侧的情况进行修改。

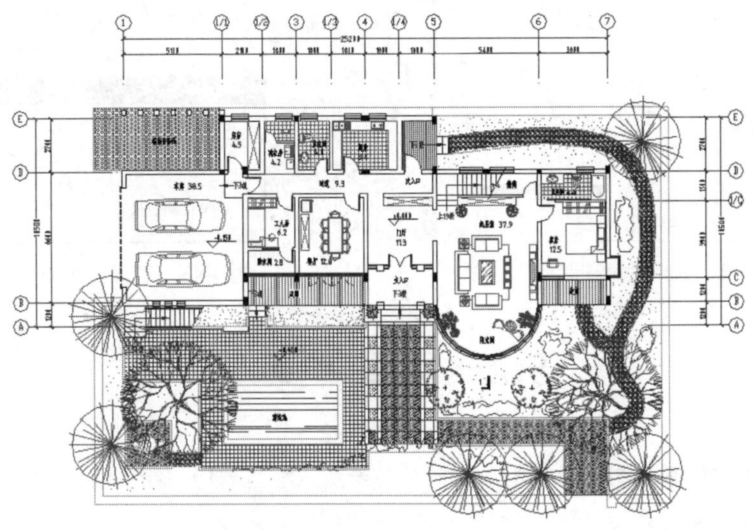

图 9-39　镜像复制尺寸线

（5）楼梯箭头绘制。如图 9-40 所示，由 ABCD 的顺序绘制一条多段线，AB 为箭头，长度为 400；调出特性窗口，将“终止线段宽度”设为 100（如图 9-41 所示），即可实现箭头效果。箭头指向方向是由本层楼面位置指向其他高度方向。

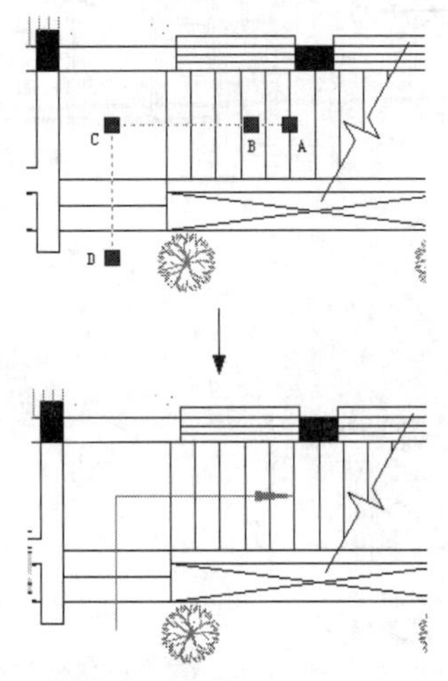

图 9-40　楼梯箭头绘制示意

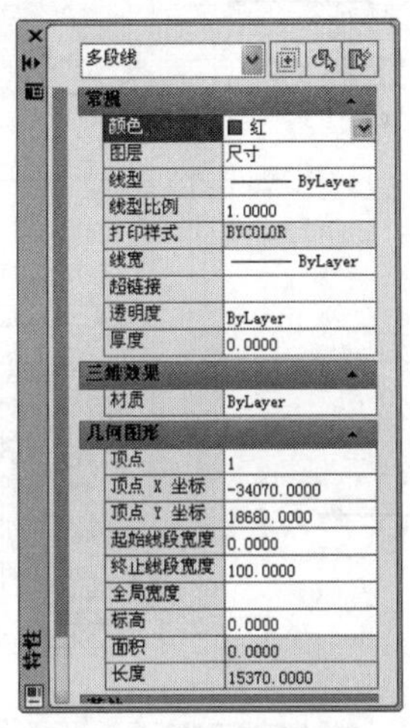

图 9-41　箭头线特性

（6）在填充图案上注写文字如果看不清楚，可将背景遮盖住。操作是：单击“绘图”工具栏中的“多行文字”按钮，打开“文字格式”窗口，单击“选项”按钮，选择“背景遮罩”选项，如图 9-42 所示，弹出“背景遮罩”对话框，进行如图 9-43 所示设置，单击“确定”按钮完成设置。

说明： 在方案图中可以不标轴线号，但是在初涉图和方案图中则必须标注。上面介绍的尺寸界线伸长处理办法是根据笔者的经验给出，只要标注效果相同，方法应该是多样的。

房间内标注数字为使用面积，单位为 m^2。

Note

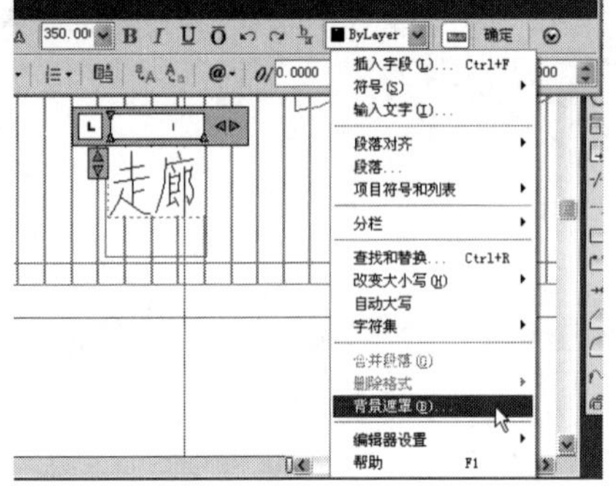

图 9-42　选择“背景遮罩”选项

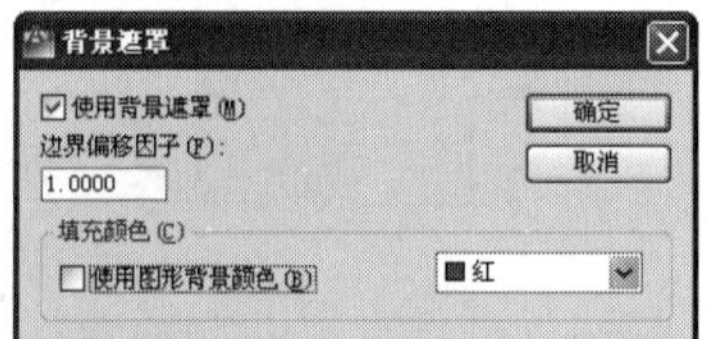

图 9-43　“背景遮罩”对话框

9.2　二层平面图

本节介绍别墅二层平面图设计的相关知识及其绘图方法与技巧。绘制流程图如图 9-44 所示。

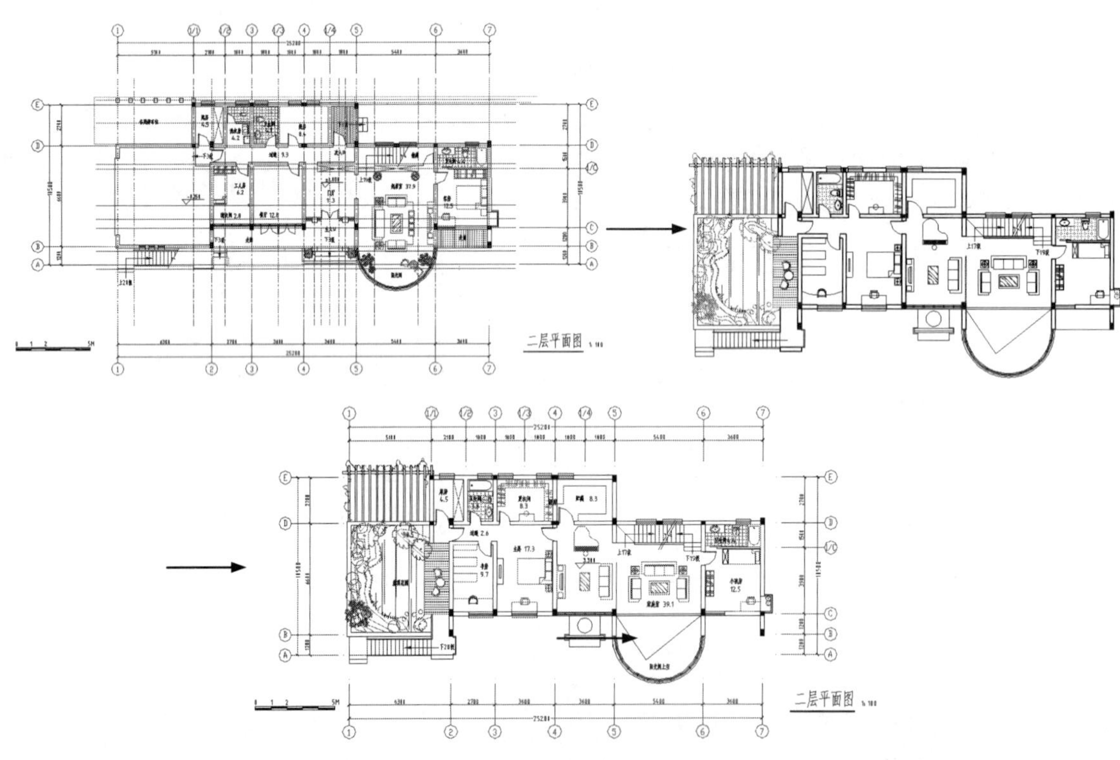

图 9-44　绘制二层平面图

操作步骤：（光盘\动画演示\第 9 章\二层平面图.avi）

9.2.1　准备工作

1. 复制底层平面图

将冻结、锁定的图层全打开，然后将底层平面图复制到其正上方，作为二层平面图，如图 9-45

所示。

2. 整理二层平面图

（1）将“0”图层置为当前层，然后将“0”、“庭院”、“庭院绿化”、“庭院铺地”以外的图层冻结，剩下如图 9-46 所示的图形。将这些图形全部删除。

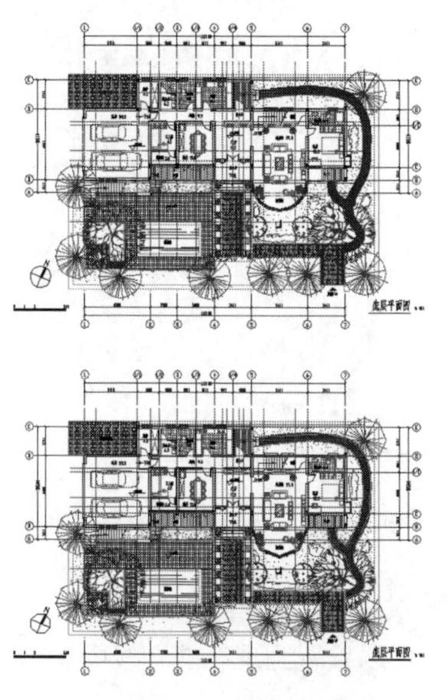

图 9-45　复制底层平面图

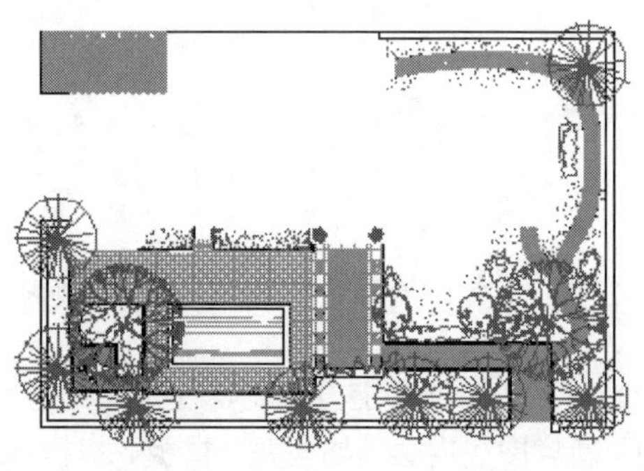

图 9-46　需删除的底层平面图形

（2）打开被冻结的图层，进一步将用不着的图层删除，并适当调整尺寸线的位置，如图 9-47 所示。

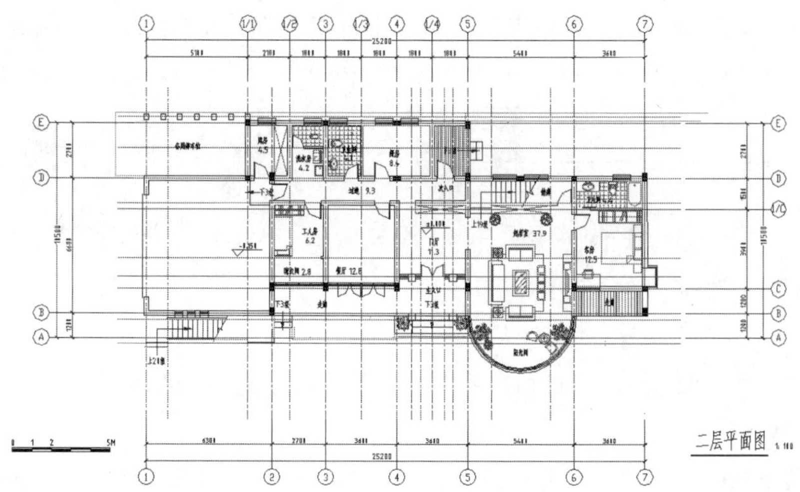

图 9-47　初步整理后的二层平面图

9.2.2　修改二层平面图

为了方便修改，将“家具”、“铺地”、“文字”、“配景”、“尺寸”等图层关闭。依次按照不同的房间区域进行修改。修改到不同对象时，注意将相应的图层置为当前状态。

Note

1. 家庭室区域

家庭室位置如图 9-48 所示，现将其周围图线（包括墙线、楼梯、入口雨棚、栏杆、门窗）作修改、增补，结果如图 9-49 所示。操作要点强调如下。

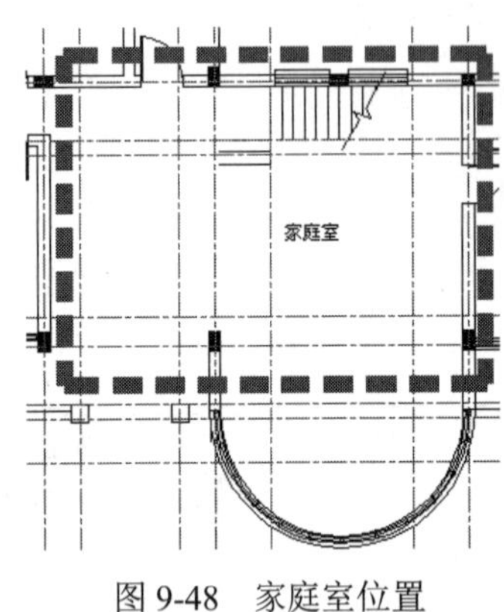

图 9-48　家庭室位置

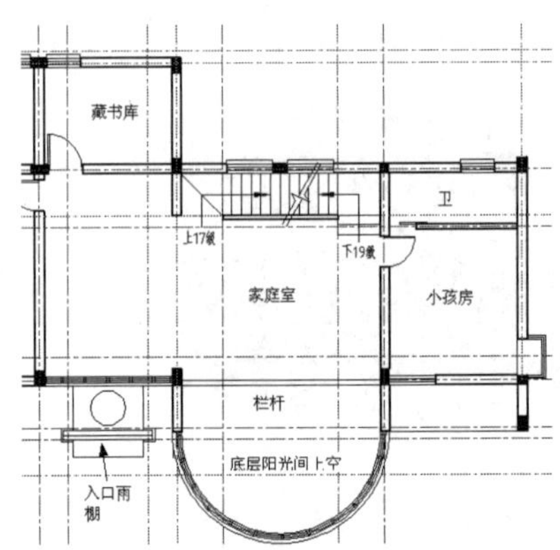

图 9-49　修改后的家庭室区域

（1）二三层层高为 3000，共设 17 级踏步，踏步宽 250，高 176，为单跑楼梯，转角处设 2 级踏步。

（2）雨蓬在门柱的上方绘制，注意将门柱线的图层调整到其他看线图层。

（3）新增图线内容（如雨蓬、楼板、栏杆），均属于看线，可以设置到现有的看线图层（如台阶、楼梯、门窗）中去，也可以新建图层。

（4）在修改墙线时，注意删除多余线段，尽量避免同一位置的重合墙线。

（5）同一直线上的两条线段连接可以单击“修改”工具栏中的“合并”按钮，它可以使两条线段形成一个对象，这是其他操作不可比拟的。

操作方法是，单击“修改”工具栏中的“合并”按钮，选中第一条线段，然后选取第二条线段，如图 9-50 所示，最后按 Enter 键确定。结果如图 9-51 所示。

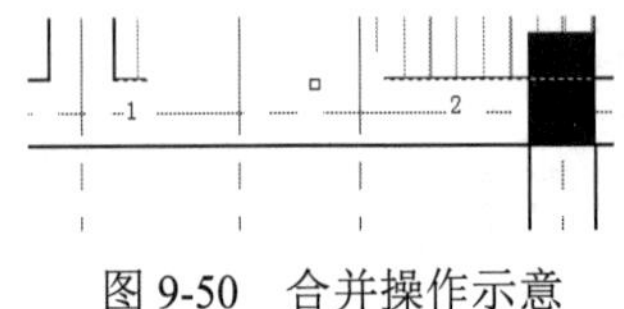

图 9-50　合并操作示意

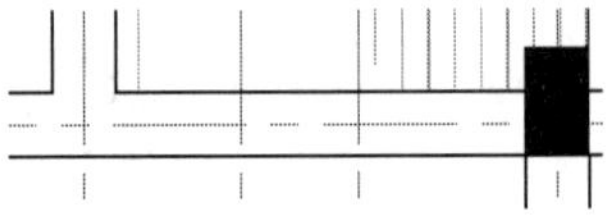

图 9-51　合并后的线条

（6）注意楼梯双折断线的画法。

2. 主卧室区域

主卧室位置如图 9-52 所示，修改内容主要是墙线和门窗，结果如图 9-53 所示。

3. 屋顶花园区域

屋顶花园位置如图 9-54 所示，修改内容主要是车库屋顶的女儿墙和楼梯，增绘内容为花园、备用车位上方的栅格，结果如图 9-55 所示。操作要点提示如下：

（1）将车库墙线连通，置换到其他看线图层中，以改变其粗线特性，作为女儿墙。

（2）备用车位处廊柱置换到其他看线图层中，以改变其粗线特性，再在上面绘制栅格，选择“阵列”命令处理。

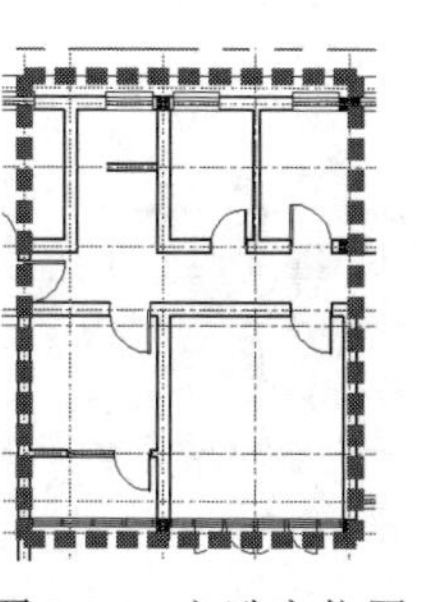

图 9-52　主卧室位置

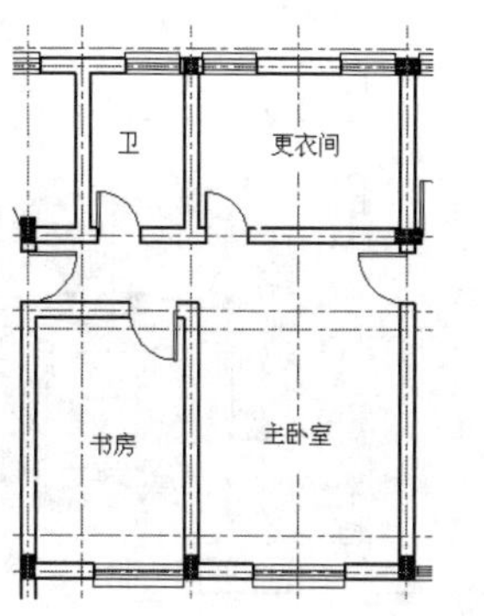

图 9-53　修改后的主卧室区域

（3）等高线用“样条曲线”绘制。

（4）填充屋顶花园中的水面，注意填充边界的完善。

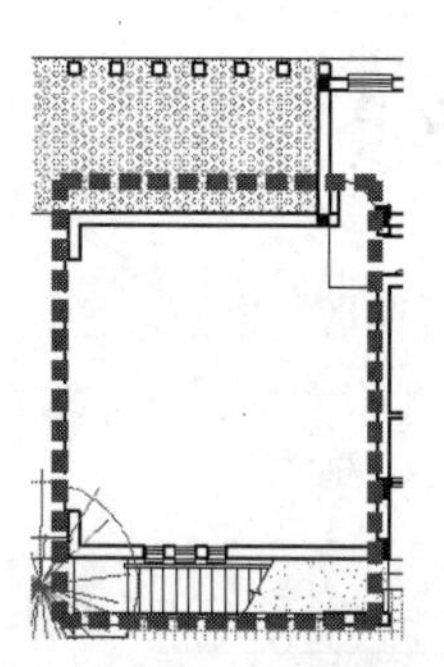

图 9-54　屋顶花园位置

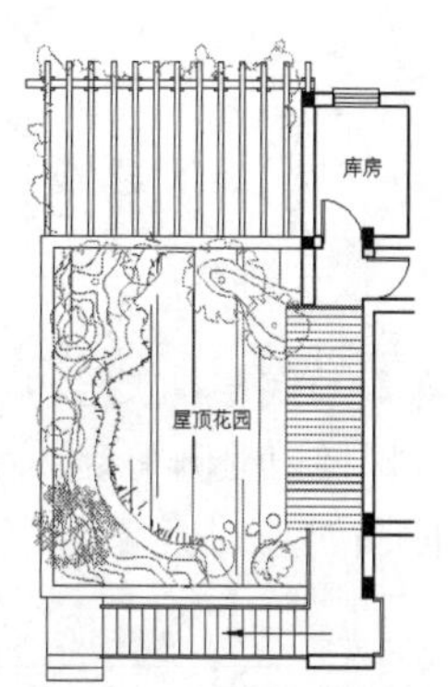

图 9-55　修改后的屋顶花园

9.2.3　室内布置

打开“家具”图层，调整、增加室内布置，结果如图 9-56 所示。

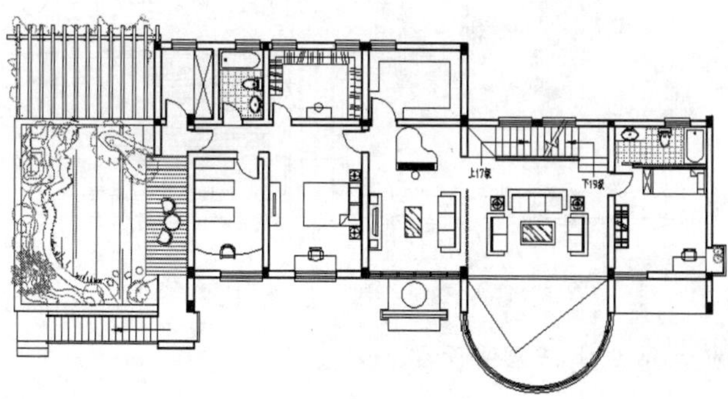

图 9-56　室内布置

9.2.4　文字和尺寸标注

打开“文字”、“尺寸”图层，首先将不必要的文字和尺寸删除，然后逐项修改文字，结果如图 9-57 所示。

Note

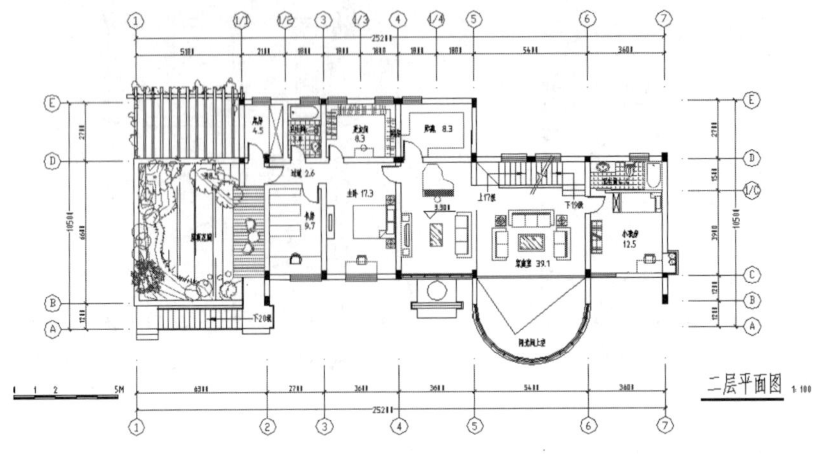

图 9-57 文字、尺寸标注

9.3 三层平面图

本别墅三层平面布局与底层、二层均存在差异的地方，所以需要绘制三层平面图。三层平面图包括活动室、两个卧室、楼梯、南侧平台、西侧平台以及西北侧的蓄水屋面。绘制三层平面图的总体方法仍然是在下一层平面图的基础上修改。绘制流程图如图 9-58 所示。

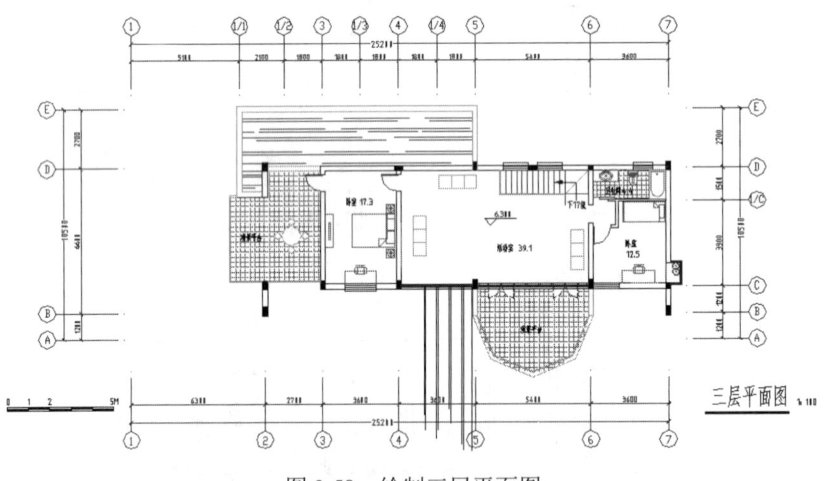

图 9-58 绘制三层平面图

操作步骤：（光盘\动画演示\第 9 章\三层平面图.avi）

9.3.1 准备工作

复制并整理二层平面图。

打开所有图层，将二层平面图复制到其正上方，如图 9-59 所示将确定不需要的图线删除，将可能用到的家具图案留下。

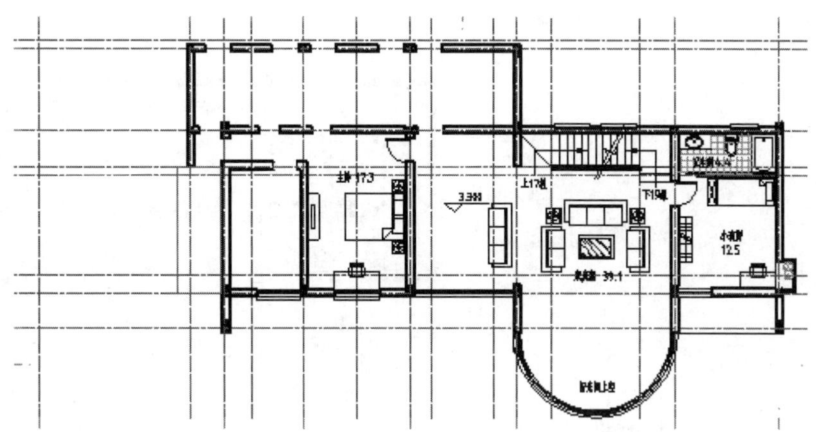

图 9-59 删除确定不要的图线

9.3.2 三层平面图绘制

1. 活动室区域

在二层家庭室的上部设置活动室，由于修改的图线较多，下面将进行较详细的说明。

（1）玻璃幕墙修改。将©轴线上④～⑤轴线范围内的玻璃幕墙线延伸到⑥轴线去，然后在⑤～⑥轴线幕墙上阵列竖梃符号，阵列间距为 600，两端的竖梃间距作适当调整。最后从底层复制虚线门到幕墙上，如图 9-60 和图 9-61 所示。

图 9-60 玻璃幕墙修改

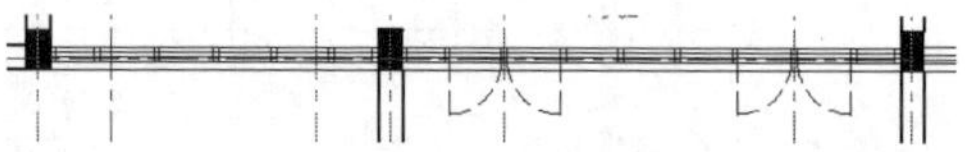

图 9-61 玻璃门布置

（2）南侧观景平台修改。在原有圆弧形玻璃幕墙上方设置金属栏杆，现将多余图线删除，把剩余图线调整到“栏杆”图层；而原有两侧墙体更改为栏板，故将这部分墙线也调整到“栏杆”图层。注意，如墙线一直延伸到室内，则应在分界点处单击“修改”工具栏中的“打断于点”按钮，将其打断。结果如图 9-62 所示。

（3）内部墙体、门。删除不需要的墙体及门窗，单击“合并”按钮连接断残墙线，原小孩房入口处如图 9-63 所示进行处理。

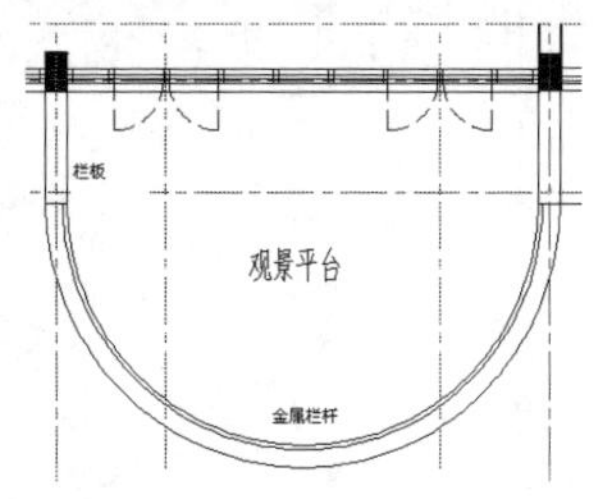

图 9-62 南侧观景平台修改

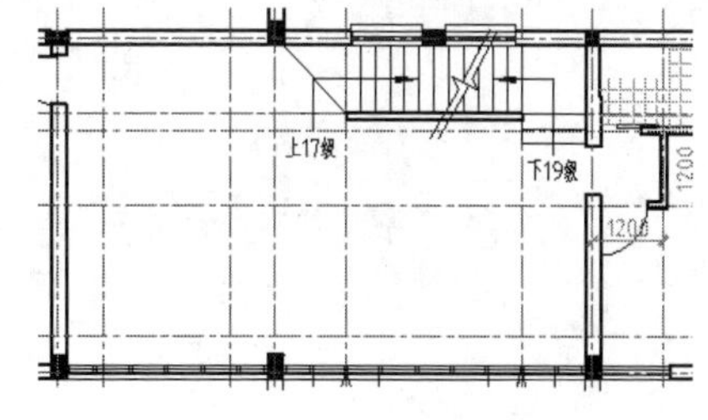

图 9-63 内部墙体及门

（4）三层楼梯为顶层楼梯形式，除了修改踏步线，还需增加栏杆，如图 9-64 所示。

2. 西侧观景平台及蓄水屋面

这部分位置如图 9-65 所示。首先按如图 9-66 所示修改墙线和蓄水屋面处女儿墙；然后借助辅助

线在山墙上开一个门洞，并绘制出栏杆，结果如图 9-67 所示。

Note

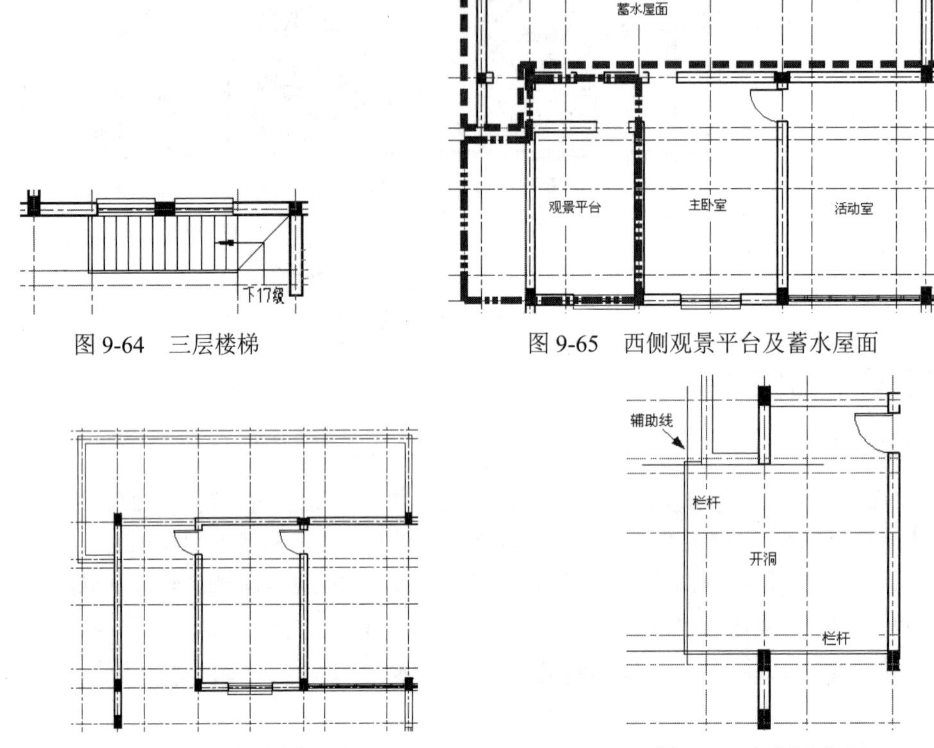

图 9-64　三层楼梯

图 9-65　西侧观景平台及蓄水屋面

图 9-66　内部墙体及门

图 9-67　门洞及栏杆

这样，三层平面图的基本图线就修改、绘制完毕了，下面调整室内布置。

3. 室内布置及图案填充

打开“家具”图层，调整室内布置，并作图案填充，如图 9-68 所示。

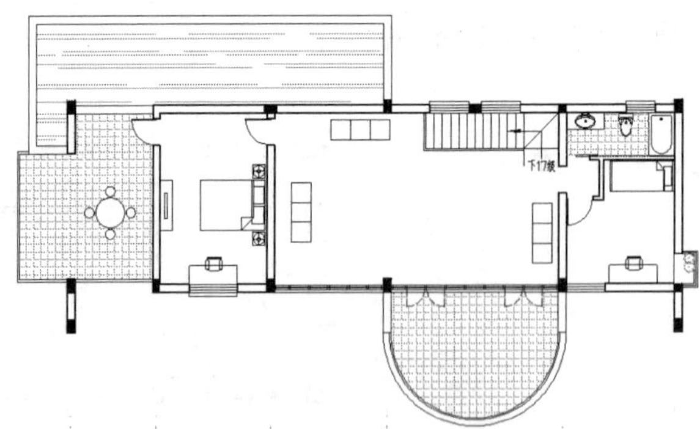

图 9-68　三层室内布置

4. 尺寸、符号标注

打开“尺寸”、“文字”图层，按三层平面图的要求作相应的修改，结果如图 9-69 所示。

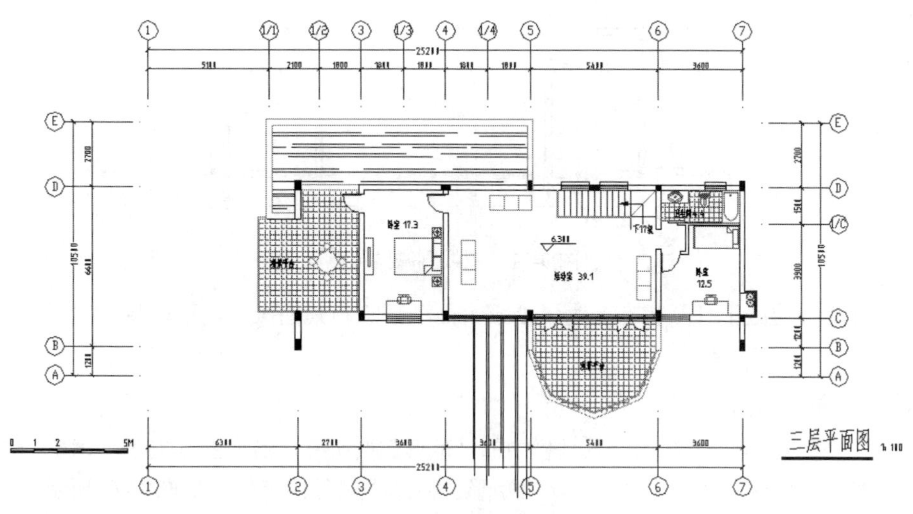

图 9-69　尺寸、符号标注

至此，三层平面图基本绘制完毕。

9.4　屋顶平面图

屋顶平面图是从屋顶上空向下投影到水平面上得到的正投影图。前面底层、二层已完成局部屋顶绘制（屋顶花园、南侧观景台等），三层以上屋顶为钢筋混凝土平屋顶，其上局部开洞镂空，活动室上方设一个玻璃采光顶，其平面图在三层平面图的基础上绘制。绘制流程图如图 9-70 所示。

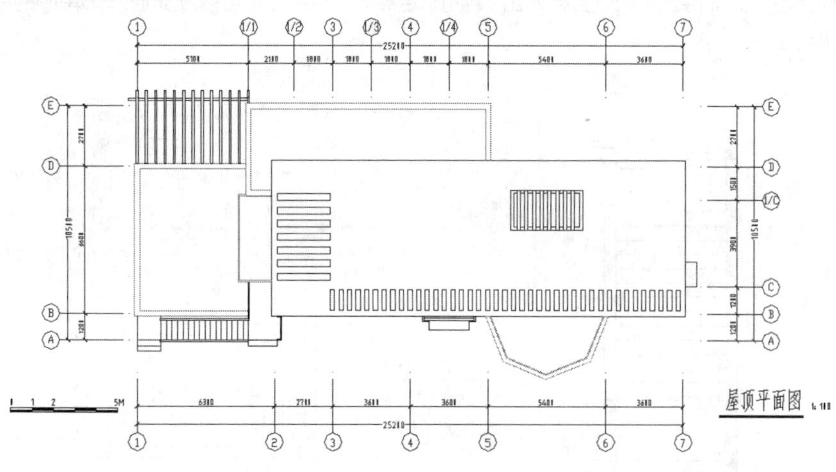

图 9-70　绘制屋顶平面图

操作步骤：（光盘\动画演示\第 9 章\屋顶平面图.avi）

1. 整理三层平面

复制出三层平面图，将图线暂时删减，如图 9-71 所示。剩下部分借以定位，绘好屋面后需要删除，为了到时删除方便，可以暂时将这些图线做成块（轴线除外）。

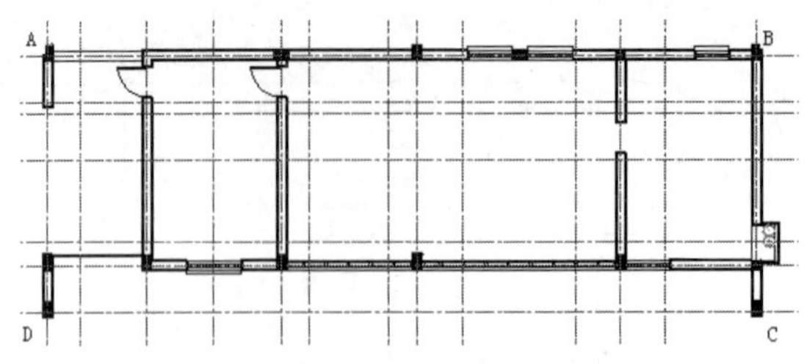

图 9-71　图线删减结果

如果“轴线”图层处于打开状态，为了便于大面积删除和其他操作，可以将该图层锁定。

2. 屋面绘制

（1）建立“屋面”图层。

（2）屋面轮廓线。单击“绘图”工具栏中的“矩形”按钮，沿如图 9-72 所示中的 ABCD 点绘制屋面轮廓，然后向内偏移 250，绘制出一个矩形，协助镂空部位定位，如图 9-73 所示。

（3）南侧屋檐镂空。首先在左端绘制一个矩形，然后阵列复制到右侧去，如图 9-73 所示。

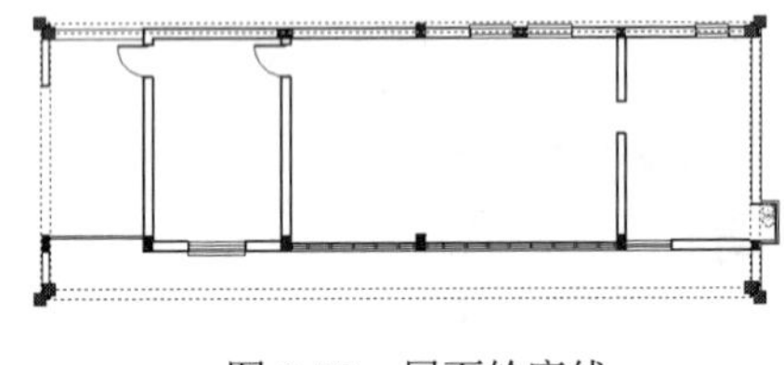

图 9-72　屋面轮廓线

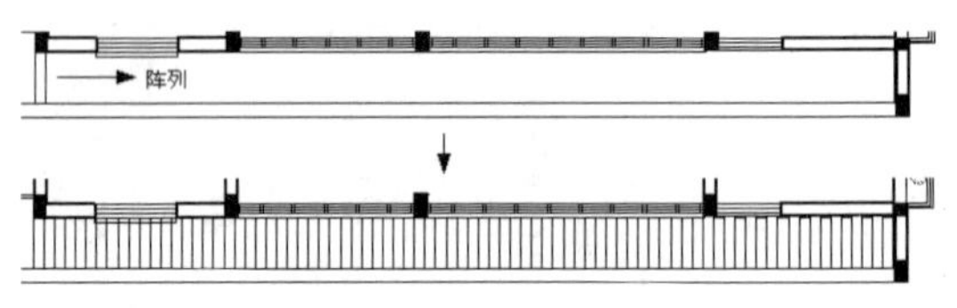

图 9-73　南侧屋檐镂空

（4）西侧屋顶镂空。采用类似操作方法，绘制出西侧屋顶镂空，如图 9-74 所示。

（5）玻璃采光顶。如图 9-75 所示，首先借助轴线和辅助线绘制出 3 个矩形，长条形矩形表示玻璃顶上面的固定架；然后再由该矩形阵列出其他固定架。阵列之前可以先测量玻璃顶的水平尺寸，然后确定阵列间距。

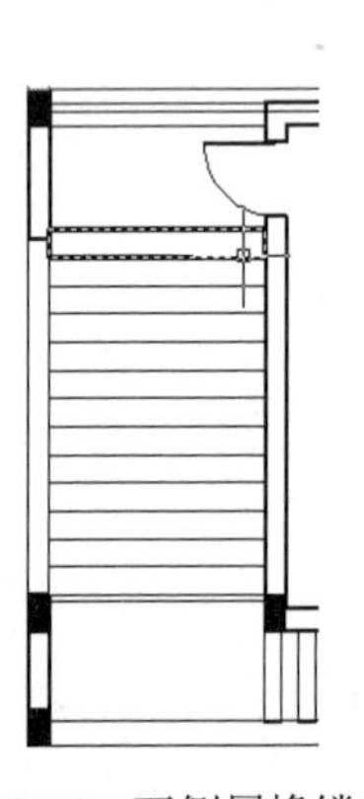

图 9-74　西侧屋檐镂空

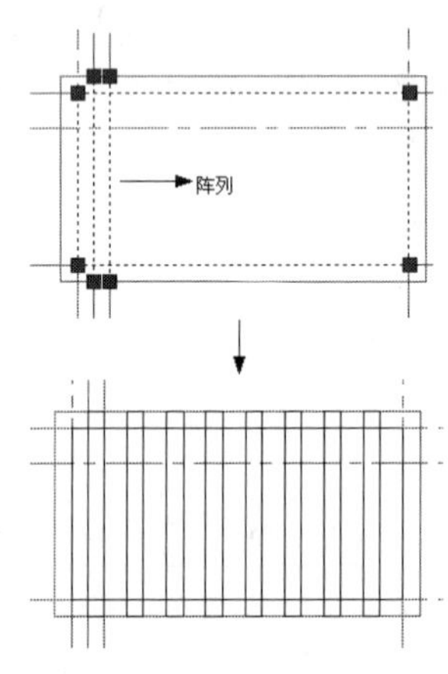

图 9-75　玻璃采光顶

（6）完成屋顶绘制。

❶ 删除原有图线块及辅助线，并对屋顶图线作必要的修剪，结果如图 9-76 所示。

❷ 复制底层、二层在竖直投影下能够看到的部分（包括屋顶花园、停车位栅格、雨棚、露台、蓄水屋面）到屋顶平面图上，组合完成整个屋顶平面图。

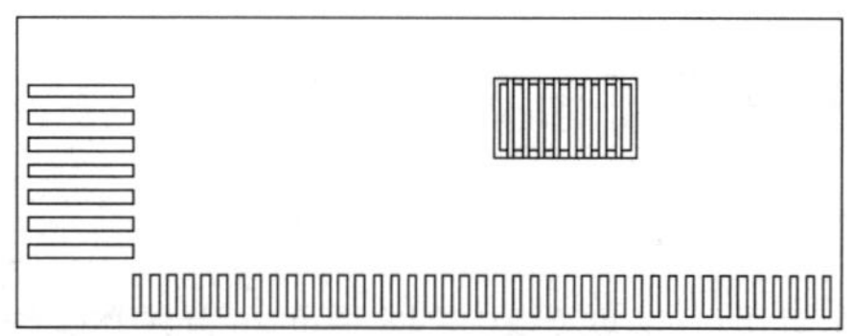

图 9-76　完成屋顶绘制

❸ 标注出各部分屋面标高，结果如图 9-77 所示。

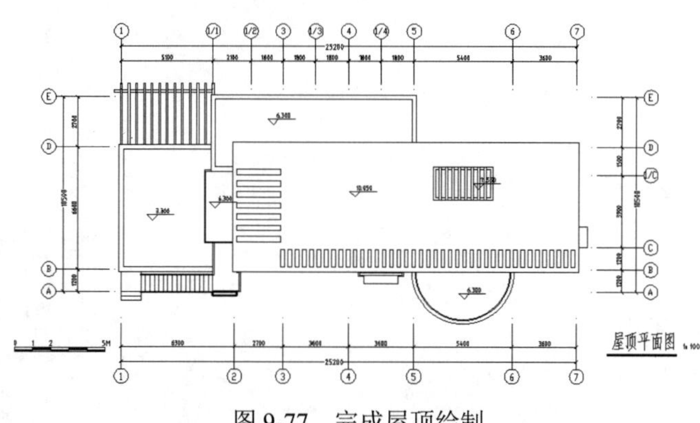

图 9-77　完成屋顶绘制

9.5　上 机 操 作

通过前面的学习，读者对本章知识也有了大体的了解，本节通过几个操作练习使读者进一步掌握本章知识要点。

9.5.1　绘制两室两厅户型建筑平面图

1. 目的要求

本实例主要要求读者通过练习进一步熟悉和掌握平面图的绘制方法。通过本实例，可以帮助读者学会完成整个平面图绘制的全过程。

2. 操作提示

（1）绘图前准备。

（2）绘制定位辅助线。

（3）绘制墙线。

（4）绘制柱子。

（5）绘制门窗、阳台。

（6）绘制装饰凹槽。

（7）标注尺寸及轴号。

（8）标注文字。

绘制结果如图 9-78 所示。

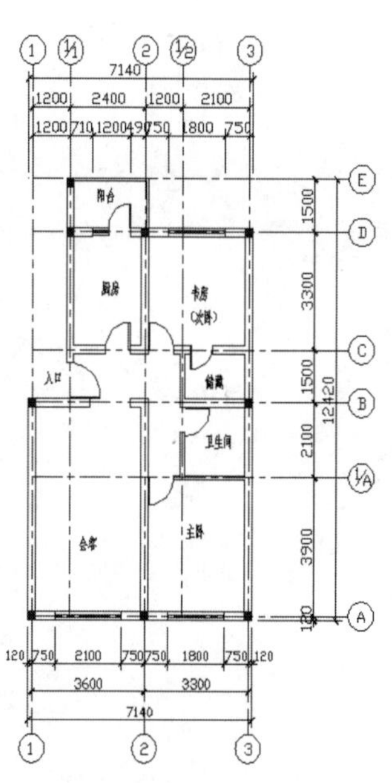

图 9-78　两室两厅户型建筑平面图

Note

9.5.2　绘制两室两厅户型平面布置图

1. 目的要求

本实例主要要求读者通过练习进一步熟悉和掌握平面布置图的绘制方法。通过本实例，可以帮助读者学会完成整个平面布置图绘制的全过程。

2. 操作提示

（1）绘图前准备。
（2）布置客厅。
（3）布置主卧。
（4）布置书房。
（5）布置厨房及阳台。
（6）布置卫生间。
（7）布置过道。
（8）装饰元素及细部处理。

绘制结果如图 9-79 所示。

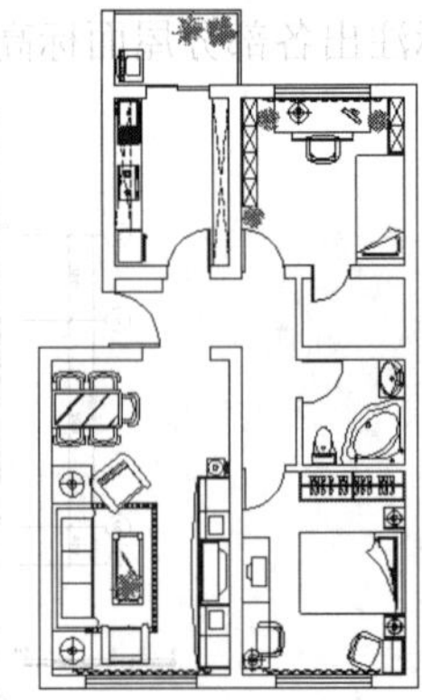

图 9-79　两室两厅户型平面布置图

第10章 某别墅地面图绘制

地面图是建筑设计的灵性所在。对于地面要充分考虑到材料的质地、色彩等多方面的因素。别墅的地面设计，以不同的地面材料为主体。在本章中，客厅、过道、厨房、卫生间及储藏室将铺设地砖，卧室及书房铺设强化木地板。

- ☑ 底层地面图
- ☑ 二层地面图
- ☑ 三层地面图
- ☑ 顶层地面图

任务驱动&项目案例

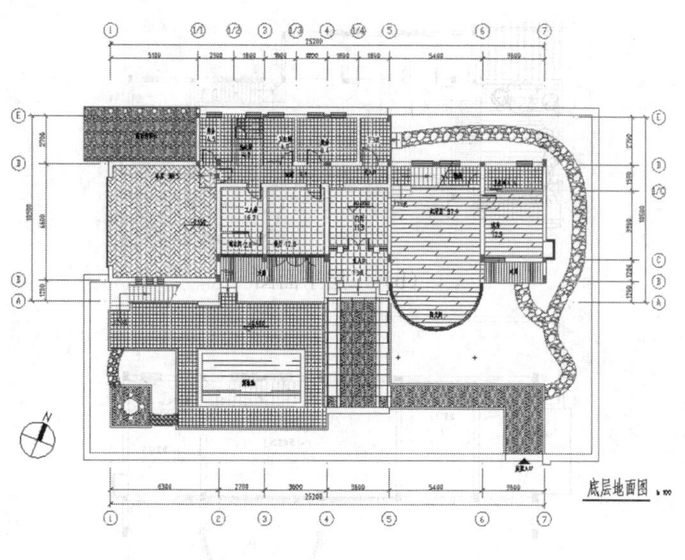

Note

10.1 准备工作

打开别墅的各个平面图，新建“铺地”图层，并关闭不需要的图层。

准备工作的操作步骤如下：

（1）打开绘制的别墅平面图，并将其另存为别墅地面图。

（2）新建“铺地”图层，并设置参数如图10-1所示。

铺地 35 Continuous —— 默认 0 Colo...

图10-1 “铺地”图层的参数

（3）关闭“家具”、“植物”、“尺寸”等图层，让绘图区只剩下墙体及门窗部分，如图10-2所示。

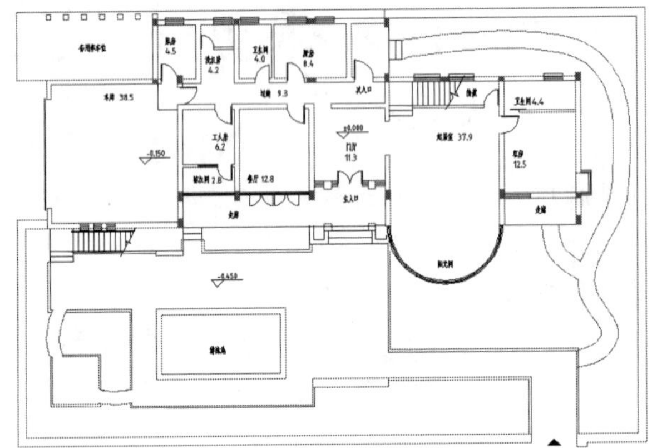

（a）底层平面图

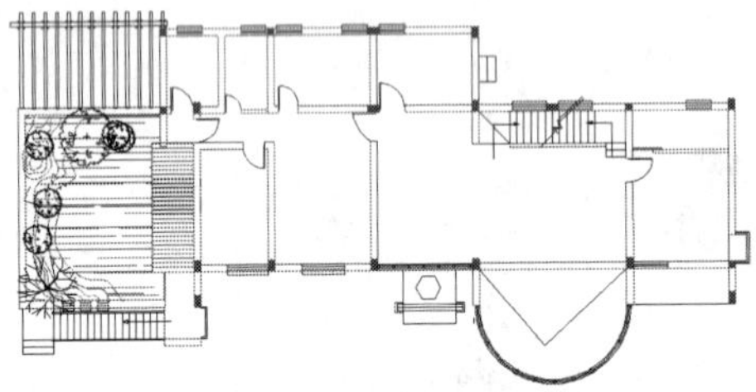

（b）二层平面图

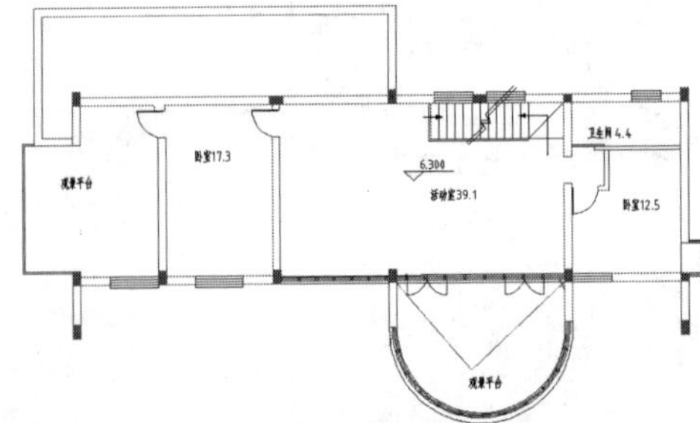

（c）三层平面图

图10-2 整理后的地面图

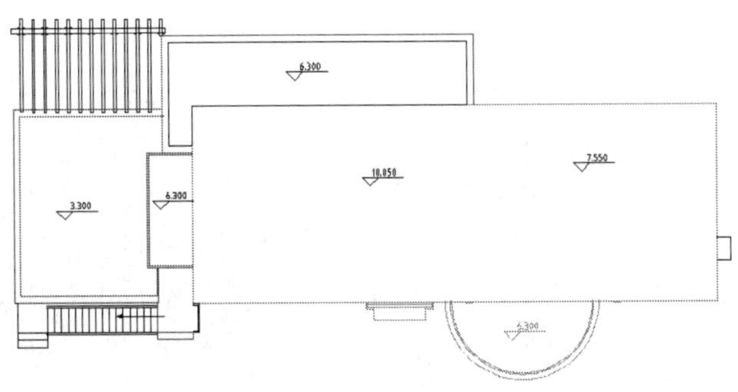

（d）顶层平面图

图 10-2　整理后的地面图（续）

10.2　底层地面图

本节介绍别墅底层地面图设计的相关知识及其绘图方法与技巧。绘制流程图如图 10-3 所示。

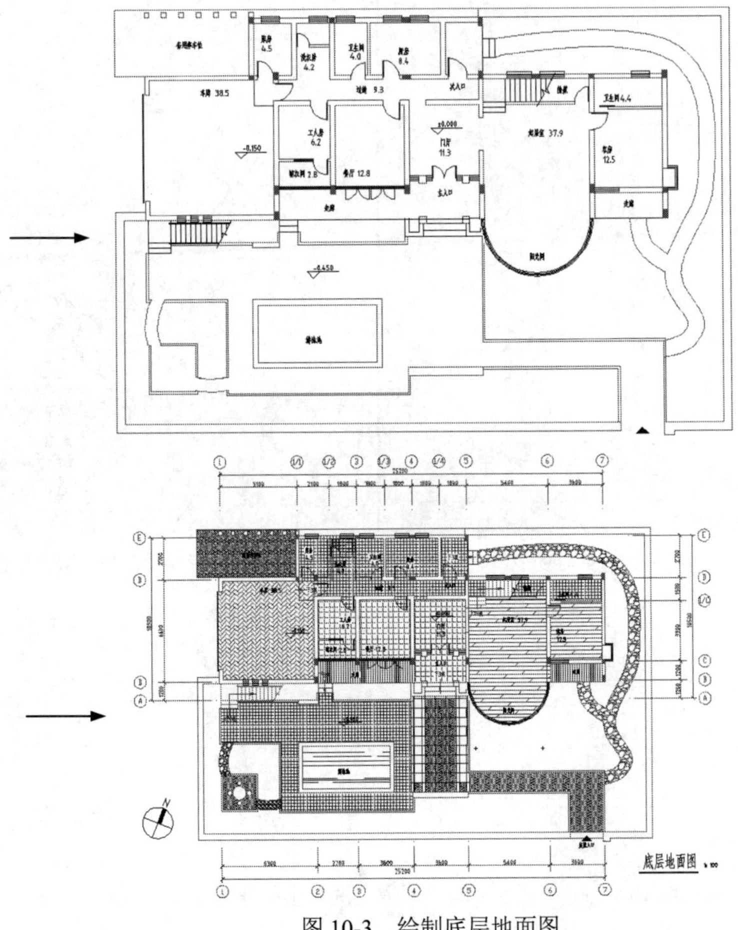

图 10-3　绘制底层地面图

Note

操作步骤：（光盘\动画演示\第 10 章\底层地面图.avi）

（1）打开整理后的底层平面图。

（2）单击“绘图”工具栏中的“直线”按钮，在平面图中不同地面材料分隔处用直线划分出来，如图 10-4 所示。

（3）主入口及门厅的地面布置图。单击“绘图”工具栏中的“图案填充”按钮，在弹出的“图案填充和渐变色”对话框中选择填充图案为 ANGLE，其填充比例为 50，如图 10-5 所示。对入口及门厅进行填充。填充结果如图 10-6 所示。

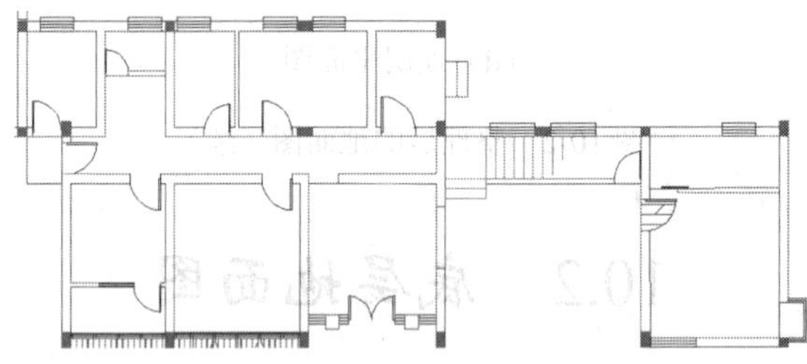

图 10-4　分割线的绘制

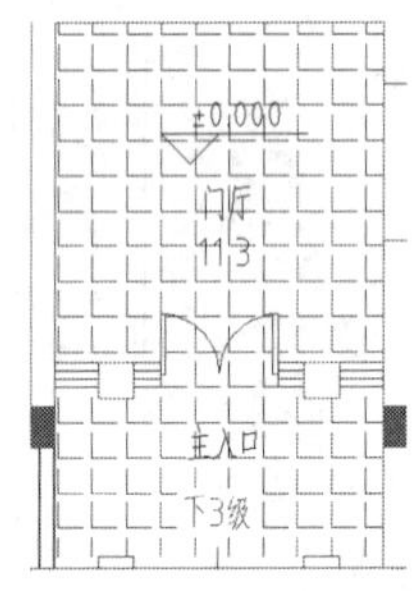

图 10-5　“图案填充和渐变色”对话框　　　　图 10-6　主入口及门厅的地面布置

（4）单击“绘图”工具栏中的“图案填充”按钮，用上述方法对厨房、卫生间、过道、洗衣房等房间填充地砖，如图 10-7 所示。

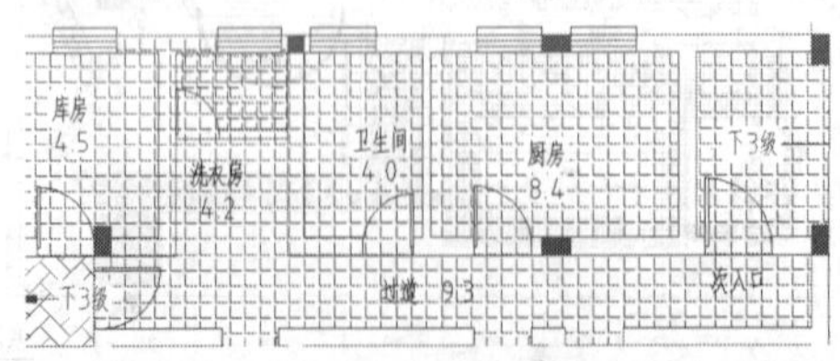

图 10-7　厨房、卫生间、过道、洗衣房的地面布置

（5）客房及起居室的地面布置图。单击“绘图”工具栏中的“图案填充”按钮，在弹出的“图

案填充和渐变色”对话框中选取填充图案为 DOLMIT，其填充比例为 40，如图 10-8 所示。对客房及活动室进行填充。填充结果如图 10-9 所示。

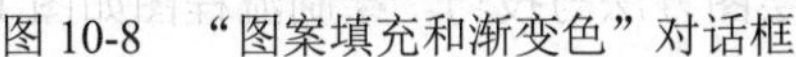

图 10-8　“图案填充和渐变色”对话框

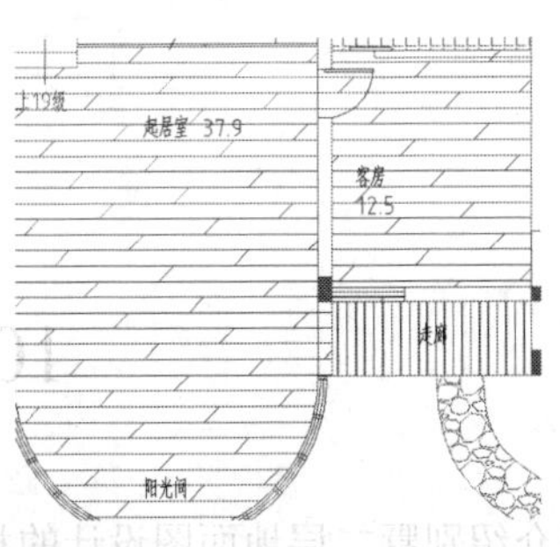

图 10-9　客房及活动室地面布置

（6）对车库地面进行布置。单击“绘图”工具栏中的“图案填充”按钮，在弹出的“图案填充和渐变色”对话框中选取填充图案为 AR-HBONE，其填充比例为 2，如图 10-10 所示。填充结果如图 10-11 所示。

图 10-10　“图案填充和渐变色”对话框

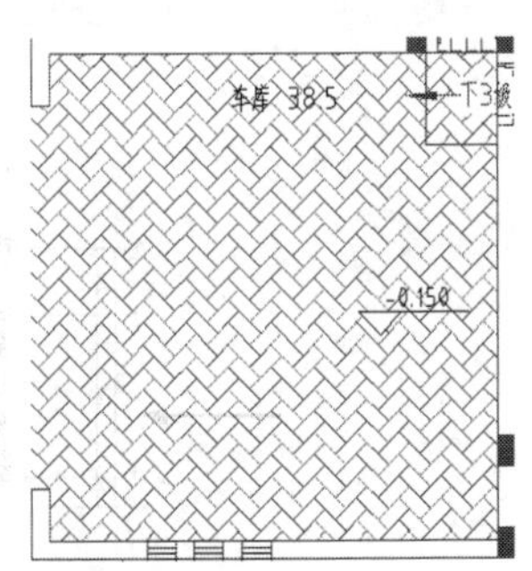

图 10-11　车库地面布置

（7）打开“尺寸”图层，底层地面图布置完毕，如图 10-12 所示。

Note

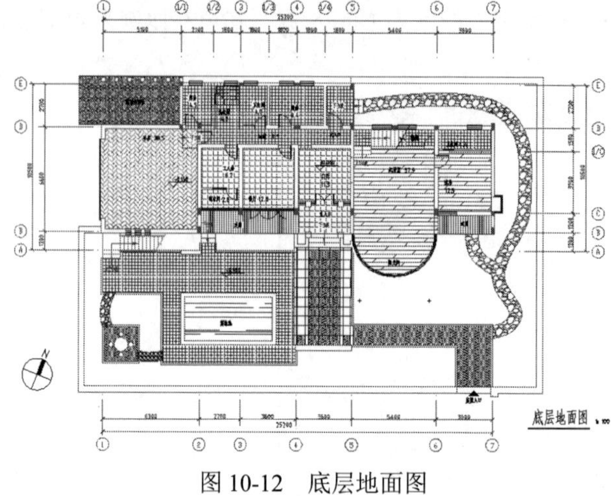

图 10-12　底层地面图

10.3　二层地面图

本节介绍别墅二层地面图设计的相关知识及其绘图方法与技巧。绘制流程图如图 10-13 所示。

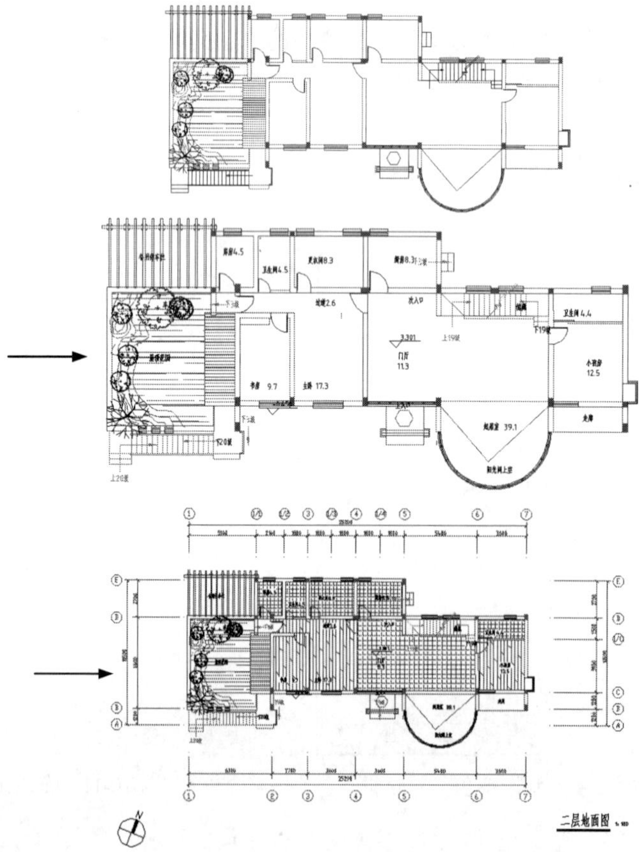

图 10-13　绘制二层地面图

操作步骤：（光盘\动画演示\第 10 章\二层地面图.avi）

（1）打开前面整理后的别墅二层地面图。

（2）新建“铺地”图层，并设置参数如图 10-14 所示。

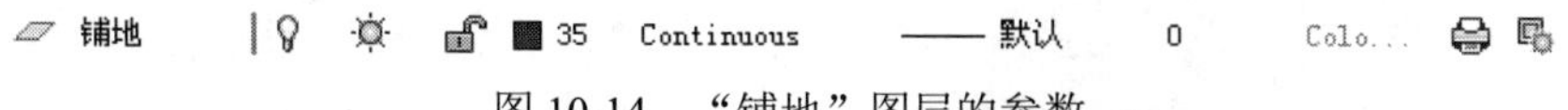

图 10-14　“铺地”图层的参数

（3）单击“绘图”工具栏中的“直线”按钮，在平面图中不同地面材料分隔处用直线划分出来，如图 10-15 所示。

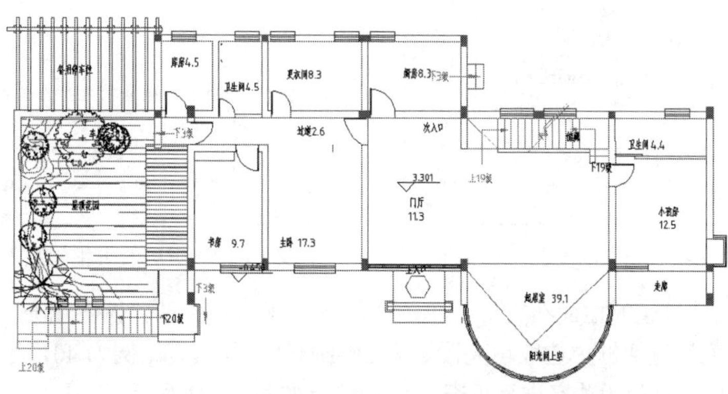

图 10-15　分割线的绘制

（4）门厅及起居室地面布置图。单击“绘图”工具栏中的“图案填充”按钮，在弹出的“图案填充和渐变色”对话框中选取填充图案为 ANGLE，其填充比例为 50，如图 10-16 所示。填充结果如图 10-17 所示。

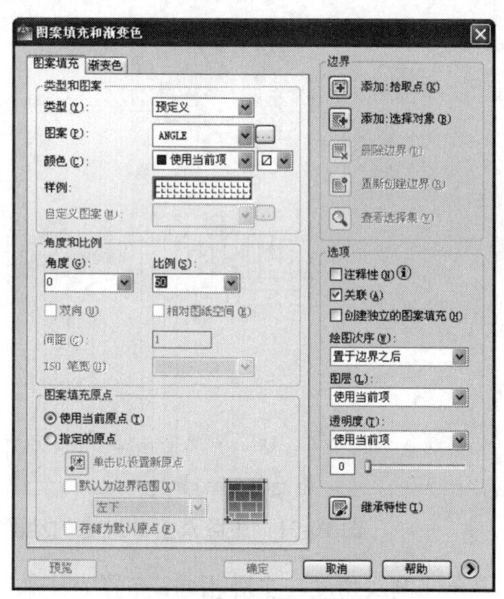

图 10-16　“图案填充和渐变色”对话框

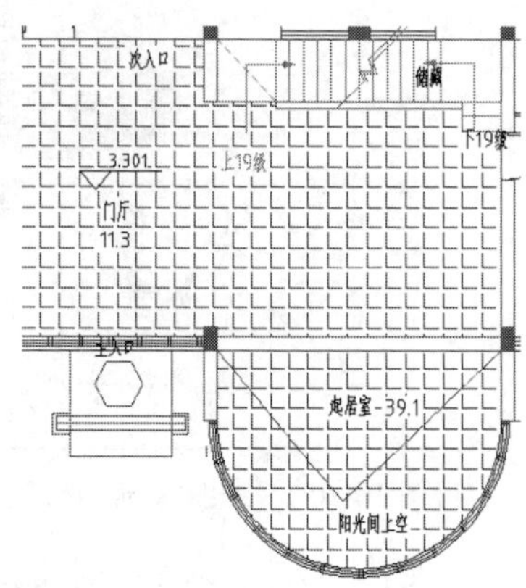

图 10-17　门厅及起居室地面布置

（5）按照上述方法对厨房、卫生间、库房地面进行布置，填充比例改为 40，如图 10-18 所示。布置完毕如图 10-19 所示。

Note

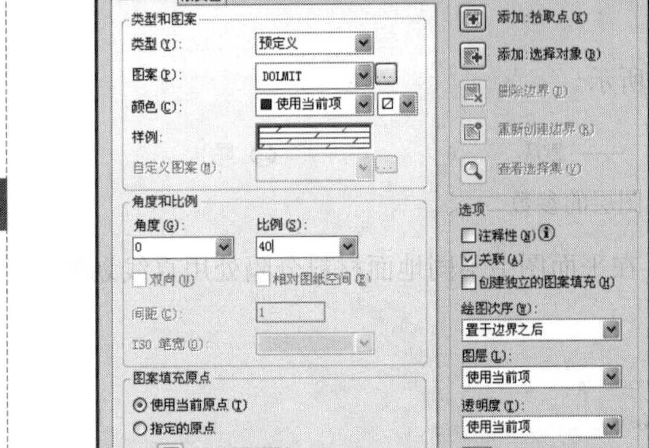

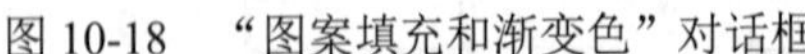

图 10-18 “图案填充和渐变色”对话框

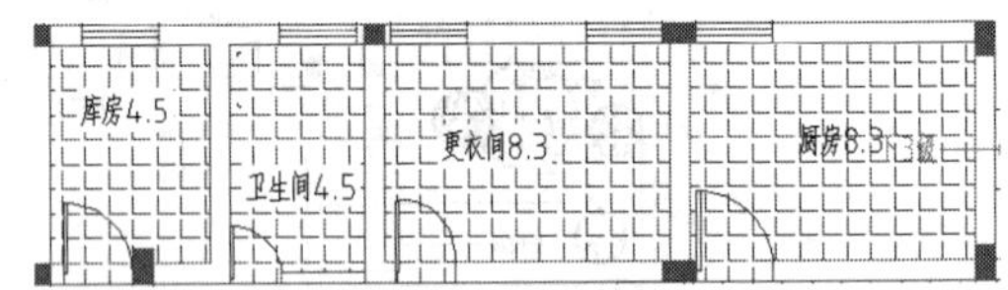

图 10-19 厨房、卫生间及库房的地面布置

（6）主卧及主卧过道的地面布置图。单击“绘图”工具栏中的“图案填充”按钮，在弹出的“图案填充和渐变色”对话框中选取填充图案为DOLMIT，其填充比例为40，填充角度修改为90，如图10-20所示。对客房及活动室进行填充。填充结果如图10-21所示。

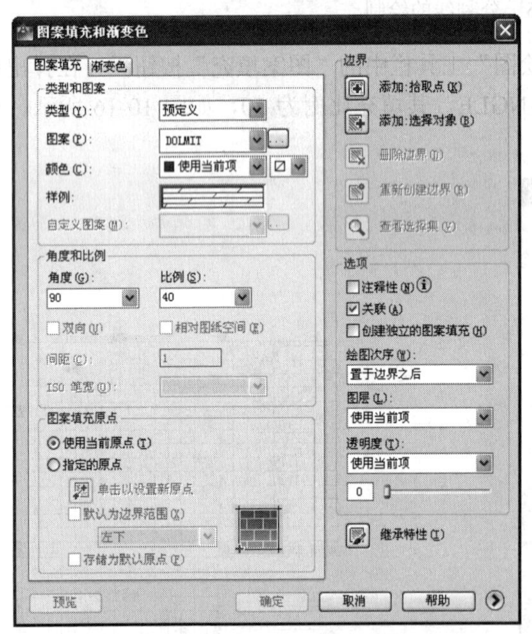

图 10-20 “图案填充和渐变色”对话框

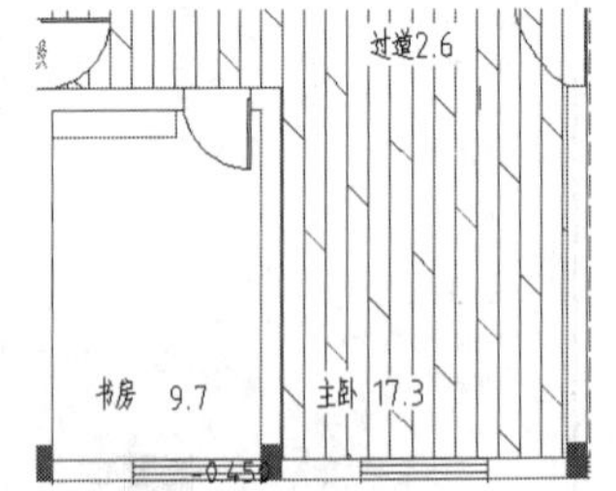

图 10-21 主卧及主卧过道的地面布置

（7）按照上述方法，对小孩房及书房填充地板，填充比例及角度与主卧相同，布置完毕如图10-22和图10-23所示。

（8）打开“尺寸”图层，二层地面图布置完毕，如图10-24所示。

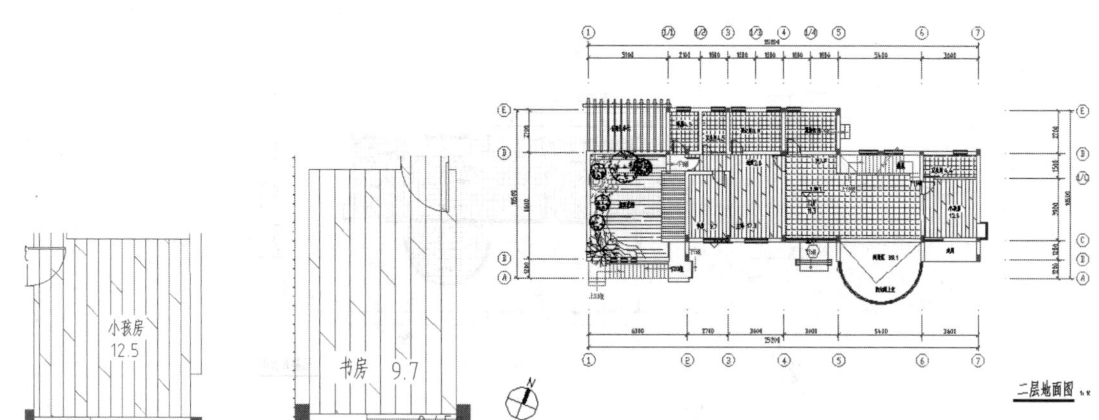

图 10-22　小孩房地面布置　图 10-23　书房地面布置　　图 10-24　二层地面图布置

10.4　三层地面图

本节介绍别墅三层地面图设计的相关知识及其绘图方法与技巧。绘制流程图如图 10-25 所示。

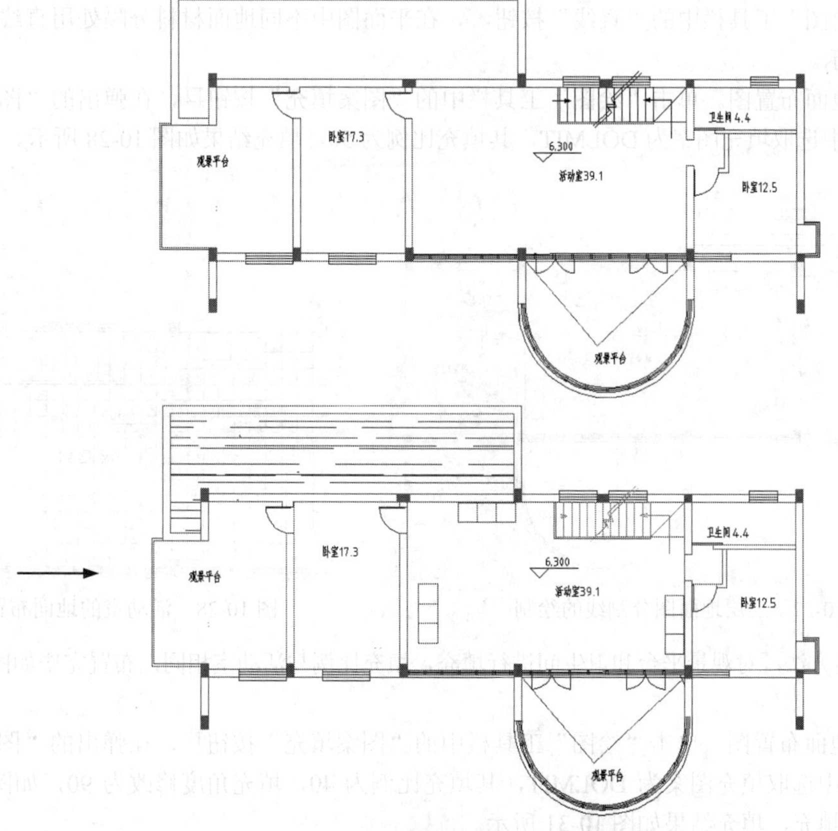

图 10-25　绘制三层地面图

Note

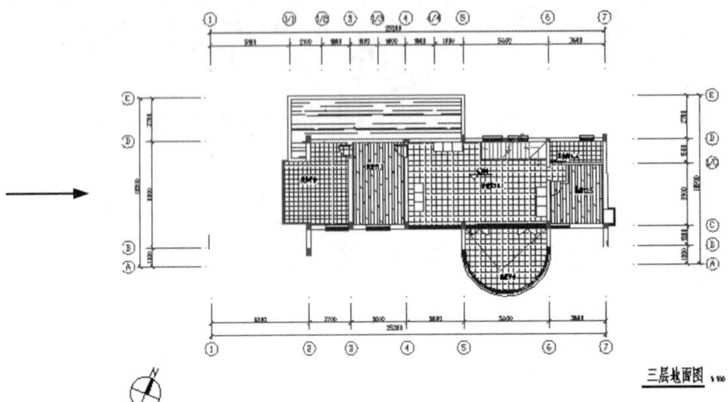

图 10-25　绘制三层地面图（续）

操作步骤：（光盘\动画演示\第 10 章\三层地面图.avi）

（1）打开前面整理后的别墅三层地面图。

（2）新建“铺地”图层，并设置参数如图 10-26 所示。

铺地　35　Continuous　—— 默认　0　Colo...

图 10-26　“铺地”图层的参数

（3）单击“绘图”工具栏中的“直线”按钮，在平面图中不同地面材料分隔处用直线划分出来，如图 10-27 所示。

（4）活动室地面布置图。单击“绘图”工具栏中的“图案填充”按钮，在弹出的“图案填充和渐变色”对话框中选取填充图案为 DOLMIT，其填充比例为 50。填充结果如图 10-28 所示。

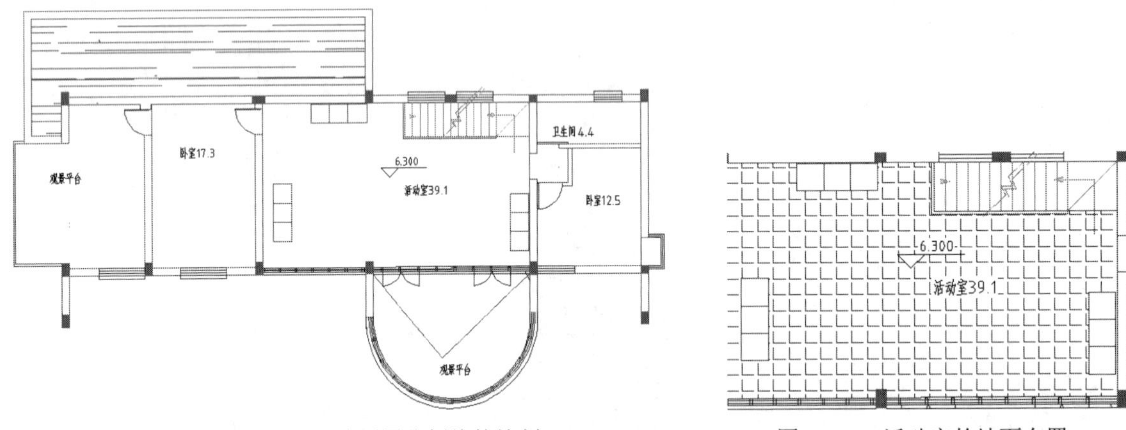

图 10-27　三层地面图分割线的绘制　　图 10-28　活动室的地面布置

（5）按照上述方法，对观景平台和卫生间进行填充，填充比例与活动室相同，布置完毕如图 10-29 所示。

（6）卧室的地面布置图。单击“绘图”工具栏中的“图案填充”按钮，在弹出的“图案填充和渐变色”对话框中选取填充图案为 DOLMIT，其填充比例为 40，填充角度修改为 90，如图 10-30 所示。对卧室进行填充，填充结果如图 10-31 所示。

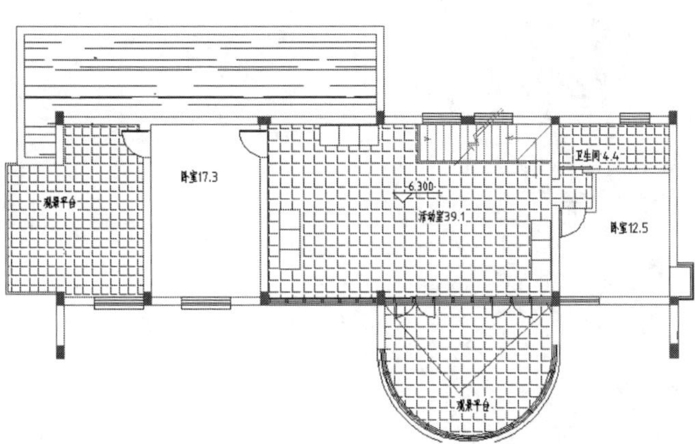

图 10-29　观景平台及卫生间的地面布置

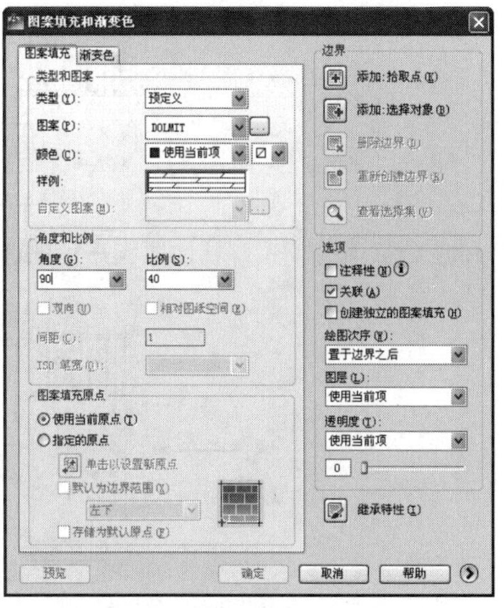

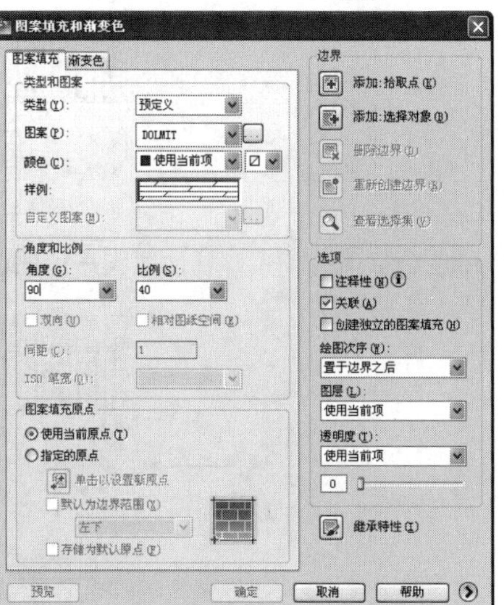

图 10-30　“图案填充和渐变色”对话框

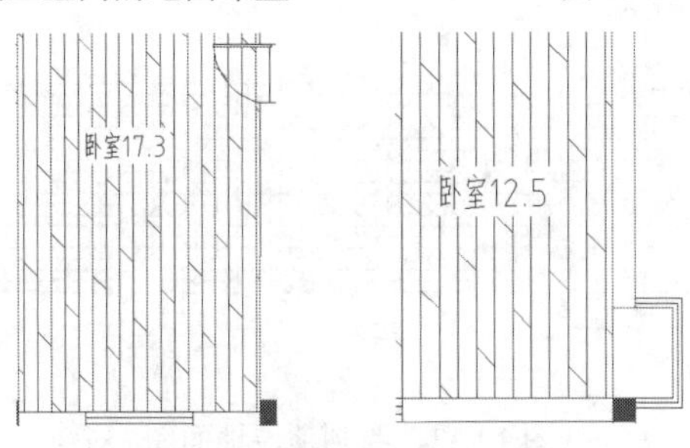

图 10-31　卧室地面的布置

（7）打开“尺寸”图层，三层地面图布置完毕，如图 10-32 所示。

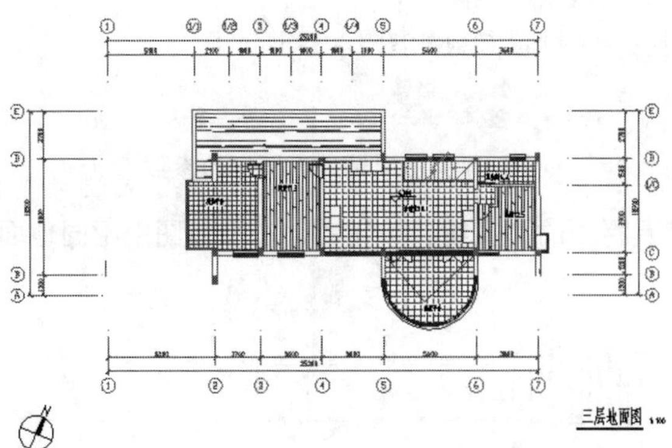

图 10-32　三层地面布置图

10.5　顶层地面图

本节介绍别墅顶层地面图设计的相关知识及其绘图方法与技巧。绘制流程图如图 10-33 所示。

Note

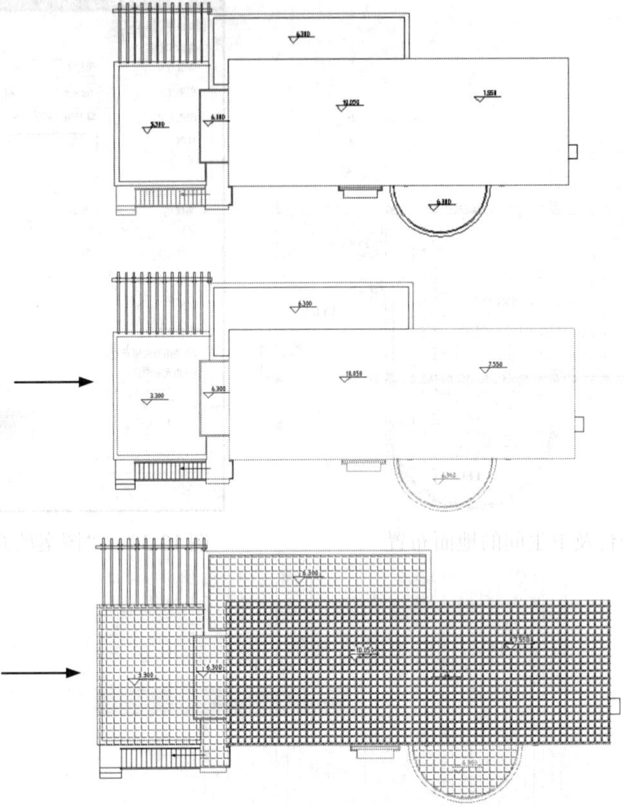

图 10-33　绘制顶层地面图

操作步骤：（光盘\动画演示\第 10 章\顶层地面图.avi）

（1）打开前面整理后的别墅顶层地面图。

（2）新建“铺地”图层，并设置参数如图 10-34 所示。

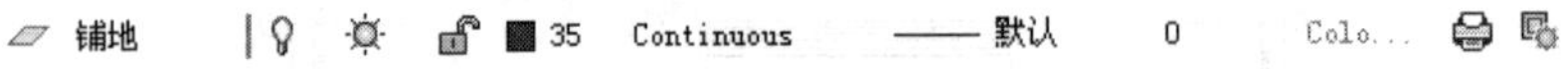

铺地　35　Continuous　——默认　0　Colo...

图 10-34　“铺地”图层的参数

（3）单击“绘图”工具栏中的“直线”按钮，在平面图中不同地面材料分隔处用直线划分出来，如图 10-35 所示。

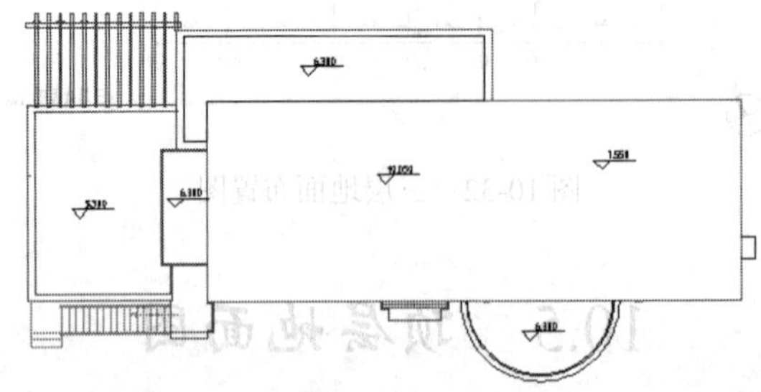

图 10-35　分割线的绘制

（4）按照上述方法对顶层地面填充地砖，比例与三层的活动室相同，顶层地面布置完毕，填充

Note

效果如图 10-36 所示。

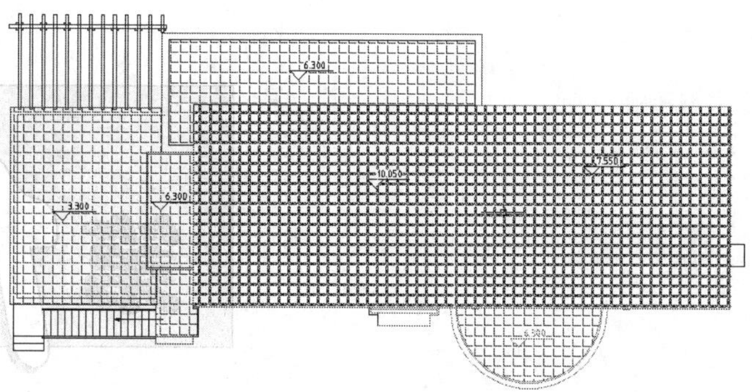

图 10-36　填充后的效果

10.6　上机操作

通过前面的学习，读者对本章知识也有了大体的了解，本节通过几个操作练习使读者进一步掌握本章知识要点。

绘制两室两厅户型地面图

1. 目的要求

本实例主要要求读者通过练习进一步熟悉和掌握地面图的绘制方法。通过本实例，可以帮助读者学会完成整个地面图绘制的全过程。

2. 操作提示

（1）绘图前准备。
（2）初步绘制地面图案。
（3）形成地面材料平面图。
（4）在室内平面图中完善地面材料图案。

绘制结果如图 10-37 所示。

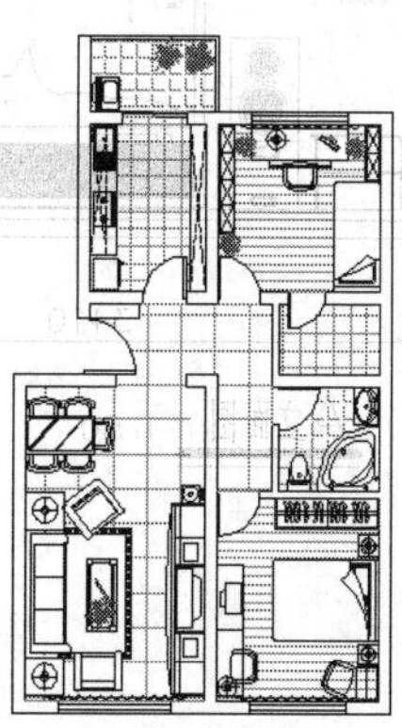

图 10-37　两室两厅户型地面图

某别墅顶棚图和剖面图绘制

顶棚图和剖面图也是室内设计中很重要的环节。本章在第 10 章中绘制的别墅地面布置图基础上，绘制顶棚图和剖面图。绘制过程中注意填充图案和各种曲线的绘制方法。

☑ 顶棚图绘制

☑ 剖面图绘制

任务驱动&项目案例

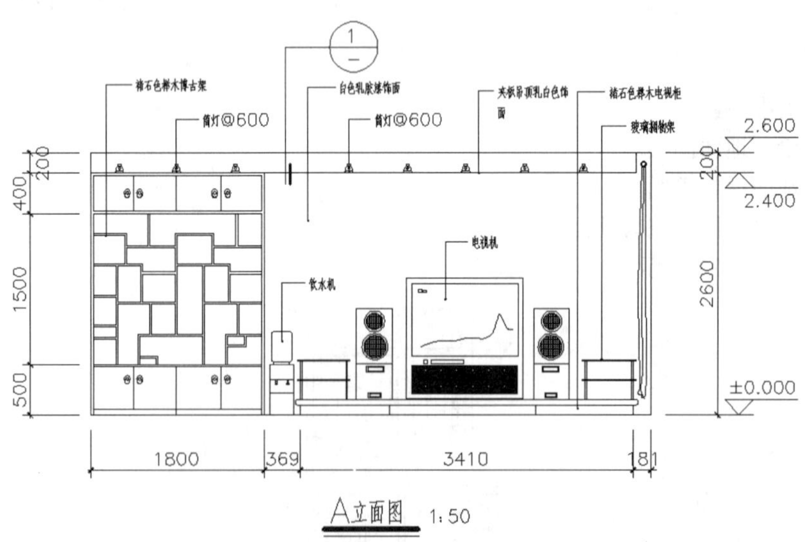

A立面图 1:50

11.1　顶棚图绘制

本实例别墅是设计建造于我国中部某城市郊野的一座独院别墅，对于别墅的设计，顶棚是室内装饰不可缺少的重要组成部分，也是室内空间装饰中最富有变化，最具有设计理念引人注目的界面，其透视感较强。通过不同的布置方案，配以不同的灯具造型，使顶面造型丰富多彩，新颖美观。顶棚设计的好坏直接影响到房间整体感觉以及氛围的体现。

11.1.1　设置绘图环境

设置绘图环境的操作步骤如下：

（1）打开布置好的地层平面图选中图中的所有图形，进行复制，再单击菜单栏中的“窗口”菜单，切换到“顶棚布置图”中，按 Ctrl+V 键进行粘贴，将图形复制到当前的文件中。

（2）单击“图层”工具栏中的“图层特性管理器”按钮，可以看到，随着图形的复制，图形所在的图层也同样复制到本文件中，如图 11-1 所示。

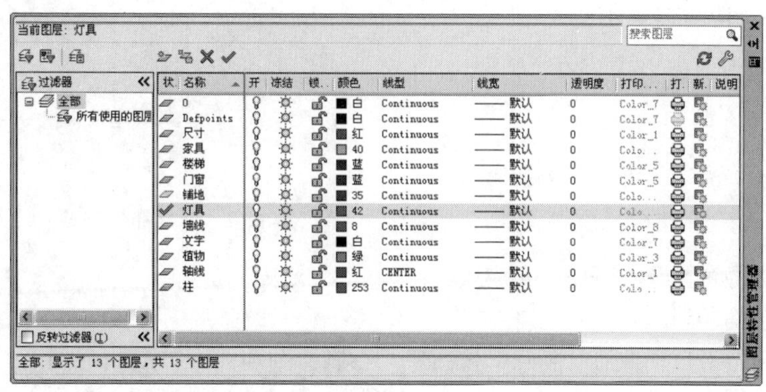

图 11-1　“图层特性管理器”对话框

（3）单击“新建图层”按钮，新建“灯具”图层，并设为当前层。

（4）定义图块。

❶ 打开绘制的吸顶灯，如图 11-2 所示。单击“绘图”工具栏中的“创建块”按钮，弹出“块定义”对话框，将吸顶灯定义为块，如图 11-3 所示。

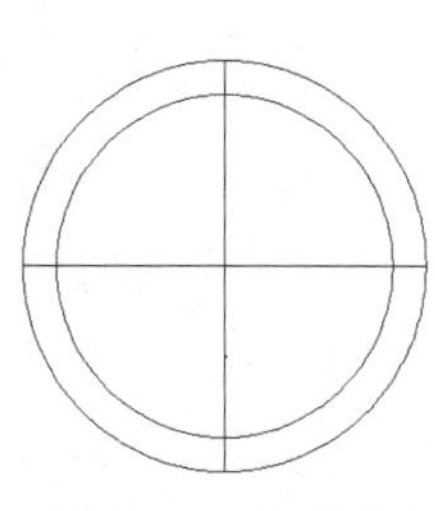

图 11-2　打开图形

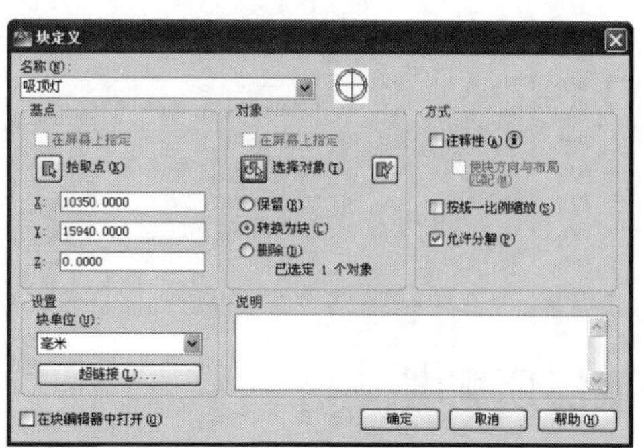

图 11-3　定义吸顶灯

❷ 打开绘制的吊灯，如图 11-4 所示。单击“绘图”工具栏中的“创建块”按钮，将吊灯定义为块，结果如图 11-5 所示。

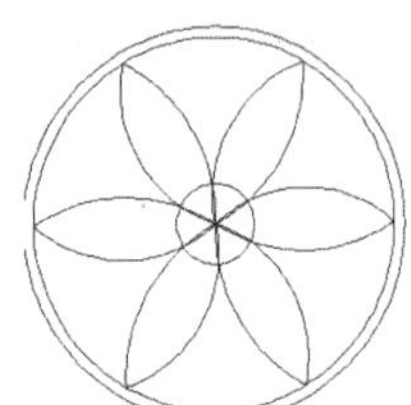

图 11-4　造型灯

图 11-5　定义吊灯

（5）绘制筒灯。

❶ 单击“绘图”工具栏中的“直线”按钮，绘制两条相交的直线，如图 11-6 所示。

❷ 单击“绘图”工具栏中的“圆”按钮，以两条相交线的交点为圆心画一个直径为 150 的圆形，筒灯布置完成，如图 11-7 所示。

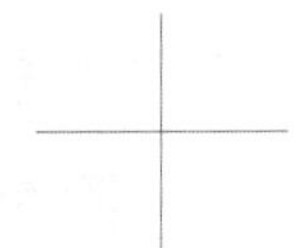

图 11-6　布置相交线

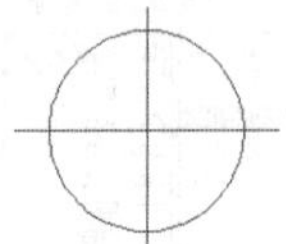

图 11-7　筒灯布置完成

❸ 用上述方法将布置好的筒灯定义成块。

（6）绘制小孩房的造型灯。

❶ 单击“绘图”工具栏中的“椭圆”按钮，绘制一个椭圆，如图 11-8 所示。

❷ 单击“修改”工具栏中的“环形阵列”按钮，将椭圆以椭圆圆心为中心点进行阵列，设置阵列个数为 6，填充角度为 360°。

❸ 单击“绘图”工具栏中的“插入块”按钮，在造型灯内部安置小筒灯。绘制完毕如图 11-9 所示。

图 11-8　绘制椭圆

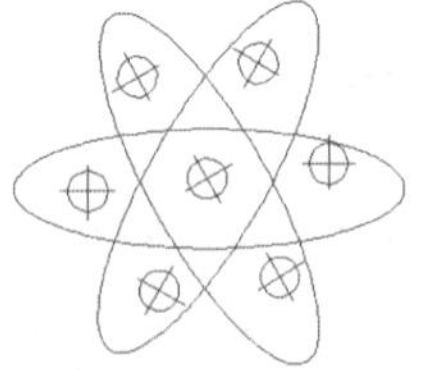

图 11-9　造型灯

❹ 单击“绘图”工具栏中的“创建块”按钮，并将造型灯定义成块。

11.1.2　底层顶棚图

本小节介绍别墅底层顶棚图设计的相关知识及其绘图方法与技巧。绘制流程图如图 11-10 所示。

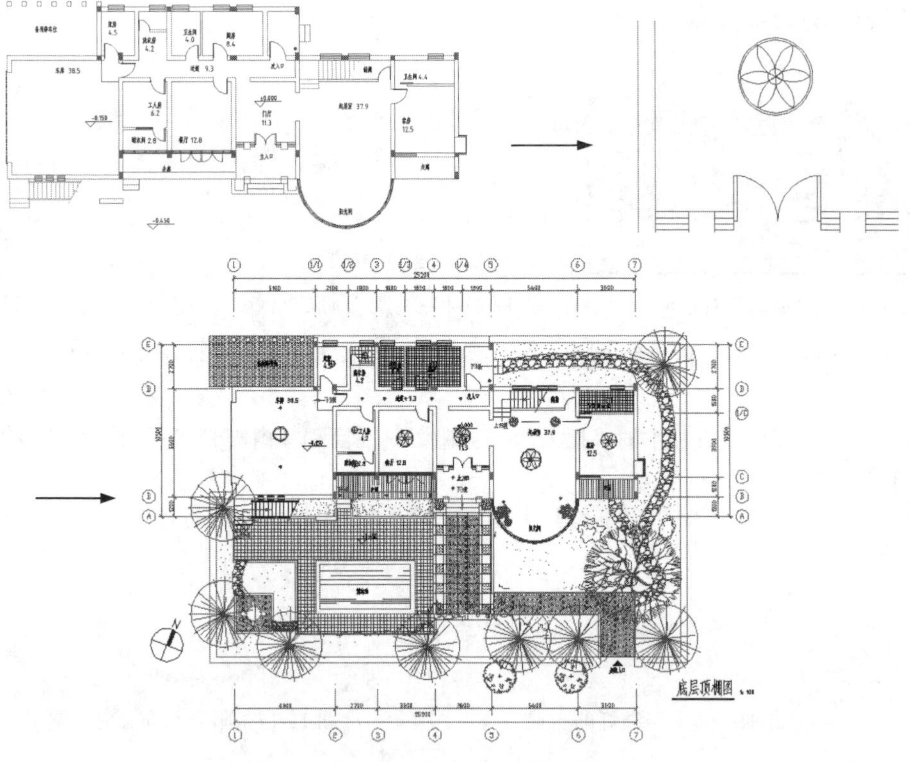

图 11-10　绘制底层顶棚图

操作步骤：（光盘\动画演示\第 11 章\底层顶棚图.avi）

（1）打开已布置好的底层平面图，并将其另存为底层顶棚图。

（2）关闭“家具”、“尺寸”等图层，如图 11-11 所示。

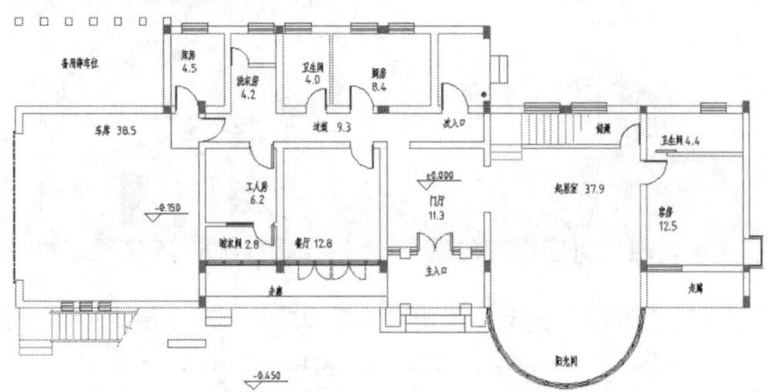

图 11-11　底层平面图

（3）新建“顶灯”图层，并设置为当前图层，如图 11-12 所示。

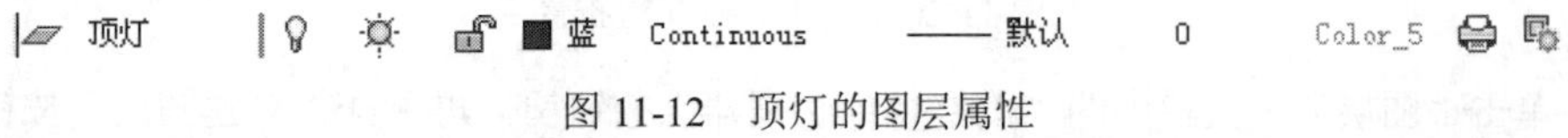

图 11-12　顶灯的图层属性

（4）门厅的顶棚布置图。单击“绘图”工具栏中的“插入块”按钮，弹出“插入”对话框，选取吊灯，如图 11-13 所示。插入效果如图 11-14 所示，按照相同方法对主入口插入 4 个筒灯，插入完毕后如图 11-15 所示。

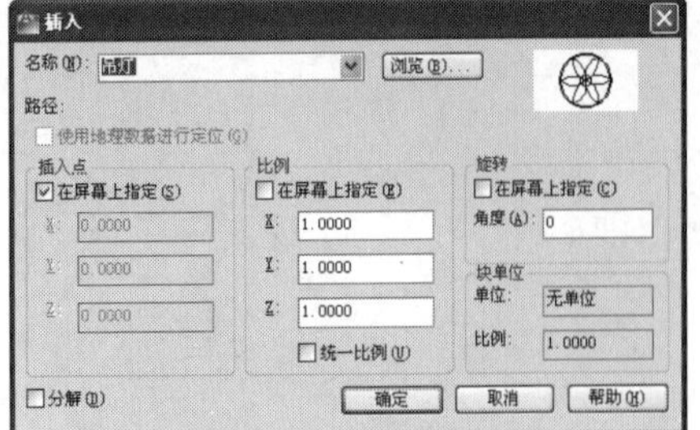

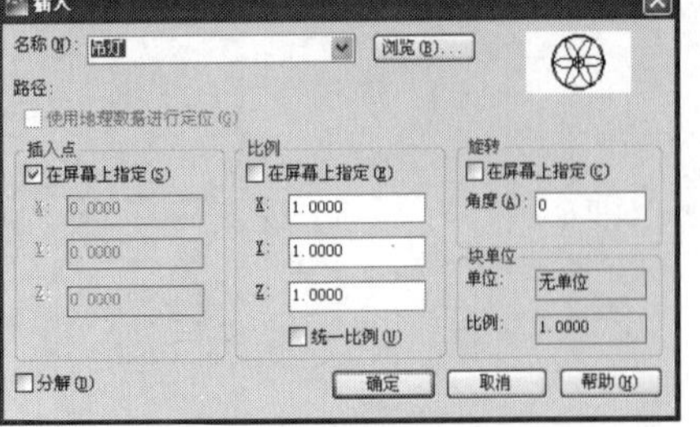

图 11-13 “插入”对话框

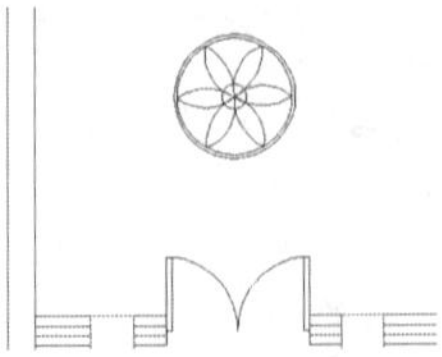

图 11-14 门厅顶灯的布置

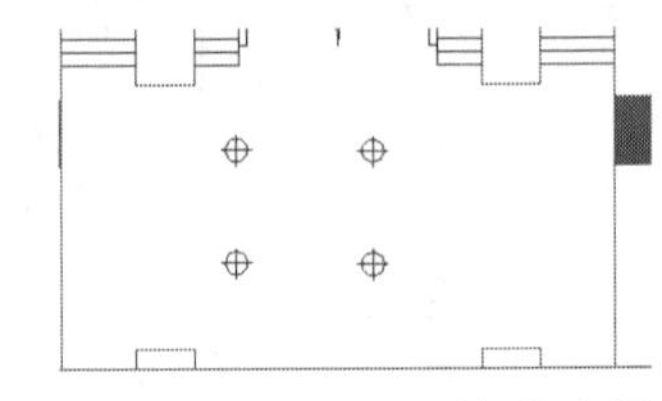

图 11-15 主入口顶灯的布置

(5) 单击“绘图”工具栏中的“插入块”按钮，在活动室及门厅各插入一个吊灯，如图 11-16 所示。

(6) 单击“绘图”工具栏中的“插入块”按钮，在活动室内阳光房顶面插入两盏筒灯。布置完毕后如图 11-17 所示。

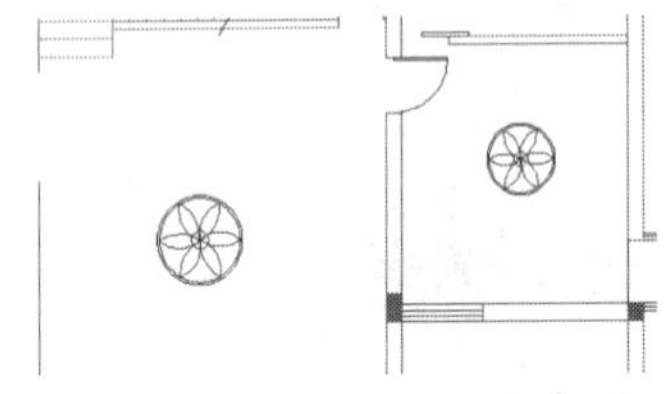

图 11-16 主入口顶灯的布置

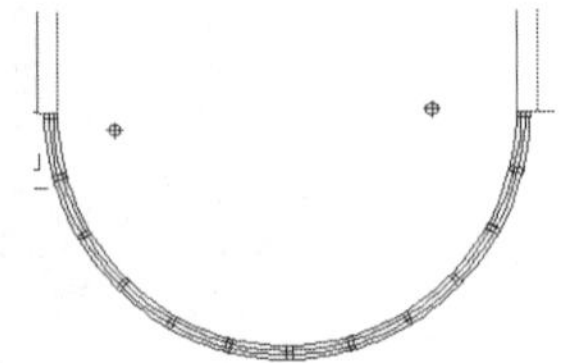

图 11-17 阳光间顶灯的布置

(7) 单击“绘图”工具栏中的“插入块”按钮，在工人房及晾衣间插入吸顶灯。布置完毕后如图 11-18 所示。

(8) 单击“绘图”工具栏中的“插入块”按钮，在库房插入吸顶灯，如图 11-19 所示。

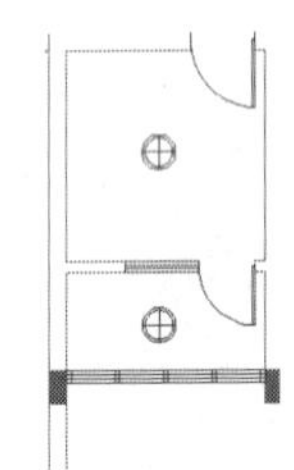

图 11-18 工人房及晾衣间顶灯的布置

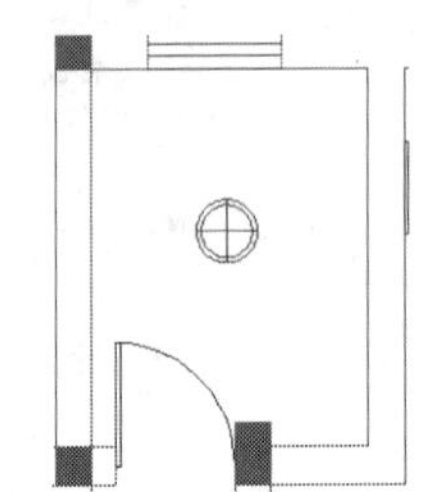

图 11-19 库房顶灯的布置

(9) 单击“绘图”工具栏中的“直线”按钮，在厨房卫生间等处绘制分割线，如图 11-20 所示。

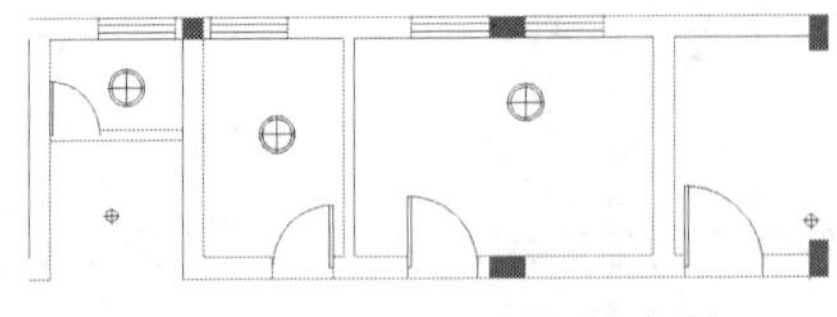

图 11-20 主入口顶灯的布置

(10) 单击“图层”工具栏中的“图层特性管理器”按钮，再单击“新建图层”按钮，新建“铺地”图层，并设为当前层，如图 11-21 所示。

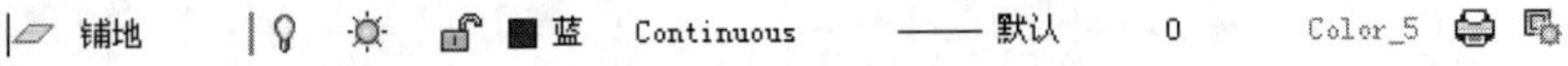

铺地 蓝 Continuous —— 默认 0 Color_5

图 11-21 “铺地”图层

（11）厨房及卫生间的顶棚布置。

❶ 单击“绘图”工具栏中的“图案填充”按钮，在弹出的“图案填充和渐变色”对话框中选择 NET 图案，如图 11-22 所示。对卫生间及厨房的顶棚进行布置，如图 11-23 所示。

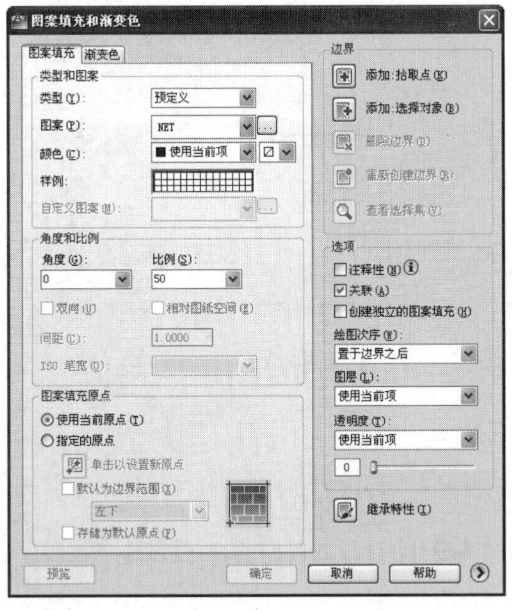

图 11-22　“图案填充和渐变色”对话框

❷ 单击“绘图”工具栏中的“插入块”按钮，在卫生间及厨房的顶棚插入吸顶灯。布置完毕后如图 11-24 所示。

（12）过道顶棚布置。单击“绘图”工具栏中的“插入块”按钮，在过道顶棚插入吸顶灯。布置完毕后如图 11-25 所示。

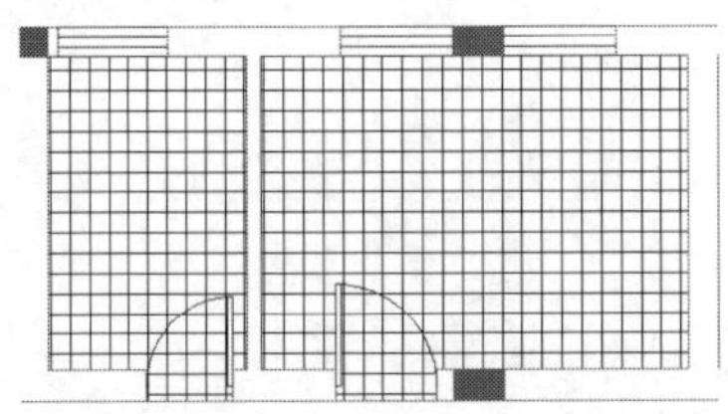

图 11-23　厨房卫生间的吊顶布置

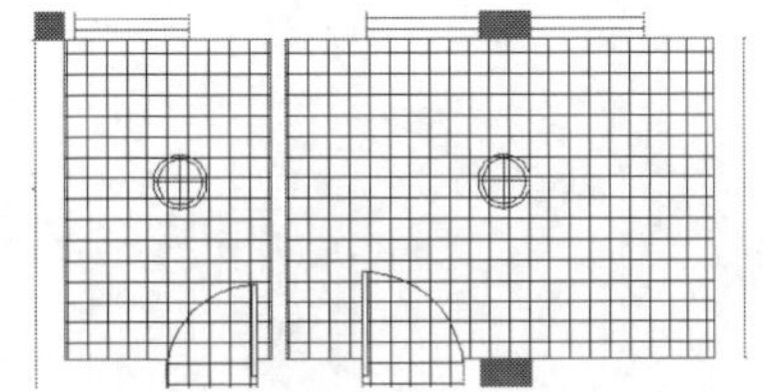

图 11-24　厨房及卫生间的顶灯布置

（13）餐厅顶棚布置。单击“绘图”工具栏中的“插入块”按钮，在餐厅顶棚插入吊灯。布置完毕后如图 11-26 所示。

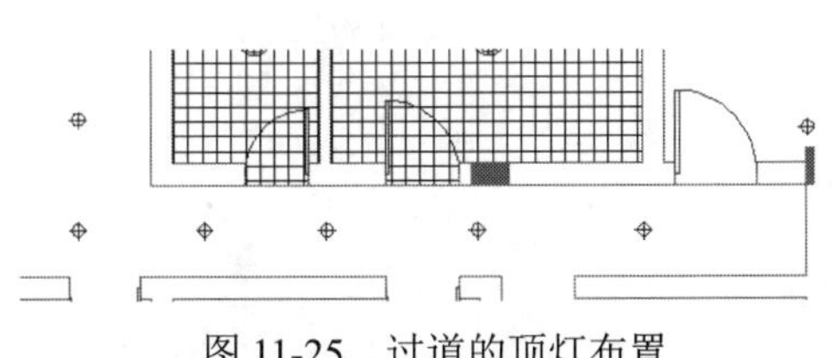

图 11-25　过道的顶灯布置

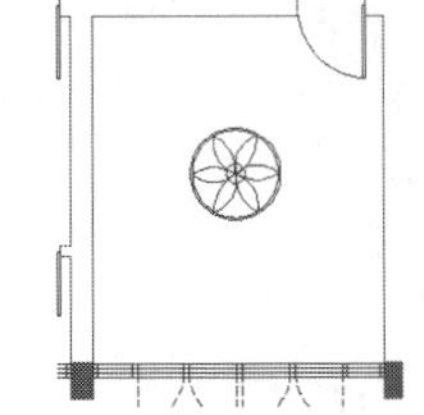

图 11-26　顶棚的顶灯布置

（14）按照上述方法，分别对车库的顶面布置吸顶灯及筒灯，打开关闭的图层，底层顶棚图基本

Note

布置完毕，如图 11-27 所示。

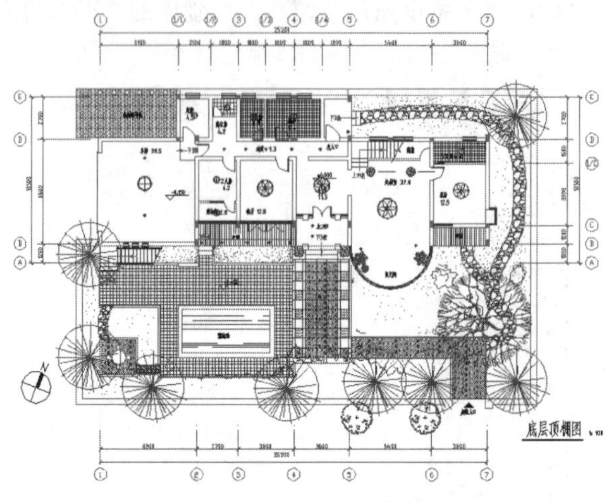

图 11-27　底层顶棚图

11.1.3　二层顶棚图

本小节介绍别墅二层顶棚图设计的相关知识及其绘图方法与技巧。绘制流程图如图 11-28 所示。

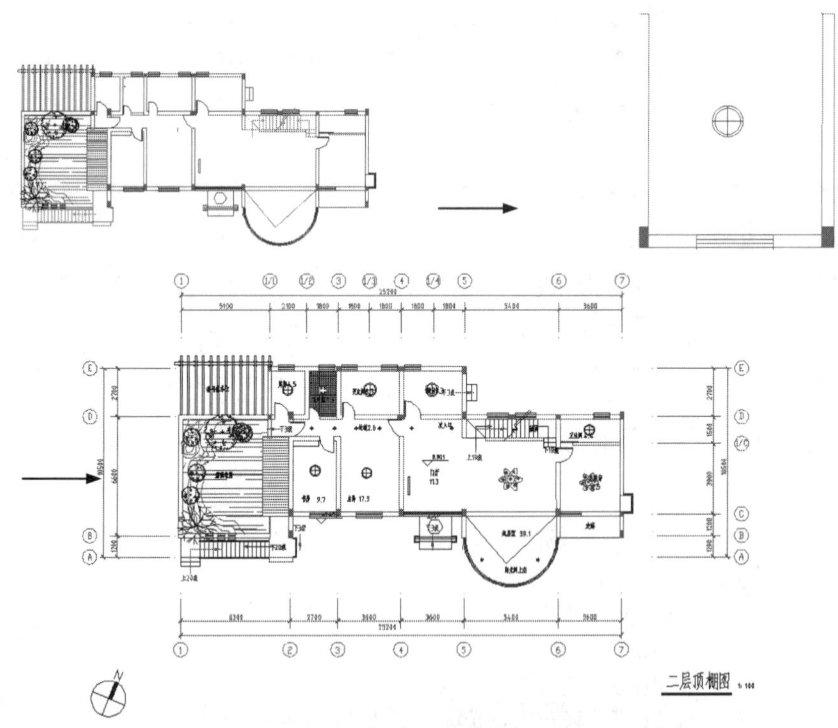

图 11-28　绘制二层顶棚图

操作步骤：（光盘\动画演示\第 11 章\二层顶棚图.avi）

（1）打开已布置好的二层平面图，并将其另存为二层顶棚图。

（2）关闭“家具”、“尺寸”等图层，如图 11-29 所示。

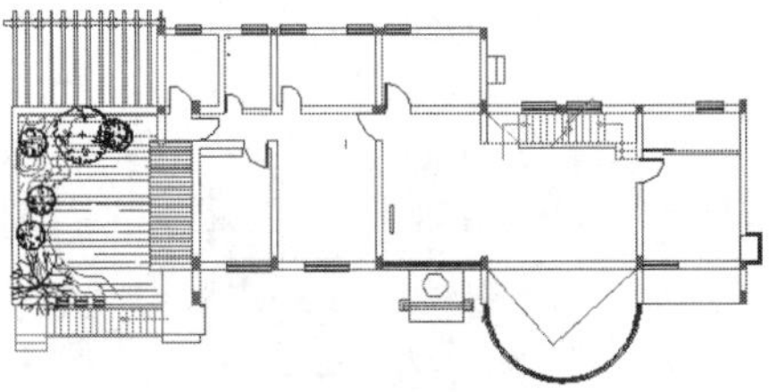

图 11-29　二层平面图

（3）新建“顶灯”图层，并设置为当前图层，如图 11-30 所示。

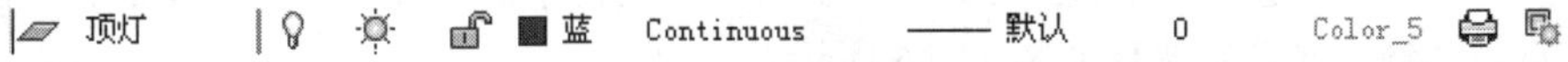

顶灯　　蓝　Continuous　—— 默认　0　Color_5

图 11-30　顶灯图层

（4）主卧的顶棚布置。单击“绘图”工具栏中的“插入块”按钮，在主卧顶棚插入吸顶灯。布置完毕如图 11-31 所示。

（5）卫生间的顶棚布置。

❶ 单击“绘图”工具栏中的“图案填充”按钮，在弹出的“图案填充和渐变色”对话框中选择 NET 填充图案，如图 11-32 所示。对卫生间的顶棚进行填充。结果如图 11-33 所示。

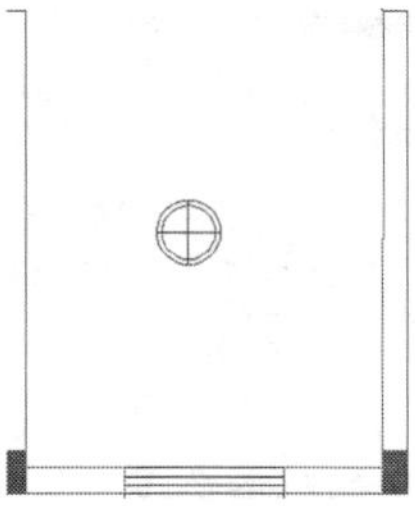

图 11-31　主卧顶棚布置

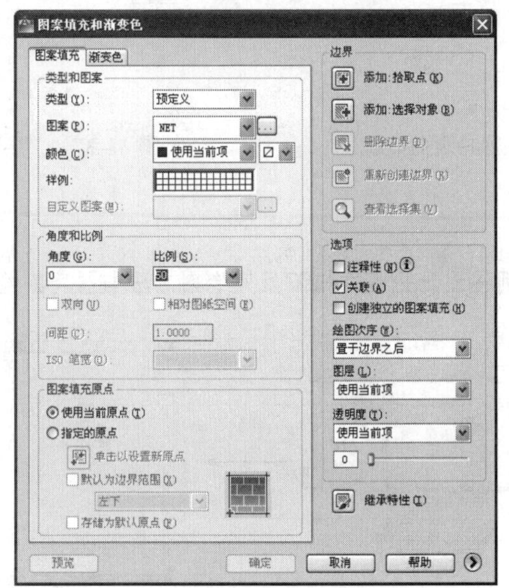

图 11-32　“图案填充和渐变色”对话框

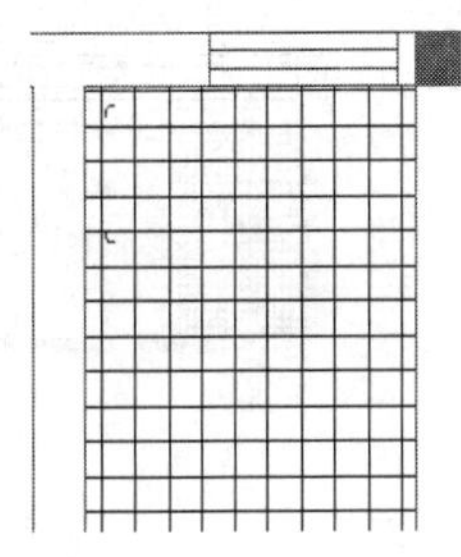

图 11-33　卫生间顶面布置

❷ 单击“绘图”工具栏中的“插入块”按钮，在卫生间顶棚插入吸顶灯。

（6）厨房的顶棚布置。

❶ 单击“绘图”工具栏中的“图案填充”按钮，在弹出的“图案填充和渐变色”对话框中选择 NET 填充图案，如图 11-32 所示。对厨房顶棚进行填充。

❷ 单击“绘图”工具栏中的“插入块”按钮，在厨房顶棚插入吸顶灯。

（7）书房的顶棚布置图。单击“绘图”工具栏中的“插入块”按钮，在书房顶棚插入吸顶灯图块。布置完毕后如图 11-34 所示。

（8）按照上述方法对车库和更衣间布置吸顶灯。布置完毕后如图 11-35 所示。

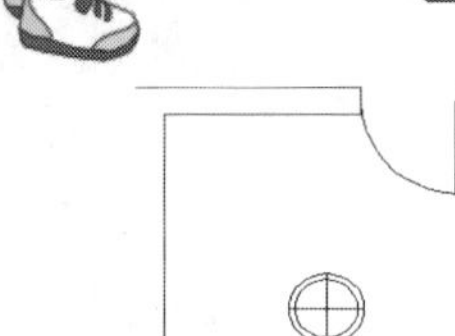

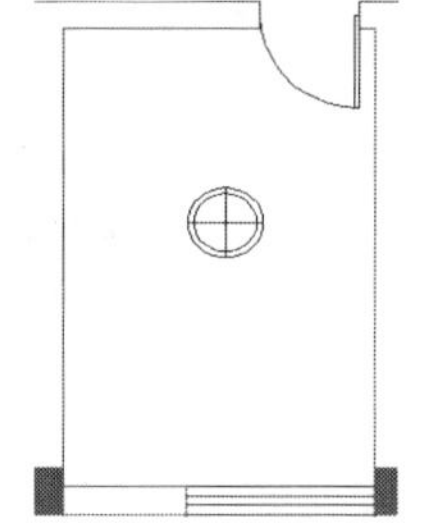

Note

图 11-34　书房的顶面布置

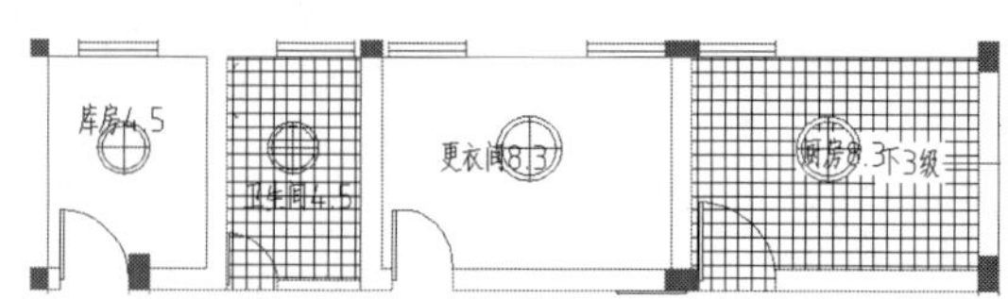

图 11-35　车库、卫生间、更衣间和库房顶面布置

（9）门厅及小孩房的顶棚布置图。单击“绘图”工具栏中的“插入块”按钮，在门厅和小孩房处插入造型灯图块。布置完毕后如图 11-36 所示。

（10）打开“尺寸”图层，二层顶棚图布置完毕后效果如图 11-37 所示。

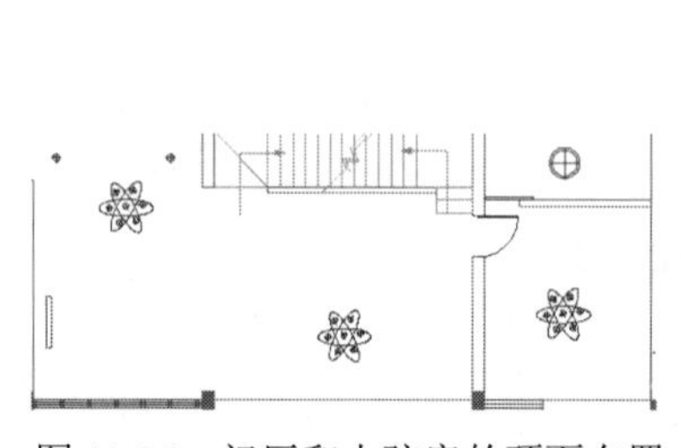

图 11-36　门厅和小孩房的顶面布置

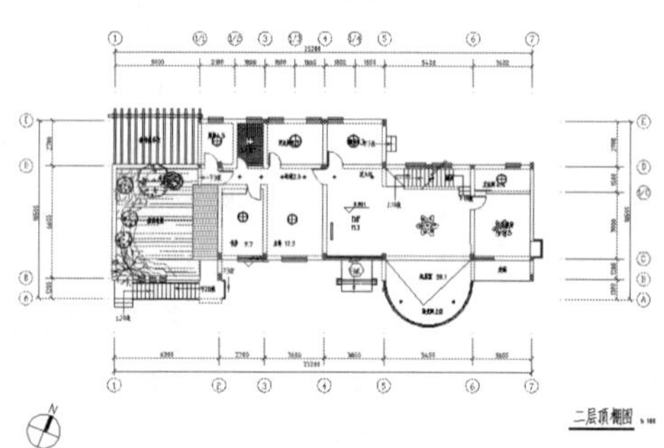

图 11-37　二层顶面布置

11.1.4　三层顶棚图

本小节介绍别墅三层顶棚图设计的相关知识及其绘图方法与技巧。绘制流程图如图 11-38 所示。

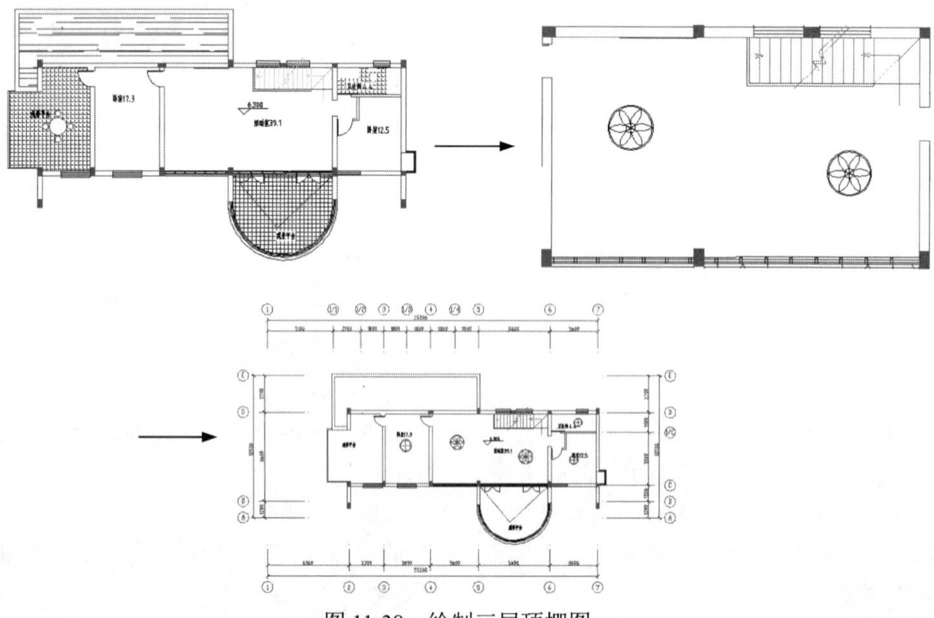

图 11-38　绘制三层顶棚图

操作步骤：（光盘\动画演示\第 11 章\三层顶棚图.avi）

（1）打开已布置好的三层平面图，并将其另存为三层顶棚图。

（2）关闭“家具”、“尺寸”等图层，如图 11-39 所示。

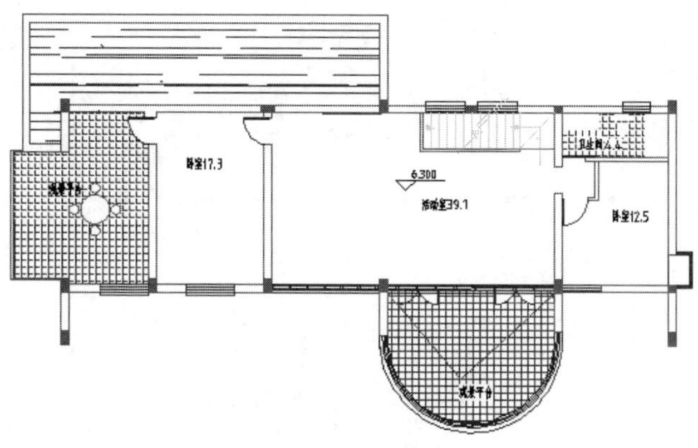

图 11-39　三层平面图

（3）新建“顶灯”图层，并设置为当前图层，如图 11-40 所示。

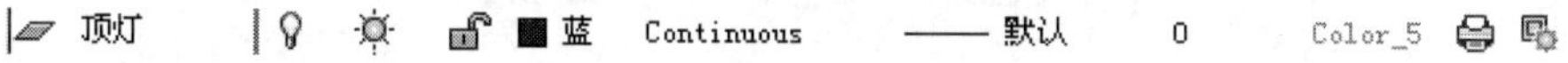

顶灯				蓝	Continuous	—— 默认	0	Color_5		

图 11-40　顶灯的图层属性

（4）活动室的顶棚布置。单击“绘图”工具栏中的“插入块”按钮，在活动室顶棚插入吊灯。布置完毕后如图 11-41 所示。

（5）卧室的顶棚布置。单击“绘图”工具栏中的“插入块”按钮，在卧室顶面插入吸顶灯。布置完毕后如图 11-42 所示。

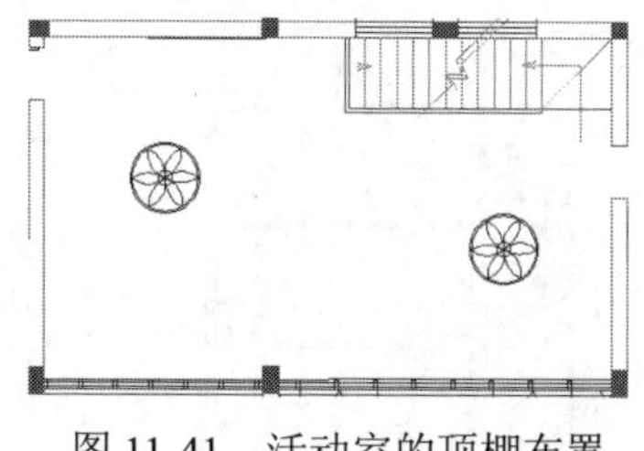

图 11-41　活动室的顶棚布置

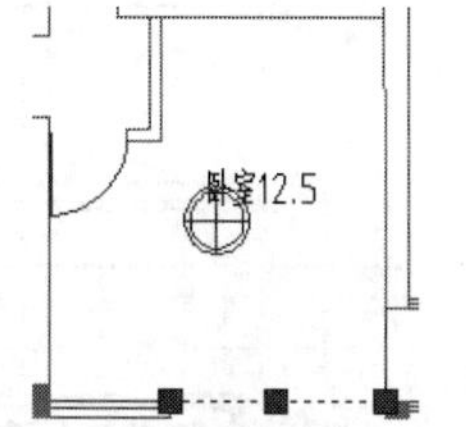

图 11-42　卧室顶棚布置

（6）厨房及卫生间的顶棚布置图。

❶ 单击“绘图”工具栏中的“图案填充”按钮，在弹出的“图案填充和渐变色”对话框中选择 NET 填充图案，对卫生间和厨房的顶棚进行填充。结果如图 11-43 所示。

❷ 单击“绘图”工具栏中的“插入块”按钮，在厨房和卫生间顶棚插入吸顶灯。布置完毕后如图 11-43 所示。

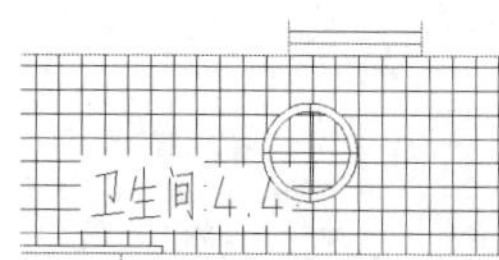

图 11-43　卫生间顶面布置

（7）打开“尺寸”图层，三层顶棚图绘制完毕，如图 11-44 所示。

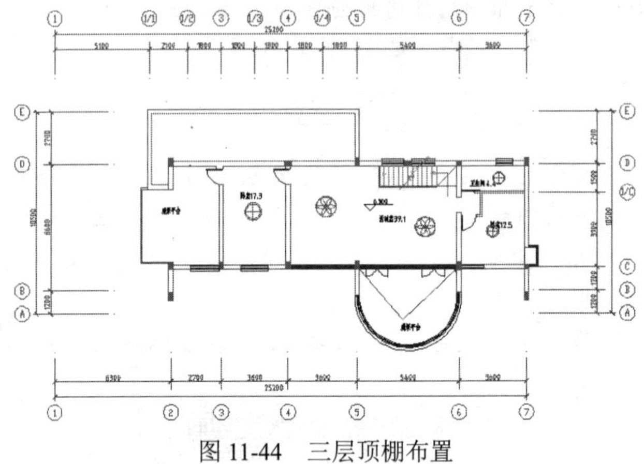

图 11-44 三层顶棚布置

屋顶顶棚图参照前面的顶棚图布置，其布置方法在此不再介绍。

11.2 剖面图绘制

剖面图绘制的基本思路是：首先，调整绘图环境，主要是图层设置的问题。其次，确定剖切位置和投射方向，借助各层平面图和立面图引出定位辅助线。再次，绘制断面图形和看到的图形。最后，完成配景、标注等内容。别墅剖面图如图 11-45 所示。

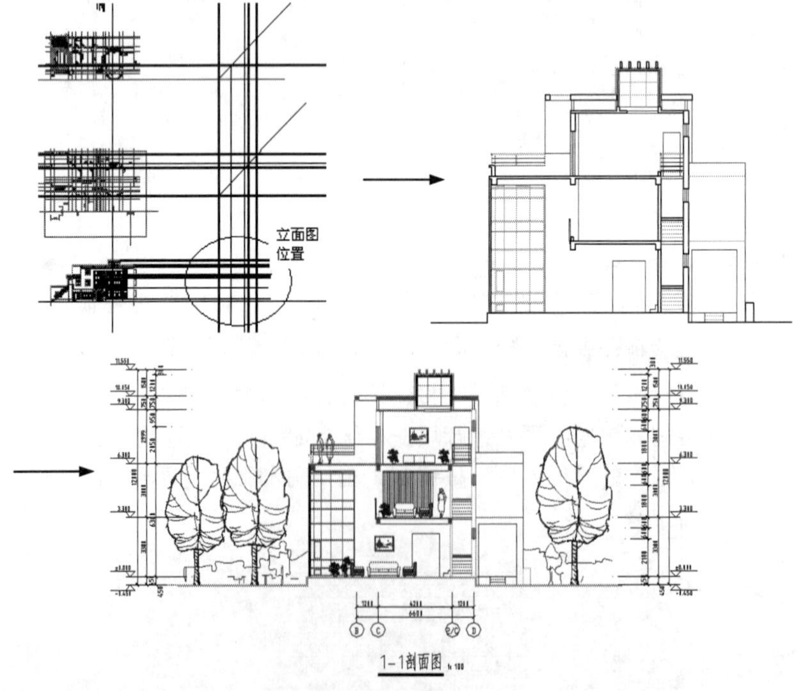

图 11-45 某别墅 1-1 剖面图

操作步骤：（光盘\动画演示\第 11 章\某别墅剖面图.avi）

11.2.1 设置绘图环境

跟立面图一样，剖面图可以在平面图所在的图形文件中绘制，也可以在另一个图形文件中绘制。当图形文件较大时，可选择后者。剖面图绘图环境的基本设置（单位、图形界限等）与平、立面图相同。文字样式、尺寸样式则根据出图比例的大小来决定。若比例与平、立面图相同，则不必再设置新的样式。

至于剖面图中图层设置的问题，目前亦没有统一标准。不同的绘图习惯，可能采用不同的图层设置。不过，不妨抓住剖面图的粗、中、细 3 种线型特征和对应 3 种图形对象来划分。

☑ 粗实线（b）：剖切到的主要建筑构件轮廓线。

☑ 中实线（0.5b）：剖切到的次要建筑构造的轮廓线（如抹灰层、门窗）和投射看到的构配件轮廓线。

☑ 细实线（0.25b）：材料图案、轴线、尺寸线、引线等。

当图形简单而选取两种线型时，应选择 b 和 0.25b。因此，除了尺寸、文字等图层外，可以专门为剖面图建立 3 个图层，即剖面主要构件、剖面次要构造和材料图案（图层名可自拟）。

11.2.2 确定剖切位置和投射方向

根据该别墅方案的情况，选择起居室中部作为剖切位置，剖切线经过前侧弧形玻璃幕墙、后侧楼梯、窗户以及二层栏杆、屋顶玻璃采光顶，空间及结构均较复杂。剖视方向向左。

为了便于从平面图中引出定位辅助线，单击“构造线”按钮，在剖切位置画一条直线，如图 11-46 所示。

说明：采用构造线的目的在于它可以一次贯通多个平面，当需要利用其他楼层平面图时，就不必再绘此线。

11.2.3 绘制定位辅助线

绘制定位辅助线的操作步骤如下：

（1）在立面图同一水平线上绘制出剖面图室外地平线位置。

（2）采用绘制立面图定位辅助线的方法绘制出剖面图的定位辅助线，如图 11-47 所示。

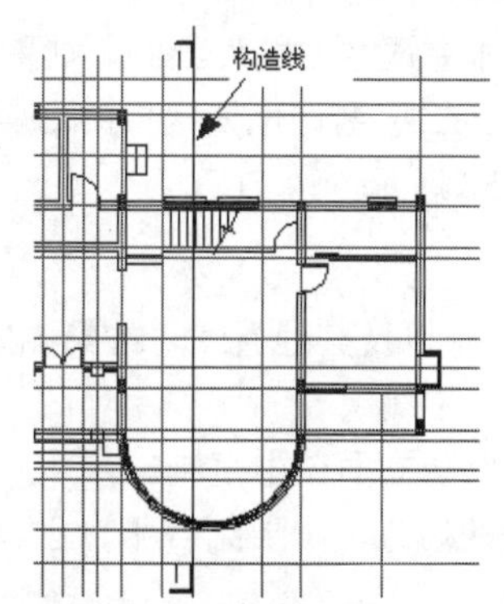

图 11-46 绘制构造线确定剖切位置

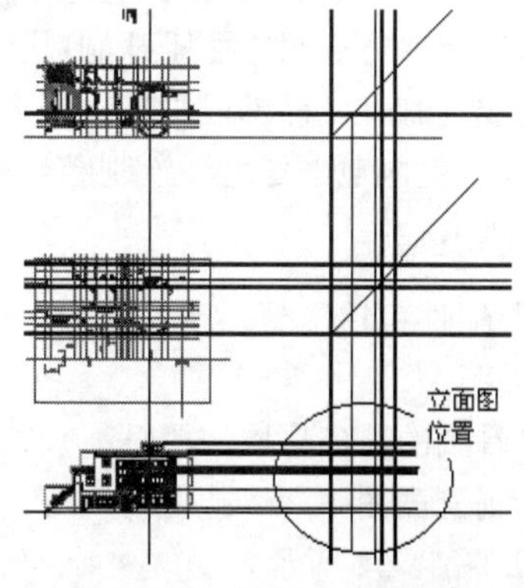

图 11-47 绘制定位辅助线

11.2.4 绘制建筑构配件

Note

建筑构配件的绘制是剖面图绘制的主要内容。下面大体按照主要建筑构件、次要构造及配件和材料图案 3 个步骤进行。

在此之前，需要说明一点，由于剖面图图线比较琐碎，因此建议在绘制的过程中，把不同线型图形的图层分开，全部绘制好后再调整比较麻烦，且容易遗漏。另外，不同线型图线之间的连接处应该断开，可以单击“打断于点”按钮处理。以免线型设置时出错，如图 11-48 所示。

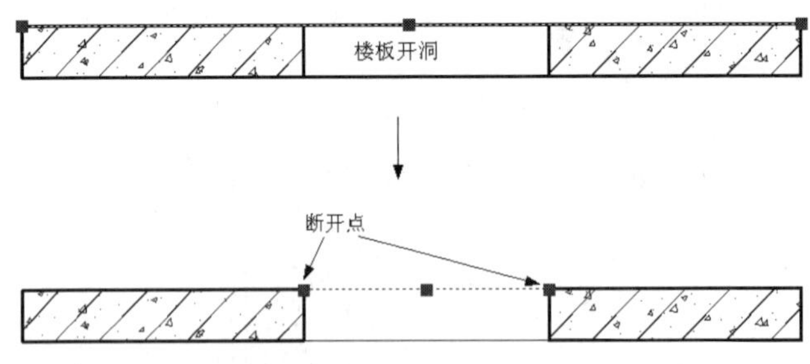

图 11-48　不同线型之间断开示意

1. 主要建筑构件

这里主要绘制地平线、墙、柱、楼板、屋面等部分，初步把整个建筑构架建立起来，后面再逐步细化。结果如图 11-49 所示。操作要点提示如下：

（1）引出剖切到的地平线、墙、柱、楼板、屋面定位辅助线，其他辅助线先不管，否则容易凌乱，如图 11-49 所示。

（2）在此基础上初步绘制出这些构件的轮廓，门窗洞、楼板开洞的位置大小可以先不管，如图 11-50 所示。

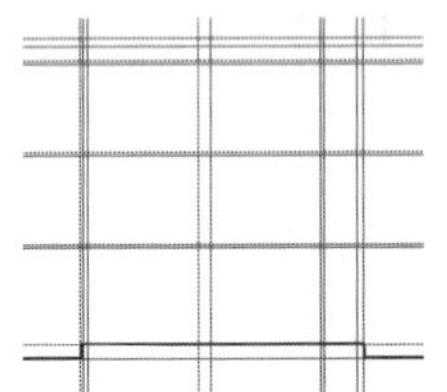

图 11-49　主要构件定位辅助线

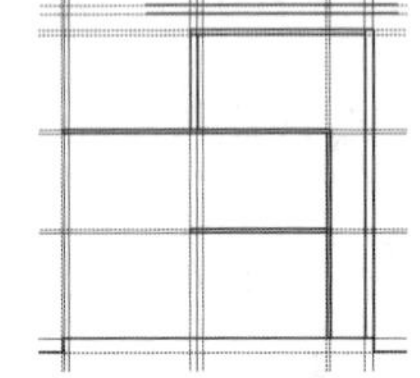

图 11-50　主要构件轮廓初绘

（3）进一步绘出门窗洞、楼板开洞以及梁断面等，基本完成主要构件绘制，如图 11-51 所示。

（4）剖切线剖到直楼梯梯段中部，需要事先确定底层、二层剖切位置楼梯的高度，绘出梯段剖切断面，然后再从室内地平处逐级绘制踏步看线，如图 11-52 所示。

2. 次要构造及配件

次要构造及配件包括门窗、玻璃幕墙、玻璃采光顶、栏杆以及其他看线，结果如图 11-53 所示。操作要点提示如下：

（1）投射看到的玻璃幕墙、栏杆、玻璃采光顶图形可以从立面图中复制。

（2）在绘制剖面图中，可能发现与平、立面图相冲突的地方，需要结合平、立、剖面三者关系权衡作调整，如图 11-54 所示。

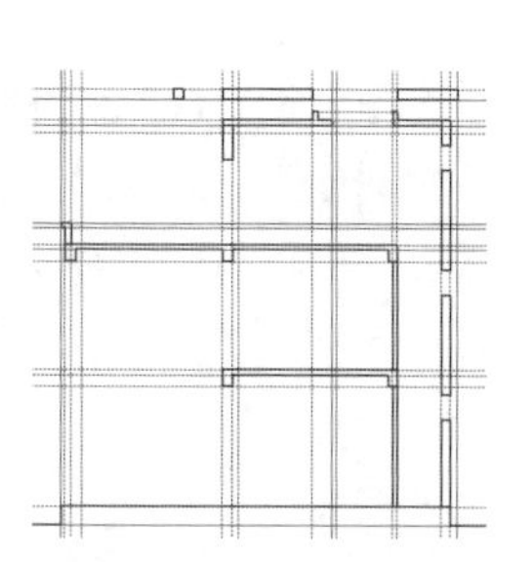

图 11-51　完成主要构件绘制

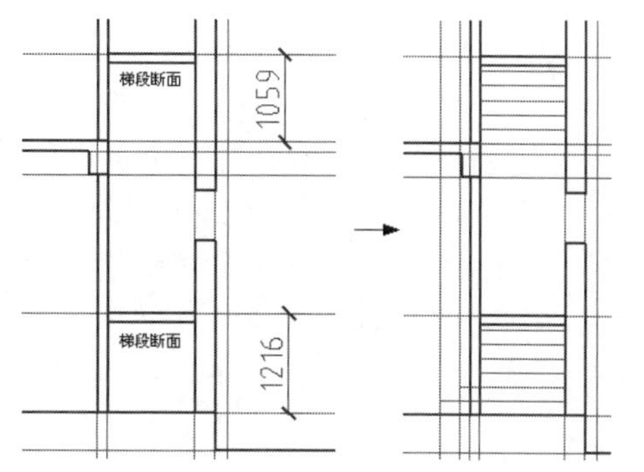

图 11-52　楼梯绘制

（3）剖面图线型设置示意如图 11-55 所示。

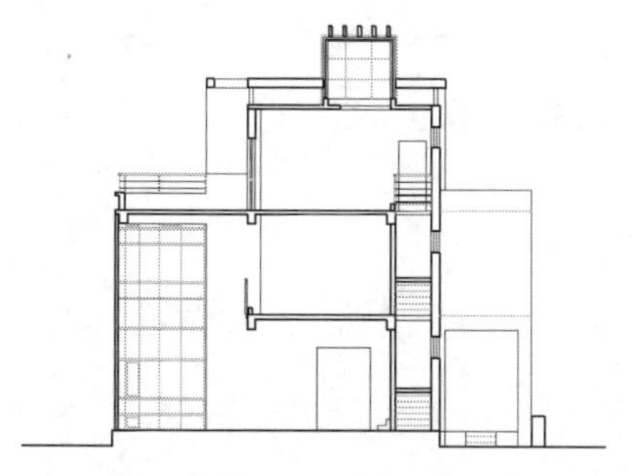

图 11-53　完成次要构造及配件

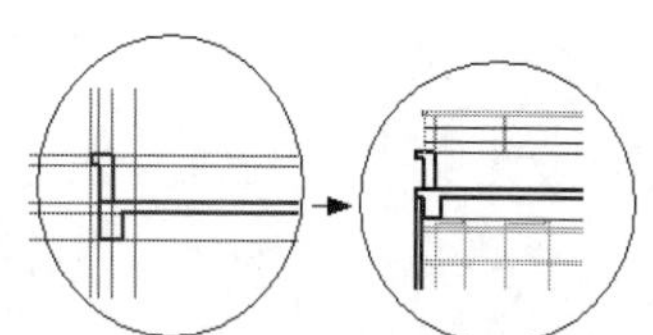

图 11-54　结合平、立面图调整剖面图示意

3. 材料图案

在剖面图中，当比例大于 1:50 时，应画出构件断面的材料图案；当比例小于 1:50 时，则不画具体的材料图案，可以简化表示。例如，常将钢筋混凝土构件断面涂黑表示，以便与砖墙等其他材料断面进行区分。

本例出图比例拟取 1:100，故只需将钢筋混凝土构件（梁、楼板、楼梯）断面涂黑，并把地平线加粗，结果如图 11-56 所示。

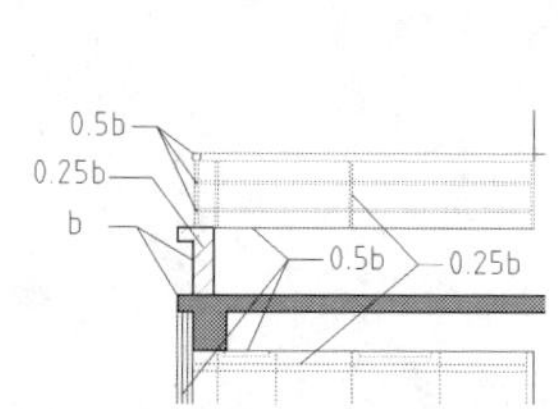

图 11-55　线型设置示意

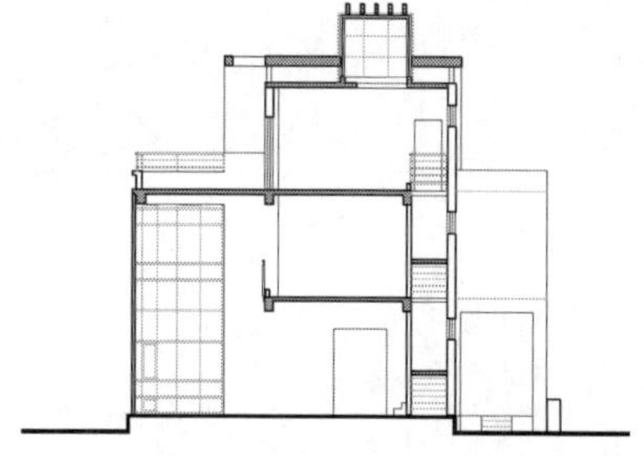

图 11-56　楼板涂黑、地平线加粗

11.2.5　配景、文字和尺寸标注

1. 配景

在方案图中，可以在室内外增添各种配景，包括室内家具陈设的立面、剖面、室内外植物、人物等内容，以体现空间的用途和特点。

在其他阶段，考虑到剖面图的深度和侧重点不同，这部分可以省去，重点突出结构、构造、材料、标高、尺寸等信息。

（1）室内沙发。事先从平面图中引出沙发定位线，然后从“建筑图库.DWG”中插入沙发立面块，如图11-57所示。由于右侧沙发位于剖切线上，因此需要将它表现为剖面形式。操作是，将沙发分解开，修改图形，绘出剖切断面轮廓，并将轮廓线设置为“中线”线型，也可以在断面中填充材料图案，最后重新将它做成图块，如图11-58所示。

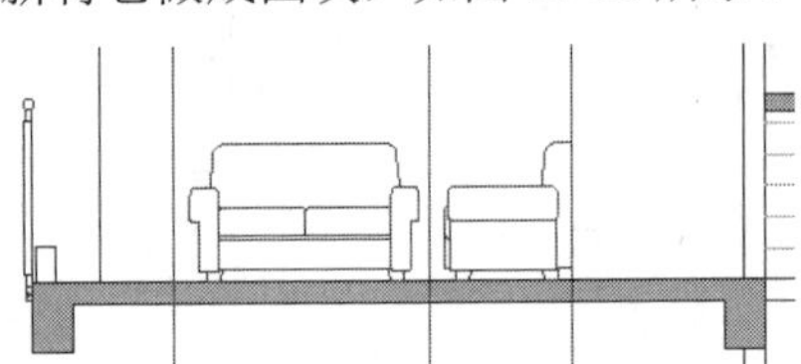

图11-57　插入立面沙发图块

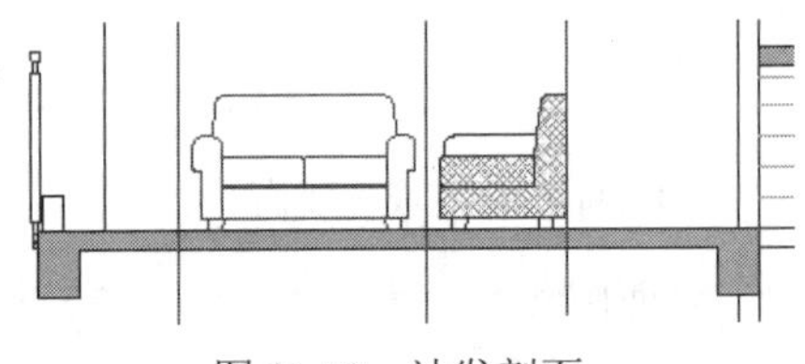

图11-58　沙发剖面

（2）室内植物、人物、画。这些配景都已放置在“建筑图库.DWG”文件中，可以插入使用，但需要根据空间大小调整图块比例。

2. 文字和尺寸标注

根据不同设计阶段的要求来标注文字、尺寸内容，力图清晰、准确，结果如图11-59所示。

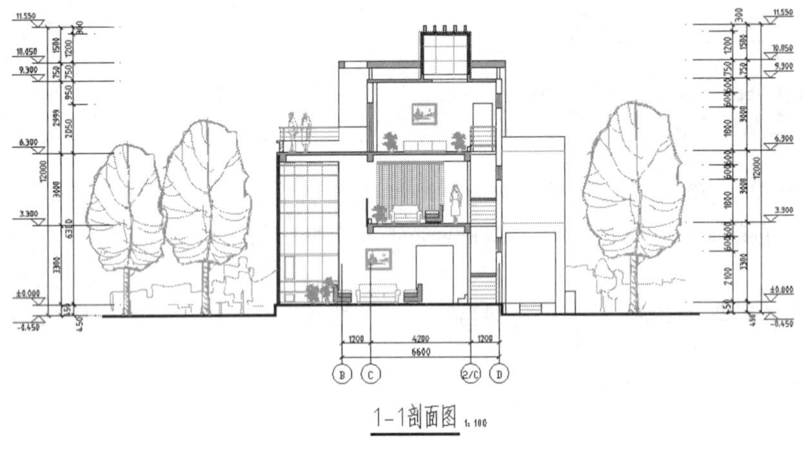

图11-59　完成配景、文字、尺寸

11.3　上机操作

通过前面的学习，读者对本章知识也有了大体的了解，本节通过几个操作练习使读者进一步掌握本章知识要点。

11.3.1　绘制两室两厅户型顶棚图

1. 目的要求

本实例主要要求读者通过练习进一步熟悉和掌握顶棚图的绘制方法。通过本实例，可以帮助读者

学会完成整个顶棚图绘制的全过程。

2. 操作提示

（1）修改室内平面图。

（2）处理被剖切到的家具图案。

（3）顶棚造型。

（4）灯具布置。

（5）尺寸标注。

（6）文字、符号标注。

（7）线宽设置。

绘制结果如图 11-60 所示。

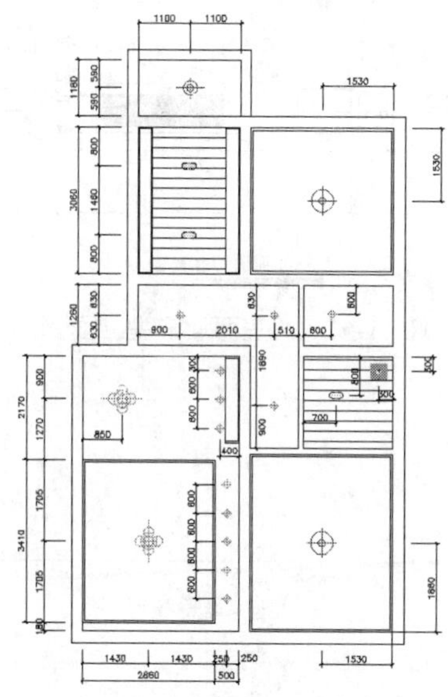

图 11-60　两室两厅户型顶棚图

11.3.2　绘制两室两厅户型立面图

1. 目的要求

本实例主要要求读者通过练习进一步熟悉和掌握剖立面图的绘制方法。通过本实例，可以帮助读者学会完成整个剖立面图绘制的全过程。

2. 操作提示

（1）绘制轮廓。

（2）绘制博古架立面。

（3）电视柜立面。

（4）布置吊顶立面筒灯。

（5）窗帘绘制。

（6）图形比例调整。

（7）尺寸标注。

（8）标注标高。

（9）文字说明。

（10）其他符号标注。

Note

绘制结果如图 11-61 所示。

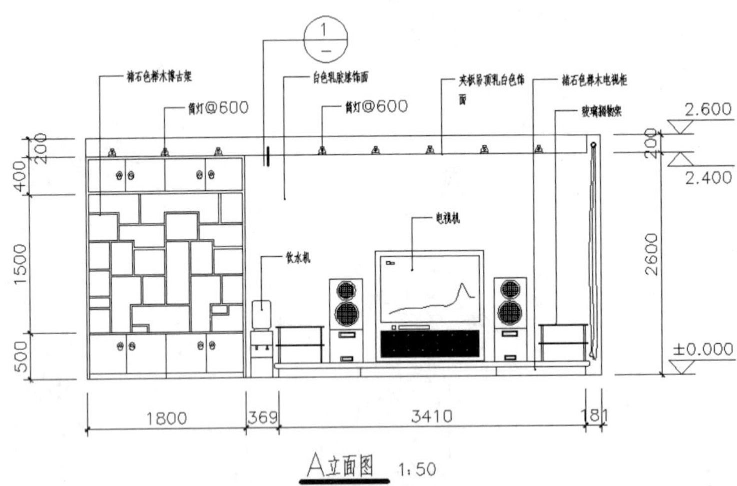

图 11-61　两室两厅户型立面图

某洗浴中心平面布置图

从本章开始，绘制洗浴中心室内设计图的部分。本章在绘制洗浴中心一层平面布置图的同时，还将继续学习洗浴中心各种图块的绘制方法。

- ☑ 绘图准备
- ☑ 绘制墙线和门窗
- ☑ 绘制陈设
- ☑ 绘制地面
- ☑ 尺寸标注及文字标注

任务驱动&项目案例

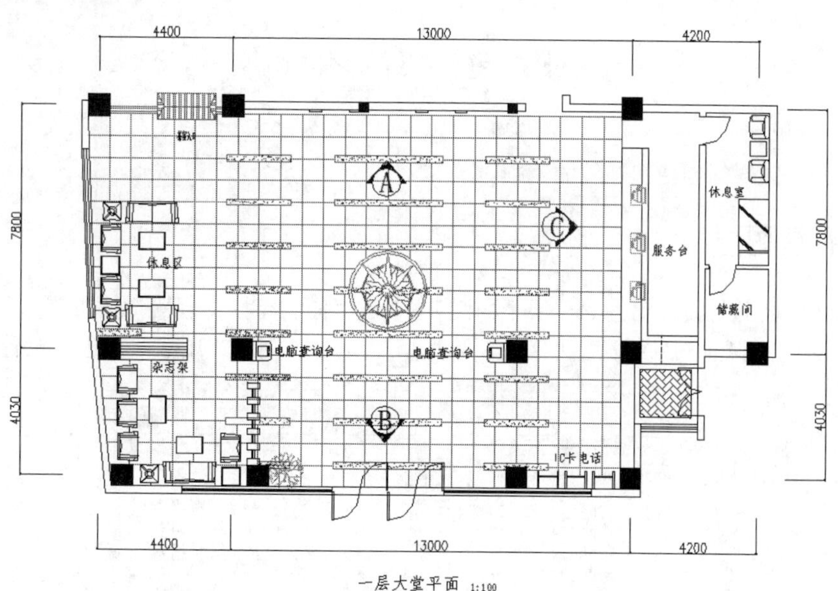

一层大堂平面 1:100

Note

下面介绍洗浴中心平面布置图设计的相关知识及其绘图方法与技巧。绘制流程图如图 12-1 所示。

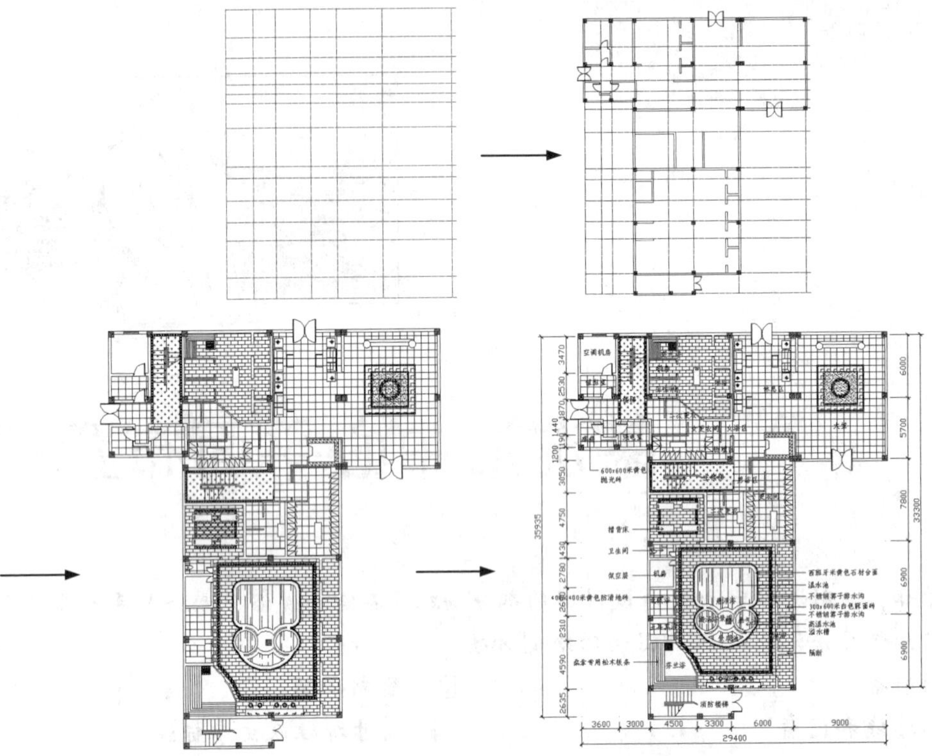

图 12-1　绘制洗浴中心平面布置图

操作步骤：（光盘\动画演示\第 12 章\洗浴中心平面布置图.avi）

12.1　绘　图　准　备

本节主要介绍图层的创建和轴线的绘制。

12.1.1　新建图层

首先新建文件，并将其命名为“一层平面图”。单击“图层特性管理器”按钮，新建“轴线”、“墙线”、“陈设”、“地面”、“文字”、“标注”等几个图层，并按照图 12-2 所示进行设置。

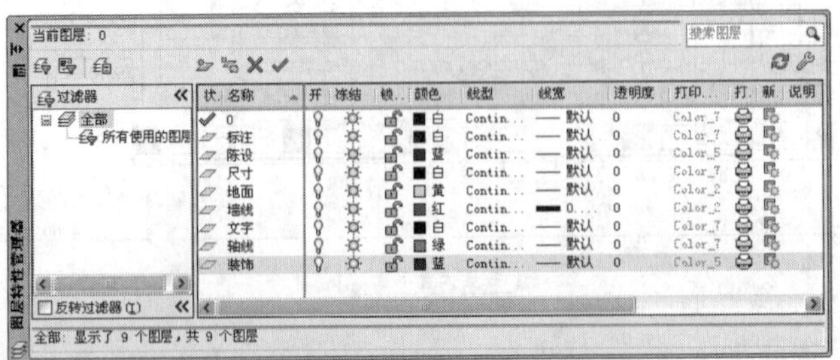

图 12-2　设置图层

12.1.2　绘制轴线

Note

（1）将“轴线”图层置为当前层，单击“绘图”工具栏中的“直线”按钮，绘制一条水平直线，长度约 30000，如图 12-3 所示。

图 12-3　绘制直线

（2）单击“修改”工具栏中的“复制”按钮，选取刚刚绘制的轴线，向上复制该轴线，距离分别为 2635、4590、2310、2690、2780、1430、4750、3050、1200、1190、1440、1870、2530、3470，如图 12-4 所示。

（3）单击“绘图”工具栏中的“直线”按钮，在轴线左侧绘制竖直轴线，长度为 36000，如图 12-5 所示。

（4）单击“修改”工具栏中的“复制”按钮，将垂直轴线复制到右侧，间距分别为 3600、3000、4500、3300、6000、9000，如图 12-6 所示。

图 12-4　绘制水平轴线　　图 12-5　绘制垂直轴线　　图 12-6　复制垂直轴线

说明：轴线的线型由于尺寸较大而无法显示为点划线时，可以选中轴线并右击，在弹出的快捷菜单中选择“特性”命令，将线型比例修改为 30，即可看到点划线。

12.2　绘制墙线和门窗

12.1 节中已经介绍了轴线的绘制，本节主要是在轴线上绘制墙体，并添加门窗。

12.2.1　绘制墙线

（1）选择菜单栏中的“格式”→“多线样式”命令，打开“多线编辑”对话框，单击“新建”按钮，新建多线样式，并将其命名为 wall，如图 12-7 所示。

（2）单击“修改”按钮，然后将多线的偏移距离设置为 120，并选中“起点”、“端点”复选框，如图 12-8 所示。

（3）将“墙线”图层设置为当前层，在命令行中输入“mline”，依照如下命令行绘制承重墙。

```
命令：mline
当前设置：对正=上，比例=20.00，样式=STANDARD
指定起点或[对正(J)/比例(S)/样式(ST)]：s（设置比例为1）
输入多线比例<20.00>：1
当前设置：对正=上，比例=1.00，样式=STANDARD
```

Note

```
指定起点或[对正(J)/比例(S)/样式(ST)]: st
输入多线样式名或[?]: wall（设置多线样式为 wall）
当前设置：对正=上，比例=1.00，样式=WALL
指定起点或[对正(J)/比例(S)/样式(ST)]: （绘制墙线）
指定下一点：……
```

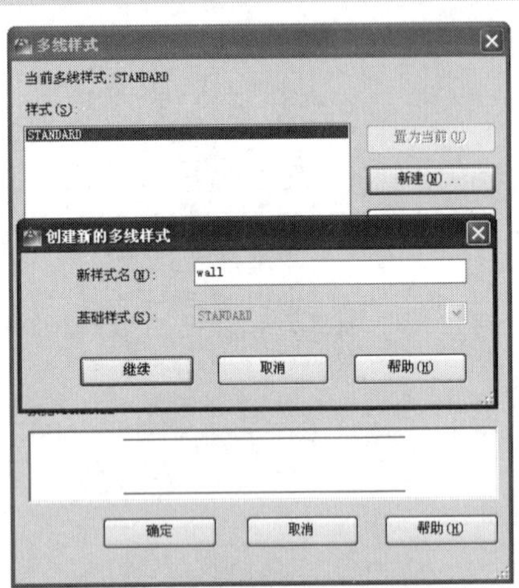

图 12-7　新建多线样式

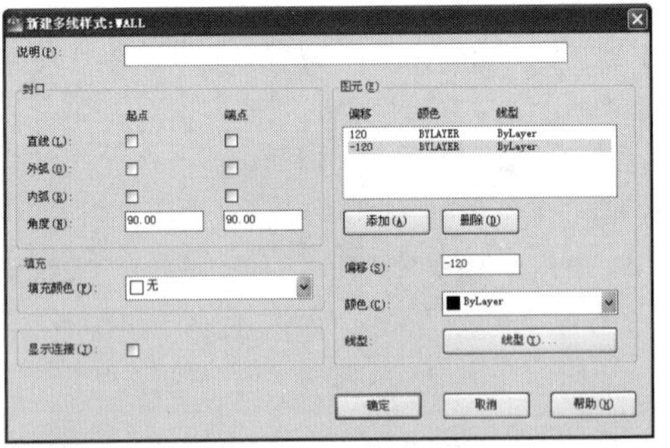

图 12-8　修改多线样式

绘制时注意多线的方向和起点，绘制完成后如图 12-9 所示。

（4）选择菜单栏中的“修改”→“对象”→“多线”命令，打开“多线编辑工具”对话框，如图 12-10 所示。选择“T 形合并”，在多线的 T 形交点处依次单击两条多线，将交点合并，如图 12-11 所示。

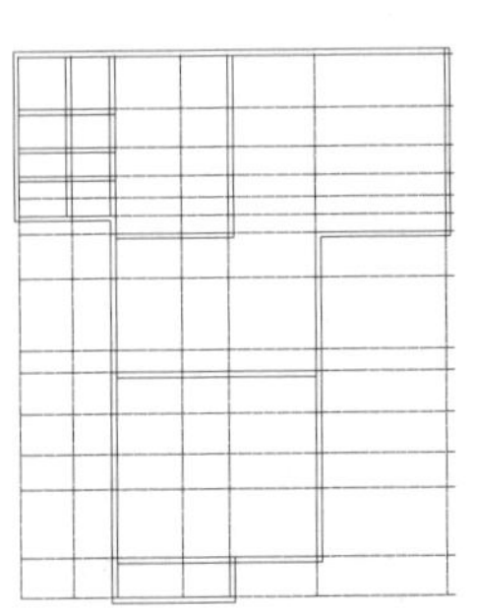

图 12-9　绘制墙线

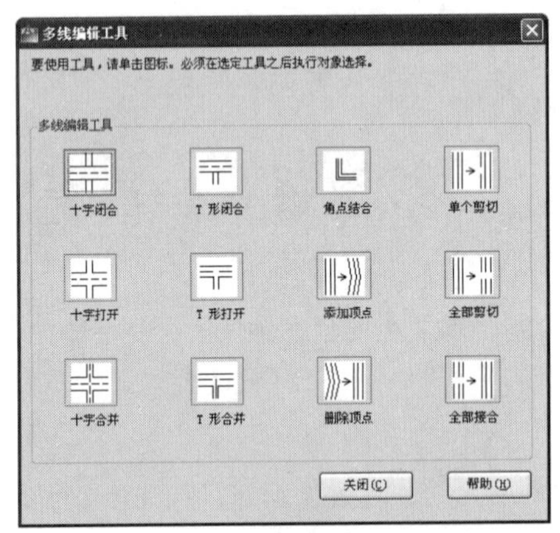

图 12-10　“多线编辑工具”对话框

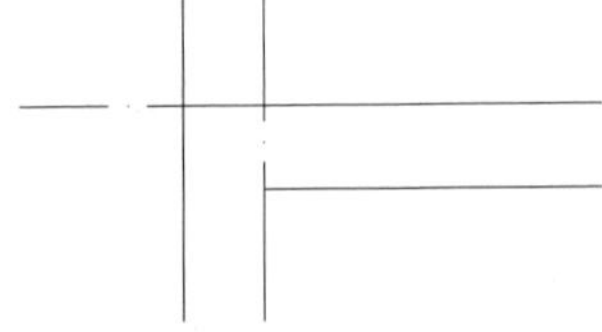

图 12-11　合并交点

（5）修改后按 Enter 键确认，再次选择“多线”命令，在打开的对话框中选择“十字打开”，将十字交叉的多线修改为打开的交点，如图 12-12 所示。

（6）依照上面的方法，将其他墙体补充并编辑，修改后如图 12-13 所示。

（7）单击“绘图”工具栏中的“矩形”按钮，绘制边长为 500×500 的矩形，如图 12-14 所示。单击“绘图”工具栏中的“图案填充”按钮，打开“图案填充和渐变色”对话框，单击“图案”下拉列表框右边的按钮，在打开的“填充图案选项板”对话框中选取填充图案为 ANSI31，如图 12-15 所示。

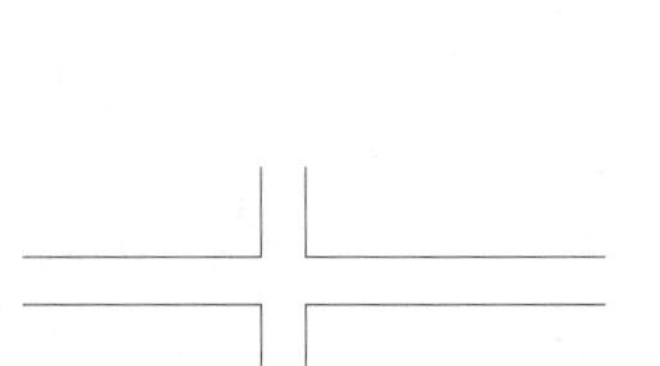

图 12-12　修改交点“十字打开”

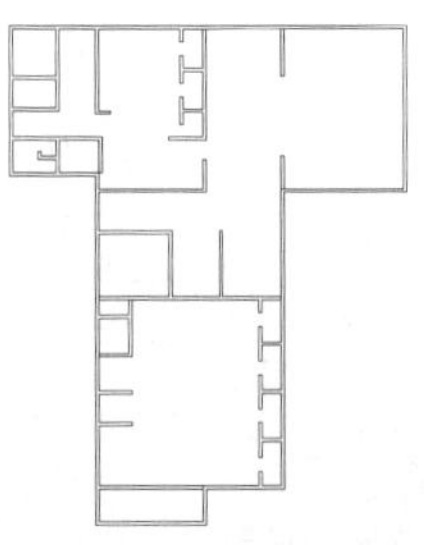

图 12-13　绘制墙线

图 12-14　绘制矩形

图 12-15　选取填充图案

（8）单击“确定”按钮，返回“图案填充和渐变色”对话框，将填充比例设置为 10，单击“添加:选取对象”按钮，选取刚刚绘制的矩形，如图 12-16 所示。填充后如图 12-17 所示。

（9）单击“修改”工具栏中的“移动”按钮和“复制”按钮，将柱子模型复制到图中，如图 12-18 所示。

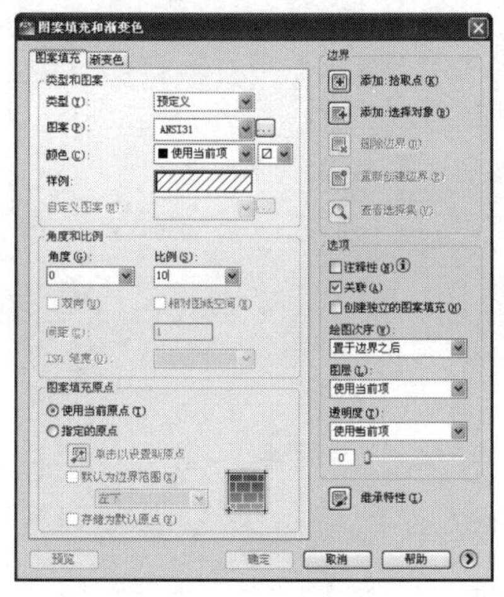

图 12-16　填充图案

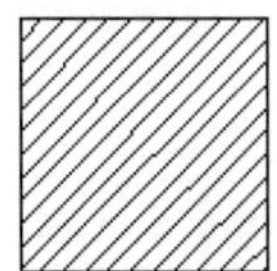

图 12-17　填充矩形

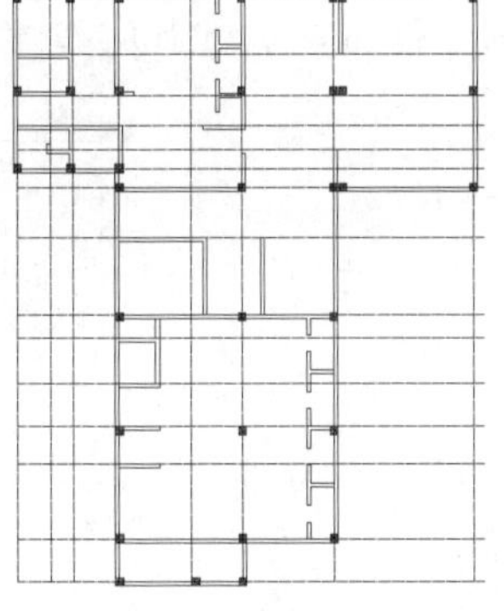

图 12-18　插入柱子

12.2.2　绘制门窗

（1）绘制单扇门。单击“绘图”工具栏中的“矩形”按钮，在空白处绘制一个长为 1000×50 的矩形，如图 12-19 所示。

（2）单击“绘图”工具栏中的“直线”按钮，单击矩形左下角，在命令行中输入“@0,1000”

Note

绘制直线，如图 12-20 所示。

（3）单击“绘图”工具栏中的“圆”按钮，以矩形左下角为圆心，1000 为半径绘制圆，如图 12-21 所示。

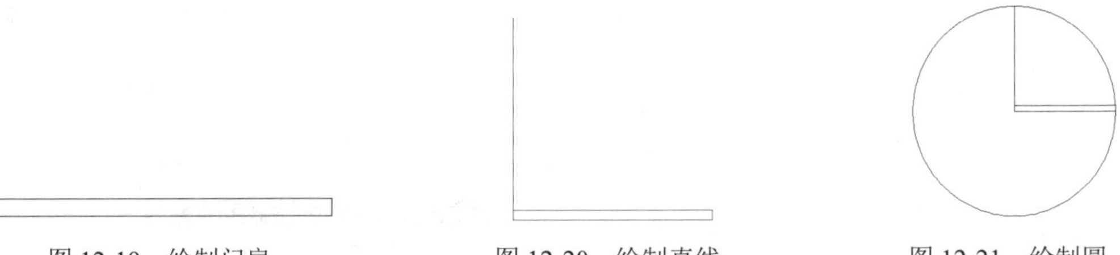

图 12-19 绘制门扇　　图 12-20 绘制直线　　图 12-21 绘制圆

（4）单击“修改”工具栏中的“修剪”按钮，选取矩形的上边和垂直的直线，作为修剪边界，然后单击圆的外侧相对长的弧线，如图 12-22 所示。

（5）删除垂直直线。单击“绘图”工具栏中的“矩形”按钮，在弧线的末端和矩形的左下端分别绘制边长为 50×100 的矩形，作为门垛，如图 12-23 所示。

（6）绘制双扇门的图块。选中弧线和相对大的矩形，复制到空白处，然后单击“修改”工具栏中的“镜像”按钮，选择复制后的图形，以弧形的端点和矩形左下角的连线为对称轴，镜像图形，如图 12-24 所示。

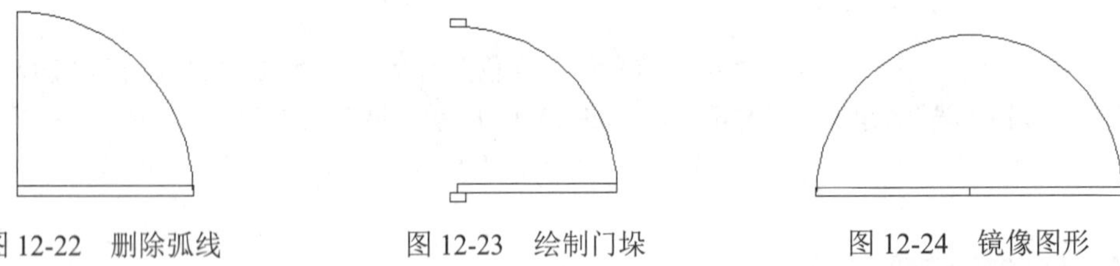

图 12-22 删除弧线　　图 12-23 绘制门垛　　图 12-24 镜像图形

（7）单击“修改”工具栏中的“镜像”按钮，以弧线的上部弧顶和其水平的延长线为对称轴进行镜像（水平延长线：可打开状态栏中的“极轴”或“对象捕捉追踪”功能，在单击弧顶端点后，水平移动鼠标，即可看到其水平的极轴，如图 12-25 所示）。镜像后如图 12-26 所示。

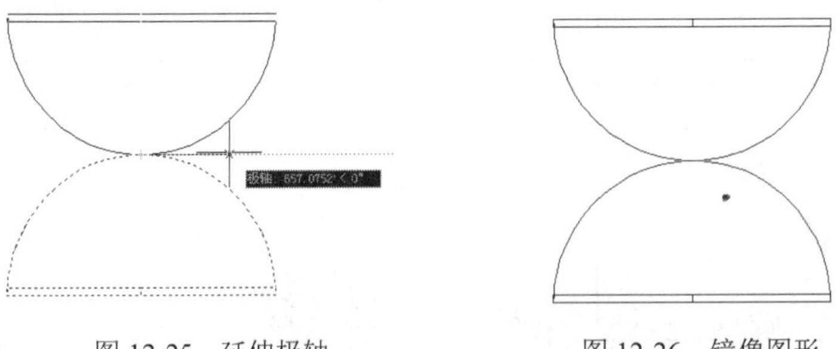

图 12-25 延伸极轴　　图 12-26 镜像图形

（8）将单扇门和双扇门移动并复制到图中相应位置，如图 12-27 所示。

（9）选择菜单栏中的“格式”→“多线样式”命令，新建多线样式为 window，按图 12-28 所示进行设置。

（10）以 window 为多线样式，单击“多线”按钮绘制窗线，如图 12-29 所示。

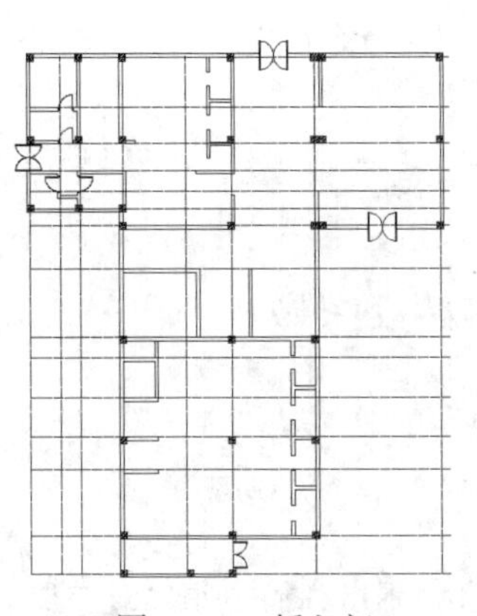

图 12-27　插入门

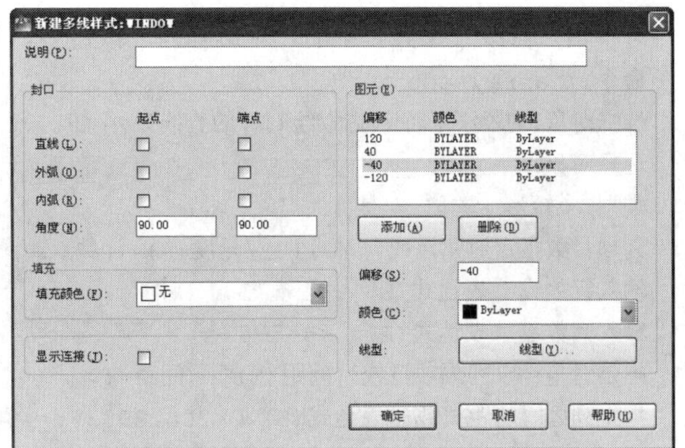

图 12-28　新建多线样式

图 12-29　绘制窗线

12.3　绘制陈设

本节主要介绍楼梯、水池以及衣柜的绘制。

12.3.1　绘制楼梯

本洗浴中心共设置 3 处楼梯，一处主楼梯，一处副楼梯和一处消防楼梯。这里以主楼梯为例进行说明。

（1）将“陈设”图层置为当前层，绘制一条辅助直线，如图 12-30 所示。

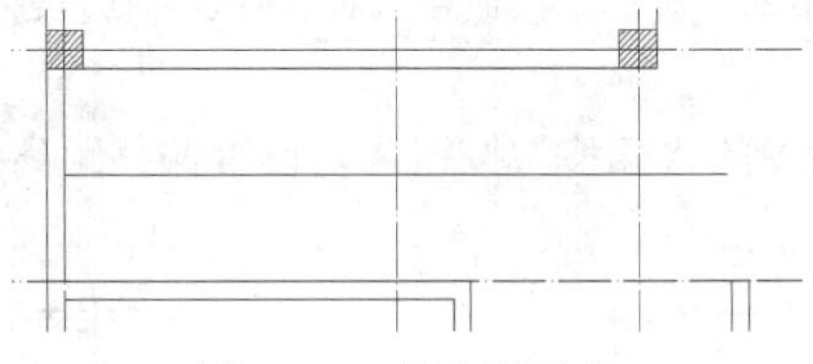

图 12-30　绘制辅助线

（2）选择菜单栏中的“格式”→“多线样式”命令，新建多线样式 fushou，并将多线偏移距离设置为 50，绘制楼梯扶手，如图 12-31 所示。

（3）在扶手的上侧绘制一条直线，如图 12-32 所示。

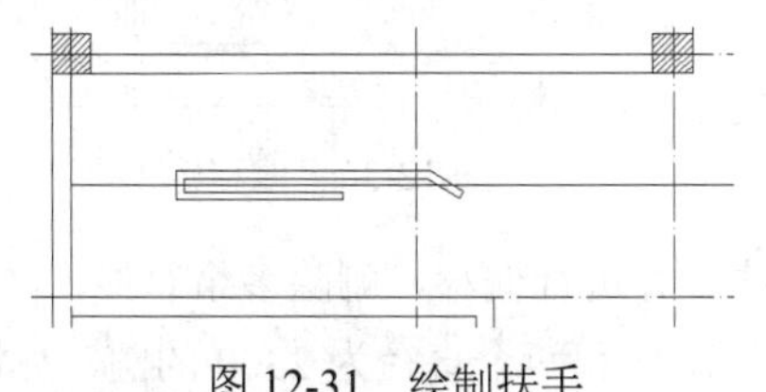

图 12-31　绘制扶手

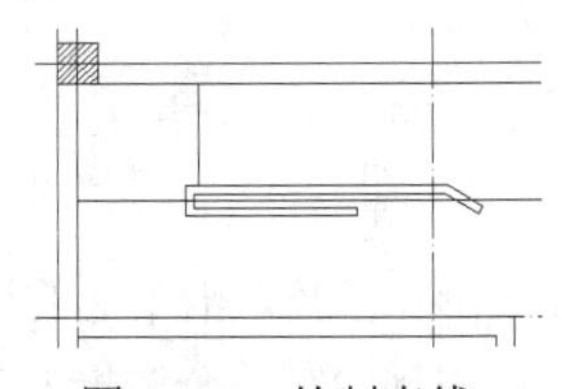

图 12-32　绘制直线

Note

（4）单击“修改”工具栏中的“矩形阵列”按钮，进行阵列，命令行提示与操作如下：

```
命令：_arrayrect
选择对象：找到 1 个（选取绘制好的直线）
选择对象：
类型 = 矩形  关联 = 是
为项目数指定对角点或 [基点(B)/角度(A)/计数(C)] <计数>：c
输入行数或 [表达式(E)] <4>：1
输入列数或 [表达式(E)] <4>：8
指定对角点以间隔项目或 [间距(S)] <间距>：s
指定列之间的距离或 [表达式(E)] <205.2903>：400
按 Enter 键接受或 [关联(AS)/基点(B)/行(R)/列(C)/层(L)/退出(X)] <退出>：*取消*
```

得到如图 12-33 所示的阵列图形。

（5）用同样的方法绘制下方楼梯，并单击“绘图”工具栏中的“直线”按钮，绘制隔断线，如图 12-34 所示。

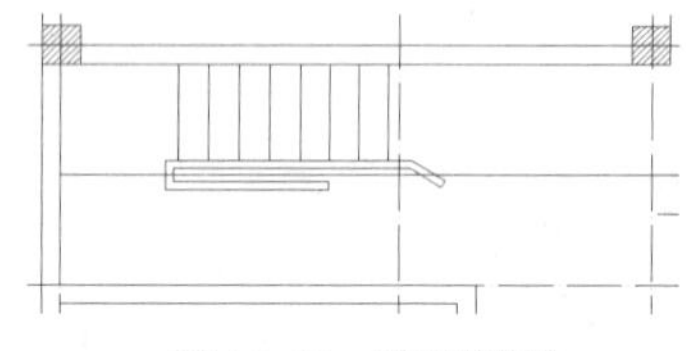

图 12-33　阵列楼梯

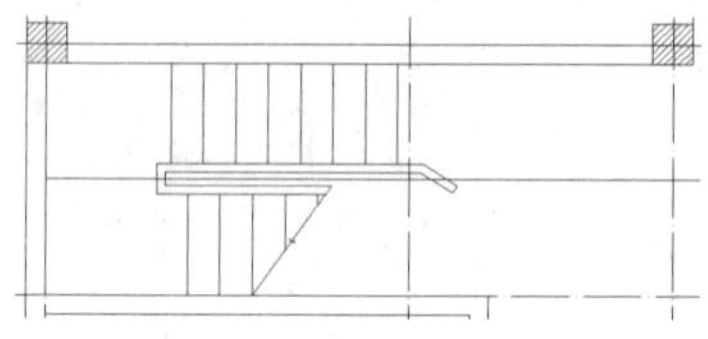

图 12-34　绘制另外一侧楼梯

用同样的方法绘制副楼梯和消防楼梯。

12.3.2　绘制水池

洗浴中心最主要的设施是水池。本洗浴中心设置了大小 4 个浴池，中间设置休息平台，供顾客休息观景。绘制水池的操步骤如下：

（1）单击“绘图”工具栏中的“矩形”按钮，在图中绘制边长为 9000×12000 的矩形，如图 12-35 所示。

（2）单击“修改”工具栏中的“偏移”按钮，设置偏移距离为 300，将矩形向内部偏移，如图 12-36 所示。

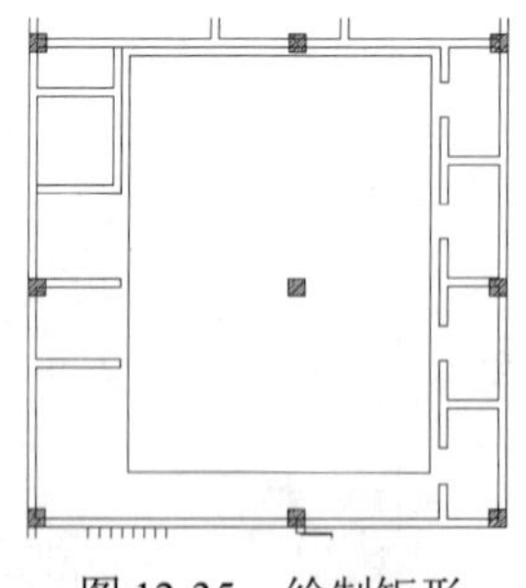

图 12-35　绘制矩形

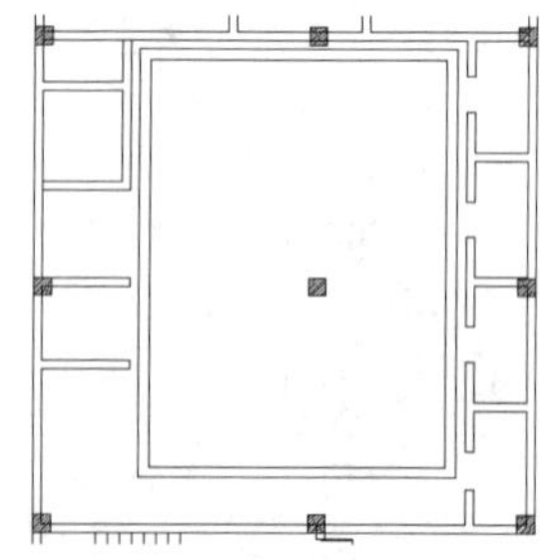

图 12-36　偏移矩形

（3）修改矩形左下角，沿矩形的边缘绘制折线，并进行偏移，删除多余直线，如图 12-37 所示。

（4）在矩形内部绘制一个边长为 7000×4000 的矩形和两个直径为 2300 的圆，如图 12-38 所示。

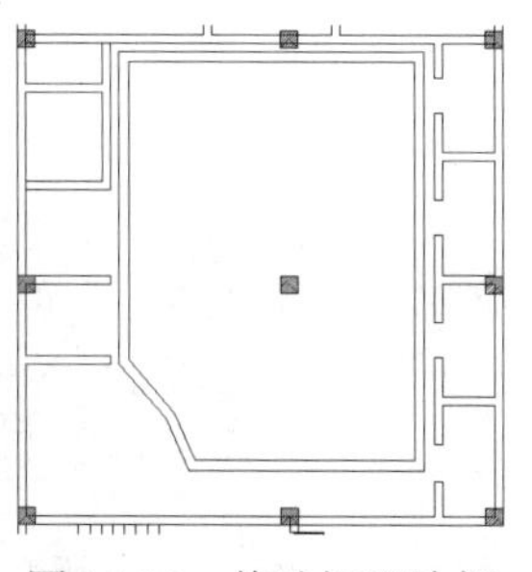

图 12-37　修改矩形边框

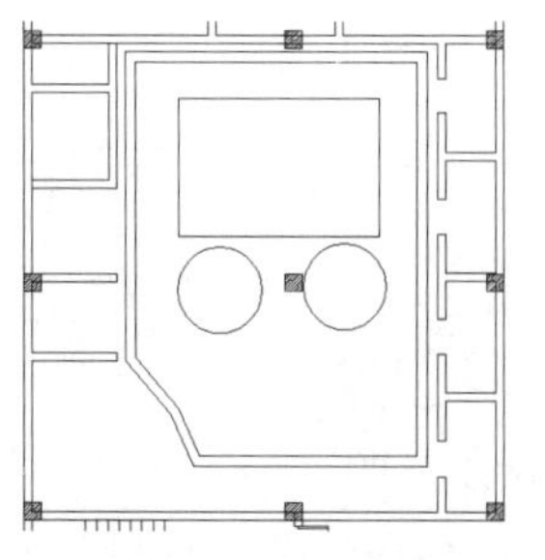

图 12-38　绘制水池

（5）绘制一条通过矩形水平边中心的直线作为辅助线。

（6）单击“修改”工具栏中的“圆角”按钮，将矩形的角修改为半径为 1500 的圆角，如图 12-39 所示。

（7）单击“修改”工具栏中的“偏移”按钮，将矩形和圆分别向内偏移，距离设置为 300，如图 12-40 所示。

（8）单击“修改”工具栏中的“偏移”按钮，将圆向外偏移 100，如图 12-41 所示。

图 12-39　修改倒角

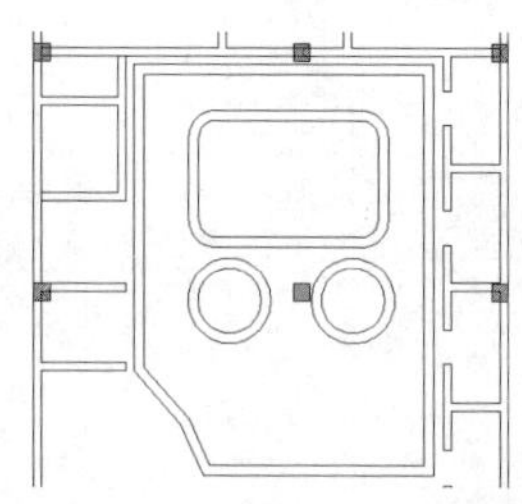

图 12-40　偏移图形

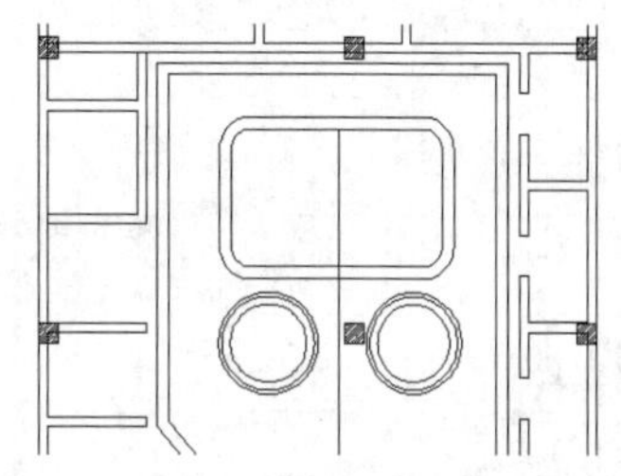

图 12-41　偏移图形

（9）单击“修改”工具栏中的“移动”按钮，移动圆，令其与矩形外侧边缘相交，如图 12-42 所示。

（10）单击“绘图”工具栏中的“直线”按钮，通过两个圆的圆心绘制一条水平直线，作为辅助线，在辅助线的交点绘制一个直径为 1800 的圆，如图 12-43 所示。

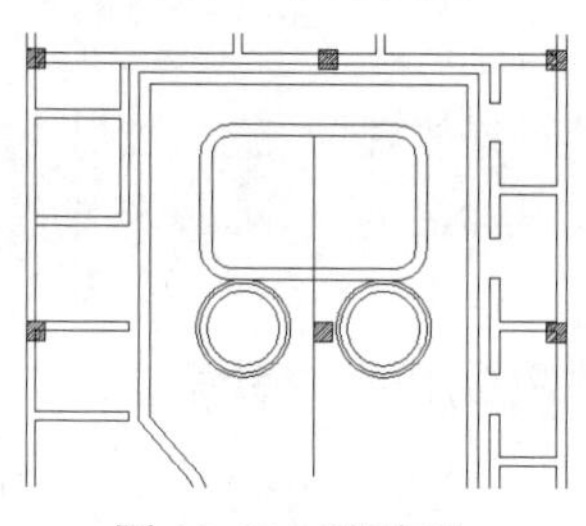

图 12-42　移动圆

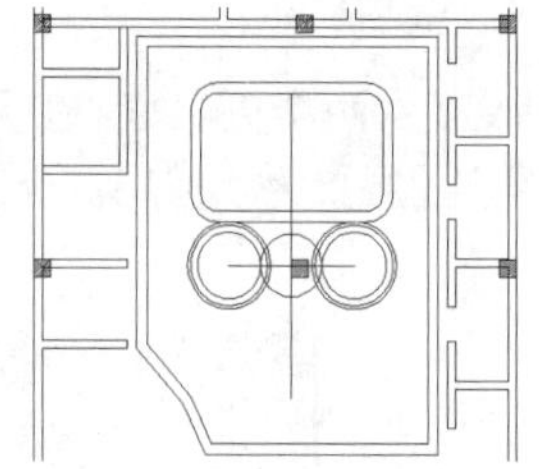

图 12-43　绘制观景台

（11）单击“修改”工具栏中的“修剪”按钮，将多余的线删除，并在两个圆的下部绘制弧线，如图 12-44 所示。

（12）填充水纹线，即绘制垂直直线并使用“修剪”和“打断”命令将直线断开，如图 12-45 所示。

（13）单击“修改”工具栏中的“偏移”按钮，将圆角矩形外框向外偏移 100，如图 12-46 所示。然后单击“修改”工具栏中的“修剪”按钮，将最外层的轮廓线相交的线删除，使其形成一个封闭的轮廓。

Note

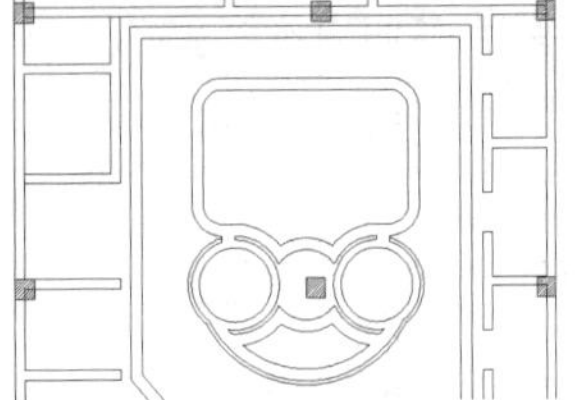

图 12-44　绘制弧线并修剪

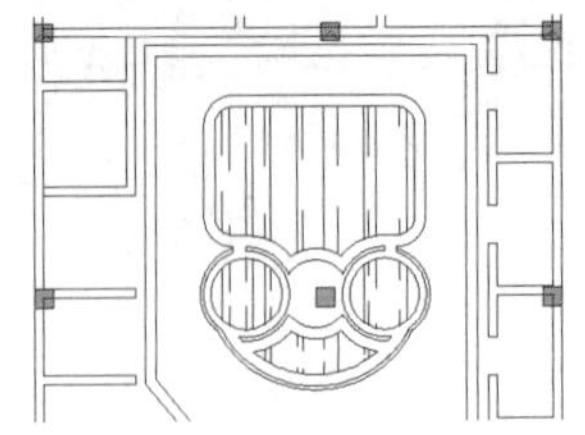

图 12-45　绘制水纹线

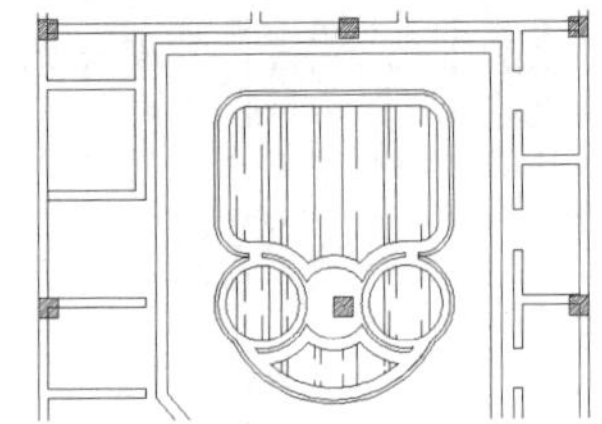

图 12-46　偏移矩形

（14）单击“绘图”工具栏中的“图案填充”按钮，打开“图案填充和渐变色”对话框，单击“图案”下拉列表框右边的按钮，在打开的“填充图案选项板”对话框中选取图案为 EARTH，如图 12-47 所示，设置填充比例为 15，旋转角度为 45，然后单击“添加:拾取点”按钮，在轮廓线内侧单击鼠标左键，回到“图案填充和渐变色”对话框，如图 12-48 所示。单击“确定”按钮填充图案，效果如图 12-49 所示。

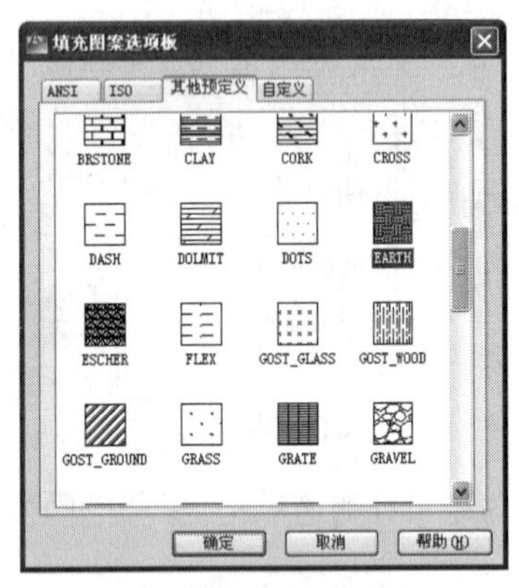

图 12-47　选取图案

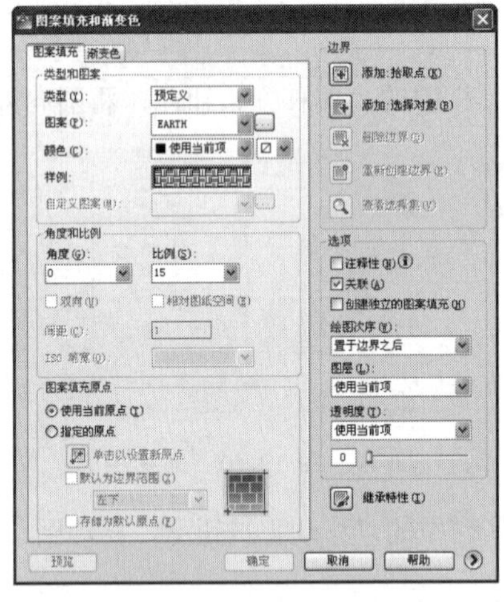

图 12-48　设置填充选项

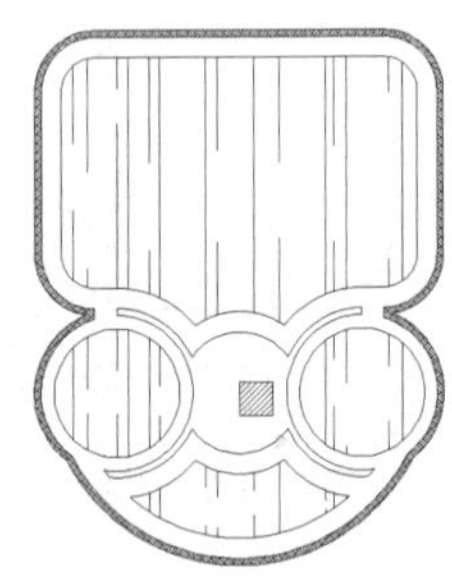

图 12-49　填充图案

12.3.3　绘制衣柜

洗浴中心包括男、女两个更衣室，在更衣室中设置衣柜，存放衣物。这里以男更衣室为例进行说明。

（1）将“墙线”图层置为当前层，新建多线样式，并将其命名为 in_wall，绘制内隔墙，按如图 12-50 所示进行设置。

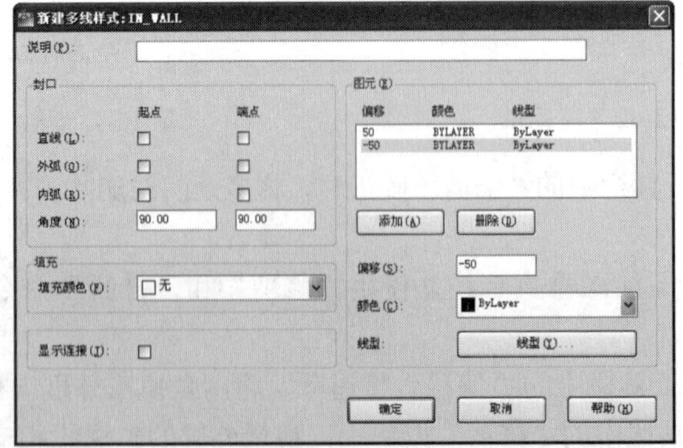

图 12-50　设置多线

Note

（2）按照轴线及空间的需要，绘制内隔墙，如图 12-51 所示。

（3）单击“绘图”工具栏中的“矩形”按钮□，在男更衣间内左下角处绘制边长为 700×475 的矩形，如图 12-52 所示。

（4）单击“绘图”工具栏中的“直线”按钮╱绘制矩形的对角线，并在矩形右侧绘制柜门，如图 12-53 所示。

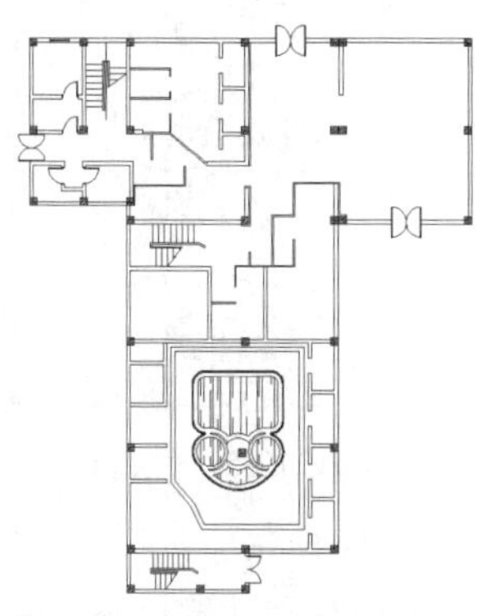

图 12-51　绘制内隔墙

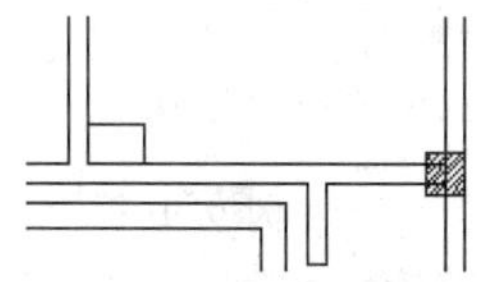

图 12-52　绘制矩形

（5）单击“修改”工具栏中的“矩形阵列”按钮▦，进行阵列，命令行提示与操作如下：

```
命令: _arrayrect
选择对象: 找到 1 个
选择对象: 找到 1 个, 总计 2 个
选择对象: 找到 1 个, 总计 3 个
选择对象: 找到 1 个, 总计 4 个(选取绘制好的图形)
选择对象:
类型 = 矩形  关联 = 是
为项目数指定对角点或 [基点(B)/角度(A)/计数(C)] <计数>: c
输入行数或 [表达式(E)] <4>: 10
输入列数或 [表达式(E)] <4>: 1
指定对角点以间隔项目或 [间距(S)] <间距>: s
指定行之间的距离或 [表达式(E)] <205.2903>: 475
按 Enter 键接受或 [关联(AS)/基点(B)/行(R)/列(C)/层(L)/退出(X)] <退出>: *取消*
```

得到如图 12-54 所示的阵列图形。

（6）单击“选取对象”按钮，选取刚刚绘制的衣柜，然后单击“确定”按钮。删除上面 5 个柜子的柜门，然后单击“修改”工具栏中的“镜像”按钮⚠，选取下面 5 个柜子的柜门，以中间柜子的边为对称轴，镜像柜门，最终效果如图 12-55 所示。

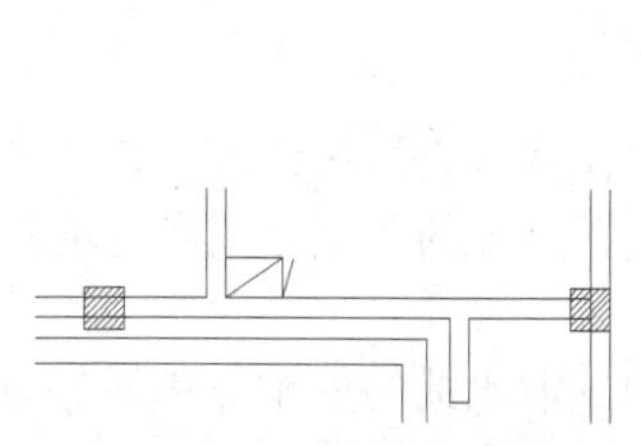

图 12-53　绘制对角线及柜门

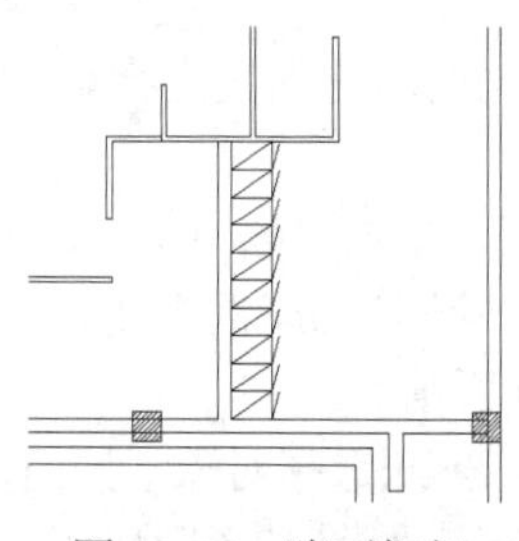

图 12-54　阵列柜门

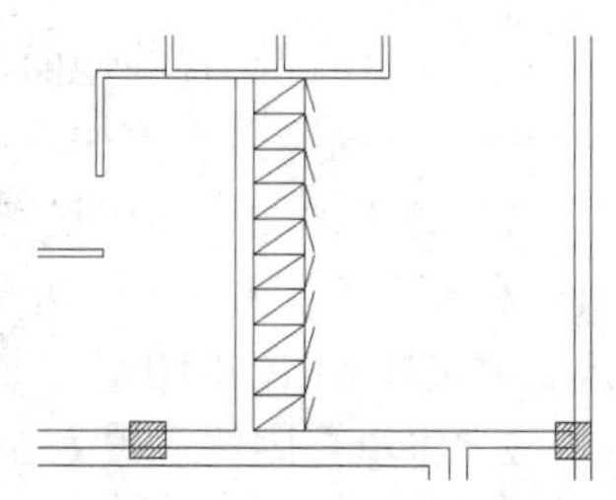

图 12-55　镜像柜门

（7）选取绘制的柜子，再次单击“修改”工具栏中的“镜像”按钮，然后以下边墙的中点为对称轴，镜像柜子，如图 12-56 所示。

（8）通过复制和删除编辑，最终绘制如图 12-57 所示的柜子图形，并单击“绘图”工具栏中的“矩形”按钮，绘制一个长凳。

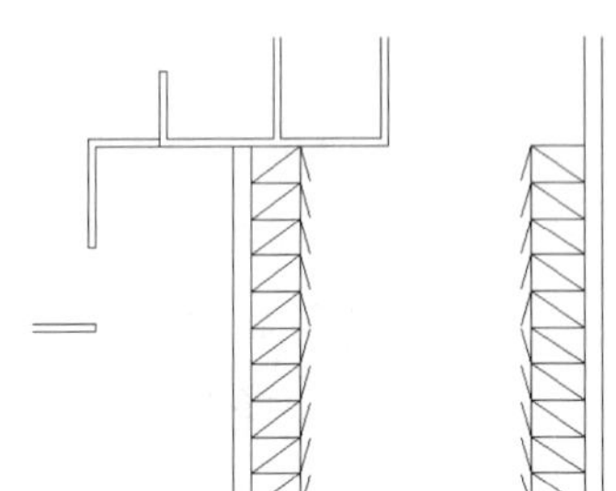

图 12-56　镜像柜子

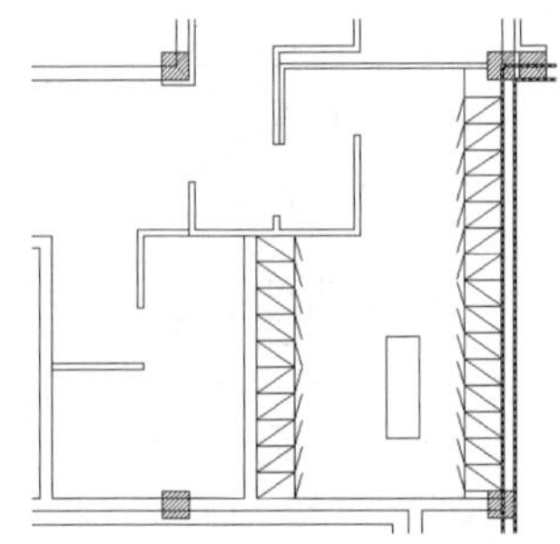

图 12-57　绘制柜子

（9）用同样的方法绘制女更衣室的柜子和座椅，如图 12-58 所示。

（10）用同样的方法绘制其他陈设，其中包括以前绘制的电视和沙发模块，可单击“绘图”工具栏中的“插入块”按钮，直接插入即可，最终效果如图 12-59 所示。

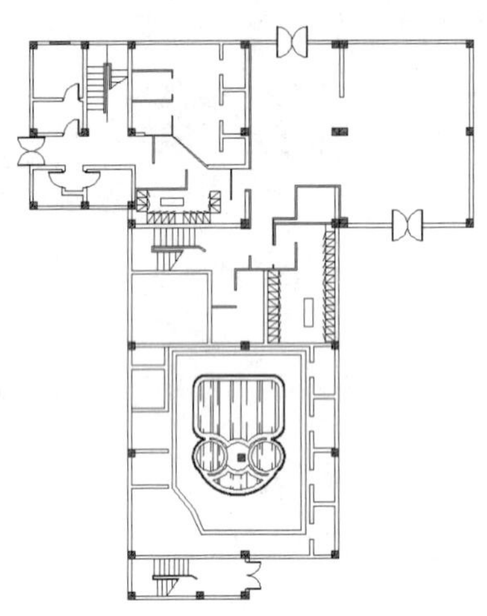

图 12-58　绘制更衣室

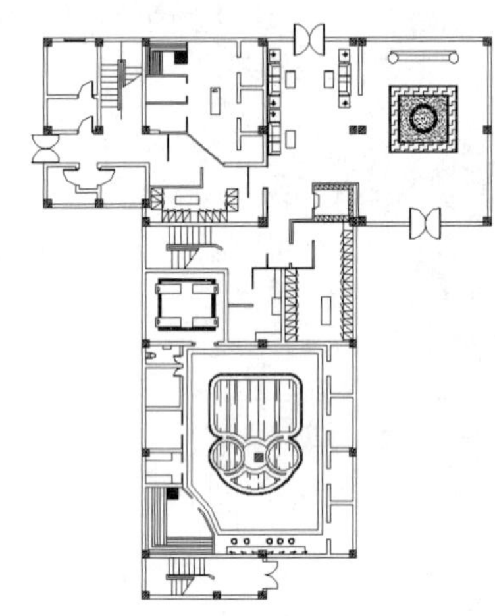

图 12-59　绘制其他模块

12.4　绘制地面

为了区分不同品种的地面，选择不同的填充图案进行填充。

绘制地面的操作步骤如下：

（1）将“地面”图层设置为当前层，单击“绘图”工具栏中的“图案填充”按钮，打开“图案填充和渐变色”对话框，单击“图案”下拉列表框右侧的按钮，在打开的“填充图案选项板”对话框中选择 BRICK 图案，如图 12-60 所示。

（2）将填充比例设置为 50，单击“添加:选择对象”按钮，在图中选取水池的外轮廓和外部边框的内轮廓，单击“确定”按钮，进行填充，如图 12-61 所示。

（3）用同样的方法填充其他地面，注意修改填充图案的比例，如图 12-62 所示。

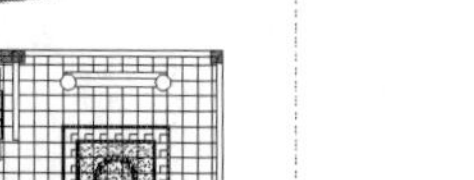

Note

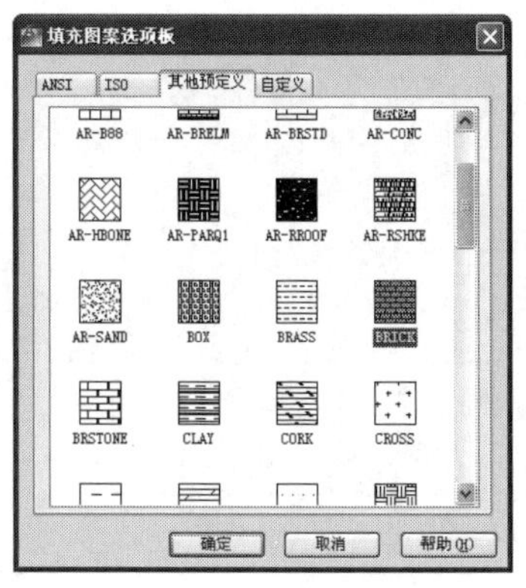

图 12-60　选取填充图案

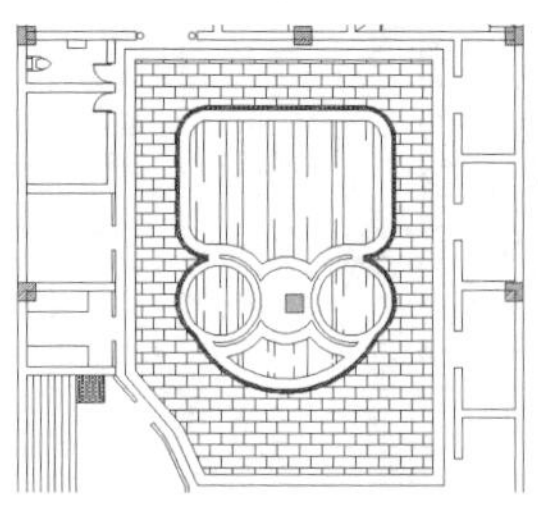

图 12-61　填充地面

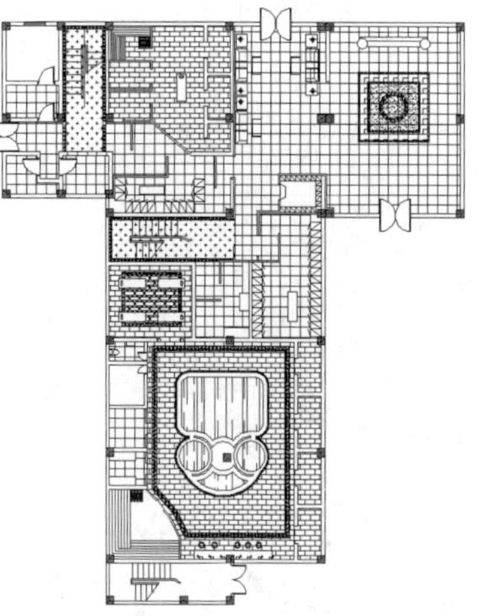

图 12-62　绘制地面

12.5　尺寸和文字标注

首先设置标注样式，然后进行尺寸标注，最后进行文字标注。

尺寸标注及文字标注的操作步骤如下：

（1）将“尺寸标注”图层置为当前层。选择菜单栏中的“标注”→“标注样式”命令，打开“标注样式管理器”对话框，如图 12-63 所示。单击“修改”按钮，将标注样式修改为如图 12-64～图 12-66 所示的参数。

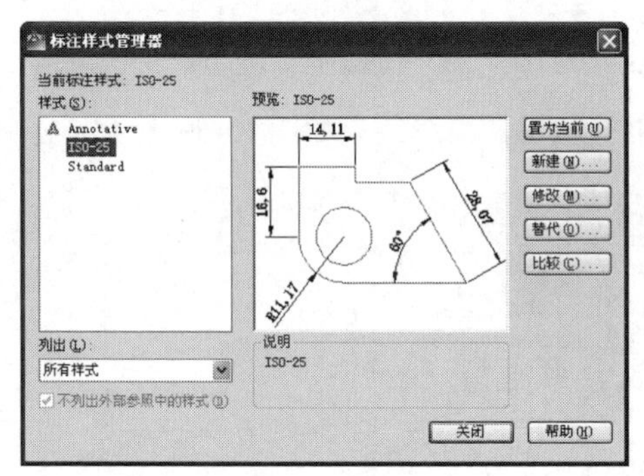

图 12-63　“标注样式管理器”对话框

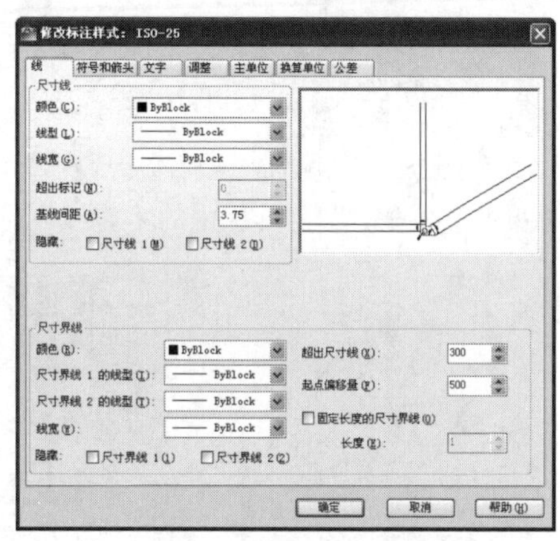

图 12-64　修改线参数

（2）修改完成后单击“确定”按钮确认，再单击“标注”工具栏中的“线性”和“连续”按钮，对图形进行标注，标注过程不再赘述，标注后如图 12-67 所示。

（3）将 “文字”图层设置为当前层，选择菜单栏中的“格式”→“文字样式”命令，打开“文字样式”对话框，单击“新建”按钮，新建文字样式为“文字说明”，然后按照图 12-68 所示进行设置。取消选中“使用大字体”复选框，然后在“字体名”下拉列表框中选择“仿宋_GB2312”字体，字符高度设置为 500。

Note

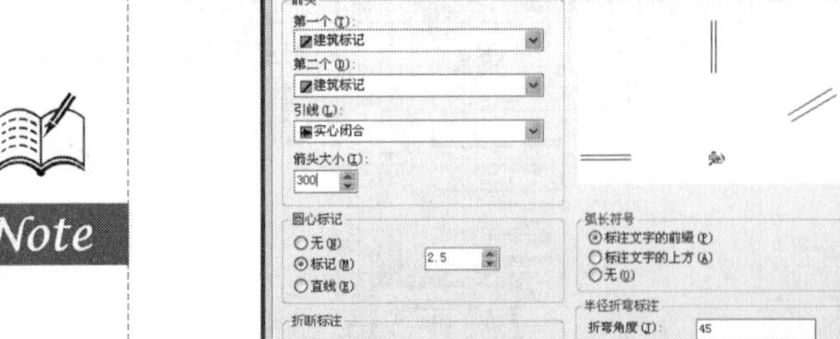

图 12-65 修改箭头和符号

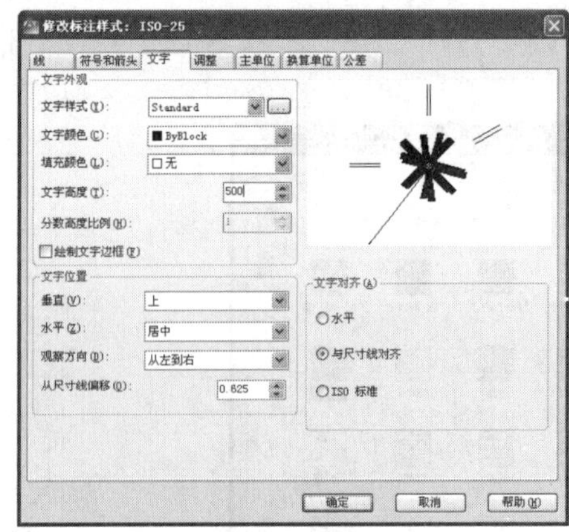

图 12-66 修改文字

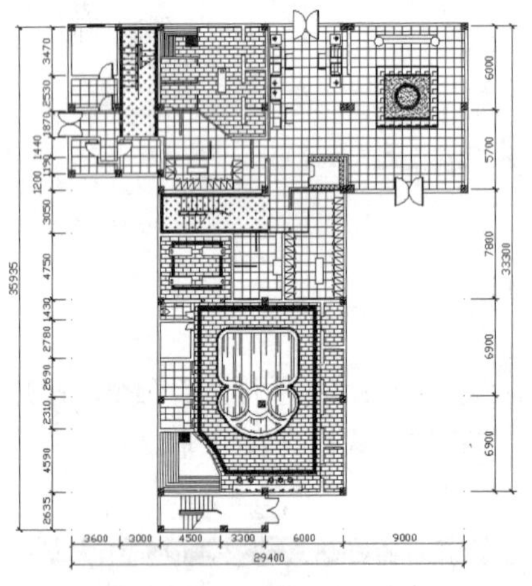

图 12-67 添加尺寸标注

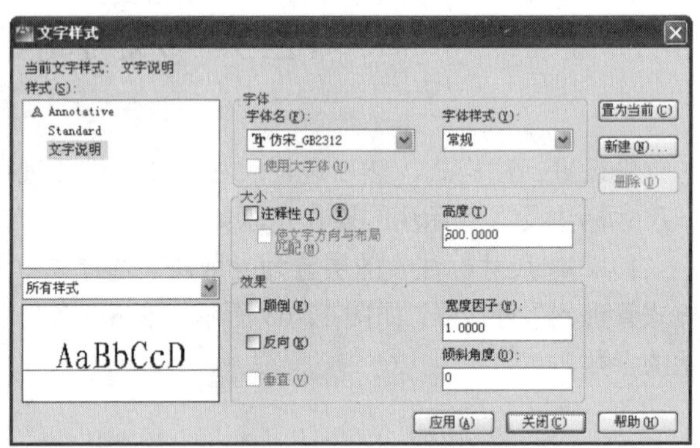

图 12-68 新建文字样式

（4）在命令行中输入“text”，然后在图中输入相应的文字说明，再单击“修改”工具栏中的“移动”按钮和“绘图”工具栏中的“直线”按钮，进行编辑，最终效果如图 12-69 所示。

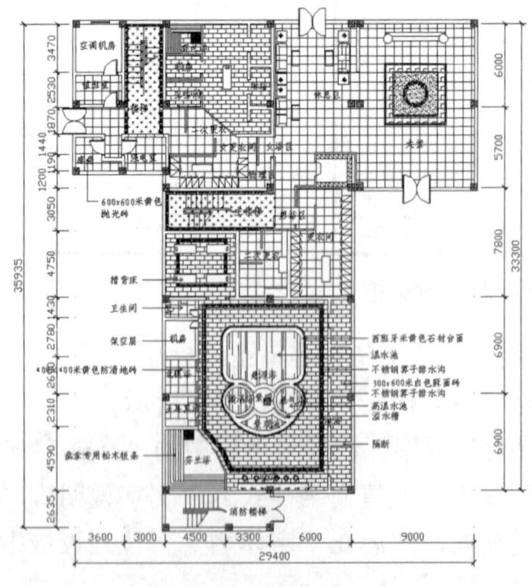

图 12-69 插入文字说明

12.6　上机操作

Note

通过前面的学习，读者对本章知识也有了大体的了解，本节通过几个操作练习使读者进一步掌握本章知识要点。

绘制宾馆大堂室内平面图

1. 目的要求

本实例主要要求读者通过练习进一步熟悉和掌握平面图的绘制方法。通过本实例，可以帮助读者学会完成整个平面图绘制的全过程。

2. 操作提示

（1）绘图前准备。

（2）绘制轴线。

（3）绘制柱子和墙线。

（4）绘制门窗、楼梯和台阶。

（5）插入布置图块。

（6）绘制铺地。

（7）标注尺寸和文字。

绘制结果如图 12-70 所示。

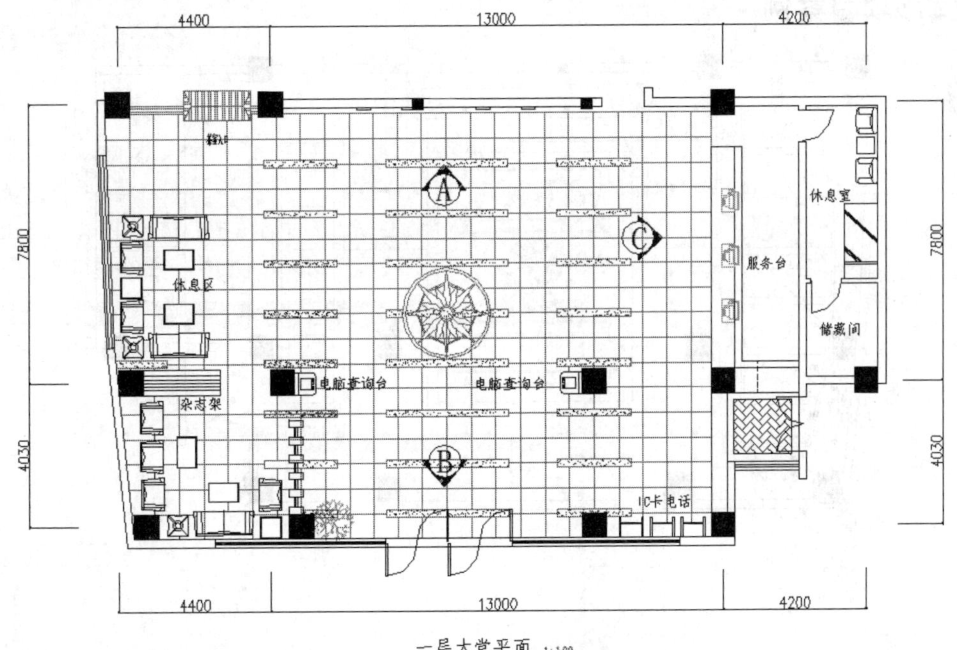

图 12-70　宾馆大堂室内平面图

第13章

某洗浴中心一层顶棚布置图

本章在第 12 章绘制的洗浴中心一层平面布置图基础上，绘制一层顶棚布置图。图中包括一层顶棚的材质、装饰图块的绘制。绘制过程中注意填充图案和各种曲线的绘制方法。

- ☑ 绘图准备
- ☑ 绘制大堂顶棚装饰
- ☑ 绘制水池区顶棚
- ☑ 绘制灯具

任务驱动&项目案例

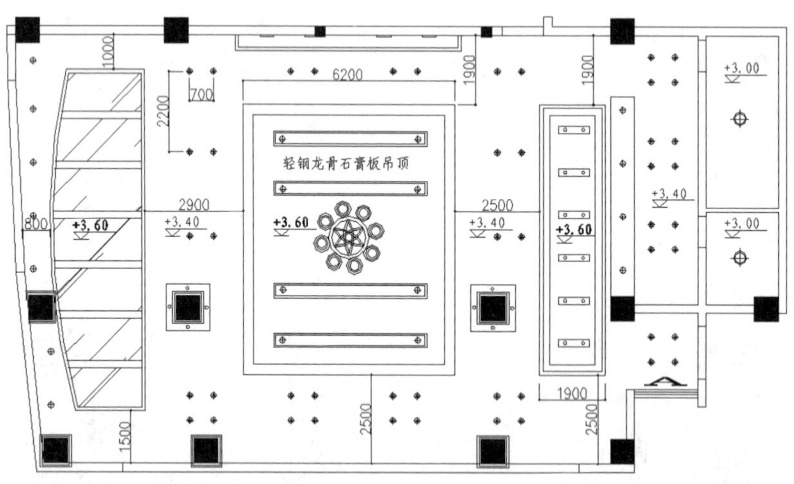

Note

下面介绍洗浴中心一层顶棚布置图设计的相关知识及其绘图方法与技巧。绘制流程图如图13-1所示。

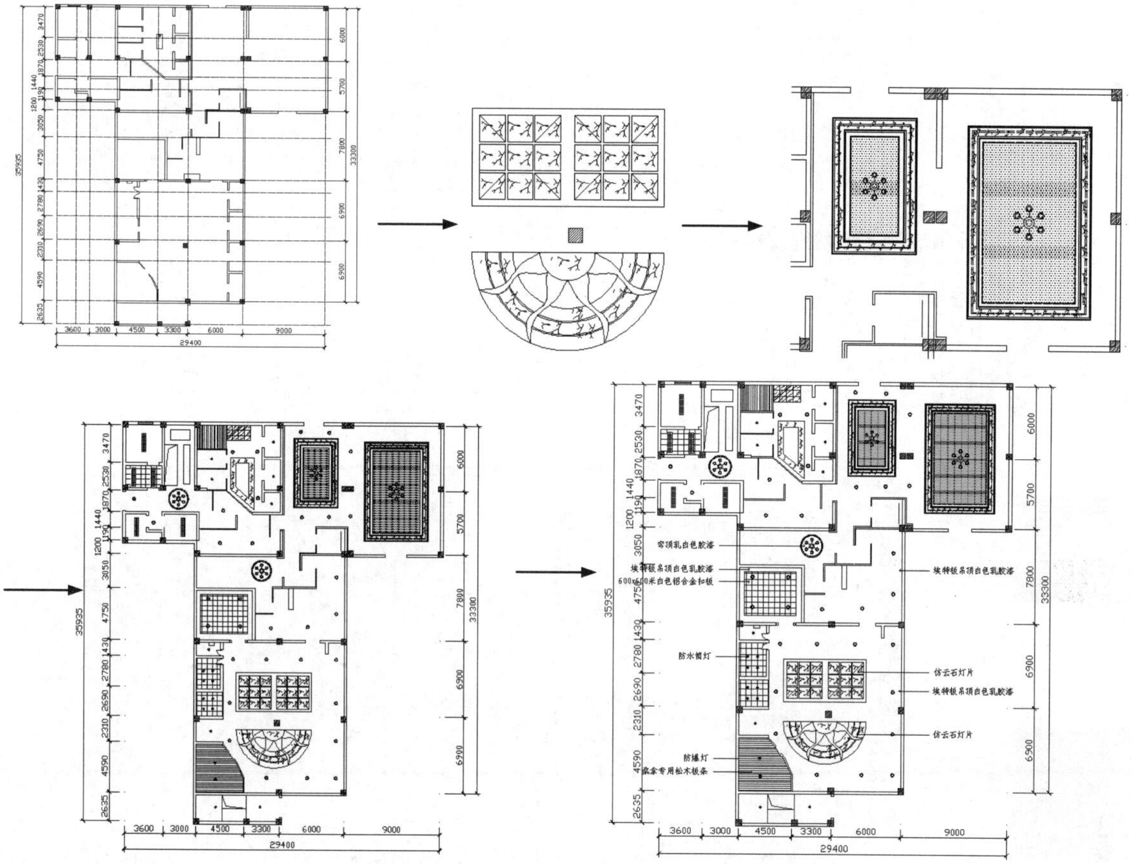

图13-1　绘制洗浴中心一层顶棚布置图

操作步骤：（光盘\动画演示\第13章\洗浴中心一层顶棚布置图.avi）

13.1　绘图准备

在第12章的基础上，打开所需的图层，关闭不需要的图层并添加需要的图层。

（1）新建文件，并将其命名为"一层顶棚布置图"。打开第12章绘制的洗浴中心平面布置图，"轴线"、"墙线"、"尺寸"图层打开，其他图层关闭，如图13-2所示。关闭后图形如图13-3所示。

（2）用鼠标选择图中所有图层，按Ctrl+C键复制图形，然后在新建的文件"一层顶棚布置图"中按Ctrl+V键，粘贴图形，可以看到图形被复制到当前文件中，同时打开图层管理器，相应的图层也被复制到当前文件中。

（3）单击"图层"工具栏中的"图层特性管理器"按钮，添加其他需要的图层，最终"图层特性管理器"对话框如图13-4所示。

Note

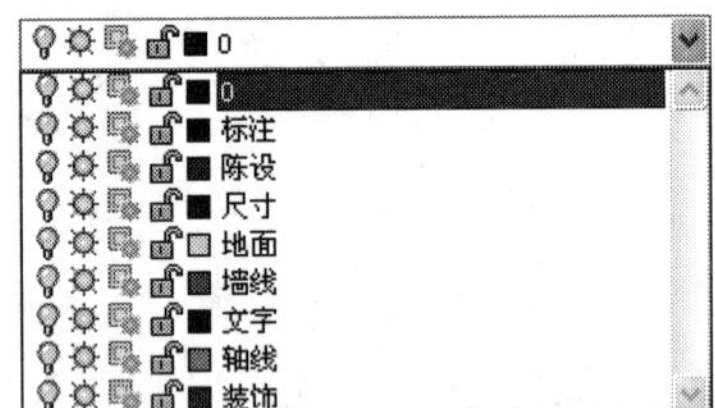

图 13-2　图层管理器下拉菜单

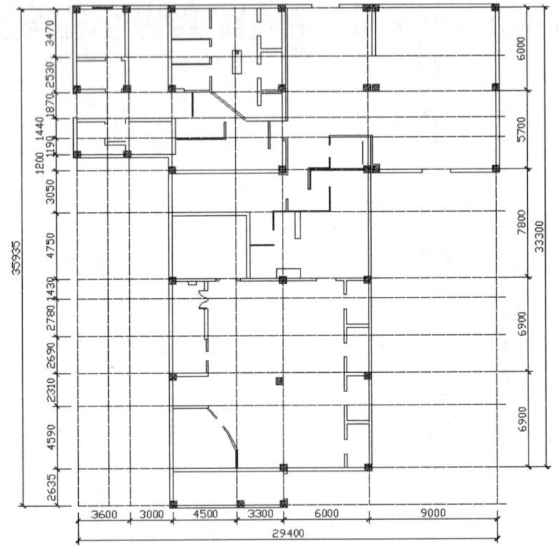

图 13-3　关闭图层后的图形

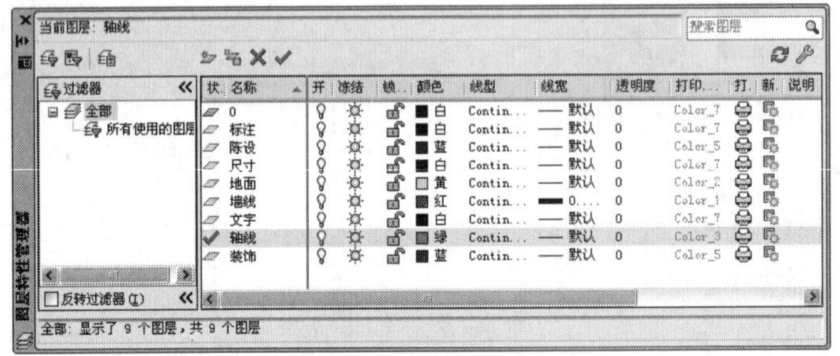

状	名称	开	冻结	锁	颜色	线型	线宽	透明度	打印...
	0				白	Contin...	默认	0	Color_7
	标注				白	Contin...	默认	0	Color_7
	陈设				蓝	Contin...	默认	0	Color_5
	尺寸				白	Contin...	默认	0	Color_7
	地面				黄	Contin...	默认	0	Color_2
	墙线				红	Contin...	0....	0	Color_1
	文字				白	Contin...	默认	0	Color_7
✓	轴线				绿	Contin...	默认	0	Color_3
	装饰				蓝	Contin...	默认	0	Color_5

图 13-4　设置图层

13.2　绘制水池区顶棚

参见第 12 章内容，水池共分为两部分，上部分为矩形，下部分为半圆形，顶棚部分也相应的设计成矩形和半圆形的图案，以达到呼应的美观效果。

13.2.1　绘制矩形水池区顶棚装饰

（1）将“装饰”图层设置为当前层，单击“绘图”工具栏中的“矩形”按钮，在水池矩形部分位置绘制边长为 7000×3000 的矩形，如图 13-5 所示。

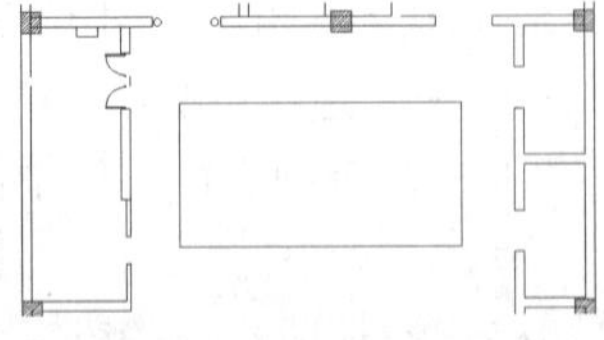
图 13-5　绘制矩形

（2）单击“绘图”工具栏中的“矩形”按钮，在刚刚绘制的矩形左上角单击鼠标左键，然后按 Esc 键取消（此操作是为了定位，以便下面进行其他绘制过程）。再次单击“绘图”工具栏中的“矩

形”按钮▭，或在命令行中输入如下命令，进行绘制。

```
命令：RECTANG
指定第一个角点或[倒角(C)/标高(E)/圆角(F)/厚度(T)/宽度(W)]：@250,-250（左上角点）
指定另一个角点或[面积(A)/尺寸(D)/旋转(R)]：@3000,-3000（右下角点）
```

绘制完成后如图 13-6 所示。

（3）单击“修改”工具栏中的“镜像”按钮，选取刚刚绘制的矩形，按 Enter 键或单击鼠标右键确认，然后单击“捕捉到中点”按钮（如未打开“对象捕捉”工具栏，可在工具栏空白处单击鼠标右键，在弹出的快捷菜单中选择“对象捕捉”命令，打开“对象捕捉”工具栏），单击外侧矩形上边的中点，再将鼠标向下或向上移动，图中会自动显示其垂直延长线（需确保状态栏处的“极轴”功能处于激活状态），如图 13-7 所示。在延长线上单击鼠标左键，确认对称轴，再按 Enter 键确认，将矩形镜像到另外一侧，如图 13-8 所示。

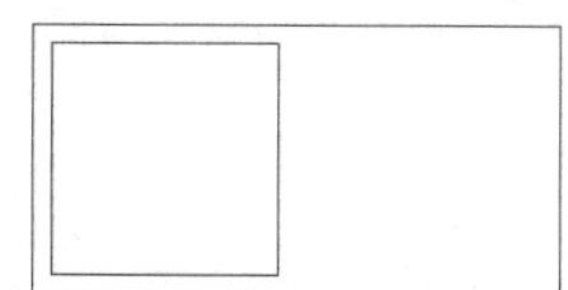

图 13-6　绘制矩形

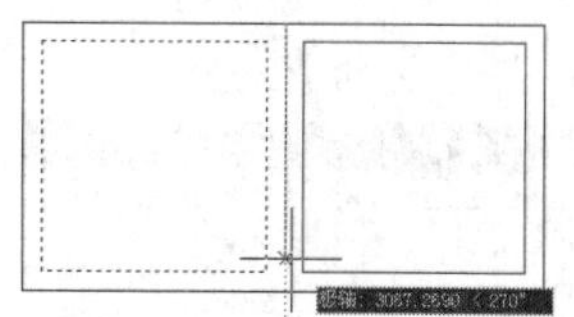

图 13-7　镜像图形

（4）单击“绘图”工具栏中的“直线”按钮，绘制小矩形的对角线，如图 13-9 所示。利用分解工具，将小矩形分解。然后在命令行中输入 divide 命令，将矩形进行三等分。

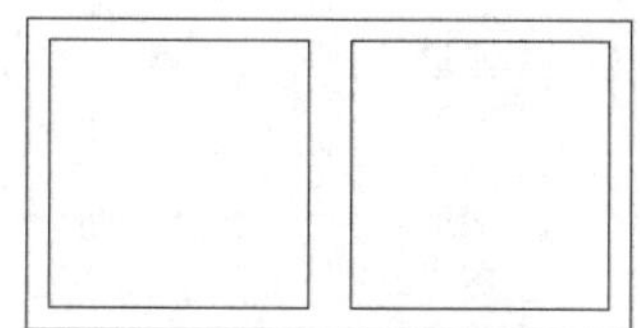

图 13-8　镜像后图形

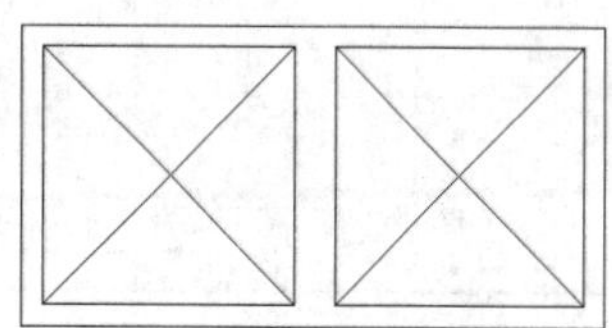

图 13-9　绘制对角线

（5）单击“绘图”工具栏中的“直线”按钮，然后单击“捕捉到节点”按钮，再单击刚刚绘制的等分点，绘制垂直直线，如图 13-10 所示。

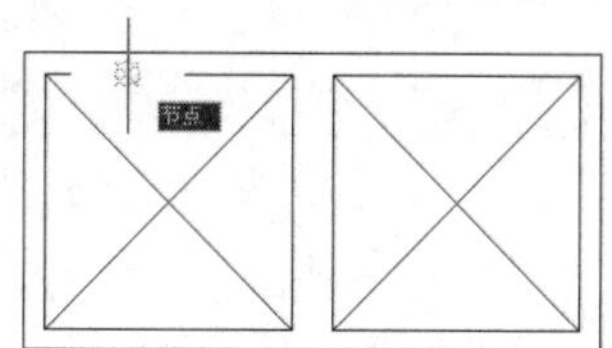

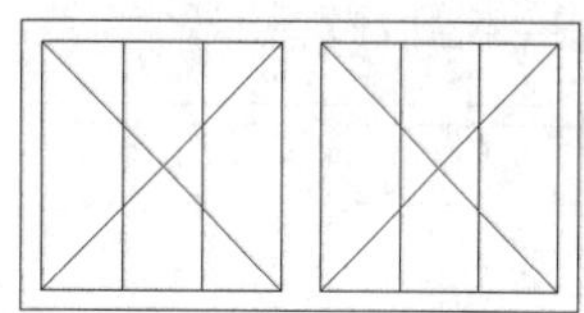

图 13-10　绘制直线

（6）用同样方法绘制水平的直线，如图 13-11 所示。

（7）选择菜单栏中的“格式”→“多线样式”命令，新建多线样式 zs，按图 13-12 所示参数进行设置，偏移距离分别设置为 40 和−40。

（8）在命令行中输入“mline”，沿刚刚绘制的辅助直线绘制多线，再删除辅助线，最终效果如图 13-13 所示。

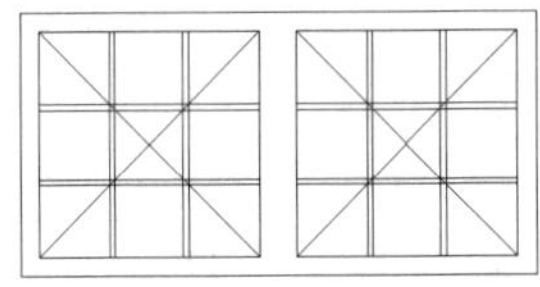

图 13-11　绘制水平直线　　图 13-12　设置多线样式　　图 13-13　绘制多线

（9）选择菜单栏中的“修改”→“对象”→“多线”命令，打开“多线编辑工具”对话框，选择“十字打开”选项，编辑多线交叉点，如图 13-14 所示。编辑后效果如图 13-15 所示。

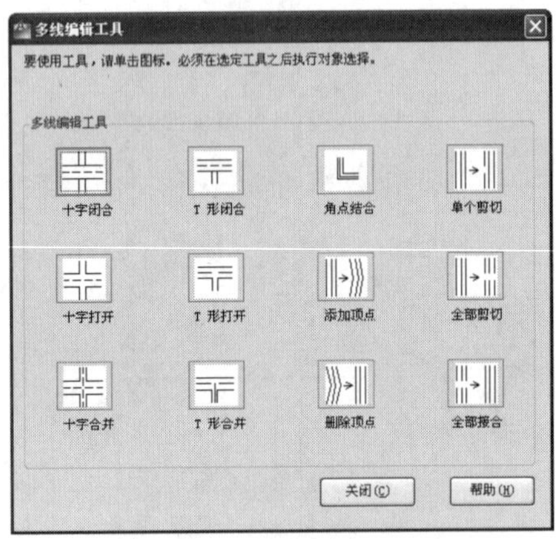

图 13-14　“多线编辑工具”对话框

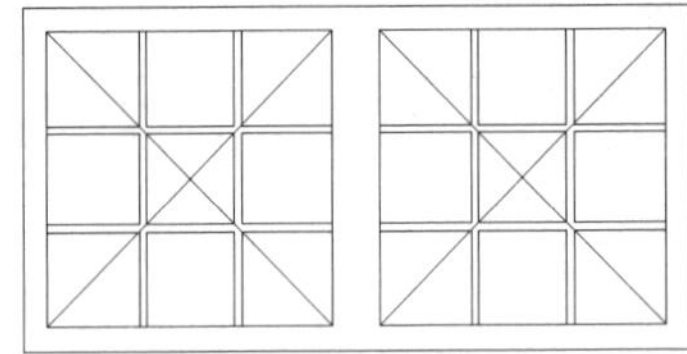

图 13-15　修改交点

（10）单击“修改”工具栏中的“分解”按钮，将多线分解（炸开），再单击“修改”工具栏中的“修剪”按钮，将多线与小矩形的交点处直线和内部的对角线删除，如图 13-16 所示。

（11）单击“绘图”工具栏中的“圆弧”按钮或“样条曲线”按钮，在分割的小矩形内部绘制花纹，可以自由绘制，注意美观和简洁，如图 13-17 所示。

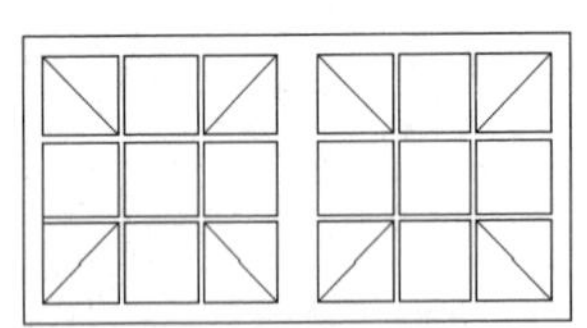

图 13-16　删除直线

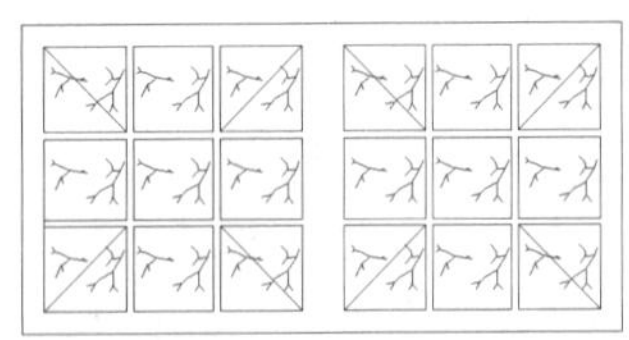

图 13-17　绘制花纹

13.2.2　绘制水池区半圆顶棚装饰

（1）单击“绘图”工具栏中的“直线”按钮，在矩形的中点处绘制一条垂直辅助线；单击“绘图”工具栏中的“圆”按钮，以辅助线上一点为圆心，在矩形下侧绘制直径为 7000 的圆，如图 13-18 所示。

（2）单击“绘图”工具栏中的“直线”按钮，通过圆心绘制一条水平直线，然后单击“修改”

工具栏中的“修剪”按钮，修剪上部的半圆，如图 13-19 所示。

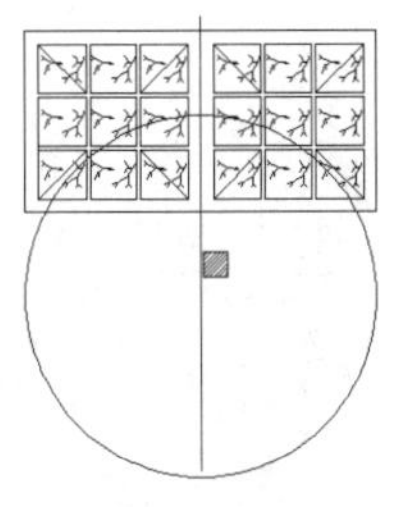

图 13-18　绘制圆

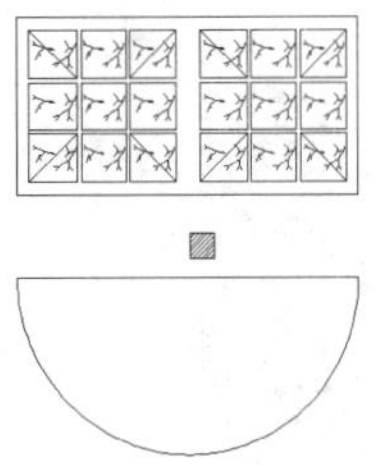
图 13-19　修剪圆形

（3）单击“修改”工具栏中的“偏移”按钮，设置偏移距离为 500，将半圆向上偏移，如图 13-20 所示。用同样的方法，继续偏移半圆，设置距离分别为 550、1000、1050、1500、2500，最终效果如图 13-21 所示。

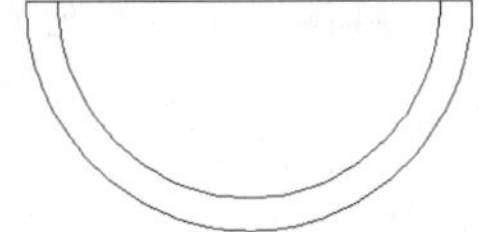
图 13-20　偏移半圆（1）

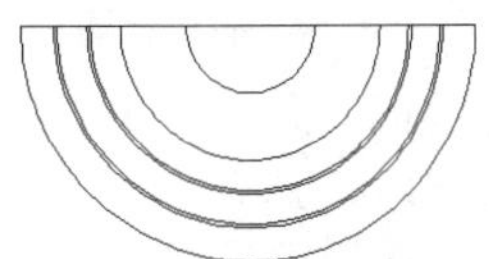
图 13-21　偏移半圆（2）

（4）在命令行中输入“divide”，选择半圆，将半圆等分为 8 份，再由圆心向等分点绘制直线，如图 13-22 所示。

（5）单击“绘图”工具栏中的“样条曲线”按钮，在第一条等分线的两侧绘制曲线，如图 13-23 所示。

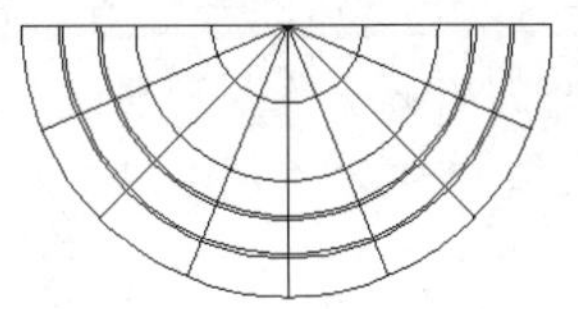
图 13-22　绘制等分线

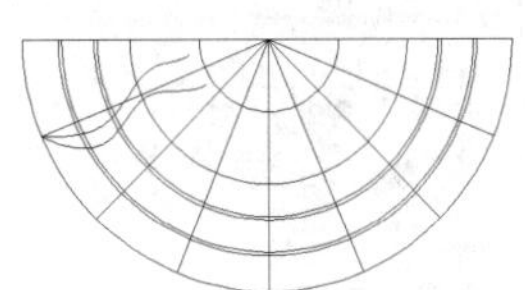
图 13-23　绘制曲线

（6）选择刚刚绘制的曲线，单击“修改”工具栏中的“镜像”按钮，以与它相邻的第二条等分线为对称轴镜像图形，如图 13-24 所示。

（7）选择镜像对称的两条靠内的曲线，系统显示编辑夹点，将两曲线末端端点移动到一起，如图 13-25 所示。

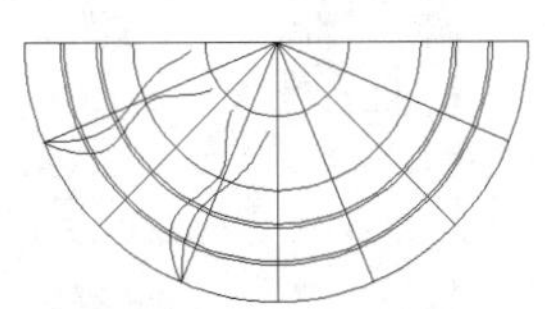
图 13-24　镜像图形

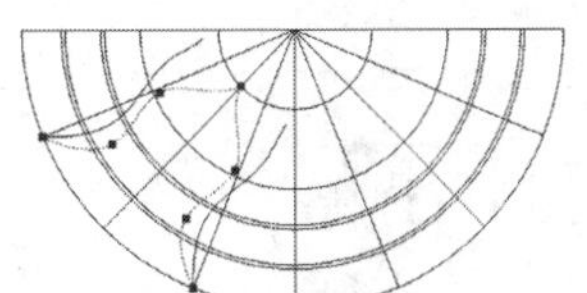
图 13-25　编辑图形

（8）镜像和编辑图形，然后删除辅助线，如图 13-26 所示。

（9）用与 13.2.1 小节步骤（11）同样的方法绘制花纹，如图 13-27 所示。

最终水池顶棚图案如图 13-28 所示。

Note

图 13-26 镜像图形

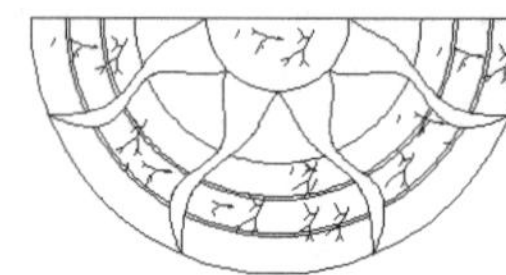
图 13-27 绘制花纹

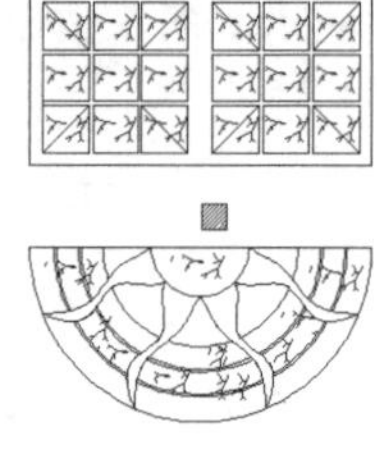
图 13-28 水池顶棚图案

13.3 绘制大堂顶棚装饰

（1）在大堂位置绘制边长为 8000×9000 的矩形，如图 13-29 所示。

（2）单击“修改”工具栏中的“偏移”按钮，将矩形向内侧偏移分别为 50、100、250、300、500、550、600、750、800，如图 13-30 所示。

图 13-29 绘制矩形

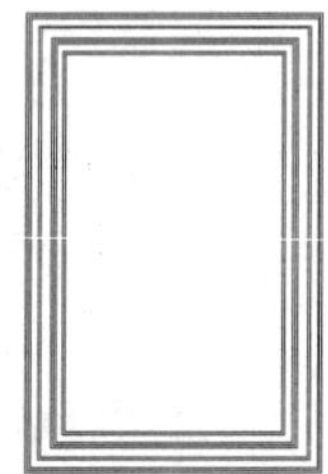
图 13-30 偏移矩形

（3）单击“线型”下拉按钮，选择“其他”选项，打开“线型管理器”对话框，如图 13-31 所示。单击“加载”按钮，选择虚线线型 ISO dash，如图 13-32 所示。单击“确定”按钮，返回绘图区。

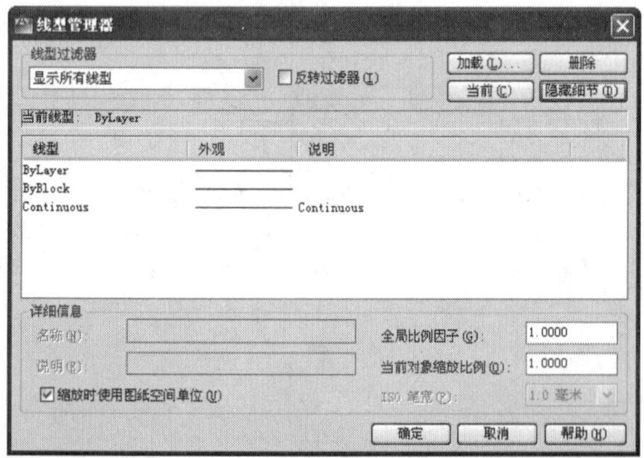

图 13-31 “线型管理器”对话框

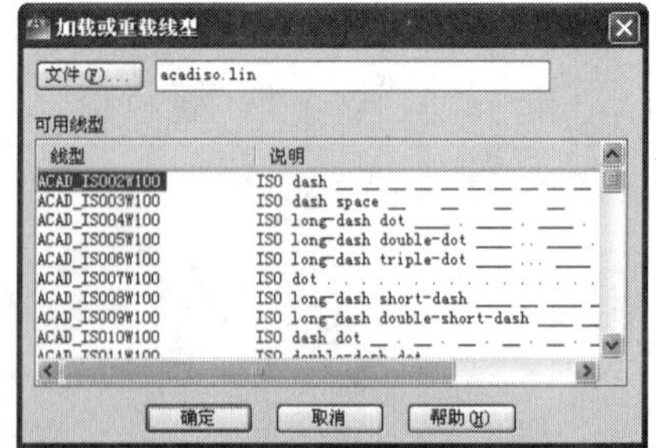

图 13-32 选择线型

（4）选择由外侧起第 4、5、9 个矩形，将矩形的线型转换为虚线，然后选择 3 个矩形，单击鼠标右键，在弹出的快捷菜单中选择“特性”命令，打开“特性”选项板，将线型比例设置为 30，如图 13-33 所示，最终图形如图 13-34 所示。

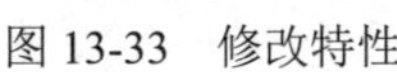

图 13-33　修改特性

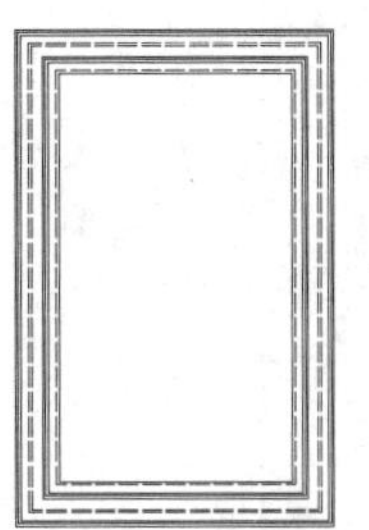

图 13-34　修改线型

（5）在图中绘制矩形的对角线，作为绘图的辅助线，如图 13-35 所示。

（6）单击“绘图”工具栏中的“圆”按钮，在辅助线的交点处绘制直径为 300 和 500 的圆，如图 13-36 所示。

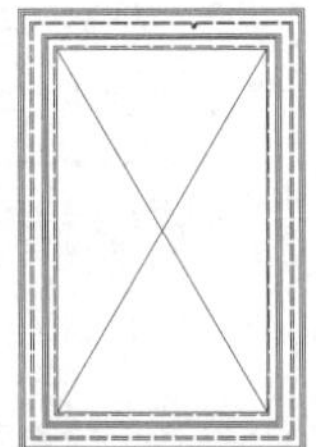

图 13-35　绘制辅助线

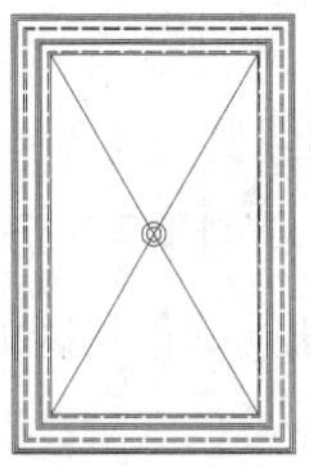

图 13-36　绘制圆

（7）在圆中绘制垂直直线，如图 13-37 所示。

（8）单击“修改”工具栏中的“旋转”按钮，将垂直直线复制旋转 60°，如图 13-38 所示。

（9）同样方法再次将垂直直线复制旋转-60°，即顺时针旋转 60°，如图 13-39 所示。

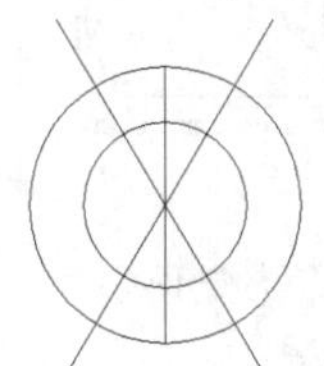

图 13-37　绘制垂直直线

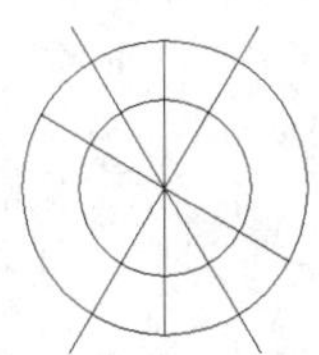

图 13-38　旋转直线

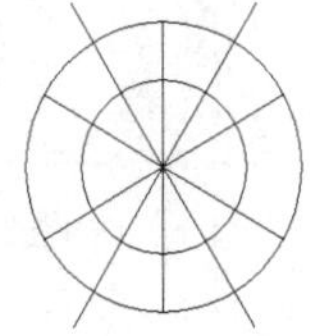

图 13-39　顺时针旋转

（10）将直线引出，分别在直线的端点绘制直径为 300 的圆，如图 13-40 所示。

（11）将步骤（10）绘制的小圆向内偏移 50，删除辅助线后完成吊灯图块，如图 13-41 所示。

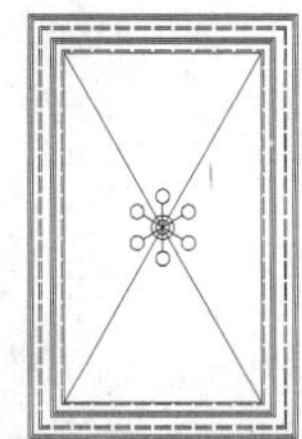

图 13-40　绘制圆

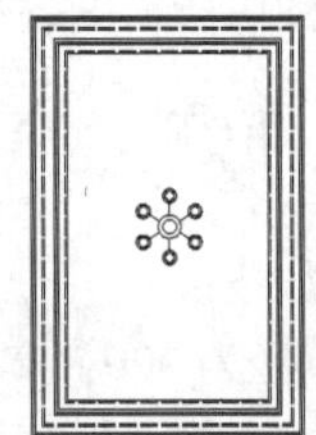

图 13-41　绘制吊灯图块

（12）用与13.2.1小节步骤（11）同样的方法，在矩形的边缘处绘制花纹，如图13-42所示。

（13）单击“绘图”工具栏中的“图案填充”按钮，将最内部的矩形填充为阴影部分，填充图案选择为图13-43所示的图案SWAMP，填充比例设置为5，最终效果如图13-44所示。

Note

图13-42　绘制花纹

图13-43　设置填充图案

（14）用同样的方法绘制休息区的顶棚，如图13-45所示。

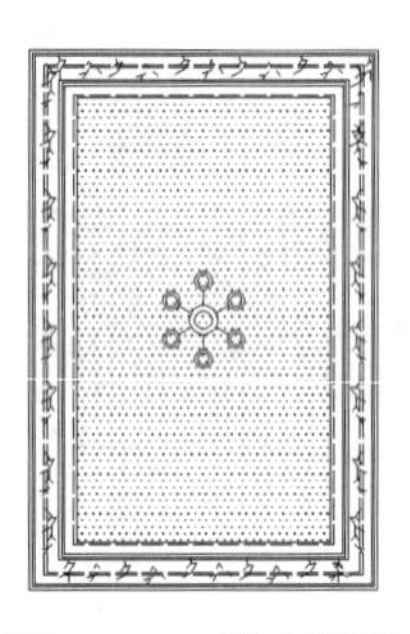

图13-44　填充图形

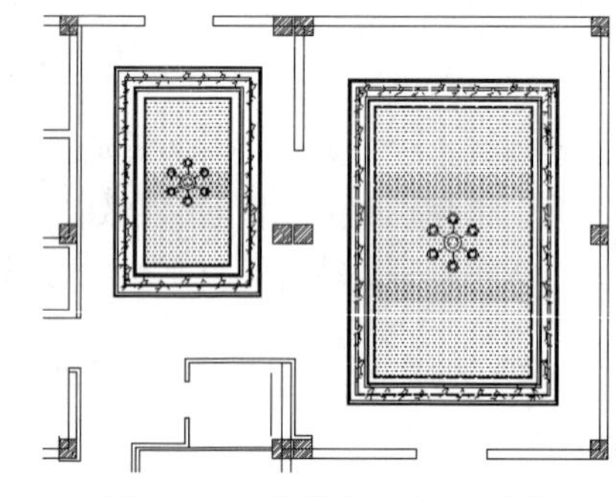

图13-45　休息区及大堂顶棚

13.4　绘制灯具

本节绘制洗浴中心顶棚图中所需的各种灯具。

13.4.1　绘制普通屋顶灯

绘制普通屋顶灯的步骤如下：

（1）在图中绘制一个直径为300的圆，如图13-46所示。

（2）单击“修改”工具栏中的“偏移”按钮，分两次将圆向内偏移25和50，如图13-47所示。

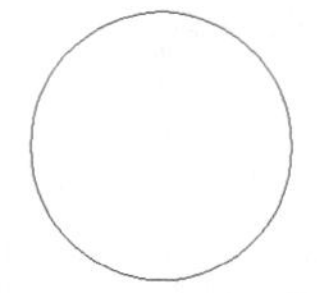

图 13-46　绘制圆形

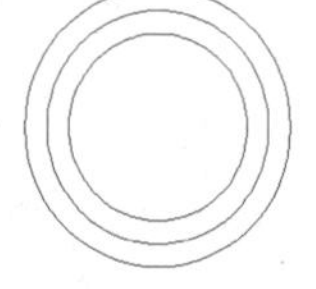

图 13-47　偏移圆形

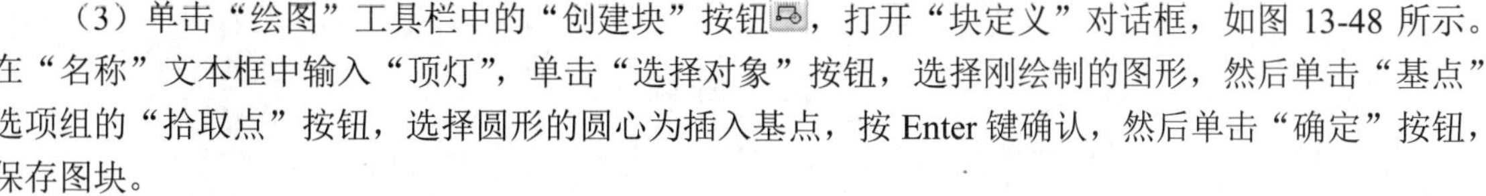

（3）单击“绘图”工具栏中的“创建块”按钮，打开“块定义”对话框，如图 13-48 所示。在“名称”文本框中输入“顶灯”，单击“选择对象”按钮，选择刚绘制的图形，然后单击“基点”选项组的“拾取点”按钮，选择圆形的圆心为插入基点，按 Enter 键确认，然后单击“确定”按钮，保存图块。

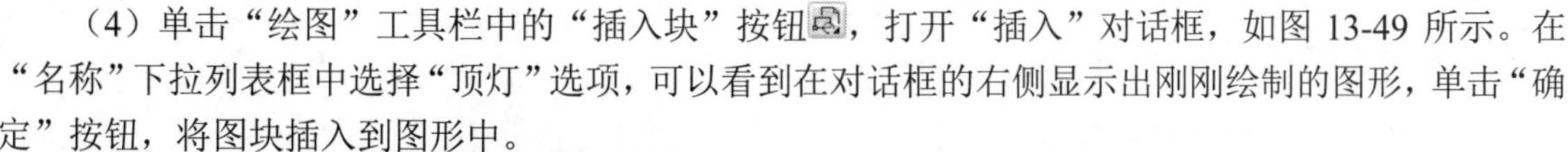

（4）单击“绘图”工具栏中的“插入块”按钮，打开“插入”对话框，如图 13-49 所示。在“名称”下拉列表框中选择“顶灯”选项，可以看到在对话框的右侧显示出刚刚绘制的图形，单击“确定”按钮，将图块插入到图形中。

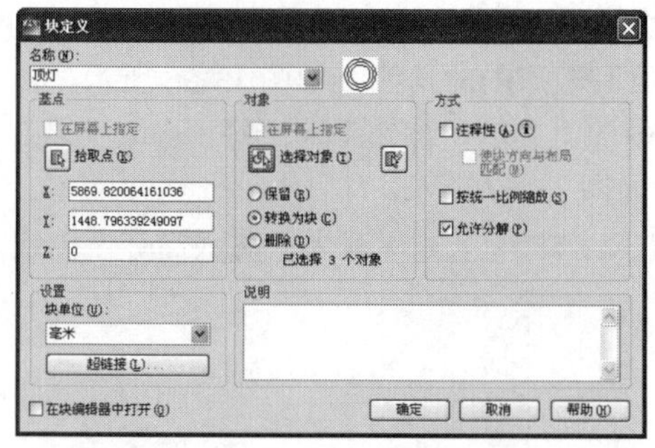

图 13-48　创建块

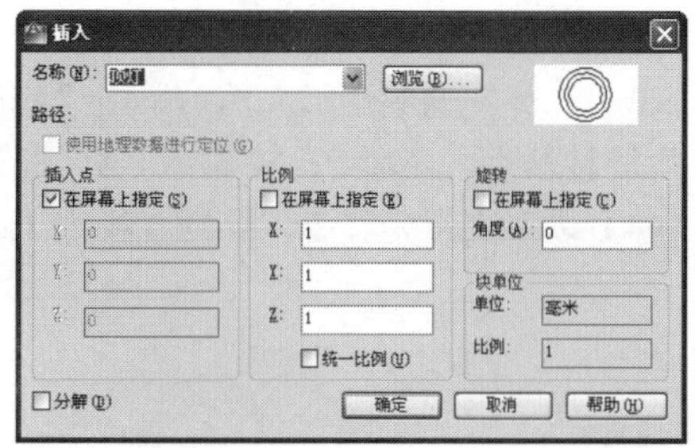

图 13-49　插入图块

13.4.2　绘制防爆灯

绘制防爆灯的步骤如下：

（1）单击“绘图”工具栏中的“矩形”按钮，在图中绘制边长为 300×200 的矩形，如图 13-50 所示。

（2）单击“修改”工具栏中的“偏移”按钮，将矩形向内偏移 50，如图 13-51 所示。

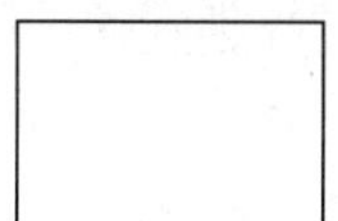

图 13-50　绘制矩形

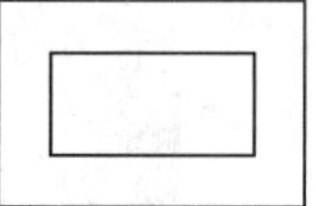

图 13-51　偏移矩形

（3）单击“绘图”工具栏中的“直线”按钮，再单击“捕捉到中点”按钮，通过矩形的短边中点绘制水平直线，并在矩形的内部绘制两条垂直直线，如图 13-52 所示。在矩形水平直线和垂直直线的端点处绘制直线，如图 13-53 所示。

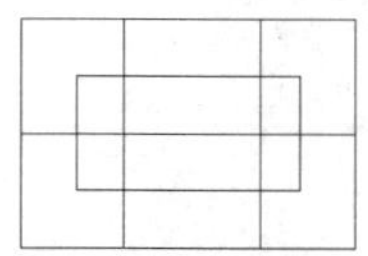

图 13-52　绘制直线

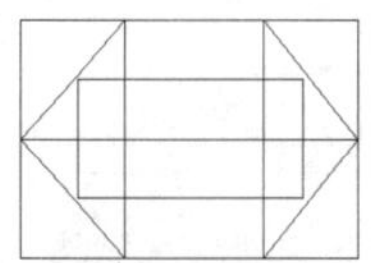

图 13-53　绘制斜线

Note

（4）单击“修改”工具栏中的“修剪”按钮，将斜直线外侧的矩形删除，删除后如图 13-54 所示。

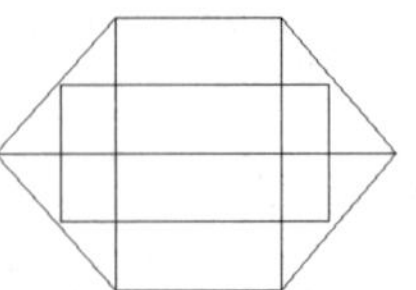

图 13-54　删除矩形

（5）用同样的方法，将其保存为图块，命名为“防爆灯”，并插入到相应位置。

13.4.3　绘制防水筒灯

绘制防水筒灯的步骤如下：

（1）单击“绘图”工具栏中的“矩形”按钮，绘制边长为 150×150 的矩形，如图 13-55 所示。

（2）单击“绘图”工具栏中的“直线”按钮，绘制矩形的对角线，如图 13-56 所示。

（3）选择并删除矩形，然后单击“修改”工具栏中的“旋转”按钮，选择两条对角线，以其交点为旋转基点，在命令行中输入“45”，旋转 45°，如图 13-57 所示。

（4）以其交点为圆心，绘制直径为 150 的圆，如图 13-58 所示。保存为“防水筒灯”图块。

图 13-55　绘制矩形

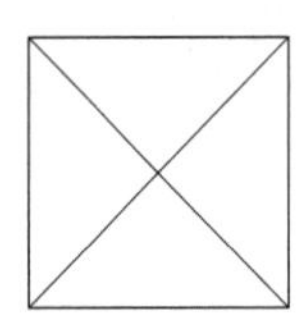

图 13-56　绘制对角线

图 13-57　旋转对角线

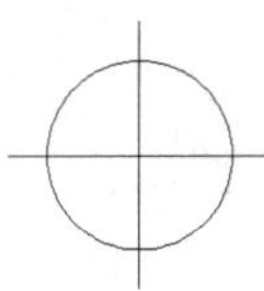

图 13-58　绘制圆形

（5）将所有灯具和顶棚装饰按照上述方法进行绘制和插入，最终图形如图 13-59 所示。

（6）添加文字标注，与第 12 章文字样式设置相同，如图 13-60 所示。

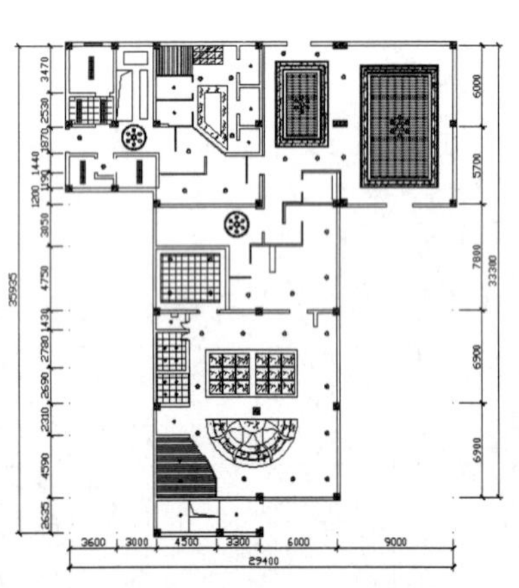

图 13-59　绘制其他装饰图块

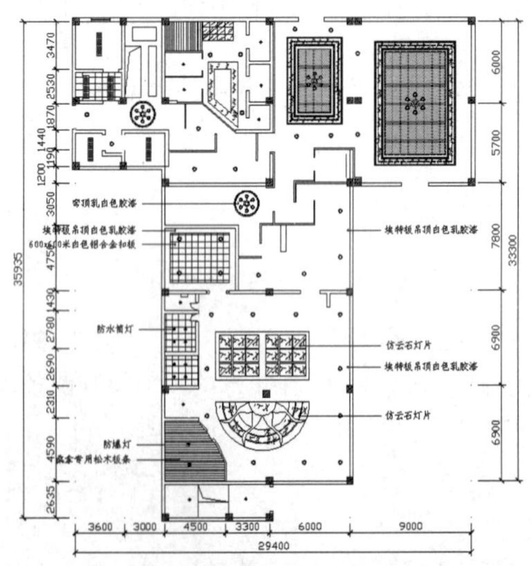

图 13-60　插入文字

13.5 上机操作

通过前面的学习，读者对本章知识也有了大体的了解，本节通过几个操作练习使读者进一步掌握本章知识要点。

绘制宾馆大堂室内顶棚图

1. 目的要求

本实例主要要求读者通过练习进一步熟悉和掌握顶棚图的绘制方法。通过本实例，可以帮助读者学会完成整个顶棚图绘制的全过程。

2. 操作提示

（1）整理平面图。

（2）绘制顶棚造型。

（3）灯具布置。

（4）尺寸、文字及符号标注。

绘制结果如图 13-61 所示。

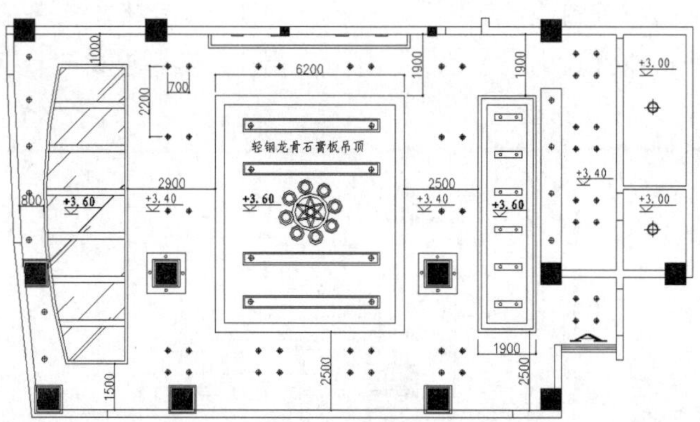

图 13-61 宾馆大堂室内顶棚图

某洗浴中心内部平面图

第 12 章和 13 章绘制了洗浴中心的首层平面布置图和首层顶棚布置图，本章将绘制各个房间和区域的平面布置图，绘图中将学习各种细节图块和结构的绘制方法。

☑ 餐厅酒吧平面布置图　　☑ 三层休息区平面布置图

☑ 按摩包房平面布置图　　☑ 豪华包房平面布置图

任务驱动&项目案例

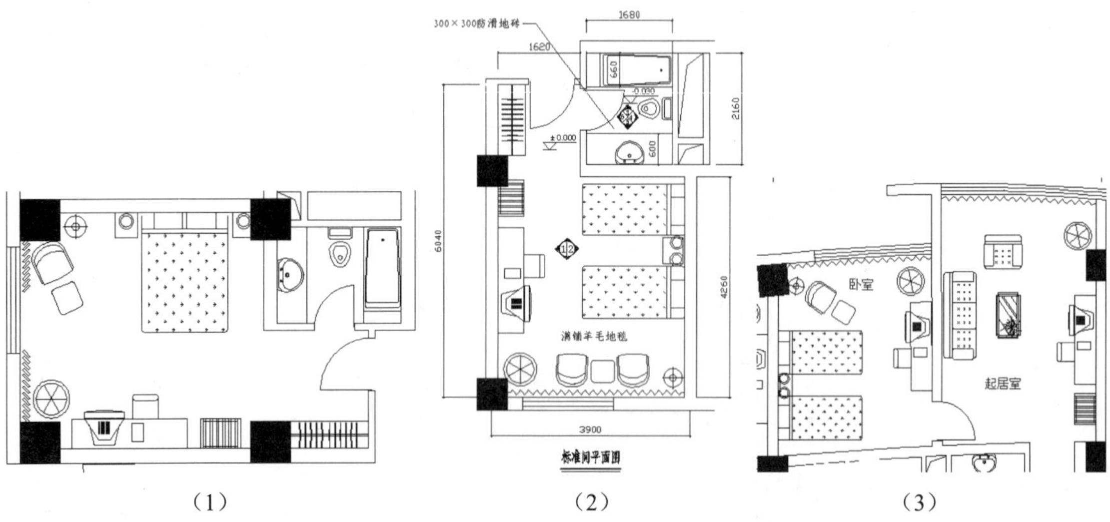

（1）　　（2）　　（3）

14.1　餐厅酒吧平面布置图

本节介绍餐厅酒吧平面布置图设计的相关知识及其绘图方法与技巧。绘制流程图如图 14-1 所示。

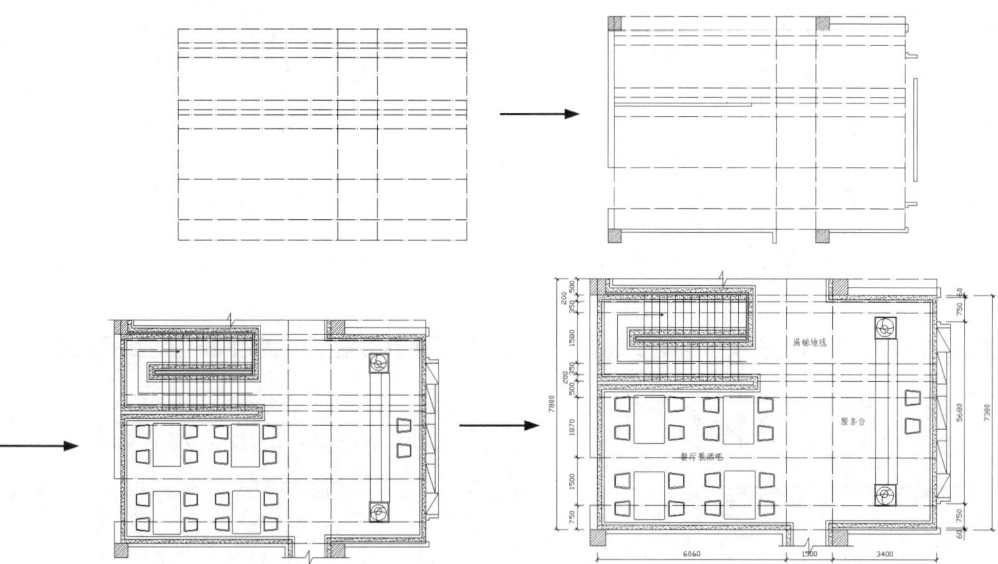

图 14-1　绘制餐厅酒吧平面布置图

操作步骤：（光盘\动画演示\第 14 章\餐厅酒吧平面布置图.avi）

14.1.1　绘制轴线

（1）新建文件，并将其命名为“平面图”。按照图 14-2 所示设置图层。

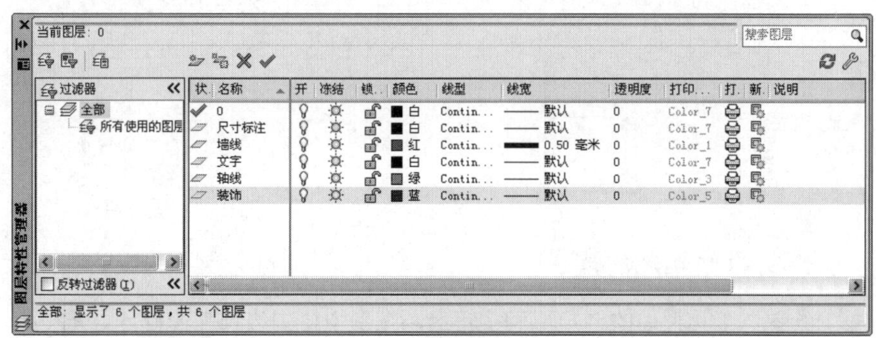

图 14-2　设置图层

（2）将“轴线”图层设为当前层。单击“绘图”工具栏中的“直线”按钮，在图中绘制长为 10960 的水平直线，再绘制一条长为 7800 的竖直直线，两条直线的端点相交，如图 14-3 所示。

（3）单击“修改”工具栏中的“复制”按钮，复制直线，将水平直线向上复制，间距为 750、1500、1870、500、200、350、1580、350、200、500，水平轴线向右复制，间距为 6060、1500、3400，如图 14-4 所示。

（4）选取轴线，单击鼠标右键，在弹出的快捷菜单中选择“特性”命令，打开“特性”选项板，将线型比例设置为 30，如图 14-5 所示。

图 14-3　绘制轴线

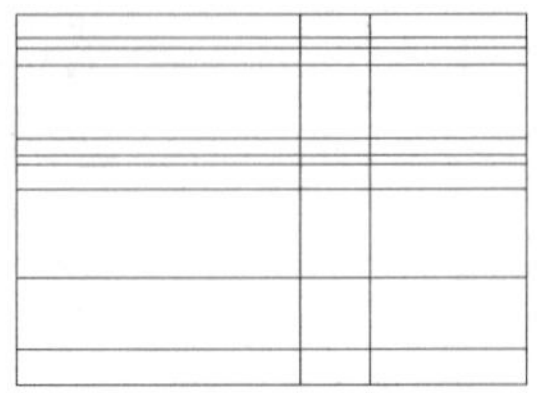

图 14-4　绘制轴线

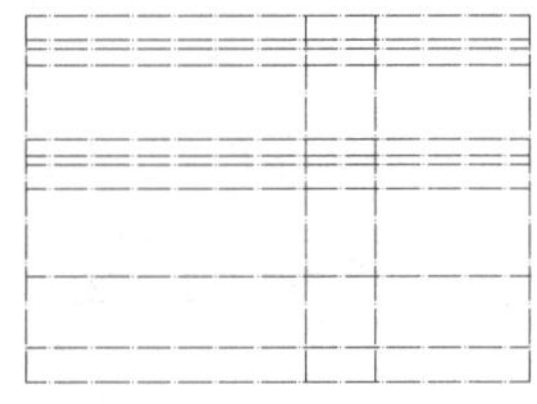

图 14-5　修改线型比例

14.1.2　绘制墙线

（1）选择菜单栏中的“格式”→“多线样式”命令，新建两个多线样式，分别命名为 out_wall 和 in_wall，设置分别如图 14-6 和图 14-7 所示。

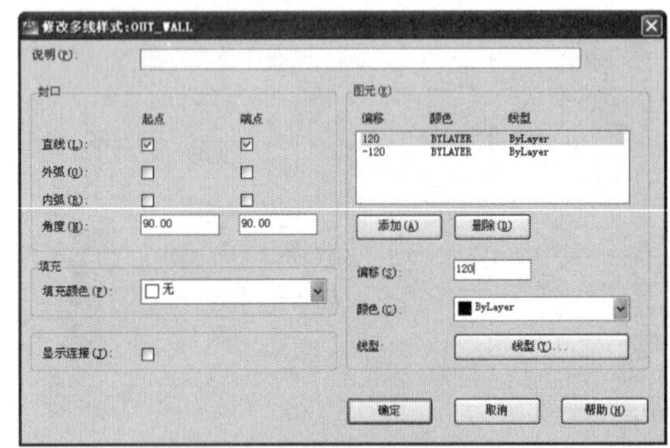

图 14-6　设置多线线型 out_wall

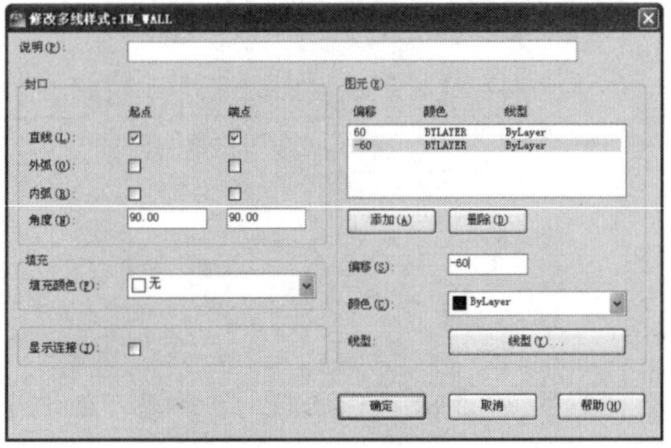

图 14-7　设置多线线型 in_wall

（2）选择菜单栏中的“绘图”→“多线”命令，由上至下绘制左侧的外墙墙线，如图 14-8 所示。

（3）用同样的方法，将多线样式修改为 in_wall，绘制内墙，如图 14-9 所示。

图 14-8　绘制外墙

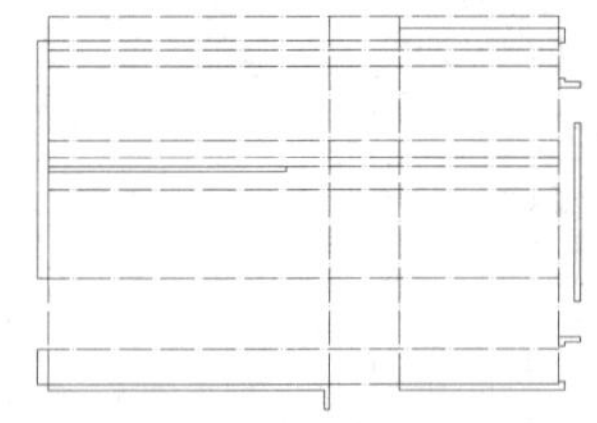

图 14-9　绘制内墙

（4）单击“绘图”工具栏中的“矩形”按钮，在图中绘制边长为 500×500 的矩形，作为柱子轮廓，如图 14-10 所示。

（5）单击“绘图”工具栏中的“图案填充”按钮，打开“图案填充和渐变色”对话框，如图 14-11 所示。将填充图案选取为 ANSI31 图案，填充比例为 20，单击“添加:拾取点”按钮，在矩形内部单击鼠标左键，填充矩形，如图 14-12 所示。

（6）单击“修改”工具栏中的“复制”按钮，将柱子复制到图中，如图 14-13 所示。

（7）将图层转换为 0 层，然后单击“绘图”工具栏中的“直线”按钮，在图形的上侧和下侧

分别绘制截断线，表示此处为图的局部详图。截断线如图 14-14 所示。

图 14-10　绘制矩形

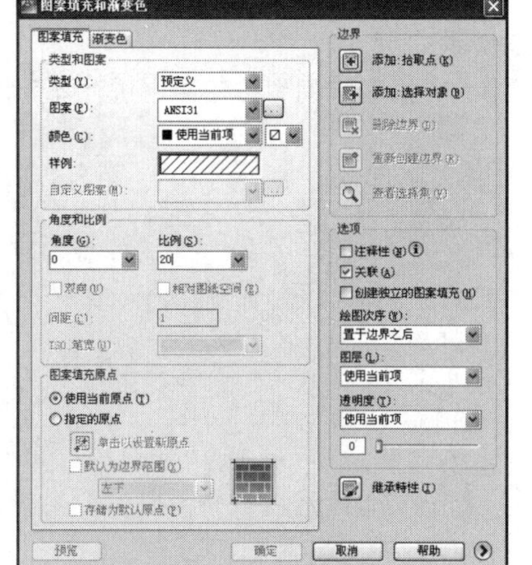

图 14-11　设置填充图案

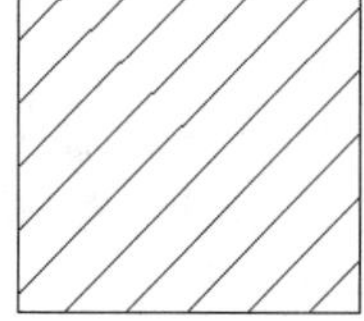

图 14-12　填充柱子截面

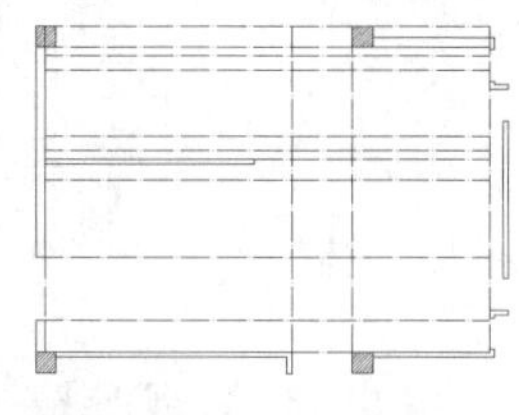

图 14-13　插入柱子

图 14-14　截断线

14.1.3　绘制陈设

（1）单击“图层”下拉按钮，将图层修改为“装饰”图层。选择菜单栏中的“格式”→“多线样式”命令，新建多线样式，并将其命名为 louti，然后将多线样式按照图 14-15 所示参数设置。

（2）选择菜单栏中的“绘图”→“多线”命令，将多线样式修改为 louti，对正方式修改为“下”，然后单击左上角柱子的右下角作为起点，在命令行中依次输入“@4500,0”、“@0,-1380”、“@-3500,0”、“@0,80”、“@3500,0”，如图 14-16 所示。

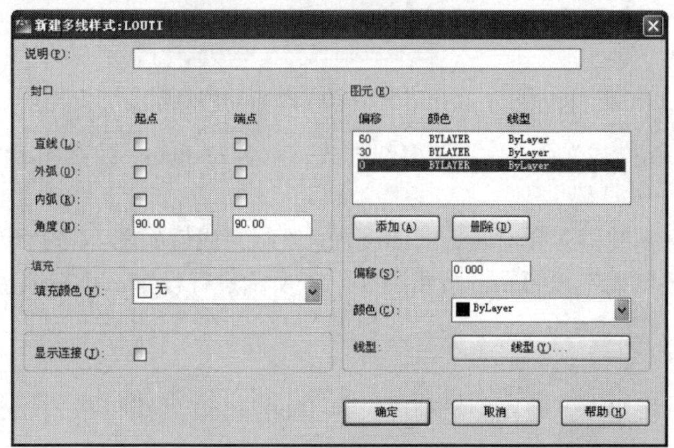

图 14-15　设置 louti 多线样式

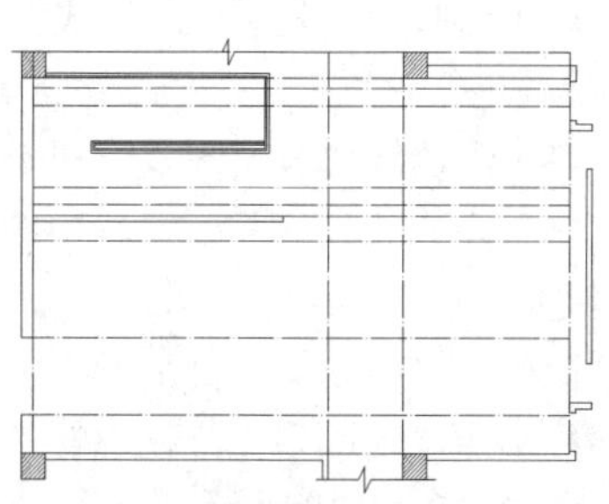

图 14-16　绘制楼梯

（3）单击“绘图”工具栏中的“直线”按钮，并在楼梯扶手的右侧内弯点处单击，然后按 Enter 键取消（此步用于定位），再次单击“绘图”工具栏中的“直线”按钮，在命令行中输入“@-250，0”，绘制竖直直线，如图 14-17 所示。

Note

（4）单击“修改”工具栏中的“矩形阵列”按钮，进行阵列，命令行提示与操作如下：

```
命令: _arrayrect
选择对象: 找到 1 个（选取绘制好的直线）
选择对象:
类型 = 矩形  关联 = 是
为项目数指定对角点或 [基点(B)/角度(A)/计数(C)] <计数>: c
输入行数或 [表达式(E)] <4>: 1
输入列数或 [表达式(E)] <4>: 13
指定对角点以间隔项目或 [间距(S)] <间距>: s
指定列之间的距离或 [表达式(E)] <205.2903>: -250
按 Enter 键接受或 [关联(AS)/基点(B)/行(R)/列(C)/层(L)/退出(X)] <退出>: *取消*
```

得到如图 14-18 所示的阵列图形。

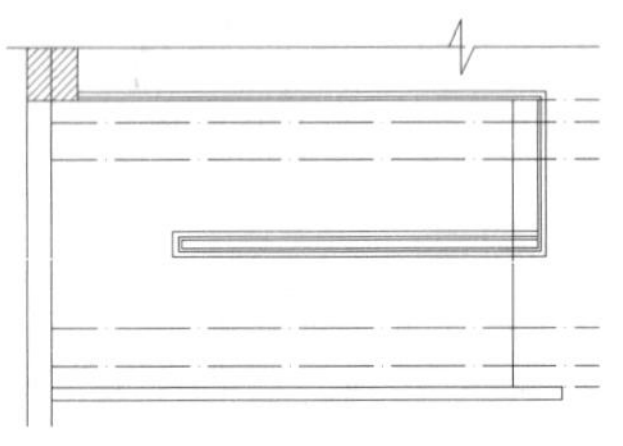
图 14-17　绘制楼梯线

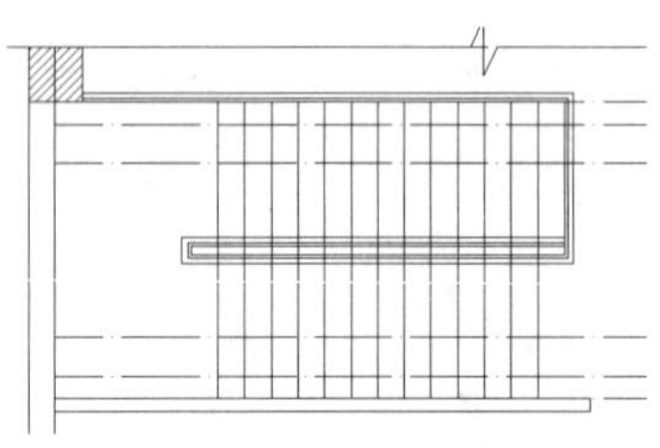
图 14-18　阵列直线

（5）单击“修改”工具栏中的“修剪”按钮，将扶手内部的楼梯线删除，最终效果如图 14-19 所示。

（6）在楼梯的中间部位单击“绘图”工具栏中的“多段线”按钮，绘制楼梯的朝向线，如图 14-20 所示。

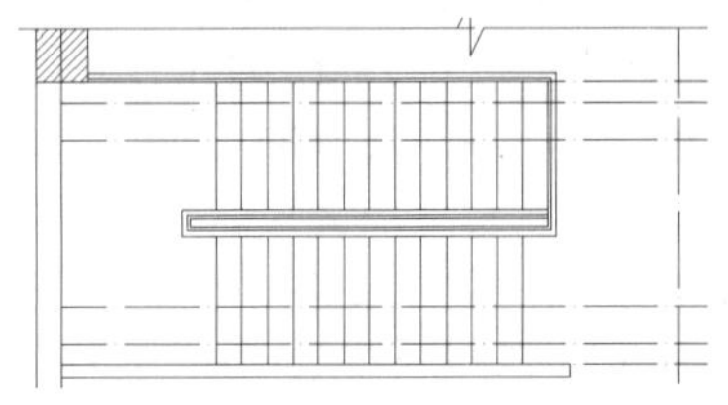
图 14-19　楼梯板绘制

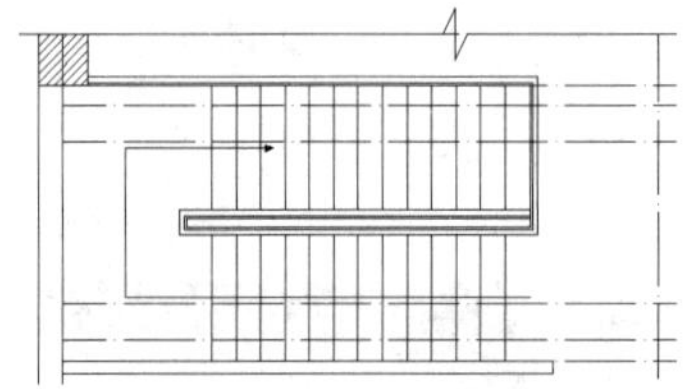
图 14-20　绘制朝向直线

（7）选择菜单栏中的“格式”→“多线样式”命令，新建多线样式，命名为 ditan，按照图 14-21 所示参数进行设置。

（8）沿墙线边缘绘制多线 ditan，注意多线样式和对正方式的设置，绘制完成后如图 14-22 所示。

（9）单击“绘图”工具栏中的“图案填充”按钮，按照图 14-23 所示进行设置，填充地毯边界，填充后如图 14-24 所示。

（10）绘制桌椅。

❶ 单击“绘图”工具栏中的“矩形”按钮，在图中绘制边长为 1000×1500 的矩形和 500×500 的矩形，如图 14-25 所示。

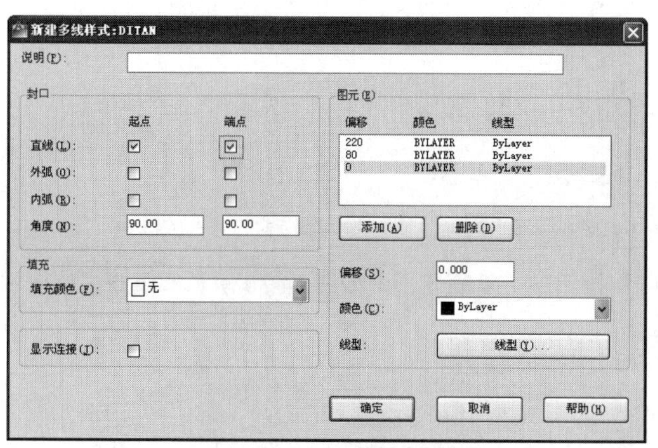

图 14-21　设置 ditan 多线样式

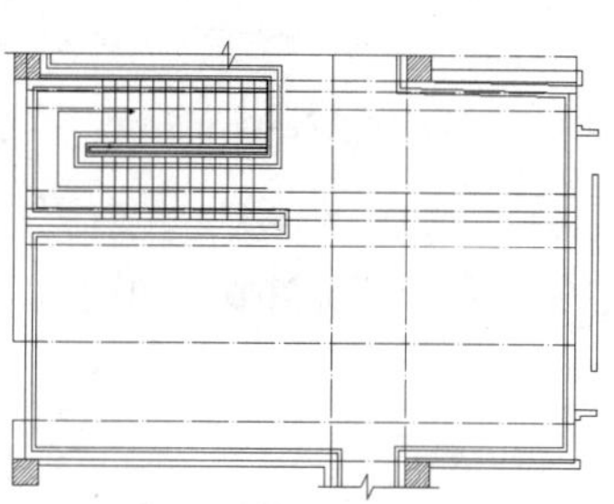

图 14-22　绘制地毯线

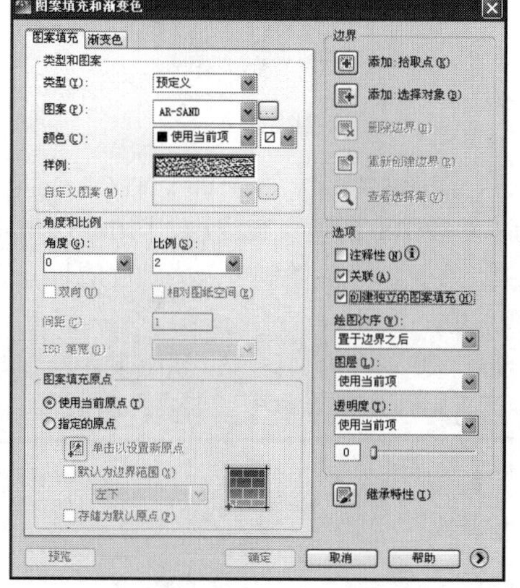

图 14-23　设置填充图案

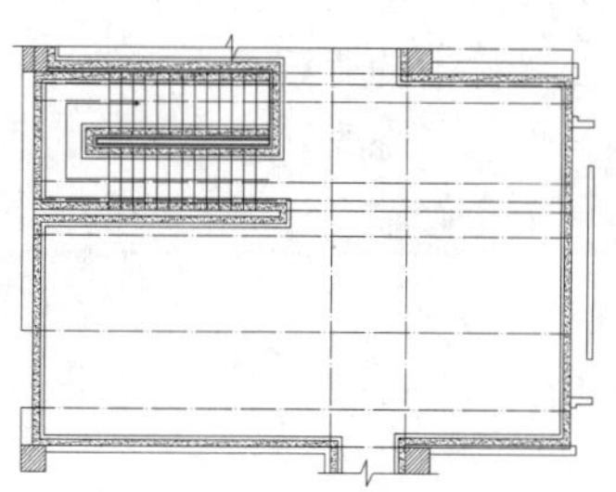

图 14-24　填充地毯线

❷ 单击“绘图”工具栏中的“直线”按钮，在小矩形的内部绘制一条通过侧边中点的直线，作为辅助线，如图 14-26 所示。

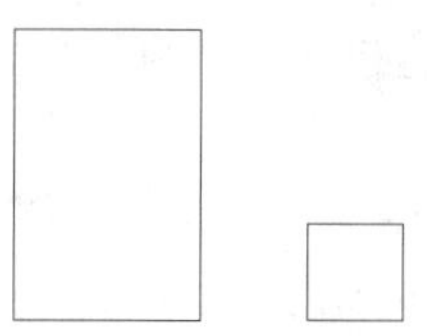

图 14-25　绘制矩形

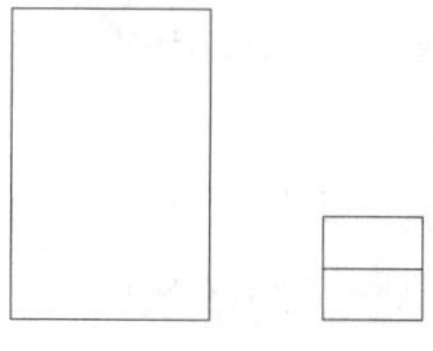

图 14-26　绘制辅助线

❸ 选取小矩形，显示其关键点，然后单击上侧关键点，在命令行中输入“@0,-50”，同样再单击下端点，输入“@0,50”，最终效果如图 14-27 所示。

❹ 单击“修改”工具栏中的“偏移”按钮，设置偏移距离为 30，然后将矩形向内偏移，如图 14-28 所示。再单击“修改”工具栏中的“圆角”按钮，将桌子和凳子的角修改为倒圆角，圆角半径设置为 30。修改完成后如图 14-29 所示。

图 14-27　编辑矩形

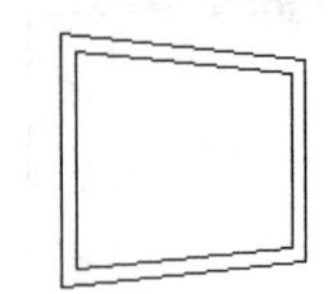

图 14-28　偏移矩形

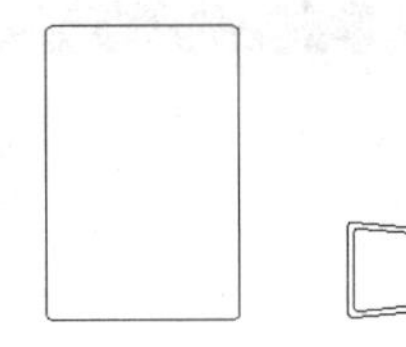

图 14-29　修改圆角

Note

（11）单击“修改”工具栏中的“复制”按钮，复制凳子，如图 14-30 所示，组成桌椅图块。将桌椅图块复制到图中，如图 14-31 所示。

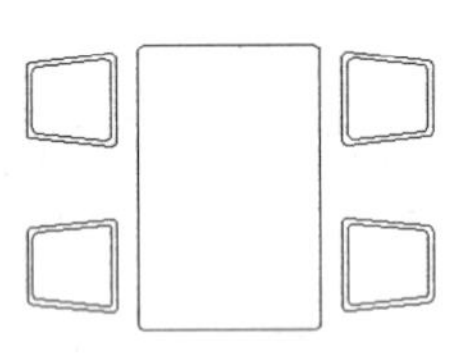

图 14-30　桌椅图块

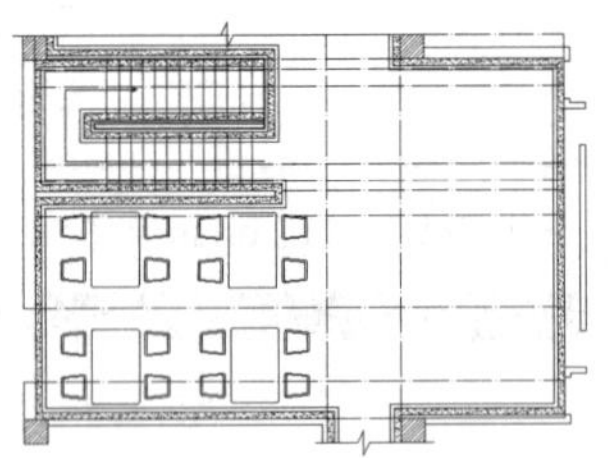

图 14-31　插入桌椅

（12）单击“绘图”工具栏中的“直线”按钮，在图中绘制长为 4500 的直线，再单击“修改”工具栏中的“复制”按钮，将其向右复制距离为 400 和 700 的两条直线，如图 14-32 所示。

（13）单击“绘图”工具栏中的“矩形”按钮，在直线上端绘制边长为 700 的正方形，并单击“修改”工具栏中的“移动”按钮，将其向左移动 30，如图 14-33 所示。

（14）单击“修改”工具栏中的“偏移”按钮，将矩形向内偏移 30，并在其中绘制圆和花卉的图案，再单击“修改”工具栏中的“镜像”按钮，将矩形和花卉镜像到下侧，如图 14-34 所示。

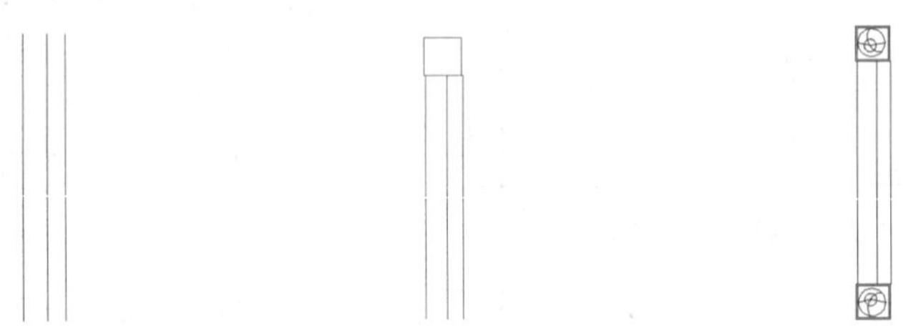

图 14-32　绘制直线　　图 14-33　绘制矩形　　图 14-34　柜台模块

（15）单击“修改”工具栏中的“移动”按钮，将柜台图块移动到图中，并复制椅子图块，最终效果如图 14-35 所示。

（16）在柜台的后面设置了酒柜，单击“绘图”工具栏中的“直线”按钮和“矩形”按钮，进行绘制，由于比较简单，不必细说，绘制完成后如图 14-36 所示。

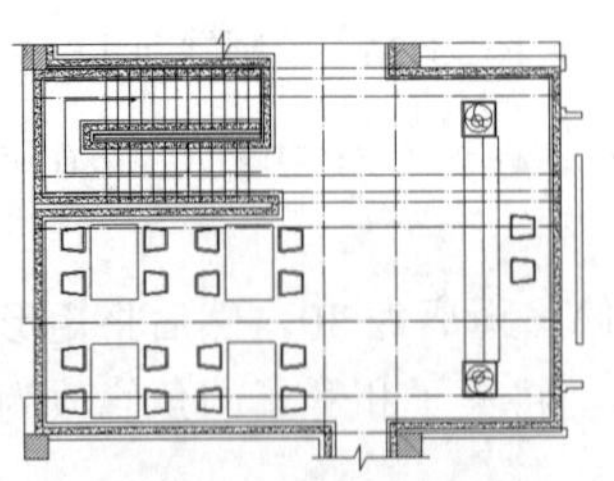

图 14-35　绘制柜台

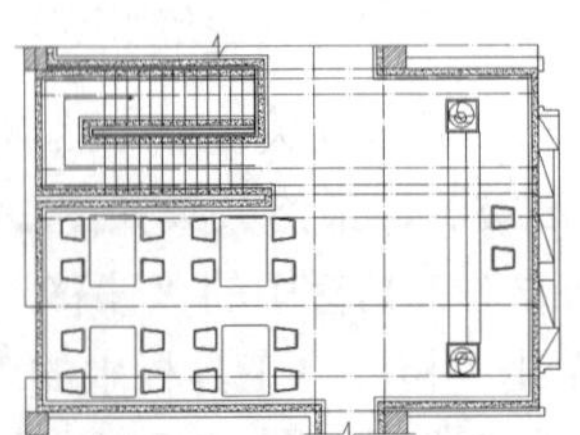

图 14-36　绘制酒柜

（17）在“尺寸标注”和“文字”图层添加标注和文字。标注样式按照图 14-37 所示进行设置。

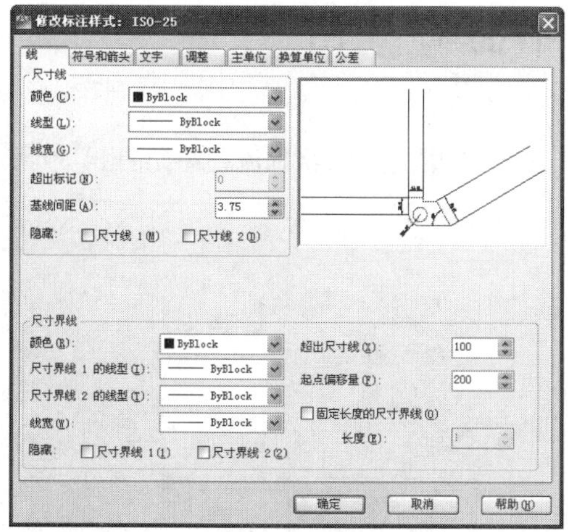

（a）线设置

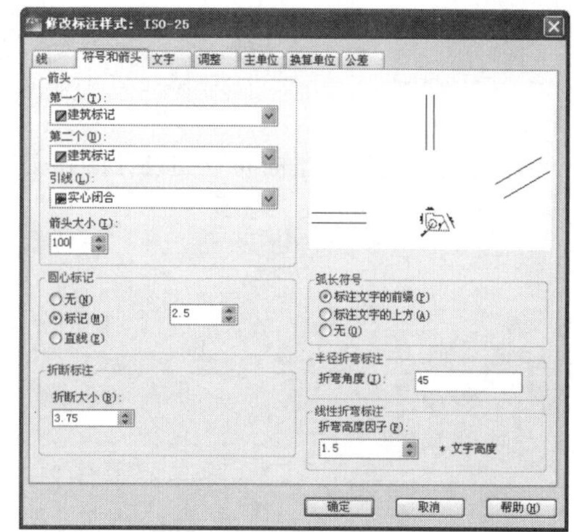

（b）箭头设置

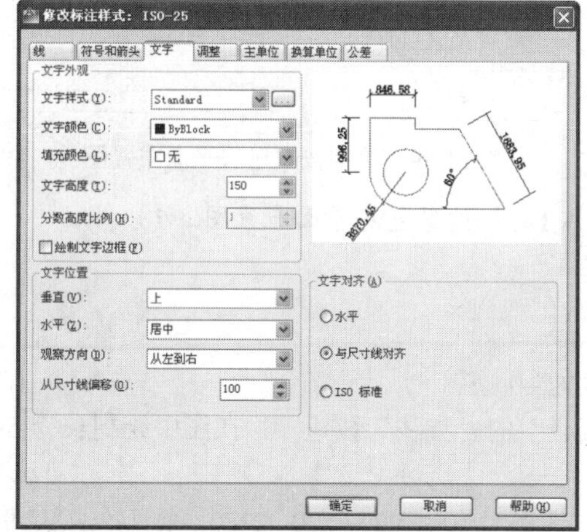

（c）文字设置

图 14-37　设置标注样式

（18）添加尺寸标注和文字后如图 14-38 所示。

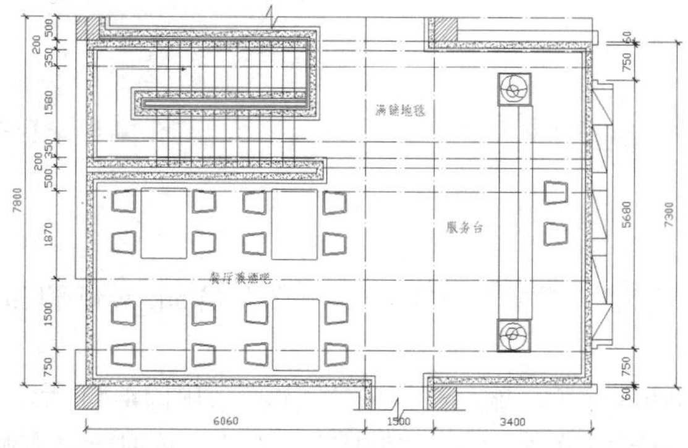

图 14-38　餐厅酒吧平面布置图

14.2　按摩包房平面布置图

本节介绍按摩包房平面布置图设计的相关知识及其绘图方法与技巧。绘制流程图如图14-39所示。

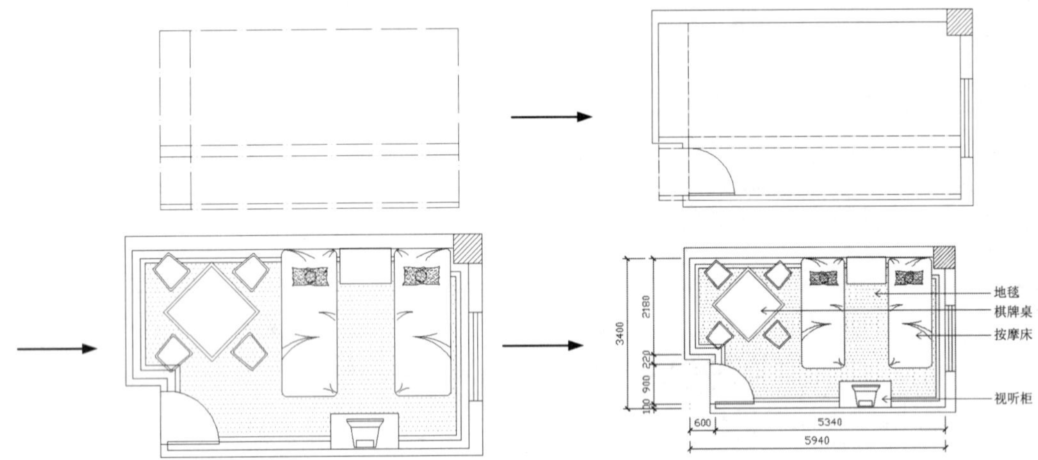

图14-39　绘制按摩包房平面布置图

操作步骤：（光盘\动画演示\第14章\按摩包房平面布置图.avi）

14.2.1　绘图准备

（1）将“轴线”图层设为当前层。

（2）单击“绘图”工具栏中的“直线”按钮，在图中绘制长为5940和3400的相互垂直的直线，如图14-40所示。

（3）复制水平轴线，偏移距离为100、900、220、2180，垂直轴线复制距离为600、5340，如图14-41所示。

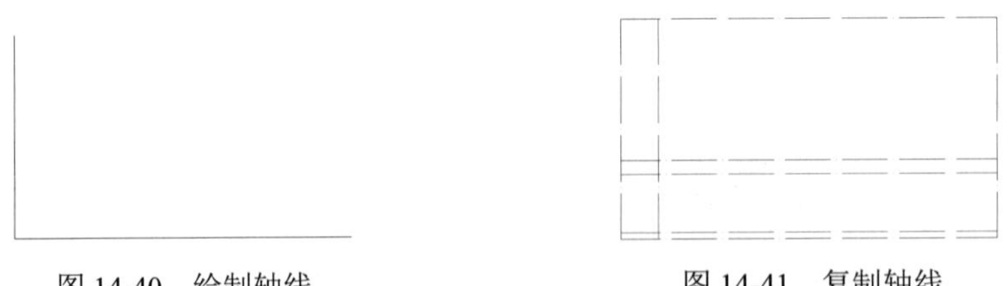

图14-40　绘制轴线　　　图14-41　复制轴线

14.2.2　绘制墙线

（1）将“墙线”图层设为当前层。单击刚刚建立的多线out_wall和in_wall，绘制墙线，并修改多线的交点，如图14-42所示。

（2）在图形的右上角插入柱子，删除柱子内的多线，如图14-43所示。

（3）在其他的图形中复制门模块，并按比例插入到图中，同时绘制右侧的窗户，如图14-44所示（由于绘制过程前面已描述过，这里不再详细介绍）。

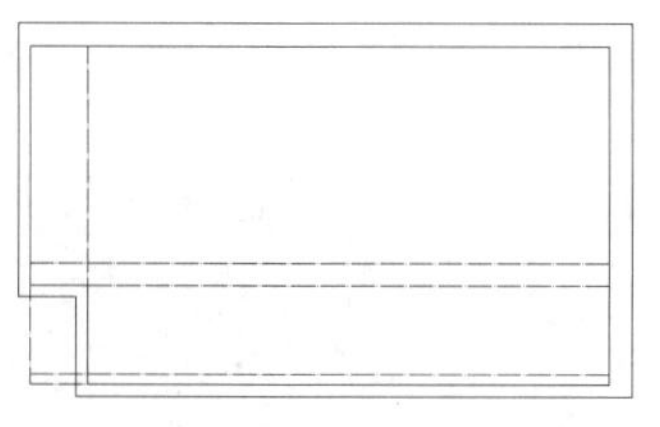

图 14-42　绘制墙线

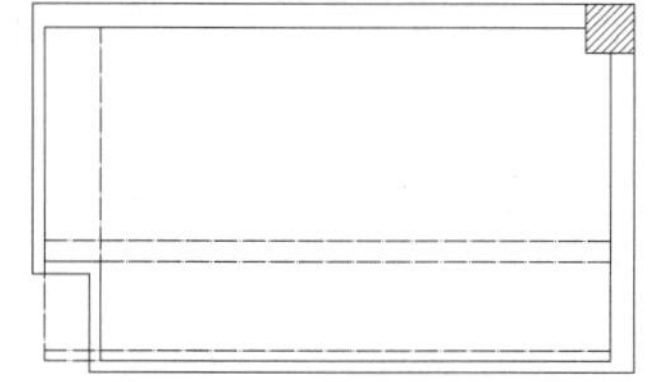

图 14-43　插入柱子

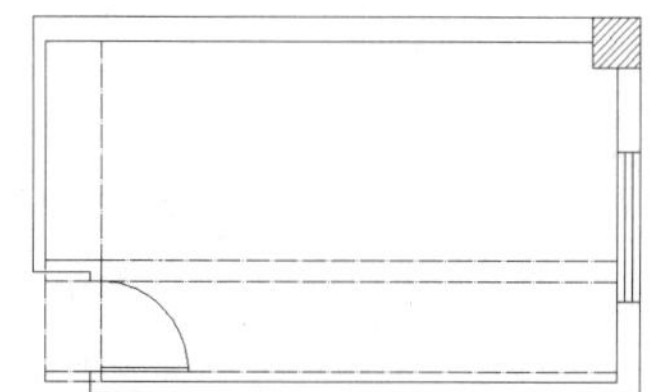

图 14-44　插入门和窗户模块

14.2.3　绘制桌椅

（1）将“装饰”图层设为当前层，单击“绘图”工具栏中的“矩形”按钮，在图中绘制边长为 1200 的正方形，如图 14-45 所示。

（2）单击“修改”工具栏中的“偏移”按钮，将矩形向内部偏移 50，如图 14-46 所示。

图 14-45　绘制正方形

图 14-46　偏移正方形

（3）在餐厅酒吧平面布置图中复制椅子图块，粘贴到矩形的四周，如图 14-47 所示。

（4）单击“修改”工具栏中的“旋转”按钮，选取桌子和椅子图块，再选取桌子中一点作为基点，输入旋转角度为 45°，最终效果如图 14-48 所示。

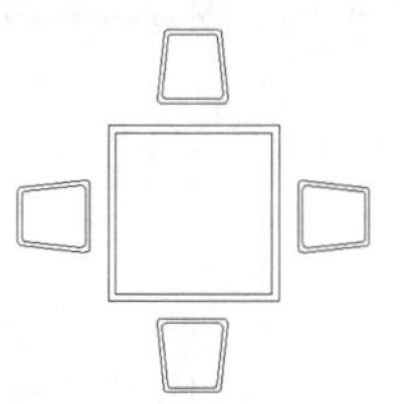

图 14-47　复制椅子图块

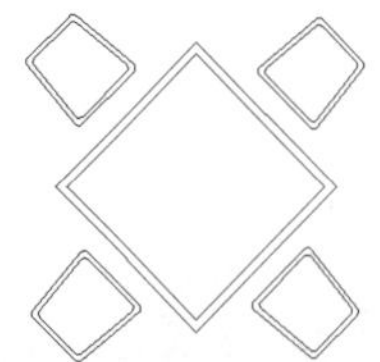

图 14-48　旋转桌椅模块

14.2.4　绘制床及床头柜

（1）在图中绘制边长为 1000×2500 的矩形，如图 14-49 所示。

（2）单击“修改”工具栏中的“圆角”按钮，设置圆角半径为 100，将矩形的 4 个角点修改为半径为 100 的圆角，如图 14-50 所示。

图 14-49　绘制矩形　　图 14-50　修改倒角

（3）单击“绘图”工具栏中的“矩形”按钮▭，在图中绘制边长为600×300的矩形，如图14-51所示。

（4）单击“绘图”工具栏中的“样条曲线”按钮～，取消状态栏中的“极轴”、“对象捕捉”、“对象追踪”等功能，然后沿矩形的边缘绘制曲折的边缘线，最后为枕头的轮廓线，如图14-52所示。

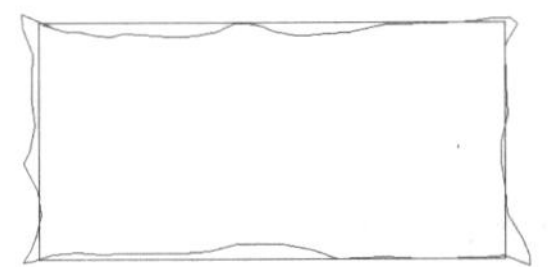

图14-51　绘制枕头轮廓矩形　　　图14-52　绘制枕头轮廓线

（5）删除矩形，单击“绘图”工具栏中的“圆弧”按钮⌒，在图中绘制枕头的内部褶皱线，并单击“圆”按钮在中心绘制半径为100的圆，如图14-53所示。

（6）单击“绘图”工具栏中的“填充图案”按钮，将填充图案设置为AS-SAND，比例保持为1，选取枕头对象，填充图案，如图14-54所示。

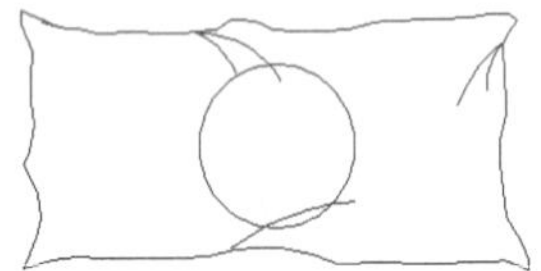

图14-53　绘制弧线及圆

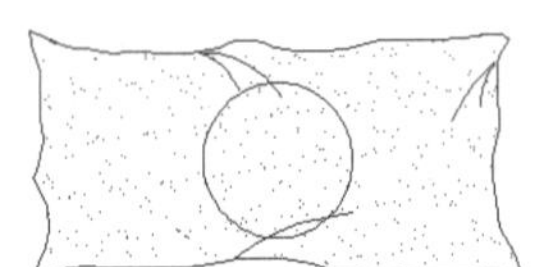

图14-54　填充图案

（7）单击“绘图”工具栏中的“圆弧”按钮⌒，在床的内部绘制弧线，代表床单的褶皱，如图14-55所示。

（8）单击“绘图”工具栏中的“矩形”按钮▭，在图中绘制边长为900×600的矩形，代表床头柜，然后镜像床模型，如图14-56所示。

（9）单击“绘图”工具栏中的“插入块”按钮，在图中插入以前绘制的电视图块，如图14-57所示。

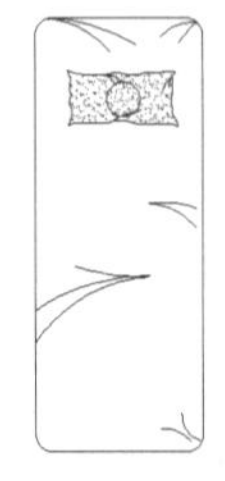

图14-55　绘制床单褶皱

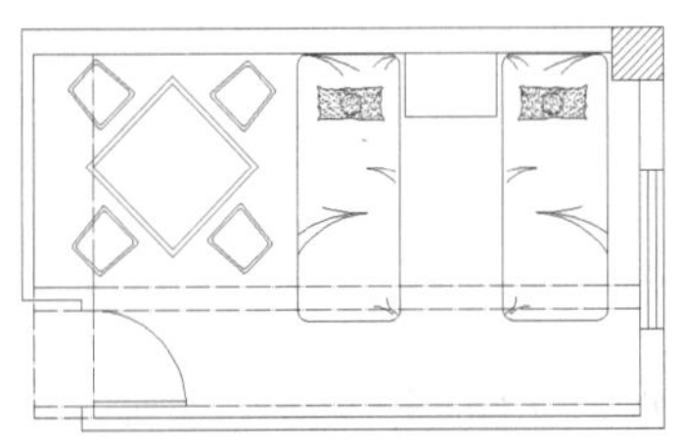

图14-56　复制床图形

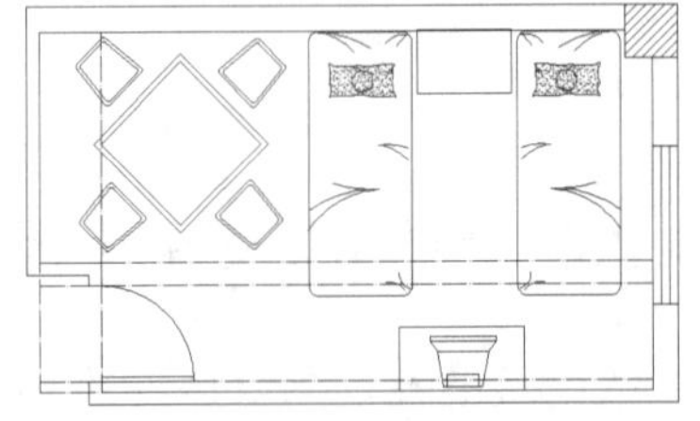

图14-57　插入电视模块

（10）选择菜单栏中的“格式”→“多线样式”命令，设置DITAN多线，如图14-58所示。

（11）沿房间的边缘绘制地毯边缘花纹，最后单击“修改”工具栏中的“修剪”按钮，将床、门、桌子等图块覆盖的部分删除，如图14-59所示。

（12）单击“绘图”工具栏中的“图案填充”按钮，将填充图案选取为dots，填充比例设置为50，填充地毯内部的区域，如图14-60所示。

（13）按照14.1节图14-37所示参数设置标注样式和文字高度，添加文字和尺寸标注，如图14-61所示。

Note

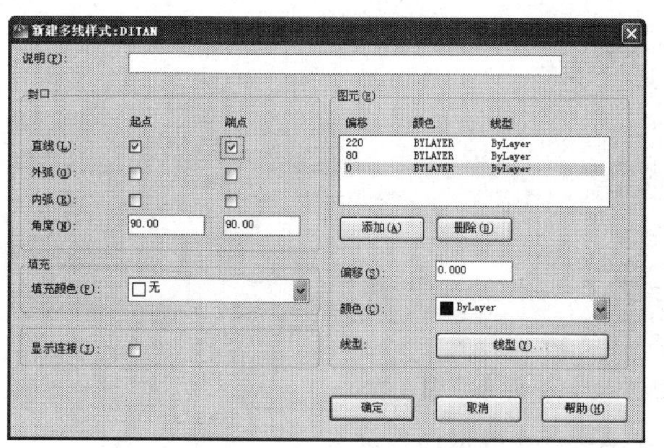

图 14-58　设置多线样式 ditan

图 14-59　绘制地毯边缘

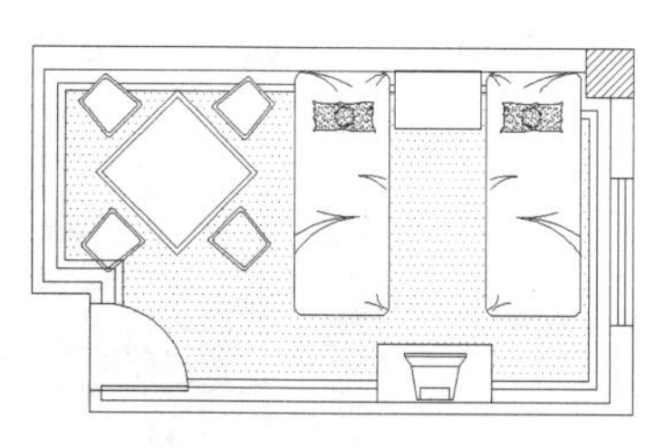

图 14-60　填充地面

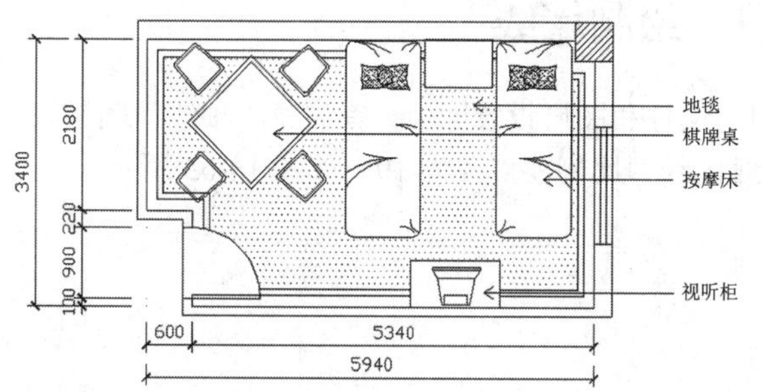

图 14-61　添加尺寸标注和文字标注

14.3　三层休息区平面布置图

本节介绍三层休息区平面布置图设计的相关知识及其绘图方法与技巧。绘制流程图如图 14-62 所示。

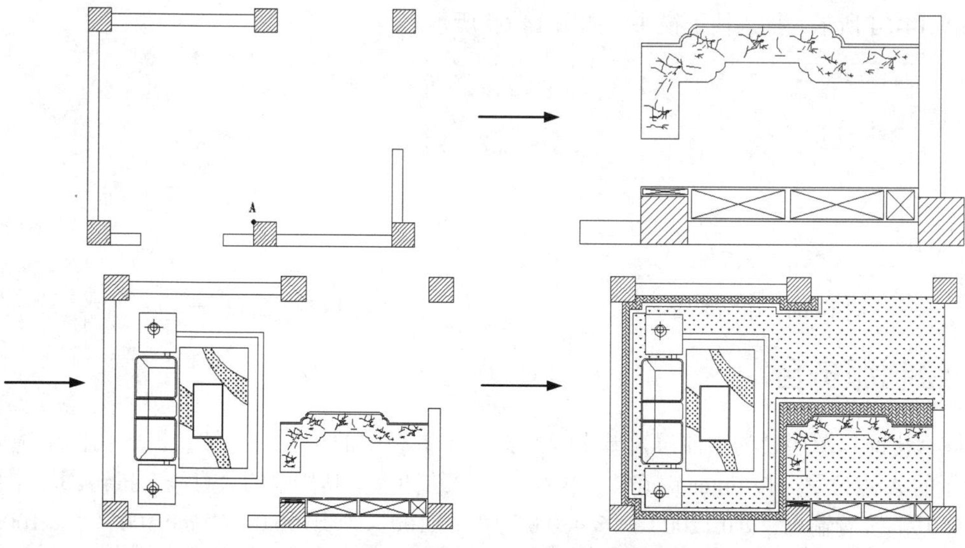

图 14-62　绘制三层休息区平面布置图

Note

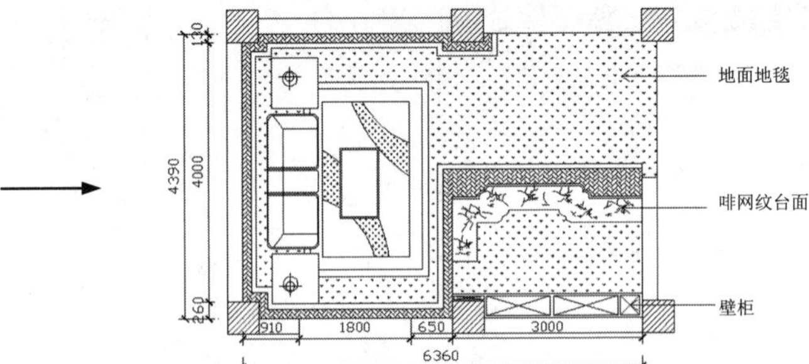

图 14-62　绘制三层休息区平面布置图（续）

操作步骤：（光盘\动画演示\第 14 章\三层休息区平面布置图.avi）

14.3.1　绘制墙线

（1）文件和图层设置同前。首先将“轴线”图层设为当前层，然后单击“直线”按钮绘制轴线，注意轴线的线型比例要修改为 10，如图 14-63 所示。

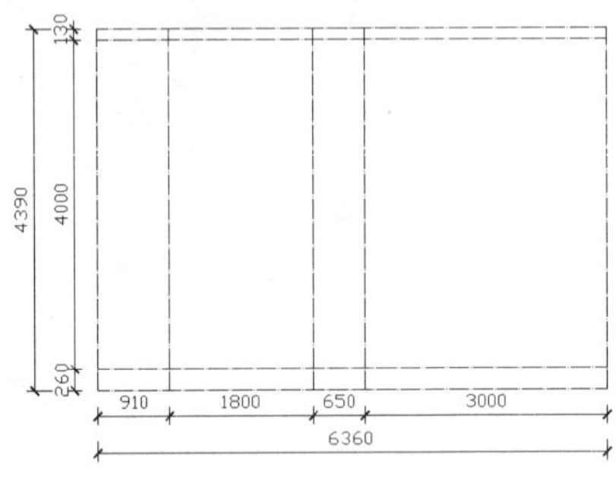

图 14-63　绘制轴线

（2）将“墙线”图层设为当前层，按照 14.1 节中所述方法设置多线样式，用外墙的多线样式绘制墙线，如图 14-64 所示。插入柱子模块，如图 14-65 所示。

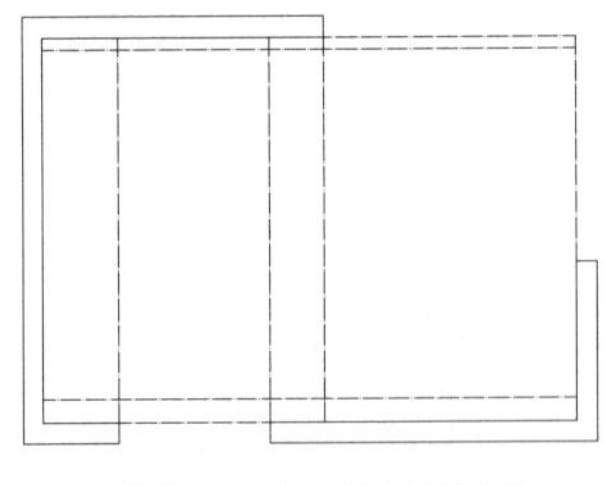

图 14-64　绘制墙线

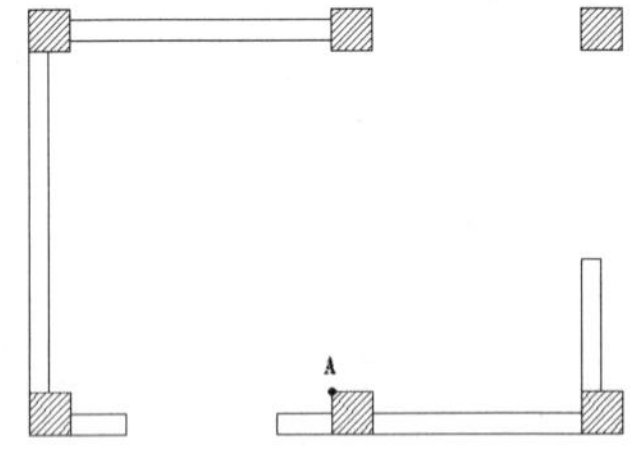

图 14-65　插入柱子

14.3.2　绘制服务台

（1）将“装饰”图层设为当前层，单击“绘图”工具栏中的“直线”按钮，在图中选取如图 14-63 所示的 A 点位置，按 Enter 键确认。再次单击“绘图”工具栏中的“直线”按钮，在图中输入“@0,600”，接着输入“@0,1200”、“@400,0”、“@0,100”、“@100,0”、“@0,100”、“@100,0”、“@1600,0”、“@0,-100”、“@100,0”、“@0,-100”，再连接到右侧墙线，如图 14-66 所示。

（2）单击“绘图”工具栏中的“直线”按钮，在左侧直线的下端点开始，绘制长 400 的水平

直线，如图 14-67 所示。

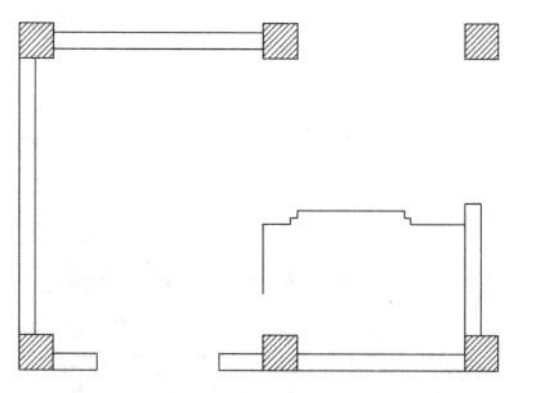
图 14-66　绘制柜台线

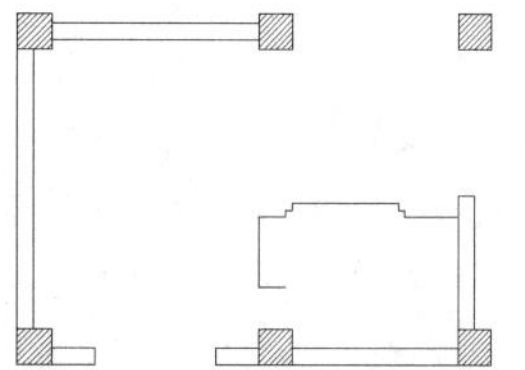
图 14-67　绘制水平直线

（3）单击“修改”工具栏中的“复制”按钮，复制第一次绘制的直线，以左下角端点为基点，当提示指定第二点时，输入“@400,-400”，如图 14-68 所示。

（4）删除右侧的折线，将左侧的折线镜像到右侧，如图 14-69 所示（镜像时，对称轴可以选取最上层直线的中轴线）。

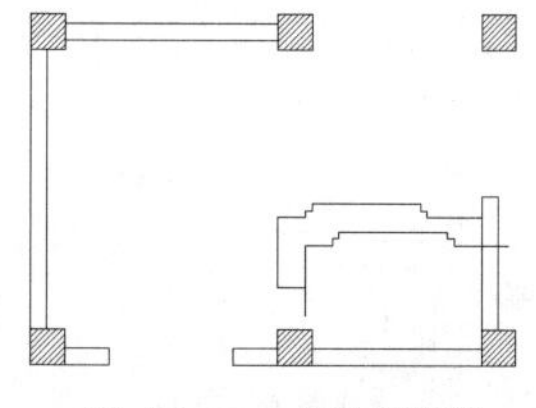
图 14-68　复制图形

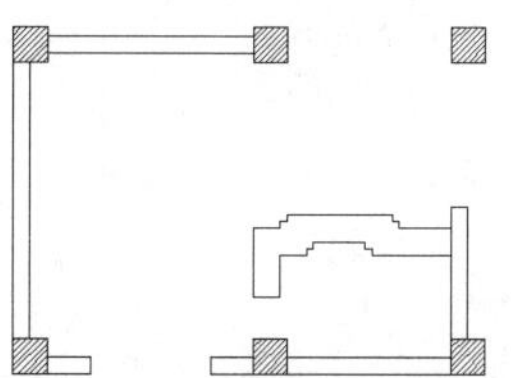
图 14-69　镜像折线

（5）单击“修改”工具栏中的“圆角”按钮，将折线的角点修改为半径为 100 的圆角，如图 14-70 所示。

（6）单击“修改”工具栏中的“偏移”按钮，在命令行中输入偏移距离为 20，将上侧的折线和弧线向内偏移 20，并删除多余直线，如图 14-71 所示。

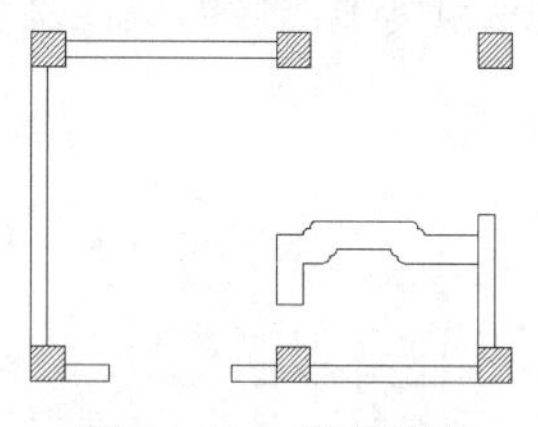
图 14-70　修改倒角

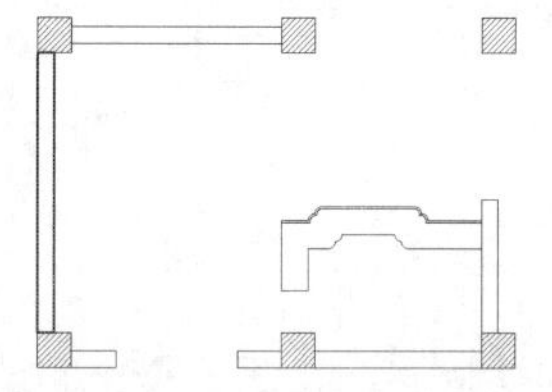
图 14-71　偏移图形

（7）关闭“对象捕捉”和“极轴”功能，单击“绘图”工具栏中的“直线”按钮，在柜台面层部分添加花纹，如图 14-72 所示。

（8）在柜台后面的柱子上方 100 的位置绘制直线，如图 14-73 所示。单击“绘图”工具栏中的“矩形”按钮，在右侧绘制边长为 300×300 的矩形，如图 14-74 所示。

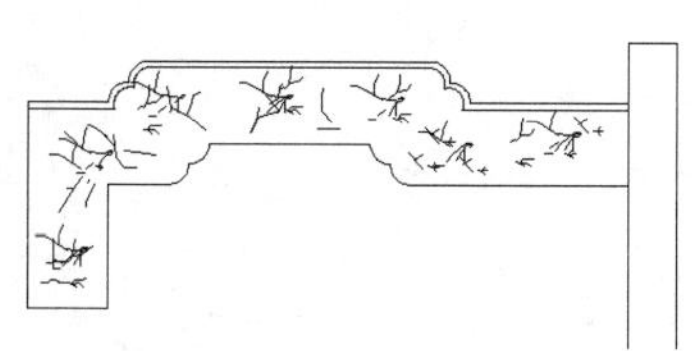
图 14-72　绘制花纹

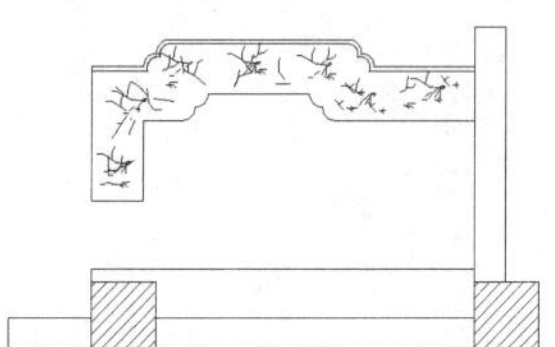
图 14-73　绘制直线

（9）单击“绘图”工具栏中的“矩形”按钮，在矩形左侧绘制两个大小相当的矩形，在 3 个

Note

矩形中绘制对角线代表壁柜，如图 14-75 所示。

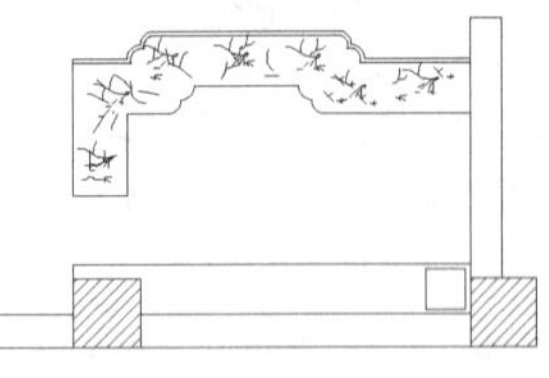
图 14-74　绘制矩形

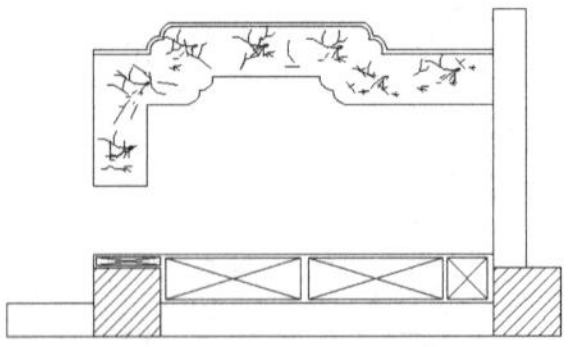
图 14-75　绘制壁柜

14.3.3　绘制沙发休息区

（1）打开首层平面图，在图中复制沙发模块，粘贴到本图中，如图 14-76 所示。

（2）单击“绘图”工具栏中的“矩形”按钮，在沙发前方，绘制边长为 2000×3000 的矩形，作为地毯，如图 14-77 所示。

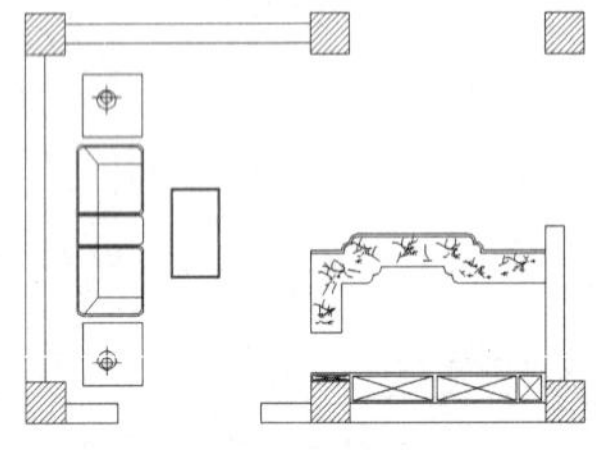
图 14-76　插入沙发模块

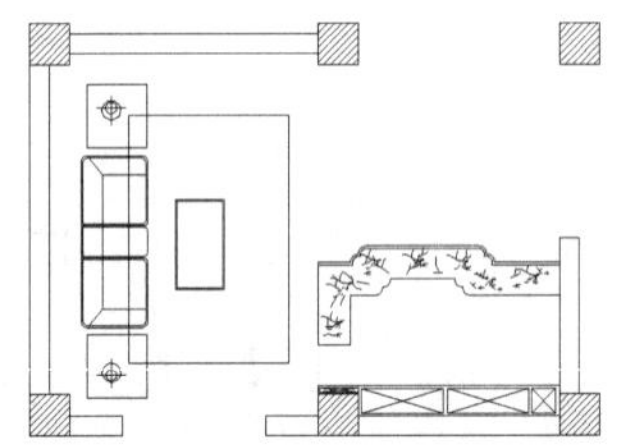
图 14-77　插入地毯轮廓

（3）单击“修改”工具栏中的“偏移”按钮，将地毯矩形向内偏移 100 和 300，如图 14-78 所示。

（4）单击“修改”工具栏中的“修剪”按钮，将沙发和桌子挡住的地毯部分删除，如图 14-79 所示。

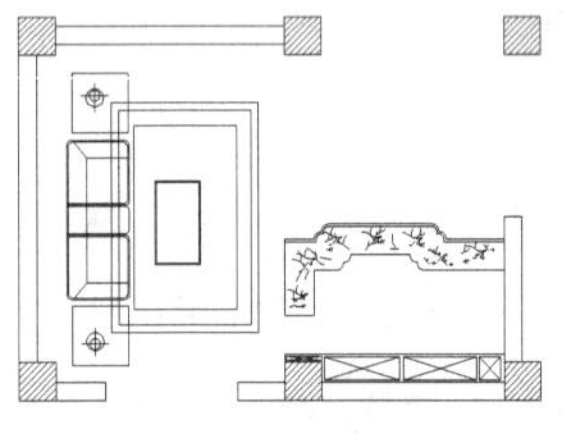
图 14-78　偏移矩形

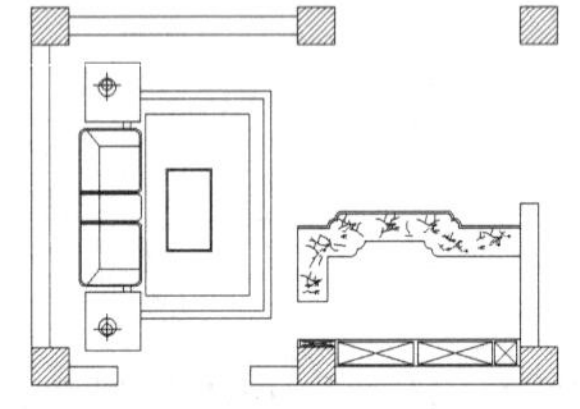
图 14-79　删除多余直线

（5）在地毯区域绘制 4 条弧线，如图 14-80 所示。

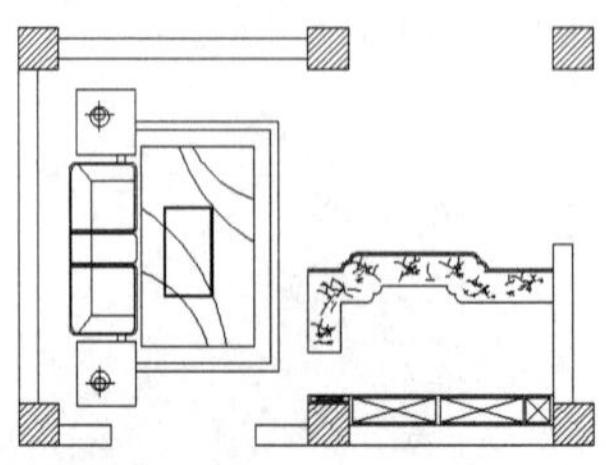
图 14-80　绘制弧线

（6）单击“绘图”工具栏中的“图案填充”按钮，按如图 14-81 所示设置填充参数。填充弧

线内部，并删除茶几挡住的弧线，如图 14-82 所示。

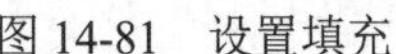
图 14-81　设置填充

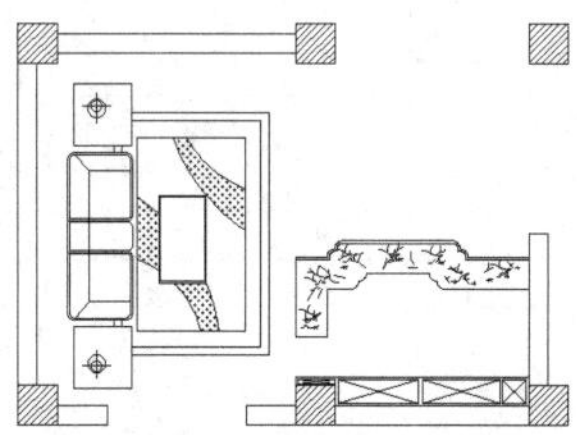
图 14-82　填充图案

14.3.4　绘制休息区地毯并标注尺寸及文字

（1）在命令行中输入“mline”，将多线样式修改为 ditan，然后绘制地毯边缘线，如图 14-83 所示。

（2）单击“绘图”工具栏中的“图案填充”按钮，填充地毯边缘与墙的间隙，填充图案选取类似地板花纹的图案，如图 14-84 所示。

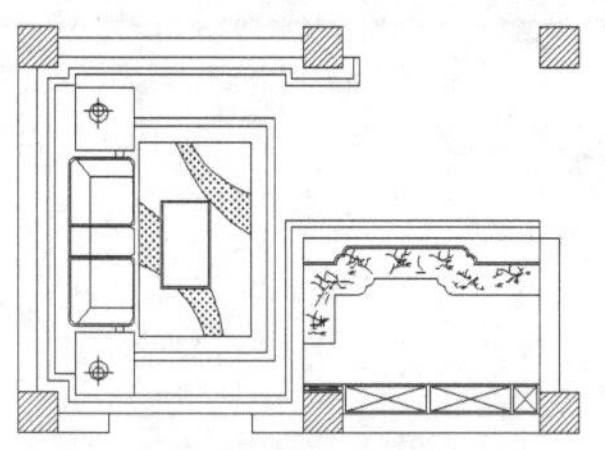
图 14-83　绘制地毯

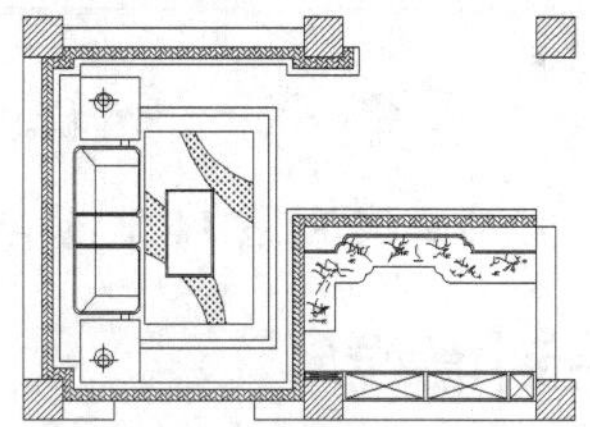
图 14-84　填充地毯图案

（3）单击“绘图”工具栏中的“图案填充”按钮，填充其他地面部分，如图 14-85 所示。

（4）添加尺寸和文字标注，如图 14-86 所示。

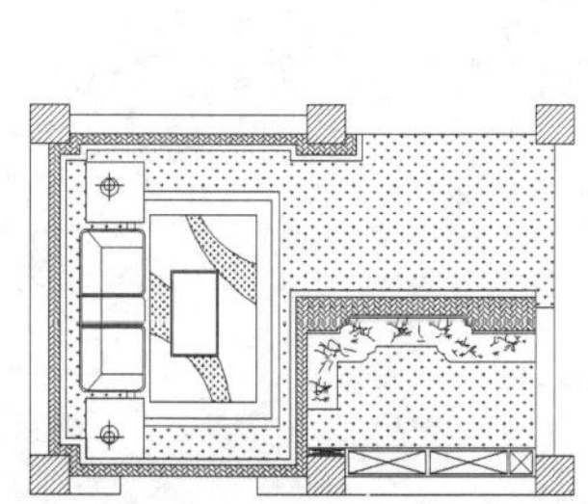
图 14-85　填充地毯

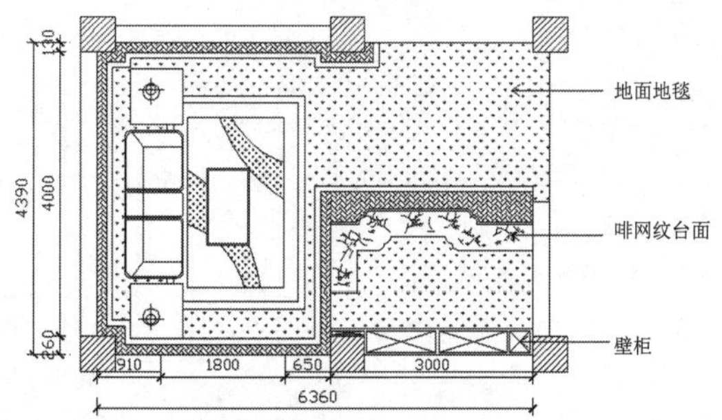

图 14-86　添加尺寸和文字标注

14.4 豪华包房平面布置图

本节介绍豪华包房平面布置图设计的相关知识及其绘图方法与技巧。绘制流程图如图 14-87 所示。

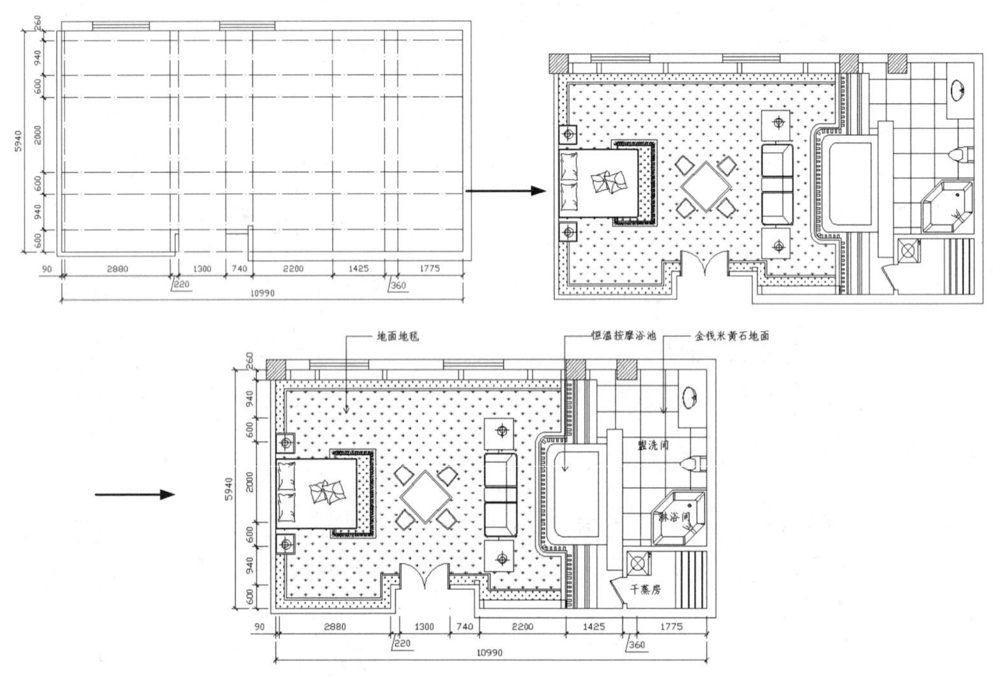

图 14-87 绘制豪华包房平面布置图

操作步骤：（光盘\动画演示\第 14 章\豪华包房平面布置图.avi）

14.4.1 绘制墙线

（1）文件和图层设置同前。首先绘制轴线，轴线间距如图 14-88 所示。

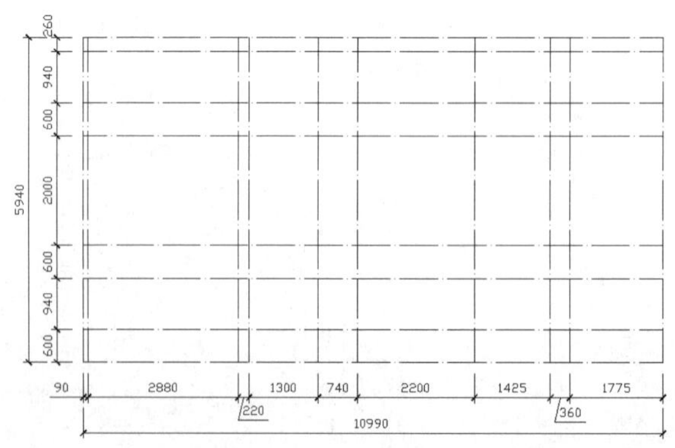

图 14-88 绘制轴线

（2）将“墙线”图层设为当前层。设定外墙和内墙的多线线型，如图 14-89 和图 14-90 所示。

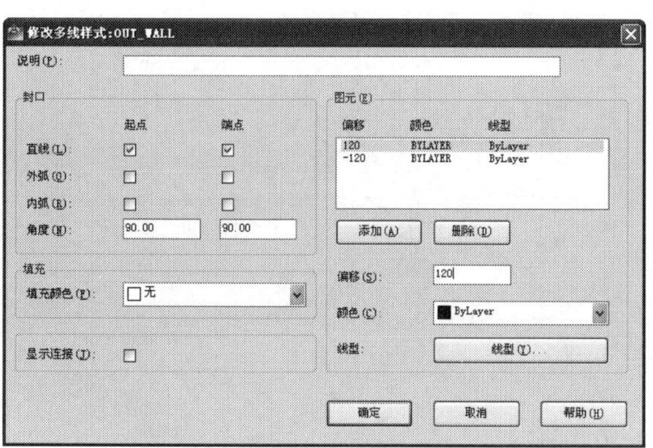

图 14-89　设置多线线型 out_wall

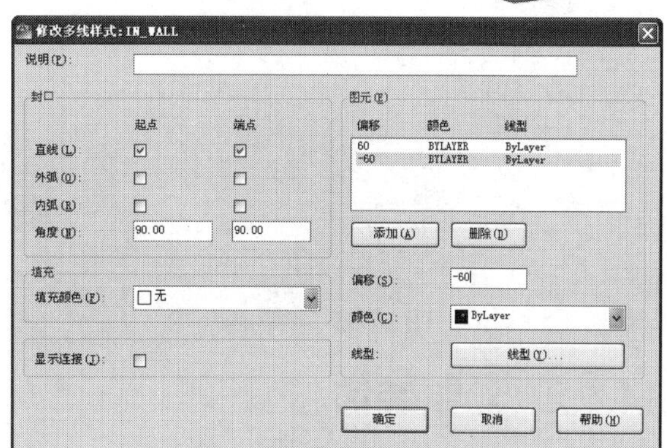

图 14-90　设置多线线型 in_wall

（3）按照图 14-91 的位置和尺寸，绘制外墙和内墙。

（4）选择菜单栏中的“格式”→“多线样式”命令，创建窗户线型，如图 14-92 所示。

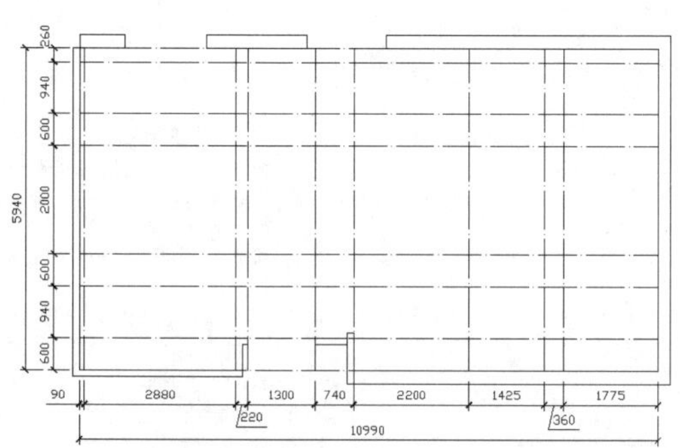

图 14-91　绘制墙线

图 14-92　创建窗户线型

（5）在外墙的断开处绘制窗线，如图 14-93 所示。

（6）打开 14.3 节绘制的休息区平面图，将柱子截面复制到本图中，并插入到相应位置，再单击“修改”工具栏中的“修剪”按钮，删除被柱子覆盖的墙线，如图 14-94 所示。

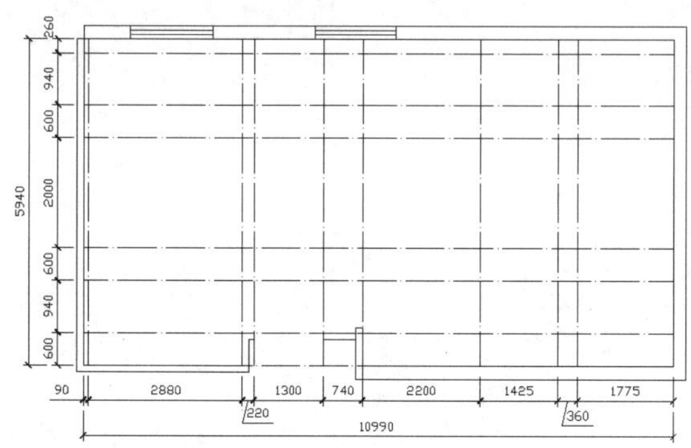

图 14-93　绘制窗线

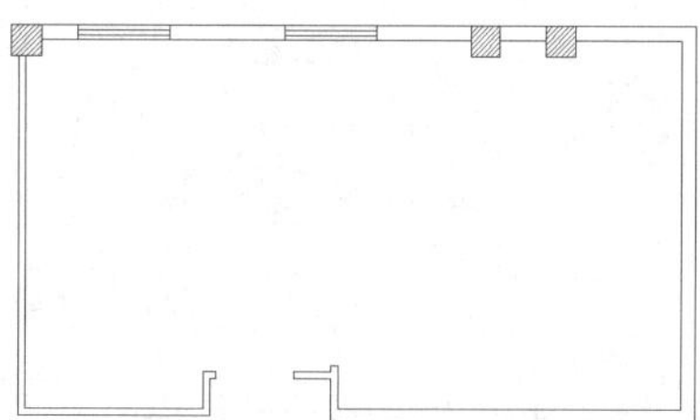

图 14-94　插入柱子

（7）用 in_wall 线型绘制内部隔墙，如图 14-95 所示。

（8）插入门图块，其中包括双开门和单开门，如图 14-96 所示。

Note

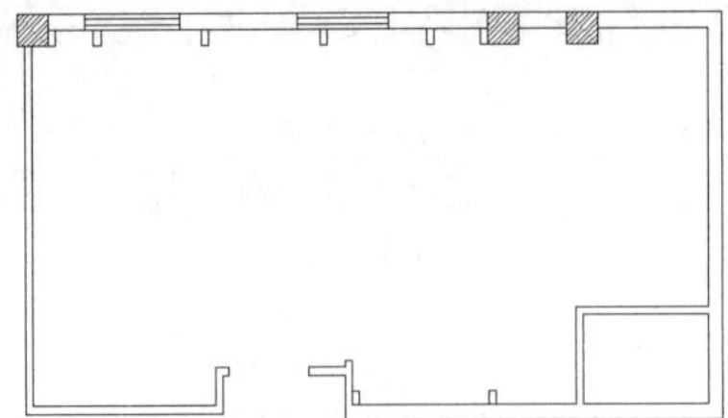
图 14-95　绘制内隔墙

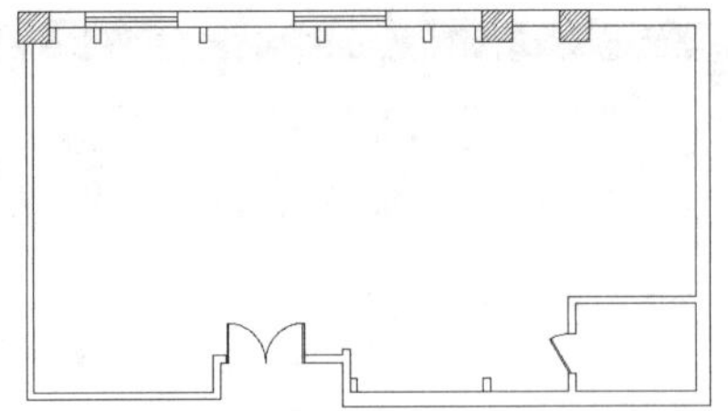
图 14-96　插入门图块

14.4.2　绘制装饰

将“装饰”图层设为当前层，绘制套房内的陈设。本豪华套房兼顾了洗浴和休息住宿的功能，分为两个区域，左侧为休息娱乐区，包括床、棋牌桌、沙发、电视等模块，右侧为洗浴区，包括浴池、淋浴房、盥洗室和干蒸房。

（1）绘制洗浴区的陈设。在干蒸房图 14-96 中右下侧的小房间中绘制垂直直线，作为干蒸房中的木条平台，如图 14-97 所示。

（2）打开住宅平面图，复制其中的洗衣机模块，将其粘贴到干蒸房中，如图 14-98 所示。

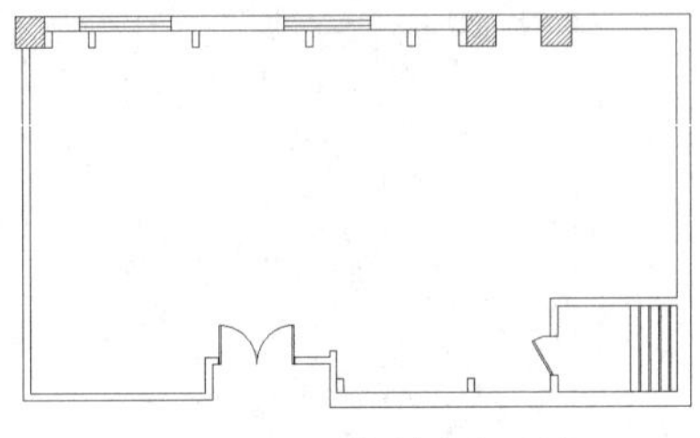
图 14-97　绘制木条平台

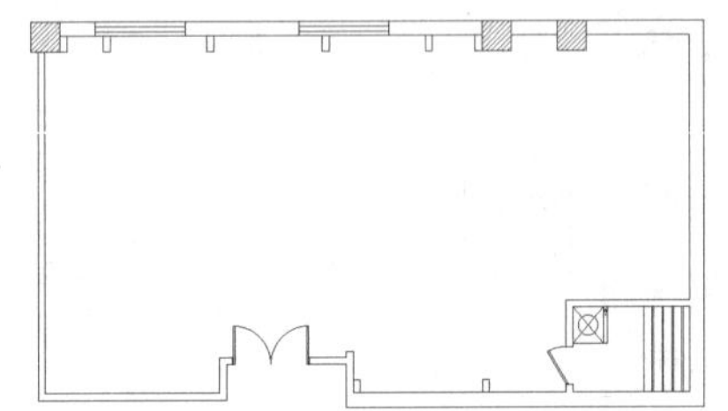
图 14-98　插入洗衣机模块

（3）单击“绘图”工具栏中的“矩形”按钮，在干蒸房左侧，绘制边长为 400×3000 的矩形，作为淋浴间和盥洗室的屏风，如图 14-99 所示。

（4）单击“绘图”工具栏中的“矩形”按钮，在干蒸房的上部，绘制边长为 1400 的矩形，作为淋浴房的外部轮廓，如图 14-100 所示。

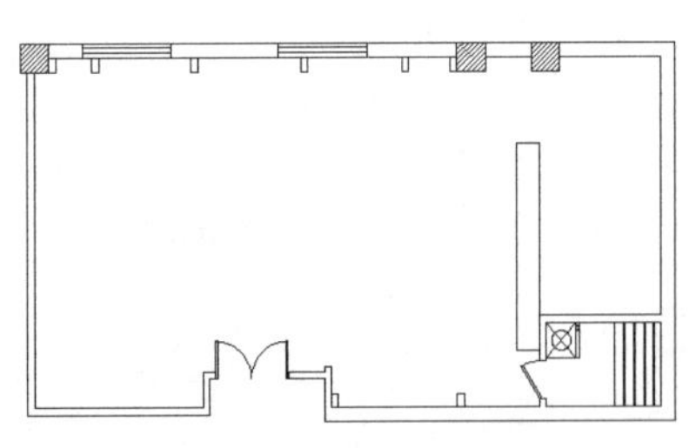
图 14-99　绘制屏风

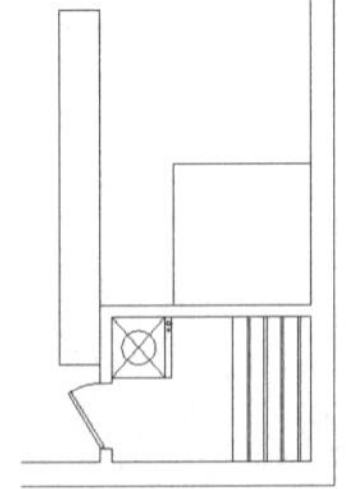
图 14-100　绘制矩形

（5）单击“绘图”工具栏中的“直线”按钮，在矩形的左上角绘制 45° 直线，并单击“修改”工具栏中的“修剪”按钮，将矩形剪切，如图 14-101 所示。单击“修改”工具栏中的“偏移”按钮，将矩形和斜线向内偏移 50 和 200，如图 14-102 所示。再次单击“修改”工具栏中的“修剪”按钮，将多余线条删除，如图 14-103 所示。

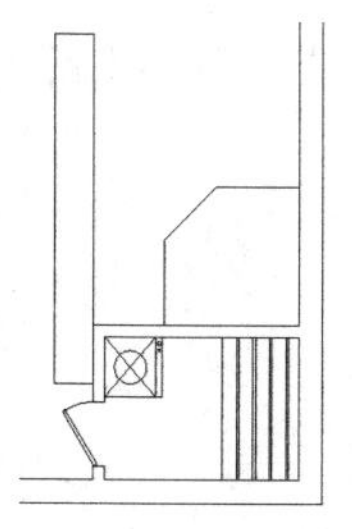

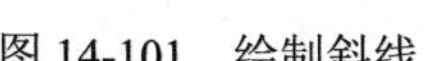

图 14-101　绘制斜线

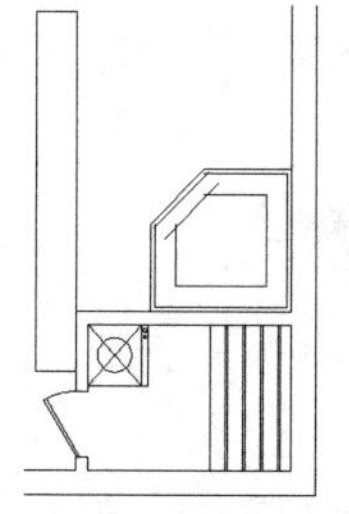

图 14-102　偏移图形

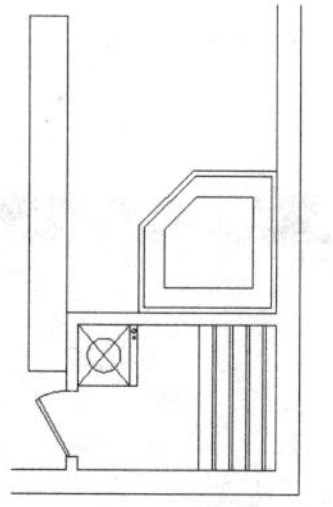

图 14-103　修剪图形

（6）用同样的方法，修改右下角的直线，将其也修改为斜向 45° 的直线，如图 14-104 所示。

（7）单击“修改”工具栏中的“圆角”按钮，将图中内部图形的转角修改为半径为 50 的圆角，如图 14-105 所示。

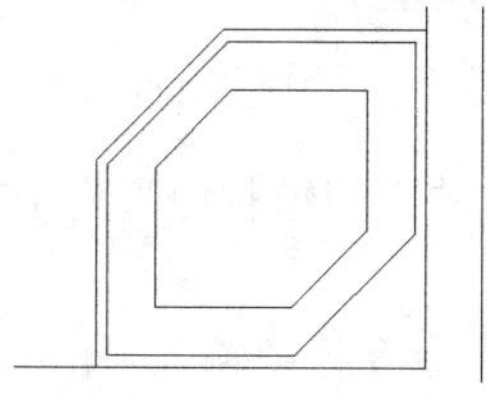

图 14-104　修改矩形

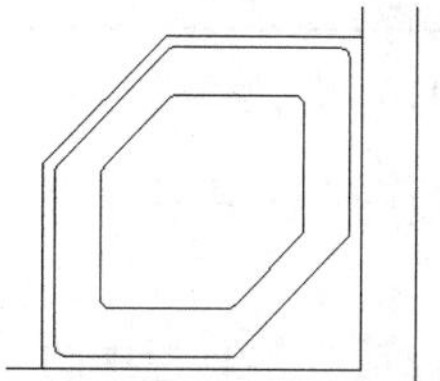

图 14-105　修改倒角

（8）单击“绘图”工具栏中的“直线”按钮，绘制淋浴房地板花纹，如图 14-106 所示。

（9）单击“绘图”工具栏中的“直线”按钮，绘制淋浴喷头和下水道口，如图 14-107 所示。

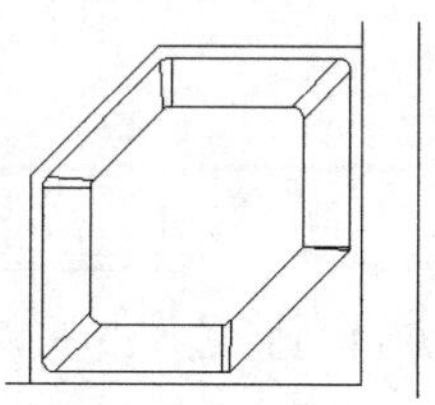

图 14-106　绘制花纹

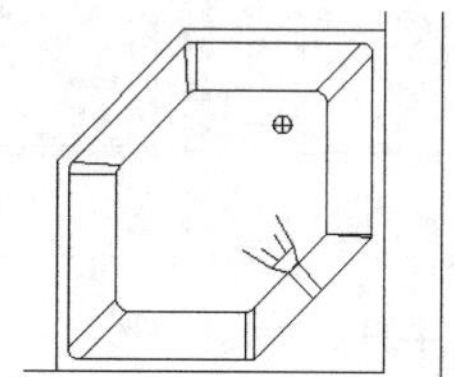

图 14-107　绘制喷头和下水道

（10）在住宅平面图中复制座便器和洗手池图形，并粘贴到淋浴房上方盥洗室的位置，如图 14-108 所示。

（11）在中间柱子的左侧，单击“绘图”工具栏中的“直线”按钮，绘制洗浴区和休息区的分界线，如图 14-109 所示。

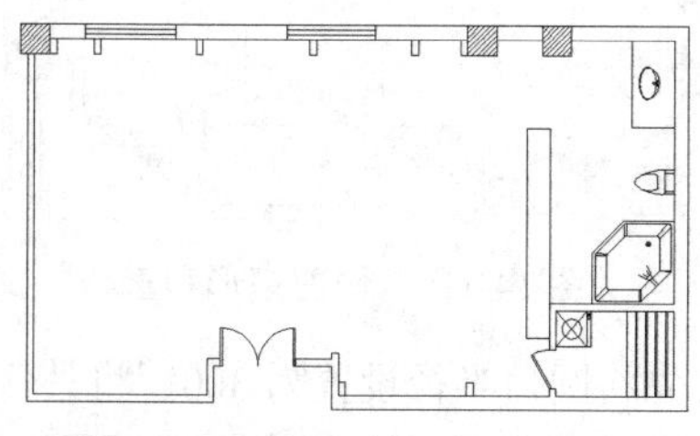

图 14-108　插入座便器和水池图块

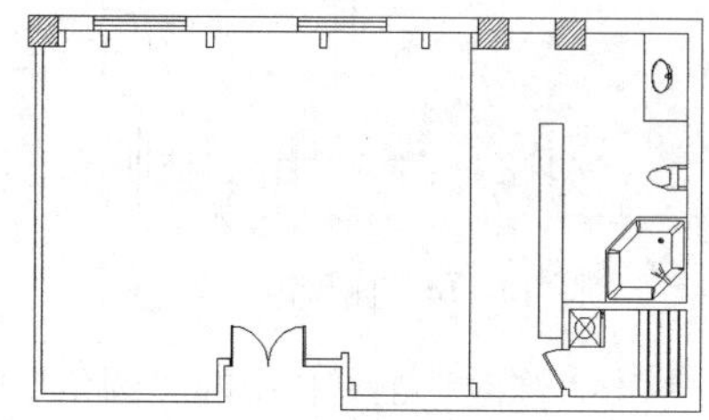

图 14-109　绘制分界线

（12）选择菜单栏中的“格式”→“多线样式”命令，创建多线样式，并将其命名为 fenjie，按照图 14-110 所示设置多线参数。

（13）在命令行中输入“mline”，在分界线的右侧绘制多线，将多线样式修改为fenjie，如图14-111所示。

Note

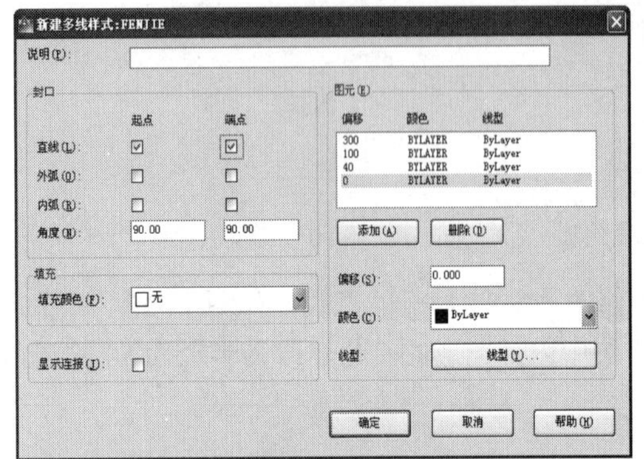

图14-110　创建多线样式

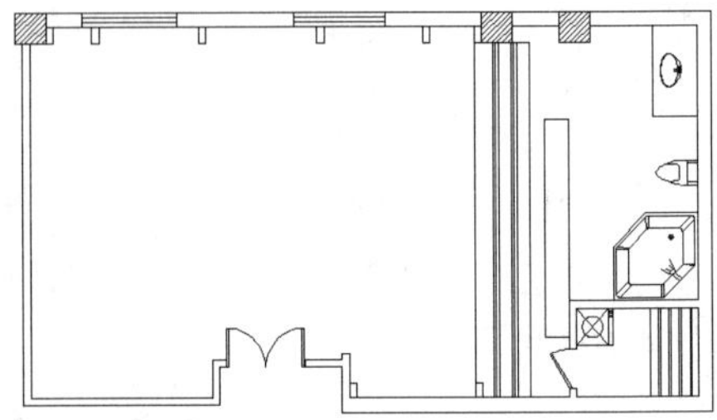

图14-111　绘制多线

（14）单击“绘图”工具栏中的“矩形”按钮，在多线的中间绘制边长为1500×2500的矩形，如图14-112所示。

（15）单击“修改”工具栏中的“修剪”按钮，或者在命令行中输入“trim”，将矩形内部的多线删除，如图14-113所示。

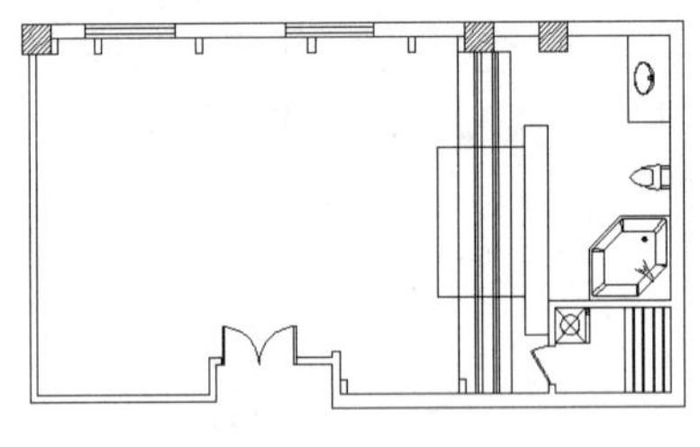

图14-112　绘制矩形

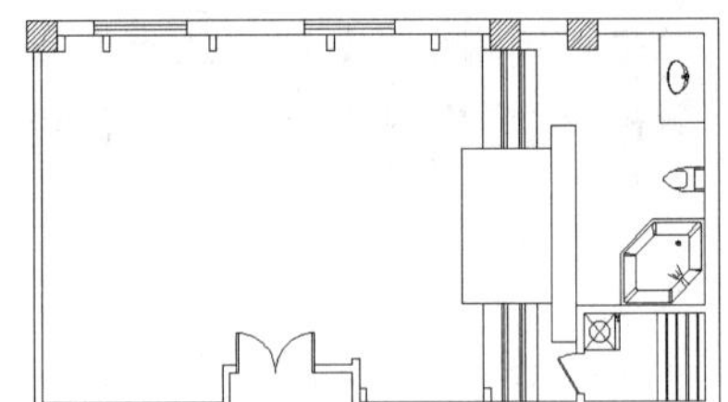

图14-113　删除矩形内部多线

（16）单击“修改”工具栏中的“偏移”按钮，将矩形向外偏移300，向内偏移200，如图14-114所示。

（17）单击“修改”工具栏中的“修剪”按钮，将图中的矩形按照图14-115所示进行修剪。

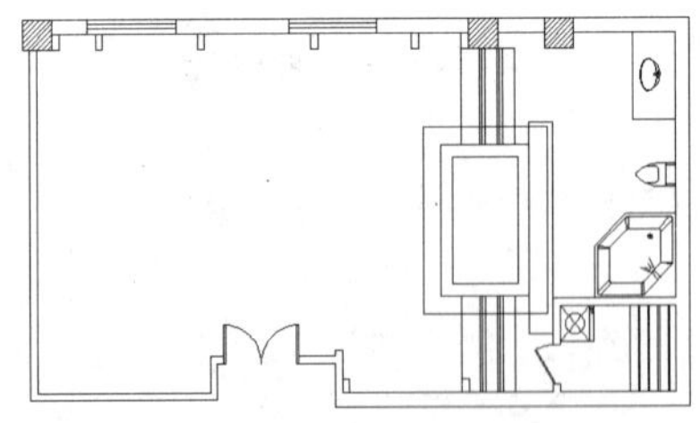

图14-114　偏移矩形

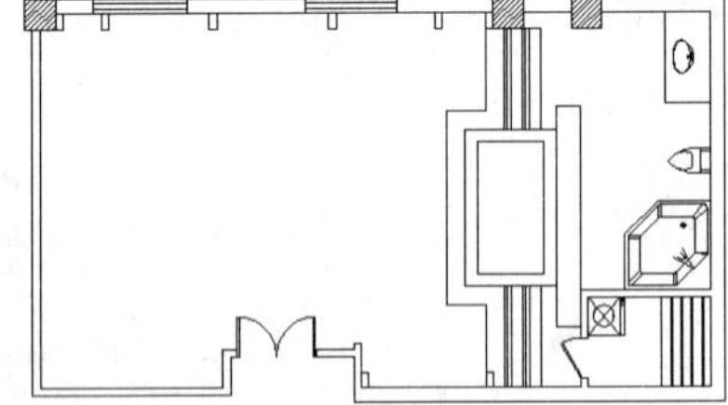

图14-115　修剪矩形和直线

（18）单击“修改”工具栏中的“圆角”按钮，首先将圆角半径设置为300，将外侧半矩形的角修改为圆角，然后将圆角半径修改为200，将内部圆角修改为半径为200的圆角，如图14-116所示。

（19）单击“修改”工具栏中的“偏移”按钮，将最左侧的直线和弧线向右偏移100和150，并在图中绘制花纹，代表台阶的装饰图案，如图14-117所示。

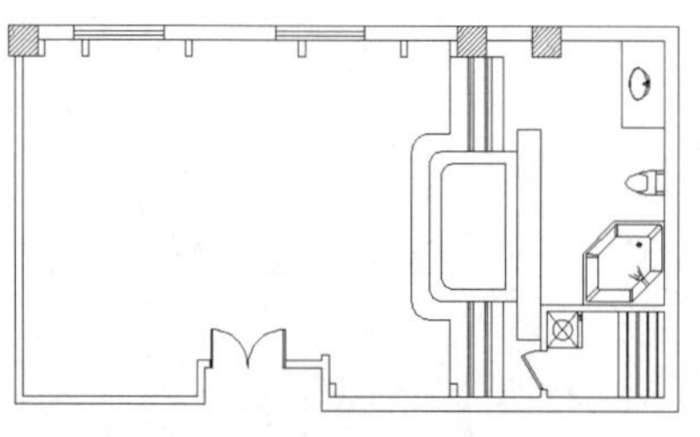

图 14-116　修改倒角

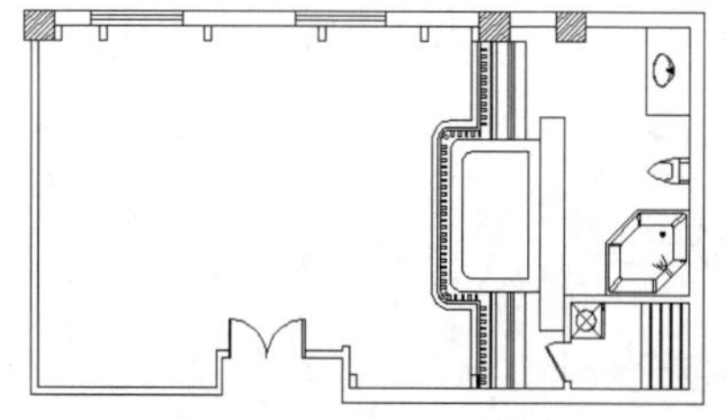

图 14-117　绘制台阶花纹

（20）打开平面图和按摩包房平面布置图，复制床、沙发和棋牌桌图块，插入左侧休息娱乐区相应的位置，如图 14-118 所示。

（21）新建多线样式，并将其命名为 dimian，按照图 14-119 所示进行设置。

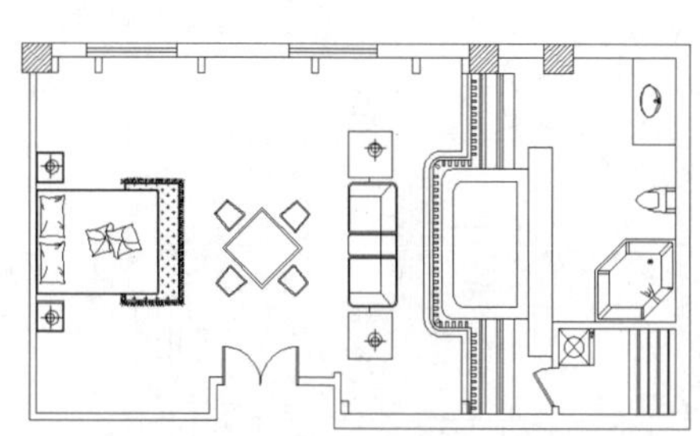

图 14-118　插入休息区模块

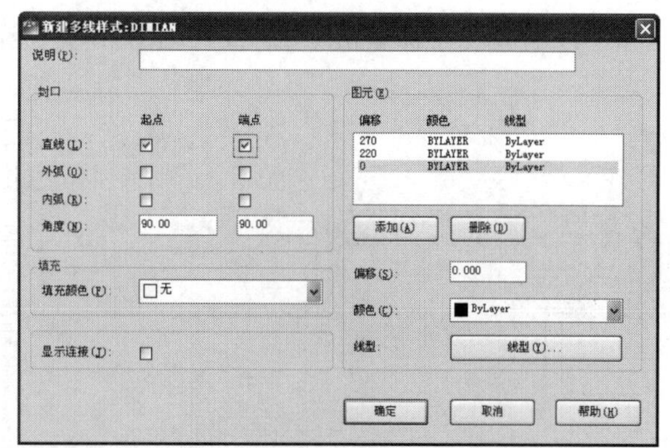

图 14-119　设置多线样式

（22）在图中绘制地脚的多线，如图 14-120 所示。

（23）单击“绘图”工具栏中的“图案填充”按钮，选择 GRASS 图案，将填充比例设置为 5，设定旋转角度为 90°，如图 14-121 所示；填充地脚部分，如图 14-122 所示。

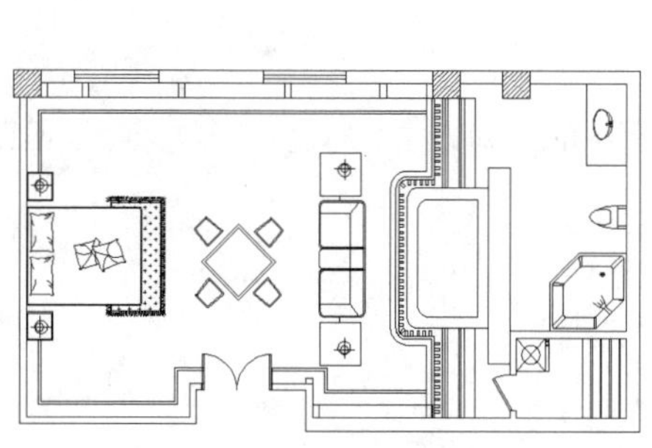

图 14-120　绘制地脚

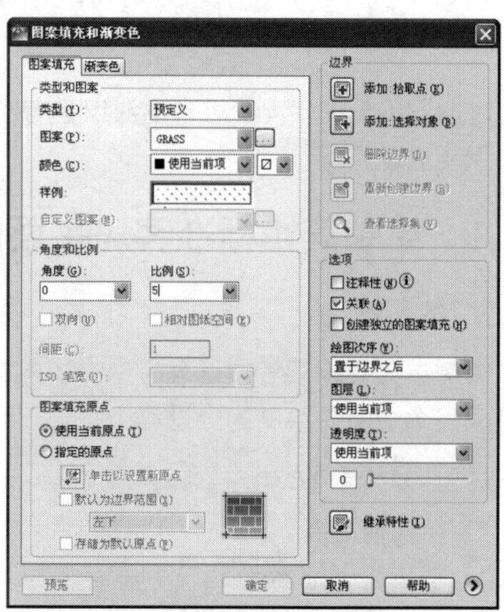

图 14-121　设置填充图案

（24）单击“绘图”工具栏中的“图案填充”按钮，保持填充图案为 GRASS，填充比例为 10，

Note

填充角度为0°，填充休息区地面，如图14-123所示。

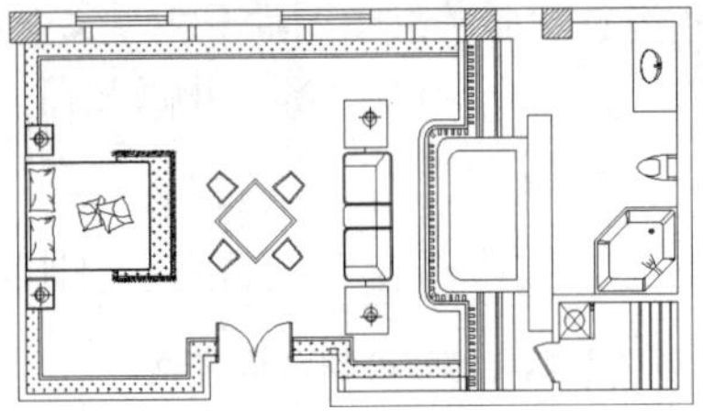

图14-122　填充地脚

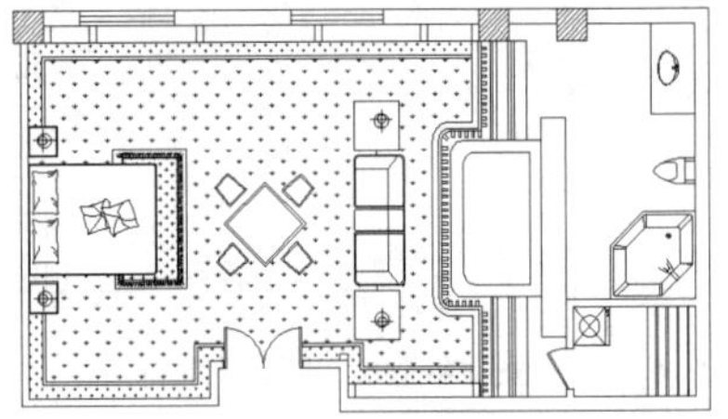

图14-123　填充地面

（25）用同样的方法填充洗浴区地面，填充图案选取为NET，填充比例设置为200，如图14-124所示。

（26）添加文字标注和尺寸标注，如图14-125所示。

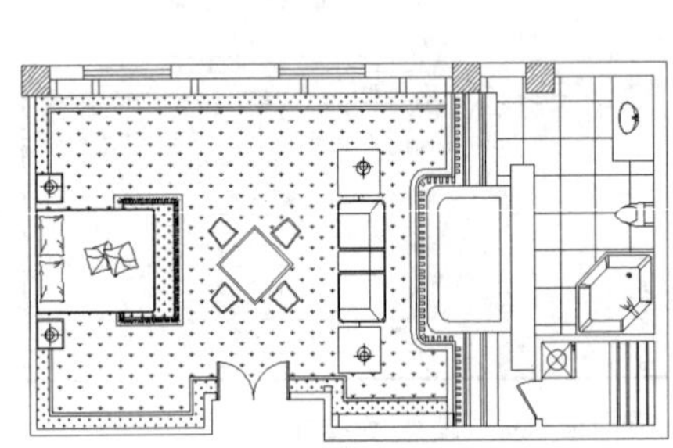

图14-124　填充洗浴区地面

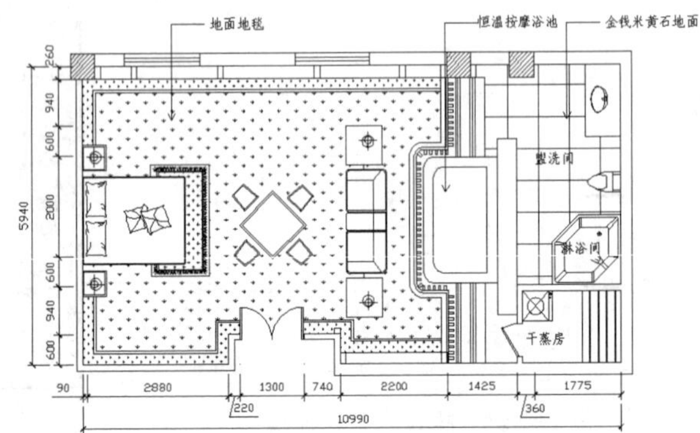

图14-125　插入文字标注和尺寸标注

14.5　上机操作

通过前面的学习，读者对本章知识也有了大体的了解，本节通过几个操作练习使读者进一步掌握本章知识要点。

14.5.1　绘制宾馆标准客房平面图

1. 目的要求

本实例主要要求读者通过练习进一步熟悉和掌握平面图的绘制方法。通过本实例，可以帮助读者学会完成整个平面图绘制的全过程。

2. 操作提示

（1）绘图前准备。

（2）初步绘制地面图案。

（3）形成地面材料平面图。

（4）在室内平面图中完善地面材料图案。

绘制结果如图14-126所示。

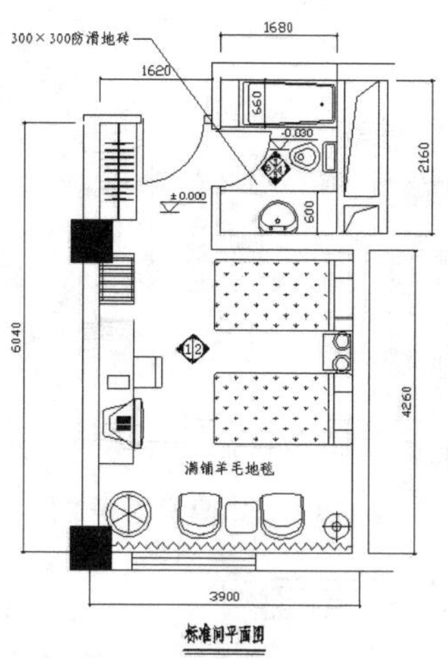

图 14-126 宾馆标准客房平面图

14.5.2 绘制宾馆双人床间客房平面图

1. 目的要求

本实例主要要求读者通过练习进一步熟悉和掌握平面图的绘制方法。通过本实例，可以帮助读者学会完成整个平面图绘制的全过程。

2. 操作提示

（1）整理图形。

（2）重新插入室内布置。

绘制结果如图 14-127 所示。

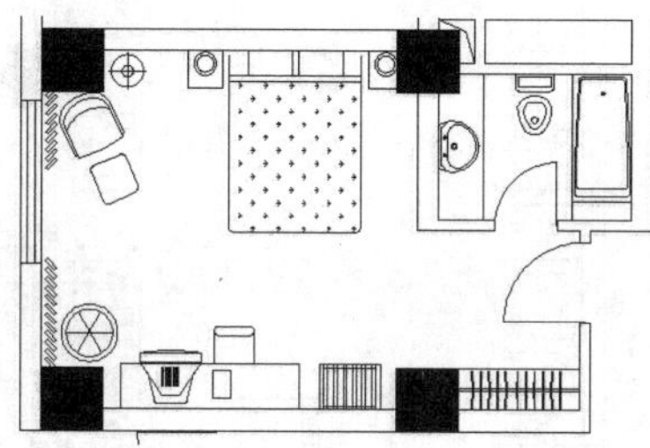

图 14-127 宾馆双人床间客房平面图

14.5.3 绘制宾馆套房客房平面图

1. 目的要求

本实例主要要求读者通过练习进一步熟悉和掌握平面图的绘制方法。通过本实例，可以帮助读者学会完成整个平面图绘制的全过程。

2. 操作提示

（1）整理图形。

（2）插入室内布置。

绘制结果如图 14-128 所示。

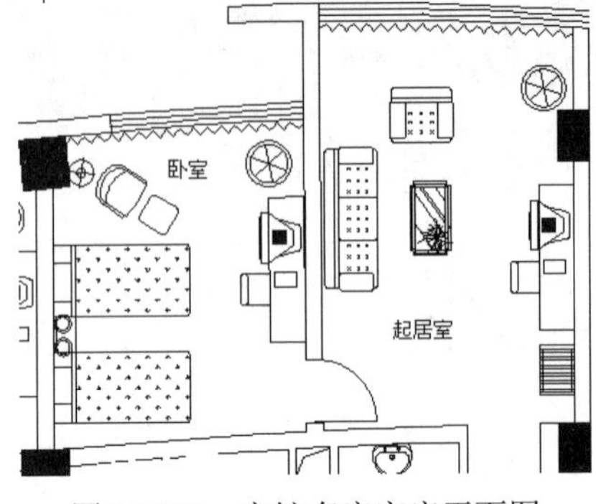

图 14-128　宾馆套房客房平面图

14.5.4　绘制宾馆小会议室平面图

1. 目的要求

本实例主要要求读者通过练习进一步熟悉和掌握平面图的绘制方法。通过本实例，可以帮助读者学会完成整个平面图绘制的全过程。

2. 操作提示

（1）整理图形。

（2）插入室内布置。

绘制结果如图 14-129 所示。

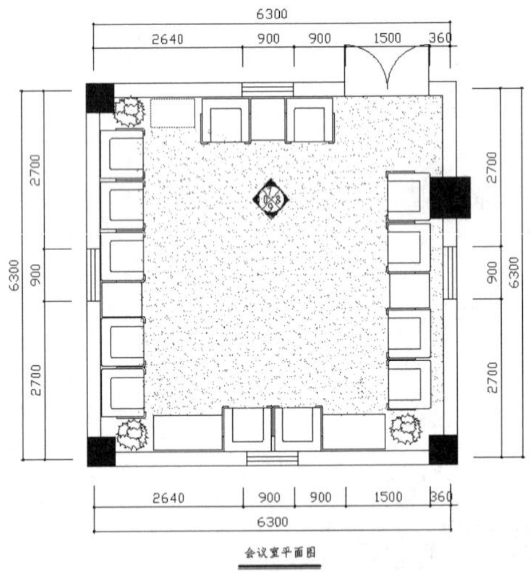

图 14-129　宾馆小会议室平面图

某洗浴中心立面图

本章将逐步绘制洗浴中心的立面图，包括按摩包房立面图以及豪华包房立面图，与第14章相对应。

☑ 按摩包房立面图

☑ 豪华包房立面图

任务驱动&项目案例

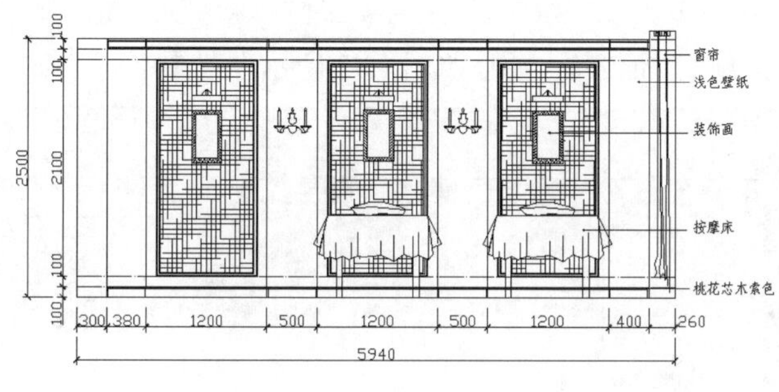

（1）

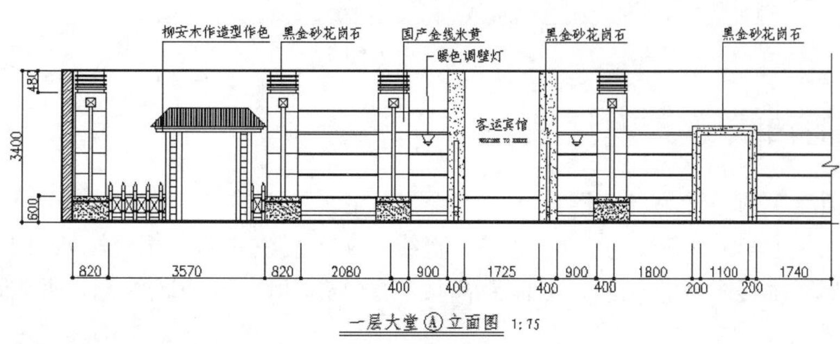

（2）

15.1 按摩包房立面图

Note

本节介绍按摩包房立面图设计的相关知识及其绘图方法与技巧。绘制流程图如图 15-1 所示。

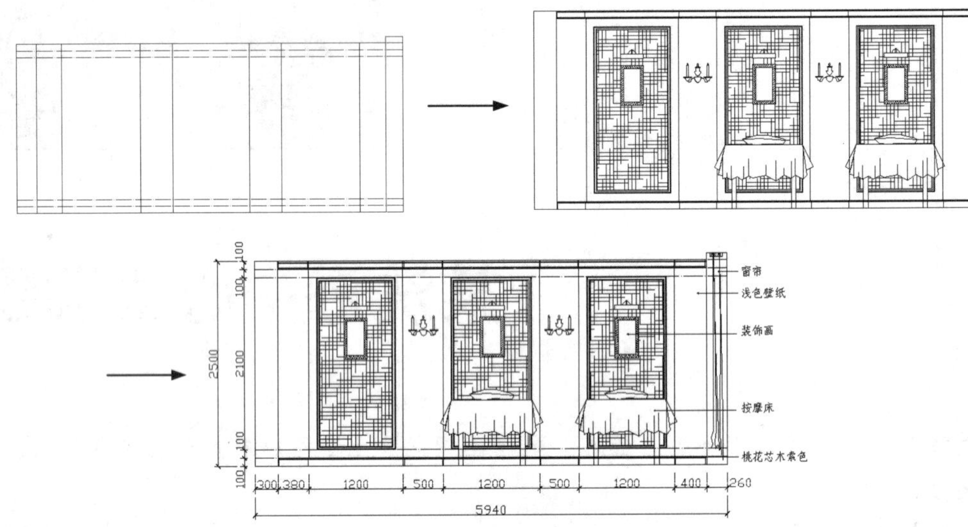

图 15-1 绘制按摩包房立面图

操作步骤：（光盘\动画演示\第 15 章\按摩包房立面图.avi）

15.1.1 绘图准备

新建文件，将其命名为“立面图”，并按照图 15-2 所示设置图层。

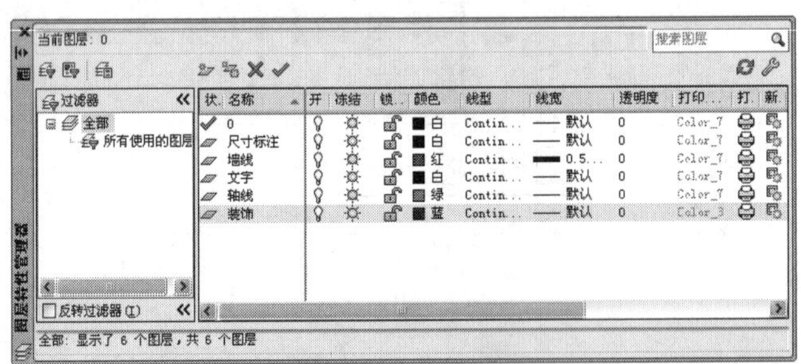

图 15-2 设置图层

15.1.2 绘制轴线

（1）将“轴线”图层设为当前层。单击“绘图”工具栏中的“直线”按钮，在图中绘制长为 5940 的水平直线，再绘制一条长为 2500 的竖直直线，两条直线的端点相交，如图 15-3 所示。

（2）复制水平轴线和竖直轴线，复制距离按照图 15-4 所示形成轴线网，并修改直线线型比例为 30。

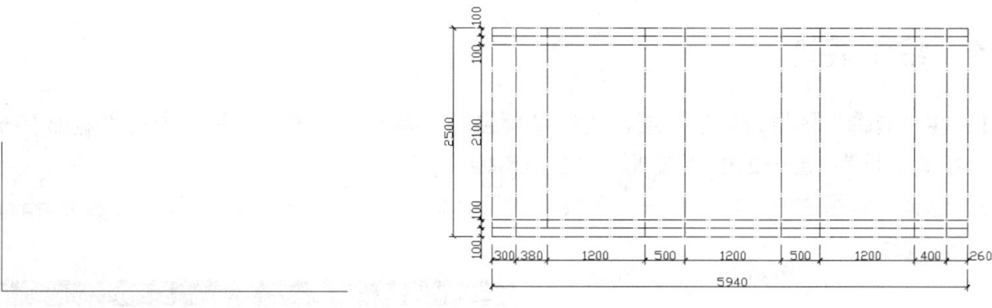

图 15-3　绘制轴线　　　　图 15-4　绘制轴线网

15.1.3　绘制背景

（1）将“墙线”图层设为当前层，按照轴线的距离绘制墙和柱子的轮廓线，如图 15-5 所示。

（2）在柱头和柱脚区域存在因装修包边形成的曲线，选择菜单栏中的“格式”→“多线样式”命令，建立多线，并将其命名为 dijiao，按照图 15-6 所示进行设置。

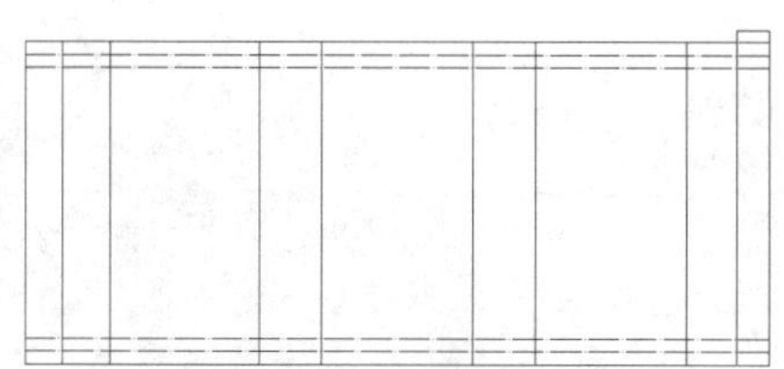

图 15-5　绘制背景墙线

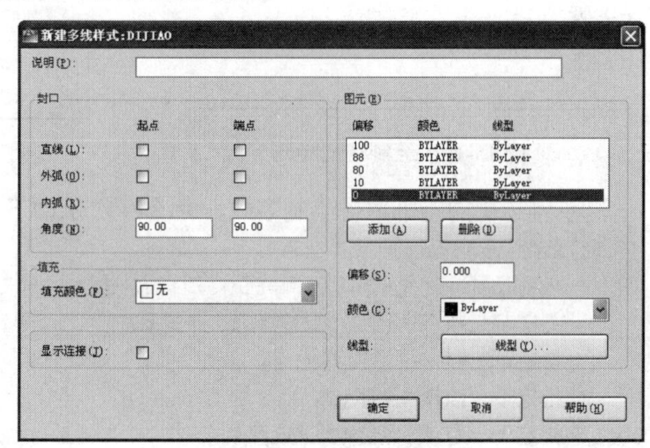

图 15-6　设置多线样式

（3）在图中绘制地脚和顶棚的装修吊顶线，如图 15-7 所示。

（4）当吊顶线通过柱子和墙的交接处时，会形成曲线，按照图 15-8 所示的方法绘制曲线。

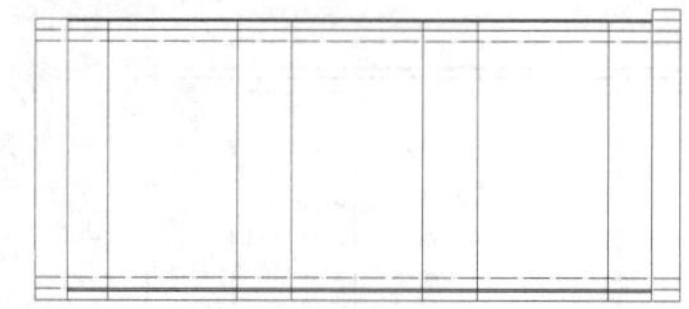

图 15-7　绘制装修吊顶线

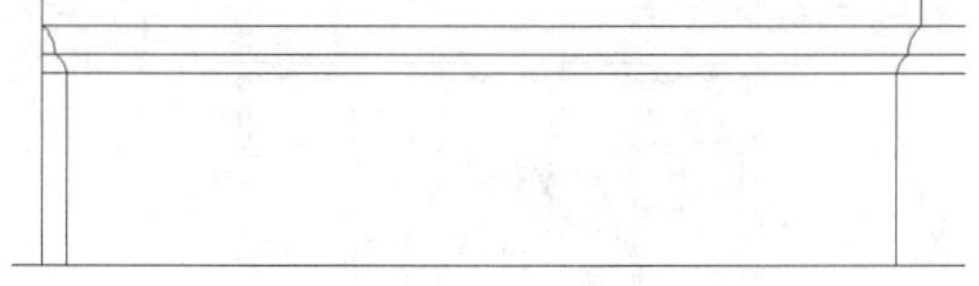

图 15-8　绘制柱脚线

绘制完成吊顶线和柱脚线，如图 15-9 所示。

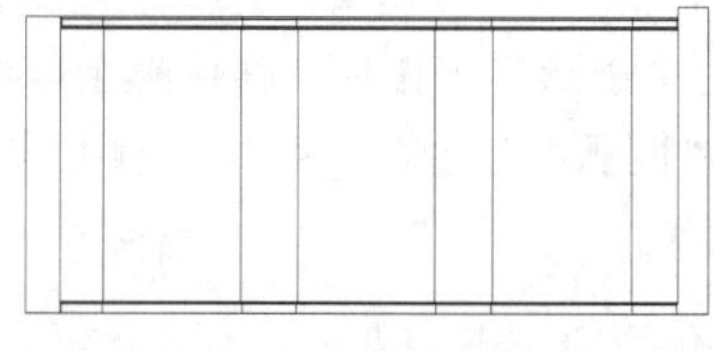

图 15-9　绘制柱脚

15.1.4 绘制装饰

Note

（1）将“装饰”图层设为当前层，绘制墙面装饰。单击“绘图”工具栏中的“矩形”按钮，在墙面上绘制边长为1000×2100的矩形，如图15-10所示。

（2）选择菜单栏中的“格式”→“多线样式”命令，新建多线样式，并将其命名为qiang，按照图15-11所示设置。

图15-10 绘制墙面矩形

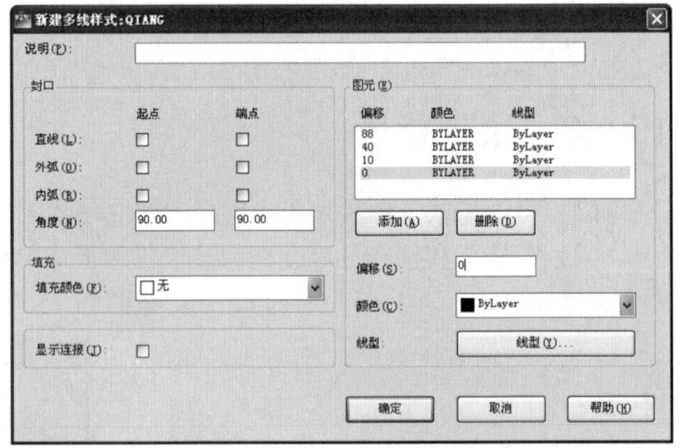

图15-11 设置多线样式qiang

沿刚刚绘制的矩形内侧绘制多线，命令行提示如下：

```
命令：mline
当前设置：对正=下，比例=1.00，样式=QIANG（多线样式选取为qiang）
指定起点或[对正(J)/比例(S)/样式(ST)]：（单击矩形一点）
指定下一点：（单击其他点）
指定下一点或[放弃(U)]：
指定下一点或[闭合(C)/放弃(U)]：
指定下一点或[闭合(C)/放弃(U)]：c（闭合多线）
```

绘制完成后如图15-12所示。

（3）单击“绘图”工具栏中的“矩形”按钮，在墙面上设置装饰画，画框为边长为300×500的矩形，如图15-13所示。

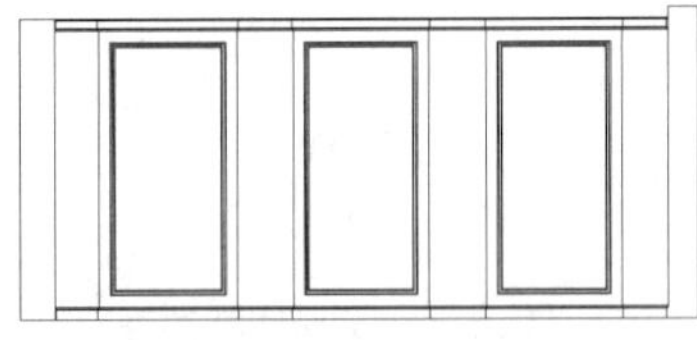

图15-12 绘制矩形边框

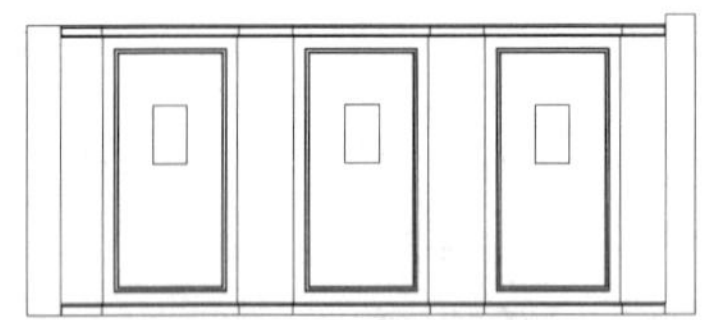

图15-13 绘制画框

（4）单击“修改”工具栏中的“偏移”按钮，将画框向内偏移40，如图15-14所示。

（5）单击“绘图”工具栏中的“矩形”按钮，在画框上方绘制墙面灯，即绘制边长为300×50的矩形；单击“绘图”工具栏中的“圆弧”按钮，在矩形的上方绘制半径为50的半圆，如图15-15所示。

绘制完成后如图15-16所示。

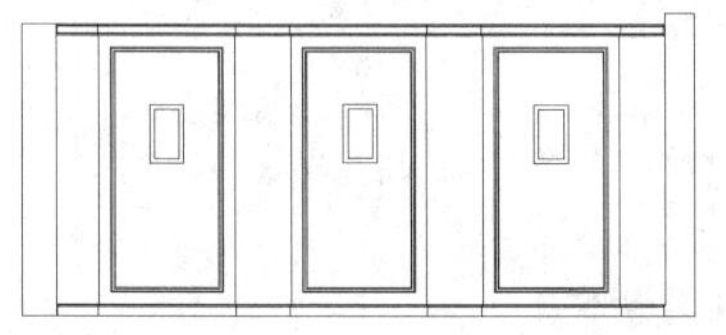

图 15-14　偏移矩形

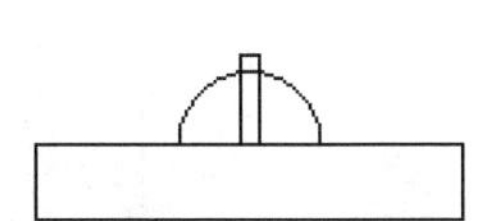

图 15-15　墙面灯

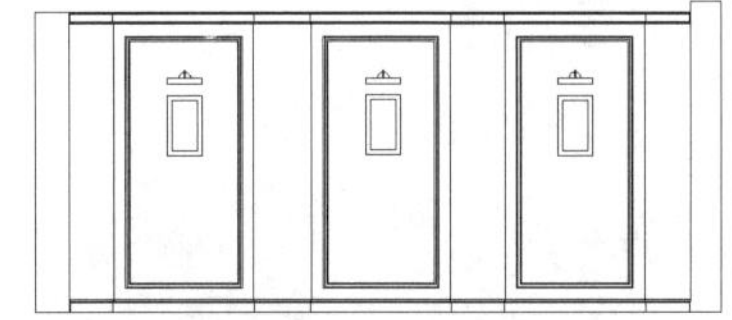

图 15-16　绘制墙面灯

（6）绘制按摩床的立面图模块。首先单击“绘图”工具栏中的“矩形”按钮，绘制边长为 1000×400 的矩形，再在下方绘制两个边长为 60×400 的矩形，如图 15-17 所示。在按摩床的上方以矩形的边缘作为参考线，绘制床单的轮廓线，绘制时可以关闭对象捕捉等辅助功能，绘制后如图 15-18 所示。

（7）在床上绘制枕头轮廓线，如图 15-19 所示。

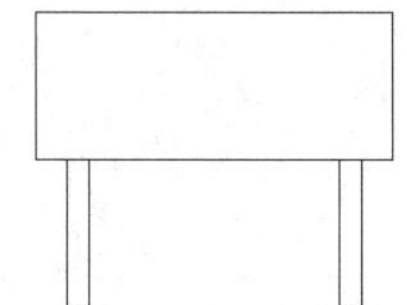

图 15-17　绘制按摩床轮廓

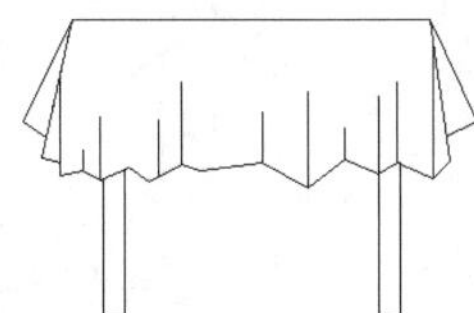

图 15-18　绘制床单

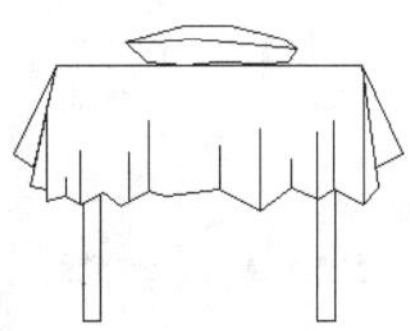

图 15-19　绘制枕头

（8）将按摩床模块插入到图中，如图 15-20 所示。

（9）单击“修改”工具栏中的“修剪”按钮，删除按摩床所覆盖的墙面线，如图 15-21 所示。

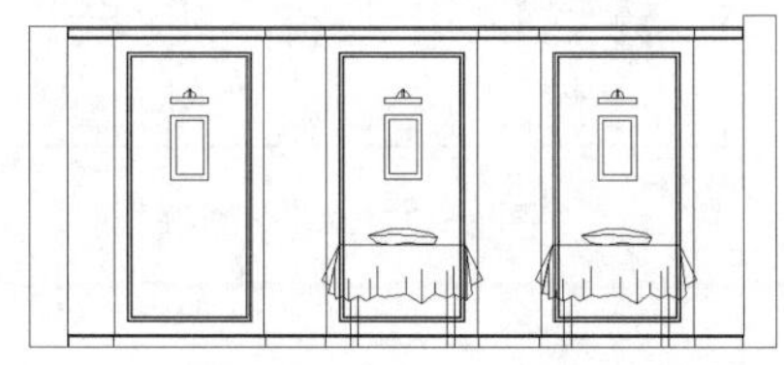

图 15-20　插入按摩床模块

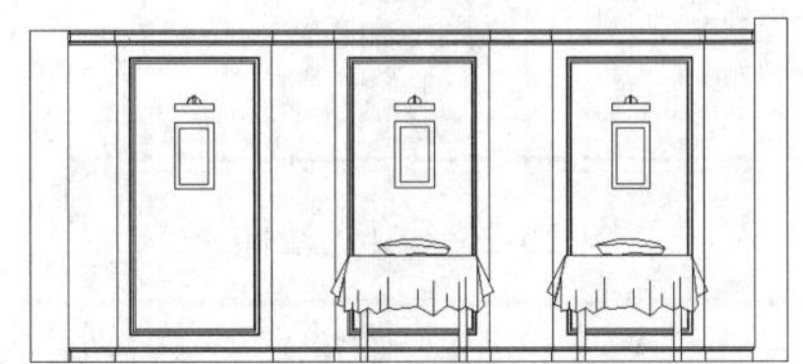

图 15-21　删除多余墙线

（10）在右侧的立柱上绘制窗帘线型。首先单击“绘图”工具栏中的“矩形”按钮，在顶部绘制两个边长为 100×50 的矩形，如图 15-22 所示。

（11）单击“绘图”工具栏中的“直线”按钮，在矩形中间绘制线条，如图 15-23 所示，作为固定窗帘的金属件。

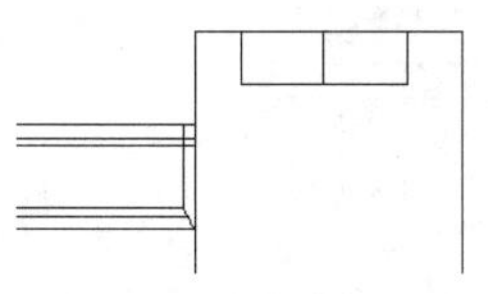

图 15-22　绘制矩形

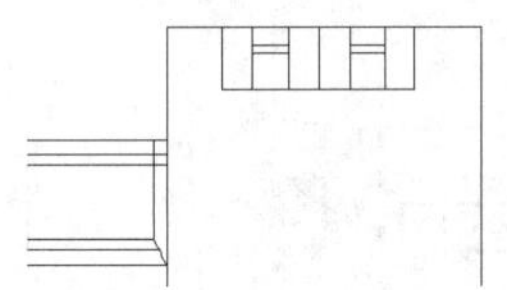

图 15-23　绘制金属件

（12）单击“绘图”工具栏中的“直线”按钮和“圆弧”按钮，绘制窗帘的线条，如图 15-24 所示。

（13）单击“绘图”工具栏中的“图案填充”按钮，将图案选取为 HOUND，填充比例为 30，如图 15-25 所示进行设置，填充墙面装饰，如图 15-26 所示。

（14）单击“绘图”工具栏中的“图案填充”按钮，将画框填充为图案 AR-HBONE，填充比例为 0.2，填充后如图 15-27 所示。

Note

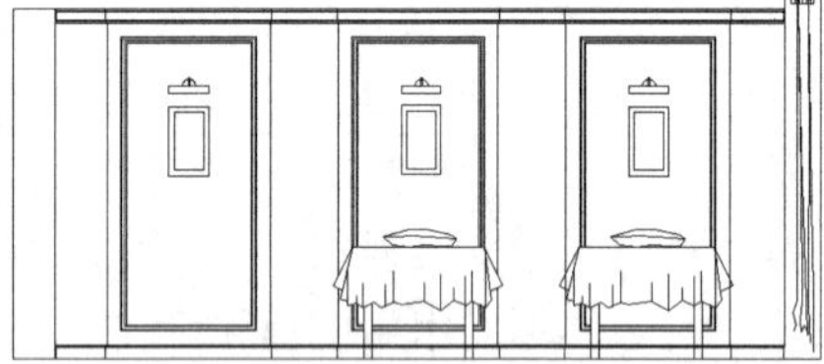

图 15-24　绘制窗帘

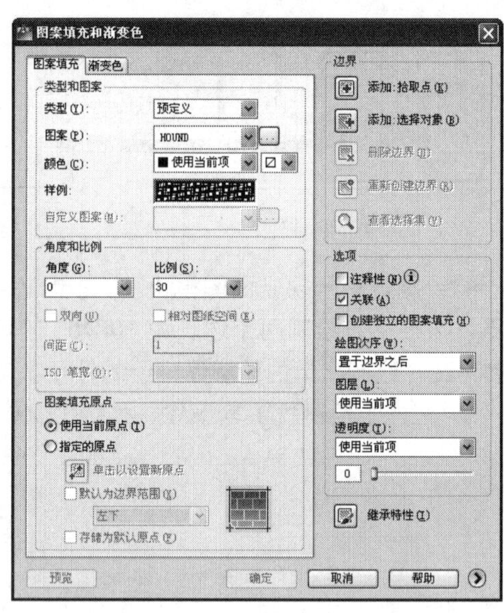

图 15-25　设置填充参数

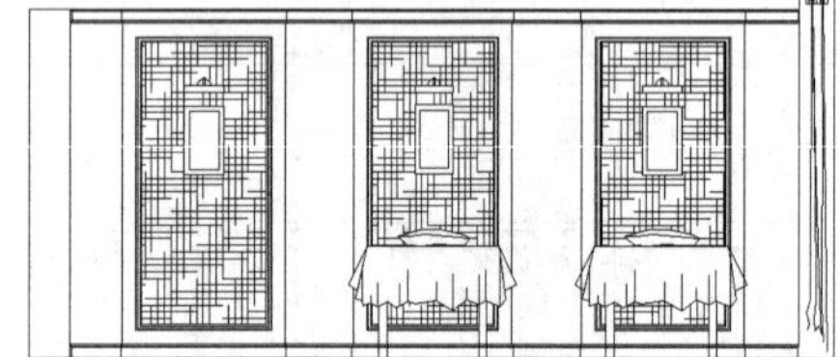

图 15-26　填充墙面

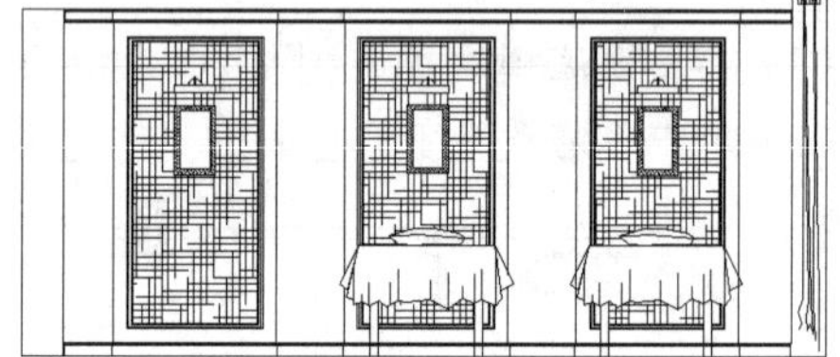

图 15-27　填充画框

（15）在柱子中间插入蜡烛台，具体图块画法如下：

❶ 单击“绘图”工具栏中的“矩形”按钮▭，在图中绘制边长为 100×10 的矩形，如图 15-28 所示。

❷ 单击“绘图”工具栏中的“矩形”按钮▭，在中间绘制垂直直线作为辅助线，如图 15-29 所示。在矩形下方绘制长度为 30 的直线，如图 15-30 所示。单击“绘图”工具栏中的“圆弧”按钮，在左侧绘制弧线，如图 15-31 所示。单击“修改”工具栏中的“镜像”按钮，将弧线复制到右侧，如图 15-32 所示。

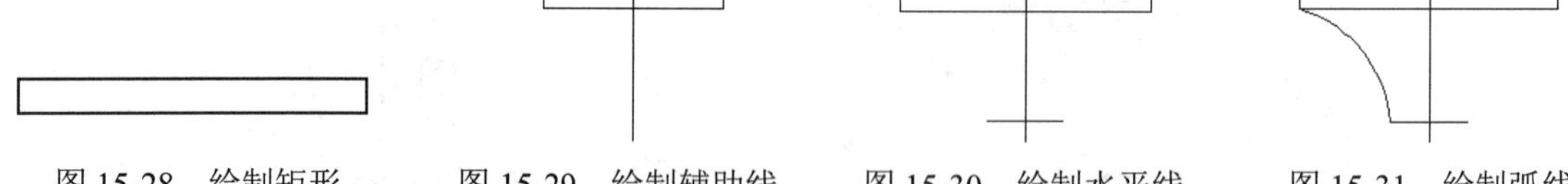

图 15-28　绘制矩形　　图 15-29　绘制辅助线　　图 15-30　绘制水平线　　图 15-31　绘制弧线

❸ 单击“绘图”工具栏中的“直线”按钮，在此图形的右侧绘制长度为 80 的直线，并且在两侧绘制如图 15-33 所示的图形。

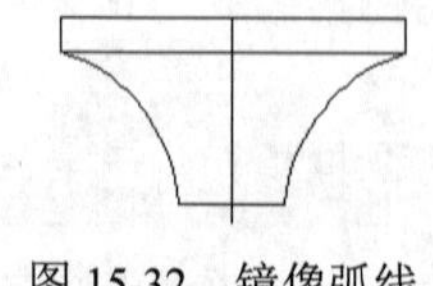

图 15-32　镜像弧线

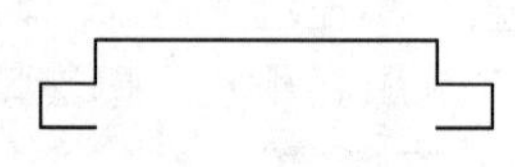

图 15-33　绘制灯托

同样在中间绘制垂直辅助线，然后绘制弧线，如图 15-34 所示。

❹ 由左侧的图形下部中点引出弧线，如图 15-35 所示。再由弧线的末端引出另外一条弧线，与右侧图形左侧竖线中点相连，如图 15-36 所示。

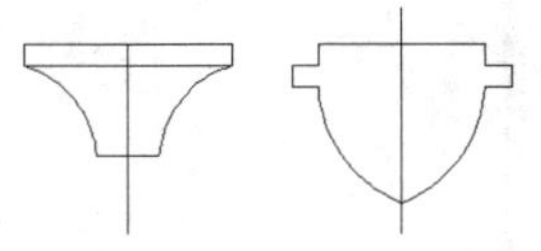

图 15-34　绘制灯托

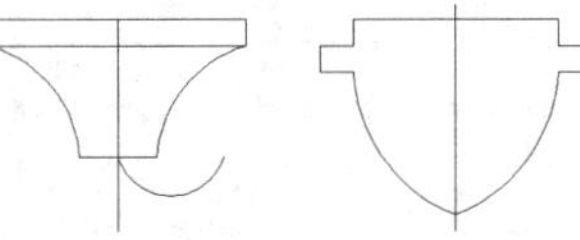

图 15-35　绘制弧线

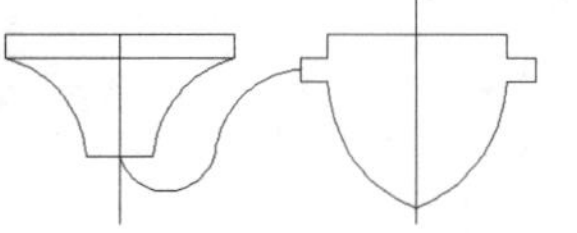

图 15-36　绘制架子

❺ 在左侧灯托上方绘制边长为 30×100 的矩形代表蜡烛，如图 15-37 所示。在蜡烛顶端用“弧线”命令绘制火苗，如图 15-38 所示。

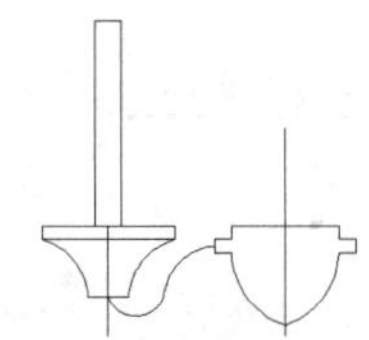

图 15-37　绘制蜡烛

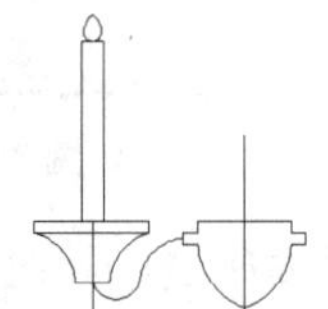

图 15-38　绘制火苗

❻ 单击“绘图”工具栏中的“直线”按钮和“圆弧”按钮，绘制中间的蜡烛台，并将左侧图形镜像到右侧，如图 15-39 所示。

（16）将蜡烛台插入到图中，如图 15-40 所示。

图 15-39　绘制蜡烛台

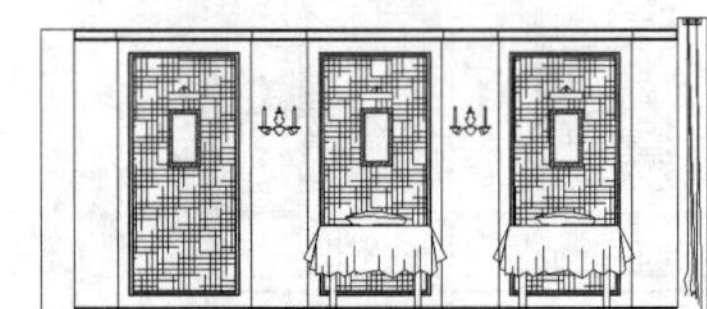

图 15-40　插入蜡烛台

15.1.5　尺寸和文字标注

（1）将“尺寸标注”图层设为当前层，按照图 15-41 所示设置尺寸标注样式。

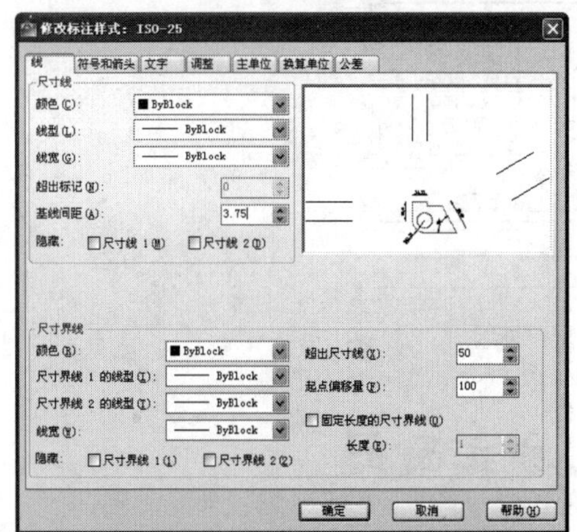

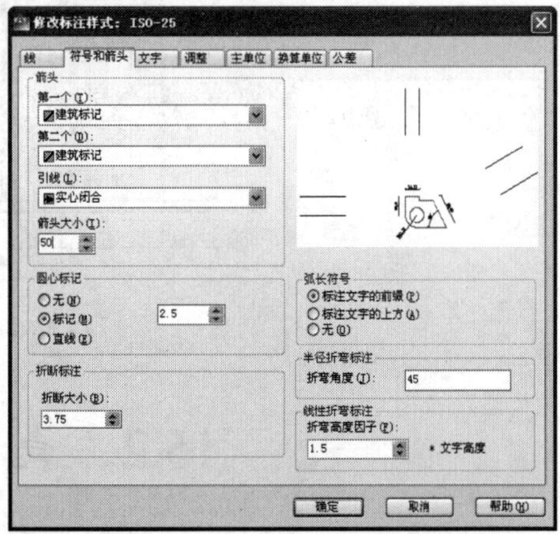

图 15-41　设置尺寸标注样式

Note

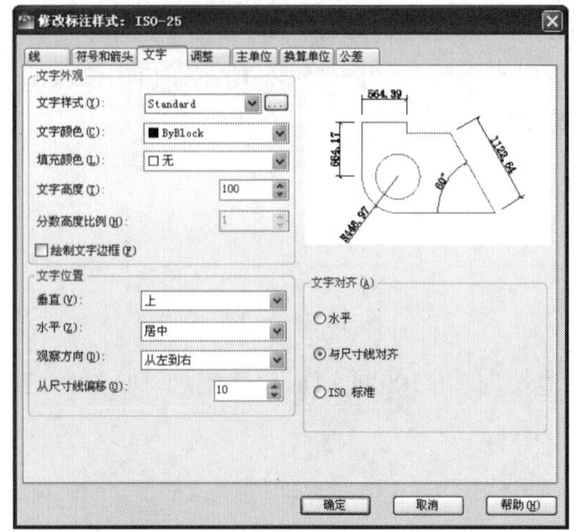

图 15-41　设置尺寸标注样式（续）

（2）在图中插入尺寸标注，如图 15-42 所示。

（3）选择菜单栏中的“格式”→“文字样式”命令，按照图 15-43 所示参数设置文字样式。

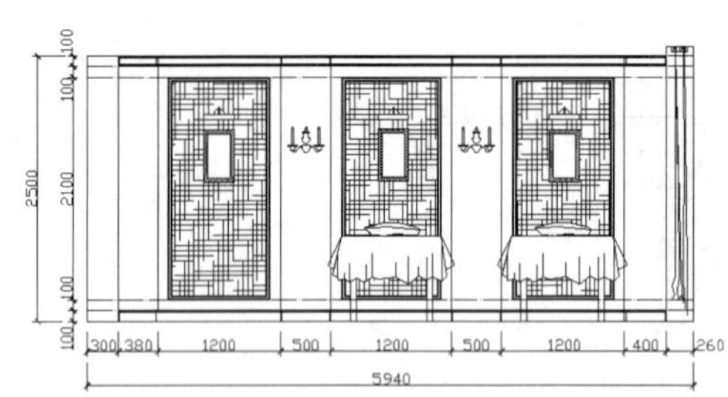

图 15-42　插入尺寸标注

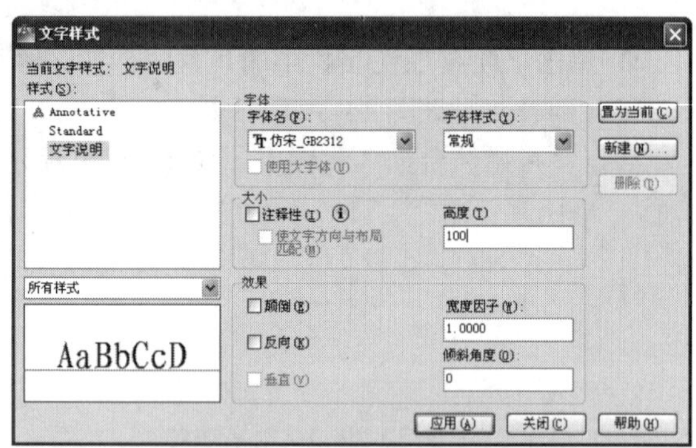

图 15-43　设置文字样式

（4）将“文字”图层设为当前层，在图中添加文字标注，如图 15-44 所示。

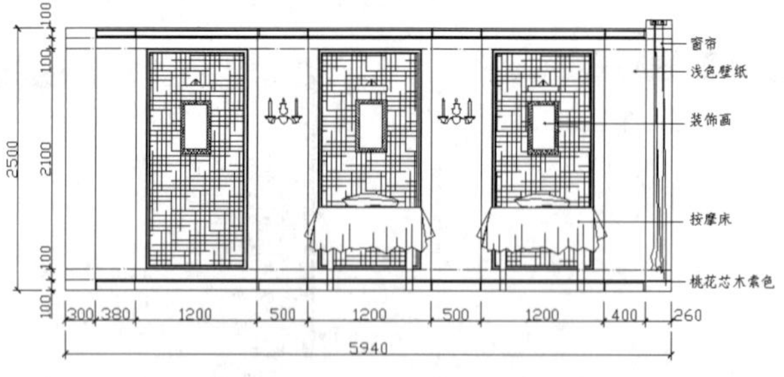

图 15-44　插入文字标注

15.2　豪华包房立面图

本节介绍豪华包房立面图设计的相关知识及其绘图方法与技巧。绘制流程图如图 15-45 所示。

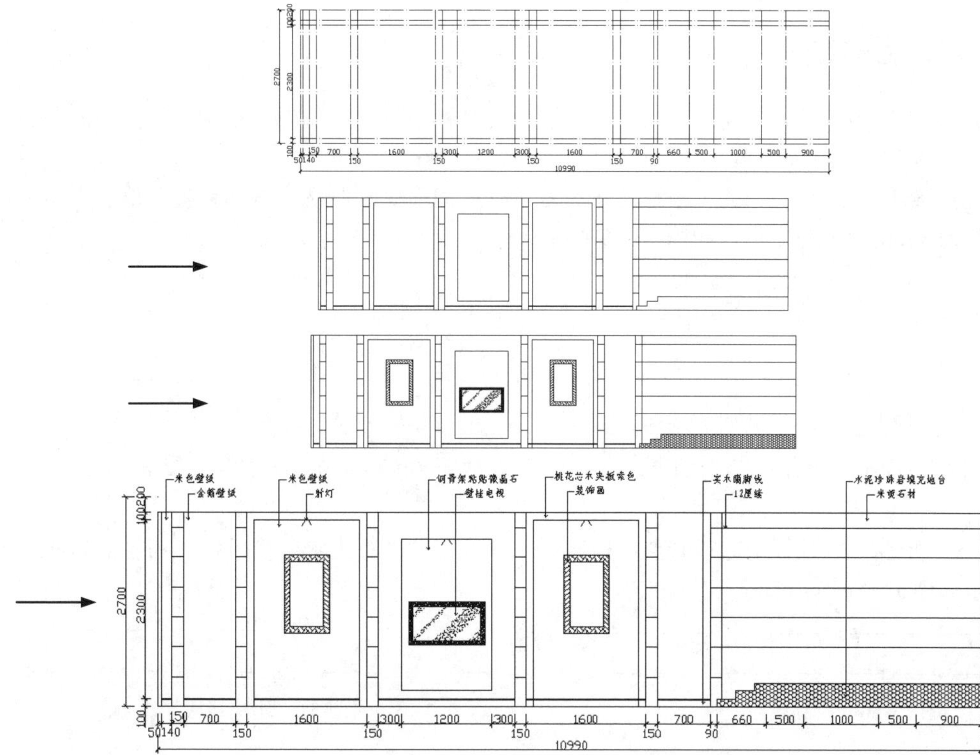

图 15-45　绘制豪华包房立面图

操作步骤：（光盘\动画演示\第 15 章\豪华包房立面图.avi）

15.2.1　绘图准备

（1）新建文件，命名为“豪华包房立面图”，图层设置同第 14 章。

（2）将“轴线”图层设为当前层，单击“绘图”工具栏中的“直线”按钮，在图中绘制长 10990 的水平轴线和长 2700 的垂直轴线，如图 15-46 所示。

图 15-46　绘制轴线

（3）按照图 15-47 所示尺寸，复制轴线，并将轴线的线型比例设置为 20。

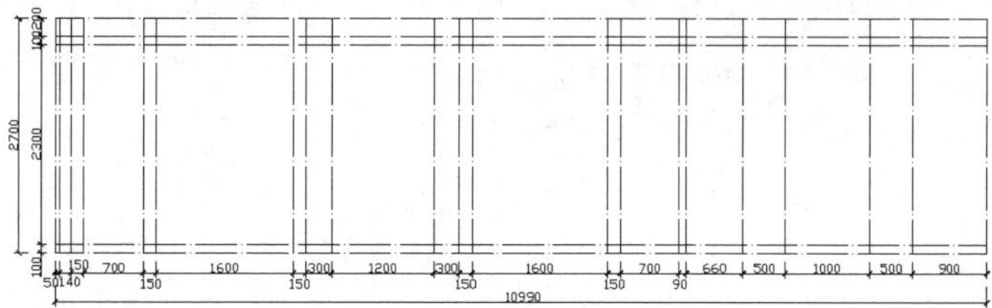

图 15-47　绘制轴线

Note

15.2.2 绘制墙面线

（1）将“墙线”图层设为当前层，单击“绘图”工具栏中的“矩形”按钮，在图中沿外层轴线绘制矩形，如图 15-48 所示。

（2）单击“绘图”工具栏中的“矩形”按钮，在房间右侧绘制洗浴区的台阶，以右下角为端点，绘制边长为 3560×300 的矩形，如图 15-49 所示。

图 15-48　绘制外层轮廓　　图 15-49　绘制洗浴区地面

（3）在小矩形左侧，以左上角为端点，绘制边长为 250×200 和 500×100 的两个矩形，如图 15-50 所示。

（4）单击“修改”工具栏中的“修剪”按钮，或者在命令行中输入“trim”，将矩形台阶以外的部分删除，如图 15-51 所示。

图 15-50　绘制台阶　　图 15-51　删除线段绘制台阶

15.2.3 绘制装饰

（1）将“装饰”图层设为当前层，包房的墙壁用壁纸和石材装饰，根据轴线的位置绘制壁纸，如图 15-52 所示。

（2）在各个区段中绘制矩形，作为墙面的贴面装饰，如图 15-53 所示。

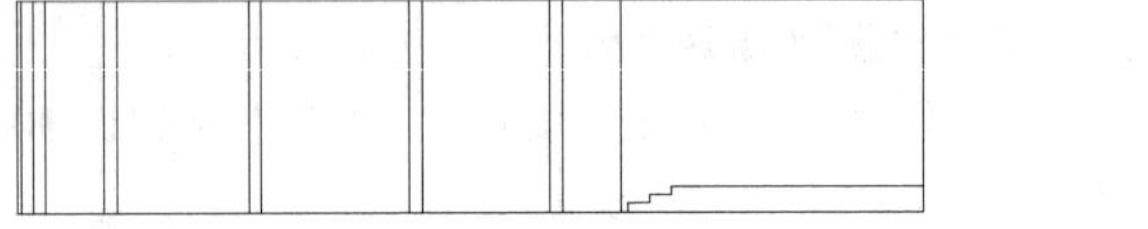

图 15-52　绘制墙面装饰

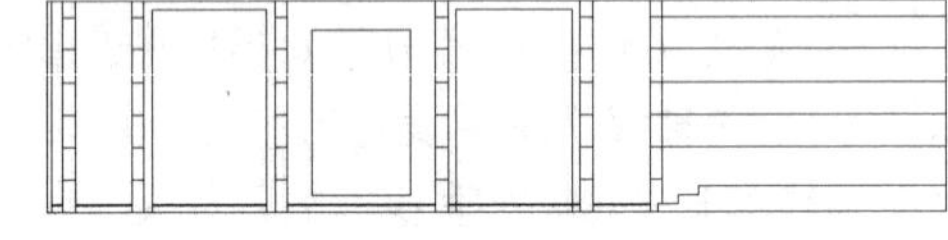

图 15-53　绘制墙面

（3）绘制电视模块。

❶ 单击“绘图”工具栏中的“矩形”按钮，在中间的矩形内侧绘制边长为 1000×550 的矩形，如图 15-54 所示。

❷ 单击“修改”工具栏中的“偏移”按钮，将矩形向内侧偏移 20 和 50，如图 15-55 所示。

❸ 单击“绘图”工具栏中的“直线”按钮和“修改”工具栏中的“复制”按钮，在图中绘制倾斜直线，并进行复制，如图 15-56 所示。单击“修改”工具栏中的“修剪”按钮，以内侧矩形为剪切边，删除矩形外侧的斜线，如图 15-57 所示。

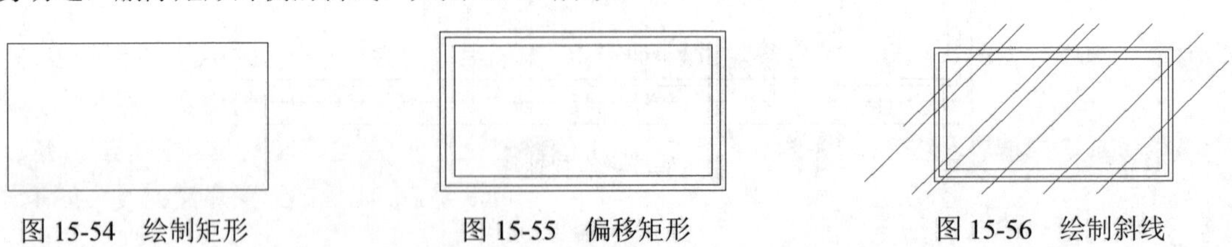

图 15-54　绘制矩形　　图 15-55　偏移矩形　　图 15-56　绘制斜线

❹ 单击“绘图”工具栏中的“图案填充”按钮▩，在斜线间隔内进行填充，填充后如图 15-58 所示。填充图案设置如图 15-59 所示。

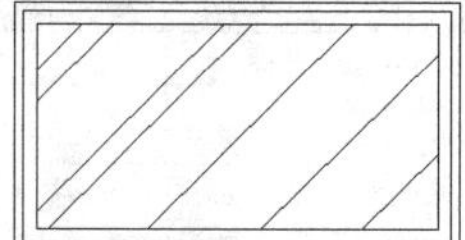

图 15-57　删除多余斜线

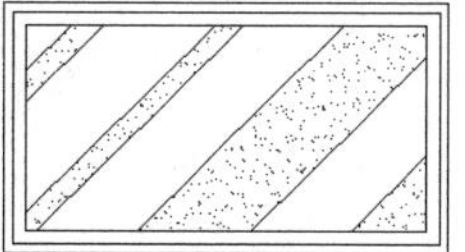

图 15-58　填充图案

Note

❺ 删除填充外侧的斜线，如图 15-60 所示。继续单击“绘图”工具栏中的“图案填充”按钮▩，将矩形边框进行填充，图案设置如图 15-61 所示，填充后如图 15-62 所示。

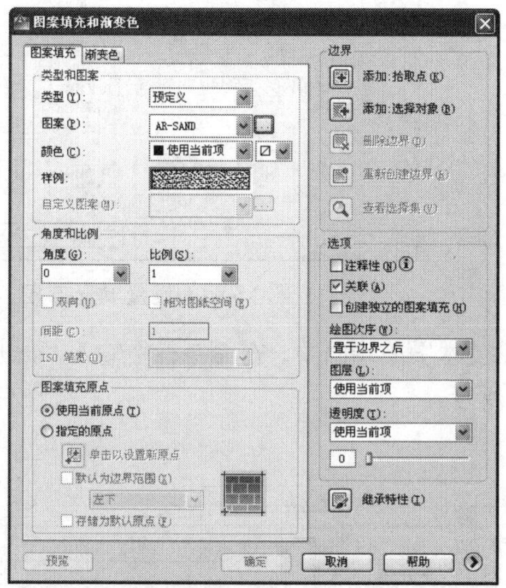

图 15-59　设置填充图案

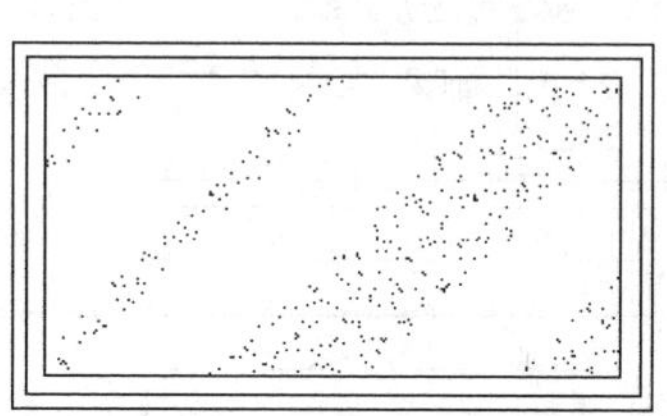

图 15-60　填充后图案

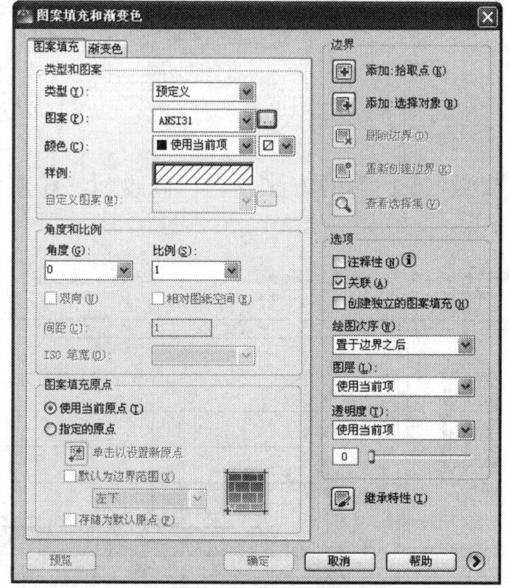

图 15-61　设置填充图案

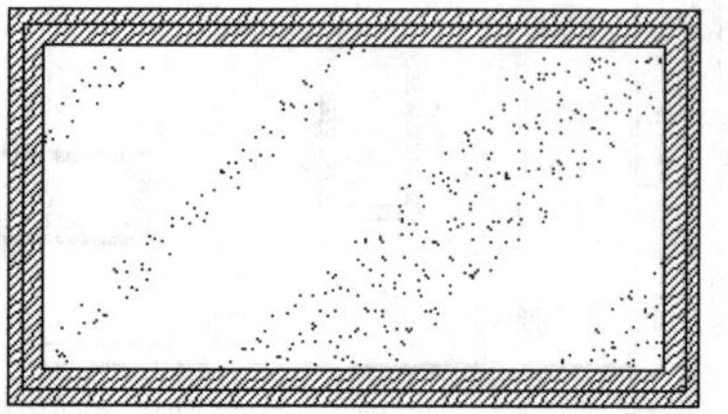

图 15-62　填充矩形边框

❻ 单击“修改”工具栏中的“移动”按钮，将电视图块插入图中，如图 15-63 所示。

Note

（4）单击“绘图”工具栏中的“图案填充”按钮，按图 15-64 所示设置填充图案，填充洗浴区的台阶，如图 15-65 所示。

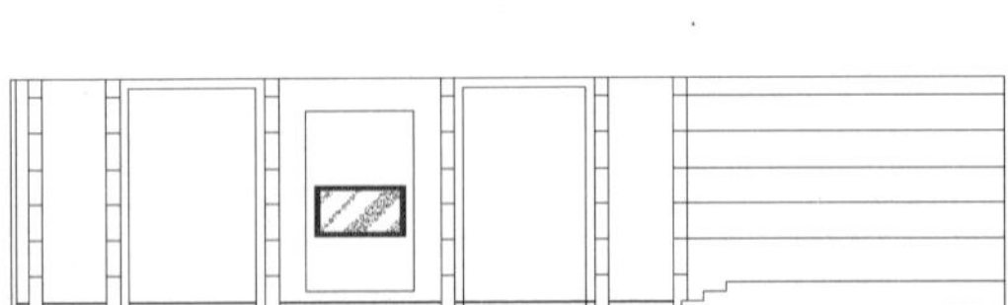

图 15-63　插入电视模块

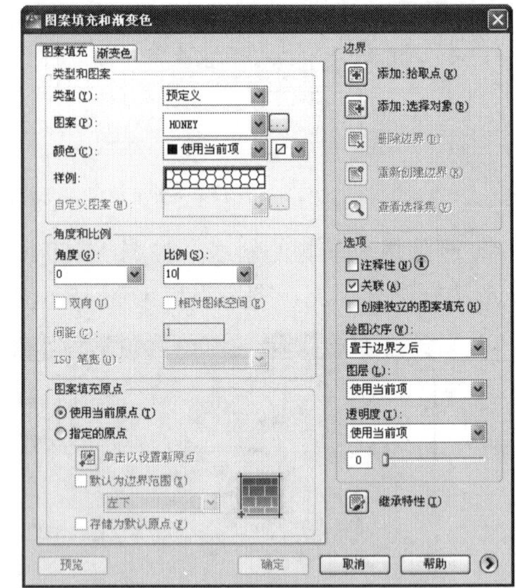

图 15-64　设置填充图案

（5）在“按摩包房立面图”中复制画框，粘贴到本图的墙面中，在命令行中输入“scale”，选取画框，在命令行中输入比例“2”，效果如图 15-66 所示。

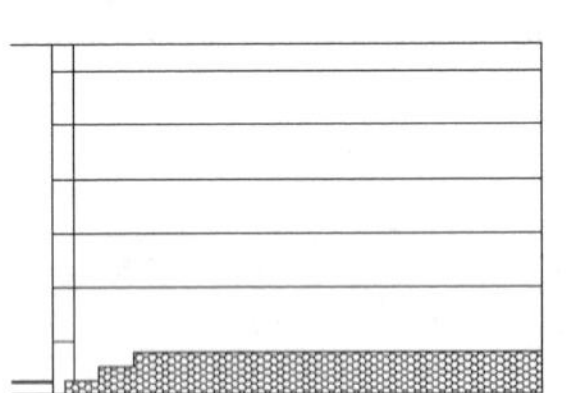

图 15-65　填充图形

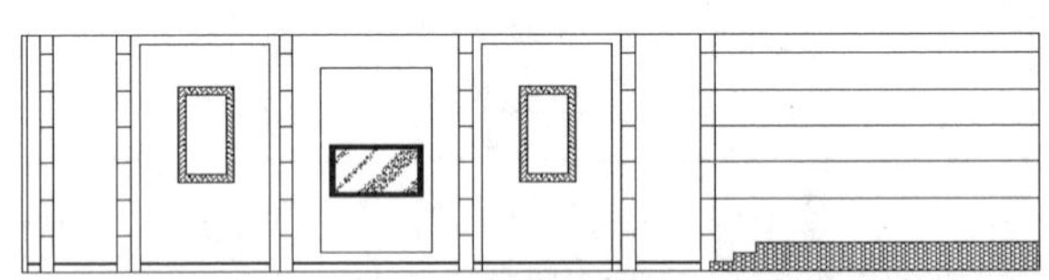

图 15-66　复制画框

15.2.4　文字和尺寸标注

将“尺寸标注”和“文字”图层设为当前层，按照 15.1 节的方法设置、修改标注样式和文字样式，在图中添加尺寸标注和文字标注，如图 15-67 所示。

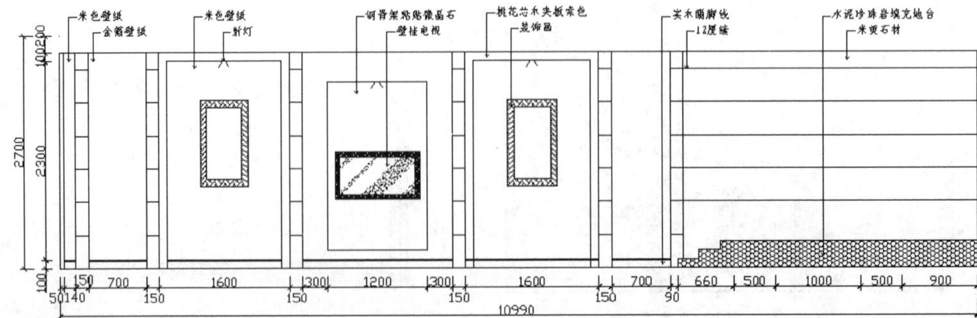

图 15-67　插入尺寸标注和文字标注

15.3　上 机 操 作

通过前面的学习，读者对本章知识也有了大体的了解，本节通过几个操作练习使读者进一步掌握本章知识要点。

15.3.1　绘制宾馆大堂室内立面图

1. 目的要求

本实例主要要求读者通过练习进一步熟悉和掌握立面图的绘制方法。通过本实例，可以帮助读者学会完成整个立面图绘制的全过程。

2. 操作提示

（1）绘图前准备。

（2）初步绘制地面图案。

（3）形成地面材料平面图。

（4）在室内平面图中完善地面材料图案。

绘制结果如图 15-68 所示。

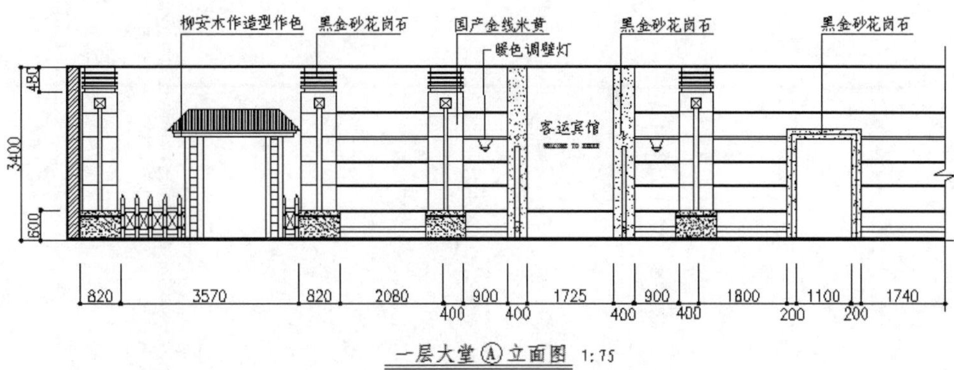

图 15-68　宾馆大堂室内立面图

15.3.2　绘制宾馆客房室内立面图

1. 目的要求

本实例主要要求读者通过练习进一步熟悉和掌握立面图的绘制方法。通过本实例，可以帮助读者学会完成整个立面图绘制的全过程。

2. 操作提示

（1）绘图前准备。

（2）初步绘制地面图案。

（3）形成地面材料平面图。

（4）在室内平面图中完善地面材料图案。

绘制结果如图 15-69 所示。

Note

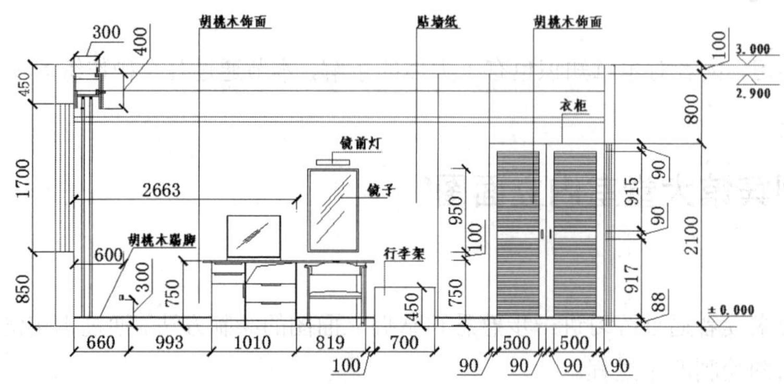

图 15-69　宾馆客房室内立面图

某学院会议中心平面布置图

本章将以会议中心室内设计为例，详细讲述大型公共建筑室内设计平面图的绘制过程。在讲述过程中，将逐步带领读者完成平面图的绘制，并讲述关于大型公共空间平面设计的相关知识和技巧。本章包括会议中心平面图绘制的知识要点、平面图绘制、装饰图块的绘制、尺寸文字标注等内容。

- ☑ 系统设置
- ☑ 绘制轴线
- ☑ 绘制墙线
- ☑ 绘制楼梯
- ☑ 绘制室外台阶
- ☑ 绘制室内装饰
- ☑ 尺寸和文字标注

任务驱动&项目案例

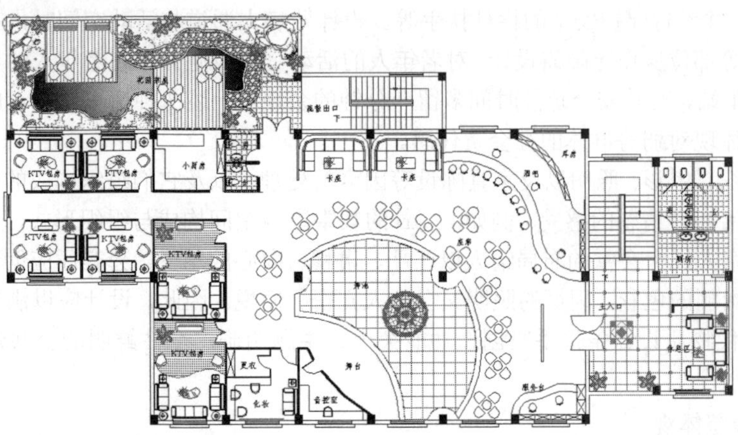

16.1 设 计 思 想

Note

本节主要介绍公共建筑室内设计的特点以及设计原则。

16.1.1 大空间公共建筑室内设计特点

公共建筑空间室内设计，是指根据建筑所处环境、功能性质、空间形式和投资标准，运用美学原理、审美法则、物质技术手段，创造一个满足人类社会生活和社会特征需求，表现人类文明和进步，并制约和影响着人们的观念和行为的特定的公共建筑空间室内设计环境。它反映了人们的地域、民族的物质生活内容和行为特征。体现当代人在各种社会生活中所寻求的物质、精神需求和审美理想的室内环境设计，既具有公共活动的科学、适用、高效、人本的功能价值，又能反映地域风貌、建筑功能、历史文脉等各种因素的文化价值。

大型公共建筑的室内设计具有以下特点。

1. 以功能需求为宗旨

以人为本，物为人用，看重物更看重人的原则，是公共建筑空间室内设计的社会功能基石。公共建筑空间室内设计的目的是通过创造物化了的室内环境为人所用，设计者所探索和创造的应是一个服务于人的社会生活的理想的室内环境，以专业技能创造物化的空间形式。设计者要研究人体工程学、环境心理学、审美心理学，以及地域文脉等学科内容，深入了解人们在不同的公共场所生活行为的特征，达到心理需求和感观体验方面对室内环境设计的要求。

公共建筑空间室内设计需要了解现代人的生活、心理等要求，需要综合处理建筑与室内、室内与人、人与人交往等多种因素关系，更需要创建体味人心，符合大众审美文化，陶冶人们高尚情趣的理想空间。

设计者创建理想的物化社会生活，实际上是设计者的专业修养、气质、情感的凝练。在创造生活时，体现参与生活和作用于生活的深度，了解各种功能空间中人的生活规律、行为规范和审美的追求，依据不同的使用对象，相应地满足不同的需求。例如，儿童活动室窗台高度由标准 950mm 左右，降到 500mm 左右，并设置保护安全的栏杆扶手等。设计残疾人通道与活动空间时，在室内的高差、垂直交通及卫生间等部位应作无障碍设计。对老年人的活动空间应充分考虑老年人的反应迟缓和行为特征，如上海地铁车站，对其安全疏散时间多留一分钟的余地。上述 3 种情况着重考虑了特殊人群的行为生理特点，以体现对弱势群体的社会责任感。

室内空间组织、色彩、照明以及家具陈设等因素的处理，以及它们组织构成的空间视觉形式，直接关系到人们生活心理情感的感受。例如，高耸的教堂室内空间构成与组织形式，烘托出通向神圣天国的神秘感。北京人民大会堂的布局给人以庄严、肃穆、向心的感受，会客厅应创造亲切、和谐的氛围。而娱乐场所绚丽的色彩、闪烁的照明又会令人亢奋、愉悦。因此，设计应以满足空间的功能需求为准则，运用现代物质设计条件手段创造功能突出、主题明确、个性鲜明的公共建筑空间室内设计环境。

2. 加强环境整体观

对现代公共建筑空间室内设计的整体性把握是设计的关键因素。在此指导下，室内设计的立意、构思、主题文化的创建组织，需要着眼于对全新的具有现代化生活方式的综合感受。因此，现代公共

建筑空间室内设计中的“环境”有两层含义，一层含义是指包括公共建筑空间室内设计环境、视觉环境、空气质量、声光热的物质环境、心理环境等诸多方面内容，这些因素也是人们极为重视的设计因素；另一层含义是，把公共建筑空间室内设计看成自然环境、城乡环境、室外环境，这些作为环境系列链的一个环节，它们相互之间有许多前因后果，或相互制约和提示的因素存在，并有机地统一在整体环境中。从整体环境看，室内外空间的布局、色彩、材质、照明、陈设等各个因素都是室内环境设计系列中的链接环，它们之间是相辅相成的矛盾统一体关系。

由此可见，无论设计者在艺术风格的创造或在艺术手法的运用方面如何高明，如何娴熟，室内构成的整体协调统一是室内设计中重要的环节，是必须在实践中认真对待的关键内容。为了更深入地进行室内设计，需要对建筑环境、室内环境、室内界面、构件、布局、照明、陈设物、设施等各个环节进行了解和分析，了解室内外的相互影响，室内各局部之间的相互链接，局部与整体的协调统一，这其中包括两个方面的内容协调。

（1）量的规定性方面的协调：指室内构成造型要素中繁简关系的相互协调。

室内设计构成中繁简关系意味着室内空间的节奏感，也就是室内设计的取舍问题，人们往往习惯于做“加法”而不善于做“减法”，运用手法贪多而有损于内部空间的美感表达。为了做到繁简得体，就要“割爱”。宁少勿多。

（2）质的规定性方面的协调：指空间构成中造型要素的彼此协调。

为了创造室内协调统一，我们应该把一切物化实体，如界面、家具、灯具、陈设艺术品等，都看成室内空间构成中的点、线、面、体，按照空间构成原理来加以协调组织，这里应特别注意形体协调和尺度协调。为把握组织要领，可将某几何形体作为母体加以运用，如方形、圆形、多边形等母体符号，这将有助于形体协调关系的建立。

在大空间中，局部设计很容易出现尺度失调问题，局部尺度比例过大过小或不匹配，都会削弱空间整体感。法国戴高乐机场通行标志设计，其造型、尺度和悬挂高度都与厅室空间协调，成为空间构成的积极因素。

3. 科学性与艺术性并重

室内空间是建筑的主体。结构材料构筑了空间，采光照明烘托了空间，装饰陈设渲染了空间，设施设备又使空间整体科学现代化，这些构成因素有机整合，为人所用，以空间特有的力量影响人、感染人。

创造公共建筑空间室内设计环境高度科学性和艺术性的结合，必须积极运用当代科技成果，运用新型材料、新工艺，创造良好的声、光、电环境。认真分析和确定公共建筑空间室内设计物理环境和心理环境的需求定位，在参照主导室内环境构成的科学性同时，更要依照功能要求。注重艺术氛围的创造，运用建筑美学原理和形式美的法则，使人们在心理上得以平衡，精神上获得愉悦，所谓现代化公共建筑空间室内设计的高科技（high-tech）、高情感（high-touch）的表达，就是科学性与艺术性、生理需求与心理需求、物质因素和精神因素的平衡与综合。

在具体设计时，会遇到不同类型和功能特点的室内设计环境，在上述两个方面的具体处理上可能会有所侧重，但从宏观整体的设计观念出发，仍需要将两者结合。从宏观整体看，公共建筑空间室内设计环境，总是从一个侧面反映当代社会物质生活和精神生活的特征，铭刻着时代的印记。所以，公共建筑空间室内设计更需要强调在设计中体现时代精神，主动地考虑满足当代社会生活活动和行为模式的需要，分析具有时代精神的价值观和审美观，积极采用当代物质技术手段。

4. 时代感与历史性并重

公共建筑空间室内设计在宏观上，总是从侧面反映当代物质文化和精神文化特征，反映时代精神

Note

面貌，体现当代社会生活内容和行为模式的需求，深入分析时代赋予我们的责任，理解把握时代精神的价值观和审美观，积极运用现代物质文明手段，尊重社会需求，传承历史文明，使设计具有历史延续性。

在公共建筑空间室内设计中，尽可能地结合时代特点和当代生活理念，因地制宜地采取具有民族特点和地域特征，展示历史文脉延续发展的设计手法。

Note

16.1.2　大空间公共建筑室内设计原则

公共建筑室内装饰设计有以下几点原则：

（1）公共建筑室内装饰设计应遵循实用、安全、经济、美观的基本设计原则。

（2）公共建筑室内装饰设计时，必须确保建筑物安全，不得任意改变建筑物承重结构和建筑构造。

（3）公共建筑室内装饰设计时，不得破坏建筑物外立面，若开安装孔洞，在设备安装后必须修整，以保持原建筑立面效果。

（4）公共建筑装饰室内设计时，在考虑经济预算的同时，宜采用新型的节能型和环保型装饰材料及用具，不得采用有害人体健康的伪劣建材。

（5）公共建筑室内装饰设计应贯彻国家颁布、实施的建筑、电气等设计规范的相关规定。

（6）公共建筑室内装饰设计必须贯彻现行的国家和地方有关防火、环保、建筑、电气、给排水等标准的有关规定。尤其要注意消防设置的配置，确保消防安全。

（7）作为大空间的公共活动场所，除了消防设计的第一要素外，建筑声学的计算数据是功能保证的最重要标准。因此，在设计初稿完成后，必须进行声学设计数据计算，必要时还须对建材和造型做局部模拟实验，并对照声学要求核对或修改装饰设计。我们看到的剧院、大型会议室的顶面和墙面大多是凸凹的和反射材料与吸声材料相间的，就是基于建筑声学的需要。

（8）观众席的照明设计要考虑进出场、演出、电影放映、书写阅读等各种场景的使用情况。

16.1.3　本例绘制思路

本章将逐步介绍以会议中心为代表的大型公共建筑设计装饰平面图的绘制。在讲述过程中，将循序渐进地介绍室内设计的基本知识以及 AutoCAD 的基本操作方法。绘制流程图如图 16-1 所示。

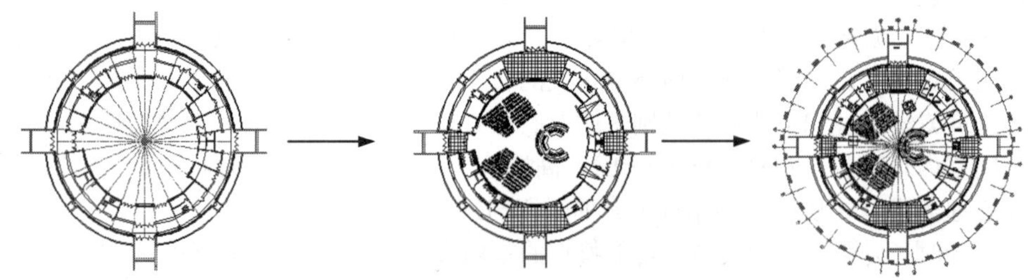

图 16-1　绘制某学院会议中心平面布置图

操作步骤：（光盘\动画演示\第 16 章\某学院会议中心平面布置图.avi）

1. 绘制轴线

首先绘制平面图的轴线，定好位置以便绘制墙线及室内装饰的其他内容。在绘图过程中逐步熟悉“直线”、“修剪”等绘图基本命令。

2. 绘制墙线

在绘制好的轴线上绘制墙线。逐步熟悉“修剪”、“偏移”等绘图编辑命令。

3. 装饰部分

绘制室内装饰及门窗等部分。掌握弧线和块的基本操作方法。

4. 文字说明

添加平面图中必要的文字说明。学习文字编辑、文字样式的创建等操作。

5. 尺寸标注

添加平面图中的尺寸标注。学习尺寸线的绘制、尺寸标注样式的修改，连续标注等操作。

16.2 系统设置

在绘制图形之前，首先进行系统设置，包括样板的选择，单位设置、图形界限设置以及坐标的设置等。

1. 新建文件

打开 AutoCAD 2012 应用程序，单击“标准”工具栏中的“新建”按钮，弹出“选择样板”对话框，以 acadiso.dwt 为样板文件建立新文件，如图 16-2 所示。

2. 单位设置

在 AutoCAD 2012 中，图形是以 1:1 的比例绘制的，到出图时再考虑以 1:100 的比例输出。例如，建筑实际尺寸为 3m，在绘图时输入的距离值为 3000。因此，将系统单位设为毫米（mm）。以 1:1 的比例绘制，输入尺寸时不需换算，比较方便。

具体操作时，选择菜单栏中的“格式”→“单位”命令，打开“图形单位”对话框，如图 16-3 所示。进行单位设置，然后单击“确定”按钮。

图 16-2　新建样板文件

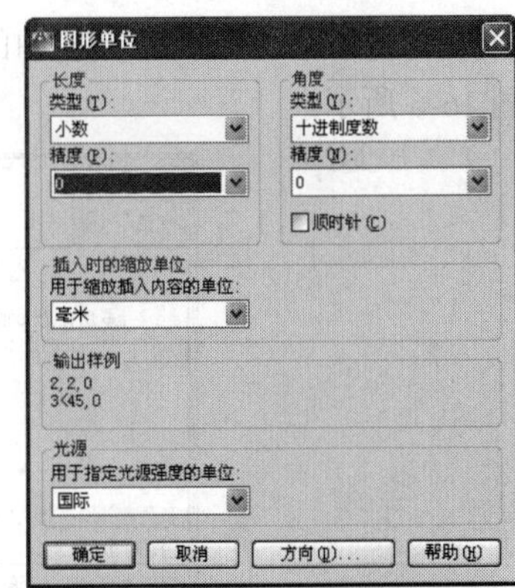

图 16-3　单位设置

3. 图形界限设置

将图形界限设置为 A3 图幅。AutoCAD 2012 默认的图形界限为 420×297，已经是 A3 图幅，但是我们以 1:1 的比例绘图，当以 1:100 的比例出图时，图纸空间将缩小 100 倍，所以现在将图形界限设为 42000×29700，即扩大 100 倍。命令行提示如下：

```
命令: limits
重新设置模型空间界限:
指定左下角点或 [开(ON)/关(OFF)] <0,0>:（按 Enter 键）
指定右上角点 <420.0000,297.0000>: 42000,29700（按 Enter 键）
```

Note

4. 坐标系设置

选择菜单栏中的“工具”→“新建 UCS”命令，打开 UCS 对话框，将世界坐标系设为当前，如图 16-4 所示。然后单击“置为当前”按钮，按图 16-5 所示进行设置，单击“确定”按钮。这样，UCS 标志总位于左下角。

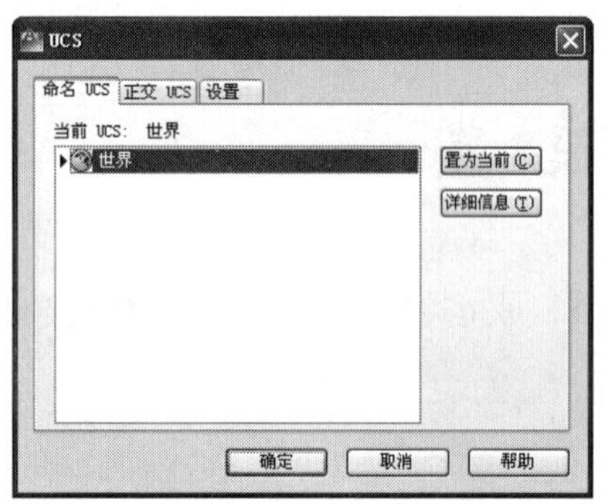

图 16-4　坐标系设置 1

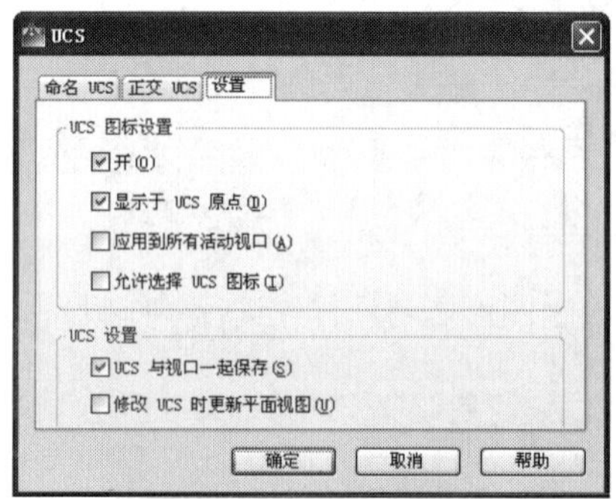

图 16-5　坐标系设置 2

16.3　绘 制 轴 线

本节主要介绍图层的创建以及轴线的绘制。

16.3.1　绘图准备

（1）单击“图层”工具栏中的“图层特性管理器”按钮，弹出“图层特性管理器”对话框，如图 16-6 所示。

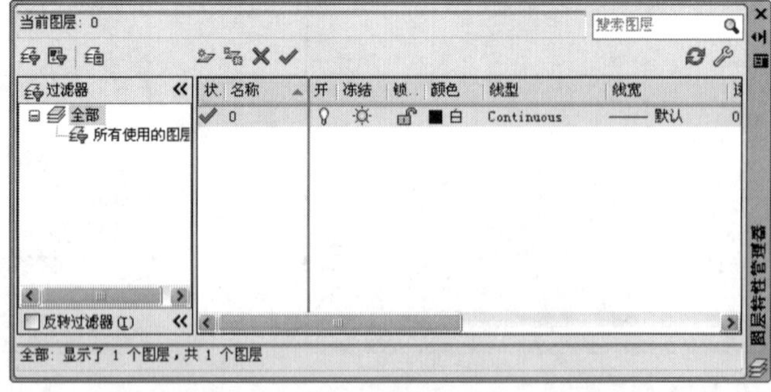

图 16-6　“图层特性管理器”对话框

在绘图过程中，往往有不同的绘图内容，如轴线、墙线、装饰布置图块、地板、标注、文字等，如果将这些内容放置在一起，绘图之后如果要删除或编辑某一类型图形，将带来选取上的困难。

AutoCAD 提供了图层功能，为编辑带来了极大的方便。

在绘图初期可以建立不同的图层，将不同类型的图形绘制在不同的图层当中，在编辑时可以利用图层的显示和隐藏功能、锁定功能来操作图层中的图形，十分便于编辑运用。

（2）单击“图层特性管理器”对话框中的“新建图层”按钮新建图层，如图 16-7 所示。

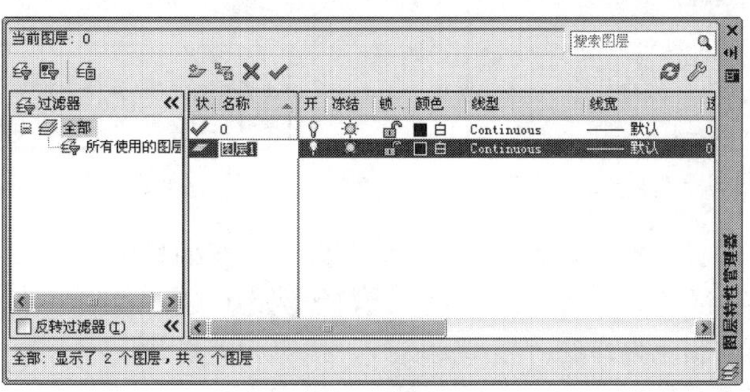

图 16-7　新建图层

（3）新建图层的图层名称默认为“图层 1”，将其修改为“轴线”。图层名称后面的选项由左至右依次为“开/关图层”、“冻结/解冻图层”、“锁定/解锁图层”、“图层颜色”、“图层线型”、“图层线宽”、“打印样式”等。其中，编辑图形时最常用的是“开/关图层”、“锁定/解锁图层”、“图层线型”、“图层颜色”等。

（4）单击新建的“轴线”图层“颜色”栏中的色块，弹出“选择颜色”对话框，如图 16-8 所示，选择红色为轴线图层的默认颜色。单击“确定”按钮，返回“图层特性管理器”对话框。

（5）单击“线型”栏中的选项，弹出“选择线型”对话框，如图 16-9 所示。轴线一般在绘图中应用中心线进行绘制，因此应将“轴线”图层的默认线型设为中心线。单击“加载”按钮，弹出“加载或重载线型”对话框，如图 16-10 所示。

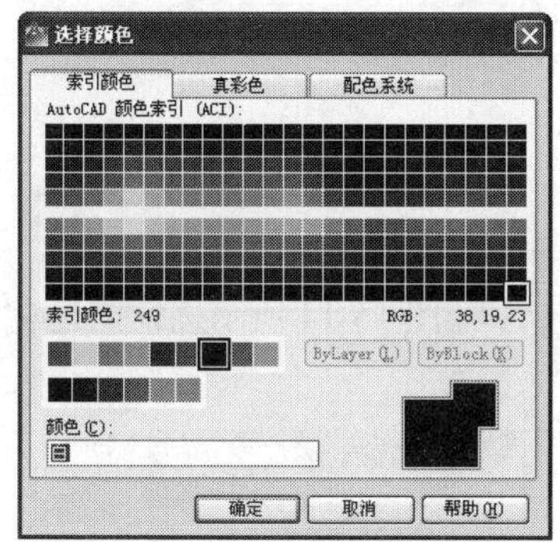

图 16-8　“选择颜色”对话框

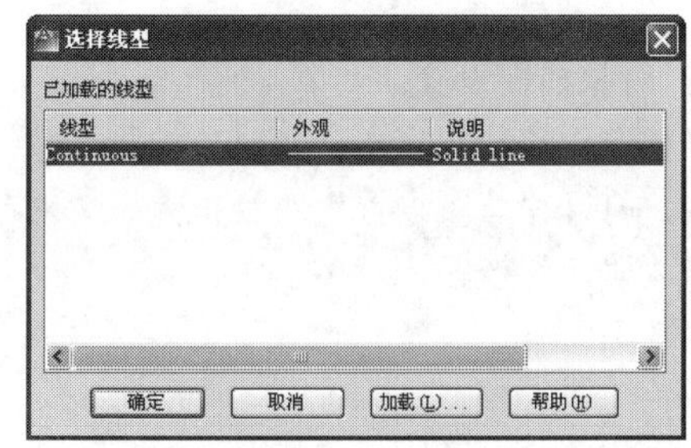

图 16-9　“选择线型”对话框

（6）在“可用线型”列表框中选择 CENTER 线型，单击“确定”按钮，返回“选择线型”对话框。选择刚刚加载的线型，单击“确定”按钮，轴线图层设置完毕，如图 16-11 所示。

（7）采用相同的方法按照以下说明，新建其他几个图层。

☑　“墙线”图层：颜色为白色，线型为实线，线宽为 0.3mm。

☑　“门窗”图层：颜色为蓝色，线型为实线，线宽为默认。

☑　“装饰”图层：颜色为蓝色，线型为实线，线宽为默认。

☑　“文字”图层：颜色为白色，线型为实线，线宽为默认。

Note

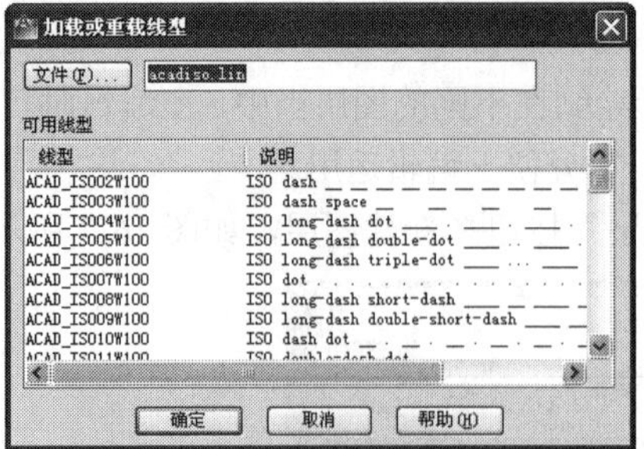
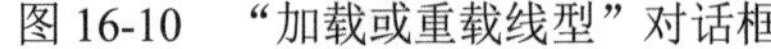

图 16-10 “加载或重载线型”对话框

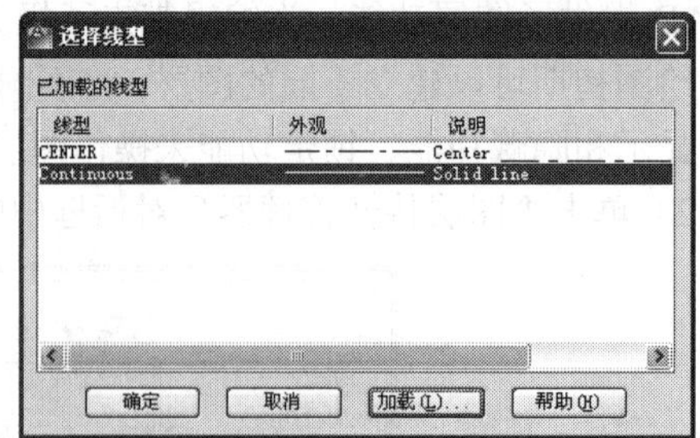

图 16-11 加载线型

☑ “尺寸标注”图层：颜色为蓝色，线型为实线，线宽为默认。

☑ “楼梯”图层：颜色为蓝色，线型为实线，线宽为默认。

☑ “台阶”图层：颜色为洋红，线型为实线，线宽为默认。

☑ “家具”图层：颜色为白色，线型为实线，线宽为默认。

在绘制的平面图中，包括轴线、门窗、装饰、文字和尺寸标注几项内容，分别按照上面所介绍的方式设置图层。其中的颜色可以依照读者的绘图习惯自行设置，并没有具体的要求。设置完成后的“图层特性管理器”对话框如图 16-12 所示。

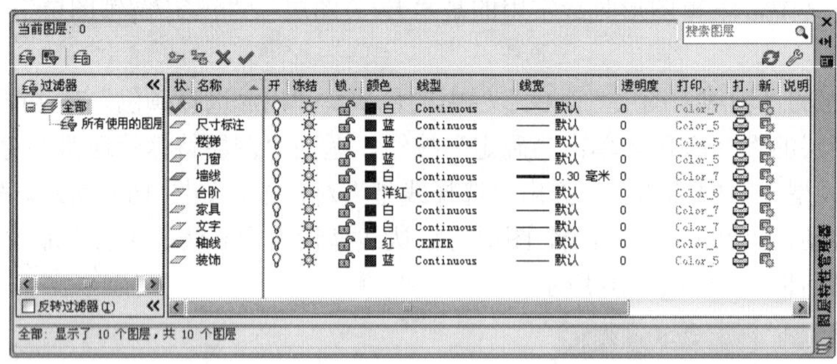

图 16-12 设置图层

（8）对象捕捉设置。

将鼠标箭头移动到状态栏“对象捕捉”按钮，右击打开快捷菜单，如图 16-13 所示。选择“设置”命令，打开“草图设置”对话框，在“对象捕捉”选项卡中按图 16-14 所示进行捕捉模式设置，然后单击“确定”按钮。

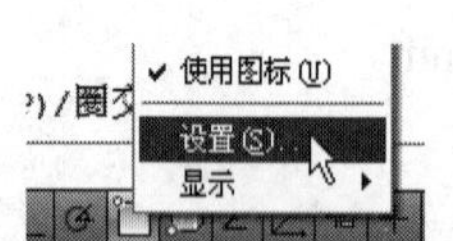

图 16-13 打开快捷菜单

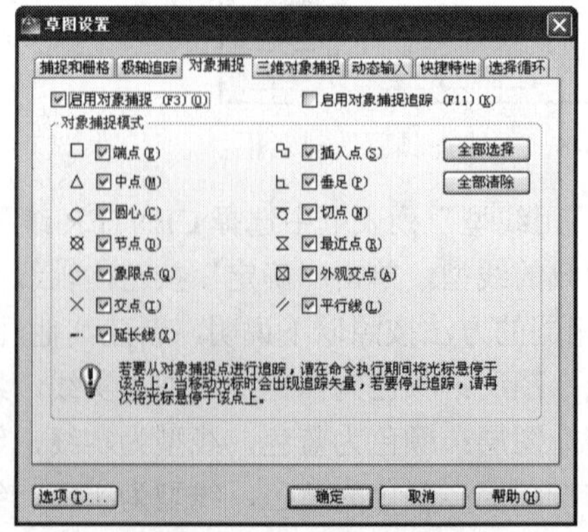

图 16-14 对象捕捉设置

16.3.2　绘制轴线

（1）在“图层”工具栏的下拉列表中，选择“轴线”图层为当前层，如图 16-15 所示。

图 16-15　设置当前图层

（2）单击“绘图”工具栏中的“直线”按钮，绘制竖直轴线长度为 33000，用鼠标捕捉竖向轴线上的中点作为第一条横向轴线的起点，向右侧绘制长度为 33000 的水平直线。

（3）单击“修改”工具栏中的“移动”按钮，将其水平轴线中点与竖直轴线中点重合，如图 16-16 所示。

注意： 本会议中心是一个圆形建筑，所以门可以先绘制一条主轴线，其他轴线利用“圆形阵列”命令绘制完成。

（4）此时，轴线的线型虽然为中心线，但是由于比例太小，显示出来还是实线的形式。选择刚刚绘制的轴线并右击，在弹出的如图 16-17 所示的快捷菜单中选择“特性”命令，弹出“特性”选项板，如图 16-18 所示。将“线型比例”设置为 50，轴线显示如图 16-19 所示。

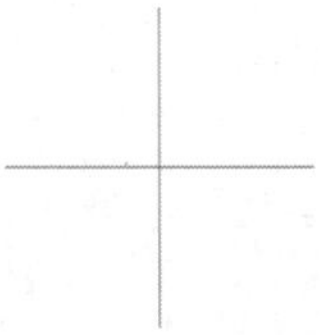

图 16-16　绘制轴线

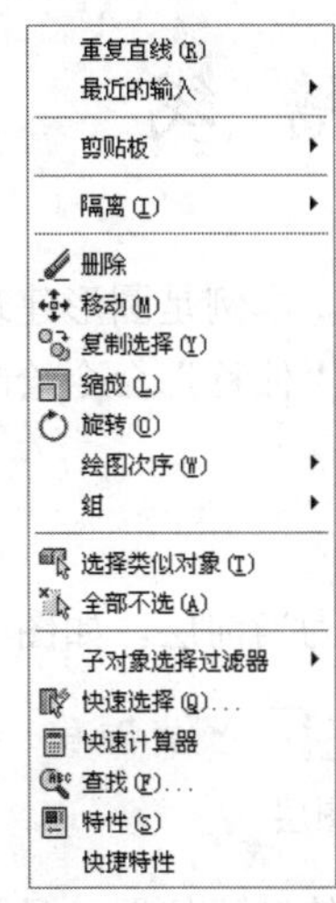

图 16-17　下拉菜单

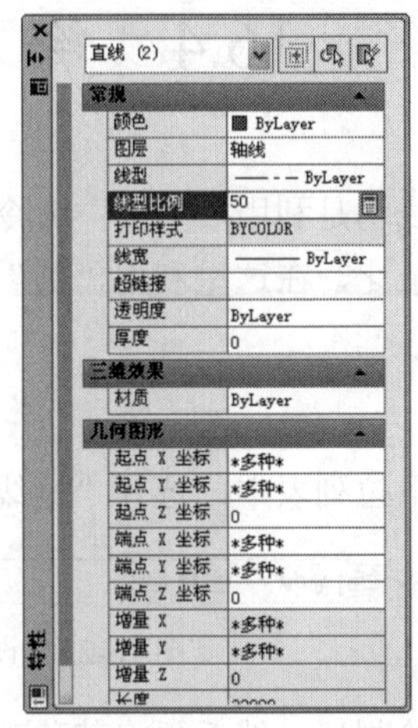

图 16-18　“特性”选项板

图 16-19　修改轴线比例

（5）单击“修改”工具栏中的“旋转”按钮，选择水平轴线以水平轴线和垂直轴线交点为旋转基点，分别旋转复制角度 8°和−8°。命令行提示如下：

```
命令：ROTATE
UCS 当前的正角方向： ANGDIR=逆时针  ANGBASE=0
选择对象：找到 1 个(水平轴线中点)
指定基点：(水平轴线的重点)
指定旋转角度，或 [复制(C)/参照(R)] <0>:  c
旋转一组选定对象。
指定旋转角度，或 [复制(C)/参照(R)] <0>:  8
命令：
ROTATE
```

Note

```
UCS 当前的正角方向： ANGDIR=逆时针  ANGBASE=0
选择对象：找到 1 个找到 1 个(水平轴线)
指定基点：（水平轴线的重点）
指定旋转角度，或 [复制(C)/参照(R)] <8>:  c
旋转一组选定对象。
指定旋转角度，或 [复制(C)/参照(R)] <8>:  -8
```

结果如图 16-20 所示。

（6）用相同方法旋转复制竖直轴线，轴线间角度为 8°，如图 16-21 所示。

（7）继续利用旋转复制绘制出轴线，剩余轴线间角度为 15°，如图 16-22 所示。

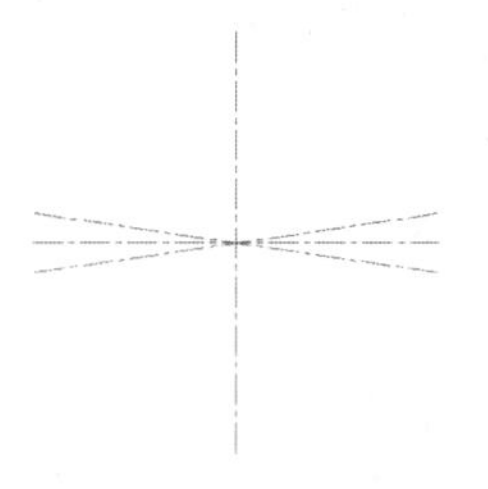
图 16-20 旋转水平轴线

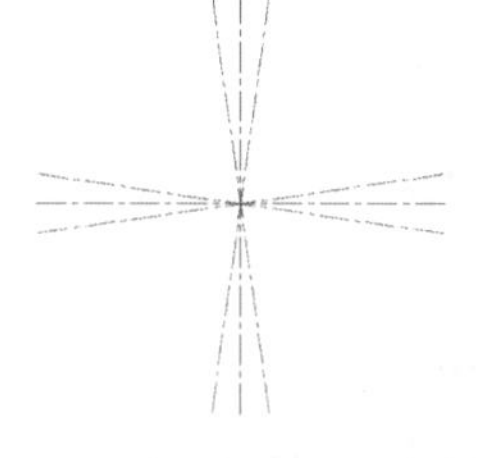
图 16-21 旋转竖直轴线

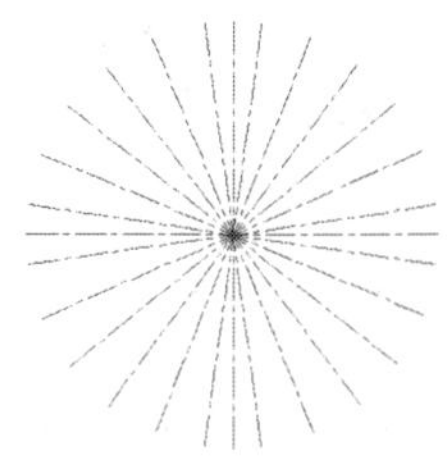
图 16-22 旋转复制轴线

16.4 绘制墙线

一般的建筑结构的墙线均是利用“多线”命令绘制的。本例是圆形建筑外部墙体，利用“多线”命令绘制反而会使绘制复杂化，在这里利用“圆”命令和“偏移”命令绘制墙线更加简单。

16.4.1 绘制柱子

在“图层”工具栏的下拉列表中，选择“墙线”图层为当前层，如图 16-23 所示。

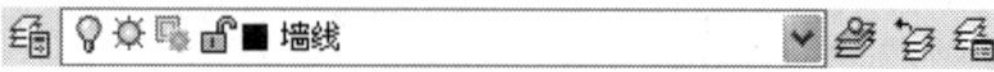

图 16-23 设置当前图层

首先在空白处将柱子绘制好，然后再将其移动到适当的轴线位置，具体操作步骤如下：

（1）单击“绘图”工具栏中的“圆”按钮，在图中绘制半径为 500 的圆，如图 16-24 所示。

（2）单击“修改”工具栏中的“移动”按钮，选择步骤（1）绘制的圆图形的下端点，将其移动到轴线上端，如图 16-25 所示。

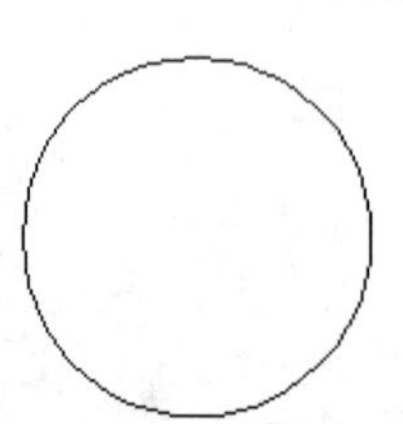
图 16-24 绘制圆柱子轮廓

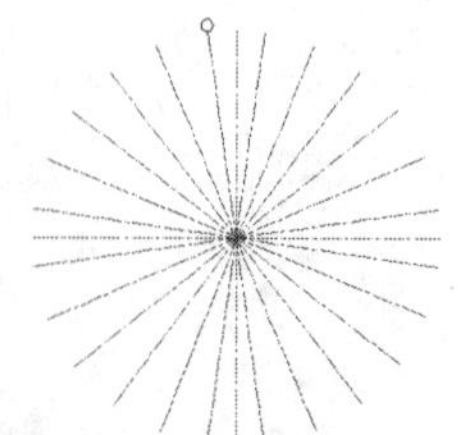
图 16-25 移动柱子轮廓

（3）单击“修改”工具栏中的“复制”按钮，选取已移动到轴线上的圆形柱子图形，指定柱子上任意一点为基点复制到其他轴线上，如图 16-26 所示。

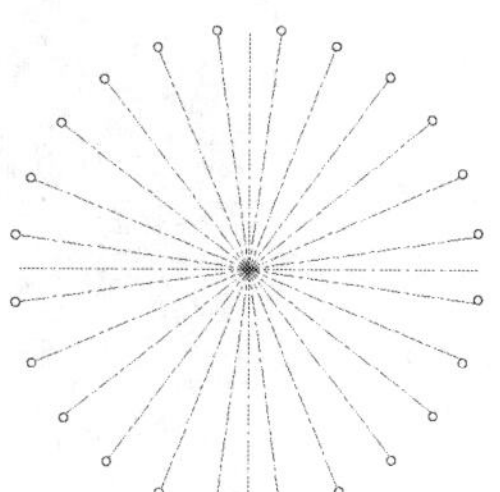

图 16-26　复制柱子

16.4.2　编辑墙线及窗线

（1）单击“绘图”工具栏中的“圆”按钮，以水平轴线和竖直轴线交点为圆心绘制半径为 17600 的圆，作为外墙轮廓线，如图 16-27 所示。

（2）单击“修改”工具栏中的“偏移”按钮，选取上部绘制的圆向外偏移 240，如图 16-28 所示。

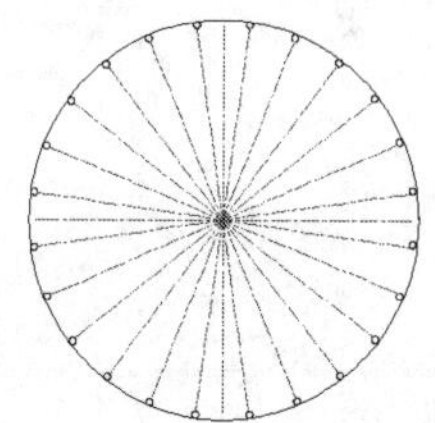

图 16-27　绘制外墙轮廓线

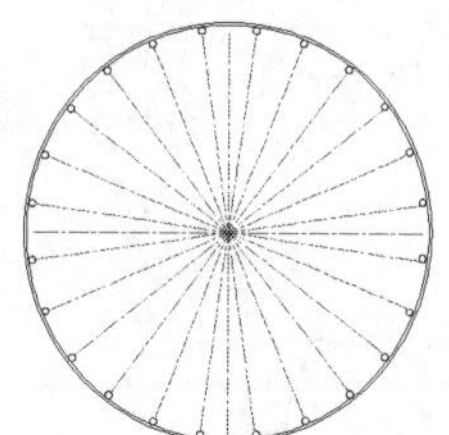

图 16-28　偏移外墙线

（3）单击“修改”工具栏中的“偏移”按钮，选取上部偏移的外圆向外偏移 1700、240，如图 16-29 所示。

（4）选取最外围圆向内偏移，偏移距离为向内偏移 4180、4420、7420、7660，如图 16-30 所示。

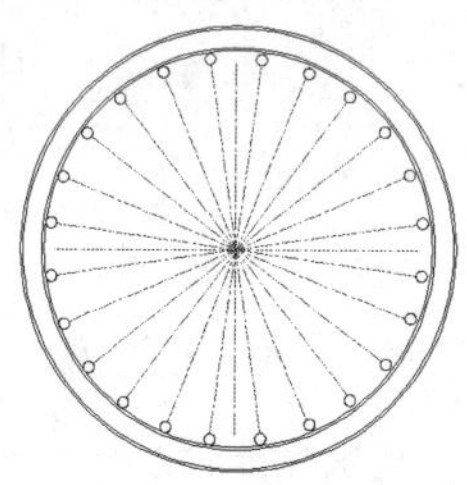

图 16-29　偏移墙线

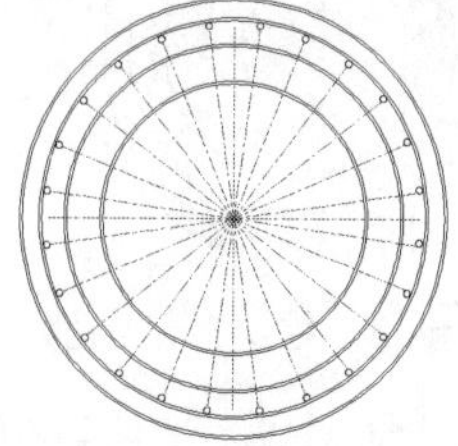

图 16-30　偏移墙线

（5）设置隔墙线型。在建筑结构中，包括承载受力的承重结构和用来分割空间、美化环境的非承重墙。

❶ 选择菜单栏中的“格式”→“多线样式”命令，打开“多线样式”对话框。可以看到在绘制承重墙时创建的几种线型。下面单击“新建”按钮，新建一个多线样式，并将其命名为 wall_in，如图 16-31 所示。

Note

❷ 设置多线间距分别为50和-50，并选中直线的“起点”和“端点”复选框，如图16-32所示。

图16-31　新建多线样式

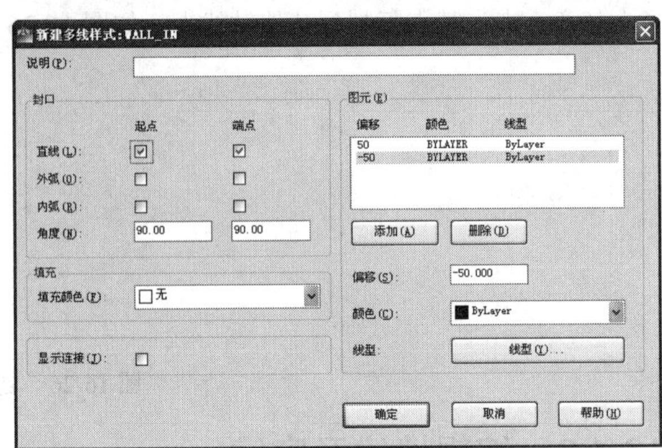

图16-32　设置隔墙多线样式

❸ 选择菜单栏中的“绘图”→“多线”命令，命令行提示如下：

```
命令: mline
当前设置: 对正 = 上, 比例 = 20.00, 样式 = STANDARD
指定起点或 [对正(J)/比例(S)/样式(ST)]: j
输入对正类型 [上(T)/无(Z)/下(B)] <上>: z
当前设置: 对正 = 无, 比例 = 20.00, 样式 = STANDARD
指定起点或 [对正(J)/比例(S)/样式(ST)]: s
输入多线比例 <20.00>: 1
当前设置: 对正 = 无, 比例 = 1.00, 样式 = WALL_IN
指定起点或 [对正(J)/比例(S)/样式(ST)]:
指定下一点:
指定下一点或 [放弃(U)]:
```

绘制内部墙线，如图16-33所示。

（6）利用上述方法完成所有隔墙的绘制，如图16-34所示。

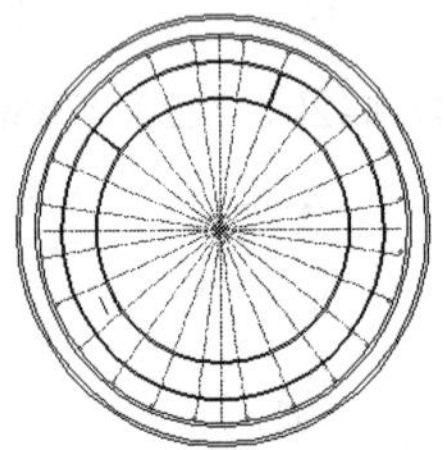

图16-33　绘制内部隔墙

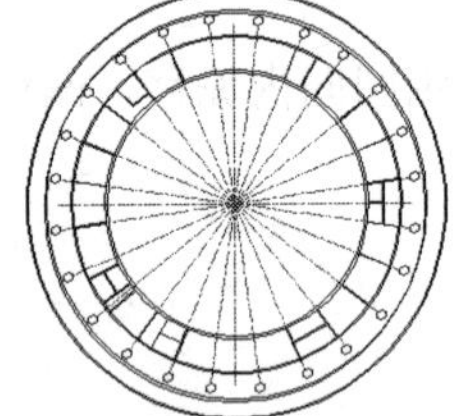

图16-34　设置隔墙多线样式

（7）编辑墙线。绘制完成了墙线，但是在多线的交点处没有进行处理，运用“多线”、“分解”和“修剪”命令完成多线处理。

❶ 选择菜单栏中的“修改”→“对象”→“多线”命令，打开“多线编辑工具”对话框，如图16-35所示。其中共包含了12种多线样式，用户可以根据自己的需要对多线进行编辑。本例将要对多线与多线的交点进行编辑。

❷ 单击多线样式“T形合并”，然后选择图16-36中所示的多线。首先选择垂直多线，然后选择水平多线。多线交点变成如图16-37所示。

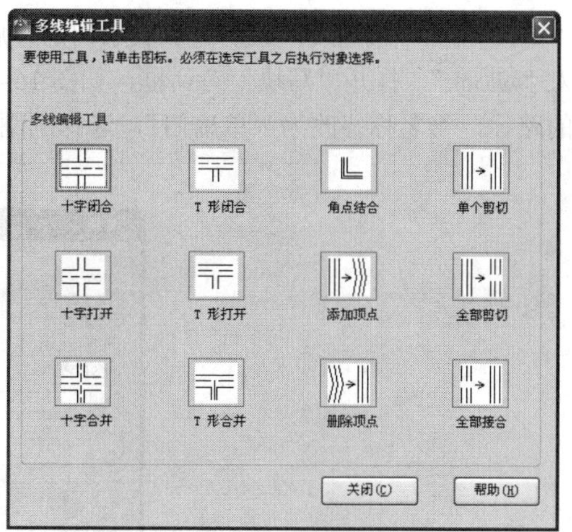

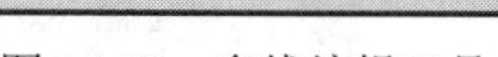
图 16-35　多线编辑工具

❸ 对图形中的所有多线进行修改，如图 16-38 所示。

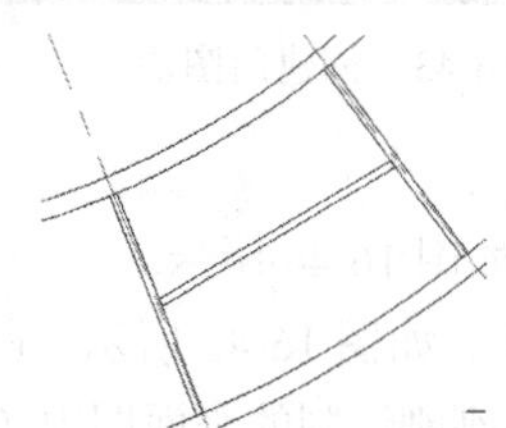
图 16-36　选择多线

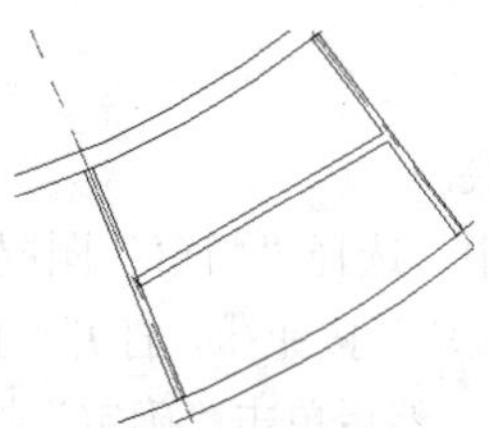
图 16-37　编辑多线

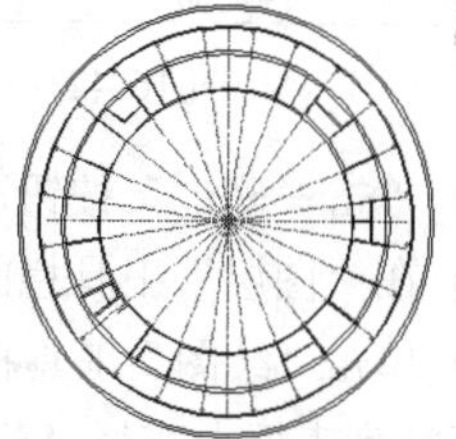
图 16-38　修剪墙线

（8）开门窗洞。

❶ 单击“绘图”工具栏中的“直线”按钮，根据门和窗户的具体位置，在对应的墙上绘制出这些门窗的一边边界。

❷ 单击“修改”工具栏中的“偏移”按钮，根据各个门和窗户的具体大小，让前边绘制的门窗边界偏移对应的距离，就能得到门窗洞在图上的具体位置。绘制结果如图 16-39 所示。

❸ 单击“修改”工具栏中的“修剪”按钮，按 Enter 键选择自动修剪模式，将两根轴线之间的墙线剪断，如图 16-40 所示。

❹ 利用上述方法修剪出所有门窗洞线，如图 16-41 所示。

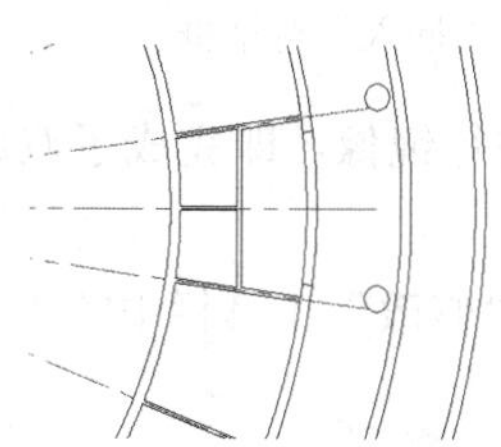
图 16-39　绘制门洞线

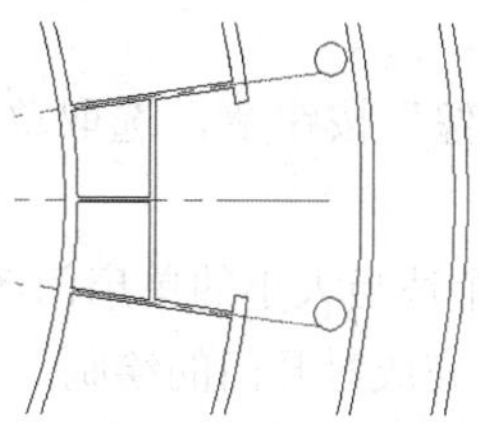
图 16-40　修剪门窗洞

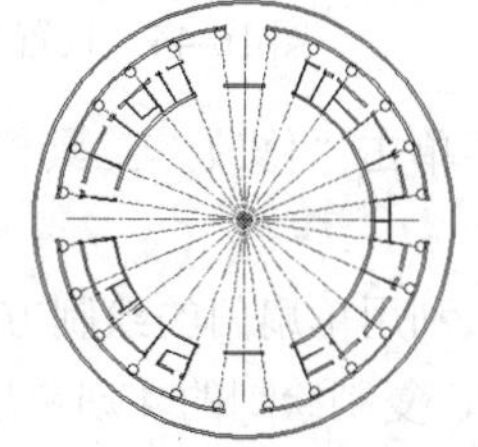
图 16-41　修剪所有门洞

（9）绘制门。

❶ 在“图层”工具栏的下拉列表中，选择“门窗”图层为当前层，如图 16-42 所示。然后单击“绘图”工具栏中的“直线”按钮，在门洞上绘制出门板线。

❷ 单击“绘图”工具栏中的“圆弧”按钮，绘制圆弧表示门的开启方向，即可得到门的图例。绘制完成后，在命令行中输入“wlock”，打开“写块”对话框，如图16-43所示。在图形上选择一点作为基点，然后选取保存块的路径，将名称修改为“单扇门”，选择刚刚绘制的门图块，并选中“从图形中删除”单选按钮。

Note

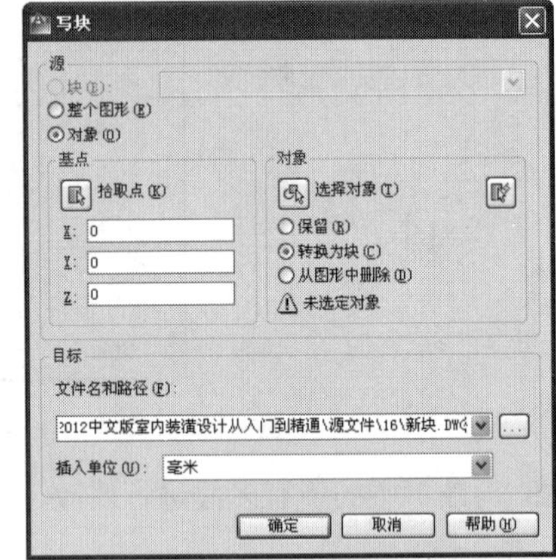

图16-42　设置当前图层

图16-43　创建门图块

❸ 单击“确定”按钮，保存该图块。

❹ 在“图层”工具栏的下拉列表中，选择“门窗”图层为当前层，如图16-44所示。

❺ 单击“绘图”工具栏中的“插入块”按钮，打开“插入”对话框，如图16-45所示。在“名称”下拉列表框中选择“单扇门”选项，然后单击“确定”按钮，插入到刚刚绘制的平面图中（此前选择基点时如为了绘图方便，可将基点选择在右侧门垛的中点位置，这样可以便于插入定位）。

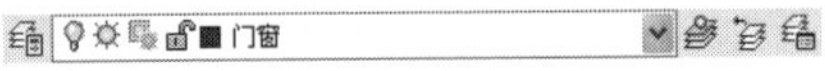

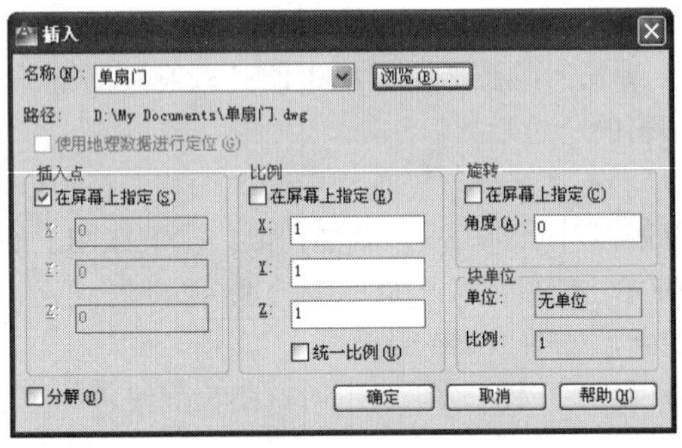

图16-44　设置当前图层

图16-45　“插入”对话框

❻ 单击“修改”工具栏中的“镜像”按钮，选取单扇门图形进行镜像，即完成了双扇门的绘制。

❼ 利用单扇门的绘制方法绘制一个适当大小的单扇门图形，单击“修改”工具栏中的“复制”按钮，复制绘制的4扇单扇门图形，完成对开门的绘制。

❽ 单击“修改”工具栏中的“复制”按钮、“旋转”按钮和“镜像”按钮，将门图形移动到适当位置，如图16-46所示。

❾ 将wall_in多线样式置为当前，选择菜单栏中的“绘图”→“多线”命令，在入门处绘制两段墙体，如图16-47所示。

❿ 利用前面讲述绘制的门图形的方法在新绘制的墙体间绘制四扇门，结果如图 16-48 所示。

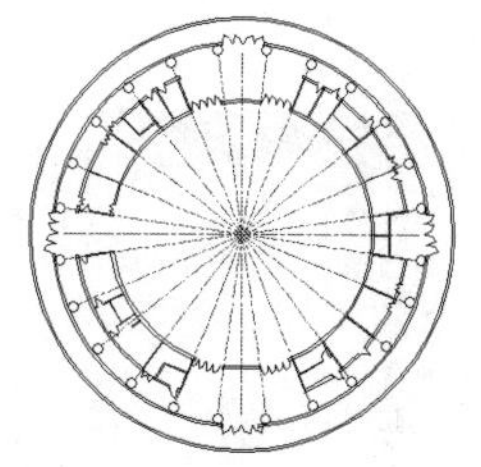

图 16-46　绘制门图形 1

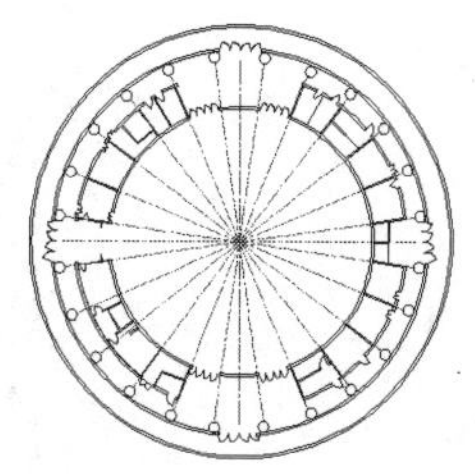

图 16-47　绘制门图形 2

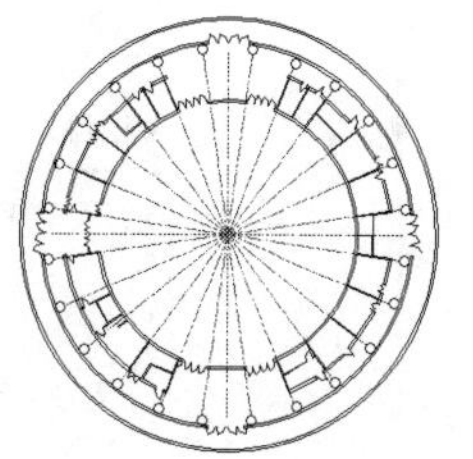

图 16-48　全部门的绘制结果

Note

16.5　绘制其他墙体

在建筑结构中，包括用于承载受力的承重结构和用于分割空间、美化环境的非承重墙。本节将绘制非承重墙。

（1）单击“绘图”工具栏中的“直线”按钮，绘制直线封闭部分绘图区域，如图 16-49 所示。

（2）单击“修改”工具栏中的“偏移”按钮，选取最外围的圆向内偏移，偏移距离为 2600、8660、8900，如图 16-50 所示。

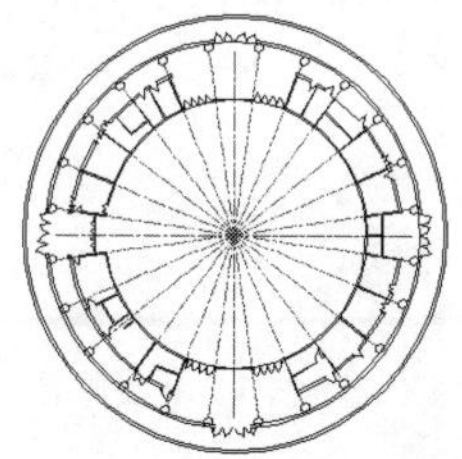

图 16-49　封闭绘图区域

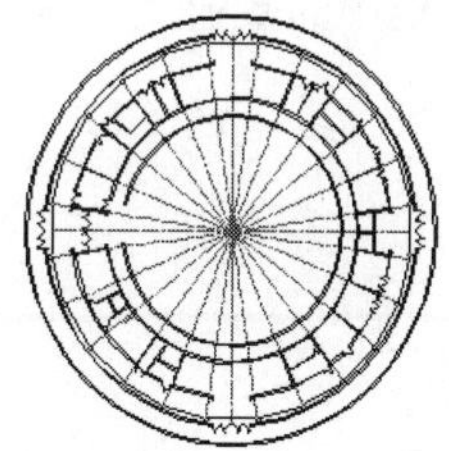

图 16-50　偏移墙线

（3）单击“修改”工具栏中的“修剪”按钮修剪掉多余墙体，单击“修改”工具栏中的“延伸”按钮，对修剪后的墙线进行延伸，如图 16-51 所示。

（4）利用上述绘制门的方法补充新绘制墙体上的门图形，如图 16-52 所示。

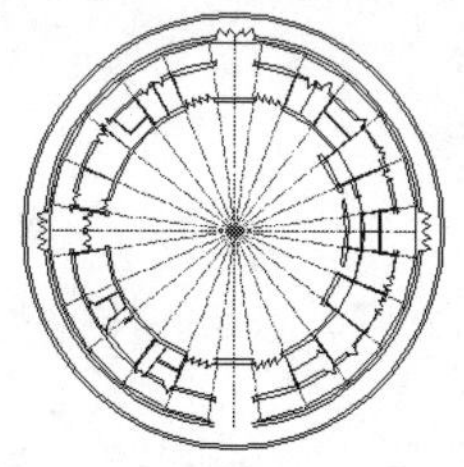

图 16-51　修剪及延伸墙线

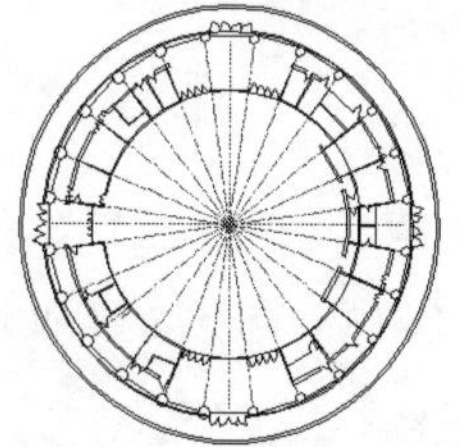

图 16-52　绘制新门图形

（5）单击“绘图”工具栏中的“图案填充”按钮，打开“图案填充和渐变色”对话框，如图 16-53 所示。此时可以看到在左侧“样例”选项后面的填充图案为方格状的图案，为了改变图案，单击该图案部位，打开“填充图案选项板”对话框，并切换到“其他预定义”选项卡，如图 16-54 所示。

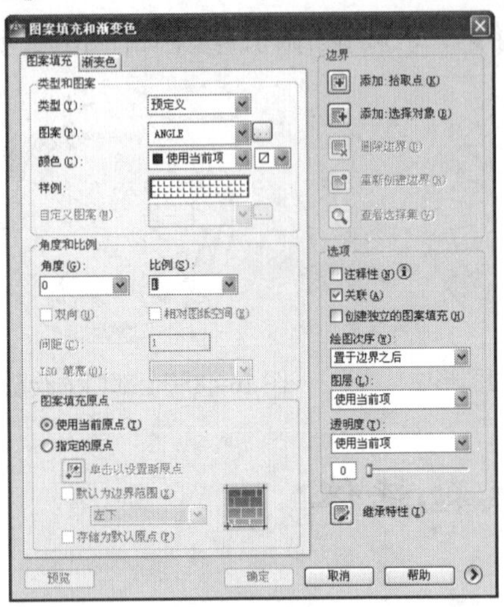

图 16-53 “图案填充和渐变色”对话框

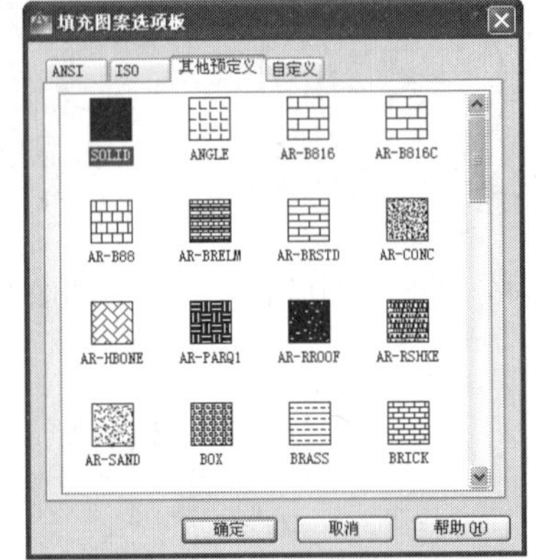

图 16-54 “填充图案选项板”对话框

（6）选择第一个图案 SOLID，然后单击“确定”按钮，回到“图案填充和渐变色”对话框。再单击右侧最上方的“添加:拾取点”按钮，回到绘图界面，在要填充的区域单击鼠标左键，此时可以看到区域的图线变成虚线，说明已经选择了边界，按 Enter 键确认，回到“图案填充和渐变色”对话框，“比例”下拉列表框中的数值默认为 0，单击“确定”按钮，如图 16-55 所示。

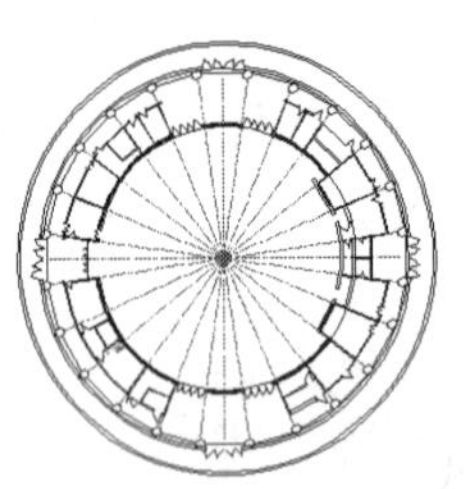

图 16-55 填充墙体

16.6 绘制楼梯

绘制楼梯时需要知道以下参数：

☑ 楼梯形式（单跑、双跑、直行、弧形等）。

☑ 楼梯各部位长、宽、高 3 格方向的尺寸，包括楼梯总宽、总长、楼梯宽度、踏步宽度、踏步高度、平台宽度等。

☑ 楼梯的安装位置。

（1）在“图层”工具栏的下拉列表中，选择“楼梯”图层为当前层，如图 16-56 所示。

图 16-56 设置当前图层

（2）单击“绘图”工具栏中的“直线”按钮，绘制一条长度为 800 的直线，如图 16-57 所示。

（3）单击“修改”工具栏中的“偏移”按钮，选择步骤（2）绘制的直线连续向下偏移距离 180，一共 7 组，如图 16-58 所示。

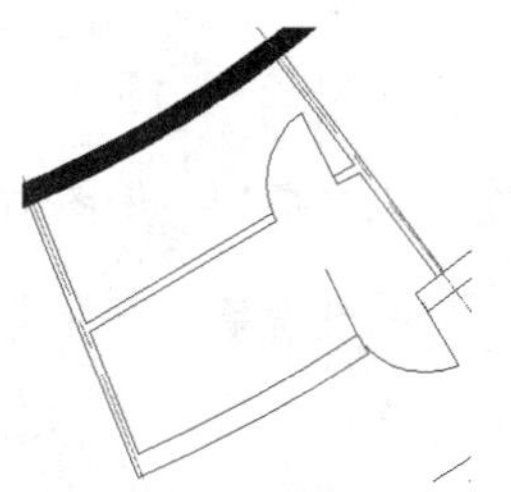

图 16-57　绘制楼梯线段

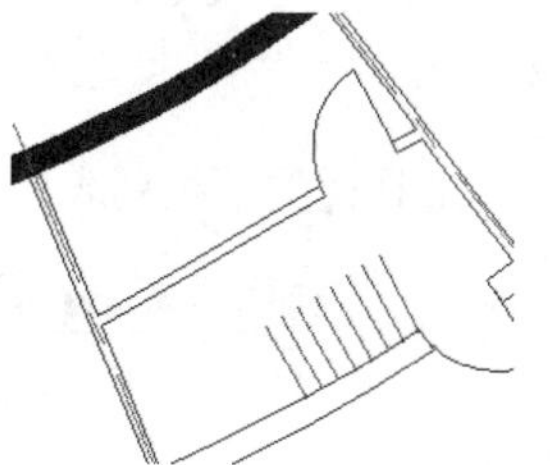

图 16-58　偏移楼梯线

（4）单击“绘图”工具栏中的“矩形”按钮，在绘制的直线线段上绘制一个 1350×50 的矩形。单击“修改”工具栏中的“偏移”按钮，选取矩形向内偏移 10，如图 16-59 所示。

（5）单击“绘图”工具栏中的“直线”按钮，绘制一条斜向 45° 的直线，单击“修改”工具栏中的“修剪”按钮，修剪掉斜向直线外的水平楼梯线，如图 16-60 所示。

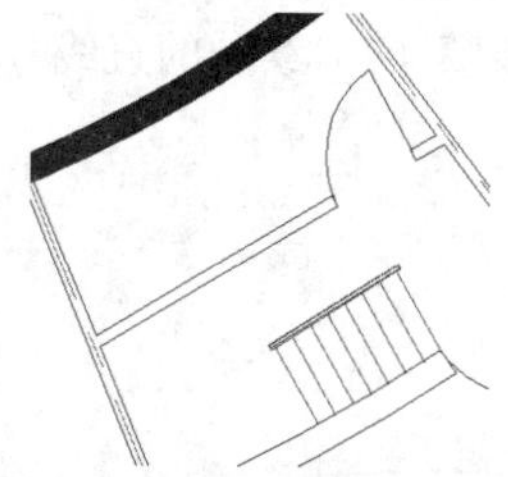

图 16-59　绘制矩形

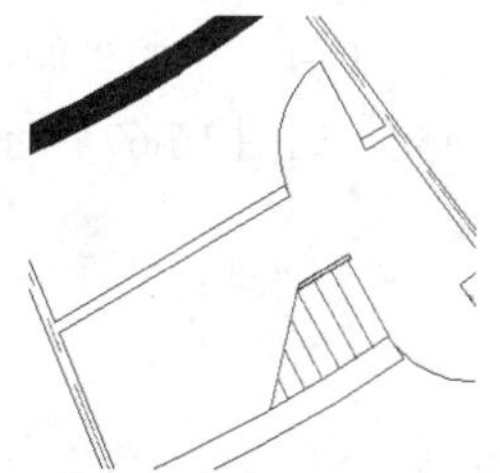

图 16-60　修剪图形

（6）单击“绘图”工具栏中的“多段线”按钮，绘制楼梯指引箭头，如图 16-61 所示。命令行提示如下：

```
命令: PLINE
指定起点:
当前线宽为 0.0000
指定下一个点或 [圆弧(A)/半宽(H)/长度(L)/放弃(U)/宽度(W)]:（绘制一段直线）
指定下一点或 [圆弧(A)/闭合(C)/半宽(H)/长度(L)/放弃(U)/宽度(W)]: w
指定起点宽度 <0.0000>: 100
指定端点宽度 <100.0000>: 0
```

（7）楼梯的绘制方法基本相同，利用相同方法绘制出会议中心中的所有楼梯造型，如图 16-62 所示。

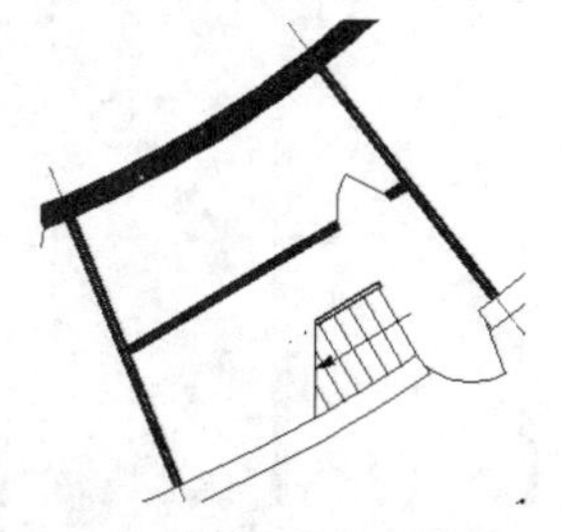

图 16-61　绘制楼梯指引箭头

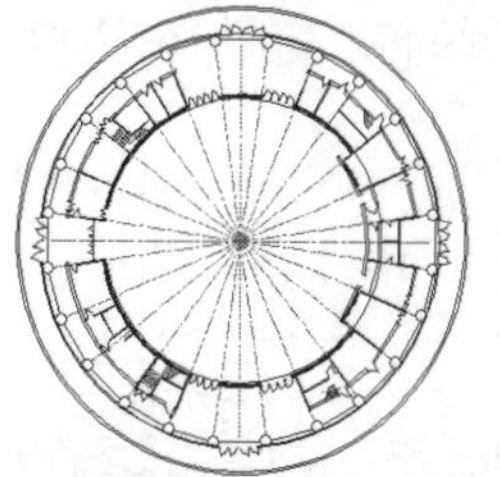

图 16-62　绘制所有楼梯

16.7 绘制室外台阶

（1）在“图层”工具栏的下拉列表中，选择“台阶”图层为当前层，如图 16-63 所示。

图 16-63 设置当前图层

（2）单击“绘图”工具栏中的“直线”按钮，在北入口处绘制长度为 6000 的垂直直线，如图 16-64 所示。

（3）单击“修改”工具栏中的“镜像”按钮，选取绘制的直线作为镜像对象，选取竖直轴线作为镜像线，结果如图 16-65 所示。

（4）单击“修改”工具栏中的“偏移”按钮，选取两直线分别向外偏移，偏移距离为 240。单击“绘图”工具栏中的“直线”按钮，封闭直线端口，如图 16-66 所示。

（5）单击“修改”工具栏中的“偏移”按钮，选取步骤（4）绘制的直线分别向下偏移，偏移距离为 800、3000、450，如图 16-67 所示。

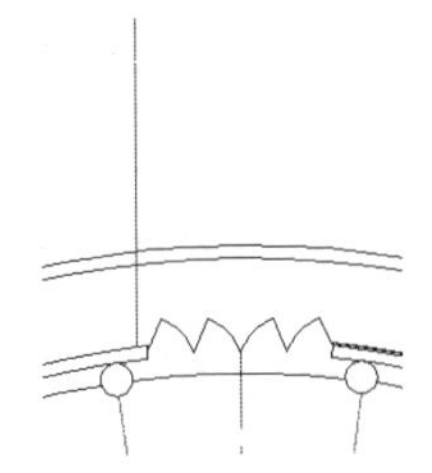

图 16-64 绘制直线

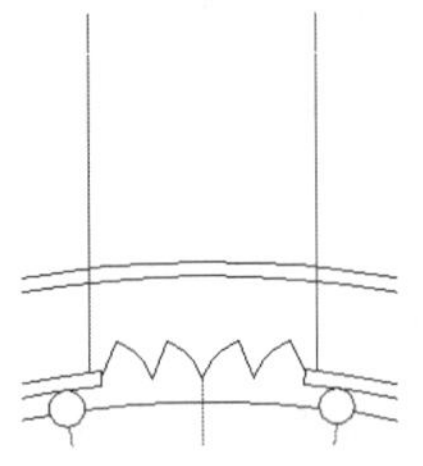

图 16-65 镜像直线

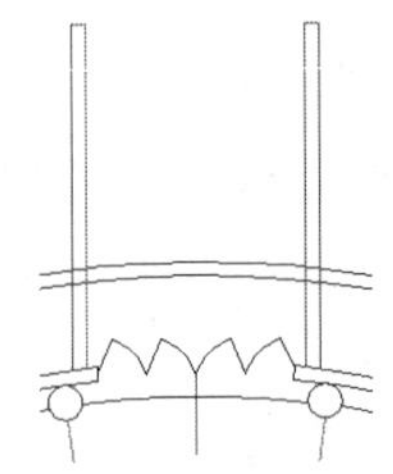

图 16-66 偏移直线

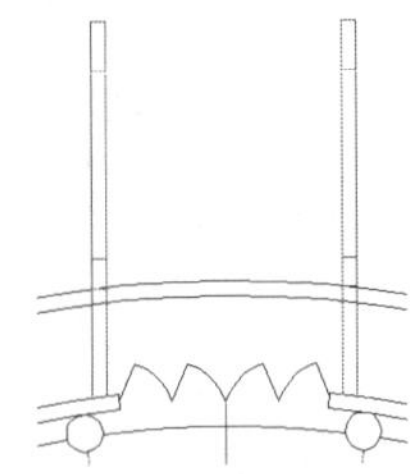

图 16-67 偏移封口直线

（6）单击“修改”工具栏中的“修剪”按钮，对图形进行修剪，如图 16-68 所示。

（7）单击“绘图”工具栏中的“图案填充”按钮，在打开的“图案填充和渐变色”对话框中选择图案 ARSAND。再单击右侧最上方的“添加:拾取点”按钮，回到绘图界面，选择填充区域，单击鼠标左键，此时可以看到矩形的图线变成虚线，说明已经选择了边界，按 Enter 键确认，回到“图案填充和渐变色”对话框，“比例”下拉列表框中的数值默认为 30，单击“确定”按钮，如图 16-69 所示。

（8）单击“绘图”工具栏中的“直线”按钮，绘制一条水平直线，如图 16-70 所示。

（9）单击“修改”工具栏中的“偏移”按钮，选取步骤（8）绘制的直线向下偏移，偏移距离为 250，完成台阶的绘制，如图 16-71 所示。

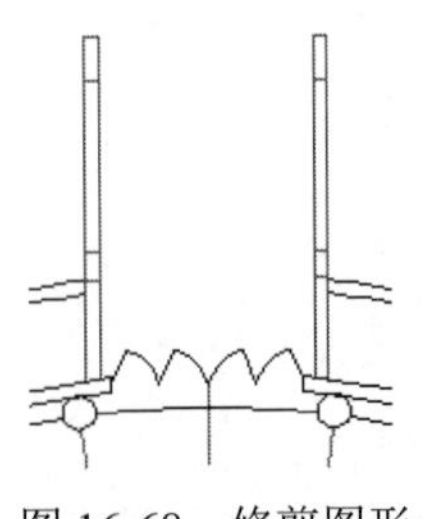

图 16-68 修剪图形

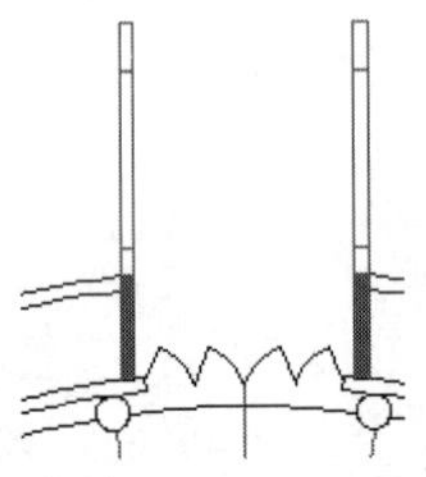

图 16-69 填充图形

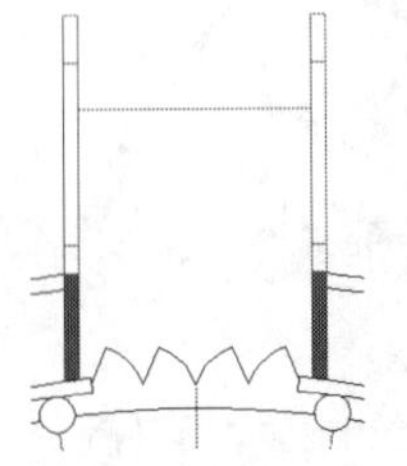

图 16-70 绘制水平直线

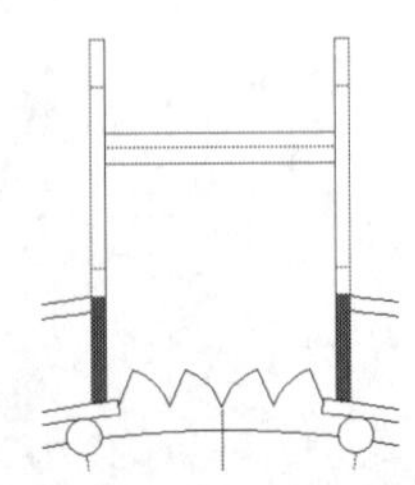

图 16-71 偏移台阶线

（10）单击“修改”工具栏中的“复制”按钮，复制步骤（9）绘制的台阶，单击“修改”工具栏中的“旋转”按钮，将其旋转 90°，单击“修改”工具栏中的“镜像”按钮，选择水平轴线和垂直轴线为镜像线，将旋转的台阶进行镜像，完成所有室外台阶的绘制，如图 16-72 所示。

（11）利用上述方法绘制剩余图形，如图 16-73 所示。

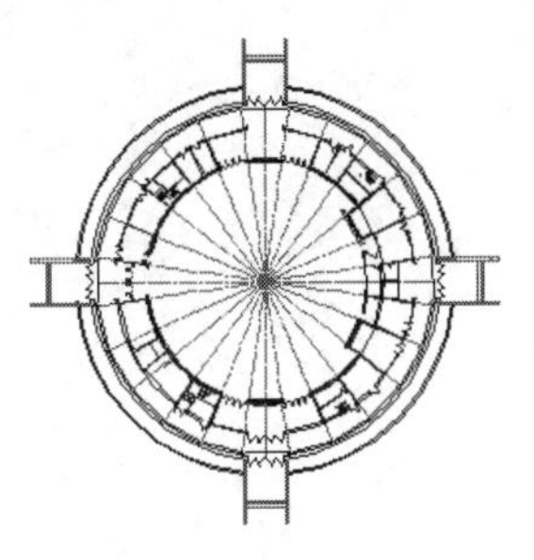

图 16-72　台阶

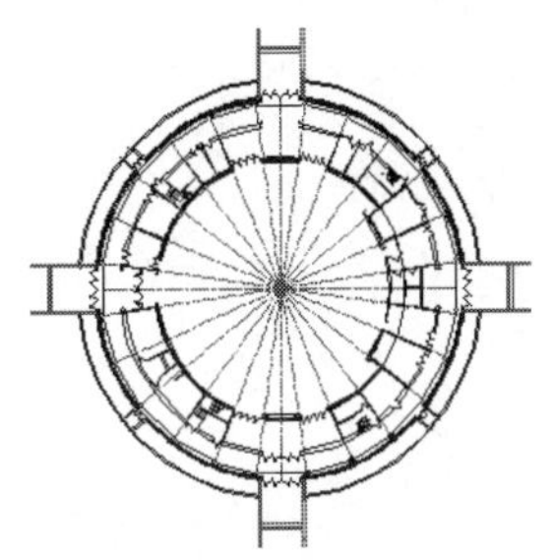

图 16-73　绘制剩余图形

16.8　绘制室内装饰

本节主要介绍室内装饰，包括大厅座椅、会议桌椅组合以及沙发和茶几组合。

16.8.1　绘制大厅座椅

（1）在“图层”工具栏的下拉列表中，选择“家具”图层为当前层，如图 16-74 所示。

图 16-74　设置当前图层

（2）单击“绘图”工具栏中的“矩形”按钮，在空白处绘制边长为 360×360 的正方形，如图 16-75 所示。

（3）单击“绘图”工具栏中的“圆弧”按钮，围绕步骤（2）绘制的正方形绘制 3 段圆弧，如图 16-76 所示。

（4）单击“修改”工具栏中的“分解”按钮，选择绘制的矩形进行分解。单击“修改”工具栏中的“删除”按钮，删除矩形底边，如图 16-77 所示。

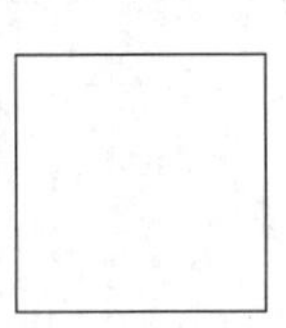

图 16-75　绘制正方形

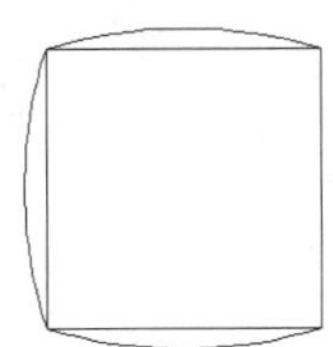

图 16-76　绘制 3 段圆弧

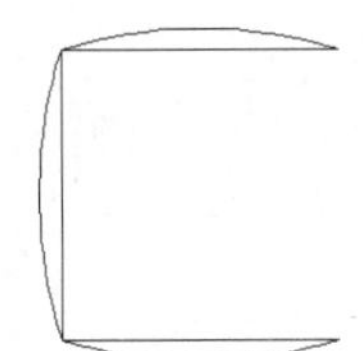

图 16-77　删除矩形底边

（5）单击“绘图”工具栏中的“圆弧”按钮，选取底边下端点为起点，上端点为终点，绘制一段圆弧，如图 16-78 所示。

（6）在命令行中输入“wlock”，打开“写块”对话框。在图形上选择一点作为基点，然后选取

Note

保存块的路径，将名称修改为“椅子”，选择刚刚绘制的椅子图块，并选中“从图形中删除”单选按钮。单击“确定”按钮，保存该图块。

（7）单击“绘图”工具栏中的“插入块”按钮，在图形适当位置插入一个椅子图形，单击“修改”工具栏中的“复制”按钮，将椅子图形布置到平面图的大厅位置，如图 16-79 所示。

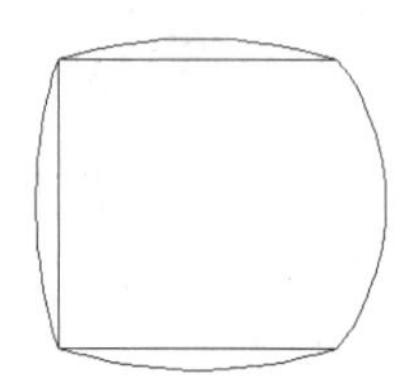
图 16-78　绘制圆弧

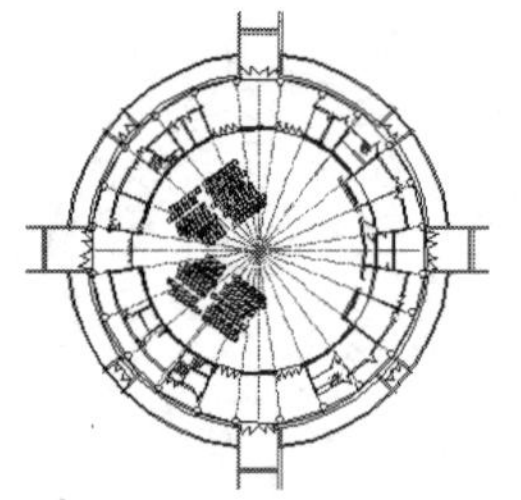
图 16-79　插入“椅子”图块

16.8.2　绘制大厅会议桌椅组合

（1）单击“绘图”工具栏中的 “圆”按钮，绘制一个半径为 2300 的圆，单击“修改”工具栏中的“偏移”按钮，将绘制的圆向内偏移，偏移距离为 300，单击“绘图”工具栏中的“直线”按钮，绘制直线分割圆图形，如图 16-80 所示。

（2）单击“修改”工具栏中的“修剪”按钮，修剪掉多余线段，如图 16-81 所示。

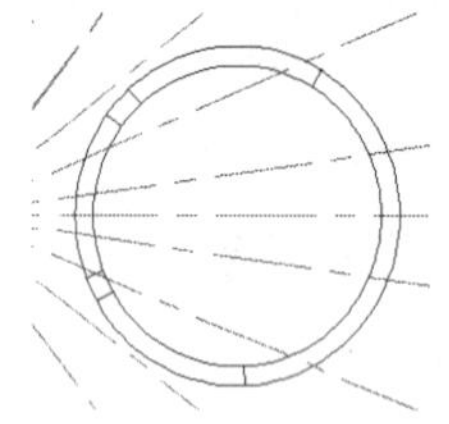
图 16-80　绘制弧形会议桌

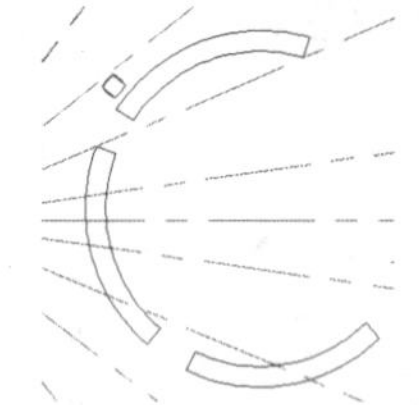
图 16-81　插入椅子

（3）单击“绘图”工具栏中的“插入块”按钮，插入已定义的“椅子”图块。

（4）单击“修改”工具栏中的“环形阵列”按钮，设置项目数为 44，项目间角度为 360°，如图 16-82 所示。

（5）利用相同的方法绘制内圈桌椅，如图 16-83 所示。

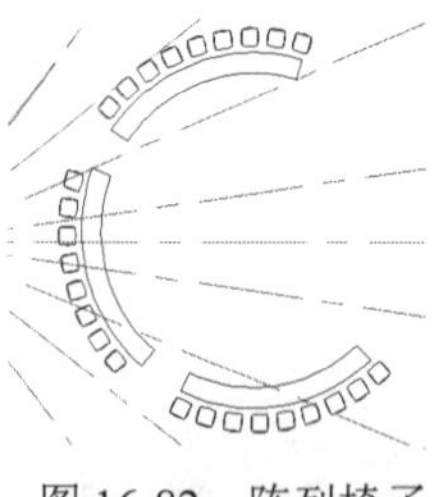
图 16-82　阵列椅子

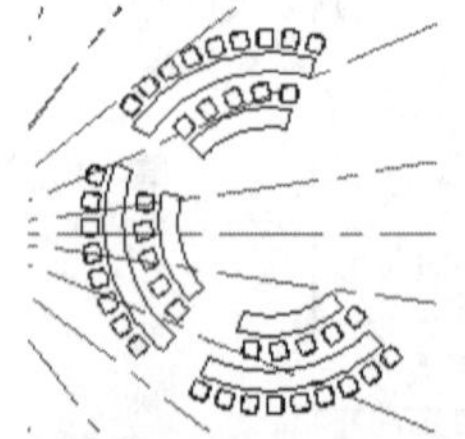
图 16-83　绘制内圈桌椅

16.8.3　绘制沙发和茶几组合

（1）单击“绘图”工具栏中的“矩形”按钮，绘制一个 800×600 的矩形，如图 16-84 所示。

（2）单击“绘图”工具栏中的“矩形”按钮，在步骤（1）绘制的矩形左右两侧插入两个椅子，如图 16-85 所示。

图 16-84　绘制矩形

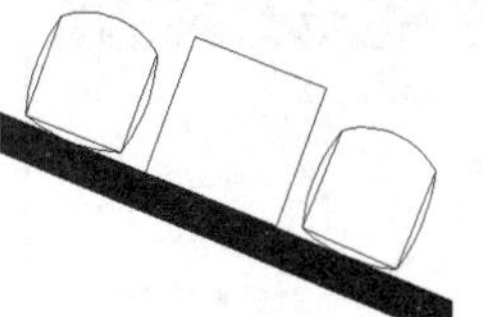

图 16-85　插入椅子

（3）单击“修改”工具栏中的“镜像”按钮和“移动”按钮，绘制另外一侧的沙发茶几组合，如图 16-86 所示。

（4）单击“绘图”工具栏中的“直线”按钮，绘制背投室里的图形，如图 16-87 所示。

（5）本实例中的其他图形，可以调用图库中已有图形直接插入，单击“绘图”工具栏中的“直线”按钮，绘制柜子图形，如图 16-88 所示。

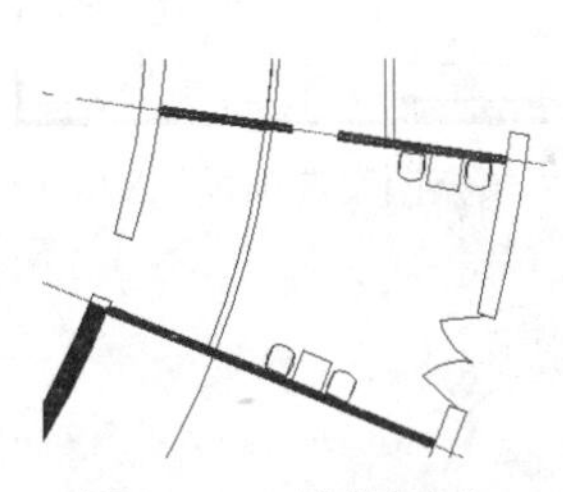

图 16-86　镜像图形

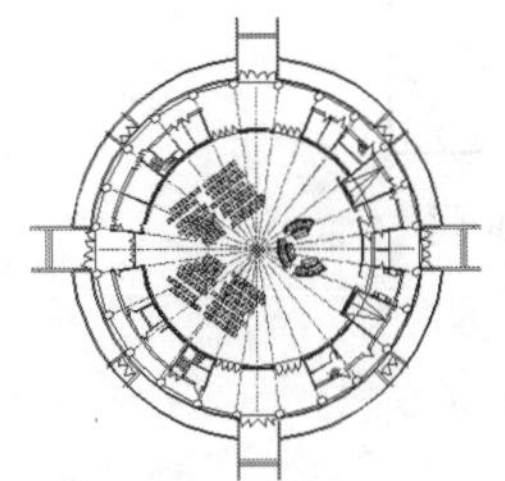

图 16-87　绘制直线

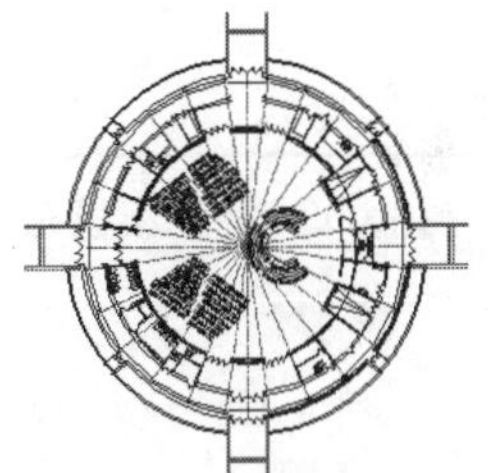

图 16-88　插入其他图形

16.8.4　绘制地面图形

（1）单击“绘图”工具栏中的“直线”按钮，封闭绘图区域，如图 16-89 所示。

（2）为了使图形更清晰，关闭“轴线”图层，如图 16-90 所示。

（3）单击“修改”工具栏中的“修剪”按钮和“删除”按钮，对绘图区域进行修整，如图 16-91 所示。

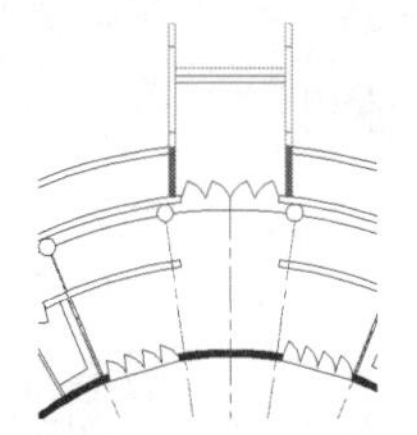

图 16-89　封闭绘图区域

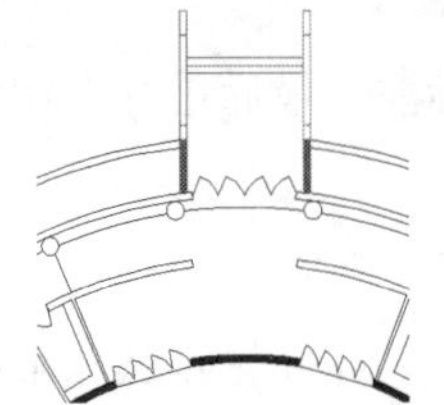

图 16-90　关闭轴线图层

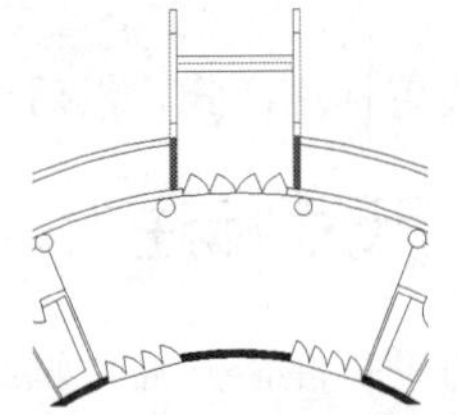

图 16-91　修整绘图区域

（4）单击“绘图”工具栏中的“图案填充”按钮，打开“图案填充和渐变色”对话框，如图 16-92 所示。此时可以看到在左侧“样例”选项后面的填充图案为方格状的图案，为了改变图案，单击该图案部位，打开“填充图案选项板”对话框，并切换到“其他预定义”选项卡，如图 16-93 所示。

（5）选择第一个图案 NET，然后单击“确定”按钮，回到“图案填充和渐变色”对话框。再单击右侧最上方的“添加:拾取点”按钮，回到绘图界面，在某一个矩形的中心单击鼠标左键，此时可以看到矩形的图线变成虚线，说明已经选择了边界，按 Enter 键确认，回到“图案填充和渐变色”对

Note

话框，再将“比例”下拉列表框中的数值修改为200，单击“确定”按钮，如图16-94所示。

（6）利用上述方法绘制其他地面图形，如图16-95所示。

图16-92　“图案填充和渐变色”对话框

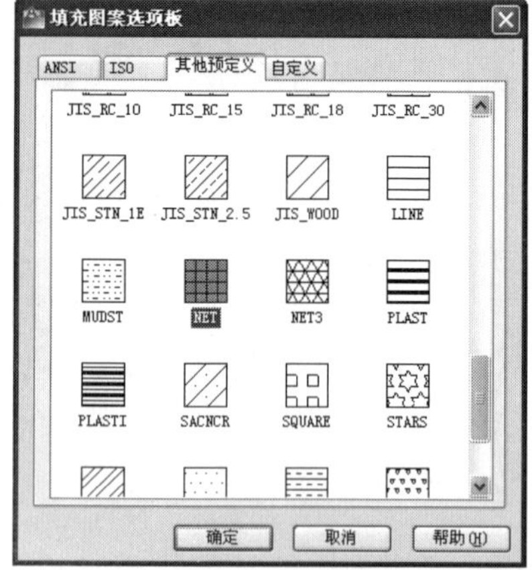

图16-93　“填充图案选项板”对话框

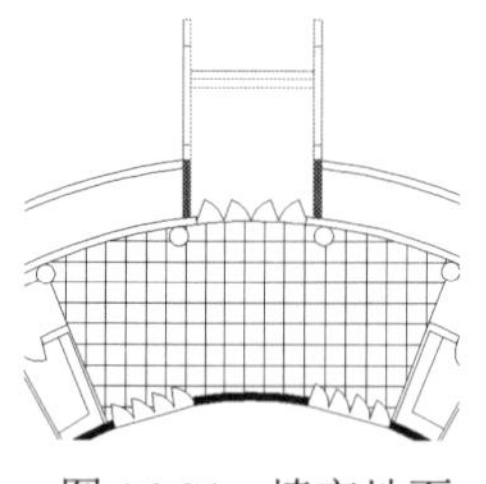

图16-94　填充地面

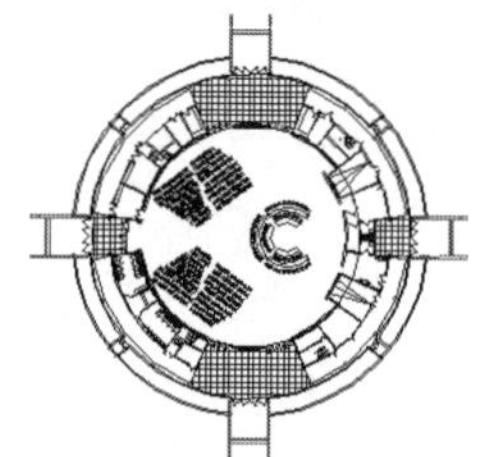

图16-95　绘制地面图形

16.9　尺寸和文字标注

首先设置标注样式，然后进行尺寸标注。最后进行文字标注和方向索引。

16.9.1　尺寸标注

为了方便标注，开启“轴线”图层，具体操作步骤如下：

（1）选择菜单栏中的“标注”→“标注样式”命令，弹出“标注样式管理器”对话框，如图16-96所示。

（2）单击“新建”按钮，弹出“创建新标注样式”对话框。新建“角度”标注样式，如图16-97所示。

（3）选择“线”选项卡，如图16-98所示，按照图中的参数修改标注样式。选择“符号和箭头”选项卡，按照图16-99所示的设置进行修改，箭头样式选择为“建筑标记”，“箭头大小”修改为800。在“文字”选项卡中设置“文字高度”为900，“从尺寸线偏移”为0。

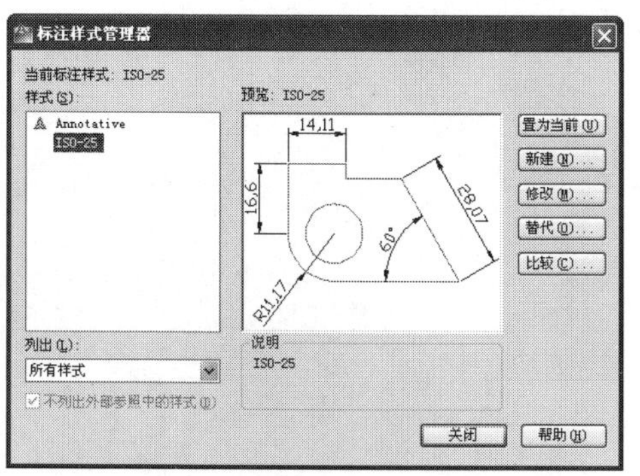

图 16-96　“标注样式管理器”对话框

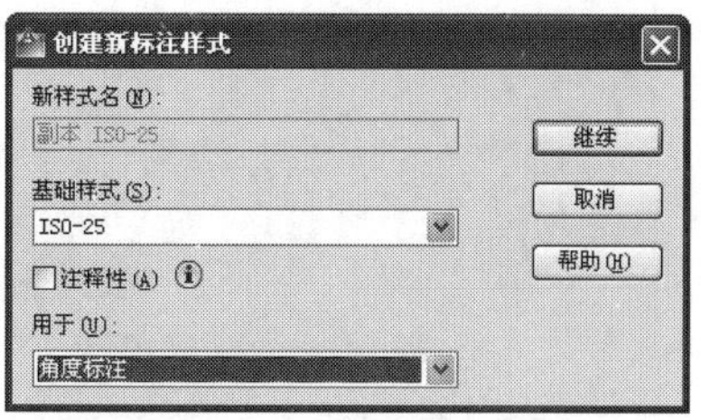

图 16-97　“创建新标注样式”对话框

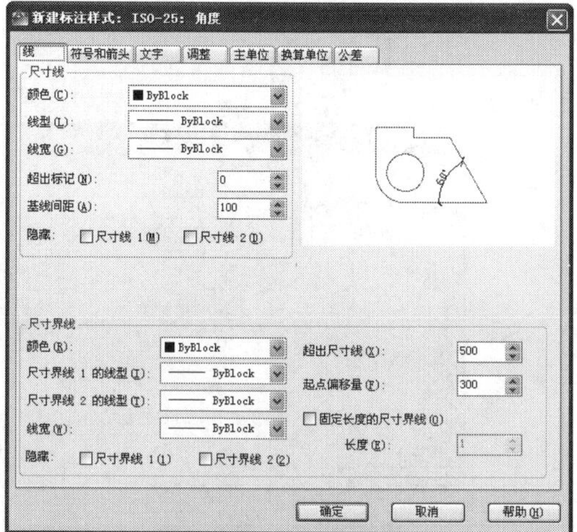

图 16-98　“线”选项卡

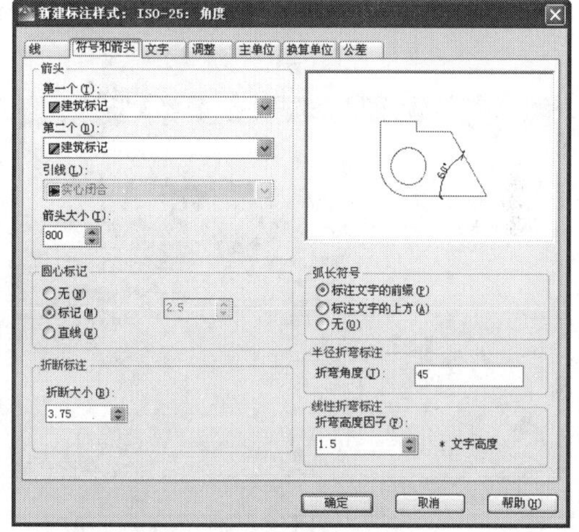

图 16-99　“符号和箭头”选项卡

（4）将“尺寸标注”图层置为当前层，选择菜单栏中的“标注”→“角度”命令，标注轴线间的距离，如图 16-100 所示。

（5）标注轴号。

❶ 将“尺寸标注”图层置为当前层，绘制一个半径为 500 的圆，圆心在轴线的端点，如图 16-101 所示。

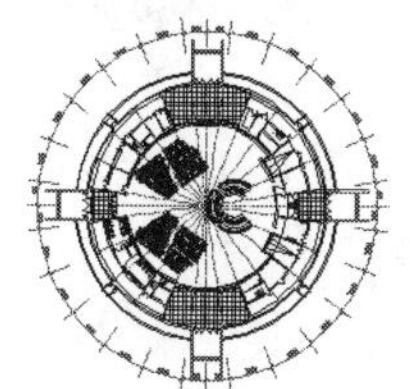

图 16-100　尺寸标注

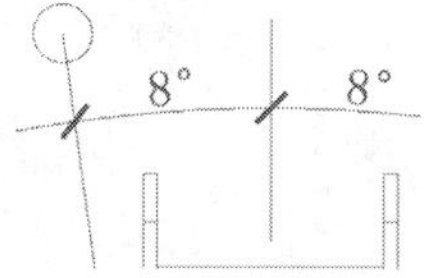

图 16-101　绘制圆

❷ 选择菜单栏中的“绘图”→“块”→“定义属性”命令，弹出“属性定义”对话框，如图 16-102 所示，单击“确定”按钮，在圆心位置输入一个块的属性值。设置完成后的效果如图 16-103 所示。

❸ 单击“绘图”工具栏中的“创建块”按钮，弹出“块定义”对话框，如图 16-104 所示。在“名称”文本框中输入“轴号”，指定圆心为基点；选择整个圆和刚才的“轴号”标记为对象，单击“确定”按钮，弹出如图 16-105 所示的“编辑属性”对话框，输入轴号为 17，单击“确定”按钮，

Note

轴号效果图如图 16-106 所示。

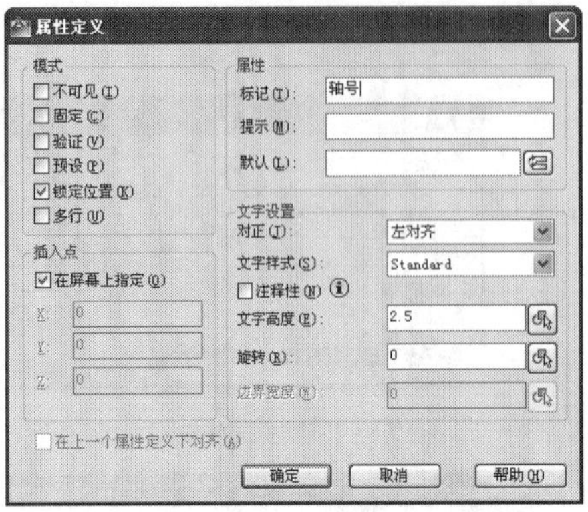

图 16-102　块属性定义

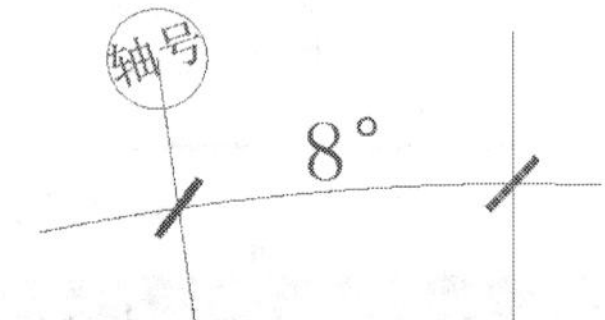

图 16-103　在圆心位置写入属性值

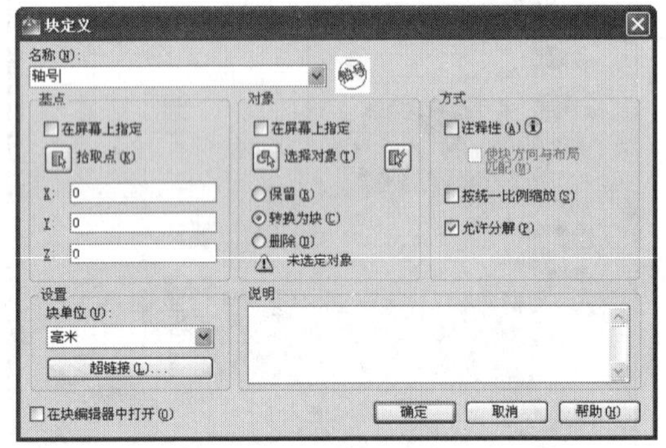

图 16-104　创建块

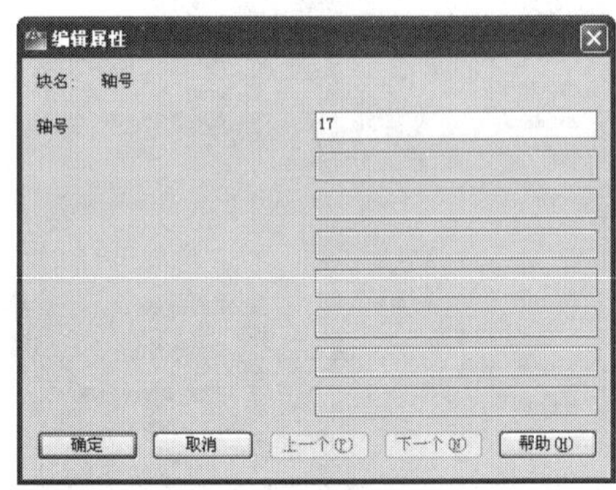

图 16-105　“编辑属性”对话框

❹ 单击“绘图”工具栏中的“插入块”按钮，弹出“插入”对话框，将轴号图块插入到轴线上，并修改图块属性，结果如图 16-107 所示。

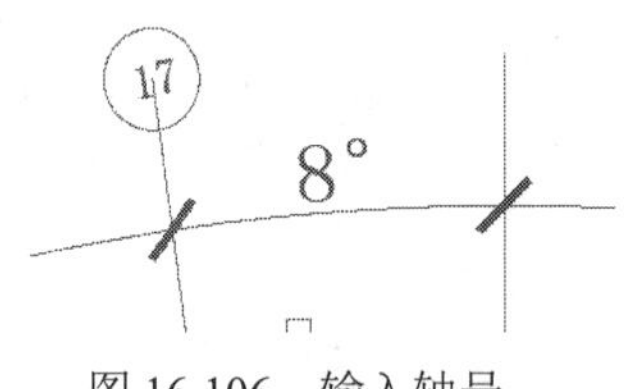

图 16-106　输入轴号

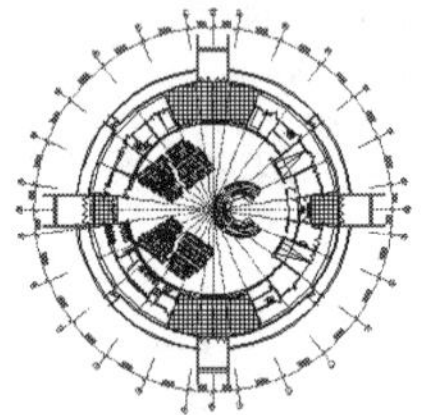

图 16-107　标注轴号

16.9.2　文字标注

（1）选择菜单栏中的“格式”→“文字样式”命令，弹出“文字样式”对话框，如图 16-108 所示。

（2）单击“新建”按钮，弹出“新建文字样式”对话框，将文字样式命名为“说明”，如图 16-109 所示。

（3）单击“确定”按钮，在“文字样式”对话框中取消选中“使用大字体”复选框，然后在“字体名”下拉列表框中选择“宋体”，设置“高度”为 350，如图 16-110 所示。

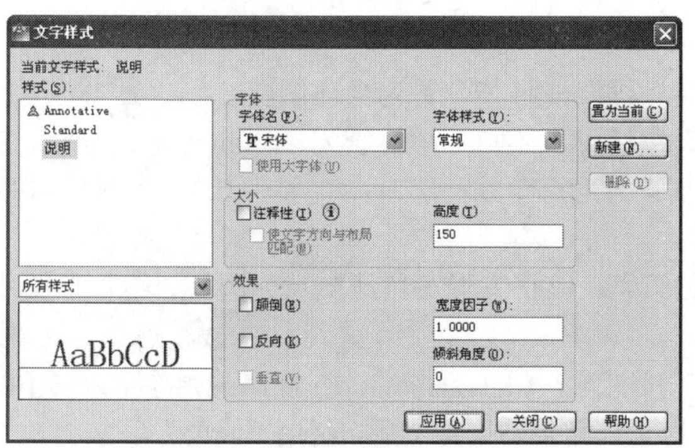

图 16-108　“文字样式”对话框

图 16-109　“新建文字样式”对话框

（4）在“图层”工具栏的下拉列表中，选择“文字”图层为当前层，如图 16-111 所示。

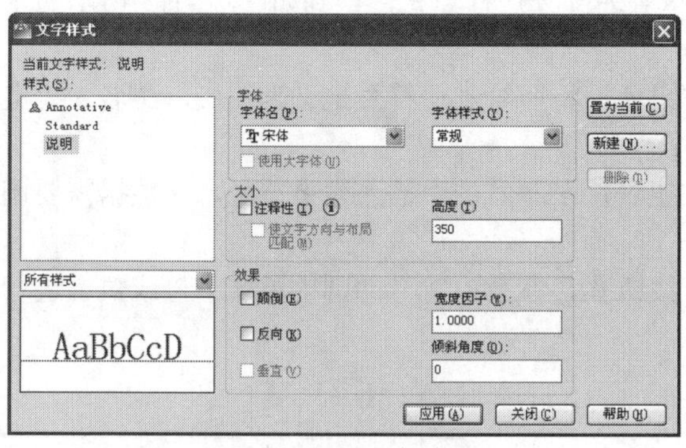

图 16-110　修改文字样式

图 16-111　设置当前图层

（5）单击“绘图”工具栏中的“多行文字”按钮A，在图中相应的位置输入需要标注的文字，结果如图 16-112 所示。

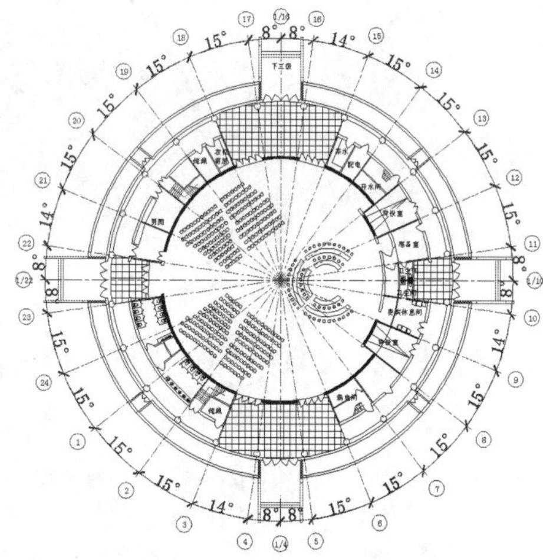

图 16-112　文字标注

16.9.3　方向索引

在绘制一组室内设计图纸时，为了统一室内方向标识，通常要在平面图中添加方向索引符号。具

Note

体绘制步骤如下：

（1）在“图层”下拉列表中选择“标注”图层，将其设置为当前图层。

（2）单击“绘图”工具栏中的“矩形”按钮，绘制一个边长为1100mm的正方形；接着，单击“绘图”工具栏中的“直线”按钮，绘制正方形对角线；然后，单击“修改”工具栏中的“旋转”按钮，将所绘制的正方形旋转45°。

（3）单击“绘图”工具栏中的“圆”按钮，以正方形对角线交点为圆心，绘制半径为500mm的圆，该圆与正方形内切。

（4）单击“修改”工具栏中的“分解”按钮，将正方形进行分解，并删除正方形下半部的两条边和垂直方向的对角线，剩余图形为等腰直角三角形与圆；然后，利用“修剪”命令，结合已知圆，修剪正方形水平对角线。

（5）单击“绘图”工具栏中的“图案填充”按钮，在打开的“图案填充和渐变色”对话框中选择填充图案为SOLID，对等腰三角形中未与圆重叠的部分进行填充，得到如图16-113所示的索引符号。

（6）单击“绘图”工具栏中的“创建块”按钮，将所绘索引符号定义为图块，命名为“室内索引符号”。

（7）单击“绘图”工具栏中的“插入块”按钮，在平面图中插入索引符号，并根据需要调整符号角度。

（8）单击“绘图”工具栏中的“多行文字”按钮，在索引符号的圆内添加字母或数字进行标识，如图16-114所示。

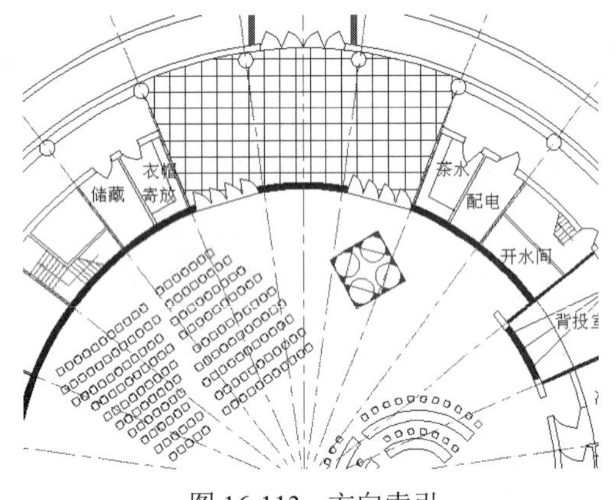

图16-113　方向索引

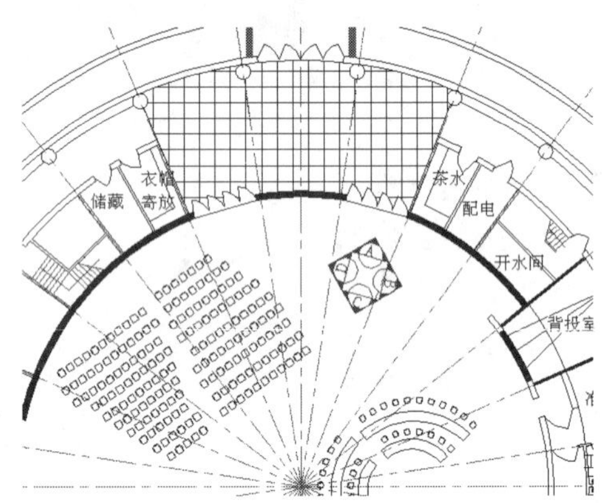

图16-114　添加字母

16.10　上机操作

通过前面的学习，读者对本章知识也有了大体的了解，本节通过几个操作练习使读者进一步掌握本章知识要点。

绘制歌舞厅室内平面图

1. 目的要求

本实例主要要求读者通过练习进一步熟悉和掌握平面图的绘制方法。通过本实例，可以帮助读者

学会完成整个平面图绘制的全过程。

2. 操作提示

（1）绘图前准备。

（2）入口区的绘制。

（3）酒吧的绘制。

（4）歌舞区的绘制。

（5）包房区的绘制。

（6）屋顶花园绘制。

（7）文字、尺寸标注及符号标注。

绘制结果如图 16-115 所示。

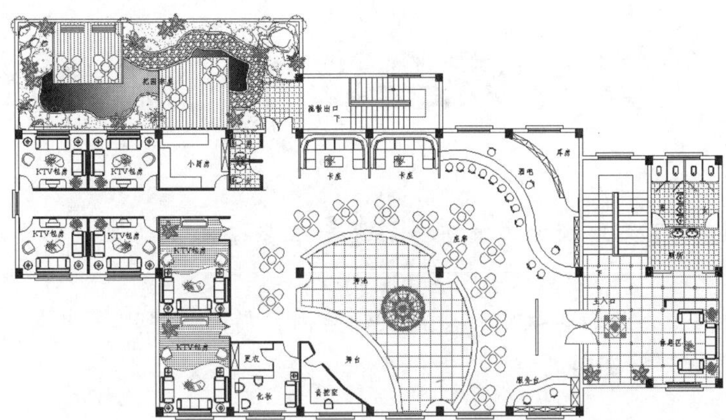

图 16-115　歌舞厅室内平面图

某学院会议中心顶棚布置图

室内设计顶棚图是根据顶棚在其下方假想的水平镜面上的正投影绘制而成的镜像投影图。

本章继续以 16 章介绍的会议中心室内设计为例，详细讲述以会议中心为代表的大型公共建筑室内设计顶棚图的绘制过程。

- ☑ 整理图形
- ☑ 绘制吊顶
- ☑ 绘制灯具

任务驱动&项目案例

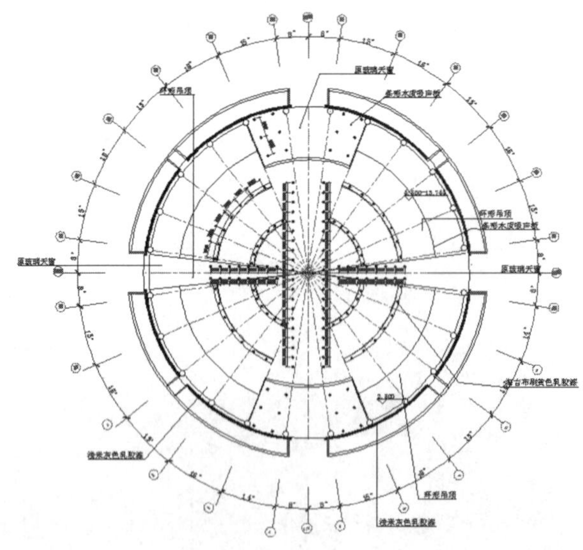

17.1　室内物理环境概述

室内物理环境是室内光环境、声环境和热工环境的总称。这 3 个方面直接影响着人的学习和工作效率、生活质量、身心健康等方面，是提高室内环境质量不可忽视的因素。

1. 室内光环境

室内的光线来源于两个方面，即是天然光和人工光。天然光由直射太阳光和阳光穿过地球大气层时扩散而成的天空光组成；人工光主要是指各种电光源发出的光线。

尽量争取利用自然光满足室内的照度要求，在不能满足照度要求的地方辅助人工照明。我国大部分地区处在北半球，一般情况下，一定量的直射阳光照射到室内，有利于室内杀菌和人的身体健康，特别是在冬天；而在夏天，炙热的阳光射到室内会使室内迅速升温，长时间会使室内陈设物品退色、变质等，所以应注意遮阳、隔热问题。

现代用的照明电光源可分为两大类，一类是白炽灯，一类是气体放电灯。白炽灯是靠灯丝通电加热到高温而放出热辐射光，如普通白炽灯、卤钨灯等；气体放电灯是靠气体激发而发光，属于冷光源，如荧光灯、高压钠灯、低压钠灯、高压汞灯等。

照明设计应注意以下几个因素：

（1）合适的照度。

（2）适当的亮度对比。

（3）宜人的光色。

（4）良好的显色性。

（5）避免眩光。

（6）正确的投光方向。

除此之外，在选择灯具时，应注意其发光效率、寿命及是否便于安装等因素。目前国家出台的相关照明设计标准中规定有各种室内空间的平均照度标准值，许多设计手册中也提供了各种灯具的性能参数，读者可以参阅。

2. 室内声环境

室内声环境的处理主要包括两个方面，一方面是室内音质的设计，如音乐厅、电影院、录音室等，目的是提高室内音质，满足应有的听觉效果；另一方面是隔声与降噪，旨在隔绝和降低各种噪声对室内环境的干扰。

3. 室内热工环境

室内热工环境受室内热辐射、温度、湿度、空气流速等因素的影响。为了满足人们舒适、健康的要求，在进行室内设计时，应结合空间布局、材料构造、家具陈设、色彩、绿化等方面综合考虑。

17.2　会议中心顶棚图绘制

对会议中心顶棚图绘制过程的讲解，按其室内平面图修改、顶棚造型绘制、灯具布置、文字尺寸标注、符号标注及线宽设置的顺序进行。绘制流程图如图 17-1 所示。

Note

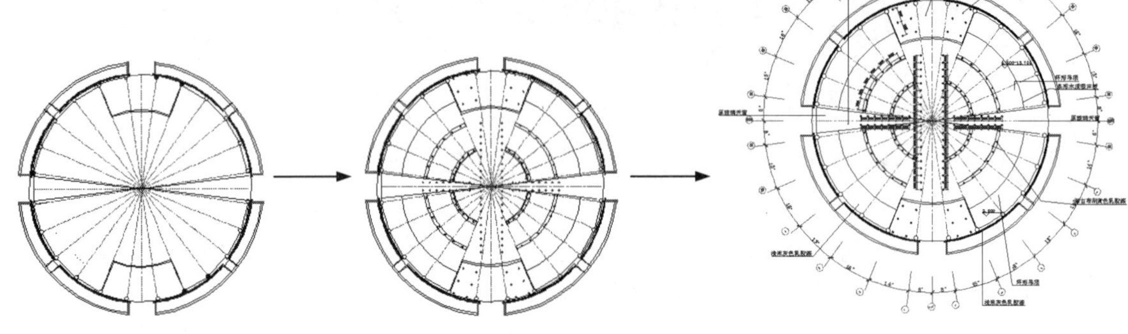

图 17-1　绘制某学院会议中心顶棚布置图

操作步骤：（光盘\动画演示\第 17 章\某学院会议中心顶棚布置图.avi）

17.2.1　整理图形

（1）单击“标准”工具栏中的“打开”按钮，打开前面绘制的“会议中心平面图”。

（2）关闭“文字”、“轴线”、“门窗”和“尺寸”图层。删除卫生间隔断和洗手台。

（3）单击“绘图”工具栏中的“直线”按钮和“修改”工具栏中的“偏移”按钮整理图形。结果如图 17-2 所示。

（4）单击“绘图”工具栏中的“图案填充”按钮，打开“图案填充和渐变色”对话框，如图 17-3 所示。此时可以看到在左侧“样例”选项后面的填充图案为方格状的图案，为了改变图案，单击该图案部位，打开“填充图案选项板”对话框，并切换到“其他预定义”选项卡，如图 17-4 所示。

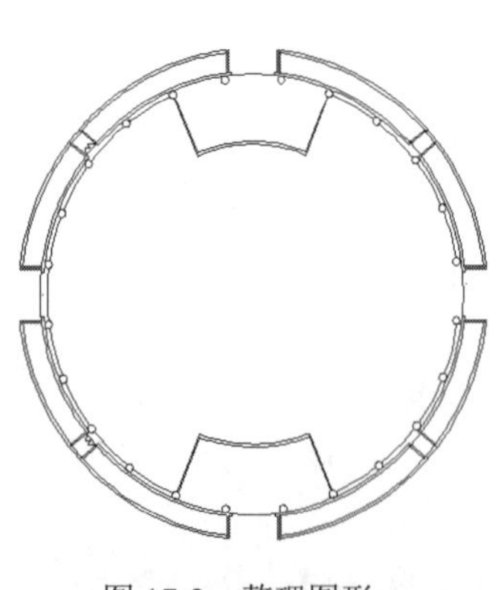

图 17-2　整理图形

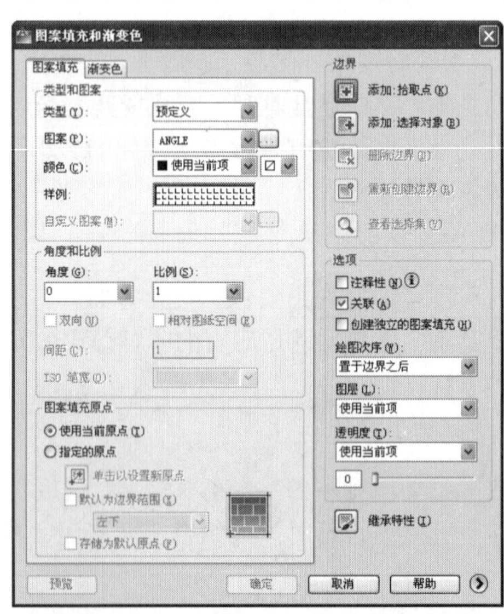

图 17-3　“图案填充和渐变色”对话框

（5）选择第一个图案 SOLID，然后单击“确定”按钮，回到“图案填充和渐变色”对话框。再单击右侧最上方的“添加:拾取点”按钮，回到绘图界面，在某一个矩形的中心单击鼠标左键，此时可以看到矩形的图线变成虚线，说明已经选择了边界，按 Enter 键确认，回到“图案填充和渐变色”

对话框，再将“比例”下拉列表框中的数值修改为 0，单击“确定”按钮，如图 17-5 所示。

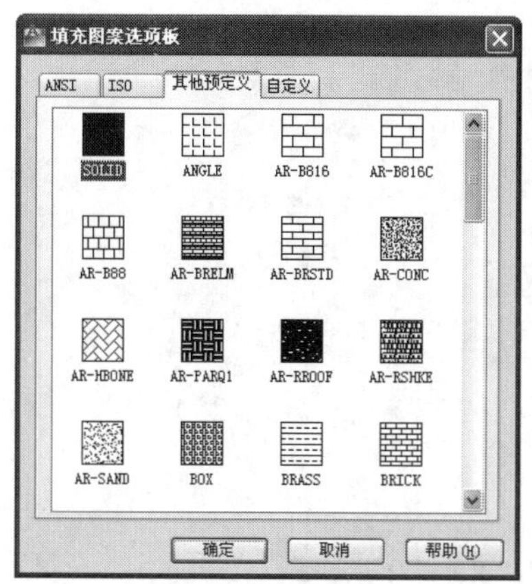

图 17-4　“填充图案选项板”对话框

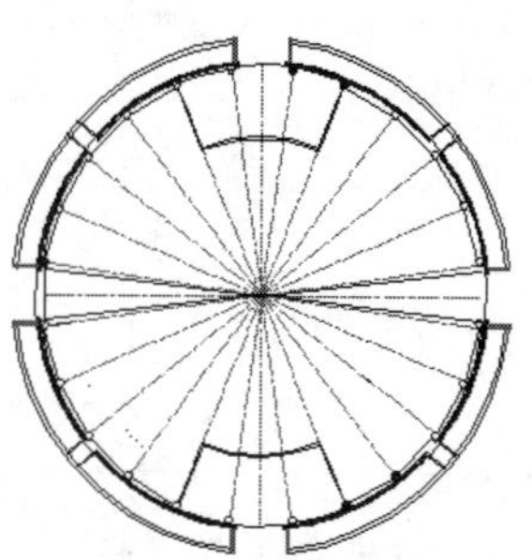

图 17-5　整理图形

17.2.2　绘制吊顶

（1）开启“轴线”图层，单击“修改”工具栏中的“偏移”按钮，选取图形最外边线圆向内偏移，偏移距离为 5500。单击“修改”工具栏中的“修剪”按钮，对偏移后的线段进行修改，如图 17-6 所示。

（2）单击“修改”工具栏中的“偏移”按钮，选取图形最外边线圆向内偏移，偏移距离为 5500。单击“修改”工具栏中的“修剪”按钮，对偏移后的线段进行修改。单击“绘图”工具栏中的“直线”按钮，绘制几段直线。

（3）单击“修改”工具栏中的“偏移”按钮，选取步骤（2）偏移直线连续向下偏移，偏移距离为 3500、400、3500、400。结果如图 17-7 所示。

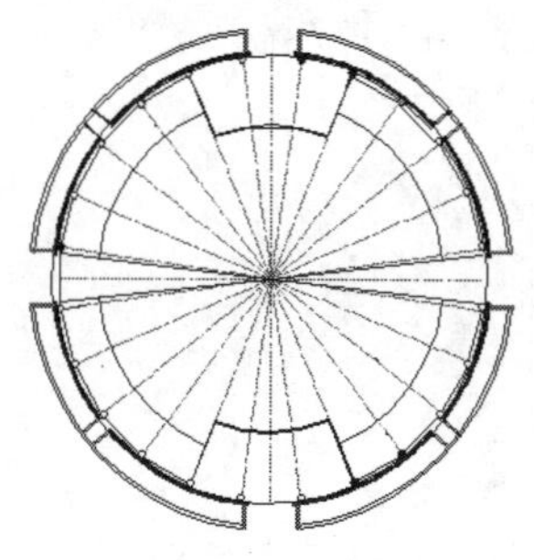

图 17-6　偏移墙线

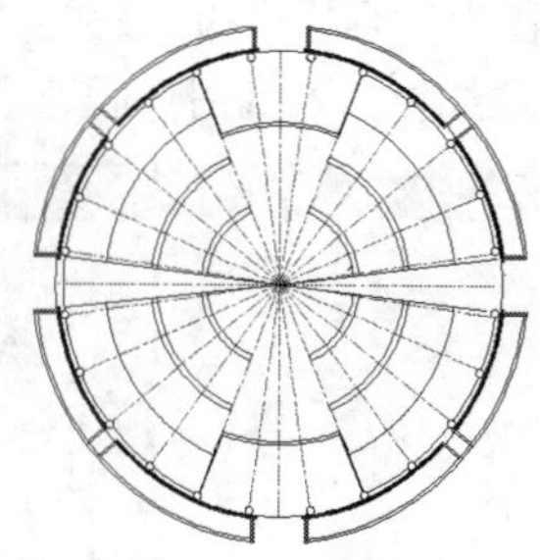

图 17-7　偏移直线

（4）单击“绘图”工具栏中的“直线”按钮，封闭偏移后的圆弧。

17.2.3　绘制灯具

（1）绘制吸顶灯。

❶ 单击“绘图”工具栏中的“圆”按钮，在图纸中空白位置绘制一个半径为 100 的圆，如图 17-8 所示。

❷ 单击“修改”工具栏中的“偏移”按钮，将步骤❶绘制的圆向内偏移，偏移距离为 30，如

图 17-9 所示。

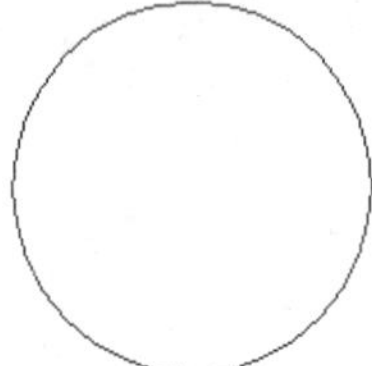

图 17-8　绘制圆

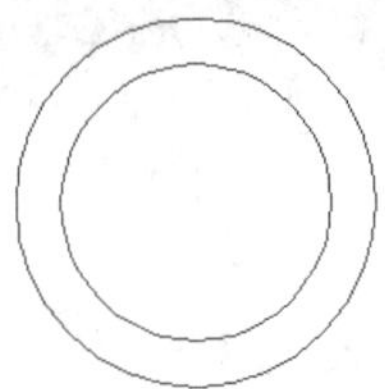

图 17-9　偏移圆

❸ 单击“绘图”工具栏中的“直线”按钮，在圆心处绘制长度为 250 的十字交叉线。结果如图 17-10 所示。

❹ 单击“绘图”工具栏中的“创建块”按钮，弹出如图 17-11 所示的“块定义”对话框，选取圆心为插入点，选取吸顶灯为对象，单击“确定”按钮，完成吸顶灯块的创建。

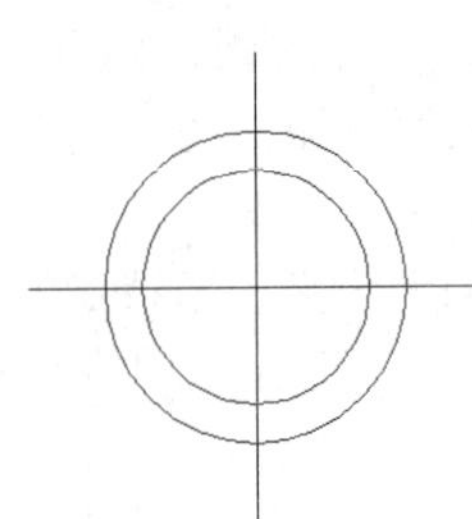

图 17-10　绘制交叉直线

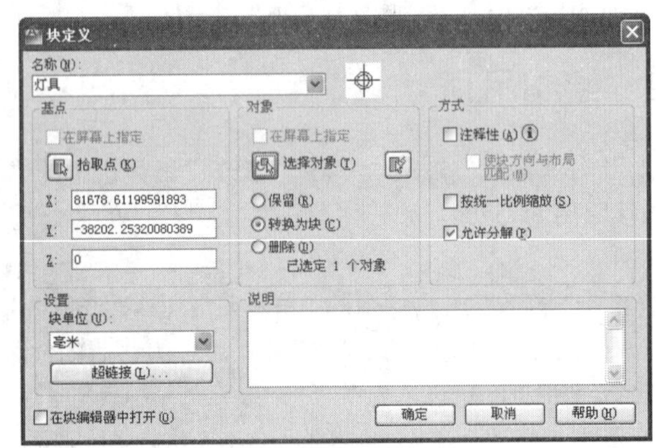

图 17-11　“块定义”对话框

❺ 单击“绘图”工具栏中的“插入块”按钮，弹出如图 17-12 所示的“插入”对话框，将步骤（4）创建的吸顶灯块插入到图纸适当位置，如图 17-13 所示。

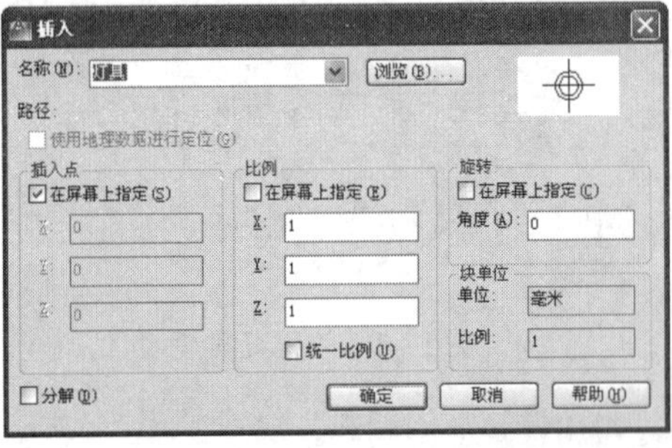

图 17-12　“插入”对话框

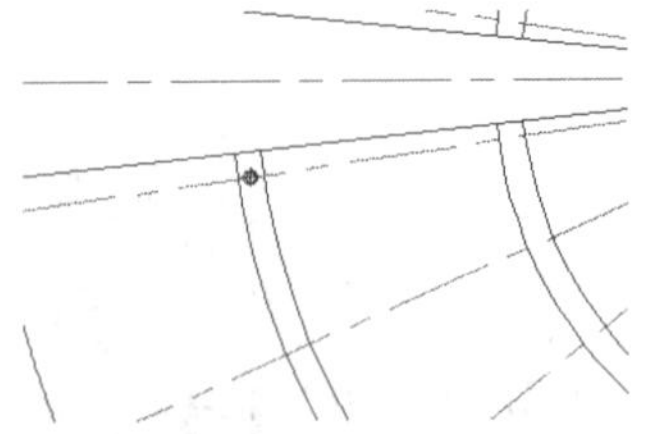

图 17-13　绘制吸顶灯

（2）单击“修改”工具栏中的“环形阵列”按钮，设置项目数为 40，项目间角度为 360，选择步骤（1）插入的灯具图形进行环形阵列，如图 17-14 所示。

（3）单击“修改”工具栏中的“删除”按钮，删除阵列出的多余灯具图形，如图 17-14 所示。

（4）利用上述方法完成其他灯具的布置，阵列参数参考步骤（2）。

（5）阵列完成，如图 17-15 所示。

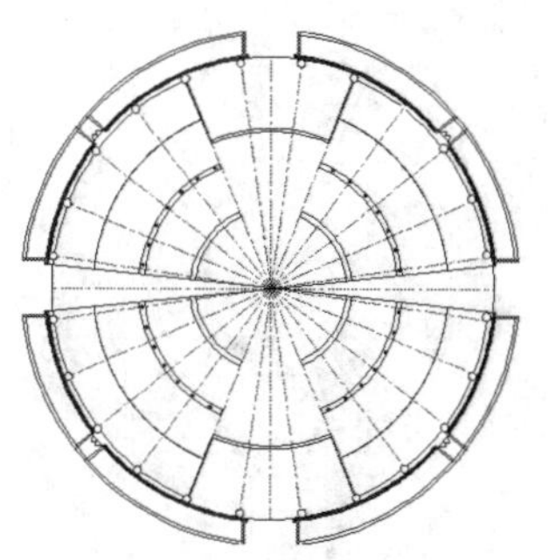

图 17-14　插入吸顶灯

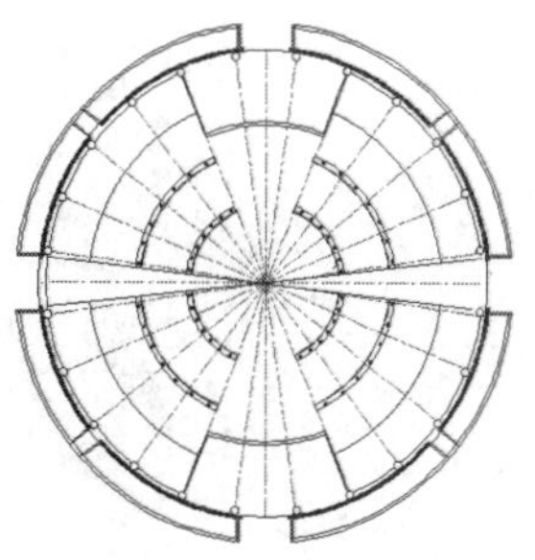

图 17-15　阵列完成

（6）单击“绘图”工具栏中的“插入块”按钮，在图形适当位置插入一个灯具图形，如图 17-16 所示。

（7）选取步骤（6）插入的灯具图形，单击“修改”工具栏中的“复制”按钮和“镜像”按钮，选取插入的灯具图形，设置复制间距为 2000，垂直轴线为镜像线，完成左侧灯具的布置，如图 17-17 所示。

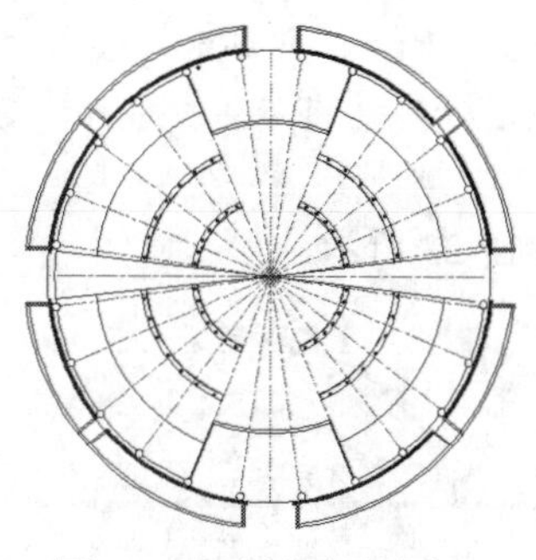

图 17-16　插入灯具图形

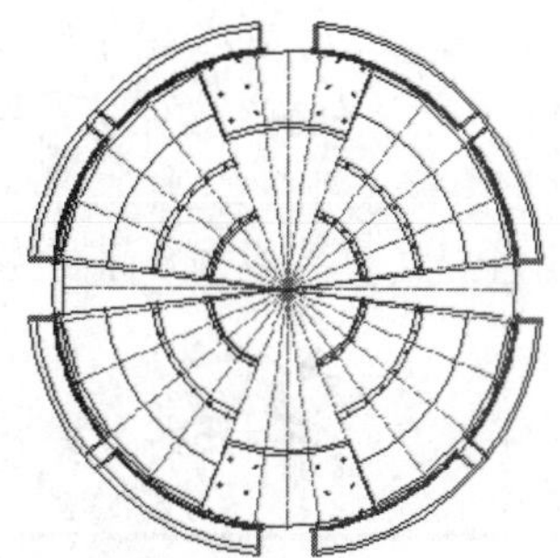

图 17-17　复制灯具图形

（8）单击“绘图”工具栏中的“插入块”按钮，在图形适当位置插入一个灯具图形，如图 17-18 所示。

（9）单击“修改”工具栏中的“矩形阵列”按钮，设置行数为 20，列数为 1，行间距为-1000，选择刚刚插入的灯具图形进行矩形阵列，如图 17-19 所示。

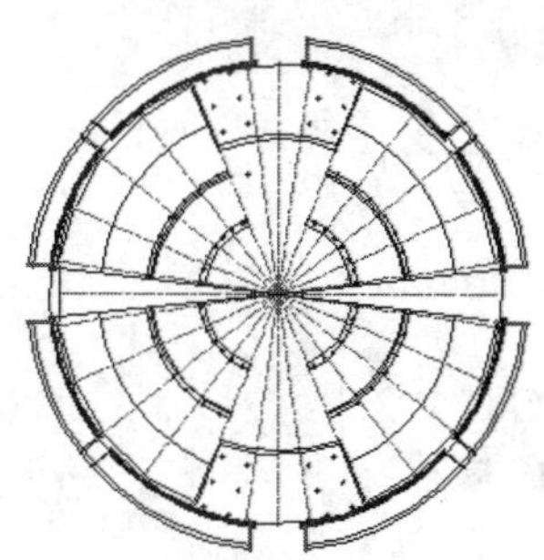

图 17-18　插入灯具图形

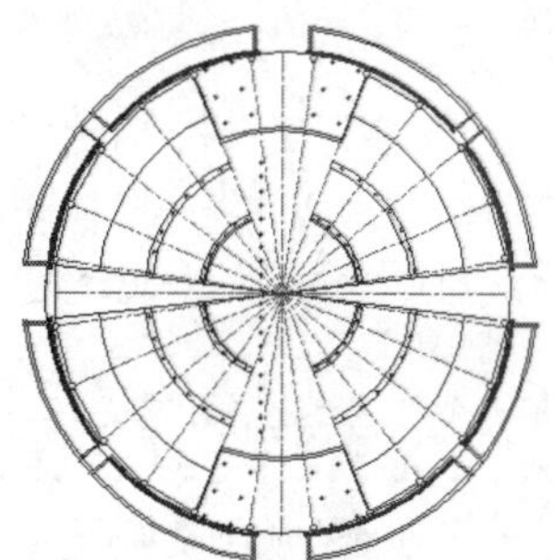

图 17-19　阵列图形

（10）单击“修改”工具栏中的“镜像”按钮，选取步骤（9）的阵列图形，以水平轴线为镜像线进行镜像，如图 17-20 所示。

（11）利用上述方法阵列剩余灯具图形，阵列间距为 1000，如图 17-21 所示。

Note

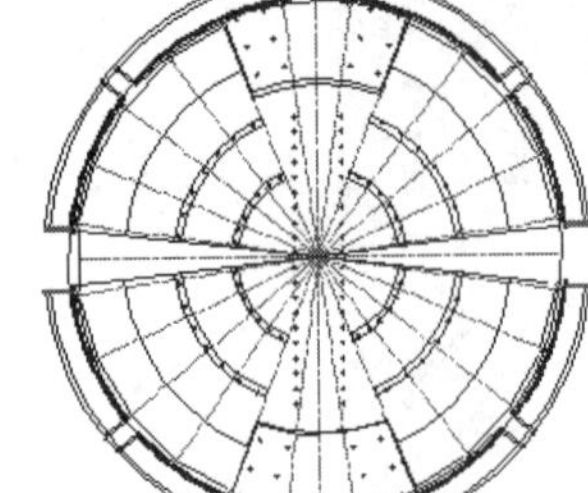

图 17-20　阵列图形

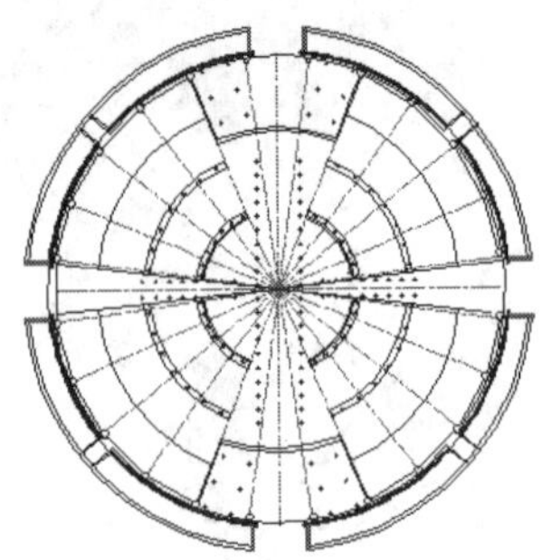

图 17-21　阵列图形

17.2.4　尺寸和文字标注

1. 尺寸标注

（1）单击“标注”工具栏中的“对齐”按钮和“连续”按钮，标注灯具位置尺寸，如图 17-22 所示。

（2）单击“绘图”工具栏中的“插入块”按钮，弹出“插入”对话框，插入标高符号；单击“修改”工具栏中的“分解”按钮，将标高图块分解，双击标高上的文字，弹出“文字格式”对话框，在该对话框中输入新的文字。

（3）利用上述方法完成剩余标高的插入及修改，如图 17-23 所示。

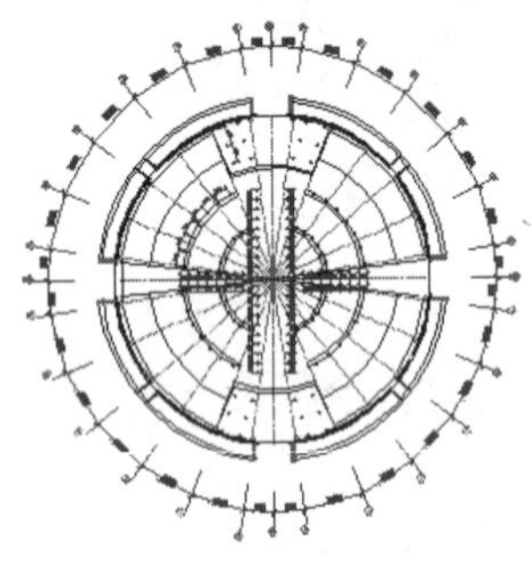

图 17-22　标注灯具尺寸

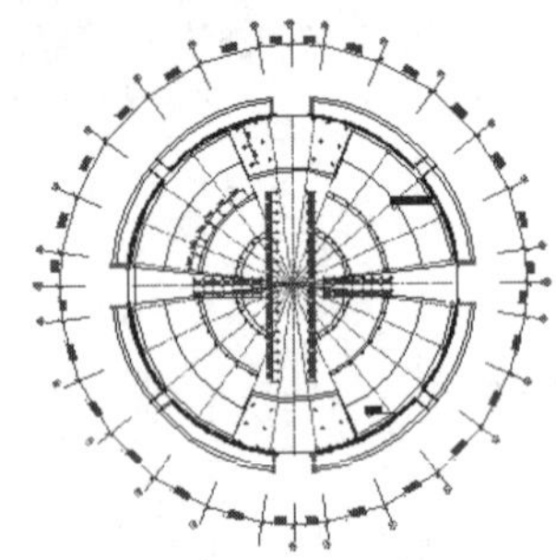

图 17-23　标注标高

2. 标注文字

（1）单击“文字”工具栏中的“文字样式”按钮，弹出“文字样式”对话框，新建“说明”样式，设置文字高度为 200，并将其置为当前。

（2）在命令行中输入“qleader”，标注文字说明。命令行提示如下：

```
命令: qleader
指定第一个引线点或 [设置(S)] <设置>:(按 Enter 键，弹出“引线设置”对话框，具体设置如图 17-24 所示)
指定第一个引线点或 [设置(S)] <设置>:
指定下一点:
输入注释文字的第一行 <多行文字(M)>: 输入文字
```

标注文字说明如图 17-24 所示，最终结果如图 17-25 所示。

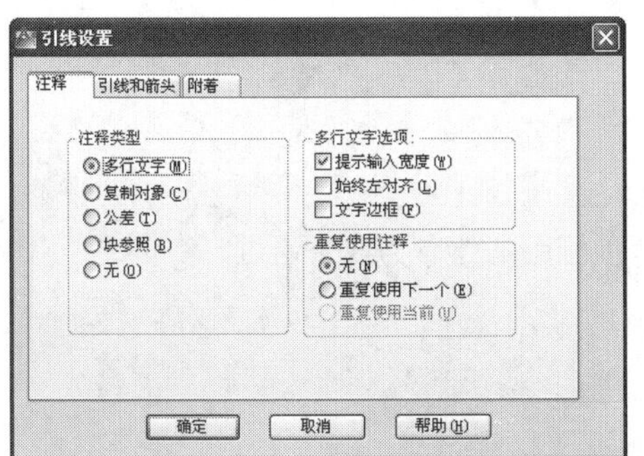

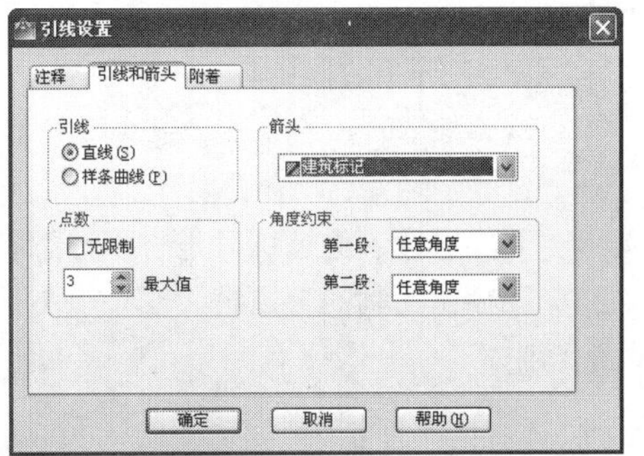

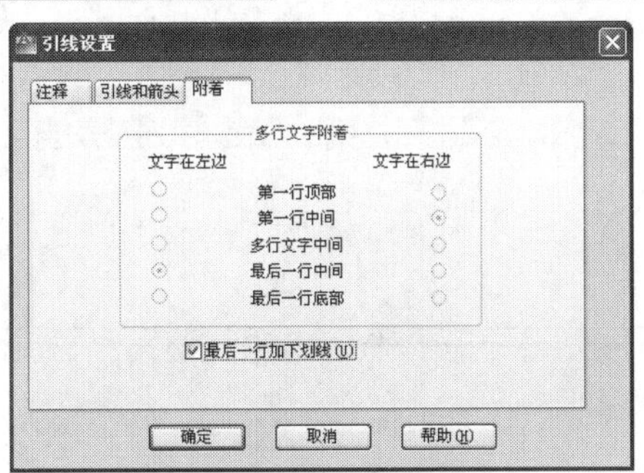

图 17-24　“引线设置”对话框

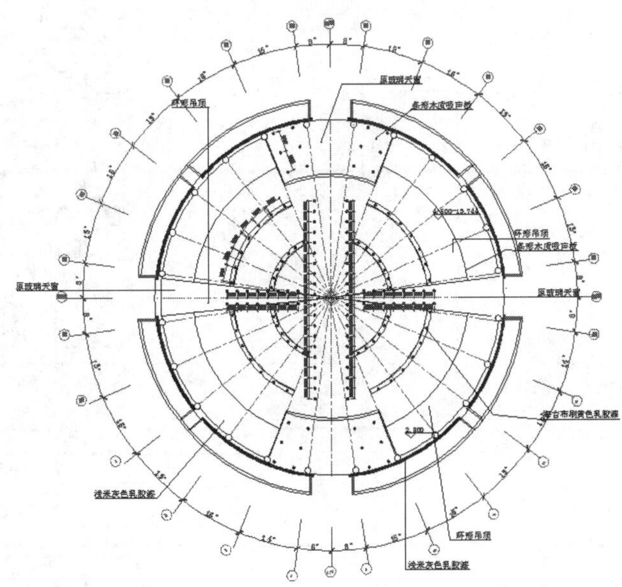

图 17-25　某学院会议中心顶棚布置图

17.3　上机操作

通过前面的学习，读者对本章知识也有了大体的了解，本节通过几个操作练习使读者进一步掌握本章知识要点。

卡拉 OK 歌舞厅顶棚图

1. 目的要求

本实例主要要求读者通过练习进一步熟悉和掌握顶棚图的绘制方法。通过本实例，可以帮助读者学会完成整个顶棚图绘制的全过程。

2. 操作提示

（1）修改室内平面图。

（2）绘制顶棚造型。

（3）布置灯具。

（4）标注尺寸。

（5）标注文字和符号。

绘制结果如图 17-26 所示。

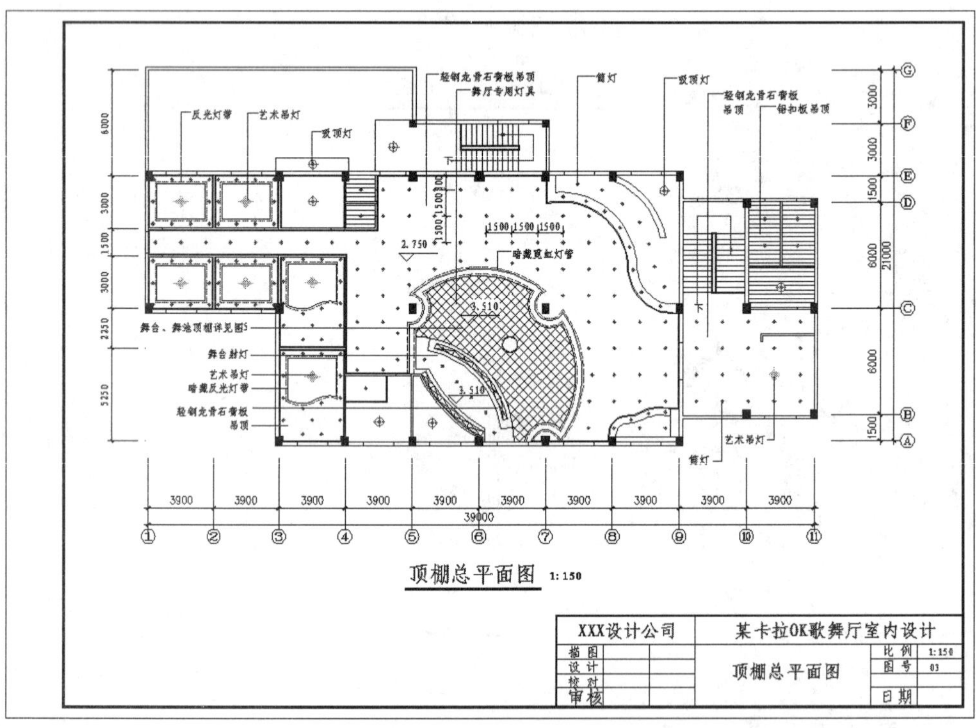

图 17-26　卡拉 OK 歌舞厅顶棚图

第18章

某学院会议中心立面图

以平行于室内墙面的切面将前面部分切去后，剩余部分的正投影图即室内立面图。

本章继续以16章设计的会议中心室内设计为例，详细讲述以会议中心为代表的大型公共建筑室内设计立面图的绘制过程。

☑ 立面图绘制

☑ 尺寸和文字标注

任务驱动&项目案例

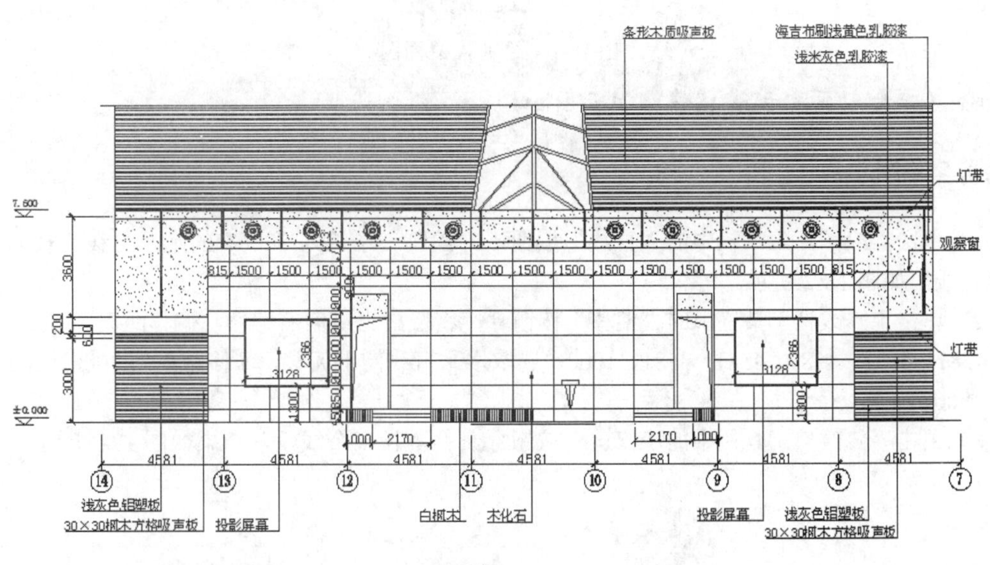

B立面图

18.1　A 立面图

Note

为了符合会议中心的特点，本例室内立面着重表现庄重典雅、具有文化气息的设计风格，并考虑与室内地面的协调。装饰的重点在于墙面、柱面、玻璃幕墙造型及其交接部位，采用的材料主要为天然石材、木材、不锈钢、玻璃等。绘制流程图如图 18-1 所示。

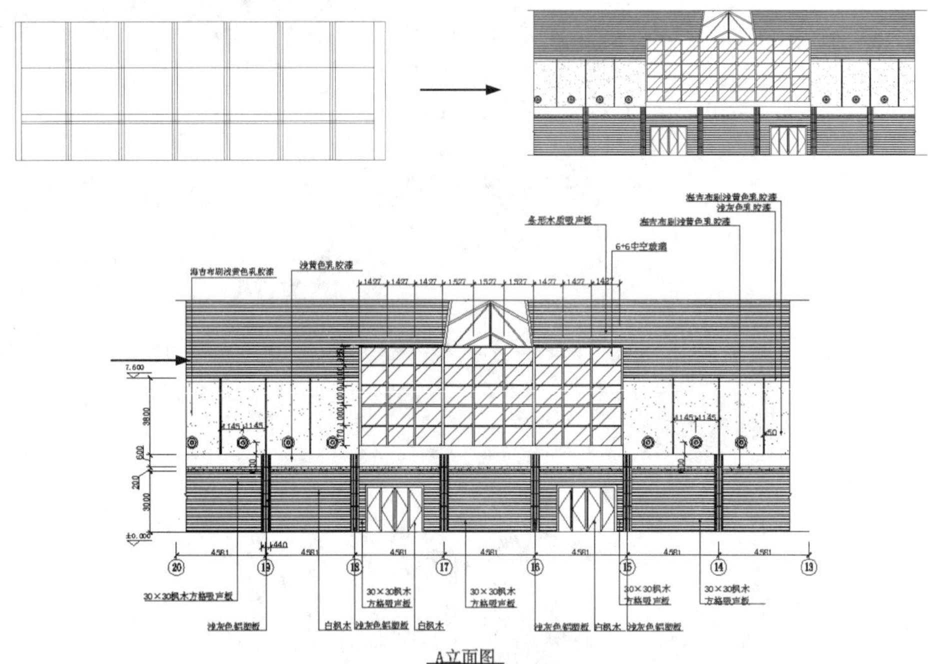

图 18-1　绘制 A 立面图

操作步骤：（光盘\动画演示\第 18 章\A 立面图.avi）

18.1.1　绘制 A 立面

（1）单击“绘图”工具栏中的“直线”按钮，绘制一条长为 32067 的水平直线和长为 11400 的竖直直线，如图 18-2 所示。

（2）单击“修改”工具栏中的“偏移”按钮，将竖直直线向右偏移，偏移距离为 500、4081、4581、4581、4581、4581、4581、3581、1000。选取水平直线向上偏移，偏移距离为 3000、200、600、3800、3800。

（3）单击“修改”工具栏中的“修剪”按钮，修剪掉多余线段，结果如图 18-3 所示。

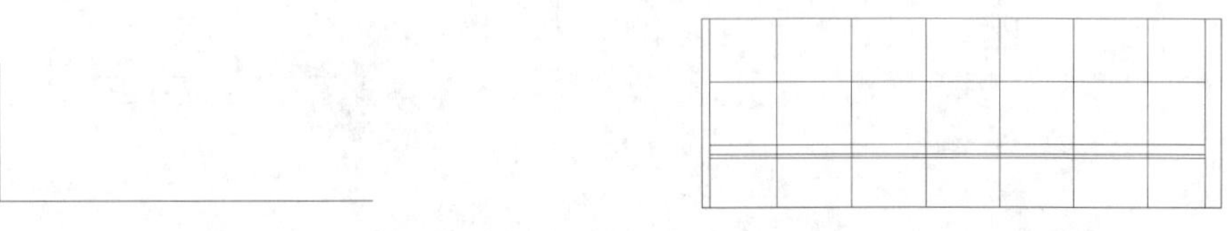

图 18-2　绘制两段直线　　　　图 18-3　修剪线段

（4）单击“修改”工具栏中的“偏移”按钮，将第 3～6 根竖直直线，分别向左右两侧偏移 220，结果如图 18-4 所示。

（5）单击“修改”工具栏中的“修剪”按钮，修剪步骤（4）的偏移直线，结果如图 18-5 所示。

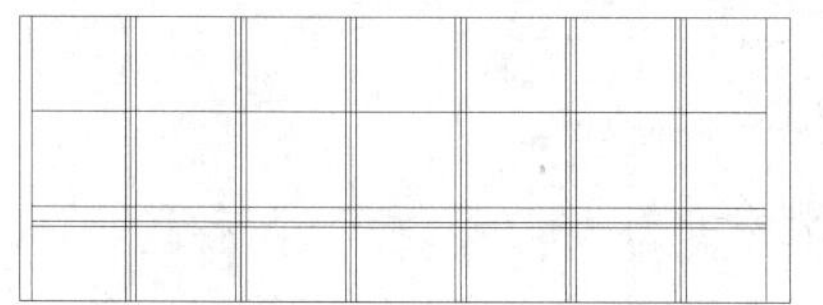

图 18-4　偏移竖直直线

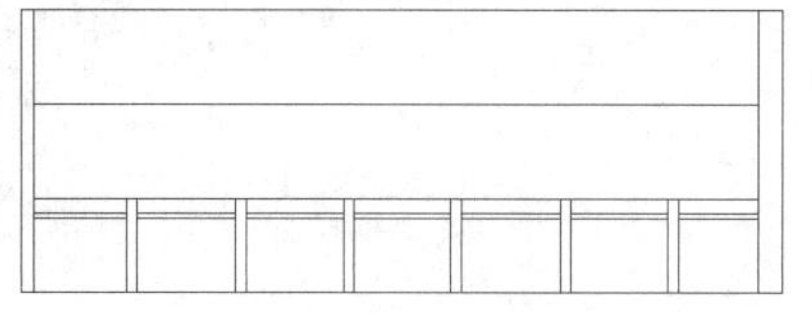

图 18-5　修剪直线

（6）单击“修改”工具栏中的“偏移”按钮，选取最左边竖直直线连续向右偏移，偏移距离为 9700、3000、6667、3000，选取底边水平直线向上偏移，偏移距离为 2300，如图 18-6 所示。

（7）单击“修改”工具栏中的“修剪”按钮，修剪偏移后的线段，结果如图 18-7 所示。

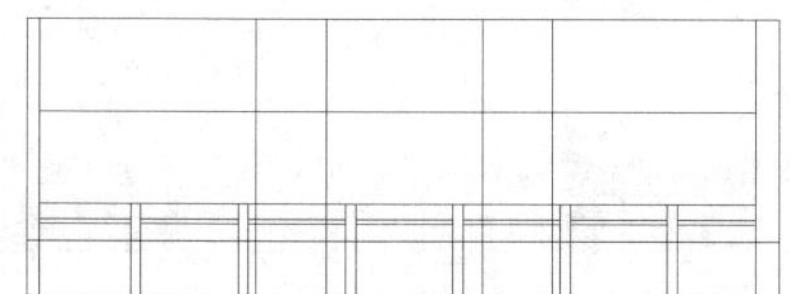

图 18-6　修剪图形

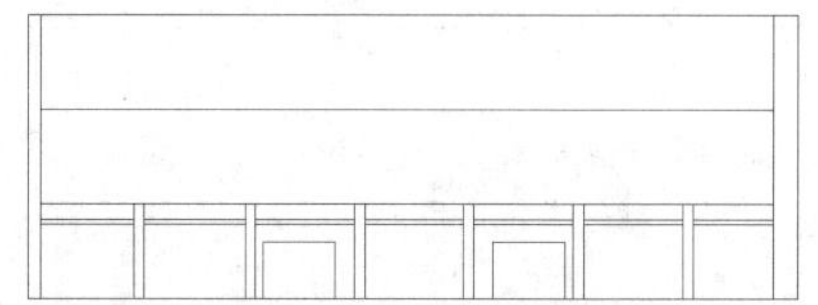

图 18-7　修剪图形

（8）单击“修改”工具栏中的“偏移”按钮，选取步骤（7）修剪后的竖直直线和水平直线分别向内偏移 100，单击“修改”工具栏中的“修剪”按钮。绘制后的直线如图 18-8 所示。

（9）单击“绘图”工具栏中的“直线”按钮绘制直线和多段线，如图 18-9 所示。

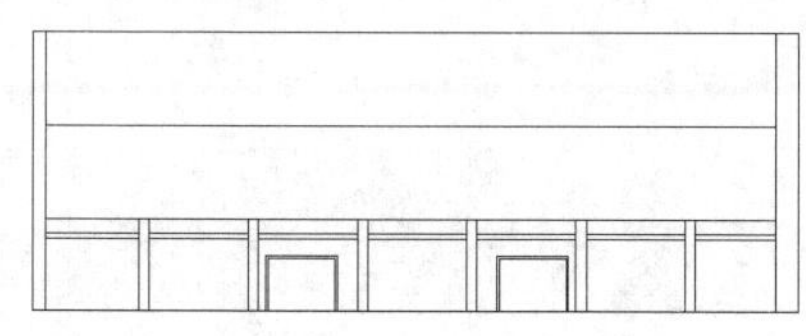

图 18-8　偏移直线

图 18-9　绘制直线和多段线

（10）单击“绘图”工具栏中的“图案填充”按钮，在打开的“图案填充和渐变色”对话框中选择填充图案为 ANSI32 和 AR-SAND，并设置图案填充比例为 30 和 5。

（11）在绘图区域中依次选择墙面区域作为填充对象，进行图案的填充，如图 18-10 所示。

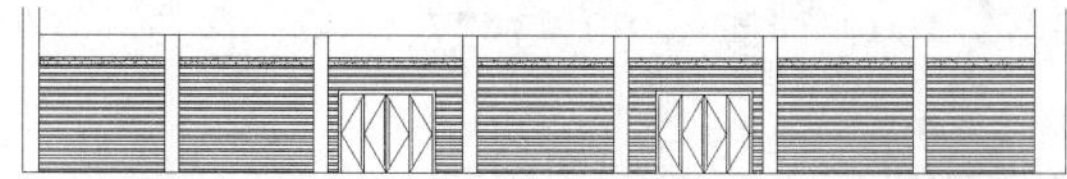

图 18-10　填充图形

（12）单击“绘图”工具栏中的“图案填充”按钮，在打开的“图案填充和渐变色”对话框中选择填充图案为 JIS_LC_20，并设置图案填充比例为 3，角度为-45°，如图 18-11 所示。

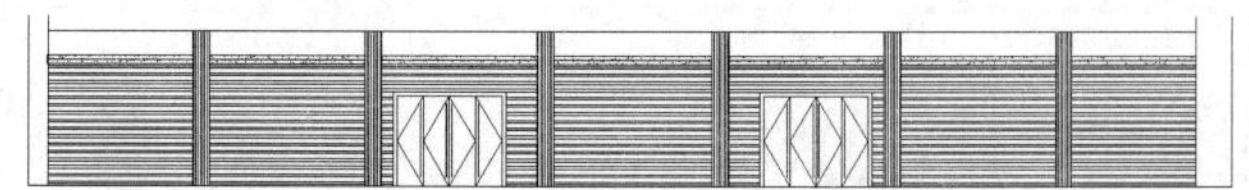

图 18-11　填充图形

（13）单击“绘图”工具栏中“多段线”按钮，指定起点宽度为 10，端点宽度为 10，绘制几

段多段线，如图 18-12 所示。

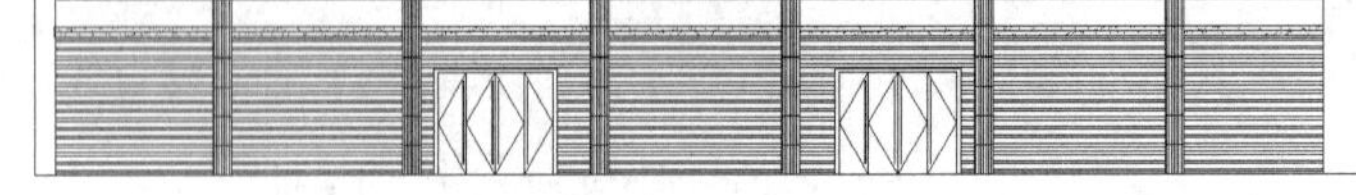

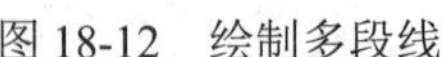

图 18-12 绘制多段线

（14）单击“修改”工具栏中的“删除”按钮，删除最左端和最右端的竖直直线，如图 18-13 所示。

（15）单击“修改”工具栏中的“偏移”按钮，选取最左侧直线连续向右偏移 1791、2290、2290、2511、13303、2511、2290、2290，选取底边水平直线向上偏移，偏移距离为 9145，如图 18-14 所示。

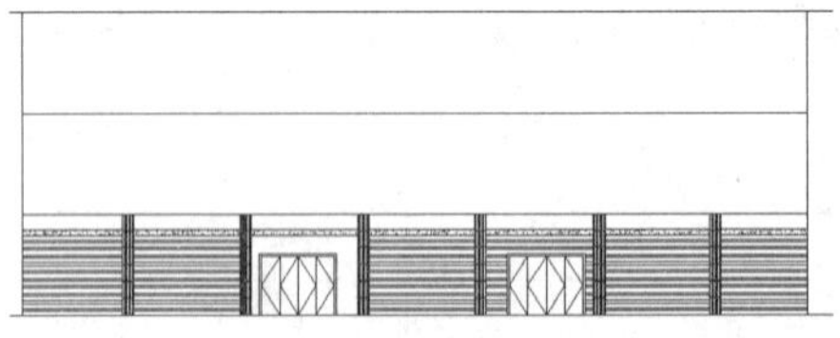

图 18-13 绘制多段线

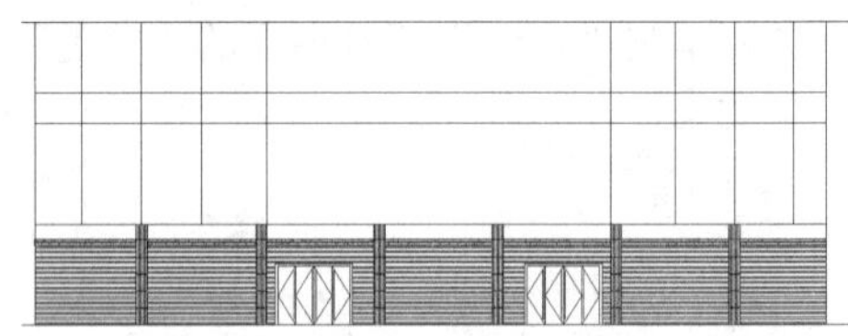

图 18-14 偏移直线

（16）单击“修改”工具栏中的“修剪”按钮，修剪步骤（15）偏移的线段，如图 18-15 所示。

（17）单击“绘图”工具栏中的“多段线”按钮，指定起点宽度为 60，端点宽度为 60，沿着步骤（16）偏移的直线绘制多段线，如图 18-16 所示。

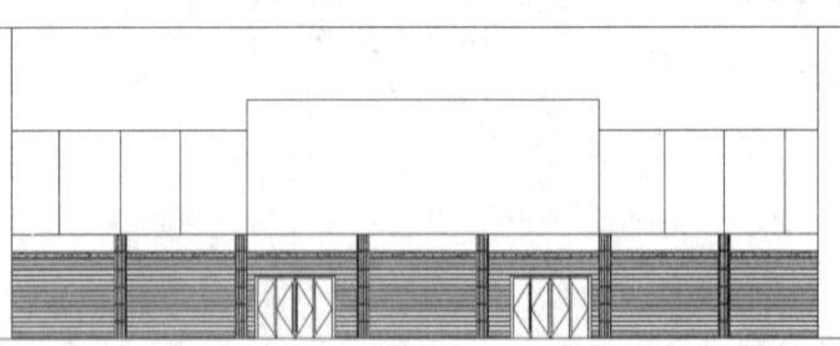

图 18-15 偏移直线

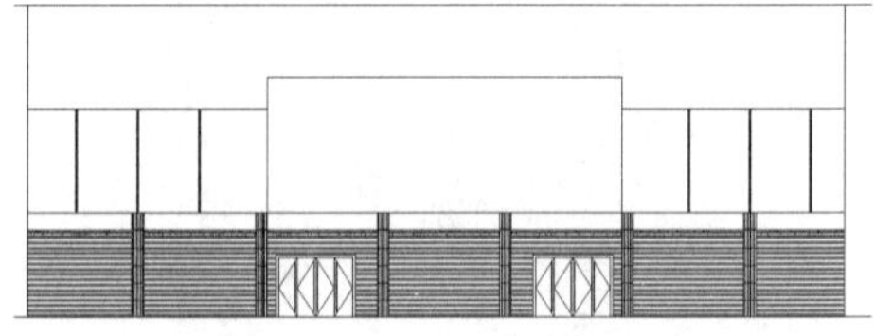

图 18-16 绘制多段线

（18）单击“修改”工具栏中的“偏移”按钮，选取下边水平直线向上偏移，偏移距离为 4250、945、50、950、50、950、50、950、50、845。

（19）单击“修改”工具栏中的“偏移”按钮，选取左边竖直直线向右偏移，偏移距离为 8982、1357、100、1327、100、1327、100、1427、100、1427、100、1427、100、1327、100、1327、100、1357，如图 18-17 所示。

（20）单击“修改”工具栏中的“修剪”按钮，修剪偏移线段，完成玻璃图形的绘制，如图 18-18 所示。

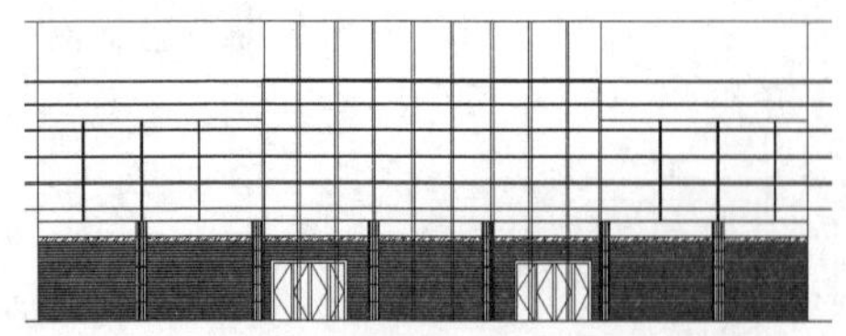

图 18-17 偏移线段

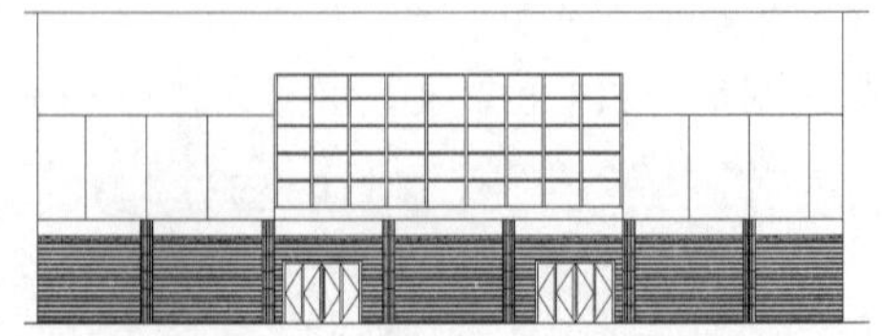

图 18-18 绘制玻璃图形

（21）单击“绘图”工具栏中的“图案填充”按钮，在打开的“图案填充和渐变色”对话框中

选择填充图案为 ANSI32，并设置图案填充比例为 120，如图 18-19 所示。

（22）单击“修改”工具栏中的“偏移”按钮，选取最上边水平直线，向下偏移，偏移距离为 4000，如图 18-20 所示。

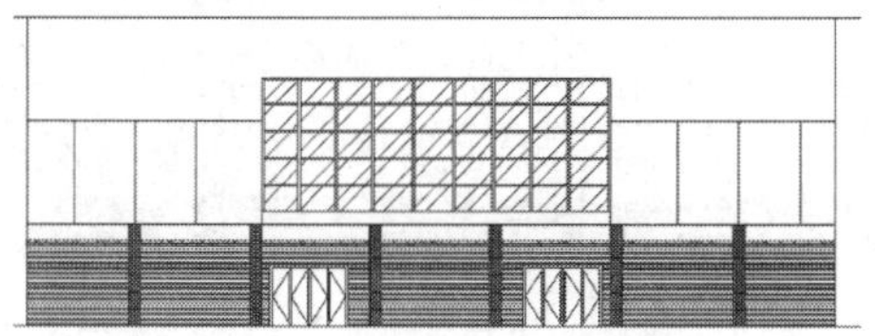

图 18-19　填充玻璃图形

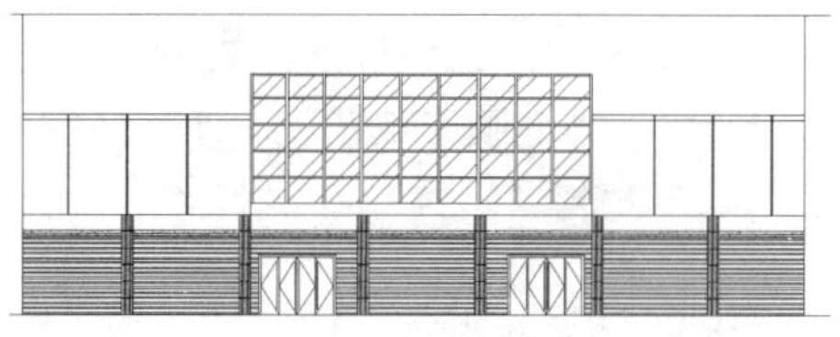

图 18-20　填充玻璃图

（23）单击“绘图”工具栏中的“图案填充”按钮，在打开的“图案填充和渐变色”对话框中选择填充图案为 AR-SAND，并设置图案填充比例为 10，如图 18-21 所示。

（24）单击“绘图”工具栏中的“直线”按钮和“修改”工具栏中的“偏移”按钮及“修剪”按钮，完成顶部图形的绘制，如图 18-22 所示。

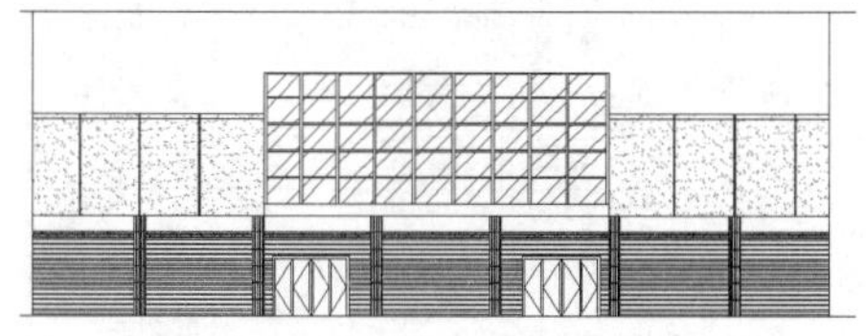

图 18-21　填充图形

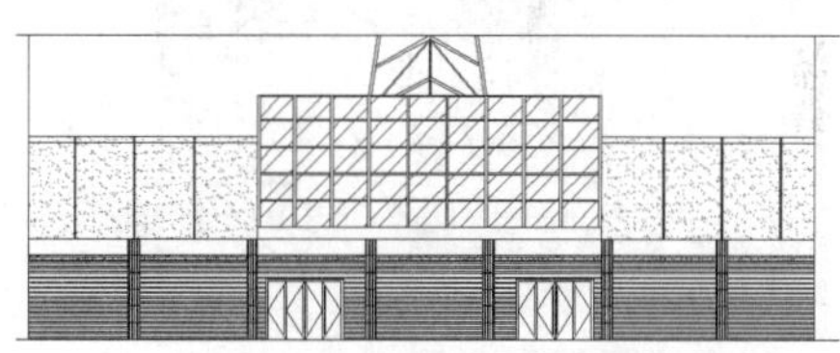

图 18-22　绘制顶部图形

（25）单击“绘图”工具栏中的“图案填充”按钮，在打开的“图案填充和渐变色”对话框中选择填充图案为 ANSI32，并设置图案填充比例为 30，角度为 135，填充图形如图 18-23 所示。

（26）单击“绘图”工具栏中的“圆”按钮，分别绘制同一圆心，半径为 300、240、200、100、60 的圆，如图 18-24 所示。

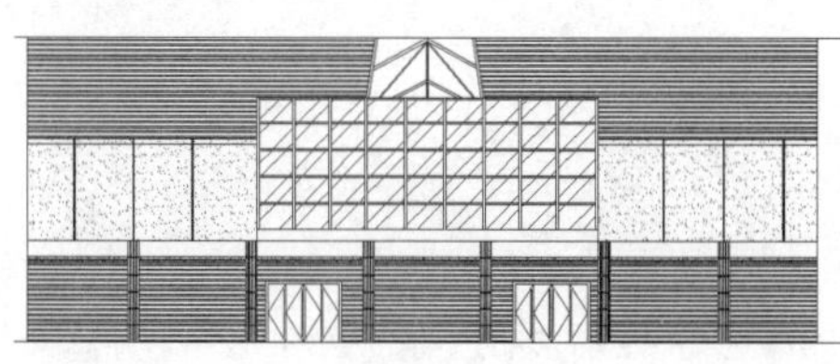

图 18-23　填充图形

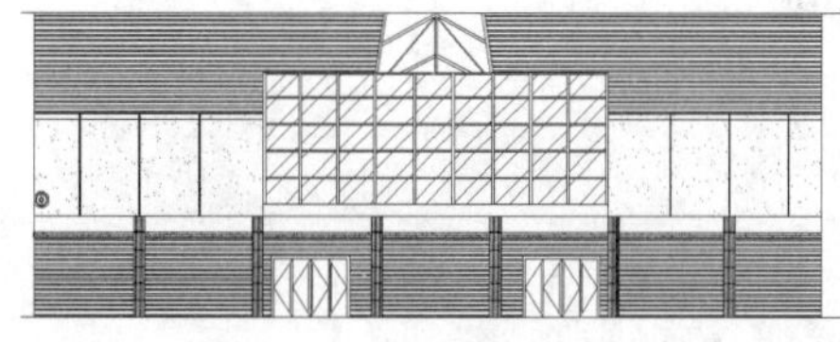

图 18-24　绘制圆形

（27）单击“修改”工具栏中的“复制”按钮，选取步骤（26）绘制的圆，并以最小圆的圆心为复制基点，复制圆形，如图 18-25 所示。

（28）单击“绘图”工具栏中的“直线”按钮和“修改”工具栏中的“修剪”按钮，绘制折弯线，如图 18-26 所示。

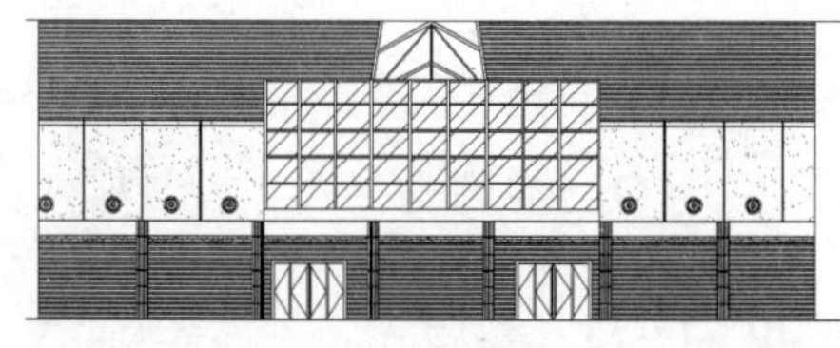

图 18-25　复制图形

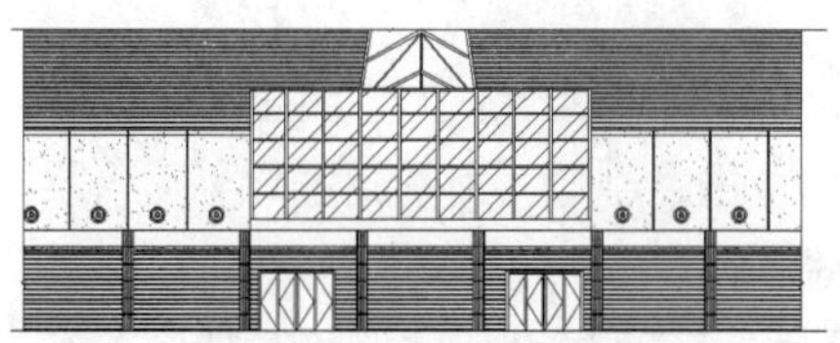

图 18-26　绘制折弯线

Note

18.1.2 尺寸和文字标注

（1）选择菜单栏中的“格式”→“标注样式”命令，打开“标注样式管理器”对话框，单击“新建”按钮，打开“创建新标注样式”对话框，命名为“立面标注”，如图 18-27 所示。

（2）单击“继续”按钮，新建标注样式，如图 18-28～图 18-30 所示编辑。

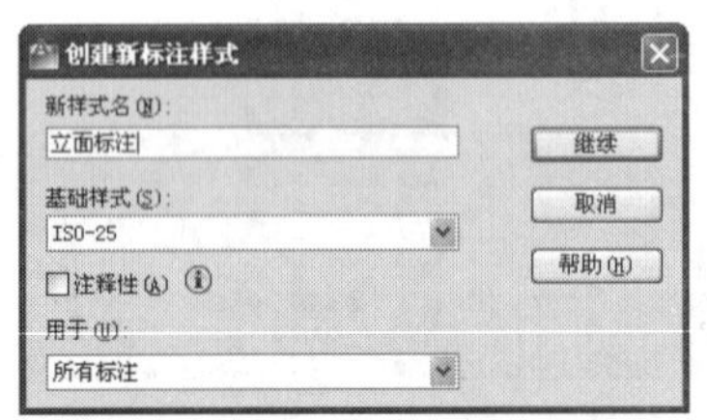

图 18-27　“创建新标注样式”对话框

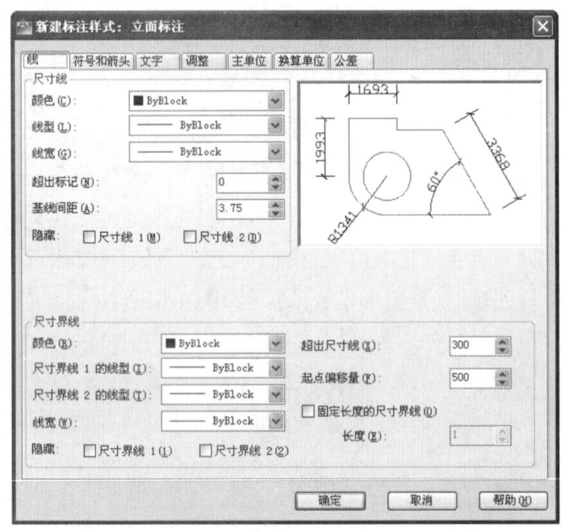

图 18-28　设置尺寸线

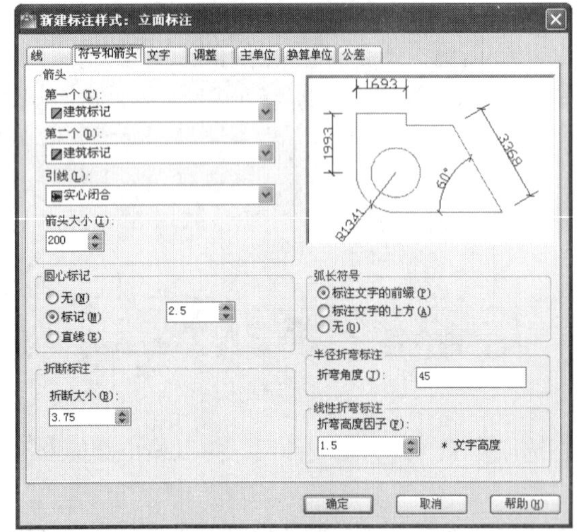

图 18-29　设置箭头

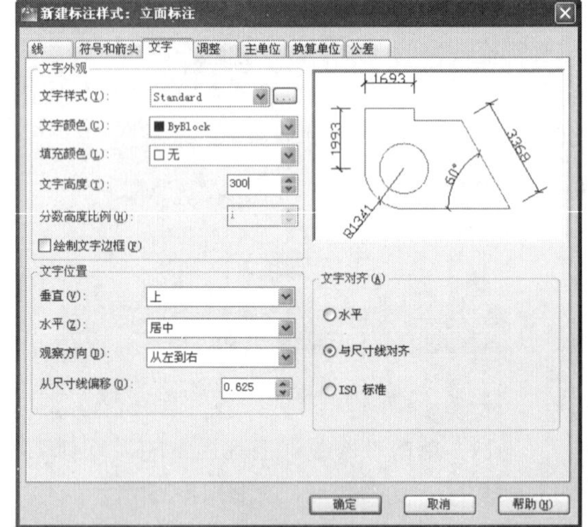

图 18-30　设置文字

（3）标注尺寸。

❶ 单击“标注”工具栏中的“线性”按钮和“连续”按钮，标注尺寸，结果如图 18-31 所示。

❷ 单击“绘图”工具栏中的“插入块”按钮，弹出“插入”对话框，插入标高符号，结果如图 18-32 所示。

❸ 利用前面章节讲述的绘制轴号的方法绘制轴号，如图 18-33 所示。

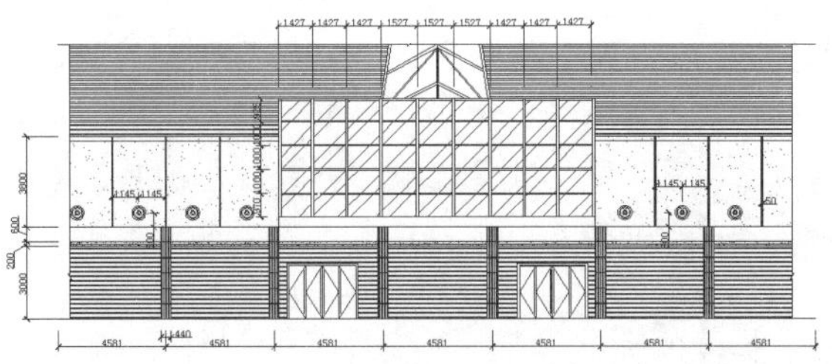

图 18-31　标注尺寸

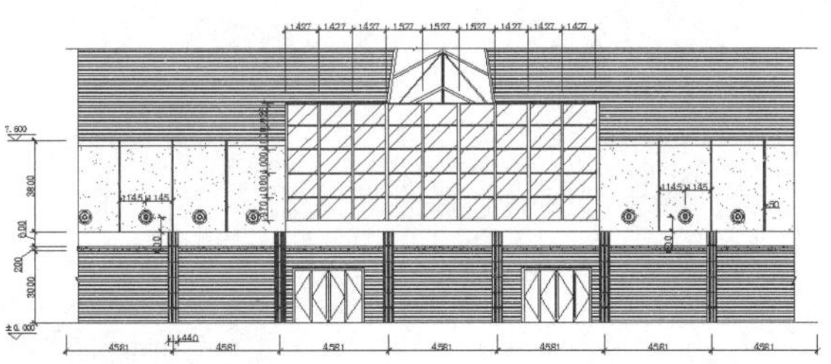

图 18-32　标注标高符号

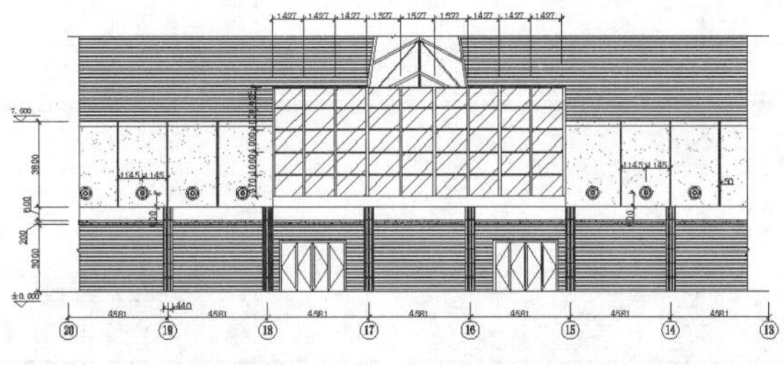

图 18-33　添加轴号

说明： 处理字样重叠的问题，亦可以在标注样式中进行相关设置，这样电脑会自动处理，但处理效果有时不太理想，也可以单击“标注”工具栏中的“编辑标注文字”按钮来调整文字位置，读者可以自行尝试。

（4）文字说明。

在命令行中输入“QLEADER”，标注文字说明，结果如图 18-34 所示。

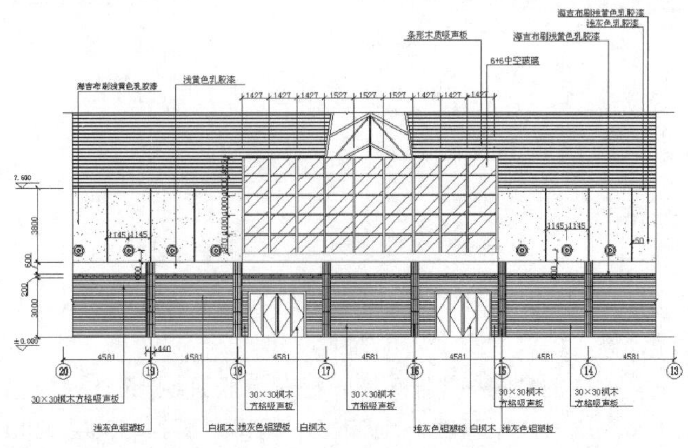

图 18-34　标注文字说明

Note

✍ **技巧：** 在使用 AutoCAD 时中、西文字高不等，一直困扰着设计人员，并影响图面质量和美观，若分成几段文字编辑又比较麻烦。通过对 AutoCAD 字体文件的修改，使中、西文字体协调，扩展了字体功能，并提供了对于道路、桥梁、建筑等专业有用的特殊字符，提供了上下标文字及部分希腊字母的输入。此问题，可通过选用大字体并调整字体组合来得到，如 gbenor.shx 与 gbcbig.shx 组合，即可得到中英文字一样高的文本，其他组合，用户可根据各专业需要，自行调整字体组合。

18.2　B 立面图

B 立面与 A 立面类似，设计的主要理念还是在于突出会议中心的文化气息以及公共使用的方便性，其基本绘制方法与 A 立面图类似。绘制流程图如图 18-35 所示。

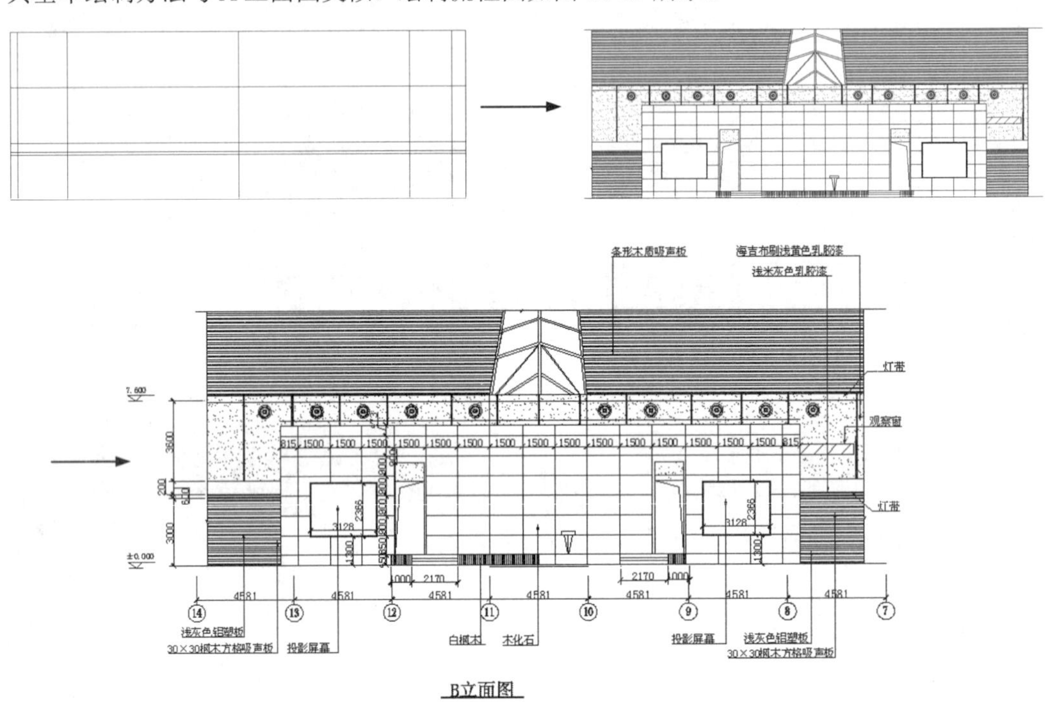

图 18-35　绘制 B 立面图

操作步骤：（光盘\动画演示\第 18 章\B 立面图.avi）

18.2.1　绘制 B 立面

（1）单击“绘图”工具栏中的“直线”按钮，绘制长度为 11400 的竖直直线和长度为 32067 的水平轴线，并将其进行分解，结果如图 18-36 所示。

（2）单击“修改”工具栏中的“偏移”按钮，将左端竖直线向右偏移，偏移距离为 500、3460、12065、12065、2977、1000。选取水平直线向上偏移，偏移距离为 3000，200、600、3800、3800，结果如图 18-37 所示。

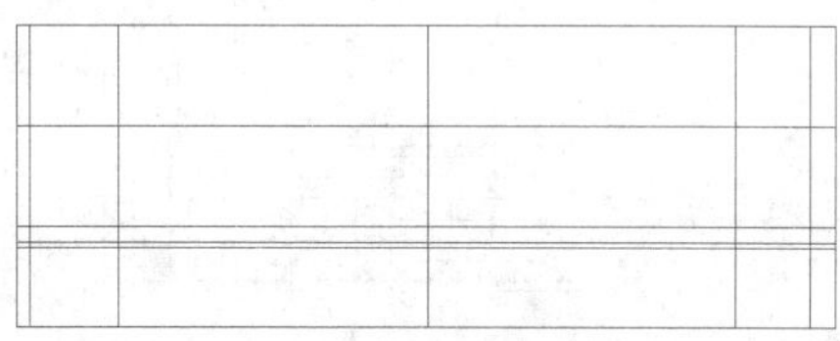

图 18-36　绘制矩形　　　　图 18-37　偏移竖直线

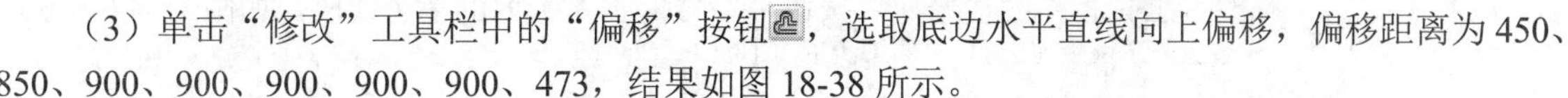

（3）单击“修改”工具栏中的“偏移”按钮，选取底边水平直线向上偏移，偏移距离为 450、850、900、900、900、900、900、473，结果如图 18-38 所示。

（4）单击“修改”工具栏中的“修剪”按钮，修剪偏移线段，结果如图 18-39 所示。

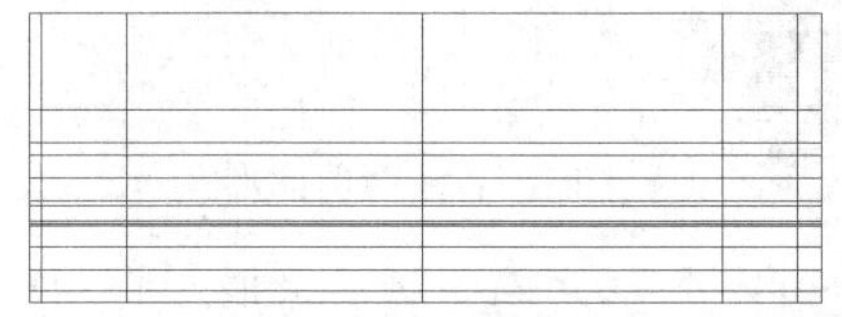

图 18-38　偏移直线

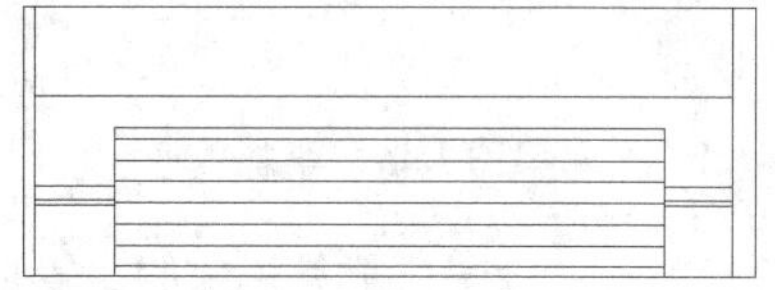

图 18-39　偏移竖直直线

（5）单击“修改”工具栏中的“偏移”按钮，选取最左边竖直直线进行偏移，偏移距离为 815、1500、1500、1500、1500、1500、1500、1500、1500、1500、1500、1500、1500、1500、1500、1500、815，结果如图 18-40 所示。

（6）单击“绘图”工具栏中的“图案填充”按钮，在打开的“图案填充和渐变色”对话框中选择填充图案为 ANSI32，并设置图案填充比例为 20，角度为 135，如图 18-41 所示。

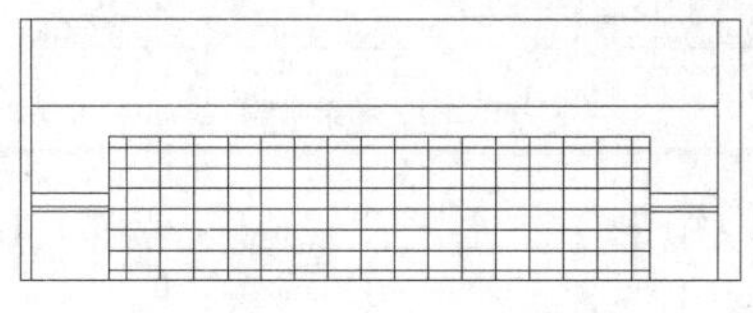

图 18-40　偏移直线

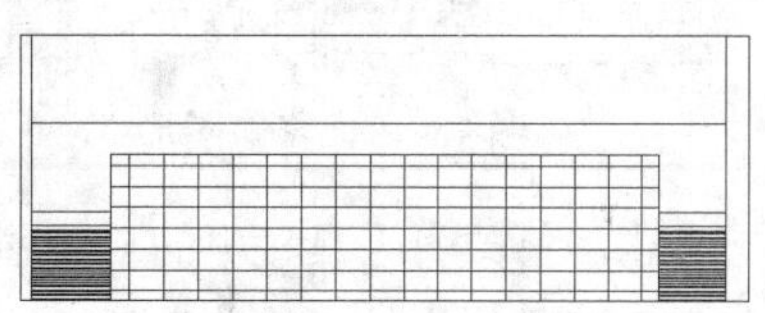

图 18-41　填充图案

（7）单击“绘图”工具栏中的“矩形”按钮，在图形空白区域绘制一个 2500×450 的矩形，结果如图 18-42 所示。

（8）单击“绘图”工具栏中的“直线”按钮，在矩形内绘制几条斜线，如图 18-43 所示。

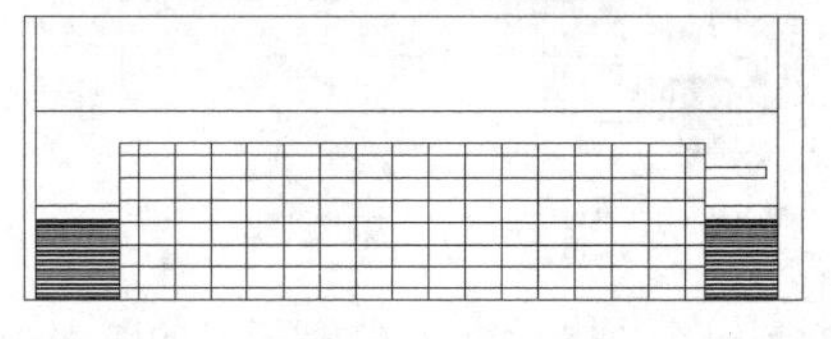

图 18-42　绘制图形

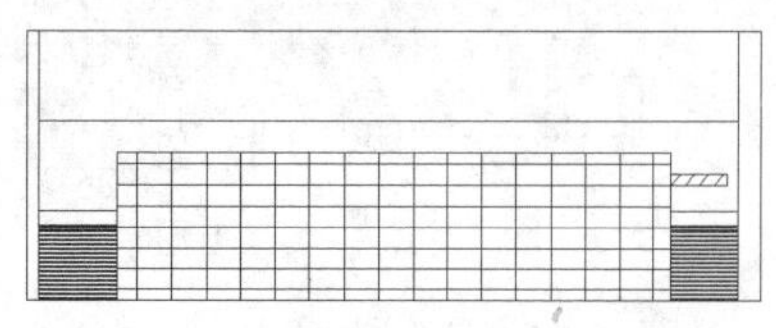

图 18-43　绘制直线

（9）单击“绘图”工具栏中的“图案填充”按钮，在打开的“图案填充和渐变色”对话框中选择填充图案为 AR-SAND，并设置图案填充比例为 10，如图 18-44 所示。

（10）单击“绘图”工具栏中的“多段线”按钮，指定起点宽度为 10，端点宽度为 10，在步骤（9）绘制的填充区域内绘制几段竖直多段线，单击“绘图”工具栏中的“直线”按钮，绘制一条竖直直线，结果如图 18-45 所示。

（11）单击“绘图”工具栏中的“矩形”按钮，绘制一个 3128×2366 的长方形，如图 18-46 所示。

Note

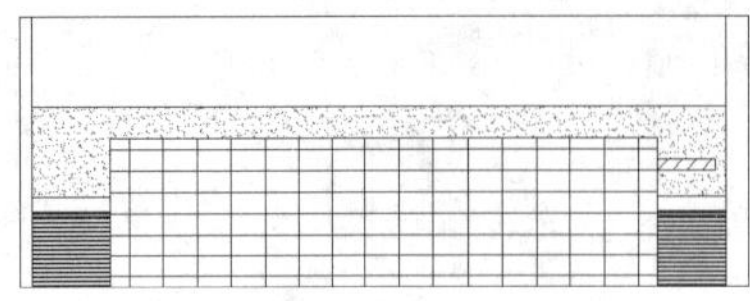
图 18-44　填充图形

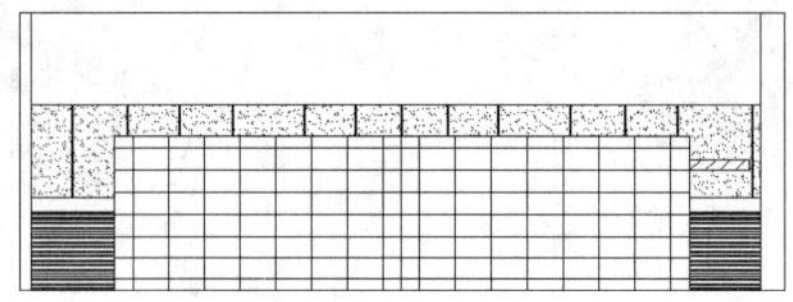
图 18-45　绘制多段线

（12）单击“修改”工具栏中的“修剪”按钮，修剪长方形内的多余线段，如图 18-47 所示。

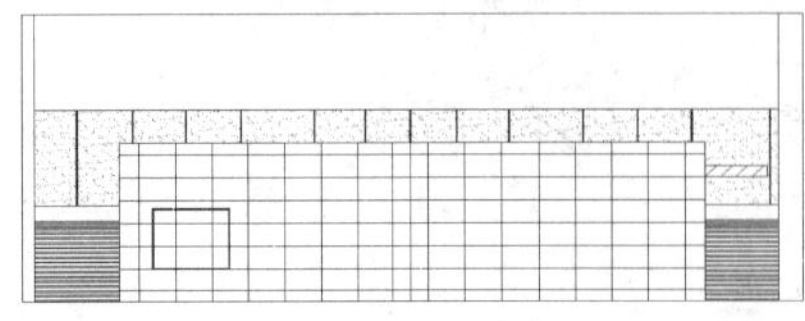
图 18-46　绘制矩形

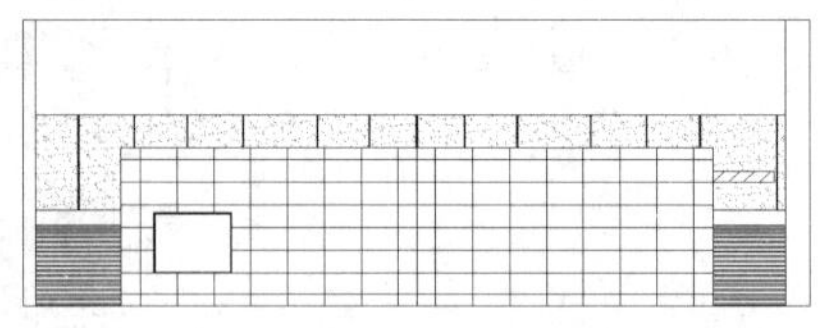
图 18-47　修剪图形

（13）单击“绘图”工具栏中的“矩形”按钮，绘制一个 6929×450 的长方形，单击“修改”工具栏中的“修剪”按钮，修剪长方形内的多余线段，如图 18-48 所示。

（14）单击“修改”工具栏中的“分解”按钮分解矩形，单击“修改”工具栏中的“偏移”按钮，选取矩形左边竖直直线向右偏移，偏移距离为 1000、2170，如图 18-49 所示。

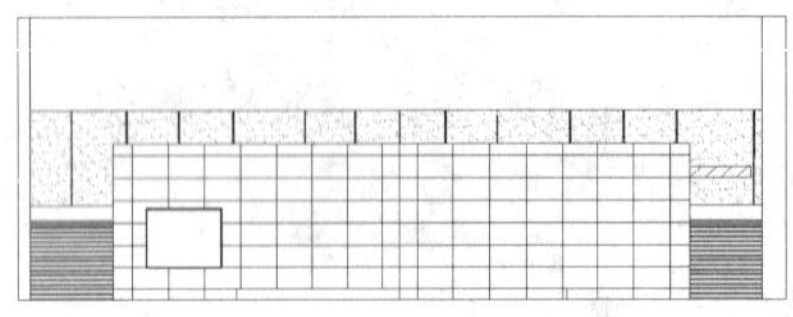
图 18-48　修剪图形

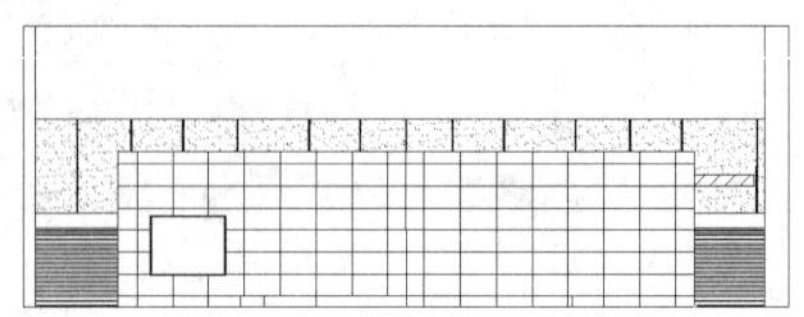
图 18-49　偏移直线

（15）单击“修改”工具栏中的“偏移”按钮，选取矩形上边水平直线向下偏移 1502 次，然后单击“修改”工具栏中的“修剪”按钮修剪图形，如图 18-50 所示。

（16）单击“绘图”工具栏中的“图案填充”按钮，在打开的“图案填充和渐变色”对话框中选择填充图案为 JIS_LC_8A，并设置图案填充比例为 10，角度为 45，如图 18-51 所示。

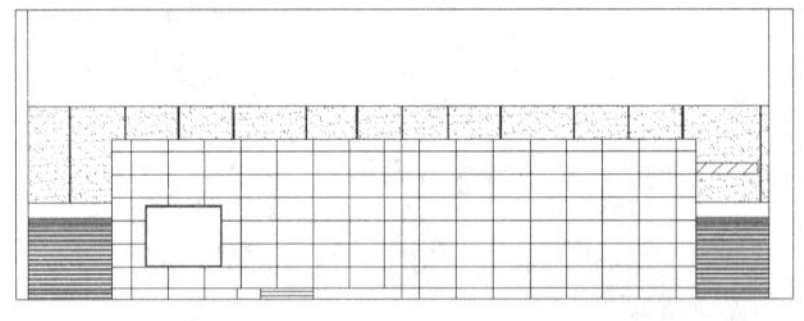
图 18-50　修剪图形

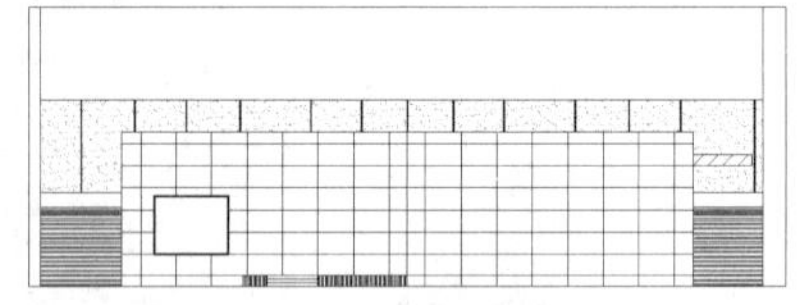
图 18-51　填充图形

（17）单击“绘图”工具栏中的“矩形”按钮，绘制一个 1350×4150 的矩形，如图 18-52 所示。

（18）单击“修改”工具栏中的“修剪”按钮，修剪掉矩形内的多余线段，如图 18-53 所示。

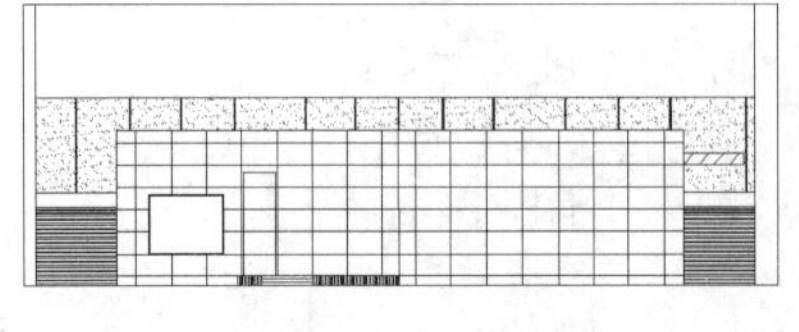
图 18-52　绘制矩形

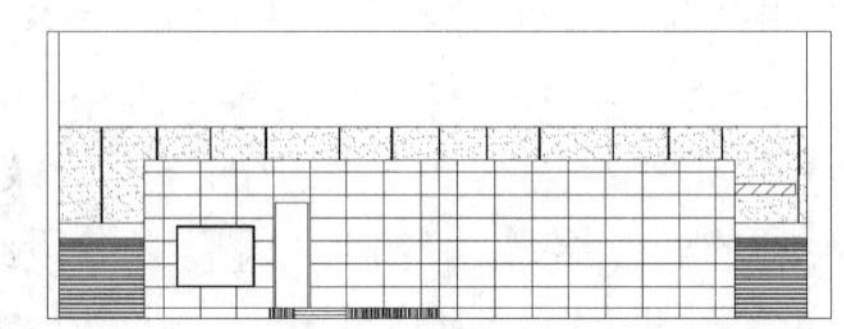
图 18-53　修剪图形

（19）单击“绘图”工具栏中的“直线”按钮，在步骤（18）绘制的矩形内绘制连续线段，如图 18-54 所示。

（20）单击“绘图”工具栏中的“图案填充”按钮，在打开的“图案填充和渐变色”对话框中选择填充图案为 AR-SAND，并设置图案填充比例为 10，角度为 0，填充图形，如图 18-55 所示。

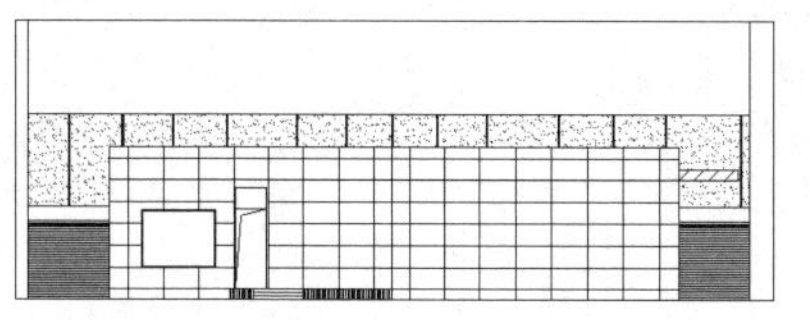

图 18-54　绘制连续线段

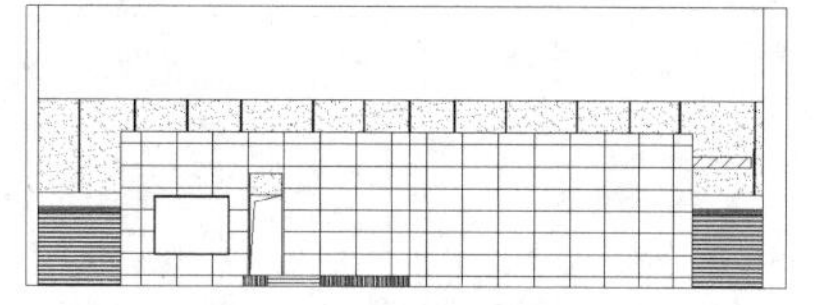

图 18-55　填充图形

（21）单击“修改”工具栏中的“镜像”按钮，选取步骤（20）绘制的图形，将绘制的垂直直线上端点作为镜像线第一点，竖直直线下端点作为镜像线第二点进行镜像。

（22）单击“修改”工具栏中的“修剪”按钮和“删除”按钮，对图形进行整理，如图 18-56 所示。

（23）单击“修改”工具栏中的“偏移”按钮，选取最上边水平直线向下偏移，偏移距离为 4100 和 827，单击“修改”工具栏中的“修剪”按钮，修剪偏移直线，如图 18-57 所示。

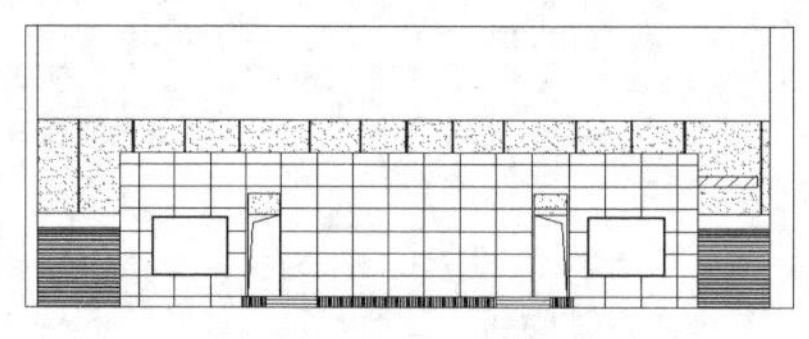

图 18-56　整理图形

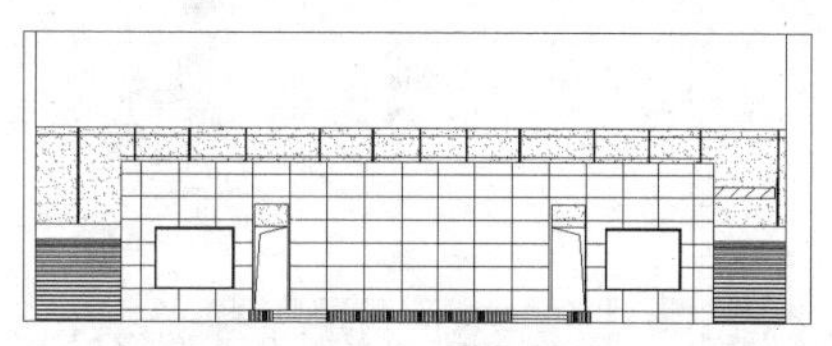

图 18-57　偏移直线

（24）单击“绘图”工具栏中的“圆”按钮，分别绘制半径为 300、240、200、100、60 的圆，如图 18-58 所示。

（25）单击“修改”工具栏中的“复制”按钮，复制步骤（24）绘制的圆按钮，如图 18-59 所示。

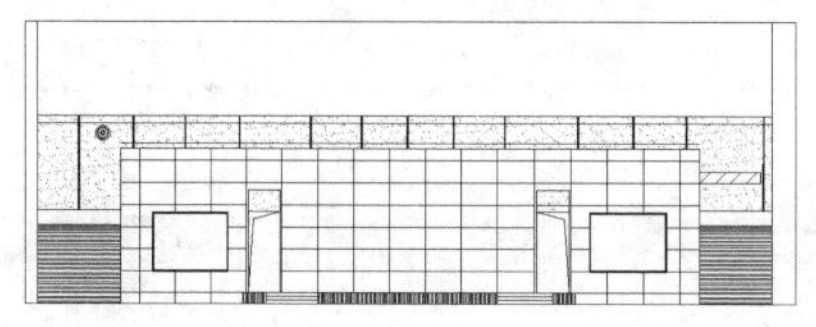

图 18-58　绘制圆形

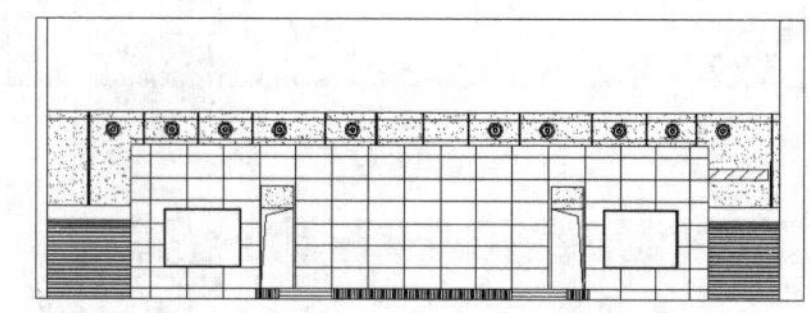

图 18-59　复制圆形

（26）单击“绘图”工具栏中的“直线”按钮，绘制连续线段，单击“修改”工具栏中的“修剪”按钮修剪线段，如图 18-60 所示。

（27）单击“绘图”工具栏中的“图案填充”按钮，在打开的“图案填充和渐变色”对话框中选择填充图案为 ANSI32，并设置图案填充比例为 135，角度为 20，填充图形，如图 18-61 所示。

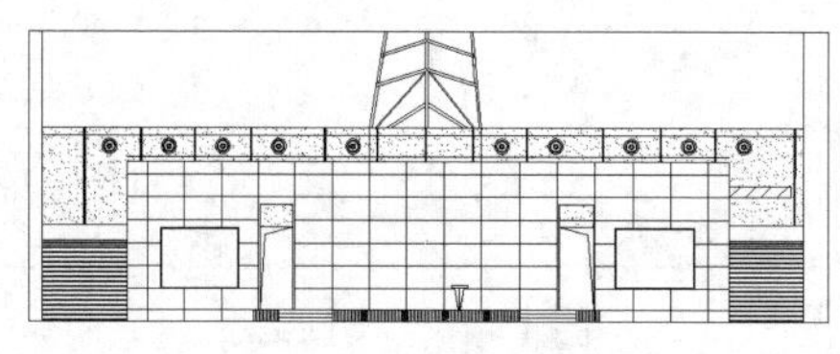

图 18-60　绘制连续线段

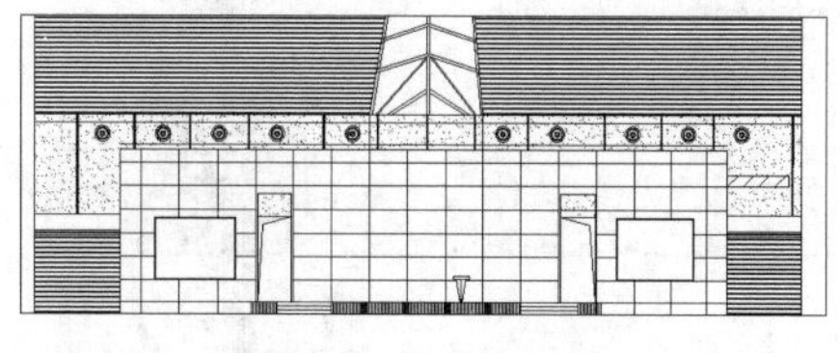

图 18-61　填充图形

（28）单击“绘图”工具栏中的“直线”按钮和“修改”工具栏中的“修剪”按钮，绘制折弯线。单击“修改”工具栏中的“删除”按钮，删除左右两侧竖直线段，如图18-62所示。

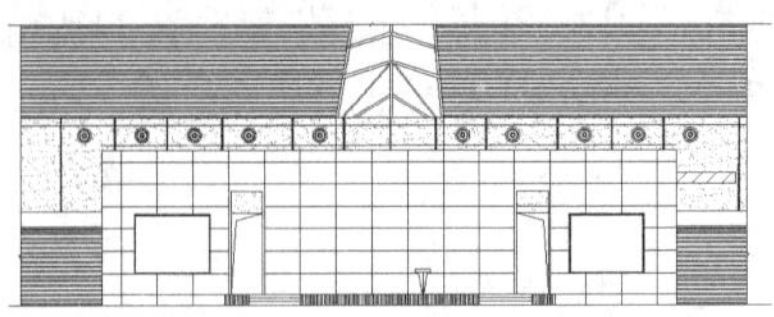

图18-62　绘制折弯线

18.2.2　尺寸和文字标注

1. 标注尺寸

（1）选择菜单栏中的“格式”→“标注样式”命令，打开“标注样式管理器”对话框，单击“新建”按钮，打开“创建新标注样式”对话框，命名为“立面标注”，如图18-63所示。

（2）单击“继续”按钮，编辑标注样式，设置“超出尺寸线”为50，“起点偏移量”为50；箭头样式为“建筑标记”，“箭头大小”为50；“文字高度”为200，如图18-64～图18-66所示编辑。

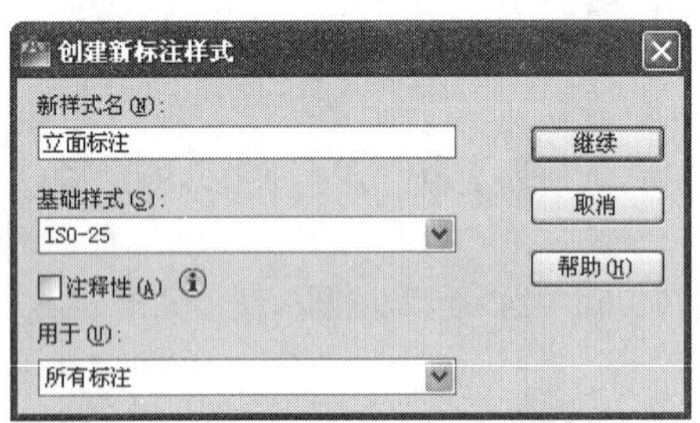

图18-63　“创建新标注样式”对话框

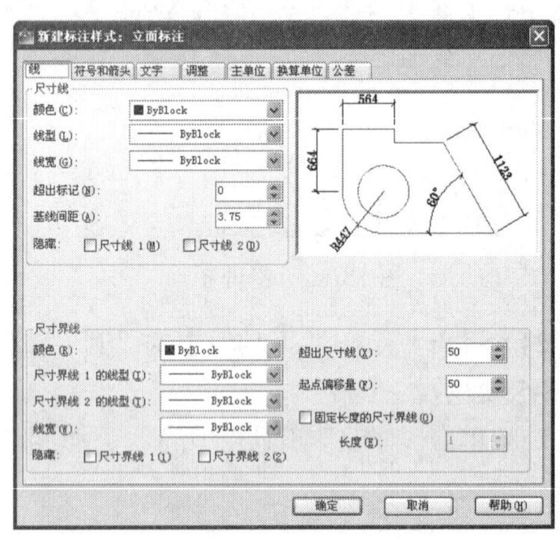

图18-64　设置尺寸线

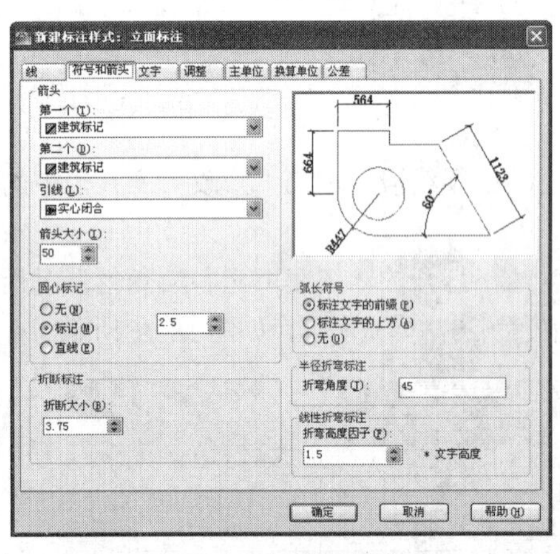

图18-65　设置箭头

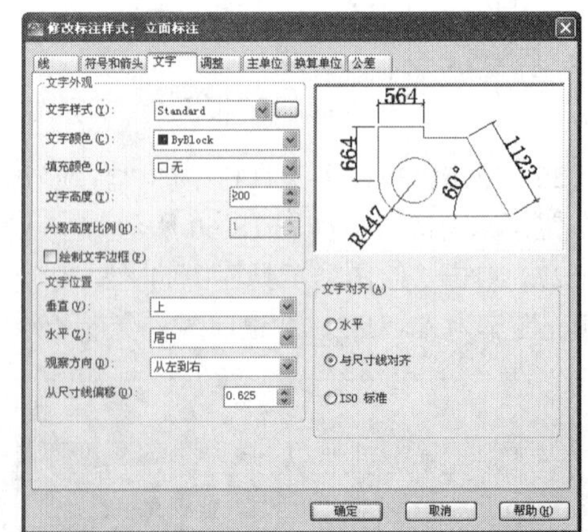

图18-66　设置文字

（3）单击“标注”工具栏中的“线性”按钮和“连续”按钮，标注尺寸，结果如图18-67

所示。

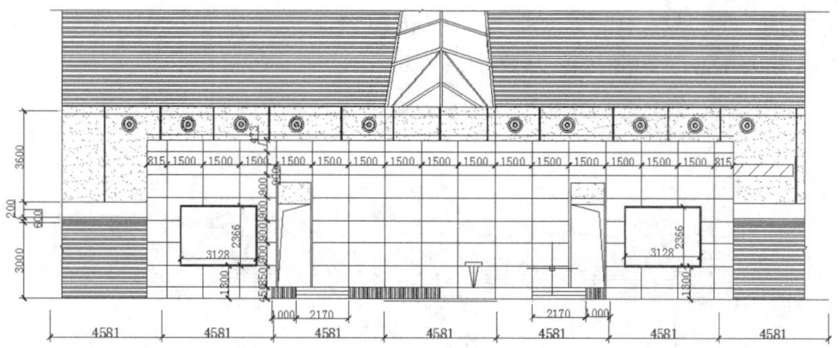

图 18-67　标注尺寸

（4）单击“绘图”工具栏中的“插入块”按钮，弹出“插入”对话框，插入标高符号，结果如图 18-68 所示。

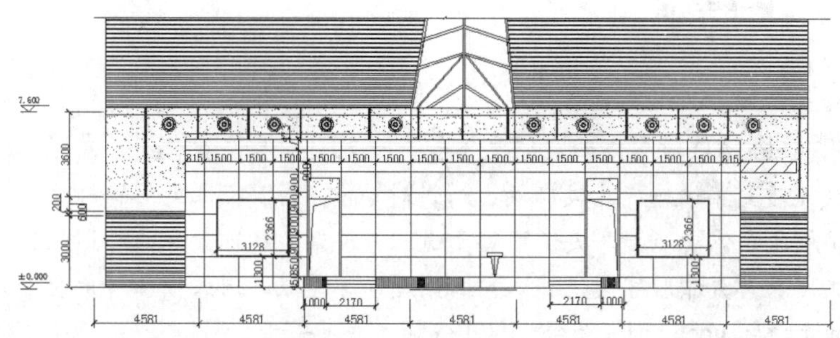

图 18-68　标注标高符号

（5）利用前面章节讲述的绘制轴号的方法绘制轴号，如图 18-69 所示。

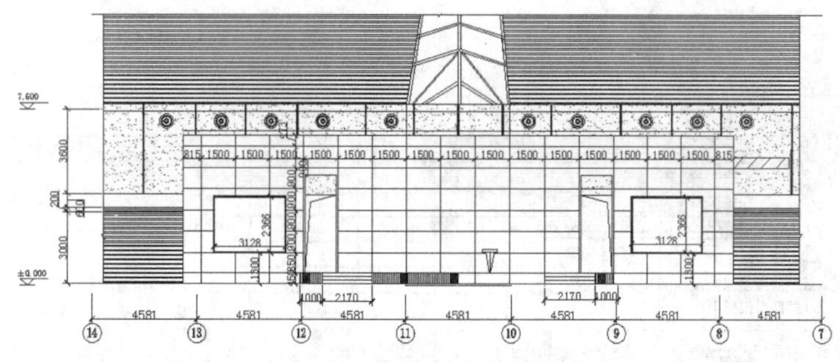

图 18-69　添加轴号

说明： 处理字样重叠的问题，亦可以在标注样式中进行相关设置，这样电脑会自动处理，但处理效果有时不太理想，也可以单击“标注”工具栏中的“编辑标注文字”按钮来调整文字位置，读者可以试一试。

Note

2. 文字说明

（1）单击“文字”工具栏中的“文字样式”按钮，弹出“文字样式”对话框，新建“说明”文字样式，设置高度为150，并将其置为当前。

（2）在命令行中输入“QLEADER”，标注文字说明，结果如图18-70所示。

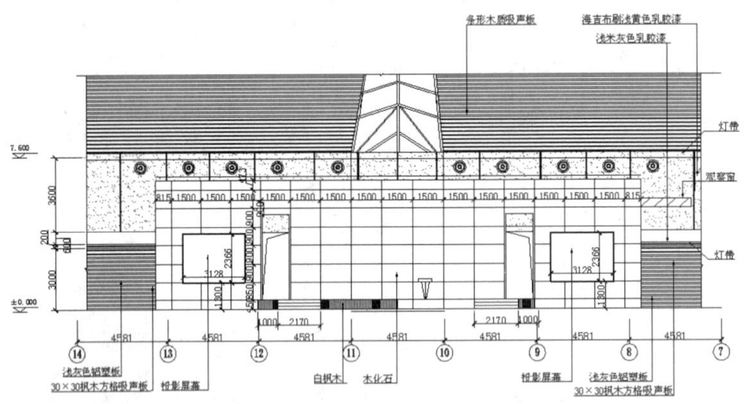

图18-70　标注文字说明

技巧： 在使用AutoCAD时中、西文字高不等，一直困扰着设计人员，并影响图面质量和美观，若分成几段文字编辑又比较麻烦。通过对AutoCAD字体文件的修改，使中、西文字体协调，扩展了字体功能，并提供了对于道路、桥梁、建筑等专业有用的特殊字符，提供了上下标文字及部分希腊字母的输入。此问题，可通过选用大字体并调整字体组合来得到，如gbenor.shx与gbcbig.shx组合，即可得到中英文字一样高的文本，其他组合，用户可根据各专业需要，自行调整字体组合。

（3）利用上述方法绘制C立面图，如图18-71所示，这里不再赘述。

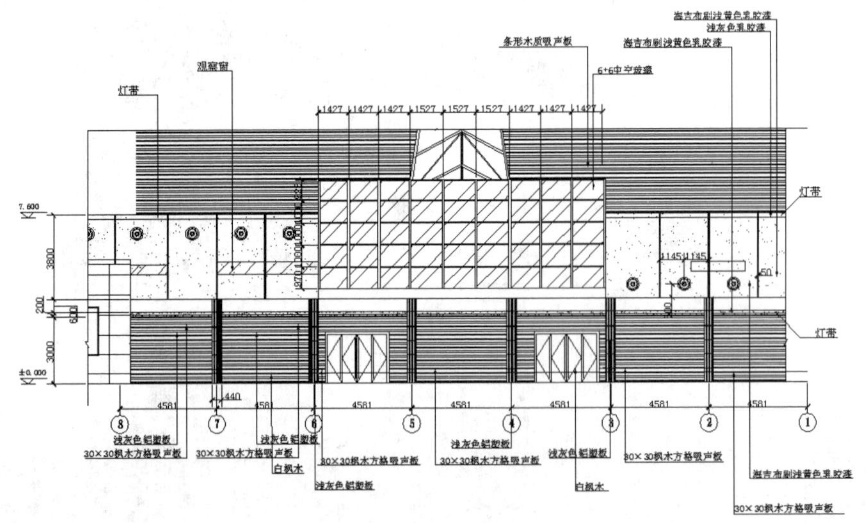

图18-71　C 立面图

（4）利用上述方法绘制某学院会议中心D立面图，如图18-72所示，这里不再赘述。

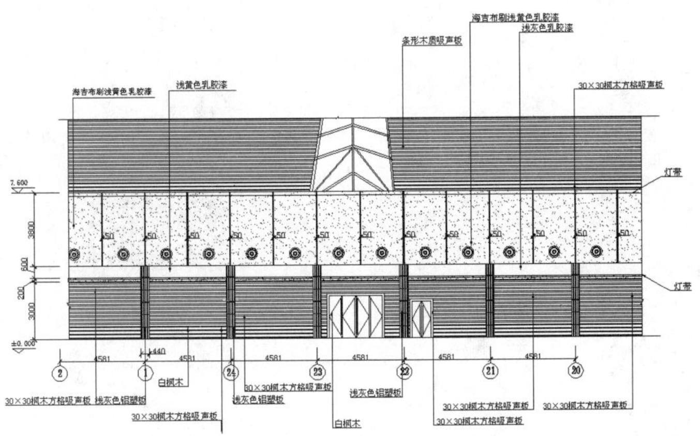

图 18-72　D 立面图

18.3　上机操作

通过前面的学习，读者对本章知识也有了大体的了解，本节通过几个操作练习使读者进一步掌握本章知识要点。

绘制歌舞厅室内立面图

1. 目的要求

本实例主要要求读者通过练习进一步熟悉和掌握立面图的绘制方法。通过本实例，可以帮助读者学会完成整个立面图绘制的全过程。

2. 操作提示

（1）绘制轮廓。
（2）绘制门。
（3）霓虹灯柱。
（4）绘制其他部位。
（5）标注尺寸。

绘制结果如图 18-73 所示。

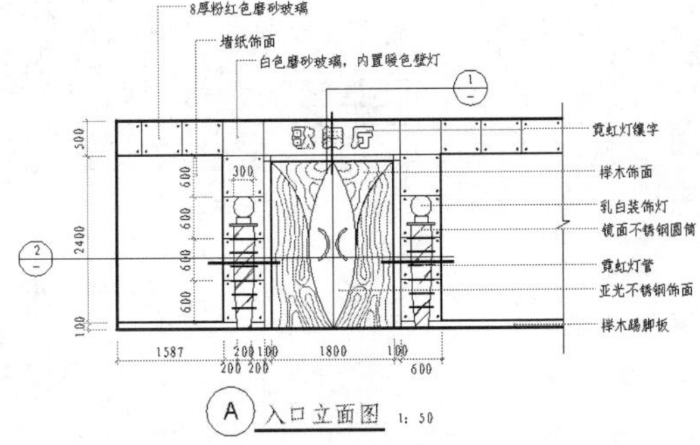

图 18-73　歌舞厅室内立面图

第19章

某学院会议中心剖面图

剖面图是指用一剖切面将建筑物的某一位置剖开，移去一侧后，剩下的一侧沿剖视方向的正投影图。

本章继续以16章介绍的会议中心室内设计为例，详细讲述以会议中心为代表的大型公共建筑室内设计剖面图的绘制过程。

☑ 会议中心剖面图的绘制

☑ 会议中心剖面图的标注

任务驱动&项目案例

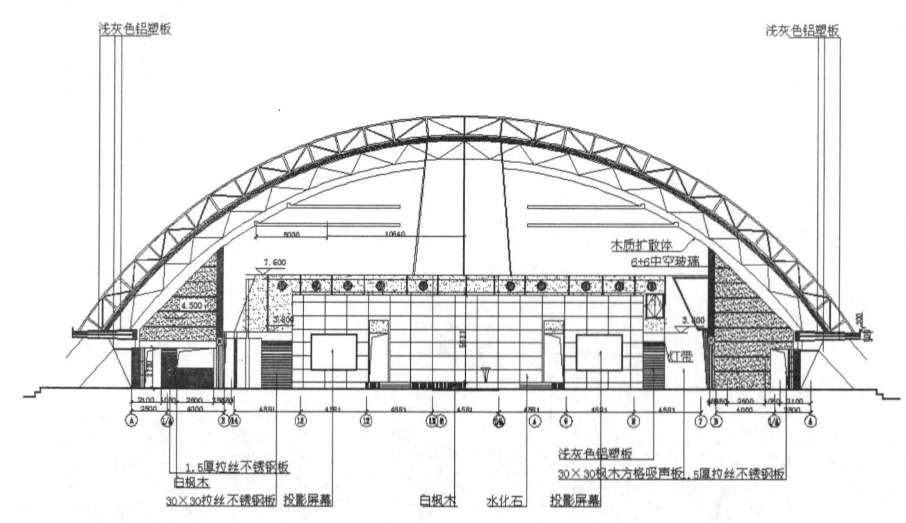

19.1　会议中心剖面图的绘制

首先在会议中心 B 立面图的基础上整理相关图线，增加室内相关剖切结构，添加穹形屋顶的剖切结构，并标注文字和尺寸，完成整个剖面图绘制。绘制流程图如图 19-1 所示。

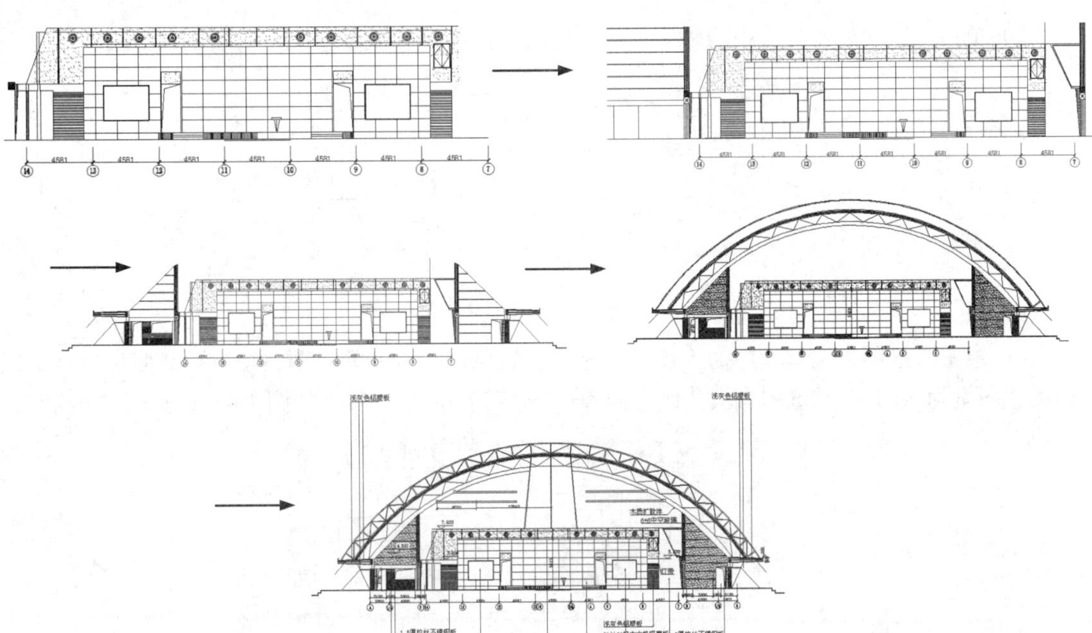

图 19-1　绘制某学院会议中心剖面图

操作步骤：（光盘\动画演示\第 19 章\某学院会议中心剖面图.avi）

19.1.1　绘制会议中心剖面图

（1）单击“标准”工具栏中的“打开”按钮，打开前面章节绘制的会议中心 B 立面图。单击“修改”工具栏中的“删除”按钮，对图形进行整理，如图 19-2 所示。

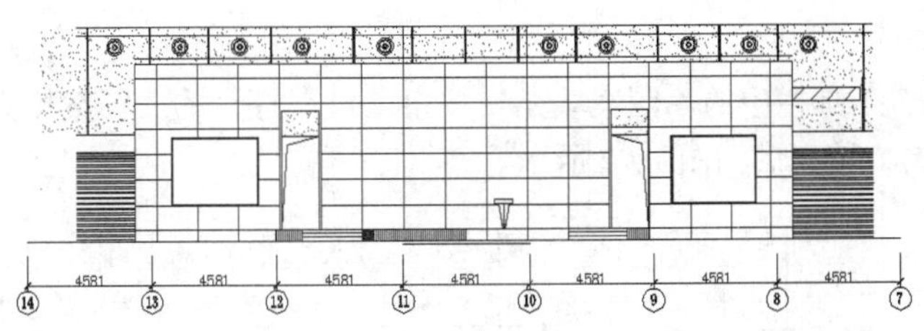

图 19-2　整理 B 立面图

（2）单击“绘图”工具栏中的“直线”按钮补充部分图形，然后单击“修改”工具栏中的“修剪”按钮，修剪掉多余线段，如图 19-3 所示。

Note

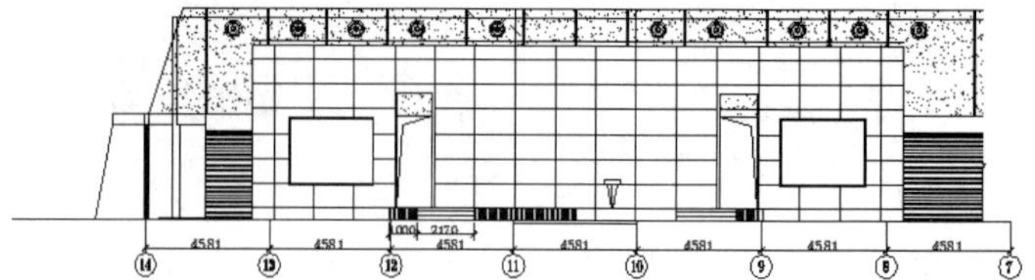

图 19-3　绘制图形

（3）单击“绘图”工具栏中的“多段线”按钮，绘制一段多段线，如图 19-4 所示。

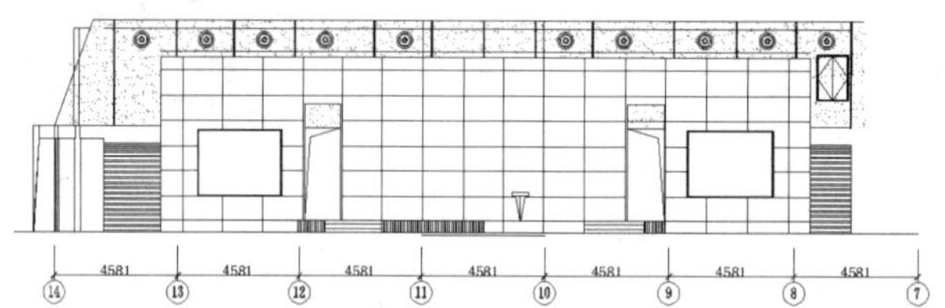

图 19-4　绘制一段多段线

（4）单击“绘图”工具栏中的“图案填充”按钮，在打开的“图案填充和渐变色”对话框中选择填充图案为 NET 并设置图案填充比例为 40，角度为 0，填充效果如图 19-5 所示。

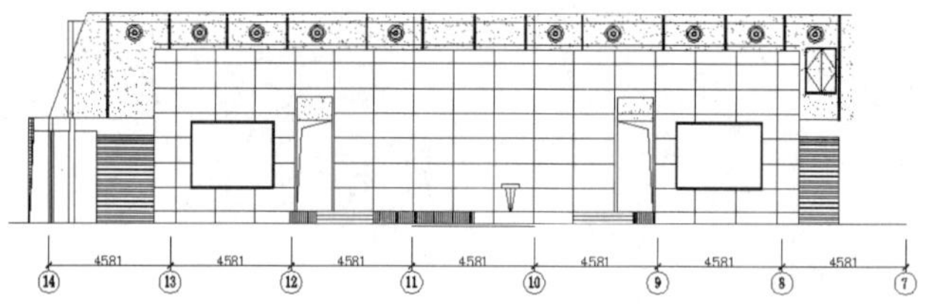

图 19-5　填充图形

（5）单击“绘图”工具栏中的“矩形”按钮，绘制一个 450×500 的矩形，如图 19-6 所示。

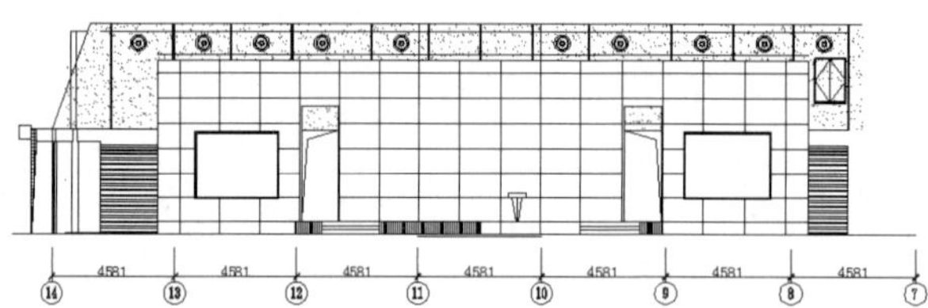

图 19-6　绘制矩形

（6）单击“绘图”工具栏中的“图案填充”按钮，在打开的“图案填充和渐变色”对话框中选择填充图案为 SOLID，填充后如图 19-7 所示。

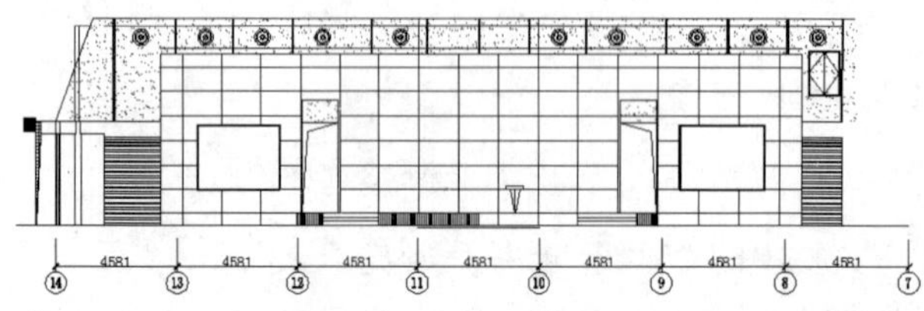

图 19-7　填充矩形

（7）单击“绘图”工具栏中的“矩形”按钮，绘制一个矩形；单击“绘图”工具栏中的“直线”按钮，绘制图形，如图 19-8 所示。

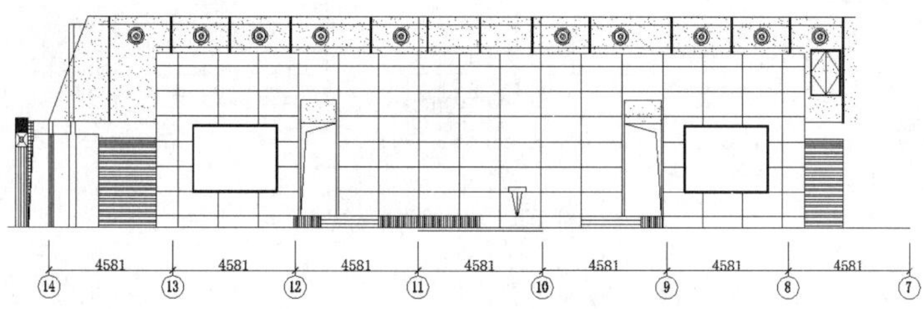

图 19-8　绘制图形

（8）利用相同方法绘制右侧图形，如图 19-9 所示。

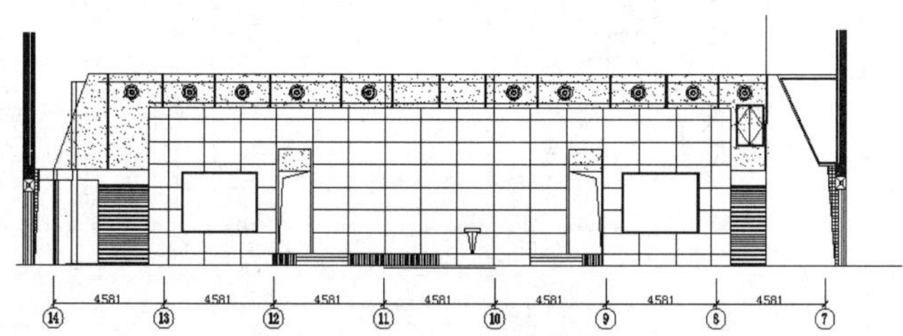

图 19-9　绘制右侧图形

（9）单击“绘图”工具栏中的“直线”按钮，向左侧绘制一条长 6500 的水平直线，如图 19-10 所示。

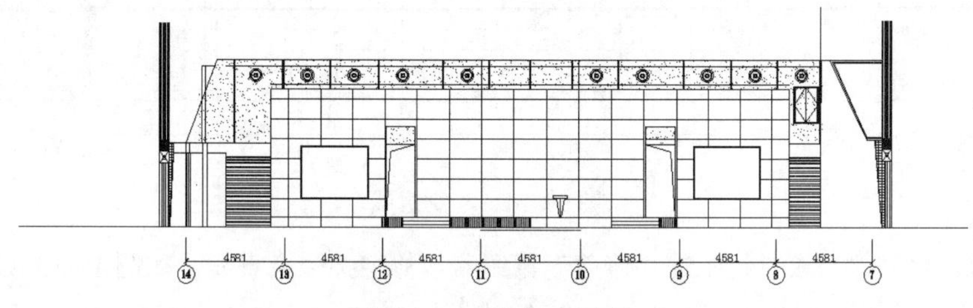

图 19-10　绘制水平直线

（10）单击“修改”工具栏中的“偏移”按钮，偏移步骤（9）绘制的水平直线。偏移距离为 2720、450、945、50、945、50、945、50、945、50、945、50、945、50，如图 19-11 所示。

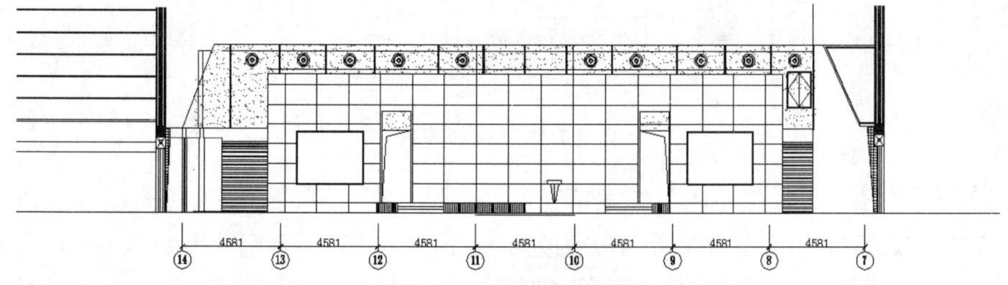

图 19-11　偏移水平直线

（11）单击“绘图”工具栏中的“直线”按钮，在底部绘制一条垂直直线，如图 19-12 所示。

Note

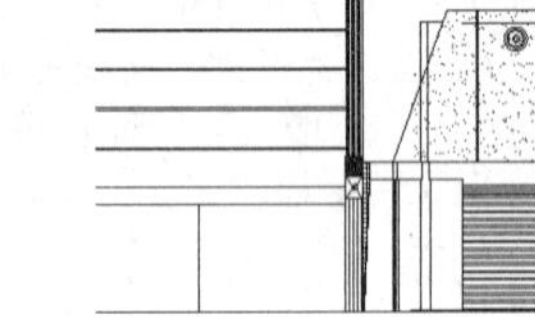
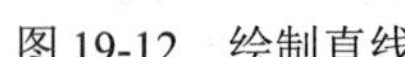
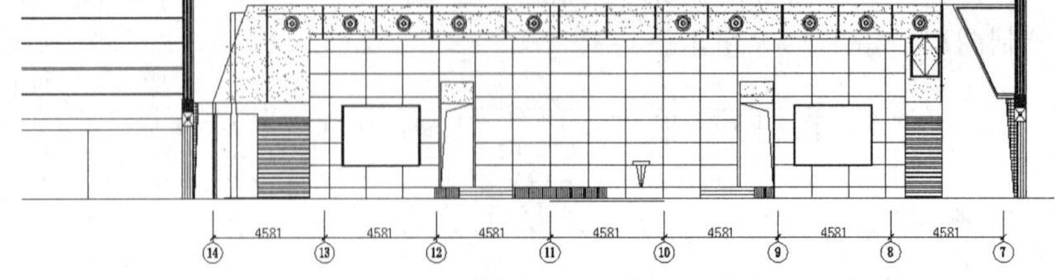

图 19-12　绘制直线

（12）单击“修改”工具栏中的“偏移”按钮，选择步骤（11）绘制的直线向右偏移，偏移距离为 900、1200、1050、2600、750，如图 19-13 所示。

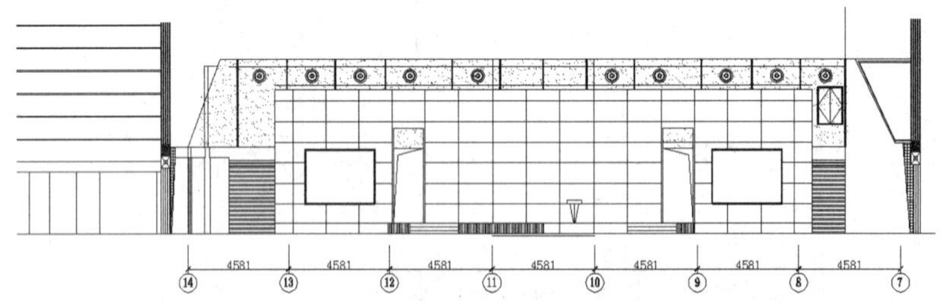

图 19-13　偏移直线

（13）单击“绘图”工具栏中的“直线”按钮，绘制内部图形，如图 19-14 所示。

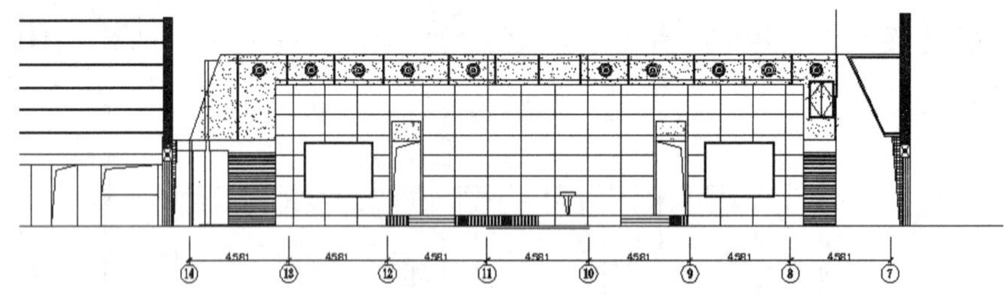

图 19-14　绘制直线

（14）单击“修改”工具栏中的“修剪”按钮，修剪掉多余直线，如图 19-15 所示。

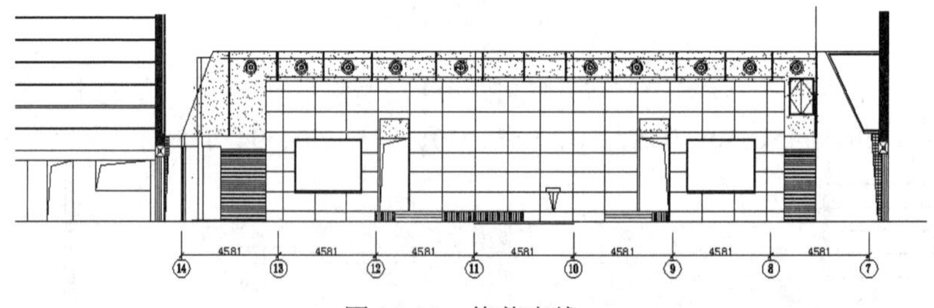

图 19-15　修剪直线

（15）单击“绘图”工具栏中的“图案填充”按钮，在打开的“图案填充和渐变色”对话框中选择填充图案为 ANSI32，并设置图案填充比例为 10，角度为 135，填充效果如图 19-16 所示。

（16）单击“绘图”工具栏中的“直线”按钮，继续绘制内部图形，如图 19-17 所示。

（17）单击“绘图”工具栏中的“直线”按钮、“修改”工具栏中的“偏移”按钮及“修剪”按钮，绘制左侧剩余图形，如图 19-18 所示。

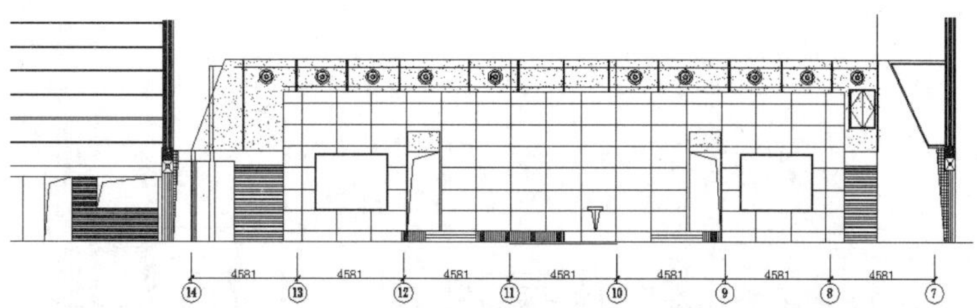

图 19-16　填充图形

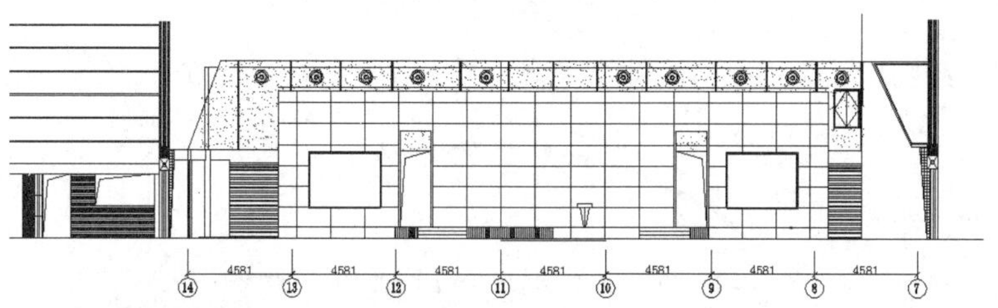

图 19-17　绘制内部图形

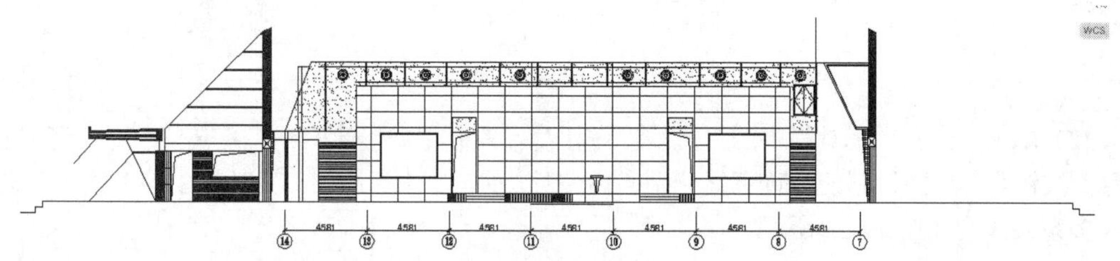

图 19-18　绘制左侧剩余图形

（18）利用上述方法绘制右侧图形，如图 19-19 所示。

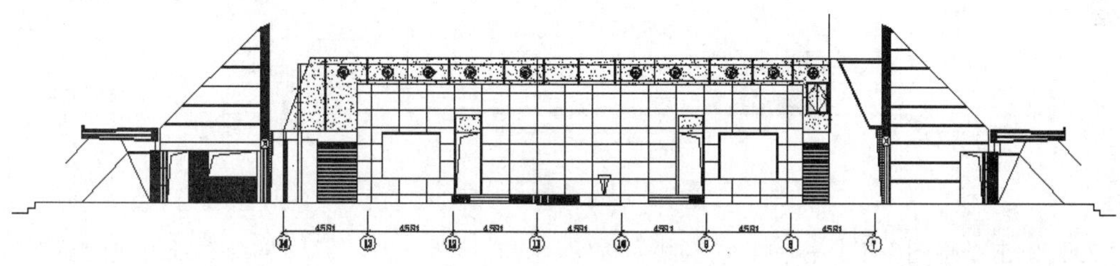

图 19-19　绘制右侧图形

（19）单击“绘图”工具栏中的“多段线”按钮，绘制地平线，如图 19-20 所示。

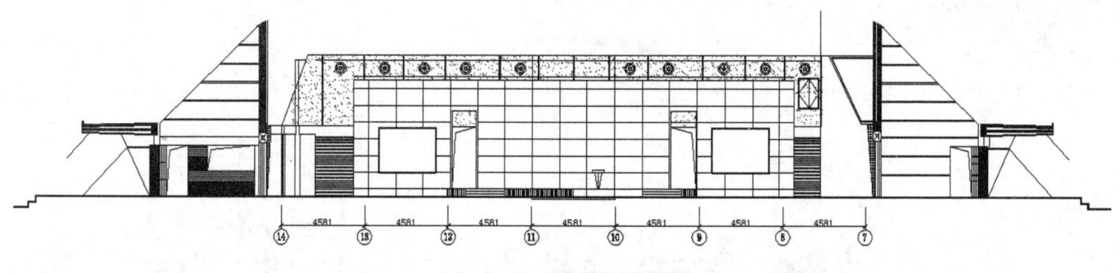

图 19-20　绘制地平线

（20）单击“绘图”工具栏中的“圆弧”按钮，绘制几段圆弧，如图 19-21 所示。

Note

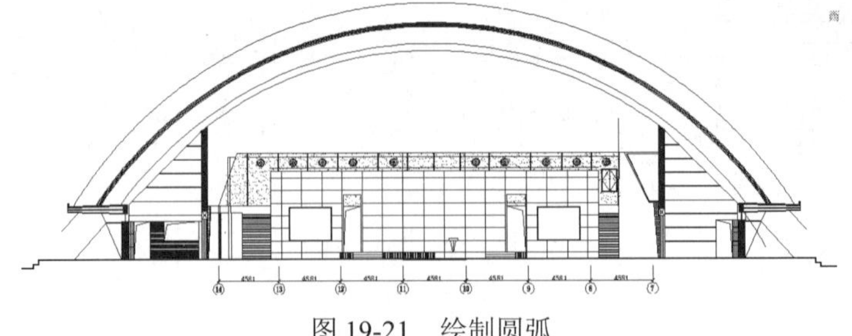

图 19-21　绘制圆弧

（21）单击“绘图”工具栏中的“直线”按钮，绘制出若干条斜向直线，如图 19-22 所示。

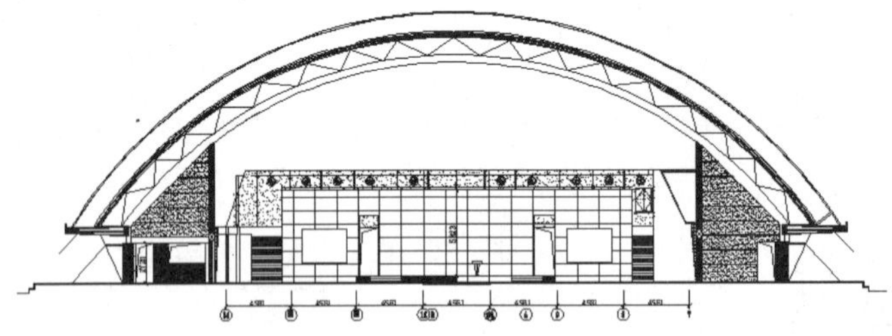

图 19-22　绘制斜向直线

（22）单击“绘图”工具栏中的“直线”按钮，绘制多条竖直直线，单击“修改”工具栏中的“偏移”按钮，选择绘制的竖直直线分别向内偏移 100，单击“修改”工具栏中的“修剪”按钮，修剪掉多余线段，如图 19-23 所示。

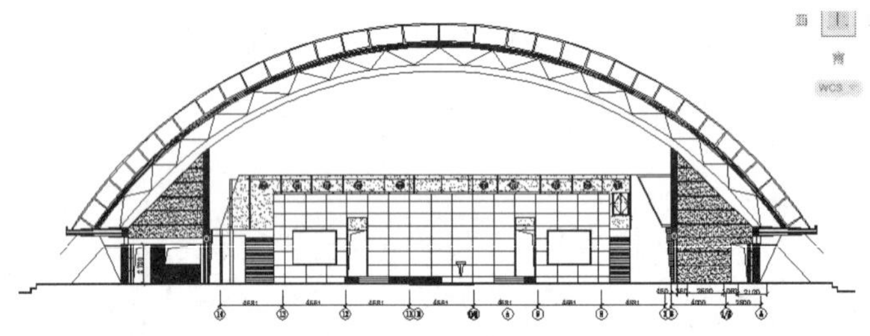

图 19-23　绘制竖直直线

（23）单击“绘图”工具栏中的“直线”按钮，在步骤（22）偏移竖直直线组成的矩形方格内绘制斜向直线；单击“修改”工具栏中的“偏移”按钮，选取绘制的斜向直线分别向两侧偏移 25；单击“修改”工具栏中的“删除”按钮，删除原始斜向直线；单击“修改”工具栏中的“修剪”按钮，修剪过长线段，如图 19-24 所示。

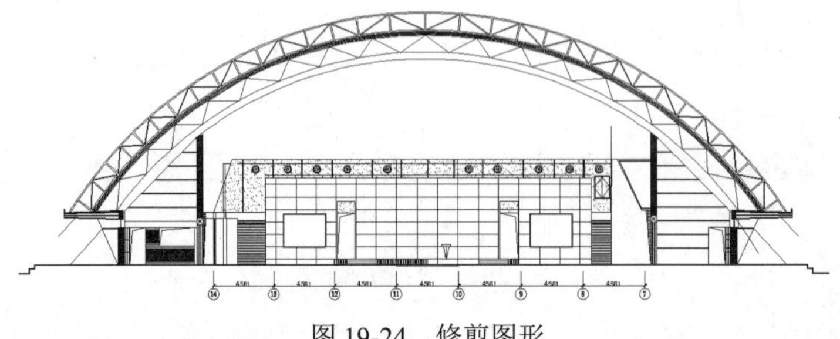

图 19-24　修剪图形

（24）单击“绘图”工具栏中的“图案填充”按钮，在打开的“图案填充和渐变色”对话框中选择填充图案为 ARSAND，并设置图案填充比例为 5，角度为 0，填充效果如图 19-25 所示。

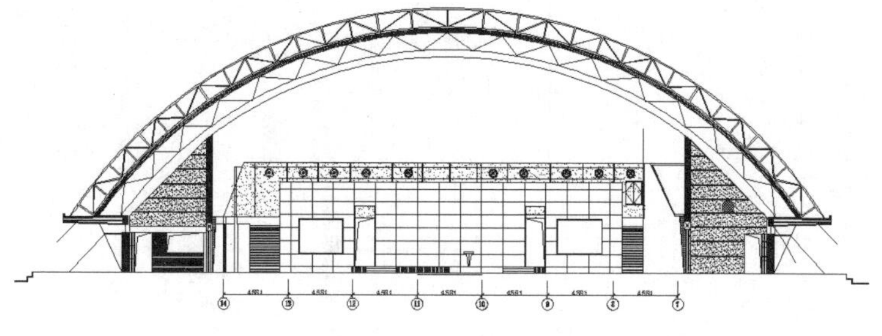

图 19-25　填充图形

（25）单击“绘图”工具栏中的“直线”按钮和“修改”工具栏中的“修剪”按钮，绘制剩余图形，如图 19-26 所示。

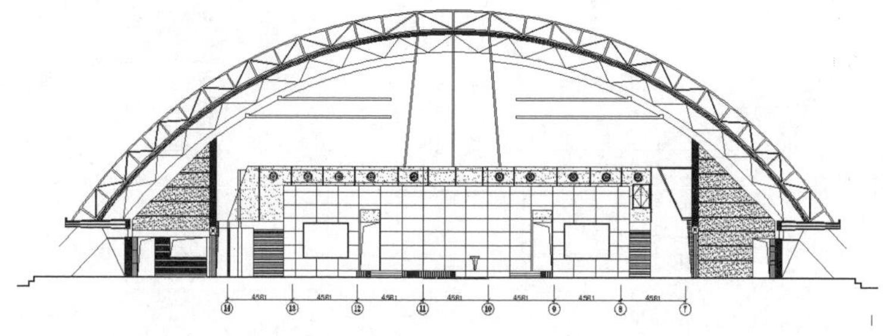

图 19-26　绘制剩余图形

19.1.2　标注会议中心剖面图

1．尺寸标注

（1）单击“标注”工具栏中的“标注样式”按钮，弹出“标注样式管理器”对话框，新建“详图”标注样式。

（2）在“线”选项卡中设置“超出尺寸线”为 200，“起点偏移量”为 100；在“符号和箭头”选项卡中设置箭头符号为“建筑标记”，“箭头大小”为 200；在“文字”选项卡中设置“文字高度”为 250；在“主单位”选项卡中设置“精度”为 0，小数分割符为“句点”。

（3）单击“标注”工具栏中的“线性”按钮和“连续”按钮，标注详图尺寸，如图 19-27 所示。

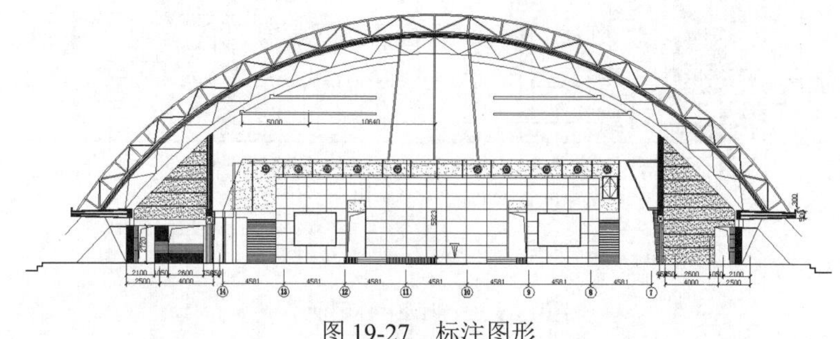

图 19-27　标注图形

Note

（4）单击“修改”工具栏中的“复制”按钮，复制图形中的轴号到指定位置。双击并修改轴号内文字，如图 19-28 所示。

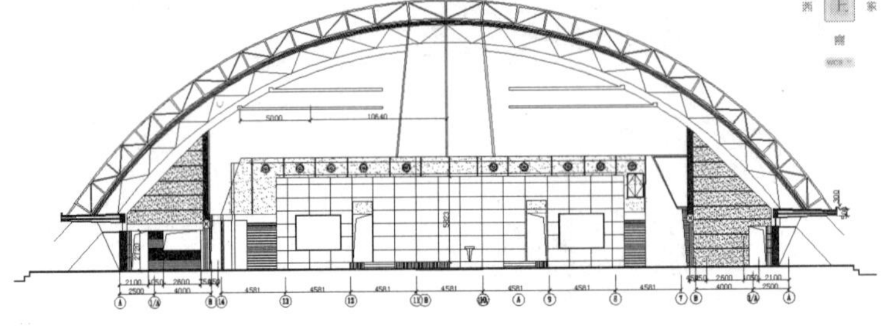

图 19-28　添加轴号

（5）单击“绘图”工具栏中的“插入块”按钮，弹出“插入”对话框，插入标高符号，结果如图 19-29 所示。

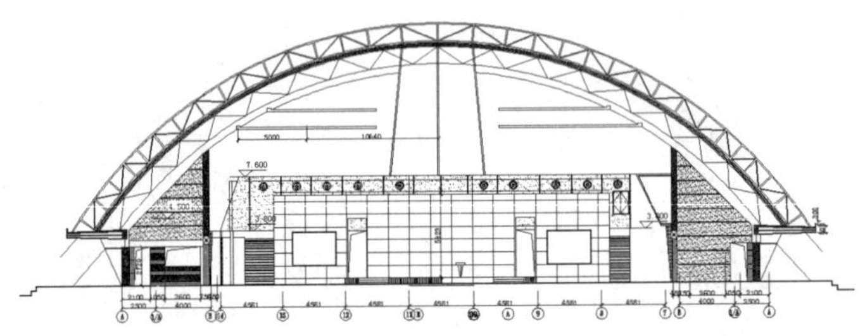

图 19-29　插入标高符号

2. 文字说明

（1）单击“文字”工具栏中的“文字样式”按钮，弹出“文字样式”对话框，新建“说明”文字样式，设置高度为 600，并将其置为当前。

（2）在命令行中输入“QLEADER”，标注文字说明，结果如图 19-30 所示。

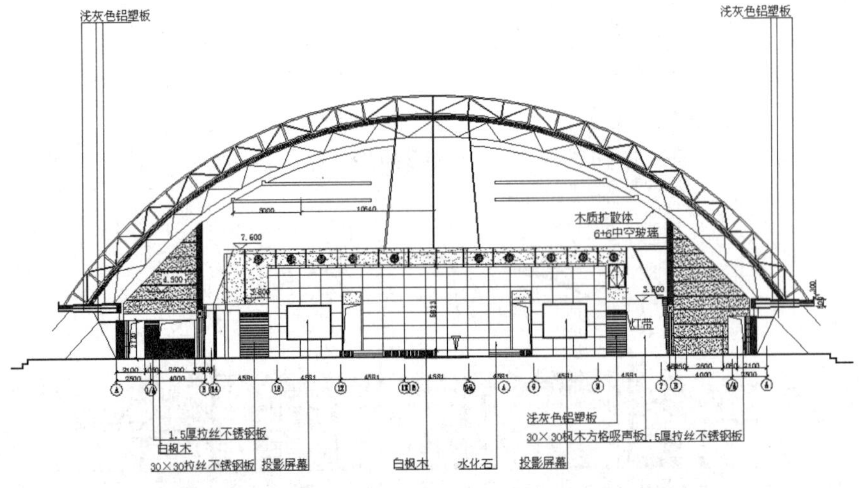

图 19-30　会议中心剖面图

19.2　上机操作

通过前面的学习，读者对本章知识也有了大体的了解，本节通过几个操作练习使读者进一步掌握本章知识要点。

绘制歌舞厅室内 1-1 剖面图

1. 目的要求

本实例主要要求读者通过练习进一步熟悉和掌握剖面图的绘制方法。通过本实例，可以帮助读者学会完成整个剖面图绘制的全过程。

2. 操作提示

（1）修改图形。

（2）绘制折线及剖面。

（3）标注标高。

（4）标注尺寸及文字。

绘制结果如图 19-31 所示。

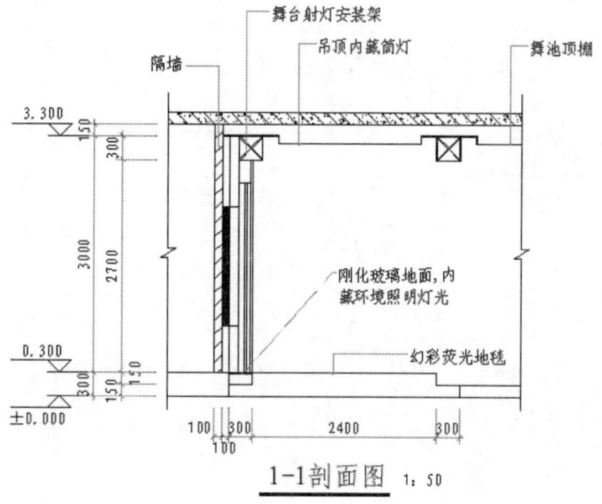

图 19-31　歌舞厅室内 1-1 剖面图